소방시설관리사
필기 1차

이론 + 문제풀이   상

예문사

머리말

안녕하십니까?
유정석입니다.

소방시설관리사 합격을 위해서는 1차 시험 공부가 2차 시험을 대비하기 위한 준비단계의 공부가 되어야 하는데, 대부분의 수험생들이 1차 시험과 2차 시험을 별개로 생각하여 준비하다 보니 1차 시험 합격 후 2차 시험을 대비하는 시간이 많이 부족한 것 같습니다.

소방시설관리사 최종 합격을 위해서는 기초가 튼튼해야 합니다. 따라서 이 교재는 1차 시험의 합격과 2차 시험을 위한 기초가 될 수 있도록 핵심 내용 위주로 구성하였습니다. 1차 시험의 여러 과목 중 2차 시험과 밀접한 과목 위주로 공부하는 것이 합격의 지름길이라고 할 수 있겠습니다.

부족한 부분은 계속 보완할 것이며, 본서로 공부하시는 수험생 여러분들에게 합격의 영광이 함께하기를 바랍니다. 출판을 도와주신 도서출판 예문사 임직원 여러분들과 도움을 주신 모든 분들에게 깊은 감사를 드리며 부족한 저를 믿고 따라준 가족에게도 고마움을 전합니다.

감사합니다.
수험생 여러분! 힘내세요.

There is no royal road to learning.(학문에는 왕도가 없다.)

유정석

시험 정보

1. 시험과목 및 시험방법

가. 시험과목 「소방시설 설치 및 관리에 관한 법률 시행령」 제39조

구분	시험 과목
제1차 시험	1. 소방안전관리론(연소 및 소화, 화재예방관리, 건축물소방안전기준, 인원수용 및 피난계획에 관한 부분으로 한정) 및 화재역학(화재의 성질·상태, 화재하중, 열전달, 화염확산, 연소속도, 구획화재, 연소생성물 및 연기의 생성·이동에 관한 부분으로 한정) 2. 소방수리학, 약제화학 및 소방전기(소방관련 전기공사재료 및 전기제어에 관한 부분으로 한정) 3. 소방관련 법령(「소방기본법」, 동법 시행령 및 동법 시행규칙, 「소방시설공사업법」, 동법 시행령 및 동법 시행규칙, 「소방시설 설치 및 관리에 관한 법률」, 동법 시행령 및 동법 시행규칙, 「화재의 예방 및 안전관리에 관한 법률」, 동법 시행령 및 동법 시행규칙, 「위험물안전관리법」, 동법 시행령 및 동법 시행규칙, 「다중이용업소의 안전관리에 관한 특별법」, 동법 시행령 및 동법 시행규칙 4. 위험물의 성질·상태 및 시설기준 5. 소방시설의 구조원리(고장진단 및 정비 포함)
제2차 시험	1. 소방시설의 점검실무행정(점검절차 및 점검기구 사용법 포함) 2. 소방시설의 설계 및 시공

나. 시험방법 「소방시설 설치 및 관리에 관한 법률 시행령」 제38조

1) 관리사시험은 제1차 시험과 제2차 시험으로 구분하여 시행한다. 소방청장은 제1차 시험과 제2차 시험을 같은 날에 시행할 수 있다.
2) 제1차 시험은 선택형을 원칙으로 하고, 제2차 시험은 논문형을 원칙으로 하되, 제2차 시험에는 기입형을 포함할 수 있다.
3) 제1차 시험에 합격한 사람에 대해서는 다음 회의 관리사시험만 제1차 시험을 면제한다. 다만, 면제받으려는 시험의 응시자격을 갖춘 경우로 한정한다.
4) 제2차 시험은 제1차 시험에 합격한 사람만 응시할 수 있다. 다만, 제1항 후단에 따라 제1차 시험과 제2차 시험을 병행하여 시행하는 경우에 제1차 시험에 불합격한 사람의 제2차 시험 응시는 무효로 한다.

2. 응시자격 및 결격사유 「소방시설 설치 및 관리에 관한 법률 시행령」 부칙 제6조

가. 응시자격

1) 소방기술사 · 위험물기능장 · 건축사 · 건축기계설비기술사 · 건축전기설비기술사 또는 공조냉동기계기술사
2) 소방설비기사 자격을 취득한 후 2년 이상 소방청장이 정하여 고시하는 소방에 관한 실무경력(이하 "소방실무경력"이라 한다)이 있는 사람
3) 소방설비산업기사 자격을 취득한 후 3년 이상 소방실무경력이 있는 사람
4) 「국가과학기술 경쟁력 강화를 위한 이공계지원 특별법」 제2조 제1호에 따른 이공계(이하 "이공계"라 한다) 분야를 전공한 사람으로서 다음 각 목의 어느 하나에 해당하는 사람
   가. 이공계 분야의 박사학위를 취득한 사람
   나. 이공계 분야의 석사학위를 취득한 후 2년 이상 소방실무경력이 있는 사람
   다. 이공계 분야의 학사학위를 취득한 후 3년 이상 소방실무경력이 있는 사람
5) 소방안전공학(소방방재공학, 안전공학을 포함한다) 분야를 전공한 후 다음 각 목의 어느 하나에 해당하는 사람
   가. 해당 분야의 석사학위 이상을 취득한 사람
   나. 2년 이상 소방실무경력이 있는 사람
6) 위험물산업기사 또는 위험물기능사 자격을 취득한 후 3년 이상 소방실무경력이 있는 사람
7) 소방공무원으로 5년 이상 근무한 경력이 있는 사람
8) 소방안전 관련 학과의 학사학위를 취득한 후 3년 이상 소방실무경력이 있는 사람
9) 산업안전기사 자격을 취득한 후 3년 이상 소방실무경력이 있는 사람
10) 다음의 어느 하나에 해당하는 사람
    가. 특급 소방안전관리대상물의 소방안전관리자로 2년 이상 근무한 실무경력이 있는 사람
    나. 1급 소방안전관리대상물의 소방안전관리자로 3년 이상 근무한 실무경력이 있는 사람
    다. 2급 소방안전관리대상물의 소방안전관리자로 5년 이상 근무한 실무경력이 있는 사람
    라. 3급 소방안전관리대상물의 소방안전관리자로 7년 이상 근무한 실무경력이 있는 사람
    마. 10년 이상 소방실무경력이 있는 사람

나. 결격사유 「소방시설 설치 및 관리에 관한 법률」 제27조

1) 피성년후견인
2) 「소방시설 설치 및 관리에 관한 법률」, 「소방기본법」, 「화재의 예방 및 안전관리에 관한 법률」, 「소방시설공사업법」 또는 「위험물안전관리법」을 위반하여 금고 이상의 실형을 선고받고 그 집행이 끝나거나(집행이 끝난 것으로 보는 경우를 포함) 집행이 면제된 날부터 2년이 지나지 아니한 사람
3) 「소방시설 설치 및 관리에 관한 법률」, 「소방기본법」, 「화재의 예방 및 안전관리에 관한 법률」, 「소방시설공사업법」 또는 「위험물안전관리법」을 위반하여 금고 이상의 실형을 선고받고 그 유예기간 중에 있는 사람
4) 「소방시설 설치 및 관리에 관한 법률」 제28조에 따라 자격이 취소(제28조제1호에 해당하여 자격이 취소된 경우는 제외)된 날부터 2년이 지나지 아니한 사람

※ 최종합격자 발표일을 기준으로 결격사유에 해당하는 사람은 소방시설관리사 시험에 응시할 수 없음 (제25조 제3항)

3. 합격자 결정 「소방시설 설치 및 관리에 관한 법률 시행령」 제44조

가. 제1차 시험

과목당 100점을 만점으로 하여 모든 과목의 점수가 40점 이상이고, 전 과목 평균 점수가 60점 이상인 자

나. 제2차 시험

과목당 100점을 만점으로 하되, 시험위원의 채점점수 중 최고점수와 최저점수를 제외한 점수가 모든 과목에서 40점 이상, 전 과목에서 평균 60점 이상인 자

4. 시험의 일부(과목) 면제사항 「소방시설 설치 및 관리에 관한 법률 시행령」 제38조 및 부칙 제6조

가. 제1차 시험의 면제
- 제1차 시험에 합격한 자에 대하여는 다음 회의 시험에 한하여 제1차 시험을 면제한다. 다만, 면제받으려는 시험의 응시자격을 갖춘 경우로 한정한다.
- 별도 제출서류 없음(원서접수 시 자격정보시스템에서 자동 확인)

나. 제1차 시험과목의 일부 면제

면제대상	면제과목
소방기술사 자격을 취득한 후 15년 이상 소방실무 경력이 있는 자	소방수리학, 약제화학 및 소방전기 (소방 관련 전기공사재료 및 전기제어에 관한 부분으로 한정)
소방공무원으로 15년 이상 근무한 경력이 있는 사람으로서 5년 이상 소방청장이 정하여 고시하는 소방관련업무 경력이 있는 자	소방관련법령

다. 제2차 시험과목의 일부 면제

면제대상	면제과목
소방기술사, 위험물기능장, 건축사, 건축기계설비기술사, 건축전기설비기술사, 공조냉동기계기술사	소방시설의 설계 및 시공
소방공무원으로 5년 이상 근무한 경력이 있는 사람	소방시설의 점검실무행정 (점검절차 및 점검기구 사용법 포함)

라. 면제과목 선택
- 제1차 시험 과목면제자 중 2과목 면제에 해당하는 사람(소방기술사 자격을 취득한 후 15년 이상 소방실무경력이 있는 사람/소방공무원으로 15년 이상 근무한 경력이 있는 사람으로서 5년 이상 소방청장이 정하여 고시하는 소방 관련 업무 경력이 있는 사람)은 본인이 선택한 한 과목만 면제
- 소방공무원으로 5년 이상 근무한 경력이 있는 자로서 소방기술사·위험물기능장·건축사·건축기계설비기술사·건축전기설비기술사 또는 공조냉동기계기술사 자격취득자는 제2차 시험과목 중 본인이 선택한 한 과목만 면제

5. 수험자 유의사항

가. 제1·2차 시험 공통 유의사항

1) 수험원서 또는 제출서류 등의 허위작성, 위·변조, 기재오기, 누락 및 연락 불능의 경우에 발생하는 불이익은 수험자 책임입니다.
   - ※ 큐넷의 회원정보를 최신화하고 반드시 연락 가능한 전화번호로 수정
   - ※ 알림서비스 수신 동의 시에 시험실 사전 안내 및 합격 축하 메시지 발송

2) 수험자는 시험시행 전에 시험장소 및 교통편을 확인한 후(단, 시험실 출입은 불가), 시험 당일 교시별 입실시간까지 신분증, 수험표, 지정 필기구를 소지하고 해당 시험실의 지정된 좌석에 착석하여야 합니다.
   - ※ 매 교시 시험시작 이후 입실 불가
   - ※ 수험자 입실 완료시간 20분 전 교실별 좌석 배치도 부착
   - ※ 신분증 인정범위 : 주민등록증, 운전면허증(모바일 포함), 여권, 공무원증, 장애인등록증, 국가유공자증, 국가기술자격증, 학생증, 청소년증, 외국인등록증 등
   - ※ 시험전일 18:00부터 소방시설관리사 홈페이지(큐넷)[마이페이지 > 진행 중인 접수내역]에서 시험실을 사전확인하실 수 있습니다.

3) 본인이 원서접수 시 선택한 시험장이 아닌 다른 시험장이나 지정된 시험실 좌석 이외에는 응시할 수 없습니다.

4) 시험시간 중에는 화장실 출입이 불가하며, 시험시간 1/2 경과 후 퇴실 가능하나 재입실이 불가합니다.
   - ※ '시험포기각서' 제출 후 퇴실한 수험자는 다음 교(차)시 재입실·응시 불가 및 당해 시험 무효(0점) 처리
   - ※ 설사/배탈 등 긴급사항 발생으로 중도 퇴실 시 해당 교시 재입실이 불가하고, 시험시간 1/2 경과 전까지 시험본부에 대기
   - ※ 제1차 시험 및 제2차 시험(2교시에 한함) 시험시간 1/2시간 경과 후 시험을 마친 수험자의 중도 퇴실 허용

5) 일부 교시 결시자, 기권자, 답안카드(지) 제출 불응자 등은 당일 해당교시 이후 시험에는 응시할 수 없습니다.

6) 시험 종료 후 감독위원의 답안카드(답안지) 제출지시에 불응한 채 계속 답안카드(답안지)를 작성하는 경우 당해 시험은 무효(0점) 처리하고, 부정행위자로 처리될 수 있으니 유의하시기 바랍니다.

7) 수험자는 감독위원의 지시에 따라야 하며, 시험에서 부정한 행위를 한 수험자, 부정한 방법으로 시험에 응시한 수험자에 대하여는 당해 시험을 정지 또는 무효(0점)로 하고, 그 처분을 한 날로부터 2년간 응시 자격이 정지됩니다.

8) 최종합격자 발표 후라도 **최종합격자 발표일 기준**으로 「소방시설 설치 및 관리에 관한 법률」 제27조의 **사유가 발견될 때에는 당해 시험을 무효 처리**합니다.
9) 시험실에는 벽시계가 구비되어 있지 않을 수 있으므로 **손목시계를 준비**하여 시간 관리를 하시기 바라며, **스마트워치** 등 전자·통신기기는 시계대용으로 사용할 수 없습니다.
   ※ 시험시간은 타종에 따라 관리되며, 교실에 비치되어있는 시계 및 감독위원의 시간 안내는 단순 참고 사항으로 시간 관리의 책임은 수험자에게 있음
   ※ 손목시계는 시각만 확인할 수 있는 단순한 것을 사용하여야 하며, 손목시계용 휴대폰 등 부정행위에 활용될 수 있는 일체의 시계 착용을 금함
10) 시험시간 중에는 **통신기기 및 전자기기**[휴대용 전화기, 휴대용 개인정보단말기(PDA), 휴대용 멀티미디어 재생장치(PMP), 휴대용 컴퓨터, 휴대용 카세트, 디지털 카메라, 음성파일 변환기(MP3), 휴대용 게임기, 전자사전, 카메라펜, 시각표시 외의 기능이 부착된 시계, 스마트워치 등]를 일체 휴대할 수 없으며, **금속(전파)탐지기** 수색을 통해 시험 도중 관련 장비를 **소지·착용**하다가 적발될 경우 실제 사용 여부와 관계없이 **당해 시험을 정지(퇴실) 및 무효(0점) 처리**하며 부정행위자로 처리될 수 있음을 유의하기 바랍니다.
    ※ 전자·통신기기(전자계산기 등 소지를 허용한 물품 제외)의 시험장 반입 원칙적 금지
    ※ 휴대폰은 배터리 전원 OFF(또는 배터리 분리)하여 시험위원 지시에 따라 보관
11) 시험당일 시험장 내에는 주차공간이 없거나 협소하므로 대중교통을 이용하여 주시고, 교통 혼잡이 예상되므로 미리 입실할 수 있도록 하시기 바랍니다.
12) 시험장은 전체가 금연구역이므로 흡연을 금지하며, 쓰레기를 함부로 버리거나 시설물이 훼손되지 않도록 주의바랍니다.

나. 제1차 시험 수험자 유의사항

1) 답안카드에 기재된 '**수험자 유의사항 및 답안카드 작성 시 유의사항**'을 준수하시기 바랍니다.
2) 수험자 교육시간에 감독위원 안내 또는 방송(유의사항)에 따라 답안카드에 수험번호를 기재 마킹하고, 배부된 시험지의 인쇄상태 확인 후 답안 카드에 형별(A형 공통)을 마킹하여야 합니다.
3) 답안카드는 국가전문자격 공통 표준형으로 문제번호가 1번부터 125번까지 인쇄되어 있습니다. 답안 마킹 시에는 반드시 시험문제지의 문제번호와 **동일한 번호에 마킹**하여야 합니다.
4) 답안카드 기재·마킹 시에는 **반드시 검은색 사인펜**을 사용하여야 합니다.
   ※ 지워지는 펜 사용 금지

5) 채점은 전산 자동 판독 결과에 따르므로 유의사항을 지키지 않거나(검은색 사인펜 미사용) 수험자의 부주의(답안카드 기재·마킹착오, 불완전한 마킹·수정, 예비마킹 등)로 판독불능, 중복판독 등 불이익이 발생할 경우 **수험자 책임**으로 이의제기를 하더라도 받아들여지지 않습니다.
   ※ 답안을 잘못 작성했을 경우, 답안카드 교체 및 수정테이프 사용 가능(단, 답안 이외 수험번호 등 인적사항은 수정불가)하며 재작성에 따른 시험시간은 별도로 부여하지 않음
   ※ 수정테이프 이외 수정액 및 스티커 등은 사용 불가

다. 제2차 시험 수험자 유의사항

1) 국가전문자격 주관식 답안지 표지에 기재된 '답안지 작성 시 유의사항'을 준수하시기 바랍니다.
2) 수험자 인적사항·답안지 등 작성은 반드시 **검정색 필기구만 사용**하여야 합니다.(그 외 연필류, 유색필기구, 두 가지 색 혼합 사용 등으로 작성한 답항은 채점하지 않으며 0점 처리)
   ※ 필기구는 본인 지참으로 별도 지급하지 않으며, 지워지는 펜 사용 금지함
3) **답안지의 인적사항 기재란 외의 부분에 특정인임을 암시하거나 답안과 관련 없는 특수한 표시를 하는 경우, 답안지 전체를 채점하지 않으며 0점 처리합니다.**
4) 답안 정정 시에는 반드시 정정부분을 두 줄(=)로 긋고 다시 기재하여야 하며, 수정테이프(액) 등을 사용했을 경우 채점상의 불이익을 받을 수 있으므로 사용하지 마시기 바랍니다.
5) 전자계산기는 필요시 1개만 사용할 수 있고 공학용 및 재무용 등 데이터 저장기능이 있는 전자계산기는 **수험자 본인이 반드시** 메모리(SD카드 포함)를 제거, 삭제(리셋, 초기화)하고 시험위원이 초기화 여부를 확인 할 경우에는 협조하여야 합니다. 메모리(SD카드 포함) 내용이 제거되지 않은 계산기는 사용 불가하며 사용 시 부정행위로 처리될 수 있습니다.
   ※ 시험일 이전에 리셋 점검하여 계산기 작동 여부 등 사전확인 및 재설정(초기화 이후 세팅) 방법 숙지

6. 과목별 공부방법

가. 소방안전관리론
연소, 화재성상, 화재역학, 화재예방에 대한 개념을 이해하고, 필수사항을 암기하면 고득점을 올릴 수 있으며, 최근에는 소방기술사에 관련된 내용이 자주 출제되므로, 폭넓은 공부가 필요합니다.

나. 소방전기회로
소방전기회로는 8~10문제 정도 출제되며, 이 중 계산문제는 5문제 내외이므로 필수 공식만 숙지하면 됩니다.

다. 소방수리학·약제화학
1) 소방수리학은 2차 시험과 아주 밀접한 관계가 있으며, 용어의 정의 및 단위환산에 대한 이해가 필수이며, 10~13문제 정도 출제됩니다.
2) 약제화학은 소방안전관리론의 소화와 관련하여 공부하면 효율적이며, 약 3~5문제가 출제됩니다.

라. 위험물의 성상 및 시설기준
1차 시험과목 중 과락이 제일 많은 과목입니다. 위험물의 성상은 이야기로 암기하고, 위험물안전관리법은 그림으로 이해하는 공부방법이 필요합니다. 기본 개념을 이해하고 문제풀이로 마무리하는 것이 효율적입니다.

마. 소방관련법령
소방관련법령은 문제의 지문이 길어 문제풀이 요령이 필요하며, 법·령·시행규칙을 같이 공부하는 것이 효율적입니다. 2차 시험의 점검실무행정 과목과 밀접한 관련이 있으며, 1차 시험에서 과락이 많이 나오는 과목이므로 확실한 준비가 필요합니다.

바. 소방시설의 구조원리
소방시설관리사 시험의 핵심이라 할 수 있는 국가화재안전기준에 관한 내용이며 2차 시험과 아주 밀접한 관계가 있습니다. 최근에는 2차 시험에 출제된 계산문제가 출제되므로, 이에 대한 준비를 하여야 하며, 각 소방시설별 설치기준 위주로 공부하는 것이 효율적입니다.

차 례

PART. 01 소방안전관리론

CHAPTER 01 소방화학 ·· 1-3
    01 원자와 분자 ·· 1-3
    02 주기율표의 이해 ································ 1-6
    03 화학반응 ·· 1-8

CHAPTER 02 연소 및 폭발 ·································· 1-10
    01 연소이론 ·· 1-10
    02 지방족 탄화수소 ································ 1-28
    03 폭발 ·· 1-29

CHAPTER 03 화재 ·· 1-33
    01 화재의 특성 ·· 1-33
    02 화재의 종류 ·· 1-33
    03 화재피해의 분류 ································ 1-40
    04 화상의 종류 ·· 1-41

CHAPTER 04 소화 ·· 1-42
    01 소화방법 ·· 1-42
    02 물리적 소화와 화학적 소화 ·············· 1-43

CHAPTER 05 화재역학 ······································ 1-46
    01 열전달 ·· 1-46
    02 열역학 법칙 ·· 1-48
    03 화재성장 ·· 1-49
    04 화재플럼(Fire Plume) ······················ 1-52
    05 연소생성물 ·· 1-53
    06 연기 ·· 1-56

CHAPTER 06 건축물의 화재성상 ·· 1-63
    01 실내화재의 성장 단계 ·· 1-63
    02 플래시오버(Flash over) ·· 1-65
    03 화재 가혹도 ·· 1-67
    04 목조 건축물의 화재 ·· 1-69
    05 내화 건축물의 화재 ·· 1-71
    06 고분자물질(플라스틱)의 화재 ·· 1-74

CHAPTER 07 건축방화 ·· 1-75
    01 내화구조 ·· 1-75
    02 방화구조(건축물의 피난 · 방화구조 등의
        기준에 관한 규칙 제4조) ·· 1-77
    03 방화문 ·· 1-78
    04 방화구획 ·· 1-78
    05 방화벽 ·· 1-82
    06 방화셔터 ·· 1-83
    07 상층으로 연속확대 방지 ·· 1-84

CHAPTER 08 건축피난 ·· 1-85
    01 피난계획 ·· 1-85
    02 수직적 피난시설 ·· 1-87
    03 지하층 ·· 1-92
    04 피난안전구역(건축물의 피난 · 방화구조 등의
        기준에 관한 규칙 제8조의2) ··· 1-93
    05 비상용 승강기 ·· 1-97
    06 피난용 승강기의 설치기준 ·· 1-99
    07 방화계획 ·· 1-100
    08 복도 형태에 따른 피난 특성 ·· 1-100

■ 소방안전관리론 문제풀이 ·· 1-101

PART. 02 소방전기회로

CHAPTER 01 소방전기회로 ··· 2-3
    01 전기자기학 ·· 2-3
    02 회로이론 ·· 2-18
    03 전력 설비 ·· 2-60
    04 전기화학 ·· 2-69
    05 계측 ··· 2-71
    06 전기설비기술기준 및 내선규정 ··· 2-78
    07 자동제어 ·· 2-80
    08 전력전자 ·· 2-88

■ 소방전기회로 문제풀이 ·· 2-95

PART. 03 소방수리학 · 약제화학

CHAPTER 01 소방수리학 ··· 3-3
    01 유체의 기본 성질 ··· 3-3
    02 차원과 단위 ··· 3-4
    03 유체의 성질 ··· 3-14
    04 유체의 정역학 ··· 3-20
    05 유체의 운동학 ··· 3-23
    06 실제 유체의 흐름 ··· 3-31
    07 소화설비의 배관 ··· 3-34
    08 펌프 ·· 3-39
    09 송풍기 ·· 3-45

CHAPTER 02 약제화학 ··· 3-47
    01 소화약제 ·· 3-47
    02 물 소화약제 ··· 3-47
    03 강화액 소화약제 ··· 3-51
    04 포 소화약제 ··· 3-52
    05 이산화탄소(CO_2) 소화약제 ··· 3-57

06 할론 소화약제 ··· 3-59
07 할로겐화합물 및 불활성기체 소화약제 ················ 3-63
08 분말 소화약제 ··· 3-68
09 간이소화용구 ·· 3-72

■ 소방수리학 · 약제화학 문제풀이 ····························· 3-75

APPENDIX. 부록   요약정리

PART 01 소방안전관리론 ··· 3
PART 02 소방전기회로 ··· 17
PART 03 소방수리학 · 약제화학 ····································· 31

PART

01

소방안전관리론

CHAPTER 01 소방화학
CHAPTER 02 연소 및 폭발
CHAPTER 03 화재
CHAPTER 04 소화
CHAPTER 05 화재역학
CHAPTER 06 건축물의 화재성상
CHAPTER 07 건축방화
CHAPTER 08 건축피난

… PART 01 소방안전관리론

CHAPTER 01 소방화학

01 원자와 분자

1) 원자

① 원자란 물질을 구성하는 가장 작은 입자를 말한다.

② **돌턴의 원자설**

㉮ 원자는 더 이상 쪼갤 수 없다.

㉯ 같은 원소의 원자들은 크기, 모양, 질량이 같고, 다른 원소의 원자들은 크기, 모양, 질량이 서로 다르다.

㉰ 화학 변화 시 원자들은 없어지거나 새로 생성되지 않는다.

㉱ 화합물은 한 원자와 다른 원자가 정하여진 수의 비율로 결합함으로써 이루어진다.

③ **배수비례의 법칙**

A, B 두 원소가 결합하여 두 가지 이상의 화합물을 만들 때 A원소의 일정량과 결합하는 B원소의 질량 사이에는 간단한 정수비가 성립한다.

탄소 원자 1개 + 산소 원자 1개 = 일산화탄소   탄소 원자 1개 + 산소 원자 2개 = 이산화탄소

일산화탄소와 이산화탄소에서 탄소 12g과 반응하는 산소의 질량 사이에는 16g : 32g = 1 : 2라는 간단한 정수비가 성립한다.

2) 분자

① 분자란 원자가 1개 또는 2개 이상이 모여서 물질의 특성을 가지는 최소 입자를 만들 때 그 입자를 분자라고 한다.

② **분자의 성질**

㉮ 분자의 상태 : 온도에 따라 고체, 액체, 기체 상태로 존재한다.

④ 분자의 구분 : 분자수를 이루는 원자 수에 의하여 구분한다.
ⓐ 일원자분자 : 헬륨(He), 네온(Ne), 아르곤(Ar)
ⓑ 이원자분자 : 수소(H_2), 산소(O_2), 염화수소(HCl)
ⓒ 삼원자분자 : 오존(O_3), 물(H_2O), 이산화탄소(CO_2)
ⓓ 고분자 : 단백질, DNA

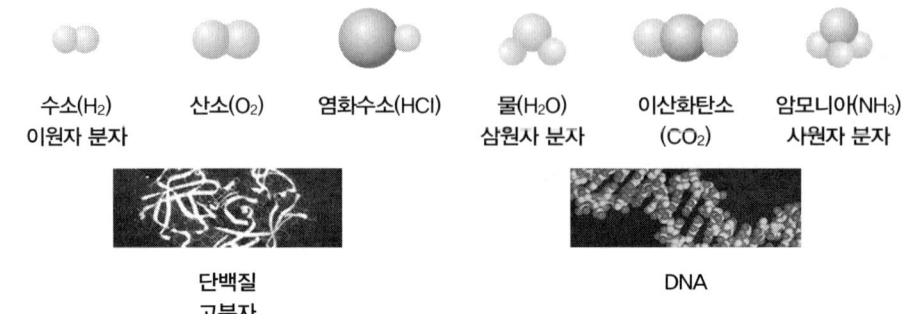

수소(H_2) 이원자 분자 / 산소(O_2) / 염화수소(HCl) / 물(H_2O) 삼원사 분자 / 이산화탄소(CO_2) / 암모니아(NH_3) 사원자 분자

단백질 고분자 / DNA

3) 분자에 관한 기본 법칙

① **기체 반응의 법칙**
㉮ 기체와 기체가 반응하여 새로운 기체가 생성될 때 각 기체의 부피 사이에는 항상 일정한 정수비가 성립한다.
㉯ 반응식

$$2H_2 + O_2 \rightarrow 2H_2O \quad \bullet \text{부피비 } 2 : 1 : 2$$

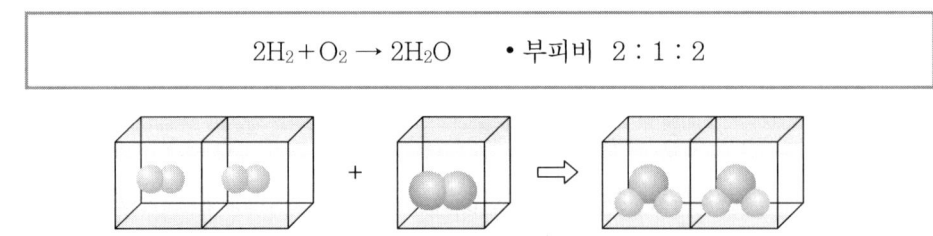

② **아보가드로의 법칙**
㉮ 같은 온도와 압력에서 기체들은 그 종류에 관계없이 일정한 부피 속에 같은 수의 분자가 들어 있다.
㉯ 0℃, 1기압 상태에서 모든 기체의 22.4L 속에는 6.02×10^{23}개의 분자가 들어있다.

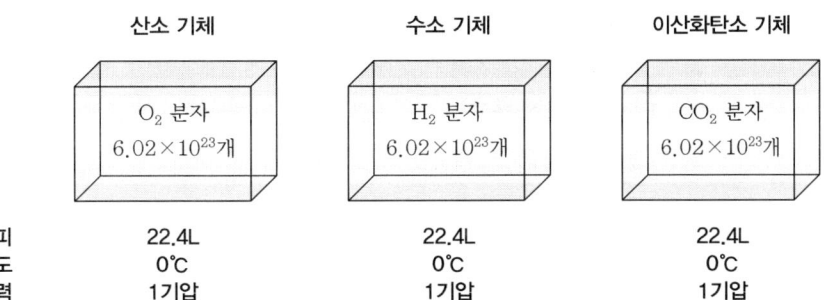

4) 몰(mole)

① 1몰

연필 12자루는 한 '다스', 달걀 30개는 한 '판', 마늘 100개는 한 '접'이라고 한다. 화학에서도 원자, 분자, 이온과 같은 입자 6.02×10^{23}개의 모임을 1몰이라는 단위로 사용하는데, 이 수를 아보가드로수라고 한다.

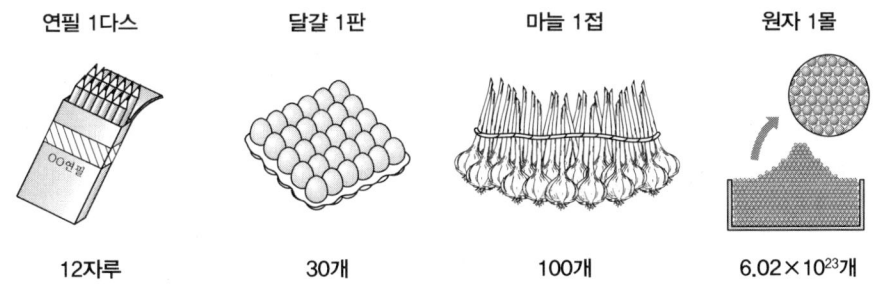

② 몰과 개수

모든 입자 1몰 속에는 그 입자가 아보가드로수(6.02×10^{23}개)만큼 존재한다.

㉮ 원자 1mol : 원자 6.02×10^{23}개

㉯ 분자 1mol : 분자 6.02×10^{23}개

㉰ 전자 1mol : 전자 6.02×10^{23}개

㉱ 이온 1mol : 이온 6.02×10^{23}개

③ 몰과 질량

㉮ 원자량이나 분자량에 그램을 붙인 값은 원자나 분자 1몰의 질량, 즉 아보가드로수만큼의 질량이 된다.

㉯ 몰 수(mol) = $\dfrac{질량(g)}{분자량(g/mol)}$

④ **몰과 기체의 부피**

㉮ 모든 기체 1몰의 부피는 기체의 종류에 관계없이 표준 상태(0℃, 1기압)에서 22.4L를 차지한다.

㉯ 표준 상태에서의 기체 1몰의 부피

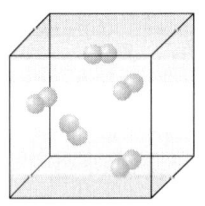 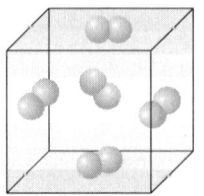 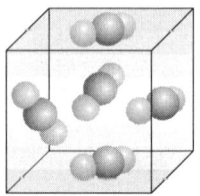

H_2 2.0g
수소 분자 1mol
22.4L
6.02×10^{23}개 H_2

O_2 32.0g
산소 분자 1mol
22.4L
6.02×10^{23}개 O_2

CO_2 44.0g
이산화탄소 분자 1mol
22.4L
6.02×10^{23}개 CO_2

㉰ 표준 상태에서의 기체의 몰수와 부피의 관계

$$\text{기체의 몰수} = \frac{\text{기체의 부피(L)}}{22.4(\text{L/몰})} (0℃,\ 1기압)$$

㉱ 기체의 밀도와 분자량의 관계

$$\text{기체의 밀도} = \frac{\text{기체의 질량}}{\text{기체의 부피}} = \frac{\text{분자량(g)}}{22.4(\text{L})}$$

02 주기율표의 이해

1) 주기율표

① **주기율표란**

㉮ 원소들을 원자 번호 순으로 나열하면 물리적, 화학적 성질이 비슷한 원소들이 같은 세로줄에 온다는 주기율을 이용하여 만들어 놓은 원소의 분류표이다.

㉯ 원소가 주기율표에 나타나는 것과 같은 규칙성을 보이는 것은 원자 내부에 주기율과 관련된 어떤 규칙이 존재한다는 것을 알려 준다.

2) 주기율표

주기\족	1족⟨+1⟩	2족⟨+2⟩	3족⟨+3⟩	4족⟨±4⟩	5족⟨-3⟩	6족⟨-2⟩	7족⟨-1⟩	0족
1	H^1							He^2
	1							4
2	Li^3	Be^4	B^5	C^6	N^7	O^8	F^9	Ne^{10}
	7	9	11	12	14	16	19	20
3	Na^{11}	Mg^{12}	Al^{13}	Si^{14}	P^{15}	S^{16}	Cl^{17}	Ar^{18}
	23	24	27	28	31	32	35.5	40
4	K^{19}	Ca^{20}					Br^{35}	Kr^{36}
	39	40					80	83.80
5							I^{53}	Xe^{54}
							126.9045	132.91
6								Rn^{86}
								222

⧅	금속 원소		검정색 원소 기호	고체(상온)
░	비금속 원소		굵은 원소 기호	액체(상온)
▓	준금속 원소		흰색 원소 기호	기체(상온)

3) 주기율표에 따른 원소의 전자 배치

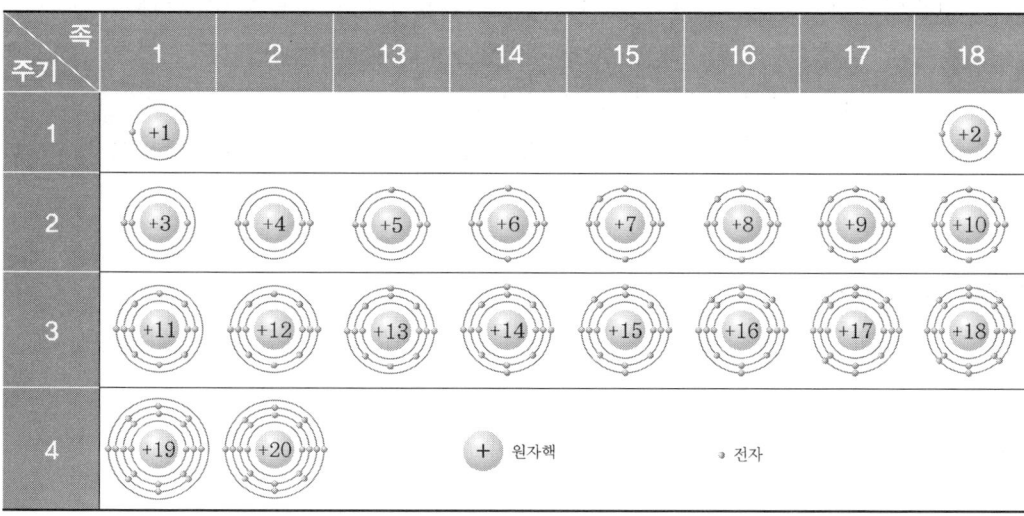

① 주기 : 주기율표의 가로줄의 의미하며, 전자 껍질의 수를 나타낸다.
② 족 : 주기율표의 세로줄의 의미하며, 가장 바깥 껍질의 전자수를 나타내며 같은 족에 속해 있는 원소들을 동족 원소라고 하는데, 동족 원소들은 화학적 성질이 비슷하다.

4) 알칼리금속
① 주기율표의 1족에 속하는 반응성이 큰 금속이다.
② 원자가전자가 1개로 (+1)가의 양이온이 되기 쉽다.
③ 물과 격렬하게 반응하여 수산화물(MOH)과 수소 기체를 생성한다.
④ 산소와 반응하여 산화물(M_2O)을 만든다.
⑤ 반응순서 : Li < Na < K …

5) 할로겐족 원소
① 주기율표의 7족에 속하는 반응성이 큰 비금속으로 F, Cl, Br, I 등이 여기에 속한다.
② 몸에 해로운 독성 물질로, 상온에서 모두 이원자 분자(X_2)로 존재하며, 특이한 색깔을 가지고 있으며, 원자 번호가 증가할수록 색깔이 진해진다.
③ 반응순서 : F_2 > Cl_2 > Br_2 > I_2
④ 소화약제로 사용한다.

6) 비활성기체
① 화학적으로 활성이 없기 때문에 비활성 기체 또는 0족 원소라고 불린다.
② 반응성이 없는 기체이므로 화학 반응이 일어나는 것을 방지하는데 이용된다.
  ㉮ 헬륨 : 수소 다음으로 가벼운 기체이며 타지 않아 애드벌룬용 가스로 사용한다.
  ㉯ 네온 : 네온사인에 많이 이용된다.
  ㉰ 아르곤 : 백열전구, 형광등, 진공관 등에 봉입하는 기체로 사용한다.

03 화학반응

1) 발열 반응과 흡열 반응
① **발열 반응**
  ㉮ 화학 반응이 일어날 때 열을 방출하는 화학 반응을 발열 반응이라 한다.
  ㉯ 탄소(C) 1몰을 연소시키면 393.5kJ의 열이 발생한다.

$$C(s) + O_2(g) \rightarrow CO_2(g) + 393.5kJ$$

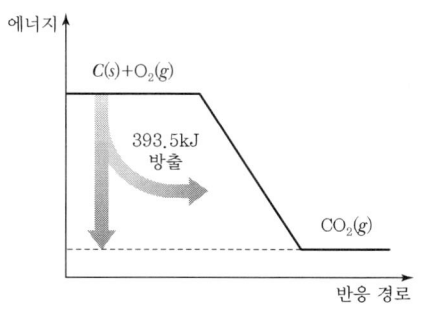 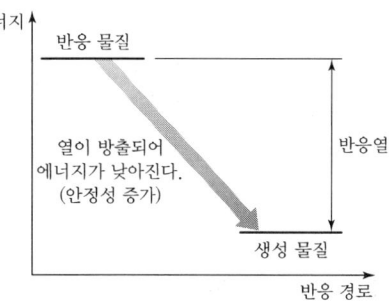

2) 흡열 반응

① 화학 반응이 일어날 때 열을 흡수하는 화학 반응을 흡열 반응이라고 한다.
② 산화수은(HgO) 1몰이 분해되기 위해서는 90.8kJ의 열을 흡수해야 한다.

$$HgO(s) \rightarrow Hg(l) + \frac{1}{2}O_2(g) - 90.8kJ$$

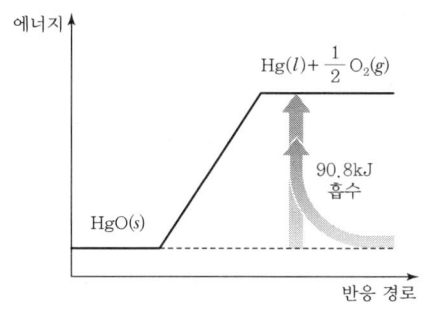 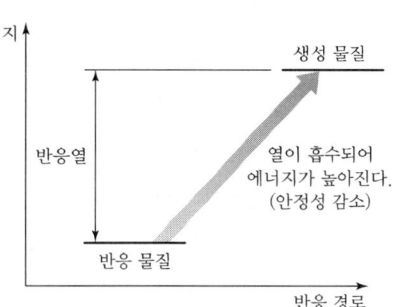

CHAPTER 02 연소 및 폭발

01 연소이론

1) 연소의 정의

① **정의** : 물질이 격렬한 산화반응을 함으로써 열과 빛을 동반하는 발열반응을 말한다.
  ㉮ 산소와 화합하는 산화반응이어야 한다.
  ㉯ 발열반응이어야 한다.
  ㉰ 빛을 발생시켜야 한다.

② **산화반응과 환원반응**

산화반응	환원반응
산소와 결합할 때, 수소를 잃을 때, 전자를 잃을 때, 산화수가 증가할 때	산소를 잃을 때, 수소와 결합할 때, 전자를 얻을 때, 산화수가 감소할 때

③ **산화제와 환원제**
  ㉮ 산화제(oxidizing agent)
    산화 환원 반응에서 자신은 환원되면서 상대 물질을 산화시키는 물질이다. 흔히 사용되는 산화제에는 산화납(Ⅱ), 과망가니즈산칼륨, 산화염소, 염소 등이 있다.
    • 산소를 내기 쉬운 물질
    • 수소와 화합하기 쉬운 물질
    • 전자를 얻기 쉬운 물질
    • 전기음성도가 큰 비금속 단체
  ㉯ 환원제(reducing agent)
    산화 환원 반응에서 자신은 산화되면서 상대 물질을 환원시키는 물질이다. 흔히 사용되는 환원제에는 수소, 수소화붕소나트륨, 이산화황, 탄소 등이 있다.
    • 수소를 내기 쉬운 물질
    • 산소와 화합하기 쉬운 물질
    • 전자를 잃기 쉬운 물질
    • 이온화 경향이 큰 금속 단체

④ 온도에 따른 연소의 색상

색상	담암적색	암적색	적색	휘적색	황적색	백적색	휘백색
온도℃	550	700	850	950	1,100	1,300	1,500 이상

2) 연소의 3요소 및 4요소

- 연소의 3요소(표면연소) : **가연물, 산소공급원, 점화원**
- 연소의 4요소(불꽃연소) : **가연물, 산소공급원, 점화원, 연쇄반응**

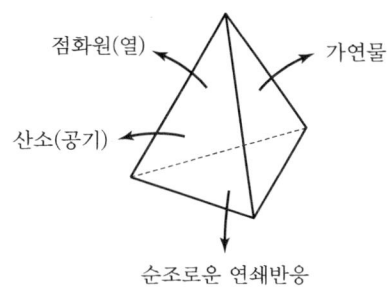

Check Point 연소의 필요 요소

구분	필요 요소	소화	
3요소	가연물, 산소공급원, 점화원	제거소화, 질식소화, 냉각소화	물리적 소화
4요소	가연물, 산소공급원, 점화원, 연쇄반응	제거소화, 질식소화, 냉각소화, 억제소화	물리적 소화, 화학적 소화

① **가연물** : 산화반응 시 발열 반응하는 물질을 말한다.

가연물이 되기 쉬운 조건	가연물이 될 수 없는 물질
㉠ 열전도율이 적을 것	㉠ 산소와 반응할 수 없는 물질 CO_2, H_2O, Fe_2O_3
㉡ 발열량이 클 것	
㉢ 활성화 에너지가 작을 것	㉡ 불활성 기체 He, Ne, Ar, Kr, Xe, Rn
㉣ 산소와 친화력이 좋을 것	
㉤ 표면적이 클 것	㉢ 흡열 반응하는 물질 N_2, NO, NO_3 예) $N_2 + O_2 \rightarrow 2NO - 43.2kcal$
㉥ 주위 온도가 높을 것	
㉦ 화학적으로 불안정할 것(고체 < 액체 < 기체)	

② **산소공급원** ; 가연물이 연소되기 위해 필요한 산소를 공급할 수 있는 것을 말하며, 조연성 가스 또는 지연성 가스라 한다.

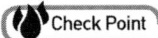

> ▶ **산소공급원의 종류**
> 1. 공기 중의 산소(체적비 : 21%, 중량비 : 23wt%)
> 2. 화합물 내의 산소(제1류 위험물, 제5류 위험물, 제6류 위험물)
>
> ▶ **최소산소농도(MOC ; Minimum Oxygen Concentration)**
> 1. 가연물이 연소하기 위하여 필요로 하는 최소한의 산소농도를 말한다.
> 2. 일반적으로 탄화 수소계는 약 10%, 분진은 약 8% 정도이다.
> 3. MOC＝산소 몰수(mol수)×연소 하한계
>   ⇨ 산소 몰수 : 연료 1몰당 필요한 산소 몰수

예제

메탄의 최소산소농도(MOC)로 알맞은 것은?
- ㉮ 약 8%
- ㉯ 약 10%
- ㉰ 약 15%
- ㉱ 약 21%

정답 및 해설

정답 ㉯

MOC＝산소 몰수×연소 하한계
① 산소 몰수
  메탄의 완전연소 방정식 : $CH_4 + 2O_2 \rightarrow CO_2 + 2H_2O$
② 메탄의 연소 범위 : 5~15%
③ MOC＝산소 몰수×연소 하한계＝2×5＝10%

③ **점화원** : 가연성 가스나 물질 등이 체류하고 있는 분위기에서 불을 붙일 수 있는 근원으로 활성화에너지 또는 착화에너지라고 한다.
　㉮ 화학적 에너지
　　㉠ 연소열 : 어떤 물질 1몰 또는 1g이 완전연소할 때 발생하는 열량 또는 발열량을 말한다.
　　㉡ 자연발열 : 어떤 곳에서도 열을 주지 않아도 물질이 상온인 공기 중에서 산화반응을 통하여 자연히 발열하는 현상을 말한다.

ⓒ 분해열 : 물질이 분해할 때 관여하는 에너지를 말한다. 분해될 때 발열하는 물질로는 니트로셀룰로오스와 아세틸렌 등이 있다.

예) $C_2H_2 \rightarrow 2C + H_2 + 54kcal$

ⓔ 용해열 : 물질 1mol을 용매에 녹일 때 출입하는 열을 말한다.

㉯ 기계적 에너지

  ㉠ 마찰열 : 접촉하는 두 물체가 마찰할 때 생기는 열을 말한다.
  ㉡ 마찰스파크 : 금속과 고체물체가 충돌할 때 발생하는 스파크를 말한다.
  ㉢ 압축열 : 공기 또는 공기·연료의 혼합 가스를 압축한 경우 증가하는 온도(열)를 말한다.

㉰ 전기적 에너지

  ㉠ 저항열 : 도체에 전류가 흐를 때 전기에너지가 열에너지로 전환되면서 발생되는 열을 말한다.

  예) 백열전구의 발열

  ㉡ 유도열 : 도체 주위의 자기장의 변화로 전위차가 발생한 경우 전류 흐름에 대한 저항열을 말한다.
  ㉢ 유전가열 : 절연이 파괴된 경우 누설전류에 의한 발열을 말한다.
  ㉣ 아크열 : 접점이 느슨하여 전류가 차단될 때 발생하는 열을 말한다.
  ㉤ 정전기열 : 마찰전기이며, 마찰 대전에 의해 축전된 전하가 방전될 경우 발생하는 열로 인화성 기체나 가연성 분진 등을 쉽게 착화시킬 수 있다.
  ㉥ 낙뢰에 의한 발열 : 구름의 충돌 등으로 구름에 축적된 전하가 방전하면서 발생하는 열이다.

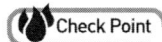
Check Point

▶ **저항열(줄열)**

$H = 0.24I^2Rt$

H : 저항열(cal), I : 전류의 세기(A), R : 저항(Ω), t : 전류가 흐르는 시간(sec)

▶ **점화원의 구분**

점화원이 될 수 있는 것	불꽃, 마찰, 고온표면, 단열압축, 복사열, 자연발화, 정전기 등
점화원이 될 수 없는 것	기화열, 증발열, 냉각열, 단열팽창 등

④ **연쇄반응** : 발열 반응에 의한 연소열에 의해 원인계인 미반응 부분의 활성화가 계속 일어나는 현상을 말한다. 불꽃연소의 반응은 아래 ㉮~㉰의 과정이 연쇄적으로 발생되며, 계속해서 반복 지속된다.

㉮ 개시 : $RH + e \rightarrow R^- + H^+$ (RH : 가연성 분자, e : 열에너지)
　→ 가연성 분자가 열에 의해 분해되어 이온이 생성

㉯ 전파 : $H^+ + O_2 \rightarrow OH^- + O^{2-}$
　→ 가연성 분자에서 생성된 수소이온과 산소가 반응하여 이온 생성

㉰ 억제 : $O^{2-} + RH \rightarrow OH^- + R^-$
　→ 가연성 분자가 전파반응에서 생성된 산소이온과 반응하여 수산화이온(OH^-)을 추가적으로 생성

㉱ 종결 : $OH^- + RH \rightarrow H_2O + R^-$
　→ 가연성 분자가 전파반응에서 생성된 수산화이온(OH^-)과 반응하여 수증기를 생성

3) 가연물의 상태별 연소

① 기체 가연물(확산연소, 예혼합연소)

㉮ 확산연소 : 가연성 가스와 공기가 농도가 0이 되는 화염 쪽으로 이동하는 확산의 과정을 통한 연소(Fick's Law : 농도는 높은 곳에서 낮은 곳으로 이동한다)이다. 대부분 기체 가연물의 연소는 확산연소에 해당되며, 화염의 높이가 30cm 이상이 되면 난류 확산화염이 된다.

㉯ 예혼합연소 : 가연성 기체와 공기를 완전연소가 될 수 있도록 적당한 혼합비로 미리 혼합한 후 연소시키는 형태이며, 혼합기로 역화를 일으킬 위험성이 크다.

② 액체 가연물(증발연소, 분해연소)

㉮ 증발연소 : 액체로부터 발생된 가연성 기체가 연소하는 것으로 액체가 증발에 의해 기체가 되고, 그 기체가 산소와 반응하여 연소하는 형태의 연소이다. 휘발성이 커서 비점이 낮은 액체가연물의 연소형태이다.
　예 알코올류, 가솔린 등 저비점 액체가연물

㉯ 분해연소 : 비점이 높은 액체 가연물의 연소로 증발이 어려운 액체 가연물에 계속 열을 가하면 복잡한 경로의 열분해 과정을 거쳐 탄소수가 적은 저급 탄화수소가 되어 연소하는 연소형태이다.
　예 중유, 기계유, 실린더유 등 고 비점 액체가연물

③ 고체 가연물(표면연소, 증발연소, 분해연소, 자기연소)
  ㉮ 표면연소 : 가연성 기체의 발생 없이 고체 표면에서 불꽃을 내지 않고 연소하는 형태이다. 불꽃연소에 비해 연소열량이 적고 연소속도가 느려 화재에 대한 위험성은 크지 않다.
    예 코크스, 목탄, 금속분 등
  ㉯ 분해연소 : 가연물이 열분해를 통하여 여러 가지 가연성 기체가 발생되어 연소하는 형태
    예 목재, 종이, 섬유, 플라스틱 등
  ㉰ 증발연소 : 승화성 물질의 단순 증발에 의해 발생된 가연성 기체가 연소하는 형태
    예 황, 나프탈렌, 장뇌 등 승화성 물질
  ㉱ 자기연소 : 가연물 내에 산소를 함유하는 물질이 연소하는 형태이며, 외부로부터 산소공급이 없이도 연소가 진행될 수 있어 연소속도가 매우 빨라 폭발적으로 연소한다.
    예 질산에스테르류, 셀룰로이드류, 니트로화합물류 등

Check Point 연소의 분류(불꽃의 유무에 의한 분류)

구분	불꽃이 있는 연소	불꽃이 없는 연소
물질	기체 · 액체 · 고체	고체
화재	표면화재	심부화재
종류	확산연소 · 예혼합연소 · 증발연소 자기연소 · 분해연소 · 자연발화	표면연소 · 훈소 · 작열연소
소화	물리적 소화 · 화학적 소화	물리적 소화

4) 연소속도
  ① 연소속도란 가연물의 양이 연소에 의해 감소되는 속도를 말하며, 연소속도가 빠를수록 위험하다.
  ② **연소속도에 영향을 미치는 요인(연소속도가 빨라지는 경우)**
    ㉮ 가연물의 온도가 높을수록
    ㉯ 가연물의 입자가 작을수록
    ㉰ 산소의 농도가 클수록
    ㉱ 주변 압력은 높을수록, 자신의 압력은 낮을수록
    ㉲ 발열량이 많을수록
    ㉳ 활성화에너지가 작을수록

5) 연소이론 용어 정리

① **비열** : 어떤 물질의 단위 질량을 단위 온도만큼 상승시키는 데 필요한 열량
  ㉮ 기호 : C
  ㉯ 단위 : cal/g · ℃, kcal/kg · ℃
  ㉰ 1cal : 1g의 물질을 1℃ 높이는 데 필요한 열량
  ㉱ 1BTU : 1lb의 물질을 1°F 높이는 데 필요한 열량

물질의 종류	비열	물질의 종류	비열	물질의 종류	비열
물	1	사염화탄소	0.201	수은	0.033
수증기	0.44	공기	0.240	구리	0.091
얼음	0.5	알루미늄	0.217	윤활유	0.510
금	0.031	나무	0.420	철	0.113

∥ Reference ∥ **열용량(Heat Capacity)**

열용량이란 어떤 물질의 온도를 1℃(°F)만큼 높이는 데 필요한 열이다.
∴ 열용량(kcal/℃)=비열(kcal/kg · ℃)×질량(kg)
즉, 물질의 비열이 크다는 것은 열용량이 크다는 것을 의미한다.

② **잠열** : 어떤 물질을 온도 변화 없이 상태를 변화시킬 때 필요한 열량
  ㉮ 증발잠열 : 액체가 기화할 때 필요한 열(물의 증발잠열 : 539 kcal/kg)
  ㉯ 융해잠열 : 고체가 액화할 때 필요한 열(얼음의 융해잠열 : 80 kcal/kg)

$$Q = m \cdot \gamma$$

여기서, Q : 잠열(kcal)
  m : 질량(kg)
  γ : 융해, 증발잠열(kcal/kg)

③ **현열** : 현열이란 상태의 변화 없이 온도 변화에 필요한 열량이다.
  −5℃의 얼음 → −1℃의 얼음, 20℃의 물 → 80℃의 물

$$Q = m \cdot C \cdot \Delta T$$

여기서, Q : 현열(kcal), m : 질량(kg)
  C : 물질의 비열(kcal/kg · ℃)
  ΔT : 온도차(℃)

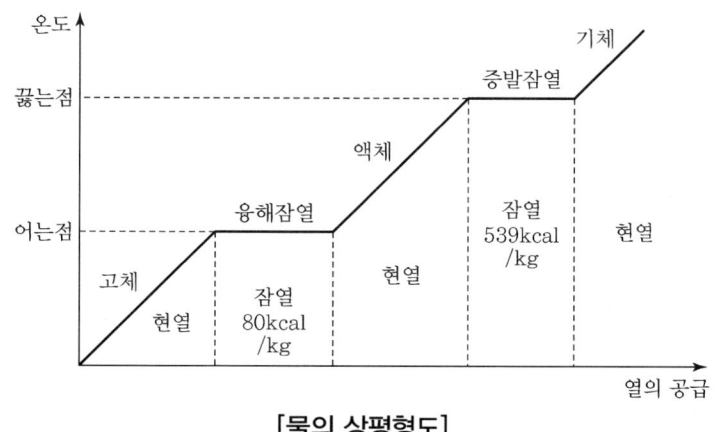

[물의 상평형도]

예제

−5℃의 얼음 10kg을 100℃의 수증기로 만드는 데 필요한 열량(kcal)은 얼마인가?

㉮ 6,215 ㉯ 6,415
㉰ 7,190 ㉱ 7,215

정답 및 해설

정답 ㉱

−5℃ 얼음 → 0℃ 얼음 → 0℃ 물 → 100℃ 물 → 100℃ 수증기
　　　　　현열(Q_1)　　잠열(Q_2)　　현열(Q_3)　　잠열(Q_4)

① 현열(Q_1) = $m \cdot C \cdot \Delta T$ = 10kg × 0.5kcal/kg·℃ × 5℃ = 25kcal
② 잠열(Q_2) = $m \cdot \gamma$ = 10kg × 80kcal/kg = 800kcal
③ 현열(Q_3) = $m \cdot C \cdot \Delta T$ = 10kg × 1kcal/kg·℃ × 100℃ = 1,000kcal
④ 잠열(Q_4) = $m \cdot \gamma$ = 10kg × 539kcal/kg = 5,390kcal
∴ 필요한 열량 = ① + ② + ③ + ④ = 25 + 800 + 1,000 + 5,390 = 7,215kcal

④ **인화점**

㉮ 가연성 기체와 공기가 혼합된 상태(가연성 혼합기)에서 점화원에 의해 불이 붙을 수 있는 최저온도를 말한다.
㉯ 연소범위 하한계에 도달되는 온도로 액체 가연물의 화재 위험성의 척도이며, 인화점이 낮을수록 위험성은 크다 할 수 있다.

Check Point 액체가연물질의 인화점

종류	인화점(℃)	종류	인화점(℃)
디에틸에테르	-45	휘발유	-20~-43
이황화탄소	-30	톨루엔	4.5
아세트알데히드	-37.7	등유	30~60
아세톤	-18	중유	60~150

⑤ **연소점**
  ㉮ 연소상태에서 점화원을 제거하여도 스스로 연소가 지속되는 최저온도를 말한다.
  ㉯ 인화점보다 약 10℃ 정도 높다.

⑥ **발화점**
  ㉮ 점화원 없이 스스로 불이 붙을 수 있는 최저온도를 발화점이라 말한다.
  ㉯ 발화점은 인화점보다 매우 높은 온도이며 발화점이 낮을수록 위험하다.

Check Point 발화점이 낮아질 수 있는 조건

1. 산소와의 친화력이 좋을수록
2. 발열량이 클수록
3. 압력이 높을수록
4. 분자구조가 복잡할수록
5. 접촉금속의 열전도성이 클수록
6. 탄화수소의 분자량이 클수록

⑦ **연소범위**
  ㉮ 가연성 혼합기의 연소 하한계와 상한계 간을 이르며, 혼합기의 발화에 필요한 조성 범위를 표시한다.
  ㉯ 상한계와 하한계 사이에서 화염을 자력으로 전파할 수 있는 공간을 말한다.

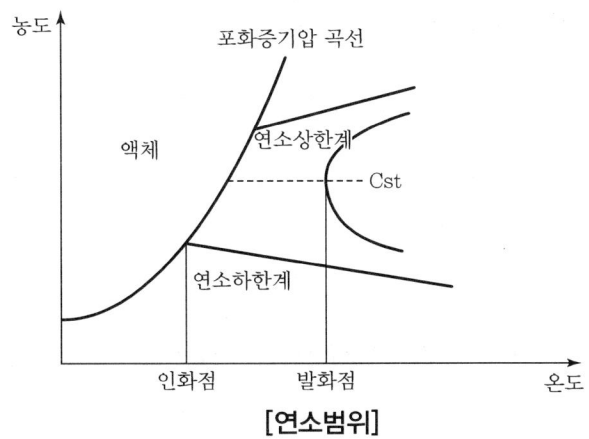

[연소범위]

▼ 공기 중에서 가연성 가스의 연소범위(폭발범위)

가스	하한계(%)	상한계(%)	가스	하한계(%)	상한계(%)
메탄	5.0	15.0	아세트알데히드	4.1	57.0
에탄	3.0	12.4	에테르	1.9	48.0
프로판	2.1	9.5	산화에틸렌	3.0	80.0
부탄	1.8	8.4	벤젠	1.4	7.1
에틸렌	2.7	36.0	톨루엔	1.4	6.7
아세틸렌	2.5	81.0	이황화탄소	1.2	44.0
황화수소	4.3	45.4	메틸알코올	7.3	36.0
수소	4.0	75.0	에틸알코올	4.3	19.0
암모니아	15.0	28.0	일산화탄소	12.0	74.0

Check Point 연소범위 영향 요소

① 산소농도가 클수록 연소범위는 넓어진다.
② 압력이 높을수록 연소범위는 넓어진다.(단, 수소·일산화탄소는 좁아진다.)
③ 온도가 높을수록 연소범위는 넓어진다.
④ 불활성 가스를 첨가하면 연소범위는 좁아진다.

> **Check Point** 화학양론조성비(Cst)

① 가연성 가스와 공기 중의 산소가 완전연소되기 위해 필요한 농도비
② $Cst = \dfrac{연료몰수}{연료몰수 + 공기몰수} \times 100\%$ (공기몰수 $= \dfrac{산소몰수}{0.21}$)

예제

프로판 1mol이 공기 중의 산소와 완전연소되기 위한 농도비(%)는 얼마인가?

㉮ 4.03 ㉯ 3.04
㉰ 2.30 ㉱ 4.30

정답 및 해설

[정답] ㉮

$Cst = \dfrac{연료몰수}{연료몰수 + 공기몰수} \times 100\%$

① 프로판의 완전연소 방정식
  $C_3H_8 + 5O_2 \rightarrow 3CO_2 + 4H_2O$

② 공기몰수 $= \dfrac{산소몰수}{0.21} = \dfrac{5}{0.21} = 23.81$

③ $Cst = \dfrac{연료몰수}{연료몰수 + 공기몰수} \times 100 = \dfrac{1}{1 + 23.81} \times 100 = 4.03\%$

⑧ 위험도

가연물의 위험성을 연소범위(폭발범위)로 계산한 것으로 위험도가 큰 물질일수록 위험하다고 할 수 있다.

$$H = \dfrac{U - L}{L}$$

여기서, H : 위험도
  U : 상한값(%)
  L : 하한값(%)

⑨ **르샤틀리에의 법칙**
혼합 가연성 가스의 연소범위(폭발범위) 계산

혼합가스의 연소 하한값	혼합가스의 연소 상한값
$L = \dfrac{100}{\dfrac{V_1}{L_1} + \dfrac{V_2}{L_2} + \dfrac{V_3}{L_3}}$	$U = \dfrac{100}{\dfrac{V_1}{U_1} + \dfrac{V_2}{U_2} + \dfrac{V_3}{U_3}}$
L : 혼합가스의 연소 하한값	U : 혼합가스의 연소 상한값
$L_1 \cdot L_2 \cdot L_3$: 각 성분기체의 연소 하한값	$U_1 \cdot U_2 \cdot U_3$: 각 성분기체의 연소 상한값
$V_1 \cdot V_2 \cdot V_3$: 각 성분기체의 체적 %	$V_1 \cdot V_2 \cdot V_3$: 각 성분기체의 체적 %

예제

공기 50vol%, 프로판 35vol%, 부탄 12vol%, 메탄 3vol%인 혼합기체의 공기 중 폭발 하한계는 몇 vol% 인가?(단, 공기 중 각 가스의 폭발 하한계는 메탄 5vol%, 프로판 2vol%, 부탄 1.8vol% 이다.)[14회 기출]

㉮ 2.02 ㉯ 3.41
㉰ 4.04 ㉱ 6.82

정답 및 해설

정답 ㉮

$$L = \dfrac{100}{\dfrac{V_1}{L_1} + \dfrac{V_2}{L_2} + \dfrac{V_3}{L_3}}$$

여기서, L : 혼합가스의 연소 하한값
$L_1 \cdot L_2 \cdot L_3$: 각 성분기체의 연소 하한값
$V_1 \cdot V_2 \cdot V_3$: 각 성분기체의 체적 %

$$L = \dfrac{50}{\dfrac{V_1}{L_1} + \dfrac{V_2}{L_2} + \dfrac{V_3}{L_3}} = \dfrac{50}{\dfrac{35}{2} + \dfrac{12}{1.8} + \dfrac{3}{5}} = 2.018 = 2.02\%$$

⑩ **밀도**

밀도란 단위체적당의 질량이다.

$$\text{밀도} = \frac{\text{질량}}{\text{부피}}$$

㉮ 고체, 액체의 밀도

단위 부피당 질량을 말한다.

㉯ 기체의 밀도

㉠ 표준상태(0℃, 1기압)

$$\text{밀도} = \frac{\text{분자량}}{22.4}$$

㉡ 표준상태가 아닌 때

$$\rho = \frac{PM}{RT}$$

여기서, ρ : 밀도(kg/m³), P : 압력(atm), M : 분자량(kg/k-mol)
T : 절대온도(K), R : 기체정수(atm·m³/k-mol·K)

‖ Reference ‖ **아보가드로의 법칙**

모든 기체 1mol이 표준상태(0℃, 1기압)에서 차지하는 체적은 22.4 l 이며, 그 속에는 6.023×10^{23}개의 분자 수를 포함한다. 즉, 온도와 압력이 같을 때 같은 부피 속에는 같은 수의 분자 수가 존재한다.

⑪ **비중** : 어떤 물질의 질량과 이것과 같은 부피를 가진 표준물질의 질량과의 비율이며, 비중량의 비 또는 밀도의 비이다.

- 기체의 비중 = $\dfrac{\text{측정기체의 밀도}(g/l)}{\text{표준상태의 공기밀도}(g/l)} = \dfrac{\text{측정기체의 분자량}}{\text{공기의 분자량}}$
- 고체, 액체의 비중 = $\dfrac{\text{측정물질의 밀도}(kg/m^3)}{4℃ \text{ 물의 밀도}(kg/m^3)}$

‖ Reference ‖ **공기의 분자량**

N_2 : 79%, O_2 : 21% ⇒ $28 \times 0.79 + 32 \times 0.21 = 28.84 ≒ 29$

⑫ **증기-공기밀도** : 어떤 온도에서 액체와 평형상태에 있는 공기와 증기의 혼합물의 증기밀도를 말한다.

$$증기-공기밀도 = \frac{pd}{P_0} + \frac{P_0 - p}{P_0}$$

여기서, P_0 : 대기압, p : 특정 온도에서의 증기압, d : 증기밀도

⑬ **비점** : 액체 물질의 증기압이 외부 압력과 같아져서 끓기 시작하는 온도를 말한다. 비점이 낮은 물질은 기체로 되기 쉬우므로 화재에 대한 위험성은 크다고 할 수 있다.

┃Reference┃ **주변압력과 비등점의 관계**
- 주변압력을 증가시키면 비등점은 높아진다.
- 주변압력을 감소시키면 비등점은 낮아진다.

┃Reference┃ **가연물의 상태별 연소성**
기체 > 액체 > 고체

⑭ **융점** : 물질이 고체에서 액체로 상태변화가 일어날 때의 온도를 말한다. 순수한 물의 융점은 0℃이며, 융점이 낮은 물질은 고체에서 액체로 되기 쉬우므로 화재에 대한 위험성은 크다고 할 수 있다.

⑮ **용해도** : 어떤 온도에서 용매 100g에 최대로 녹을 수 있는 용질의 g 수를 말한다.
- 일정한 온도에서 같은 용매에 대한 용해도는 물질의 종류에 따라 다르다.
- 용해도는 용매와 용질의 종류, 온도에 따라 달라진다.
  ㉮ 기체의 용해도
    온도가 낮을수록 기체의 용해도는 증가한다.
    압력이 높을수록 기체의 용해도는 증가한다.
  ㉯ 액체의 용해도
    액체의 용해도는 용매와 용질의 극성에 따라 다르며, 극성물질은 극성용매에, 비극성 물질은 비극성 용매에 잘 녹는다.
  ㉰ 고체의 용해도
    일반적으로 온도가 높을수록 고체의 용해도는 증가하며, 압력에는 거의 영향을 받지 않는다. 그러나 수산화칼슘($Ca(OH)_2$)의 용해도는 온도가 높을수록 감소하며, 염화나트륨($NaCl$)은 온도와는 상관없다.

⑯ **최소 착화(발화)에너지(MIE ; Minimum Ignition Energy)** : 어떤 물질이 공기와 혼합하였을 때 점화원으로 발화하기 위하여 필요한 최소한의 에너지를 말한다.

$$\text{MIE} = \frac{1}{2}CV^2$$

여기서, MIE : 최소발화에너지(J), C : 콘덴서용량(F), V : 전압(V)

| Reference | 최소 착화에너지

아세틸렌·수소·이황화탄소	에틸렌	벤젠	메탄·에탄·프로판·부탄
0.019mJ	0.096mJ	0.2mJ	0.28mJ

Check Point 최소 착화에너지 영향 요소

영향요소	MIE의 크기
농도	• 가연성 가스의 농도가 화학양론 조성비(Cst)일 때 최소가 된다. • 산소의 농도가 클수록 작아진다.
압력	압력이 클수록 작아진다.
온도	온도가 높을수록 작아진다.
유속	유속이 불규칙(난류)할 때 커진다.
소염거리	소염거리 이하에서는 영향을 받지 않는다.(착화되지 않는다.)

⑰ **소염거리, 화염일주한계(MESG ; Maximum Experiment Safe Gaps, 안전간극)**
  ㉮ 전기 불꽃을 가해도 점화되지 않는 전극 간의 최대거리
  ㉯ 최소발화에너지는 소염거리의 제곱에 비례하고 화염 온도와 미연소 가스온도의 차에 비례하고 연소속도에 반비례한다.

$$H = \lambda \cdot l^2 \cdot \frac{(T_f - T_u)}{U}$$

여기서, H : 화염에서 얻어지는 에너지
  λ : 화염평균 열전달률, l : 소염거리
  T_f : 화염온도, T_u : 미연소가스온도
  U : 연소속도

| Reference | 소염거리 측정

① 그림과 같은 실험장치를 이용하여 용기 내에서 점화봉에 의해 착화되어 폭발이 발생하도록 한다.
② 이때, 발생된 화염이 용기 밖으로 전파된 경우 점화가 일어나지 않는 최대 틈새를 측정한다.
③ 틈새는 상부의 틈새조절용 정밀나사에 의해 조절한다.
④ 폭발등급

폭발등급	A	B	C
화염일주한계	0.9 이상	0.5~0.9	0.5 이하
적용가스	CO, CH_4, C_2H_6 C_3H_8, C_4H_{10}	C_2H_4 HCN	H_2 C_2H_2

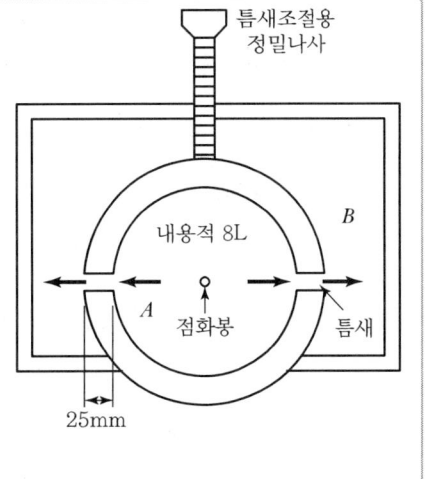

⑱ **한계산소지수(LOI ; Limited Oxygen Index)**

㉮ 가연물을 수직으로 하여 최상부에서 점화시켰을 때 점화원을 제거해도 연소를 지속할 수 있는 산소의 최저 체적 분율이며 공기 중의 산소 농도이다.

㉯ 난연성 측정의 기준이 되며 LOI가 28% 이상이면 난연성이다.

$$LOI = \frac{O_2}{O_2 + N_2} \times 100$$

여기서, O_2 : 산소공급유량(l/min 또는 농도%)
N_2 : 질소공급유량(l/min 또는 농도%)

⑲ **아레니우스의 반응속도** : 충돌계수가 크고, 반응계의 온도가 높고, 활성화 에너지가 작아야 반응속도가 빨라진다.

$$V = C \cdot e^{-\frac{Ea}{RT}}$$

여기서, C : 충돌빈도계수, Ea : 활성화에너지(J/kg)
T : 반응계온도(K), R : 기체상수(J/kg · K)

6) 연소 시 발생하는 이상 현상

① **불완전연소** : 물질이 연소할 때 산소의 공급이 불충분하거나 온도가 낮으면 그을음이나 일산화탄소가 생성되면서 연료가 완전히 연소되지 못하는 현상을 말한다.

‖ Reference ‖ 불안전연소 발생원인

- 산소의 공급이 충분하지 못한 경우
- 주변의 온도가 낮은 경우

② **선화(Lifting)** : 불꽃이 버너에서 일정간격을 두고 부상하여 연소되는 현상을 말하며, 역화(Back fire)의 반대되는 현상이다.

‖ Reference ‖ 선화(Lifting)의 발생원인

- 가스의 분출속도가 연소속도보다 빠른 경우
- 연소속도가 가스의 분출속도보다 느린 경우
- 1차 공기량이 적은 경우
- 버너의 가스압이 높은 경우

③ **역화(Back Fire)** : 불꽃이 버너 내부의 혼합기 내에서 연소되는 현상으로 선화(Lifting)와 반대되는 현상이다.

‖ Reference ‖ 역화(Back Fire)의 발생원인

- 가스의 분출속도가 연소속도보다 느린 경우
- 연소속도가 가스의 분출속도보다 빠른 경우
- 1차 공기량이 많은 경우
- 버너가 과열되어 가스의 온도가 상승된 경우

④ **블로오프(Blow Off)** : 연소 시 화염 주변이 불안정하여 불꽃이 노즐에서 떨어지면서 꺼지는 현상을 말한다.

⑤ **옐로 팁(Yellow Tip)** : 불꽃의 색이 적황색을 띠면서 연소되는 현상으로 1차 공기가 부족할 때 발생된다.

7) 자연발화(Spontaneous Ignition)

외부에서의 인위적인 에너지 공급이 없이 물질 스스로 서서히 산화되면서 발생된 열을 축적하여 발화점에 이르게 되면 발화하는 현상

① **자연발화의 원인**

㉠ 분해열에 의한 발열 : 셀룰로이드류, 니트로셀룰로오스 등

ⓒ 산화열에 의한 발열 : 석탄, 건성유 등
ⓒ 흡착열에 의한 발열 : 활성탄, 목탄 등
② 미생물에 의한 발열 : 퇴비, 먼지 등
⑩ 중합열에 의한 발열 : 시안화수소 등

② **자연발화가 쉬운 조건**
㉠ 습도가 높을수록
㉡ 주위 온도가 높을수록
㉢ 열전도율이 적을수록
㉣ 발열량이 클수록
㉤ 열의 축적이 잘 될수록
㉥ 표면적이 넓을수록
㉦ 공기의 유통이 적을수록

③ **자연발화 방지법**
㉠ 습도를 낮게 한다.
㉡ 주변의 온도를 낮게 한다.
㉢ 통풍이 잘 되도록 한다.
㉣ 열 축적을 방지한다.

④ **자연발화에 영향을 주는 인자**
공기의 유통, 열의 축적, 열전도율, 발열량, 습도(수분), 퇴적방법 등

8) **준자연발화**
가연물이 공기 또는 물과 접촉 시 급격히 발열하여 발화하는 현상

| Reference |
- 공기 중에서 준자연발화를 일으키는 물질 : 황린(P_4)
- 물 또는 습기에 의해 준자연발화를 일으키는 물질 : 칼륨(K), 나트륨(Na)
- 공기 또는 물에 의해 준자연발화를 일으키는 물질 : 알킬알루미늄(R_3-Al)

02 지방족 탄화수소

1) 지방족 탄화수소의 분류

① **메탄계 탄화수소(파라핀계, Alkane족)** : 포화탄화수소

C_nH_{2n+2}

반응성이 작아 안정적인 화합물로 단일결합을 이루고 있다.

② **에틸렌계 탄화수소(올레핀계, Alkene족)** : 불포화탄화수소

C_nH_{2n}

메탄계 탄화수소보다 반응성이 크며, 이중결합을 이루고 있다.

③ **아세틸렌계 탄화수소(Alkyne족)** : 불포화탄화수소

C_nH_{2n-2}

삼중결합을 이루고 있는 화합물로 반응성이 매우 크고, 불안정하다.

2) 지방족 탄화수소의 명명법

수에 관한 실용접두어		탄소수에 관한 관용접두어	
수	접두어	탄소수	어간
1	mono(모노)	1	meth(메스)
2	di(디)	2	eth(에스)
3	tri(트리)	3	prop(프로프)
4	tetra(테트라)	4	but(부트)
5	penta(펜타)	5	pent(펜트)
6	hexa(헥사)	6	hex(헥스)
7	hepta(헵타)	7	hept(헵트)
8	octa(옥타)	8	oct(옥트)
9	nona(노나)	9	non(논)
10	deca(데카)	10	dec(데크)

① **메탄계 탄화수소** : 어간+ane

CH_4	C_2H_6	C_3H_8	C_4H_{10}	C_5H_{12}	C_6H_{14}	C_7H_{16}	C_8H_{18}	C_9H_{20}	$C_{10}H_{22}$
methane	ethane	propane	butane	pentane	hexane	heptane	octane	nonane	decane
메탄	에탄	프로판	부탄	펜탄	헥산	헵탄	옥탄	노난	데칸

② **에틸렌계 탄화수소** : 어간+ene

③ **아세틸렌계 탄화수소** : 어간+yne

④ **알킬기** : 어간+yl

탄소수	Alkene족(C_nH_{2n})	Alkyne족(C_nH_{2n-2})	Alkyl(C_nH_{2n+1})
1			CH_3(methyl)
2	C_2H_4(ethene)	C_2H_2(ethyne)	C_2H_5(ethyl)
3	C_3H_6(propene)	C_3H_4(propyne)	C_3H_7(propyl)
4	C_4H_8(butene)	C_4H_6(butyne)	C_4H_9(butyl)
5	C_5H_{10}(pentent)	C_5H_8(penyne)	C_5H_{11}(penyl)

‖ Reference ‖ 탄소수에 따른 상태

고체와 액체는 결합 형태 및 구조에 따라 형상의 차이가 크므로 탄소수로는 구분이 불가능하다.
① 기체 : 1~4개
② 액체 : 5~(30~40)개
③ 고체 : 30~40개 이상

3) 파라핀계 탄화수소의 탄소 수 증가에 따른 성질 변화

① 발열량이 크다.
② 인화점이 높다.
③ 증기비중이 크다.
④ 점도가 크다.
⑤ 비점이 높다.
⑥ 이성질체가 많다.
⑦ 연소범위가 작다.
⑧ 비중이 작다.
⑨ 착화점이 낮다.
⑩ 휘발성(증기압)이 작다.

03 폭발

1) 폭발의 개요

① **정의** : 폭발이란, 고압의 가스가 주위 환경으로 급속하게 방출될 때 발생되는 파열 또는 연소현상을 말한다.

② **발생원인**

㉮ 핵분열 : 방사능 물질의 핵분열은 급속한 에너지 방출로 핵폭발을 초래한다.
㉯ 급격한 상변화 : 고압 탱크의 파손, 고온 물체가 물과 접촉된 경우 발생하는 수증기 폭발, 증기폭발 등이 있으며, 연소는 일어나지 않는다.
㉰ 화학적 반응열의 발생이나 축적 : 연소를 수반하여 발생되는 산화폭발, 중합폭발, 분해폭발 등이 있다.

2) 폭발의 분류

① 원인별 분류

㉮ 핵폭발 : 원자핵의 분열 또는 융합에 의해 발생되는 급격한 에너지 방출로 발생되는 폭발이다.

㉯ 물리적 폭발 : 고압 용기의 파열, 탱크의 감압에 의한 파손, 액체의 폭발적인 증발 등 눈에 보이는 물리적 변화에 의한 폭발로 연소를 동반하지 않는 특징이 있다.
  [예] 보일러 폭발, 수증기 폭발, 고압용기 폭발

㉰ 화학적 폭발 : 화학반응에 의한 폭발적인 연소, 중합, 반응폭주 등에 의하여 발생되는 폭발이며, 연소를 동반하는 특징이 있다.
  [예] 산화폭발, 분해폭발, 중합폭발

② 상태에 따른 분류

㉮ 기상폭발 : 기체 상태의 물질이 폭발을 발생시키는 것이다.
  [예] 가스폭발, 분무폭발, 분진폭발, 분해폭발

㉯ 응상폭발 : 액체 또는 고체의 물질이 급격한 상변화에 의해 폭발이 발생하는 것이다.
  [예] 증기폭발, 고상간 전이 폭발, 전선폭발

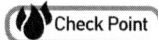

> **분진폭발**
> 공기 속을 떠다니는 아주 작은 미립자($75\mu m$ 이하의 고체 입자로서 공기 중에 떠있는 분체)가 적당한 농도 범위에 있을 때 불꽃이나 점화원으로 인하여 폭발하는 현상
> ㉮ 분진의 폭발범위 : $25 \sim 45 mg/l$(하한값)$\sim 80 mg/l$(상한값)
> ㉯ 분진의 착화에너지 : $10^{-3} \sim 10^{-2} J$, 화약의 착화에너지 : $10^{-6} \sim 10^{-4} J$
>
> **분해폭발**
> 분해 반응에 의해 생성된 열이 발열, 착화, 압력 상승 등의 원인이 되어 폭발하는 현상
> 아세틸렌의 분해 반응 $C_2H_2 \rightarrow 2C + H_2 + 54 kcal/mol$

3) 폭연과 폭굉

① 폭연(Deflagration)

㉠ 전도, 대류, 복사의 열전달에 의해 화염이 전파된다.
㉡ 반응속도(화염의 전파속도)는 음속보다 느린 $0.1 \sim 10 m/s$이다.
㉢ 온도, 압력, 밀도가 연속적으로 나타난다.
㉣ 에너지 방출속도가 물질 전달속도에 기인한다.

② 폭굉(Detonation)
  ㉠ 반응속도(화염의 전파속도)가 음속보다 빠르며, 1,000~3,500m/s이다.
  ㉡ 밀폐계나 배관 내에서 일어나기 쉽고, 충격파를 발생한다.
  ㉢ 온도, 압력, 밀도가 불연속적으로 나타난다.
  ㉣ 에너지 방출속도가 물질 전달속도에 기인하지 않는다.
  ㉤ 압력은 $1,000kg_f/cm^2$ 정도이다.

Check Point

▶ DDT Length(=DID ; Distance Induced Detonation, 폭굉유도거리)
  1. DDT Length(Deflagration to Detonation Length)
    ① 폭연에서 폭굉으로 전이되는 데 필요한 거리를 말한다.
    ② 이 길이가 짧을수록 폭굉이 쉽게 일어난다.
  2. DDT Length가 짧아질 수 있는 조건(SFPE Handbook 3-413)
    ① 혼합물의 반응성이 클수록
    ② 배관 내면의 거칠기가 크고, 장애물이 많을수록
    ③ 초기 압력과 온도가 높을수록
    ④ 난류성이 크고, 초기 가스의 속도가 빠를수록

4) 위험장소

① **0종 장소**

위험분위기가 지속적으로 또는 장기간 존재하는 것을 말하며, 용기 내부, 장치 및 배관의 내부 등의 장소는 0종 장소로 구분할 수 있다.

② **1종 장소**

상용의 상태에서 위험분위기가 존재하기 쉬운 장소를 말하며 0종 장소의 근접 주변, 송급통구의 근접 주변, 운전상 열게 되는 연결부의 근접 주변, 배기관의 유출구 근접 주변 등의 장소는 1종 장소로 구분할 수 있다.

③ **2종 장소**

이상상태하에서 위험분위기가 단시간 동안 존재할 수 있는 장소를 말하며, 이 경우 이상상태라 함은 지진 등 기타 예상을 초월하는 극히 빈도가 낮은 재난상태 등을 지칭하는 것이 아니고 상용의 상태, 즉 통상적인 운전상태, 통상적인 유지보수 및 관리상태 등에서 벗어난 상태를 지칭하는 것으로 일부 기기의 고장, 기능상실, 오동작 등의 상태가 이에 해당한다. 0종 또는 1종 장소의 주변영역, 용기나 장치의 연결부 주변영역, 펌프의 봉인부(SEALING) 주변영역 등은 2종 장소로 구분할 수 있다. 피트, 트렌치 등과 같이 이상상태에서 위험분위기가 장시간 존재할 수 있는 영역은 1종 장소로 구분한다.

5) 방폭구조의 종류

① **내압(耐壓) 방폭구조**
용기 내 폭발 시 용기가 폭발 압력을 견디며, 접합면, 개구부를 통해 외부에 인화될 우려가 없는 구조이다.

② **압력(壓力) 방폭구조**
용기 내에 보호가스를 인입시켜 폭발성 가스나 증기가 용기 내부에 유입되지 않도록 된 구조이다.

③ **유입 방폭구조**
전기불꽃, 아크, 고온 발생 부분을 기름으로 채워 폭발성 가스 또는 증기에 인화되지 않도록 한 구조이다.

④ **충전 방폭구조**
전기불꽃 등 발생 부분을 용기 내에 고정시키고 주위를 충전물질로 충전하여 가스의 유입, 인화를 방지한 구조이다.

⑤ **몰드 방폭구조**
전기불꽃, 고온 발생 부분을 Compound로 밀폐한 구조이다.

⑥ **안전증 방폭구조**
정상 운전 중에 점화원 방지를 위해 기계적, 전기적 구조상 혹은 온도 상승에 대해 안전도를 증가한 구조이다.

⑦ **본질안전 방폭구조**
정상 또는 사고 시(단선, 단락, 지락)에 폭발 점화원(전기불꽃, 아크, 고온)의 발생이 방지된 구조이다.

CHAPTER 03 화재

01 화재의 특성

1) 화재의 정의
사람의 통제를 벗어난 광적인 연소 확대 현상으로 사람의 의도에 반하거나 고의에 의해서 발생하여 인명 및 재산의 피해를 주는 것이다.
① 인간의 통제를 벗어난 광적인 연소현상
② 인간의 의도에 반하는 연소현상
③ 인적 · 물적 피해를 주는 연소현상

2) 화재의 발생 현황
① **원인별 화재발생 현황** : 부주의 > 전기 > 기계 > 방화
② **장소별 화재발생 현황** : 비주거 > 주거 > 차량 > 임야 > 제조소
③ **계절별 화재발생 현황** : 겨울 > 봄 > 가을 > 여름

02 화재의 종류

▼ 국가별 화재 분류

화재분류	국내		NFPA	ISO
	형식승인기준	KS기준		
일반화재	A급	A급	A급	A급
유류화재	B급	B급	B급	B급(유류)
가스화재				C급(가스)
전기화재	C급	C급	C급	-
금속화재	-	D급	D급	D급
주방화재	K급	-	K급	F급

* NFPA(National Fire Protection Association) : 국제화재방지협회
  ISO(International Standardization Organization) : 국제표준기구

1) 일반가연물 화재(A급 화재)

종류	목재, 종이, 섬유류, 합성수지류, 특수가연물 등
특징	㉠ 연기 색상은 백색이며, 연소 후 재가 남는 특징이 있다. ㉡ 고체 상태이므로 기체, 액체에 비해 상대적으로 큰 착화에너지가 필요하다. ㉢ 화재 시 주수에 의한 냉각소화가 효과적이다.

① 합성수지 화재

	열가소성 수지	열경화성 수지
종류	열을 가하면 용융되어 액체로 되고 온도가 내려가면 고체 상태가 되며 화재 위험성이 매우 크다. 예 폴리에틸렌, 폴리프로필렌, 폴리스티렌, 폴리염화비닐, 아크릴수지 등	열을 가하면 용융되지 않고 바로 분해되어 기체를 발생시키며 열가소성에 비해 화재의 위험성이 작다. 예 페놀수지, 요소수지, 멜라민수지, 에폭시수지 등
특징	㉠ 분진 형태의 플라스틱은 스파크, 불꽃 등 작은 에너지로도 착화가 일어날 수 있다. ㉡ 부도체이므로 정전기에 의해 인화성 증기에 발화 가능성이 있다. ㉢ 열가소성 수지는 열경화성 수지에 비해 화재 위험성이 현저히 크다. ㉣ 연소 시 유독 가스에 의해 인명 피해의 우려가 크다.	

② 섬유류 화재

유기화합물인 섬유는 C, H, O 등으로 구성되어 있으며, 작은 점화에너지에 의해 착화되어 일반가연물과 같이 연소한다.

	식물성 섬유	동물성 섬유
천연섬유	㉠ 면과 견직물은 연소가 쉽고 연소속도가 빨라 화재 위험이 크다. ㉡ 연소 시에는 CO, CO_2, H_2O 등이 생성된다.	㉠ 단백질 계통이 주성분으로 착화가 어렵고 연소 속도도 느리다. ㉡ 식물성 섬유보다 화재위험은 적다.
합성섬유	㉠ 합성섬유는 사용되는 원료에 따라 연소상황이 다르다. ㉡ 레이온과 아세테이트는 셀룰로오스가 주성분으로 식물성 섬유와 같은 연소 특성을 가진다. ㉢ 나일론은 융점이 160~260℃ 정도로 열에 쉽게 녹고, 425℃ 이상에서 발화되며 펩타이드결합을 하고 있다. ㉣ 아크릴수지는 235~330℃에서 녹으며 발화점은 560℃ 정도이다.	

2) 유류화재(B급 화재)

종류	4류 위험물과 같은 액체 가연물
특징	㉠ 연기 색상은 흑색이며, 연소 후 재를 남기지 않는 특징이 있다. ㉡ 용기에서 누설될 경우 연소 면이 급격히 확대된다. ㉢ 대부분 물에 녹지 않고 물보다 가벼우며 주수소화 시 연소 면이 확대되므로 질식소화가 효과적이다. ㉣ A급 화재에 비해 화재진행 속도가 빠르고 활성화 에너지가 작다. ㉤ 부도체이므로 정전기로 인한 착화의 우려가 있어 정전기 방지대책이 중요하다.

Check Point 정전기 방지대책

1. 공기를 이온화한다.
2. 상대습도를 70% 이상으로 유지한다.
3. 접지를 한다.
4. 유류 수송배관의 유속을 느리게 한다.
5. 도체를 사용한다.

① 제4류 위험물의 분류

특수인화물	이황화탄소, 디에틸에테르 그 밖에 1기압에서 발화점이 섭씨 100도 이하인 것 또는 인화점이 섭씨 영하 20도 이하이고 비점이 섭씨 40도 이하인 것
제1석유류	아세톤, 휘발유 그 밖에 1기압에서 인화점이 섭씨 21도 미만인 것
알코올류	분자를 구성하는 탄소원자의 수가 1개부터 3개까지인 포화 1가 알코올(변성 알코올 포함)
제2석유류	등유, 경유 그 밖에 1기압에서 인화점이 섭씨 21도 이상 섭씨 70도 미만인 것
제3석유류	중유, 클레오소트유 그 밖에 1기압에서 인화점이 섭씨 70도 이상 섭씨 200도 미만인 것
제4석유류	기어유, 실린더유 그 밖에 1기압에서 인화점이 섭씨 200도 이상 섭씨 250도 미만인 것
동식물유류	동물의 지육 또는 식물의 종자나 과육으로부터 추출한 것으로서 1기압에서 인화점이 섭씨 250도 미만인 것

② **고비점 액체 위험물에서 발생될 수 있는 현상**

종류	현 상	대 책
보일오버 (Boil over)	탱크 유면에서 화재 발생 → 고온의 열류층 형성 → 열파에 의해 탱크 하부 수분이 급격히 비등하면서 상층의 유류를 탱크 밖으로 분출시키는 현상	㉠ 탱크 하부에 배수설비 ㉡ 모래, 비등석 투입
슬롭오버 (Slop over)	탱크 유면에서 화재 발생 → 고온의 열류층 형성 → 물분무 또는 포소화설비 방사 → 열류층 교란 → 고온층 아래 차가운 유류가 불이 붙은 상태로 분출	소량의 물분무 또는 포를 방사하면서 고온의 액체를 서서히 냉각
프로스오버 (Froth over)	화재가 아닌 경우로서 물이 고점도 유류와 접촉되면 급속히 비등하여 거품과 같은 형태로 분출되는 현상	배수설비

3) 전기화재(C급 화재)

① **특징** : 통전 중인 전기시설물의 연소에 의한 화재로 주변의 일반 가연물화재 및 유류화재로 전파되며 감전의 우려가 있어 주수소화는 곤란하며, 질식소화가 효과적이다.

② **발생원인**

㉮ 단락에 의한 발화 : 부하가 접속되지 않은 상태에서 전원만의 폐회로가 구성되는 것을 단락이라 하며, 단락 시에는 전류가 무한대로 흐르게 되며 점화원의 기능을 할 수 있다.

㉯ 과부하(과전류)에 의한 발화 : 전선에 전류가 흐르면 열이 발생되는데 이로 인하여 전선의 온도가 상승하게 된다. 정격전류의 200~300%의 과전류는 피복을 변질시키고, 500~600%의 과전류는 적열 후 용융이 된다.

㉰ 정전기에 의한 발화 : 부도체 간의 마찰 및 충돌 시 축적된 전하가 방전될 때 주위에 가연성 기체 또는 분진이 있으면 폭발을 일으킬 우려가 있다.

㉱ 낙뢰에 의한 발화 : 낙뢰 시에는 수 만A 이상의 전류가 흐르게 되어 절연이 파괴되고 발화될 수 있다.

㉲ 접속기 과열에 의한 발화 : 전기적 접촉 상태가 불량인 경우 접촉 저항에 의한 발열로 발화될 수 있다.

㉳ 전기 스파크에 의한 발화 : 전기 콘센트에 플러그를 꽂거나 뺄 때 또는 스위치의 ON, OFF 시 스파크에 의해 발화가 일어날 수 있으며, 스파크는 OFF 시 심하게 발생한다.

㉣ 누전 또는 지락에 의한 발화 : 지락이나 누전은 그 발생 순간의 스파크나 누설된 전류의 누적으로 발화될 수 있다.

㉤ 절연열화 또는 탄화에 의한 발화 : 배선 기구의 절연체 등이 시간 경과에 따라 열화로 인해 절연성이 파괴되거나, 미소전류에 의한 국부 발열과 탄화 누적으로 발화될 수 있다.

4) 금속화재(D급 화재)

종류	Na, K, Al, Mg, 알킬알루미늄, 알킬리튬, 무기과산화물, 그 밖의 금속성 물질(Cu, Ni 제외)
특징	㉠ 연소 시 온도가 매우 높다(약 2,000~3,000℃). ㉡ 분진 상태로 공기 중에서 부유 시 분진폭발의 우려가 있다. ㉢ 주수소화 시 수증기 폭발의 위험과 수소와 산소 가스가 발생되어 연소가 더욱 심해진다. ㉣ Na, K 등의 금속은 물과 접촉하면 발열반응이 일어난다. $2K + 2H_2O \rightarrow 2KOH + H_2 + Qkcal$ ㉤ 금속의 양이 30~80mg/l 정도이면 금속화재를 일으킬 수 있다.
소화방법	㉠ 건조사에 의한 질식소화(소규모 금속화재에 사용) ㉡ 금속화재용 소화약제(Dry Powder) 사용

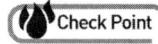

> **금속화재용 소화약제(Dry Powder)의 종류**

1. MET-L-X 분말
   ① 염화나트륨과 첨가물로 이루어진 소화약제
   ② Na 화재에 적합함
2. G-1 분말
   ① 유기인과 흑연이 입혀진 코크스로 구성됨
   ② Mg, Al, K, Na 등의 화재에 적용할 수 있다.
3. TEC 분말
   ① KCl(29%), NaCl(20%), BaCl$_2$(51%)로 구성됨
   ② 알칼리 금속(Na, K, Mg)의 화재에 적용할 수 있다.
4. Na-X 분말
   ① Cl이 포함되지 않은 소화약제이다.
   ② Na$_2$CO$_3{}^+$와 첨가제로 이루어지며, 첨가제는 내습성 및 유동성을 향상시킨다.
   ③ Na, K의 화재에 적합하다.

5. TMB 액
  ① 액체 소화약제이다.
  ② TMB액과 Halon 1211의 합친 것을 Baralon이라 한다.
  ③ Mg, Zr, Ti 등의 화재에 적용한다.

➤ 금속화재용 소화약제(Dry Powder)의 구비조건
 1. 고온에 견딜 수 있으며 냉각효과가 좋을 것
 2. 금속 표면을 덮을 수 있을 것

5) 산불화재
① **지표화** : 가장 발생 빈도가 높은 산불화재로서 바닥의 낙엽, 잡초 등이 연소하는 형태
② **수간화** : 나무 표면이 건조하거나 구멍이 있어 나무의 기둥이 연소하는 형태
③ **수관화** : 나무의 가지나 잎이 연소하는 형태로 초대형 산불의 원인이 된다.
④ **지중화** : 땅속의 뿌리부분이 타는 현상으로 산소 공급이 적어 연기 발생이 적으며 불꽃이 없어 발견하기가 어렵고 재발화의 위험이 있다.
⑤ **비화** : 불티가 바람에 의해 비산하여 연소하는 형태

6) 주방화재(식용유화재)

특징	㉠ 발화점이 낮고, 인화점과 발화점의 차이가 적다.		
	㉡ 재발화의 위험이 매우 크므로 발화점 이하로 냉각시켜야 한다.		
	㉢ 인화점	연소점	발화점
	약 300~315℃	약 350~370℃	약 390~410℃
소화약제	㉠ 제1종 분말소화약제(나트륨에 의한 비누화 현상)		
	㉡ 강화액 소화기, 포 소화기		

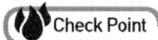 Check Point

➤ 비누화 현상
㉠ 중탄산나트륨계의 분말소화약제를 지방이나 식용유 화재에 적용 시 기름의 지방산과 Na^+ 이온이 결합하여 비누를 형성한다.
㉡ 생성된 비누는 기름을 포위하거나, 연소생성물인 가스에 의해 거품을 형성하여 재발화를 방지한다.

7) 가스화재(E급 화재)

종류	LNG, LPG, 도시가스 등
특징	㉠ 작은 에너지로도 착화되어 폭연, 폭굉에 이를 수 있다. ㉡ 연기가 발생되지 않는 경우가 많지만 낮은 온도에서는 연한 색의 연기가 발생되기도 한다. ㉢ 주성분이 유류와 동일하여 화학적 성질은 유사하지만 기체 상태이므로 매우 민감한 성질을 갖는다. ㉣ 폭굉으로 전이되기 전에 소화가 필요하다.

① 가스의 분류

㉮ 연소성에 따른 분류

가연성 가스	연소범위의 하한값이 10% 이하이거나 상한값과 하한값의 차이가 20% 이상인 가스 예 메탄, 에탄, 프로판, 수소, 아세틸렌 등
조연성 가스	자기 자신은 연소하지 않고 가연물의 연소에 필요한 산소를 공급해 줄 수 있는 가스 예 공기, 산소, 오존, 할로겐원소 등
불연성 가스	화학적으로 안정하여 산화반응을 하지 않거나 흡열반응을 하는 가스 예 CO_2, H_2O, P_2O_5, He, Ne, Ar, Kr, Xe, Rn, N_2 등

㉯ 취급상태에 따른 분류

압축가스	임계 온도가 낮아 기체로 저장 또는 취급되는 가스 예 수소, 질소, 산소, 염소, 헬륨, 아르곤 등
액화가스	임계 온도가 높아 액체로 저장 또는 취급되는 가스 예 LPG, LNG, CO_2 등

Check Point BLEVE(Boiling Liquid Expanding Vapor Explosion, 비등액체팽창증기폭발)

1. 정의
   가연성 액화가스의 저장탱크 주위에 화재가 발생하여 기상부의 탱크 강판이 국부적으로 가열된 경우 그 부분의 강도가 약해져 파열되면서 내부의 가열된 액화가스가 급속히 비등하면서 팽창, 폭발하는 현상이다.
2. 방지대책
   ① 탱크 내부의 압력을 감압시킨다.
   ② 방유제를 경사지게 설치하여 화염이 직접 탱크에 닿지 않도록 한다.
   ③ 탱크 외벽에 대하여 단열조치를 한다.
   • 지상에 설치된 탱크 주위에 흙을 쌓아 덮는 방법

- 탱크를 지면 아래로 매설시키는 방법
④ 탱크 기상부의 온도 급상승 방지를 위해 물분무 설비를 설치한다.
⑤ 액화가스를 비상시에 안전한 장소로 이송시키는 이송배관을 설치, 운용한다.
⑥ 탱크에 대한 기계적 충돌을 방지한다.

▶ Fire ball(화구)

Fire ball은 BLEVE나 UVCE와 같이 Flash 증발로 인해 확산된 인화성 증기가 착화되면서 폭발할 때, 화염이 급속히 확대되어 공기를 끌어올리며 버섯형 화염으로 되어가는 것처럼 보이게 되는 형태를 Fire ball이라 한다.

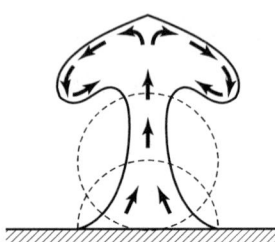

▶ UVCE(Unconfined Vapor Cloud Explosion, 증기운 폭발)
1. 정의
   위험물을 저장하는 탱크에서 유출된 가연성 가스가 공기와 혼합하여 증기운을 형성하며 떠다니다 점화원에 의해 폭발이 일어나는 현상을 말한다.
2. 방지대책
   ① 위험물질의 유출을 방지한다.
   ② 가스 누설 여부를 확인할 수 있는 분석기 및 검지기를 설치한다.
   ③ 자동 차단 밸브를 설치하여 초기에 시스템을 정지시킨다.

03 화재피해의 분류

1) 화재의 소실 정도

① **국소 화재** : 전체의 10% 미만이 소손된 경우로서 바닥 면적이 $3.3m^2$ 미만이거나 내부의 수용물만이 소손된 경우
② **부분소 화재** : 전체의 10% 이상 30% 미만이 소손된 경우
③ **반소 화재** : 전체의 30% 이상 70% 미만이 소손된 경우
④ **전소 화재** : 전체의 70% 이상이 소손되거나 70% 미만이라 할지라도 재수리 후 사용이 불가능하도록 소손된 경우
⑤ **즉소 화재** : 화재로 인한 인명피해가 없고 피해액이 경미한(동산과 부동산을 포함하여 50만원 미만) 화재로 화재 건수에 이를 포함한다.

2) 인명피해의 종류

① **사상자** : 화재현장에서 사망 또는 부상을 당한 사람
② **사망자** : 화재현장에서 부상을 당한 후 72시간 이내에 사망한 경우
③ **중상자** : 의사의 진단을 기초로 하여 3주 이상의 입원치료를 필요로 하는 부상
④ **경상자** : 중상 이외의 (입원치료를 필요로 하지 않는 것도 포함) 부상

04 화상의 종류

1) 화상 강도에 의한 분류

1도 화상(홍반성 화상)	㉠ 일반적으로 햇빛에 의한 화상 ㉡ 피부가 약간 붉게 보이는 정도의 화상
2도 화상(수포성 화상)	㉠ 표피가 타 들어가 진피가 손상되는 화상 ㉡ 화상 부위가 분홍색으로 되고 수포가 발생
3도 화상(괴사성 화상)	㉠ 피부의 모든 층이 타 버린 화상 ㉡ 열이 피부 깊숙이 침투하여 검게 된다.
4도 화상(흑색 화상)	㉠ 근육, 신경, 뼈 속까지 손상되는 화상 ㉡ 통증이 거의 없을 수 있다.

2) 화상 면적에 의한 분류

구 분	1도 화상(표층 화상)	2도 화상(부분층 화상)	3도 화상(전층 화상)
경증 화상	50% 미만	15% 미만	–
중간 화상	50~75% 미만	15~30% 미만	–
중증 화상	75% 초과	30% 초과	10% 초과

CHAPTER 04 소화

01 소화방법

1) 소화 원리
① 연소의 3요소 제어(물리적 소화 : 가연물, 산소공급원, 점화원 제어)
② 연소의 4요소 제어(화학적 소화 : 연쇄반응 차단)
③ 물적 조건(농도, 압력)과 에너지 조건(온도, 점화원) 제어

2) 소화의 종류
① 물리적 소화
　㉮ 냉각소화 : 인화점, 발화점 이하로 온도를 낮추어 소화하는 방법
　㉯ 질식소화 : 공기 중의 산소 농도를 15% 이하로 감소시켜 소화하는 방법
　㉰ 제거소화 : 가연물을 제거하여 소화하는 방법
　㉱ 피복소화 : 가연물 주변을 포, 이산화탄소 등으로 피복하여 산소를 차단하여 소화하는 방법
　㉲ 희석소화 : 알코올, 에테르, 에스테르, 케톤류 등 수용성 물질에 다량의 물을 방사하여 가연물의 농도를 낮추어 소화하는 방법
　㉳ 유화효과 : 물분무 소화설비를 중유에 방사하는 경우 유류 표면에 엷은 막(유화층)을 형성하여 산소를 차단하여 소화하는 방법

② 화학적 소화
　부촉매소화 : 연쇄반응을 차단하여 소화하는 방법

> **Check Point**
>
> ▶ 방사된 CO_2의 양 m^3
>
> $$x(m^3) = \frac{21 - O_2}{O_2} \times V$$
>
> 여기서, x : 방호구역 내 방사한 CO_2 체적(m^3)
> 　　　　O_2 : CO_2 방사 후 실내의 산소농도(%)
> 　　　　V : 방호구역의 부피(m^3)

> 방사 후 CO_2의 농도%
>
> $$C[\%] = \frac{21 - O_2}{21} \times 100$$
>
> 여기서, C : CO_2 방사 후 실내의 CO_2의 농도(%)
>
> O_2 : CO_2 방사 후 실내의 산소농도(%)

02 물리적 소화와 화학적 소화

1) 물리적 소화

① **냉각소화(에너지 한계에 의한 소화)**

㉮ 가연물의 온도를 인화점, 발화점 이하로 낮추어 소화하는 방법

㉯ 옥내·외 소화전설비, 스프링클러설비 등

Check Point 물의 특성

1. 비열이 1kcal/kg℃로 다른 약제에 비해 매우 크다.
2. 증발잠열은 539kcal/kg이다.
3. 얼음의 융해잠열은 80kcal/kg이다.
4. 기화 시 약 1,700배의 수증기가 된다.
5. 인체에 독성이 없고 쉽게 구할 수 있다.
6. 겨울철에 동결의 우려가 있으므로 동결방지조치를 강구해야 한다.

② **질식소화**

㉮ 산소 농도를 15% 이하로 떨어뜨려 소화하는 방법

㉯ 불연성 가스를 첨가 : CO_2, N_2, 수증기 등을 첨가하여 주위 산소를 밀어냄

㉰ 불연성의 포 거품으로 가연물 표면을 덮음

㉱ 담요 또는 건조사로 화염을 덮음

㉲ 이산화탄소 소화설비, 불활성 기체 소화설비 등

③ **제거소화**

㉮ 산림화재 시 미리 벌목하여 가연물을 제거하는 것

㉯ 유류탱크화재에서 배관을 통하여 미연소 유류를 이송하는 것

㉰ 가스화재 시 가스밸브를 닫아 가스공급을 차단하는 것

㉱ 전기화재 시 전원공급을 차단하는 것

㉲ 유전화재 시 질소폭탄을 투하하는 것

④ **피복소화**
  ㉮ 가연물을 덮어 가연성 가스의 발생을 억제 또는 공기를 차단하여 소화하는 것
  ㉯ 제3종 분말소화약제의 분해물인 메타인산(HPO_3)에 의한 방진작용
     제3종 분말소화약제 열분해 반응식

  $$NH_4H_2PO_4 \rightarrow HPO_3 + NH_3 + H_2O - Q[kcal]$$
  (인산암모늄)   (메타인산)
  ↳ 가연물의 표면에 피막을 형성하여 A급 화재에서 화염의 전파에 필요한 산소 공급을 차단하므로 A급 화재에 적응성이 있다.

⑤ **희석소화**
  ㉮ 연소 중인 수용성 액체에 물을 주입하여 농도를 희석
  ㉯ 불연성 가스를 주입하여 가연성 가스의 농도를 희석

⑥ **유화효과**
  ㉮ 점성이 있는 가연성 액체에 운동량을 가진 물을 방사하게 되면 일시적으로 물과 기름이 혼합되는 Emulsion 현상이 발생하여 가연성 가스 방출 방지 및 산소 공급 차단 등의 효과가 있다.
  ㉯ 연소 중인 가연성 액체 표면에 물을 방사 하는 경우 Slop over에 주의해야 한다.

2) **화학적 소화**

① **부촉매 소화(연쇄반응 억제)**
  ㉮ 불꽃연소에만 가능한 소화방법이다.
  ㉯ 화재 시 부촉매에 의한 연쇄반응을 차단하여 소화한다.
  ㉰ 할로겐화합물 소화약제, 분말 소화약제 등을 사용한다.

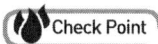

➤ **할로겐족 원소**

F · Cl · Br · I

증가 ← 반응성 → 감소

감소 ← 부촉매 효과 → 증가

감소 ← 독성 → 증가

➤ **분말소화약제**

종류	성분	색상	적응화재
제1종 분말	$NaHCO_3$(탄산수소나트륨)	백색	B · C급
제2종 분말	$KHCO_3$(탄산수소칼륨)	담회색(자색)	B · C급
제3종 분말	$NH_4H_2PO_4$(인산암모늄)	담홍색	A · B · C급
제4종 분말	$KHCO_3 + NH_2CONH_2$ (탄산수소칼륨 + 요소)	회색	B · C급

CHAPTER 05 화재역학

01 열전달

1) 전도(Fourier의 열전달 법칙)

접촉해 있는 물질끼리, 또는 물질 내부에 있는 분자가 충돌하면서 열이 전달되는 것을 말한다. 이때 물질이 직접 이동하는 것은 아니며, 진동만 일어날 뿐이다.

$$Q = K \cdot A \cdot \frac{\Delta t}{l}$$

여기서, Q : 전도열량(W=J/s=cal/s)
K : 열전도도(W/m · ℃, J/s · m · ℃)
A : 접촉면적(m²)
Δt : 온도차[$T_1 - T_2$(℃)]
l : 두께(m)

2) 대류(Newton의 냉각 법칙)

액체나 기체가 부분적으로 가열될 때, 데워진 것이 위로 올라가고 차가운 것이 아래로 내려오면서 전체적으로 데워지는 현상을 말한다.

유체 사이의 온도차에 의한 밀도 차이로 열전달이 발생되며, 실내공기의 유동 및 물이 데워지는 것은 주로 대류현상에 의해서 이루어진다.

$$Q = h \cdot A \cdot (T_1 - T_2)$$

여기서, Q : 대류열류(W), $h\left(=\dfrac{K}{l}\right)$: 열전도 계수(W/m² · ℃)

3) 복사(Stenfan-Boltzmann 법칙)

원자 내부의 전자는 열을 받거나 빼앗길 때 원래의 에너지 준위에서 벗어나 다른 에너지 준위로 전이한다. 이때 전자기파를 방출 또는 흡수하는데, 이러한 전자기파에 의해 열이 매질을 통하지 않고 고온의 물체에서 저온의 물체로 직접 전달되는 현상이다.

$$Q = \varepsilon \cdot \sigma \cdot \Phi \cdot A \cdot T^4 \, (W)$$

복사에너지는 면적에 비례하고 절대온도의 4승에 비례한다.

① ε(방사율) $= 1 - \exp^{-kl}$

  여기서, exp(expotenial) : 자연대수, 무리수 e = 2.71828
  k : 유효방사계수 또는 흡수계수(m^{-1})
  l : 화염의 두께(m)

② σ : 스테판-볼츠만 상수
  5.67×10^{-8}(W/m^2 · K^4), 5.67×10^{-11}(kW/m^2 · K^4)

③ Φ : 형태계수(방열체와 수열체 간의 거리)

④ T : 절대온도($273 + t℃$)

Reference

1. 단원자, 이원자분자는 복사에너지를 흡수·투과하고, 삼원자 분자는 복사에너지를 흡수한다.
2. 전도, 대류, 복사는 단독으로 일어나지 않고 2개 이상의 과정이 동시에 일어난다.

예제

물체의 표면 온도가 100℃에서 500℃로 변하였다면, 복사에너지는 처음의 몇 배가 되겠는가?

㉮ 약 9배   ㉯ 약 12배
㉰ 약 15배   ㉱ 약 18배

정답 및 해설

정답 ㉱

복사에너지

$Q_1 : Q_2 = T_1^4 : T_2^4$

$Q_1 : Q_2 = (273+100)^4 : (273+500)^4$

$Q_2 = \left(\dfrac{773}{373}\right)^4 \times Q_1 = 18.45 \, Q_1$

02 열역학 법칙

열과 역학적 일의 기본적인 관계를 바탕으로 열 현상과 에너지의 흐름을 규정한 법칙으로 열역학 0법칙, 열역학 1법칙, 열역학 2법칙, 열역학 3법칙으로 구분할 수 있다.

1) 열역학 0법칙(온도평형, 열평형의 법칙)
① 물체 A와 B가 다른 물체 C와 각각 열평형을 이루었다면 A와 B도 열평형 상태에 있다.
② 온도의 존재를 주장하는 것과 같으며, 온도계의 원리를 제시하는 법칙이다.

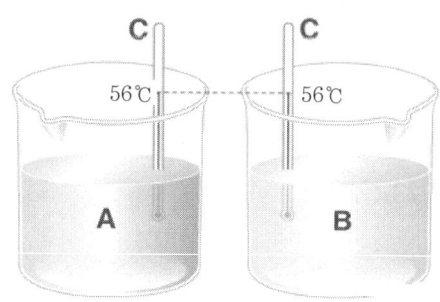

2) 열역학 1법칙(에너지보존의 법칙)
① 열과 일은 상호변환이 가능하다. 즉, 에너지는 형태가 변할 뿐 사라지거나 생성되지는 않으며, 이를 가역과정이라 한다.
② 계(System)가 일을 하면 내부에너지는 그만큼 감소하며, 반대로 계(System)가 외부로부터 일을 받으면 내부에너지는 그만큼 증가한다.
③ 제1종 영구기관이란 외부로부터 에너지 공급없이 에너지를 생산할 수 있는 기관을 말하며, 열역학 1법칙에 위배되는 기관을 말한다.
④ 열의 일당량 : 427kgf · m/kcal
⑤ 일의 열당량 : 1/427kcal/kgf · m

3) 열역학 2법칙(에너지흐름의 법칙)
① 에너지 전달에는 일정한 방향이 있는 것으로 자연계에서 일어나는 모든 과정들은 가역과정이 아니다.
② 차가운 물체와 뜨거운 물체를 접촉시키면, 열은 뜨거운 물체에서 차가운 물체로 전달되지만, 반대의 과정은 자발적으로 일어나지 않는다.

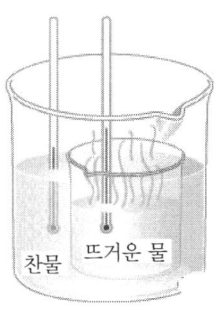

③ 제2종 영구기관이란 열역학 제2법칙에 위배되는 기관으로 저온에서 고온으로 열이 스스로 이동되는 기관 또는 열효율 100%인 기관을 말한다.

4) 열역학 3법칙
어떠한 경우라도 절대영도(-273.15℃)에는 도달할 수 없다.

03 화재성장

1) 화재성장의 3요소
① **발화** : 화재 성장이 시작되는 시점
② **화염확산** : 화재 경계의 확장
③ **연소속도** : 화재 경계 내에서 연료의 소모 정도

2) 발화

① **점화에 의한 발화**
㉮ 점화원에 의해 발화되는 것으로 가연물의 표면온도가 인화점 이상이 되면 발화된다.
㉯ LFL 이상의 가연성 혼합기체가 존재할 경우 점화원에 의해 발화된다.

② **자연발화**
㉮ 점화원 없이 물질이 서서히 산화되면서 발생된 열의 축적에 의해 발화된다.
㉯ 가연물의 표면온도가 발화점 이상으로 상승되어야 발화가 일어난다.

> **Check Point 자연발화 방지대책**
>
> 1. 습도를 낮게 한다. 2. 주변의 온도를 낮게 한다.
> 3. 통풍이 잘 되도록 한다. 4. 열 축적을 방지한다.

> **Check Point** 고체 연료의 발화시간

얇은 물체(2mm 미만) : 소파, 커튼, 쿠션 등	두꺼운 물체(2mm 이상) : 목재 파티클, 울 카펫트, 석고보드 등
$t_{ig} = \rho c l \times \dfrac{T_{ig} - T_\infty}{q''}$	$t_{ig} = C(k\rho c) \times \left(\dfrac{T_{ig} - T_\infty}{q''}\right)^2$

여기서, t_{ig} : 발화시간(s), ρ : 밀도(kg/m³), c : 비열(kcal/kg · ℃)
l : 두께(m), T_{ig} : 발화온도(℃), T_∞ : 초기온도, 대기 중의 온도(℃)
q'' : 순열류, 복사열 유속(kW/m²), k : 열전도도(율)(kcal/s · m · ℃)
C : 상수 $\left(\dfrac{\pi}{4}\right.$: 열손실이 없는 이상적인 경우, $\dfrac{2}{3}$: 열손실이 있는 실제적인 경우$\left.\right)$

⇨ 열전도도(율), 밀도, 비열이 클 경우 발화시간이 늦어진다.

3) 화염확산

① 발화가 일어나는 영역이 확대되는 것을 말하며, 화염확산 속도는 화재성장 및 화재로 인한 손실 등을 결정한다.
② 화염 확산속도는 발화시간에 대한 가열 거리의 비율로 나타낸다.

$$V = \dfrac{\delta_f}{t_{ig}} \text{(m/s)}$$

여기서, δ_f : 화염에 의해 가열되는 거리

4) 연소속도

① 고체나 액체 연료가 단위 시간당 소모된 질량으로 나타낼 수 있다.

$$\text{연소속도 } m'' = \dfrac{q''}{L_V} \text{(kg/s · m}^2\text{)}$$

여기서, m'' : 단위 면적당 질량 연소속도(kg/s · m²)
q'' : 연료 표면으로의 순 열류(kW/m²)
L_V : 기화열(kJ/kg)

② 기화열이 크면 휘발분의 생성이 늦어져서 연소속도가 느려진다.
③ 연소속도의 계산은 화염의 크기나 화재의 양상을 평가하고, 열방출률(HRR)을 평가하는 데 매우 중요한 요소로 사용된다.

④ 연소속도가 빠를수록 위험하다.

> **Check Point**

> ▶ 화재성장속도
> 1. 구획실 화재의 성장기에서 화재의 열방출률(HRR, Heat release rate 단위시간당 발열량)의 증가속도를 말한다.
> 2. 화재성장속도 $Q = \alpha t^2 (\mathrm{kW})$으로 상승한다. ($\alpha$: 화재강도계수)
>   화재성장속도는 열방출률이 1,055 kW에 도달하는 데 걸리는 시간을 기준으로 다음과 같이 분류할 수 있다.
>   ① Ultrafast   t=75s
>   ② Fast   t=150s
>   ③ Medium   t=300s
>   ④ Slow   t=600S
>
>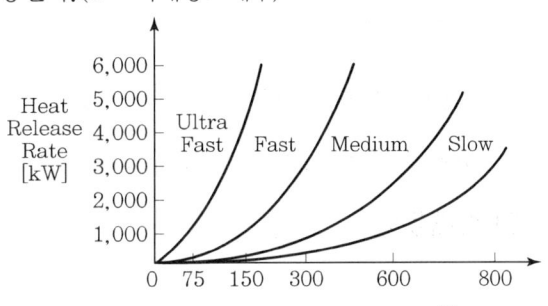
>
> ▶ 열방출률(에너지 방출속도)
>
> 열방출률 $Q = m'' \cdot A \cdot \Delta Hc = \dfrac{q''}{L_V} \cdot A \cdot \Delta Hc \,(\mathrm{kW})$
>
> 여기서, ΔHc : 연소열(kJ/g)

예 제

면적 0.8m²의 목재 표면에서 연소가 일어날 때 에너지 방출속도(Q)는 몇 kW인가?(단, 목재의 최대 질량연소유속(m'') = 11g/s · m², 기화열(L) = 4kJ/g, 유효 연소열(ΔHc) = 15kJ/g 이다.) [14회 기출]

㉮ 35.2 　　　　　　　　　　　㉯ 96.8
㉰ 132.0　　　　　　　　　　　㉱ 167.2

정답 및 해설

[정답] ㉰

열방출률 $Q = m'' \cdot A \cdot \Delta Hc = 11 \times 0.8 \times 15 = 132 \,\mathrm{kJ/s} = 132 \mathrm{kW}$

04 화재플럼(Fire Plume)

1) 개념

① 화재플럼(Fire Plume)은 부력에 의해 발생되는 화염 기둥이며, 고온의 연소 생성물이 위로 상승하는 것을 말한다.

② 부력은 온도 상승에 의한 밀도차로 인하여 발생되는 유체의 상승력을 말하며, 밀도는 가스온도에 반비례하므로, 가스 온도가 공기 온도보다 높을 경우 상승 기류를 형성하게 된다.

$$\left(\text{이상기체 상태방정식 } PV = \frac{m}{M}RT,\ \rho = \frac{m}{V} = \frac{PM}{RT}\right)$$

③ 상승되던 플럼 가스가 냉각되면, 부력은 0이 되고 플럼의 상승도 정지하게 된다.

2) 화재플럼

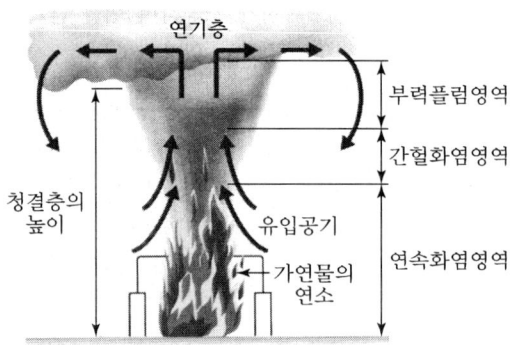

구 분	특 징
연속화염	연료 표면 바로 위의 영역으로 지속적인 화염이 존재하며, 연소가스의 흐름을 가속시킨다.
간헐화염	간헐적으로 화염의 존재와 소멸이 반복되는 영역 화염 주기 $f = \dfrac{1.5}{\sqrt{D}}$ (Hz) D : 화염 직경
부력플럼	화염 상부의 대류열기류 영역으로 화재감지기 및 스프링클러 설계에 중요한 부분으로 작용한다.

① **평균 화염 높이**

$$L_f = 0.23\,Q^{\frac{2}{5}} - 1.02D\,(\text{m})$$

여기서, Q : 에너지 방출속도(kW), D : 화염직경, 연소면의 직경(m)

② **천장제트흐름(Ceiling Jet Flow)**
㉮ 고온의 연소생성물이 부력에 의해 천장면 아래에 얇은 층을 형성하는 비교적 빠른 속도의 가스 흐름을 말한다.
㉯ Ceiling Jet Flow의 두께는 실 높이(H)의 5~12% 정도이며, 최고 온도와 최고 속도의 범위는 실 높이(H)의 1% 이내이다.
㉰ 화재안전기준에서 스프링클러 헤드와 그 부착면과의 거리를 30cm 이하로 규정한 이유는 건물의 층고를 3m로 보아 Ceiling Jet Flow 내에 헤드가 설치될 수 있도록 하기 위함이다.
㉱ 천장과 벽 부분 사이에서는 Dead Air Space가 발생되므로, 벽과 스프링클러헤드 간의 공간은 10cm 이상, 연기감지기는 60cm 이상 이격하도록 규정하고 있다.

05 연소생성물

1) 연소생성물의 종류

① **목질류의 연소생성물**
㉮ 목재의 주요 구성성분은 탄소, 수소, 산소이며, 상당량의 수분도 포함되어 있다.
㉯ CO_2, CO, H_2O 및 소량의 HCN, 그을음 등이 발생된다.

② **합성수지계의 연소생성물**
㉮ 합성수지계는 그 종류가 매우 다양하며, 이에 따라 많은 종류의 연소생성물이 발생된다.
㉯ CO, CO_2 : 탄소를 포함한 대부분의 가연물
㉰ H_2O : 수소를 포함하는 대부분의 가연물
㉱ NOX : 질소를 함유한 합성수지의 완전연소 시 발생
㉲ H_2S, SO_2 : 유황을 포함한 합성수지류의 연소
㉳ 할로겐가스(HF, HCl, HBr, 포스겐) : 불소 등의 할로겐물질이 포함되어 있는 PVC나 방염용 수지류 등

③ **천연섬유계의 연소생성물**
㉮ 식물성 천연섬유 : 면과 같은 식물성 섬유는 주성분이 셀롤로오스이며, 주요 부산물로 CO, CO_2 및 수증기가 생성된다.
㉯ 동물성 천연섬유 : 주성분이 단백질 계통이어서 CO, CO_2 및 수증기 외에도 식물성과는 다른 연소생성물이 발생된다.
㉠ HCN : 질소를 포함하는 양털, 실크 등의 불완전연소

ⓒ H_2S, SO_2 : 유황을 포함한 합성수지류의 연소

2) 연소생성물의 위험성

① **CO(일산화탄소)** : 허용농도 50ppm(0.005%)
  ㉮ 독성이 큰 편은 아니지만, 화재 시 다량 발생하고 거의 모든 화재에서 발생한다.
  ㉯ 불완전 연소에 의해 탄소성분이 CO로 배출된다.(훈소에서는 CO_2보다도 많다고 함)
  ㉰ 유해성 : 혈액 내의 헤모글로빈(Hb)과 결합되어 산소결핍을 유발시킴
    $Hb + CO \rightarrow COHb$(카르복시 헤모글로빈)
    $O_2Hb + CO \rightarrow COHb + O_2$
    ⇨ 폐로 흡입된 CO는 Hb과 결합하여 COHb으로 되어, 헤모글로빈에 의한 산소의 운반을 방해하므로 혈중 산소농도 저하로 산소결핍이 유발된다.
  ㉱ 4,000ppm에서는 1시간 이내에 치사한다.

② **CO_2(이산화탄소)** : 허용농도 5,000ppm(0.5%)
  ㉮ 비독성가스이지만, 화재 시 대량으로 발생하여 산소농도를 저하시킨다.
  ㉯ 실제 화재 시 호흡속도를 증가시켜 유해가스의 흡입률을 높인다.

공기 중의 CO_2 농도	인체에 미치는 영향
0.1%	공중위생 한계
3%	호흡 증가
8%	호흡 곤란
10%	시력장애, 1분 이내 의식 상실, 장시간 노출 시 사망
20%	중추신경 마비, 단시간 내 사망

③ **HCN(시안화수소)** : 허용농도 10ppm(0.001%)
  ㉮ 질소함유 물질(울, 실크, 나일론 등)의 불완전연소 시에 발생된다.
  ㉯ CO에 비해 빠르게 작용한다.
  ㉰ 인체 내 세포조직에서의 산소 사용을 방해한다.(산소와의 결합은 아님)

④ **아크로레인(Acrolein)** : 허용농도 0.1ppm(0.00001%)
  ㉮ 석유제품, 유지류 등의 연소 시 발생됨
  ㉯ 10ppm 이상에서 즉사한다.
  ㉰ 강한 자극성으로 감각기관과 폐를 자극함

⑤ **HCl(염화수소)** : 허용농도 5ppm(0.0005%)
  ㉮ 염소가 함유된 유기물(PVC 등)에서 발생

㉯ 열분해 시 염화수소 이탈로 발생함
　　　　→ PVC의 250℃ 부근에서 탈염화수소 반응 등에 의해 발생
　　　㉰ 눈, 기관지 등을 자극하여 행동 장애를 유발함
　　　㉱ 금속에 대한 부식성으로 철골에도 손상을 유발함
　⑥ SO_2(아황산가스) : 허용농도 5ppm(0.0005%)
　　　㉮ 공기가 충분한 상태에서의 유황을 함유한 물질의 연소 시에 발생됨
　　　㉯ 흡입 시 점막액과 황산을 형성하여 염증을 유발함
　　　㉰ 금속의 부식도 초래함
　⑦ H_2S(황화수소) : 허용농도 10ppm(0.001%)
　　　㉮ 석유정제물, 펄프 등 유황을 함유한 물질의 공기 부족 상태의 연소로 발생됨
　　　㉯ 흡입 시 세포호흡이 중지되어 질식될 우려가 있음(마취성)
　　　㉰ 자극성이 커서 눈물이 많이 나게 하며, 썩은 달걀 냄새가 난다.
　⑧ 포름 알데히드
　　　㉮ 가구류 등의 접착제 성분으로 목재가구나 합판 등의 연소 시에 발생함
　　　㉯ 저농도에서부터 자극성이 있다.
　⑨ $COCl_2$(포스겐) : 허용농도 0.1ppm(0.00001%)
　　　㉮ 2차 대전 때 나치의 유태인 학살에 이용된 가스로 PVC 연소 시에 발생된다.
　　　㉯ CCl_4가 소화약제로 사용될 때 고열 금속과 접촉되면 발생될 수 있다.
　⑩ NH_3(암모니아) : 허용농도 25ppm(0.0025%)
　　　㉮ 질소화합물 연소 시 생성되며 사람의 시각 능력을 저하시킨다.
　　　㉯ 눈 또는 호흡기로 흡입하면 감각이 마비되는 독성가스이다.
　⑪ PH_3(포스핀) : 허용농도 0.3ppm(0.00003%)
　　　㉮ 인이 함유된 물질이 산 또는 물과 반응 시 생성된다.
　　　㉯ 가연성 물질이면서 독성 물질로 생선 썩은 냄새가 난다.

3) 독성과 관련된 용어

구분	내용
TLV 허용농도	근로자가 유해 요인에 노출될 때, 노출기준 이하 수준에서는 거의 모든 근로자에게 건강상 나쁜 영향을 미치지 아니하는 기준을 의미
TWA 시간가중 평균노출기준	1일 8시간 작업을 기준으로 하여 유해요인의 측정치에 발생시간을 곱하여 8시간으로 나눈 값을 의미
STEL 단시간 노출기준	근로자가 15분 동안 노출될 수 있는 최대허용농도로서 이 농도에서는 1일 4회 60분 이상 노출이 금지되어 있다.

Ceiling 최고노출기준	근로자가 1일 작업 시간 동안 잠시라도 노출되어서는 안 되는 기준
LC50 50%치사농도	한 무리 실험동물의 50%를 죽이게 하는 독성 물질의 농도
LD50 50%치사량	독극물의 투여량에 대한 시험 생물의 반응을 치사율로 나타낼 수 있을 때의 투여량. 한 무리의 50%가 사망한다는 것

4) 체내 산소농도(O_2%)

산소농도	특 징
14.4~20.9%	시각적 암순응과 운동 내성에 경미한 영향을 미치는 단계
11.8~14.4%	호흡량 및 박동 수가 약간 증가함. 운동기능 및 기억이 약간 감소함
9.6~11.8%	판단력 및 의지력이 상실되며, 감각이 둔화됨
7.8~9.6%	의식상실, 호흡이 중단되며, 사망하게 된다.

06 연기

1) 정의
① 가연성 물질이 연소할 때 발생하는 고체·액체 상태 미립자를 말한다.
② 연기는 가시성의 휘발성 생성물, 고온의 수증기, CO_2, 불완전 연소생성물, 작은 타르 입자, Plume에 흡입된 공기 등으로 구성되어 있다.

2) 연기의 유해성
① **생리적 유해성**
  ㉮ 산소결핍 : 연기에 의해 이산화탄소의 농도가 증가하면 산소의 농도가 감소되며, 사람은 산소의 농도 15% 정도에서 영향을 받으며 6% 이하에서는 급격히 의식을 잃게 된다.
  ㉯ CO 중독 : 불완전연소 시 많이 발생하는 일산화탄소는 혈액 중에 헤모글로빈과 결합하여 COHb(카르복시헤모글로빈)을 생성하게 되며, 이는 산소운반을 방해하여 두통을 일으키고 의식불명을 초래한다.
  ㉰ 호흡기의 화상 : 뜨거운 연기를 흡입하게 되면 호흡기 등에 화상을 입게 된다.
  ㉱ 입자에 의한 자극 : 미세한 탄소입자가 호흡기를 통해 흡입되면, 눈과 폐를 자극하고, 질식 및 호흡곤란이 일어나게 된다.
  ㉲ 그 밖의 유독가스에 의한 중독

② **시계적 유해성** : 연기농도의 증가로 시계가 좁아지며, 피난 및 소화활동이 어려워진다.

▼ 감광계수에 따른 가시거리

감광계수(Cs)	가시거리(m)	비 고
0.1	20~30	연기감지기가 작동할 수 있는 정도의 농도 건물 구조를 모르는 사람이 피난에 영향을 받을 수 있는 정도의 농도
0.3	5	건물 구조를 잘 아는 사람이 피난에 영향을 받을 수 있는 정도의 농도
1.0	1~2	앞이 거의 보이지 않을 정도의 농도
10	0.2~0.5	화재실에서 최성기 시의 연기 농도
30	–	화재실에서 연기가 분출될 때의 연기 농도

|| Reference || 피난한계시야

- 건물 구조를 잘 아는 사람 : 3~5m
- 건물 구조를 잘 모르는 사람 : 20~30m

|| Reference || 연기의 이동속도

- 수평속도 : 0.5~1m/s
- 수직속도 : 2~3m/s(실내 계단 · 승강로 : 3~5m/s)

③ **심리적 유해성** : 연기의 농도가 증가되면 호흡곤란, 시계 제한 등으로 발생하는 극도의 불안감과 공포로 패닉현상이 일어날 수 있다.

3) 연기의 농도측정법

① **중량농도** : 체적당 연기입자의 중량(mg/m^3)을 측정하는 방법
② **입자농도** : 체적당 연기입자의 개수(개/cm^3)를 측정하는 방법
③ **광학적 농도** : 연기 속을 투과하는 빛의 양을 측정하는 방법(Lambert – Beer법칙)으로 감광계수(m^{-1})로 나타낸다.

$$C_s = \frac{1}{L}\ln\left(\frac{I_o}{I}\right)$$

여기서, C_s : 감광계수(m^{-1})

L : 투과거리(m)

I_o : 연기가 없을 때 빛의 세기(lux, lm/m^2)

I : 연기가 있을 때의 빛의 세기(lux, lm/m^2)

4) Hinkley 관계식
① 연기 층 하강 시간 계산

$$t = \frac{20A}{P\sqrt{g}}\left(\frac{1}{\sqrt{y}} - \frac{1}{\sqrt{h}}\right)(\sec)$$

② 연기 생성량

$$\frac{dV}{dt} = -\frac{P\sqrt{g}}{10} \cdot y^{\frac{3}{2}} \, (\text{m}^3/\text{s})$$

여기서, A : 화재 실의 바닥면적(m^2)
g : 중력가속도(9.8m/s^2)
y : 청결층 높이(m)
h : 건물 높이, 실내 높이(m)
P : 화염의 둘레(대형 : 12m, 중형 : 6m, 소형 : 4m)

5) 연기의 유동에 영향을 미치는 요인
① 연돌(굴뚝)효과
② 외부에서의 풍력
③ 공기유동의 영향
④ 건물 내 기류의 강제이동
⑤ 비중차
⑥ 공조설비
⑦ 온도상승에 따른 증기팽창

6) 연돌효과(굴뚝효과)
① 건물 내부와 외부가 온도차가 있을 경우 이로 인하여 압력차가 발생하게 되는데, 이러한 압력차는 건물 높이에 비례하여 증가하게 된다.
② 외부 온도가 내부 온도보다 낮은 경우 수직 공간 상부에서는 실내의 압력이 실외보다 높으므로 공기가 실외로 배출된다. 이에 따라 수직 공간 하부에서는 공기가 유입되며 수직 공간 내에서는 상승 기류가 형성되는데 이러한 효과를 연돌효과라고 한다.
③ 저층부 화재 시 건물의 상층 부분에 갑자기 연기가 유입되어 축적되는 현상은 연돌효과에 의해서 발생하는 것이다.

④ 연돌효과의 크기

$$\Delta P = 3460 H \left(\frac{1}{T_o} - \frac{1}{T_i} \right) (\text{Pa})$$

여기서, ΔP : 연돌효과에 의한 압력차(Pa)

H : 중성대로부터 건물(개구부) 상부까지의 높이(m)

T_o : 외부 공기의 절대온도(K)

T_i : 내부 공기의 절대온도(K)

⑤ **영향을 주는 요인**
- ㉮ 수직공간 내·외부의 온도차 : 온도차가 클수록 연기확산이 빨라진다.
- ㉯ 건물의 높이 : 초고층일수록 H가 커져 압력차가 커진다.
- ㉰ 수직공간의 누설면적
  - ㉠ 중성대 상부의 누설면적이 크면, 중성대가 상승되어 압력차는 줄어들지만 연기에 의한 확산 피해는 커진다.
  - ㉡ 중성대 하부의 누설면적이 크면, 중성대가 낮아져 압력차가 커진다.
- ㉱ 누설틈새
- ㉲ 건물 상부의 공기 기류 : 상부에서 수직 공간으로의 기류가 강하면, 연돌효과는 줄어든다.

7) 중성대

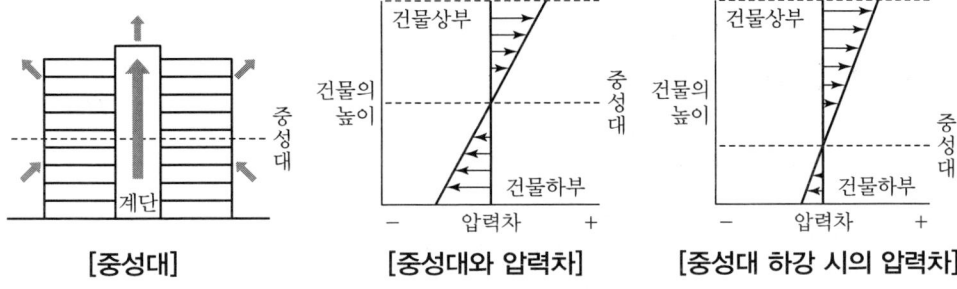

[중성대] [중성대와 압력차] [중성대 하강 시의 압력차]

① 실내로 들어오는 공기와 나가는 공기 사이에 발생되는 압력이 0인 지점을 말한다.
② **중성대 상부** : 실내압력이 실외압력보다 커서 연기는 화재실에서 외부로 배출된다.
   (실내압력 > 실외압력)
③ **중성대 하부** : 실내압력이 실외압력보다 작아서 공기가 화재실로 유입된다.
   (실내압력 < 실외압력)
④ **건물에서의 중성대 높이**

$$h = \frac{H}{1+\left(\dfrac{A_1}{A_2}\right)^2\left(\dfrac{T_i}{T_o}\right)}\;(\mathrm{m})$$

여기서, h : 중성대 높이(m), H : 건물(개구부)의 높이(m)
A_1 : 하부 개구부 면적(m²), A_2 : 상부 개구부 면적(m²)
T_o : 외부 공기의 절대온도(K), T_i : 내부 공기의 절대온도(K)

㉮ 상부와 하부에 개구부가 있는 건물의 경우 개구부 면적이 같고, 실내·외 온도차가 같다면 $h = \dfrac{1}{2}H$가 되어 건물의 중앙에 중성대가 위치하게 된다.

㉯ 개구부 중 하부 개구부가 크면 하부의 압력차는 상부보다 작게 되고, 중성대는 아래로 이동하게 된다.

예 제

화재실의 출입문 상, 하단부의 누설틈새가 같다고 할 때, 높이 2m인 문의 상단부 압력차를 계산하시오.(단, 화재실 온도는 600℃이며, 대기온도는 25℃이다.)

정답 및 해설

정답 11.4Pa

① 압력차 $\Delta P = 3460H\left(\dfrac{1}{T_o} - \dfrac{1}{T_i}\right)$ (Pa) H : 중성대로부터 문 상단까지 높이

② 중성대 높이 $h = \dfrac{H}{1+\left(\dfrac{A_1}{A_2}\right)^2\left(\dfrac{T_i}{T_0}\right)} = \dfrac{2}{1+\dfrac{873}{298}} = 0.5089\,(\mathrm{m})$

∴ $h = 0.51\,(\mathrm{m})$

③ 압력차 $\Delta P = 3460H\left(\dfrac{1}{T_o} - \dfrac{1}{T_i}\right) = 3460 \times (2-0.51) \times \left(\dfrac{1}{298} - \dfrac{1}{873}\right) = 11.4\,\mathrm{Pa}$

8) 배연설비

① **설치대상(건축법 시행령 제51조 제2항)** : 6층 이상인 건축물로서 다음 각 호의 어느 하나에 해당하는 건축물의 거실에는 국토교통부령으로 정하는 기준에 따라 배연설비를 하여야 한다. 다만, 피난층인 경우에는 그러하지 아니하다.

| Reference | 배연설비 설치대상

1. 제2종 근린생활시설 중 공연장, 종교집회장, 인터넷컴퓨터게임시설제공업소 및 다중생활시설(공연장, 종교집회장 및 인터넷컴퓨터게임시설제공업소는 해당 용도로 쓰는 바닥면적의 합계가 각각 300제곱미터 이상인 경우만 해당한다), 문화 및 집회시설, 종교시설, 판매시설, 운수시설, 의료시설(요양병원 및 정신병원은 제외한다), 교육연구시설 중 연구소, 노유자시설 중 아동 관련 시설, 노인복지시설(노인요양시설은 제외한다), 운동시설, 수련시설 중 유스호스텔, 업무시설, 숙박시설, 위락시설, 관광휴게시설, 장례시설〈개정 2020.10.8.〉
2. 다음 각 목의 어느 하나에 해당하는 용도로 쓰는 건축물
   가. 의료시설 중 요양병원 및 정신병원
   나. 노유자시설 중 노인요양시설·장애인 거주시설 및 장애인 의료재활시설
   다. 제1종 근린생활시설 중 산후조리원

② **설치기준(건축물의 설비기준 등에 관한 규칙 제14조 배연설비)**
   ㉮ 법 제49조 제2항에 따라 배연설비를 설치하여야 하는 건축물에는 다음 각 호의 기준에 적합하게 배연설비를 설치하여야 한다. 다만, 피난층인 경우에는 그러하지 아니하다.
   ㉠ 영 제46조 제1항의 규정에 의하여 건축물에 방화구획이 설치된 경우에는 그 구획마다 1개소 이상의 배연창을 설치하되, 배연창의 상변과 천장 또는 반자로부터 수직거리가 0.9미터 이내일 것. 다만, 반자높이가 바닥으로부터 3미터 이상인 경우에는 배연창의 하변이 바닥으로부터 2.1미터 이상의 위치에 놓이도록 설치하여야 한다.
   ㉡ 배연창의 유효면적은 별표 2의 산정기준에 의하여 산정된 면적이 1제곱미터 이상으로서 그 면적의 합계가 당해 건축물 바닥면적의 100분의 1 이상일 것. 이 경우 바닥면적의 산정에 있어서 거실바닥면적의 20분의 1 이상으로 환기창을 설치한 거실의 면적은 이에 산입하지 아니한다.
   ㉢ 배연구는 연기감지기 또는 열감지기에 의하여 자동으로 열 수 있는 구조로 하되, 손으로도 열고 닫을 수 있도록 할 것
   ㉣ 배연구는 예비전원에 의하여 열 수 있도록 할 것
   ㉤ 기계식 배연설비를 하는 경우에는 제1호(㉠) 내지 제4호(㉣)의 규정에 불구하고 소방관계 법령의 규정에 적합하도록 할 것

㉯ 특별피난계단 및 비상용승강기의 승강장에 설치하는 배연설비의 구조 적합기준
  ㉠ 배연구 및 배연풍도는 불연재료로 하고, 화재가 발생한 경우 원활하게 배연시킬 수 있는 규모로서 외기 또는 평상시에 사용하지 아니하는 굴뚝에 연결할 것
  ㉡ 배연구에 설치하는 수동개방장치 또는 자동개방장치(열감지기 또는 연기감지기에 의한 것을 말한다.)는 손으로도 열고 닫을 수 있도록 할 것
  ㉢ 배연구는 평상시에는 닫힌 상태를 유지하고, 연 경우에는 배연에 의한 기류로 인하여 닫히지 아니하도록 할 것
  ㉣ 배연구가 외기에 접하지 아니하는 경우에는 배연기를 설치할 것
  ㉤ 배연기는 배연구의 열림에 따라 자동적으로 작동하고, 충분한 공기배출 또는 가압능력이 있을 것
  ㉥ 배연기에는 예비전원을 설치할 것
  ㉦ 공기유입방식을 급기가압방식 또는 급·배기방식으로 하는 경우에는 제1호(㉠) 내지 제6호(㉥)의 규정에 불구하고 소방관계법령의 규정에 적합하게 할 것

CHAPTER 06 건축물의 화재성상

01 실내화재의 성장 단계

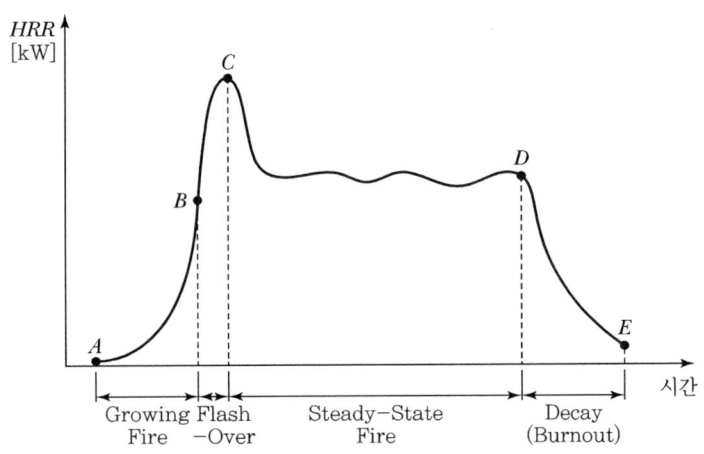

1) 발화 및 화재의 초기 단계(A점 이전)

① 초기단계

㉮ 발화를 위해 가연물에 대한 가열이 이루어지는 단계로서, 연기가 발생되기도 한다.

㉯ 연소 부위가 매우 작아서 주변으로의 주된 열전달이 복사가 아니며, 연소부의 직경이 약 0.2m 이하이면서 발열량도 20kW 이하인 경우가 이에 해당된다.

② 발화(화재의 개시)

㉮ 점화원에 의한 발화(Pilot ignition)

㉯ 자연발화(Spontaneous ignition)

2) 성장기

① 실내에서 발생된 발화에서부터 플래시오버(Flash over)가 일어나기까지 진행되는 화재의 단계로서, 시간 경과에 따라 열방출속도가 증가한다.

② 성장기의 연소는 마치 개방된 대기 공간에서의 연소와 같은 양상을 보이게 된다.

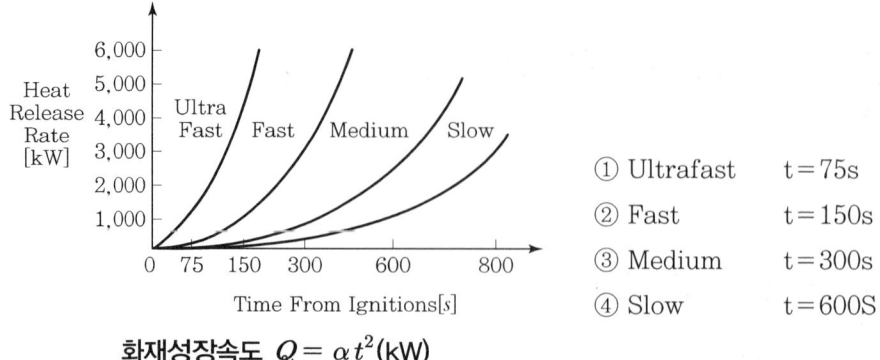

화재성장속도 $Q = \alpha t^2$ (kW)

3) 플래시오버(Flash over)
① 구획된 실내에서 가연성 재료의 전 표면이 불로 덮여 순간적으로 화염이 확대되는 현상
② 국부화재에서 대형 화재로의 전이과정이며, 연료지배형 화재에서 환기지배형 화재로 전환된다.
③ 실내에 사람이 거주할 수 없는 피난 한계가 되는 시점이다.
④ 실내 온도가 약 800~900℃로 상승하고, 많은 유독가스가 발생된다.
⑤ 플래시오버는 항상 일어나는 것은 아니며, 화재 실이 매우 커서 온도 상승이 늦거나 밀폐도가 높아 산소가 부족한 경우 등에서는 발생되지 않을 수 있다.

4) 최성기 화재
① 환기지배형 화재의 과정으로서, 열방출속도의 변화가 적으며 실의 온도가 매우 높다.
② 실의 온도가 800~1,000℃에 이르게 되며, 건물의 도괴 방지와 관련하여 지속시간 및 최고온도의 파악이 중요하다.

5) 감쇠기
① 최성기를 거치면서 가연물의 양이 급격히 줄어들어 화재강도(Fire intensity)가 감소하기 시작하여 시간에 따라 열방출속도(HRR)가 감소되는 단계를 감쇠기라 한다. (일부의 경우에는 가연물의 약 80%가 소진된 시점이라 정의하기도 함)
② 최성기의 환기지배형 화재에서 연료지배형 화재로 전환된다.
③ 건물 구조재의 내화시간을 결정하는 데 관련성이 있다.
④ Back draft가 발생할 수 있다.

‖ Reference ‖ Back draft

실내화재 시 최성기로 접어들면 많은 양의 공기가 필요하지만 개구부가 폐쇄되어 있는 경우 공기의 공급이 어렵게 되어 연소현상이 원활치 못하게 된다. 이때 공기가 공급될 경우 실내에 축적되어 있던 가연성 가스의 폭발적인 연소를 Back Draft 현상이라 한다.
① Back draft 현상은 최성기 이후(감쇠기)에서 발생된다.
② 개방된 개구부를 통하여 화염이 외부로 분출된다.
③ 급격한 압력상승으로 건물이 붕괴될 수 있다.
④ Back draft 발생 조건
　㉠ 밀폐된 공간에서 연소가 일어날 때
　㉡ 실내에 다량의 가연성 가스가 존재할 때
　㉢ 실내의 온도가 매우 높을 때

‖ Reference ‖ Flash over와 Back draft 비교

구 분	발생원인	발생시기
Flash over	에너지 축적	성장기
Back draft	공기 공급	최성기 이후(감쇠기)

02 플래시오버(Flash over)

1) 플래시오버 발생 메커니즘

① **고온의 가연성 가스 축적에 의한 발생**
　㉮ 연소에 의해 발생된 미연소 가연성 가스가 천장부에 축적
　㉯ 공기와 혼합되어 가연성 혼합기를 형성
　㉰ 가연성 혼합기가 화염에 접촉하거나, 온도가 500~600℃ 이상으로 상승하여 충분한 복사열을 방출
　㉱ 순식간에 실 전체가 화염에 휩싸이는 플래시오버가 발생

② **복사열에 의한 발생**
　㉮ 대형 가구 연소 시 고온의 연기 층 또는 가열된 천장 면에서의 복사열이 실내의 가연물로 방사됨
　㉯ 실내 가연물의 열분해가 급속히 발생되어 플래시오버가 발생

2) 플래시오버의 발생조건

① 충분한 크기의 열방출속도(HRR)에 도달할 것

② 바닥에서의 열류가 20kW/m² 이상일 것
③ 실내 복사열원의 온도가 500℃ 이상일 것
④ 연소속도가 40g/s 이상일 것
⑤ 다양한 열 복사원이 있을 것(고온의 천장 면, 연기 층, 화염)
⑥ 산소농도가 10%, $CO_2/CO = 150$ 정도일 것

> **Check Point** 플래시오버가 발생하기 위한 열방출속도 계산식
>
> 1. Thomas 식
> $$Q = 7.8A_t + 378A_v\sqrt{H} \text{ (kW)}$$
> 2. McCaffrey 식
> $$Q = 610\left(hA_tA_v\sqrt{H}\right)^{\frac{1}{2}} \text{ (kW)}$$
>   여기서, A_t : 구획 내부 표면적(m²), A_v : 개구부 면적(m²)
> h : 열전도 계수(kW/m²℃), H : 개구부 높이(m)

예 제

실의 크기가 10m×10m×5m인 구획실에서 2MW의 화재가 발생하여 진행 중이다. 벽은 콘크리트로서, 두께 15cm이고 열전도도는 7.6×10^{-3}kW/m · ℃이며, 개구부의 크기는 3.6m×3m이다. 이 화재가 플래시오버로 발전할지 여부를 평가하시오.

정답 및 해설

1. Thomas 식
    $$Q = 7.8A_t + 378A_v\sqrt{H} \text{ (kW)}$$
    ① 실내 표면적 = 천장 면적 + 벽 면적 + 바닥 면적 − 개구부 면적
    $= (10 \times 10) + (10 \times 5 \times 4) + (10 \times 10) - (3.6 \times 3) = 389.2 \text{(m}^2\text{)}$
    ② 환기인자
    $A_v\sqrt{H} = (3.6 \times 3) \times \sqrt{3} = 18.706$
    ③ $Q = 7.8A_t + 378A_v\sqrt{H} = (7.8 \times 389.2) + (378 \times 18.706) = 10,106 \text{kW} = 10.1 \text{MW}$

2. McCaffrey 식
    $$Q = 610\left(hA_tA_v\sqrt{H}\right)^{\frac{1}{2}} \text{ (kW)}$$
    ① 열전달 계수
    $h = \dfrac{K}{l} = \dfrac{7.6 \times 10^{-3}}{0.15} = 0.051 \text{kW/m}^2\text{℃}$

② $Q = 610(hA_t A_v \sqrt{H})^{\frac{1}{2}} = 610 \times (0.051 \times 389.2 \times 18.706)^{\frac{1}{2}}$
　　$= 11,754.17\,\text{kW} = 11.75\,\text{MW}$

[정답] 계산에 의하면, 10.1MW 또는 11.75MW 이상의 열방출속도가 되어야 플래시오버가 발생할 수 있는데, 위 화재의 열방출속도는 2MW이므로 플래시오버가 발생되지 않을 것이다.

3) 플래시오버의 방지대책
① 천장, 벽 등의 내장재를 불연화한다.
② 개구부의 크기를 제한한다.(개구부를 크게 하는 것은 연소 및 연기의 확산을 일으킬 수 있다.)
③ 실내의 연료하중을 감소시킨다.(불연 캐비닛에 보관, 가연물 제한)
④ 가구 등은 가급적 소형화한다.

03 화재 가혹도

1) 개념
① 화재 가혹도는 화재의 최고온도와 지속시간에 의해 표현되는 화재의 규모를 표시하는 지표이다.
② **최고온도와 지속시간**
  ㉮ 최고온도 : 발생 화재의 열 축적률이 크다는 것을 표시하는 화재강도(Fire intensity)의 개념이다.
  ㉯ 지속시간 : 화재에 의해 연소되는 가연물의 양을 표시하는 연료하중(Fire load)의 개념이다.
③ 화재 가혹도는 화재의 시간온도 곡선의 하부면적으로 표현할 수 있다.

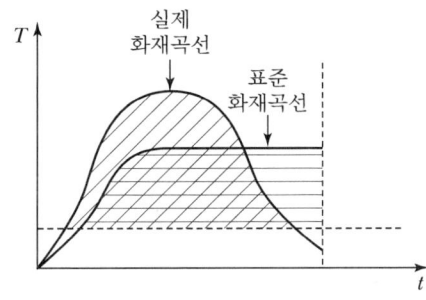

만일 두 곡선의 하부 면적의 크기가 같다면 화재 가혹도는 같다고 할 수 있다.

2) 연료하중(화재하중, Fire load)

① 연료하중 계산

$$W(\text{kg/m}^2) = \frac{\sum (G_t \cdot H_t)}{H_o \cdot A_f} = \frac{\sum Q_t}{H_o \cdot A_f}$$

여기서, W : 연료하중(화재하중)(kg/m²), G_t : 가연물의 양(kg)

H_t : 가연물의 단위 질량당 발열량(kcal/kg)(kJ/kg)

H_o : 목재의 단위 질량당 발열량 4,500(kcal/kg)/18,855(kJ/kg)

A_f : 화재 실의 바닥 면적(m²), Q_t : 가연물의 전체 발열량(kcal)(kJ)

② 연료하중은 단위 면적당 가연물의 질량으로 나타낸다.

③ 연료하중이 클수록 화재의 지속시간이 길어지므로 소화설비의 주수시간 (min)을 결정한다.

④ **감소대책**

㉮ 내장재, 수용 물품 등을 불연화한다.

㉯ 가연물을 불연성 철제함 등에 수납한다.

㉰ 가연물을 최소 필요량만 보관한다.

예 제

목재 500kg과 종이 박스 300kg이 쌓여 있는 컨테이너(폭 : 2.4m, 길이 : 6m, 높이 : 2.4m) 내부의 화재하중(kg/m²)은?(단, 목재의 단위발열량은 18,855kJ/kg이며, 종이의 단위발열량은 16,760kJ/kg이다.)

㉮ 22.18   ㉯ 53.24
㉰ 133.10   ㉱ 223.08

정답 및 해설

[정답] ㉯

화재하중 $W(\text{kg/m}^2) = \dfrac{\sum Q_t}{H_o \cdot A_f}$

① $Q_t = (500\text{kg} \times 18,855\text{kJ/kg}) + (300\text{kg} \times 16,760\text{kJ/kg}) = 14,455,500\text{kJ}$

② $A_f = 2.4 \times 6 = 14.4\text{m}^2$

③ $W(\text{kg/m}^2) = \dfrac{\sum Q_t}{18,855 \times A_f} = \dfrac{14,455,500}{18,855 \times 2.4 \times 6} = 53.24$

3) 화재강도(Fire intensity)

① 단위 시간당 열출적률을 화재 강도라 한다. 최고 온도가 높으면 화재강도가 커지며 주수량(l/m^2)을 결정한다.

② 실의 온도는 온도인자에 의해 결정된다.

$$\text{온도인자 } F_0 = \frac{A_v \sqrt{H}}{A_T}$$

여기서, A_T : 실내의 전 표면적

③ **영향인자**
  ㉮ 연소열 : 가연물의 연소열이 클수록 화재강도가 커진다.
  ㉯ 가연물의 비표면적 : 비표면적이 클수록 화재강도가 커진다.
  ㉰ 공기 공급량 : 공기 공급이 원활할수록 화재강도가 커진다.
  ㉱ 실의 단열성 : 단열이 우수하면 열축적이 용이하므로 화재강도가 커진다.

04 목조 건축물의 화재

1) 목재의 특성

① **목재의 열전도율** : 콘크리트, 철재보다 열전도율이 낮아 열축적이 크다.

재료의 종류	콘크리트	철재	목재
열전도율(cal/cm·s·℃)	4.1×10^{-3}	0.15	0.41×10^{-3}

② **목재의 열팽창률** : 철재, 벽돌, 콘크리트보다 작다.(열팽창은 건물붕괴의 주 인자이다.)

재료의 종류	목재	철재	벽돌	콘크리트
선팽창계수((cm/cm)/℃) 1℃당 늘어난 비율	4.92×10^{-5}	1.15×10^{-3}	9.5×10^{-5}	$1.0 \sim 1.4 \times 10^{-4}$

2) 목재 연소의 영향인자

① **수분함량**
  ㉮ 목재에 수분함량이 많을 경우 물의 비열과 증발잠열로 인하여 많은 열이 필요하게 되어 착화는 물론 연소속도도 느려진다.

㉯ 수분의 함량이 15% 이상이면 비교적 고온의 열원에 장시간 노출되어도 착화가 어렵지만 일단 발화되면 50% 이상의 수분함량에도 연소가 계속된다.

② **크기와 외형**
㉮ 목재의 크기가 작으면 활성화 에너지가 작게 되어 착화가 용이하다.
㉯ 표면적이 크면 공기와의 접촉 면적이 넓기 때문에 연소성이 증대된다.
㉰ 크기가 작고, 두께가 얇을수록 연소성이 우수하다.

③ **가열속도와 지속시간**
㉮ 목재는 고체이므로 가연성 액체나 기체에 비해 가연성 증기의 발생이 어려워 착화가 어렵지만 일단 착화되면 발열량이 크고 재연의 우려도 있어 소화에 어려움이 있다.
㉯ 목재가 착화되려면 목재 표면에서 가연성 가스가 발생될 때까지 충분한 시간 동안 열원과 접촉시켜야 한다.
㉰ 가열시간이 길면 비교적 낮은 온도에서도 착화가 가능하지만 가열시간이 짧으면 착화온도 이상에서도 착화가 어렵다.

3) **목재의 열분해 단계**
① **100℃** : 수분 및 휘발성분이 증발하여 갈색으로 변한다.
② **170℃** : 흑갈색으로 변하면서 열분해되어 가연성 기체가 생성된다.
③ **260℃** : 급격한 분해가 일어나며 목재의 인화점이 된다.
④ **480℃** : 목재의 발화점이 되며, 폭발적으로 연소한다.

4) **목조 건축물의 화재원인**
① **접염** : 화염 또는 열이 목재에 접촉되어 착화되는 것
② **복사열** : 화염 또는 고온체에서 발생되는 복사열에 의해 목재가 열분해되어 착화되는 것
③ **비화** : 화재 발생장소로부터 불티, 불꽃 등이 인근의 목재에 날아가 착화되는 것

5) **목조 건축물의 화재진행과정**

> 화재원인 – 무염착화 – 발염착화 – 출화 – 최성기 – 연소낙하 – 소화

① **무염착화** : 가연물이 연소하면서 불꽃 없이 착화되는 현상
② **발염착화** : 무염상태의 가연물이 약 260℃ 부근에서 불꽃을 내면서 착화되는 현상

③ 출화
- ㉮ 옥내출화
  - ㉠ 건축물 실내의 천장 속, 벽 내부에서 착화
  - ㉡ 준불연성, 난연성으로 피복된 내부에서 착화
- ㉯ 옥외출화
  - ㉠ 건축물 외부의 가연물질에서 착화
  - ㉡ 창, 출입구 등의 개구부 등에서 착화

④ **최성기** : 출화와 동시에 불꽃이 실 전체로 급속히 확대되며 연기 색상도 백색에서 흑색으로 변하며, 이때 실내의 최고온도는 약 1,200℃에 이르게 된다.

⑤ **연소낙하** : 최성기가 지나고 천장, 지붕, 벽 등이 무너져 내리면서 화세가 약해지는 시기이다.

6) 목조 건축물의 화재 특성

① **연료지배형 화재**

고온 단기형(약 1,200℃, 10~20분)

② **최성기까지 시간**

약 5~15분

③ 개방된 공간에서는 Flash over가 발생되지 않는다.

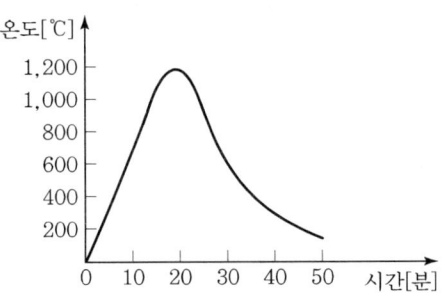

[목재 건축물 화재의 시간온도곡선]

05 내화 건축물의 화재

내화 건축물은 철근콘크리트조, 철골철근콘크리트조, 연와조 등 주요구조부가 가연성이 아니고 밀도가 높아 산소공급이 불충분하여 화재 초기에는 연료지배형 화재의 특성을 띠고, Flash over 이후에는 환기지배형 화재의 특성을 갖는다.

1) 내화 건축물화재의 진행단계

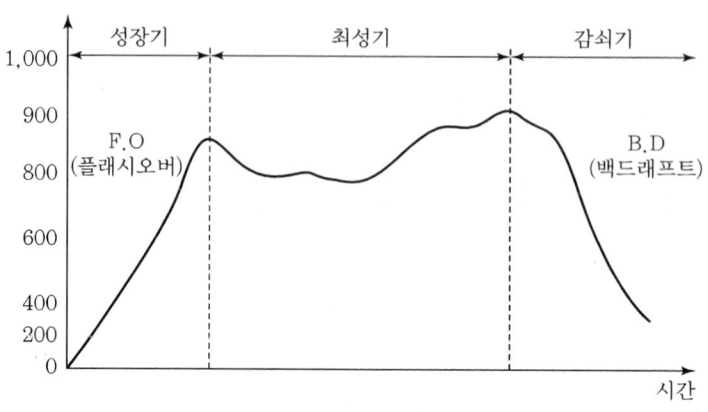

초기 – 발화 – 성장기 – 최성기 – 감쇠기

① **초기** : 주요구조부가 가연성이 아니고 공기의 유통도 적기 때문에 연소속도가 완만하다.
② **발화** : 화재의 개시
③ **성장기** : 에너지의 축적에 의해 연소가 급격히 진행되어 검은 연기가 발생되며 실 전체가 화염에 휩싸이는 Flash Over가 발생한다.
④ **최성기**
　㉮ 환기지배형 화재의 과정으로서, 열방출속도의 변화가 적으며 실의 온도가 매우 높다.
　㉯ 실의 온도가 약 800~1,000℃에 이르게 되며, 건물의 도괴 방지와 관련하여 지속시간 및 최고온도의 파악이 중요하다.
⑤ **감쇠기**
　㉮ 실내의 가연물이 거의 소진되어 화세가 약해지며 상당시간 고온으로 유지된 후 연기의 농도도 엷어진다.
　㉯ 최성기의 환기지배형 화재에서 연료지배형 화재로 전환된다.
　㉰ Back draft가 발생할 수 있다.

2) 내화 건축물화재의 특성

① 내화 건축물은 목조 건축물에 비해 연소온도는 낮지만 연소 지속시간은 길다.
② 저온 장기형이다.(약 800~1,000℃, 30분~3시간)

3) 내화 건축물과 목조 건축물 화재의 비교

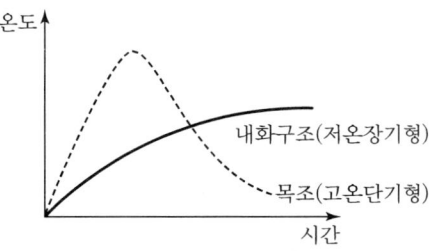

구 분	특 징
목조 건축물	고온 단기형(약 1,200℃, 5~15분)
내화 건축물	저온 장기형(약 800℃, 30분~3시간)

4) 표준시간온도 곡선

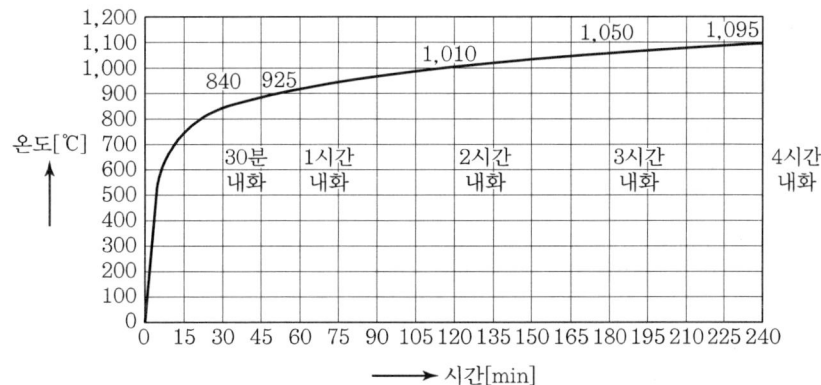

표준온도시간 곡선 $\theta = \theta_0 + 345\log(8t+1)$

여기서, θ : t시간 이후 가열로의 온도

θ_0 : 가열하기 전 가열로의 온도(20℃)

t : 지속시간(min)

06 고분자물질(플라스틱)의 화재

1) 고분자물질의 종류 및 특징

	열가소성 수지	열경화성 수지
종류	열을 가하면 용융되어 액체로 되고 온도가 내려가면 고체 상태가 되며 화재 위험성이 매우 크다. 예 폴리에틸렌, 폴리프로필렌, 폴리스티렌, 폴리염화비닐, 아크릴수지 등	열을 가하면 용융되지 않고 바로 분해되어 기체를 발생시키며 열가소성에 비해 화재의 위험성이 작다. 예 페놀수지, 요소수지, 멜라민수지, 에폭시수지 등
특징	㉠ 분진 형태의 플라스틱은 스파크, 불꽃 등 작은 에너지로도 착화가 일어날 수 있다. ㉡ 부도체이므로 정전기에 의해 인화성 증기에 발화 가능성이 있다. ㉢ 열가소성 수지는 열경화성 수지에 비해 화재 위험성이 현저히 크다. ㉣ 연소 시 유독 가스에 의해 인명 피해의 우려가 크다.	

2) 플라스틱의 연소생성물

플라스틱의 종류	연소생성물	플라스틱의 종류	연소생성물
일반플라스틱	CO, CO_2	PVC	HCl
황을 함유한 플라스틱	SO_2, H_2S NO_2, NH_3	폴리스틸렌, 폴리에스테르	벤젠(C_6H_6)
질소를 함유한 플라스틱	HCN, NO, NO_2, NH_3	페놀수지	페놀, 알데히드

3) 고분자재료의 난연화 과정

① 재료의 열분해 속도를 제어하는 방법
② 재료의 열분해 생성물을 제어하는 방법
③ 재료의 표면에 열전달을 제어하는 방법
④ 재료의 기상반응을 제어하는 방법

CHAPTER 07 건축방화

01 내화구조

1) 개념
내화구조란 화재에 견딜 수 있는 성능을 가진 구조로 쉽게 연소되지 않고 화재 시에도 상당시간 내력의 저하가 없으며 진화 후에 재사용이 가능한 구조

2) 목적 및 기능

목적	기능
① 인명 보호 및 원활한 소화활동	① 차열 및 차염성
② 화재 확대방지 및 재산보호	② 불연성능
③ 건물의 도괴 방지	③ 충격 및 주수에 대한 강도 유지

3) 기준(건축물의 피난 · 방화구조 등의 기준에 관한 규칙 제3조)

① **벽**
   ㉮ 철근콘크리트조 또는 철골철근콘크리트조로 : 두께 10cm 이상
   ㉯ 골구를 철골조로 하고 그 양면을 두께 4cm 이상의 철망모르타르 또는 두께 5cm 이상의 콘크리트블록 · 벽돌 또는 석재로 덮은 것
   ㉰ 철재로 보강된 콘크리트 블록조 · 벽돌조 또는 석조로서 철재에 덮은 콘크리트블록 등의 두께 5cm 이상
   ㉱ 벽돌조 : 두께 19cm 이상
   ㉲ 고온 · 고압의 증기로 양생된 경량기포 콘크리트패널 또는 경량기포 콘크리트블록조 : 두께 10cm 이상

② **외벽중 비 내력벽**
   ㉮ 철근콘크리트조 또는 철골철근콘크리트조 : 두께 7cm 이상
   ㉯ 골구를 철골조로 하고 그 양면을 두께 3cm 이상의 철망모르타르 또는 두께 4cm 이상의 콘크리트블록 · 벽돌 또는 석재로 덮은 것
   ㉰ 철재로 보강된 콘크리트블록조 · 벽돌조 또는 석조 : 철재에 덮은 콘크리트블록 등의 두께 4cm 이상
   ㉱ 무근콘크리트조 · 콘크리트블록조 · 벽돌조 또는 석조 : 두께 7cm 이상

③ 기둥(그 작은 지름이 25cm 이상인 것)
  ㉮ 철근콘크리트조 또는 철골철근콘크리트조
  ㉯ 철골을 두께 6cm(경량골재 : 5cm) 이상의 철망모르타르 또는 두께 7cm 이상의 콘크리트 블록 · 벽돌 또는 석재로 덮은 것
  ㉰ 철골을 두께 5cm 이상의 콘크리트로 덮은 것

④ 바닥
  ㉮ 철근콘크리트조 또는 철골철근콘크리트조 : 두께 10cm 이상
  ㉯ 철재로 보강된 콘크리트블록조 · 벽돌조 또는 석조 : 철재에 덮은 콘크리트블록 등의 두께 5cm 이상인 것
  ㉰ 철재의 양면을 두께 5cm 이상의 철망모르타르 또는 콘크리트로 덮은 것

⑤ 보(지붕틀을 포함)
  ㉮ 철근콘크리트조 또는 철골철근콘크리트조
  ㉯ 철골을 두께 6cm(경량골재 : 5cm) 이상의 철망모르타르 또는 두께 5cm 이상의 콘크리트로 덮은 것
  ㉰ 철골조의 지붕틀(바닥으로부터 그 아랫부분까지의 높이가 4m 이상인 것에 한한다.)로서 바로 아래에 반자가 없거나 불연재료로 된 반자가 있는 것

⑥ 지붕
  ㉮ 철근콘크리트조 또는 철골철근콘크리트조
  ㉯ 철재로 보강된 콘크리트블록조 · 벽돌조 또는 석조
  ㉰ 철재로 보강된 유리블록 또는 망입유리로 된 것

⑦ 계단
  ㉮ 철근콘크리트조 또는 철골철근콘크리트조
  ㉯ 무근콘크리트조 · 콘크리트블록조 · 벽돌조 또는 석조
  ㉰ 철재로 보강된 콘크리트블록조 · 벽돌조 또는 석조
  ㉱ 철골조

> **Check Point** 주요 구조부
>
> 1. 건축물의 골격을 유지하는 부분
> 2. 주계단 · 내력벽 · 기둥 · 바닥 · 보 · 지붕틀(다만, 사잇벽 · 사잇기둥 · 최하층 바닥 · 작은 보 · 차양 · 옥외 계단 등은 제외한다.)

02 방화구조(건축물의 피난·방화구조 등의 기준에 관한 규칙 제4조)

화염의 확산을 막을 수 있는 성능을 가진 구조로 다음의 기준에 적합한 구조
① **철망모르타르** : 그 바름 두께가 2cm 이상
② **석고판 위에 시멘트모르타르 또는 회반죽을 바른 것** : 그 두께의 합계가 2.5cm 이상
③ **시멘트모르타르 위에 타일을 붙인 것** : 그 두께의 합계가 2.5cm 이상
④ 삭제 〈2010.4.7.〉
⑤ 삭제 〈2010.4.7.〉
⑥ 심벽에 흙으로 맞벽치기한 것
⑦ 「산업표준화법」에 따른 한국산업표준이 정하는 바에 따라 시험한 결과 방화 2급 이상에 해당하는 것

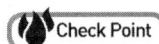

> ▶ **불연재료**
> 1. 불에 타지 않는 성질을 가진 재료로서 불연성 시험 및 가스 유해성 시험결과 기준을 만족하는 것
> 2. 콘크리트·석재·벽돌·기와·철강·알루미늄·유리·시멘트모르타르·회
>
> ▶ **준불연재료**
> 1. 불연재료에 준하는 성질을 가진 재료로서 열방출률 시험 및 가스 유해성 시험결과 기준을 만족하는 것
> 2. 석고보드·목모시멘트판
>
> ▶ **난연재료**
> 1. 불에 잘 타지 않는 성질을 가진 재료로서 열방출률 시험 및 가스 유해성 시험결과 기준을 만족하는 것
> 2. 난연합판·난연플라스틱

03 방화문

1) 개념
방화문은 화재확산 방지 및 피난을 위하여 규정된 방화구획이나 피난계단 등의 출입문으로 설치하는 것이다.

2) 방화문의 구분(건축법 시행령 제64조)
① 방화문은 다음 각 호와 같이 구분한다.
  ㉮ 60분+방화문 : 연기 및 불꽃을 차단할 수 있는 시간이 60분 이상이고, 열을 차단할 수 있는 시간이 30분 이상인 방화문
  ㉯ 60분방화문 : 연기 및 불꽃을 차단할 수 있는 시간이 60분 이상인 방화문
  ㉰ 30분방화문 : 연기 및 불꽃을 차단할 수 있는 시간이 30분 이상 60분 미만인 방화문
② 제1항 각 호의 구분에 따른 방화문 인정 기준은 국토교통부령으로 정한다.

3) 방화문의 구조(건축물의 피난 · 방화구조 등의 기준에 관한 규칙 제26조)
① 생산공장의 품질 관리 상태를 확인한 결과 국토교통부장관이 정하여 고시하는 기준에 적합할 것
② 품질시험을 실시한 결과 다음 각 목의 구분에 따른 기준에 따른 성능을 확보할 것
  : 건축법 시행령 제64조 제1항

04 방화구획

1) 정의(건축법 시행령 제46조 1항)
화재 시 연소확대를 방지하기 위하여 내화구조로 된 바닥 · 벽 · 자동방화셔터 및 60분+방화문, 60분방화문으로 구획한 것을 말한다.

2) 방화구획의 대상(건축법 시행령 제46조)
① 주요 구조부가 내화구조 또는 불연재료로 된 건축물로서 연면적이 1,000m²를 넘는 것은 방화구획할 것
② 건축물 일부의 주요구조부를 내화구조로 하거나 제2항에 따라 건축물의 일부에 제1항을 완화하여 적용한 경우에는 내화구조로 한 부분 또는 제1항을 완화하여 적용한 부분과 그 밖의 부분을 방화구획으로 구획하여야 한다.
③ 공동주택 중 아파트로서 4층 이상인 층의 각 세대가 2개 이상의 직통계단을 사용할 수 없는 경우에는 발코니에 인접 세대와 공동으로 또는 각 세대별로 다음 각 호의

요건을 모두 갖춘 대피공간을 하나 이상 설치해야 한다. 이 경우 인접 세대와 공동으로 설치하는 대피공간은 인접 세대를 통하여 2개 이상의 직통계단을 쓸 수 있는 위치에 우선 설치되어야 한다.

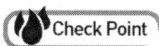

> ▶ **공동주택 중 아파트의 발코니에 설치하는 대피공간의 구조(건축법 시행령 제46조 4항)**
> 1. 대피공간은 바깥의 공기와 접할 것
> 2. 대피공간은 실내의 다른 부분과 방화구획으로 구획될 것
> 3. 대피공간의 바닥면적은 인접 세대와 공동으로 설치하는 경우에는 3제곱미터 이상, 각 세대별로 설치하는 경우에는 2제곱미터 이상일 것
> 4. 국토교통부장관이 정하는 기준에 적합할 것
>
> ▶ **대피공간을 설치하지 아니할 수 있는 발코니의 구조(건축법 시행령 제46조 5항)**
> 1. 인접 세대와의 경계벽이 파괴하기 쉬운 경량구조 등인 경우
> 2. 경계벽에 피난구를 설치한 경우
> 3. 발코니의 바닥에 국토교통부령으로 정하는 하향식 피난구를 설치한 경우
> 4. 국토교통부장관이 제4항에 따른 대피공간과 동일하거나 그 이상의 성능이 있다고 인정하여 고시하는 구조 또는 시설(이하 이 호에서 "대체시설"이라 한다)을 갖춘 경우. 이 경우 국토교통부장관은 대체시설의 성능에 대해 미리 「과학기술분야 정부출연연구기관 등의 설립·운영 및 육성에 관한 법률」 제8조제1항에 따라 설립된 한국건설기술연구원(이하 "한국건설기술연구원"이라 한다)의 기술검토를 받은 후 고시해야 한다.

④ 요양병원, 정신병원, 「노인복지법」 제34조제1항제1호에 따른 노인요양시설(이하 "노인요양시설"이라 한다), 장애인 거주시설 및 장애인 의료재활시설의 피난층 외의 층에는 다음 각 호의 어느 하나에 해당하는 시설을 설치하여야 한다.
 1. 각 층마다 별도로 방화구획된 대피공간
 2. 거실에 접하여 설치된 노대등
 3. 계단을 이용하지 아니하고 건물 외부의 지상으로 통하는 경사로 또는 인접 건축물로 피난할 수 있도록 설치하는 연결복도 또는 연결통로

3) 방화구획의 종류

① **면적별 구획(건축물의 피난·방화구조 등의 기준에 관한 규칙 제14조 1항 1호·3호)**
 ㉮ 10층 이하의 층은 바닥면적 1,000m²(스프링클러 기타 이와 유사한 자동식 소화설비를 설치한 경우에는 바닥면적 3,000m²) 이내마다 구획할 것
 ㉯ 11층 이상의 층은 바닥면적 200m²(스프링클러 기타 이와 유사한 자동식 소화설비

를 설치한 경우에는 600m²) 이내마다 구획할 것. 다만, 벽 및 반자의 실내에 접하는 부분의 마감을 불연재료로 한 경우에는 바닥면적 500m²(스프링클러 기타 이와 유사한 자동식 소화설비를 설치한 경우에는 1,500m²) 이내마다 구획하여야 한다.

구분		자동식 소화설비 미설치	자동식 소화설비 설치
10층 이하		1,000m² 이내	3,000m² 이내
11층 이상	일반재료	200m² 이내	600m² 이내
	불연재료	500m² 이내	1,500m² 이내

② **층별 구획(건축물의 피난 · 방화구조 등의 기준에 관한 규칙 제14조 1항 2호, 4호)**
- 2호 : 매층마다 구획할 것. 다만, 지하 1층에서 지상으로 직접 연결하는 경사로 부위는 제외한다.
- 4호 : 필로티나 그 밖에 이와 비슷한 구조(벽면적의 2분의 1 이상이 그 층의 바닥면에서 위층 바닥 아래면까지 공간으로 된 것만 해당한다)의 부분을 주차장으로 사용하는 경우 그 부분은 건축물의 다른 부분과 구획할 것

③ **용도별 구획(건축법 시행령 제46조 3항)** : 건축물 일부의 주요구조부를 내화구조로 하거나 제2항에 따라 건축물의 일부에 제1항을 완화하여 적용한 경우에는 내화구조로 한 부분 또는 제1항을 완화하여 적용한 부분과 그 밖의 부분을 방화구획으로 구획하여야 한다.

④ **수직관통부구획** : 엘리베이터 권상기실, 계단, 경사로, 린넨슈트, 피트 등 수직관통부를 방화구획한다.

4) 방화구획의 방법(건축물의 피난 · 방화구조 등의 기준에 관한 규칙 제14조 2항)

① 영 제46조에 따른 방화구획으로 사용하는 60분+방화문 또는 60분방화문은 언제나 닫힌 상태를 유지하거나 화재로 인한 연기 또는 불꽃을 감지하여 자동적으로 닫히는 구조로 할 것. 다만, 연기 또는 불꽃을 감지하여 자동적으로 닫히는 구조로 할 수 없는 경우에는 온도를 감지하여 자동적으로 닫히는 구조로 할 수 있다.

② 외벽과 바닥 사이에 틈이 생긴 때나 급수관 · 배전관 그 밖의 관이 방화구획으로 되어 있는 부분을 관통하는 경우 그로 인하여 방화구획에 틈이 생긴 때에는 그 틈을 한국건설기술연구원장이 국토교통부장관이 정하여 고시하는 기준에 따라 내화채움성능을 인정한 구조로 메울 것
㉮ 삭제 〈2021. 3. 26.〉
㉯ 삭제 〈2021. 3. 26.〉

③ 환기 · 난방 또는 냉방시설의 풍도가 방화구획을 관통하는 경우에는 그 관통부분 또

는 이에 근접한 부분에 다음 각 목의 기준에 적합한 댐퍼를 설치할 것. 다만, 반도체공장건축물로서 방화구획을 관통하는 풍도의 주위에 스프링클러헤드를 설치하는 경우에는 그렇지 않다.

㉮ 화재로 인한 연기 또는 불꽃을 감지하여 자동적으로 닫히는 구조로 할 것. 다만, 주방 등 연기가 항상 발생하는 부분에는 온도를 감지하여 자동적으로 닫히는 구조로 할 수 있다.

㉯ 국토교통부장관이 정하여 고시하는 비차열(非遮熱)성능 및 방연성능 등의 기준에 적합할 것

㉰ 삭제 〈2019. 8. 6.〉

㉱ 삭제 〈2019. 8. 6.〉

④ 영 제46조제1항제2호와 제81조제5항제5호에 따라 설치되는 자동방화셔터는 피난이 가능한 60분+방화문 또는 60분방화문으로부터 3미터 이내에 별도로 설치할 것

5) 하향식 피난구의 구조(건축물의 피난·방화구조 등의 기준에 관한 규칙 제14조 4항)

① 피난구의 덮개는 품질시험을 실시한 결과 비차열 1시간 이상의 내화성능을 가져야 하며, 피난구의 유효 개구부 규격은 직경 60cm 이상일 것
② 상층·하층 간 피난구의 설치위치는 수직방향 간격을 15cm 이상 띄어서 설치할 것
③ 아래층에서는 바로 위층의 피난구를 열 수 없는 구조일 것
④ 사다리는 바로 아래층의 바닥면으로부터 50cm 이하까지 내려오는 길이로 할 것
⑤ 덮개가 개방될 경우에는 건축물관리시스템 등을 통하여 경보음이 울리는 구조일 것
⑥ 피난구가 있는 곳에는 예비전원에 의한 조명설비를 설치할 것

6) 방화구획의 완화요건(건축법 시행령 제46조 2항)

① 문화 및 집회시설(동·식물원은 제외한다), 종교시설, 운동시설 또는 장례시설의 용도로 쓰는 거실로서 시선 및 활동공간의 확보를 위하여 불가피한 부분
② 물품의 제조·가공·보관 및 운반 등에 필요한 고정식 대형기기 설비의 설치를 위하여 불가피한 부분. 다만, 지하층인 경우에는 지하층의 외벽 한쪽 면(지하층의 바닥면에서 지상층 바닥 아래면까지의 외벽 면적 중 4분의 1 이상이 되는 면을 말한다) 전체가 건물 밖으로 개방되어 보행과 자동차의 진입·출입이 가능한 경우에 한정한다.
③ 계단실·복도 또는 승강기의 승강장 및 승강로로서 그 건축물의 다른 부분과 방화구획으로 구획된 부분. 다만, 해당 부분에 위치하는 설비배관 등이 바닥을 관통하는 부분은 제외한다.
④ 건축물의 최상층 또는 피난층으로서 대규모 회의장·강당·스카이라운지·로비 또

는 피난안전구역 등의 용도로 쓰는 부분으로서 그 용도로 사용하기 위하여 불가피한 부분
⑤ 복층형 공동주택의 세대별 층간 바닥 부분
⑥ 주요구조부가 내화구조 또는 불연재료로 된 주차장
⑦ 단독주택, 동물 및 식물 관련 시설 또는 교정 및 군사시설 중 군사시설(집회, 체육, 창고 등의 용도로 사용되는 시설만 해당한다)로 쓰는 건축물
⑧ 건축물의 1층과 2층의 일부를 동일한 용도로 사용하며 그 건축물의 다른 부분과 방화구획으로 구획된 부분(바닥면적의 합계가 500제곱미터 이하인 경우로 한정한다)

05 방화벽

방화벽은 주요 구조부가 내화구조 또는 불연재료가 아닌 대규모 건축물에서의 연소 확대 방지를 위해 설치하는 것이다.

1) 설치대상(건축법 시행령 제57조)
① 연면적 1,000m² 이상인 건축물로서 그 주요 구조부가 내화구조 또는 불연재료가 아닌 건축물은 방화벽으로 구획하되, 각 구획된 바닥면적의 합계는 1,000m² 미만이어야 한다.
② 연면적 1,000m² 이상인 목조 건축물의 구조는 방화구조로 하거나 불연재료로 하여야 한다.

2) 설치 제외(건축법 시행령 제57조)
① 주요 구조부가 내화구조이거나 불연재료인 건축물
② 내부설비의 구조상 방화벽으로 구획할 수 없는 창고시설의 경우

3) 구조(건축물의 피난·방화구조 등의 기준에 관한 규칙 제21조 1항)
① 내화구조로서 홀로 설 수 있는 구조일 것
② 방화벽의 양쪽 끝과 위쪽 끝을 건축물의 외벽면 및 지붕면으로부터 0.5m 이상 튀어나오게 할 것
③ 방화벽에 설치하는 출입문의 너비 및 높이는 각각 2.5m 이하로 하고, 해당 출입문에는 60분+방화문 또는 60분방화문을 설치할 것

06 방화셔터

1) 정의
"셔터"라 함은 방화구획의 용도로 화재 시 연기 및 열을 감지하여 자동 폐쇄되는 것으로서, 공항·체육관 등 넓은 공간에 부득이하게 내화구조로 된 벽을 설치하지 못하는 경우에 사용하는 방화셔터를 말한다.

2) 성능기준 및 구성(방화문 및 자동방화셔터의 인정 및 관리기준 제4조)
① 건축물 방화구획을 위해 설치하는 방화문 및 셔터는 건축물의 용도 등 구분에 따라 화재 시의 가열에 규칙 제14조제3항 또는 제26조에서 정하는 시간 이상을 견딜 수 있어야 하며, 차연성능, 개폐성능 등 방화문 또는 셔터가 갖추어야 하는 성능에 대해서는 세부운영지침에서 정하는 바에 따른다. 〈전문개정〉
② 원장은 규칙 제14조제3항 또는 제26조에서 정하는 내화성능보다 나은 성능을 확보한 방화문 또는 셔터에 대해 30분 단위로 추가하여 인정할 수 있다. 〈전문개정〉
③ 방화문은 항상 닫혀 있는 구조 또는 화재 발생 시 불꽃, 연기 및 열에 의하여 자동으로 닫힐 수 있는 구조여야 한다. 〈전문개정〉
④ 셔터는 전동 및 수동에 의해서 개폐할 수 있는 장치와 화재 발생 시 불꽃, 연기 및 열에 의하여 자동폐쇄되는 장치 일체로서 화재 발생 시 불꽃 또는 연기감지기에 의한 일부폐쇄와 열감지기에 의한 완전폐쇄가 이루어질 수 있는 구조를 가진 것이어야 한다. 다만, 수직방향으로 폐쇄되는 구조가 아닌 경우는 불꽃, 연기 및 열감지에 의해 완전폐쇄가 될 수 있는 구조여야 한다.
⑤ 셔터의 상부는 상층 바닥에 직접 닿도록 하여야 하며, 그렇지 않은 경우 방화구획 처리를 하여 연기와 화염의 이동통로가 되지 않도록 하여야 한다.

3) 성능기준
셔터는 다음의 성능을 확보하여야 한다.
① KS F 2268-1(방화문의 내화시험방법)에 따른 내화시험 결과 비차열 1시간 성능
② KS F 4510(중량셔터)에서 규정한 차연성능
③ KS F 4510(중량셔터)에서 규정한 개폐성능

07 상층으로 연소확대 방지

종류	구조
스팬드럴	① 창문을 통해서 아래층에서 위층으로 연소가 확대되는 것을 방지 ② 아래층 창문 상단에서 위층 창문 하단까지 거리는 90cm 이상
캔틸레버	① 스팬드럴 높이의 한계를 보완하기 위해서 설치 ② 건물 외벽에서 돌출된 부분의 거리는 50cm 이상
발코니	발코니 등의 구조 변경절차 및 설치기준(국토해양부 고시 제 2012-745호) ① 방화판 또는 방화유리창을 설치할 것 : 아파트 2층 이상의 층에서 스프링클러의 살수범위에 포함되지 않는 발코니를 구조 변경하는 경우에는 발코니 끝부분에 바닥판 두께를 포함하여 높이가 90cm 이상 ② 난간 등의 구조 : 발코니를 거실 등으로 사용하는 경우 난간의 높이는 1.2m 이상이어야 하며 난간에 난간 살이 있는 경우에는 난간 살 사이의 간격을 10cm 이하의 간격으로 설치할 것

CHAPTER 08 건축피난

01 피난계획

1) 피난계획의 일반적인 원칙
① 2방향 이상의 피난로를 확보할 것
② 피난의 수단은 원시적 방법에 의할 것
③ 피난 경로는 간단명료할 것
④ 피난 시설은 고정설비에 의할 것
⑤ 피난 대책은 Fool-proof와 Fail-safe 원칙에 의할 것
⑥ 피난경로에 따라 일정한 Zone을 형성하고, 최종 대피장소로 접근함에 따라 각 Zone의 안전성을 점차적으로 높일 것
  ㉮ 제1차 안전구획 : 복도
  ㉯ 제2차 안전구획 : 전실(부속실)
  ㉰ 제3차 안전구획 : 계단

Check Point Fool-proof와 Fail-safe

Fool-proof	Fail-safe
① 누구나 식별 가능하도록 간단명료하게 설치한다. ② 피난 시 인간행동 특성에 부합하도록 설계하는 것 ③ Fool-proof의 예 • 간단명료한 피난 통로, 유도등, 유도 표지 등 • 소화설비, 경보설비에 위치 표시, 사용방법 부착 • 피난 방향으로 개방	① 1가지가 고장으로 실패하더라도 다른 수단에 의해 안전이 확보되도록 하는 것을 말한다. ② 2방향 이상의 피난 경로 ③ Fail-safe의 예 • 2방향 이상의 피난로 확보 • 피난 실패자를 위한 보조적 피난기구의 설치 • 소화설비의 자동·수동 기동 장치 • 경보설비의 감지기·발신기 설치 등

2) 피난 계획 수립 시 고려해야 할 인간의 본능

① **귀소본능** : 인간은 비상시 자신의 신체를 보호하기 위해 원래 들어온 경로 또는 늘 사용하던 경로를 따라 대피하려고 하므로, 일상적으로 사용되는 주 통로의 단순화·안전성 확보가 추가적인 피난 경로의 구비보다 중요하다.

② **퇴피본능** : 인간은 이상상황이 발생되면 우선 확인하려고 하며, 긴급한 사태임이 확인되면 반사적으로 그 지점에서 멀어지려고 한다. 따라서, 비상계단을 설치할 경우 건물 중앙부와 건물 외주부분에 각각 설치하는 것이 바람직하다.

③ **추종본능** : 비상시에는 많은 사람들이 한 사람의 리더를 추종하려는 경향을 보이므로, 불특정 다수가 모이는 장소에는 피난 유도를 위한 요원의 육성 및 배치가 필요하다.

④ **좌회본능** : 일반적으로 오른손잡이는 오른발이 발달하여 어둠 속에서 보행하면 자연히 왼쪽으로 돌게 된다. 따라서 계단은 좌측으로 돌며 내려가 피난층으로 갈 수 있도록 설계한다.

⑤ **지광 본능** : 화재 시 정전 또는 연기로 인해 주위가 어두워지면 사람들은 밝은 쪽으로 피난하려고 한다. 따라서, 피난경로를 집중적으로 밝게 하고, 이와 혼동되기 쉬운 장식용 조명등은 소등 하며, 유도등·유도표지 설치 및 출입구·계단 등은 외부와 접하여 채광이 되도록 하는 것이 좋다.

3) 성능 위주 피난계획

① RSET(Required Safe Egress Time : 총 피난시간)
  ㉮ 총 피난시간 = 피난개시시간(인지시간 + 초기대응행동시간) + 피난행동시간
  ㉯ 총 피난시간을 줄이는 대책이 필요 : 피난거리 단축, 비상구 수 증대, 비상구·계단 및 통로의 폭 확대, 비상대피훈련 등

② ASET(Available Safe Egress Time : 거주가능시간)
  ㉮ 거주가능시간 = 총 피난시간 + 피난여유시간
  ㉯ 거주가능시간을 늘이는 대책이 필요 : 자동식 소화설비, 방화구획, 제연설비 등

③ ASET > RSET이 되도록 계획

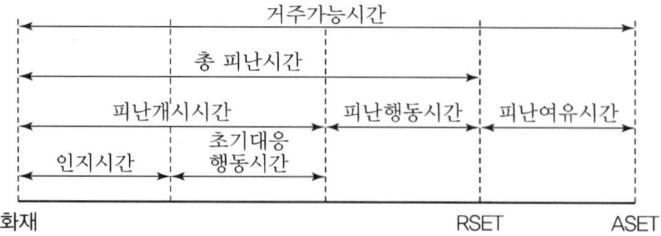

02 수직적 피난시설

1) 개념

① **직통계단**
  ㉮ 건축물의 피난층 외의 층에서 피난층이나 지상으로 통하는 계단(경사로 포함)
  ㉯ 직통계단은 계단, 계단참 등이 연속적으로 설치되어 피난 경로가 명확히 구분되어야 한다.

② **피난계단**
  ㉮ 직통계단의 구조에 피난상의 안전을 고려한 계단
  ㉯ 내화구조, 불연마감, 조명 등의 안전기준을 포함한다.

③ **특별피난계단** : 피난계단에 연기침입을 방지하는 전실(노대 또는 제연설비가 설치된 부속실)을 설치하여 피난계단보다 피난상의 안전도를 더욱 높인 계단

④ **옥외피난계단** : 공연장, 주점 등과 같이 좁은 공간에 많은 인원이 집중되는 시설에서의 피난을 위해 추가로 설치하는 옥외의 피난계단

⑤ **선큰** : 지하층에서 피난 시, 건물 밖으로 피난하여 옥외계단 등을 통해 피난층으로 대피할 수 있는 천장이 개방된 외부공간을 말함

2) 설치대상

① **직통계단(건축법 시행령 제34조)**
  ㉮ 보행거리에 의한 기준

층의 구분			일반 피난층이 아닌 층에서의 거실에서 직통계단까지의 보행거리	
주요 구조부			내화구조 또는 불연재료	기타 구조
용도	일반용도		50m 이하	30m 이하
	공동주택	15층 이하	50m 이하	30m 이하
		16층 이상	40m 이하	30m 이하

  ⇨ 위의 표에서의 보행거리를 초과하지 않는 범위에서 직통계단의 수를 결정한다.

Reference 예외

- 자동화 생산시설에 스프링클러 등 자동식 소화설비를 설치한 공장으로서, 반도체 및 디스플레이 패널을 제조하는 공장인 경우 : 보행거리 75m 이하(무인화 공장인 경우 : 100m 이하)
- 지하층에 설치하는 바닥면적 합계가 300m² 이상인 공연장, 집회장, 관람장 및 전시장은 주요 구조부가 내화구조 또는 불연재료라도 보행거리 30m 이하이어야 함

㈏ 2개 이상의 직통계단 설치대상(경사로 포함)
- 문화 및 집회시설, 장례식장, 주점영업 용도의 층 : 200m² 이상
- 다중주택, 다가구주택, 학원, 독서실, 판매시설, 운수시설, 의료시설(입원실 없는 치과병원 제외), 아동시설, 노인복지시설, 유스호스텔, 숙박시설, 장례식장 : 당해 용도로 사용되는 3층 이상의 층으로서, 200m² 이상
- 공동주택(층당 5세대 이상), 오피스텔 : 당해 용도 거실바닥면적의 합계가 300m² 이상
- 3층 이상의 층 : 거실 바닥면적 합계 400m² 이상
- 지하층 : 거실 바닥면적 합계 200m² 이상

② **피난계단(건축법 시행령 제35조)**
㈎ 설치대상 : 5층 이상 또는 지하 2층 이하의 층에 설치하는 직통계단
㈏ 예외 : 건축물의 주요 구조부가 내화구조 또는 불연재료로 된 경우로서,
- 5층 이상인 층의 바닥면적 합계 : 200m² 이하
- 5층 이상인 층의 바닥면적 200m² 이내마다 방화구획된 경우

③ **특별피난계단(건축법 시행령 제35조)**
㈎ 설치대상
- 건축물의 11층 이상의 층(공동주택은 16층 이상) 또는 지하 3층 이하의 층에 설치하는 직통계단
- 판매시설의 용도로 사용되는 층에서의 직통계단 중 1개소 이상
㈏ 예외
- 갓복도식 공동주택 : 각 층의 계단실 및 승강기에서 각 세대로 통하는 복도의 한쪽 면이 외기에 개방된 구조의 공동주택
- 바닥면적 400m² 미만인 층
㈐ 강화기준
- 대상 : 5층 이상의 층으로서, 전시장, 동식물원, 판매시설, 운수시설, 운동시설, 위락시설, 관광휴게시설, 생활권수련시설 용도로 쓰이는 바닥면적이 2,000m²를 넘는 층
- 기준 : 직통계단 외에 추가적으로 매 2,000m² 마다 1개소의 피난계단 또는 특별피난계단을 설치할 것(4층 이하의 층에는 쓰지 않는 피난계단 또는 특별피난계단만 해당)

④ 옥외피난계단(건축법 시행령 제36조)
  ㉮ 설치대상 : 건축물의 3층 이상인 층으로서 다음 중 하나에 해당하는 용도로 쓰는 층에 설치
    • 공연장, 주점영업 : 300m² 이상
    • 집회장 : 1,000m² 이상
  ㉯ 설치방법 : 직통계단 외에 해당 층에서 지상으로 통하는 옥외피난계단을 따로 설치함

⑤ 선큰(지하층과 피난층 사이의 개방공간)(건축법 시행령 제37조)
  바닥면적의 합계가 3,000m² 이상인 공연장, 집회장, 관람장, 전시장을 지하층에 설치한 경우

3) 직통계단 등의 구조

① **직통계단(건축물의 피난 · 방화구조 등의 기준에 관한 규칙 제8조2항)**
  ㉠ 가장 멀리 위치한 직통계단 2개소의 출입구 간의 가장 가까운 직선거리(직통계단 간을 연결하는 복도가 건축물의 다른 부분과 방화구획으로 구획된 경우 출입구 간의 가장 가까운 보행거리를 말한다)는 건축물 평면의 최대 대각선 거리의 2분의 1 이상으로 할 것. 다만, 스프링클러 또는 그 밖에 이와 비슷한 자동식 소화설비를 설치한 경우에는 3분의 1이상으로 한다.
  ㉡ 각 직통계단 간에는 각각 거실과 연결된 복도 등 통로를 설치할 것

② **피난계단의 구조(건축물의 피난 · 방화구조 등의 기준에 관한 규칙 제9조2항1호)**

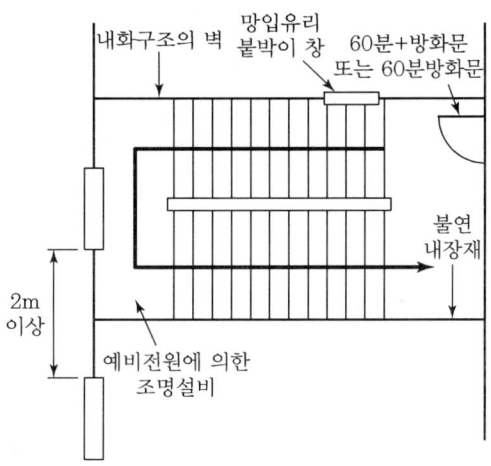

  ㉠ 계단실은 창문 · 출입구 기타 개구부(이하 "창문등"이라 한다)를 제외한 당해 건축물의 다른 부분과 내화구조의 벽으로 구획할 것

ⓛ 계단실의 실내에 접하는 부분(바닥 및 반자 등 실내에 면한 모든 부분을 말한다)의 마감(마감을 위한 바탕을 포함한다)은 불연재료로 할 것
ⓒ 계단실에는 예비전원에 의한 조명설비를 할 것
ⓔ 계단실의 바깥쪽과 접하는 창문등(망이 들어 있는 유리의 붙박이창으로서 그 면적이 각각 $1m^2$ 이하인 것을 제외한다)은 당해 건축물의 다른 부분에 설치하는 창문등으로부터 2m 이상의 거리를 두고 설치할 것
ⓜ 건축물의 내부와 접하는 계단실의 창문등(출입구를 제외한다)은 망이 들어 있는 유리의 붙박이창으로서 그 면적을 각각 $1m^2$ 이하로 할 것
ⓗ 건축물의 내부에서 계단실로 통하는 출입구의 유효너비는 0.9m 이상으로 하고, 그 출입구에는 피난의 방향으로 열 수 있는 것으로서 언제나 닫힌 상태를 유지하거나 화재로 인한 연기 또는 불꽃을 감지하여 자동적으로 닫히는 구조로 된 영 제64조제1항제1호의 60+ 방화문(이하 "60+방화문"이라 한다) 또는 같은 항 제2호의 방화문(이하 "60분방화문"이라 한다)을 설치할 것. 다만, 연기 또는 불꽃을 감지하여 자동적으로 닫히는 구조로 할 수 없는 경우에는 온도를 감지하여 자동적으로 닫히는 구조로 할 수 있다.
ⓢ 계단은 내화구조로 하고 피난층 또는 지상까지 직접 연결되도록 할 것

③ **특별피난계단의 구조(건축물의 피난·방화구조 등의 기준에 관한 규칙 제9조2항3호)**

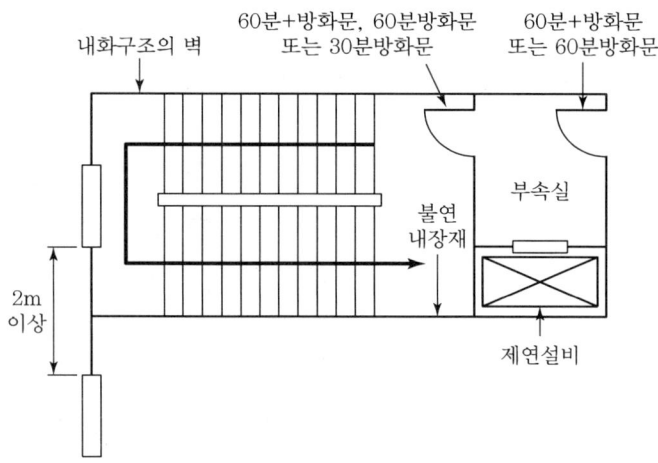

㉠ 건축물의 내부와 계단실은 노대를 통하여 연결하거나 외부를 향하여 열 수 있는 면적 $1m^2$ 이상인 창문(바닥으로부터 1m 이상의 높이에 설치한 것에 한한다) 또는 「건축물의 설비기준 등에 관한 규칙」 제14조의 규정에 적합한 구조의 배연설비가 있는 면적 $3m^2$ 이상인 부속실을 통하여 연결할 것

ⓛ 계단실·노대 및 부속실(「건축물의 설비기준 등에 관한 규칙」 제10조제2호가목의 규정에 의하여 비상용승강기의 승강장을 겸용하는 부속실을 포함한다)은 창문등을 제외하고는 내화구조의 벽으로 각각 구획할 것

ⓒ 계단실 및 부속실의 실내에 접하는 부분(바닥 및 반자 등 실내에 면한 모든 부분을 말한다)의 마감(마감을 위한 바탕을 포함한다)은 불연재료로 할 것

ⓔ 계단실에는 예비전원에 의한 조명설비를 할 것

ⓜ 계단실·노대 또는 부속실에 설치하는 건축물의 바깥쪽에 접하는 창문등(망이 들어 있는 유리의 붙박이창으로서 그 면적이 각각 $1m^2$ 이하인 것을 제외한다)은 계단실·노대 또는 부속실외의 당해 건축물의 다른 부분에 설치하는 창문등으로부터 2m 이상의 거리를 두고 설치할 것

ⓗ 계단실에는 노대 또는 부속실에 접하는 부분외에는 건축물의 내부와 접하는 창문등을 설치하지 아니할 것

ⓢ 계단실의 노대 또는 부속실에 접하는 창문등(출입구를 제외한다)은 망이 들어 있는 유리의 붙박이창으로서 그 면적을 각각 $1m^2$ 이하로 할 것

ⓞ 노대 및 부속실에는 계단실외의 건축물의 내부와 접하는 창문등(출입구를 제외한다)을 설치하지 아니할 것

ⓩ 건축물의 내부에서 노대 또는 부속실로 통하는 출입구에는 60＋방화문 또는 60분방화문을 설치하고, 노대 또는 부속실로부터 계단실로 통하는 출입구에는 60＋방화문, 60분방화문 또는 영 제64조제1항제3호의 30분방화문을 설치할 것. 이 경우 방화문은 언제나 닫힌 상태를 유지하거나 화재로 인한 연기 또는 불꽃을 감지하여 자동적으로 닫히는 구조로 해야 하고, 연기 또는 불꽃으로 감지하여 자동적으로 닫히는 구조로 할 수 없는 경우에는 온도를 감지하여 자동적으로 닫히는 구조로 할 수 있다.

ⓒ 계단은 내화구조로 하되, 피난층 또는 지상까지 직접 연결되도록 할 것

ⓚ 출입구의 유효너비는 0.9m 이상으로 하고 피난의 방향으로 열 수 있을 것

| Reference | 피난계단 및 특별피난계단의 공통 기준

① 돌음계단으로 하지 않을 것
② 옥상광장을 설치하는 건축물의 피난계단 또는 특별피난계단
  • 해당 건축물의 옥상으로 통하도록 설치할 것
  • 옥상으로 통하는 출입문 : 피난방향으로 열리는 구조로서, 피난 시 이용에 장애가 없을 것

④ 옥외피난계단의 구조 - 피난방화기준 제9조2항2호

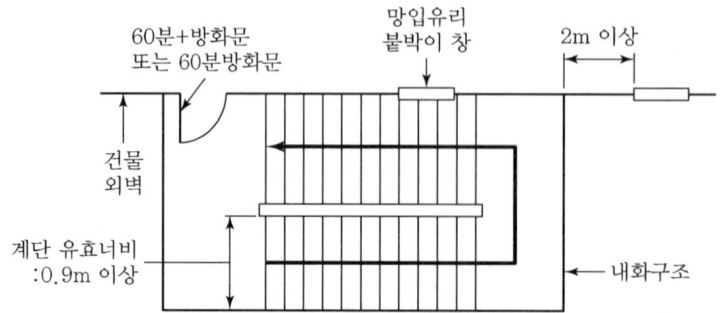

㉠ 계단의 위치 : 계단실의 출입구 이외의 창문($1m^2$ 이하의 망입유리 붙박이창은 제외) 등으로부터 2m 이상의 거리를 두고 설치할 것
㉡ 출입구는 60분+방화문 또는 60분방화문으로 할 것
㉢ 계단의 유효너비는 0.9m 이상으로 할 것
㉣ 계단의 구조는 내화구조로 지상까지 직접 연결되도록 할 것

03 지하층

1) 지하층의 구조 및 설비(건축물의 피난·방화구조 등의 기준에 관한 규칙 제25조 1항)

① 거실의 바닥면적이 $50m^2$ 이상인 층에는 직통계단 외에 피난층 또는 지상으로 통하는 비상탈출구 및 환기통을 설치할 것. 다만, 직통계단이 2개소 이상 설치되어 있는 경우에는 그러하지 아니하다.
② 바닥면적이 1천 m^2 이상인 층에는 피난층 또는 지상으로 통하는 직통계단을 방화구획으로 구획되는 각 부분마다 1개소 이상 설치하되, 이를 피난계단 또는 특별피난계단의 구조로 할 것
③ 거실 바닥면적의 합계가 1천 m^2 이상인 층에는 환기설비를 설치할 것
④ 지하층의 바닥면적이 $300m^2$ 이상인 층에는 식수공급을 위한 급수전을 1개소 이상 설치할 것

2) 지하층의 비상탈출구 설치기준(건축물의 피난·방화구조 등의 기준에 관한 규칙 제25조 2항)

① 비상탈출구의 유효너비는 0.75m 이상으로 하고, 유효높이는 1.5m 이상으로 할 것
② 비상탈출구의 문은 피난방향으로 열리도록 하고, 실내에서 항상 열 수 있는 구조로 하여야 하며, 내부 및 외부에는 비상탈출구의 표시를 할 것

③ 비상탈출구는 출입구로부터 3m 이상 떨어진 곳에 설치할 것
④ 지하층의 바닥으로부터 비상탈출구의 아랫부분까지의 높이가 1.2m 이상이 되는 경우에는 벽체에 발판의 너비가 20cm 이상인 사다리를 설치할 것
⑤ 비상탈출구는 피난층 또는 지상으로 통하는 복도나 직통계단에 직접 접하거나 통로 등으로 연결될 수 있도록 설치하여야 하며, 피난층 또는 지상으로 통하는 복도나 직통계단까지 이르는 피난통로의 유효너비는 0.75m 이상으로 하고, 피난통로의 실내에 접하는 부분의 마감과 그 바탕은 불연재료로 할 것
⑥ 비상탈출구의 진입부분 및 피난통로에는 통행에 지장이 있는 물건을 방치하거나 시설물을 설치하지 아니할 것
⑦ 비상탈출구의 유도등과 피난통로의 비상조명등의 설치는 소방법령이 정하는 바에 의할 것

04 피난안전구역(건축물의 피난·방화구조 등의 기준에 관한 규칙 제8조의2)

1) 피난안전구역 설치기준
① 피난안전구역은 해당 건축물의 1개 층을 대피공간으로 하며, 건축설비가 설치되는 공간과 내화 구조로 구획하여야 한다.
② 피난안전구역에 연결되는 특별피난계단은 피난안전구역을 거쳐서 상·하층으로 갈 수 있는 구조로 설치하여야 한다.

2) 피난안전구역의 구조 및 설비
① 피난안전구역의 바로 아래층 및 위층은 단열재를 설치할 것. 이 경우 아래층은 최상층에 있는 거실의 반자 또는 지붕 기준을 준용하고, 위층은 최하층에 있는 거실의 바닥 기준을 준용할 것
② 피난안전구역의 내부 마감 재료는 불연 재료로 설치할 것
③ 건축물의 내부에서 피난안전구역으로 통하는 계단은 특별피난계단의 구조로 설치할 것
④ 비상용 승강기는 피난안전구역에서 승하차할 수 있는 구조로 설치할 것
⑤ 피난안전구역에는 식수공급을 위한 급수전을 1개소 이상 설치하고 예비전원에 의한 조명설비를 설치할 것
⑥ 관리사무소 또는 방재센터 등과 긴급연락이 가능한 경보 및 통신시설을 설치할 것
⑦ 피난안전구역의 높이는 2.1m 이상일 것
⑧ 배연설비를 설치할 것
⑨ 그 밖에 소방청장이 정하는 소방 등 재난관리를 위한 설비를 갖출 것

Check Point 피난안전구역 면적 산정 기준(건축물의 피난·방화구조 등의 기준에 관한 규칙 별표 1의2)

피난안전구역 면적 = (피난안전구역 위층의 재실자 수×0.5)×0.28m²

① 피난안전구역 위층의 재실자 수
  ㉠ 해당 피난안전구역과 다음 피난안전구역 사이의 용도별 바닥면적을 사용 형태별 재실자 밀도로 나눈 값의 합계를 말한다.

  $$\sum \frac{해당\ 피난안전구역과\ 다음\ 피난안전구역\ 사이의\ 용도별\ 바닥면적(m^2)}{사용\ 형태별\ 재실자\ 밀도}$$

  ㉡ 문화·집회용도 중 벤치형 좌석을 사용하는 공간과 고정좌석을 사용하는 공간의 피난안전구역 위층의 재실자 수
   • 벤치형 좌석을 사용하는 공간 : 좌석길이/45.5cm
   • 고정좌석을 사용하는 공간 : 휠체어 공간 수 + 고정좌석 수
  ㉢ 건축물의 용도에 따른 사용 형태별 재실자 밀도

용도	사용 형태별		재실자 밀도
문화·집회	고정좌석을 사용하지 않는 공간		0.45
	고정좌석이 아닌 의자를 사용하는 공간		1.29
	벤치형 좌석을 사용하는 공간		-
	고정좌석을 사용하는 공간		-
	무대		1.40
	게임제공업 등의 공간		1.02
운동	운동시설		4.60
교육	도서관	서고	9.30
		열람실	4.60
	학교 및 학원	교실	1.90
보육	보호시설		3.30
의료	입원치료구역		22.3
	수면구역		11.1
교정	교정시설 및 보호관찰소 등		11.1
주거	호텔 등 숙박시설		18.6
	공동주택		18.6
업무	업무시설, 운수시설 및 관련 시설		9.30
판매	지하층 및 1층		2.80
	그 외의 층		5.60
	배송공간		27.9
저장	창고, 자동차 관련 시설		46.5
산업	공장		9.30
	제조업 시설		18.6

Check Point 초고층 및 지하연계 복합건축물 재난관리에 관한 특별법_영_규칙

1. 정의
① 초고층 건축물 : 층수가 50층 이상 또는 높이가 200미터 이상인 건축물을 말한다.
② 고층 건축물 : 층수가 30층 이상이거나 높이가 120미터 이상인 건축물을 말한다.
③ 지하연계 복합건축물이란 다음 각 목의 요건을 모두 갖춘 것을 말한다.
　㉠ 층수가 11층 이상이거나 1일 수용인원이 5천 명 이상인 건축물로서 지하부분이 지하역사 또는 지하도상가와 연결된 건축물
　㉡ 건축물 안에 문화 및 집회시설, 판매시설, 운수시설, 업무시설, 숙박시설, 위락시설 중 유원시설업의 시설 또는 대통령령으로 정하는 용도의 시설이 하나 이상 있는 건축물(대통령령으로 정하는 용도의 시설 : 종합병원과 요양병원)

2. 피난안전구역 면적
① 초고층 건축물 : 91페이지 참조
② 16층 이상 29층 이하인 지하연계 복합건축물의 지상층 : 지상층별 거주밀도가 ㎡당 1.5명을 초과하는 층은 해당 층의 사용형태별 면적의 합의 10분의 1에 해당하는 면적
③ 지하층

	지하층이 하나의 용도로 사용되는 경우	지하층이 둘 이상의 용도로 사용되는 경우
면적	(수용인원×0.1)×0.28(㎡)	(사용형태별 수용인원의 합×0.1)×0.28(㎡)

*수용인원＝사용형태별 면적×거주밀도

3. 피난안전구역에 설치하는 소방시설
① 소화설비 중 소화기구(소화기 및 간이소화용구만 해당), 옥내소화전설비 및 스프링클러설비
② 경보설비 중 자동화재탐지설비
③ 피난설비 중 방열복, 공기호흡기(보조마스크를 포함한다.), 인공소생기, 피난유도선(피난안전구역으로 통하는 직통계단 및 특별피난계단을 포함), 피난안전구역으로 피난을 유도하기 위한 유도등·유도표지, 비상조명등 및 휴대용비상조명등
④ 소화활동설비 중 제연설비, 무선통신보조설비

4. 종합방재실의 설치기준
① 종합방재실의 개수 : 1개
② 종합방재실의 위치
　㉠ 1층 또는 피난층. 다만, 초고층 건축물 등에 특별피난계단이 설치되어 있고, 특별피난계단 출입구로부터 5m 이내에 종합방재실을 설치하려는 경우에는 2층 또는 지하 1층에 설치할 수 있으며, 공동주택의 경우에는 관리사무소 내에 설치할 수 있다.
　㉡ 비상용 승강장, 피난 전용 승강장 및 특별피난계단으로 이동하기 쉬운 곳
　㉢ 재난정보 수집 및 제공, 방재 활동의 거점 역할을 할 수 있는 곳
　㉣ 소방대가 쉽게 도달할 수 있는 곳

ⓜ 화재 및 침수 등으로 인하여 피해를 입을 우려가 적은 곳
③ 종합방재실의 구조 및 면적
  ㉠ 다른 부분과 방화구획으로 설치할 것. 다만, 다른 제어실 등의 감시를 위하여 두께 7mm 이상의 망입유리(두께 16.3mm 이상의 접합유리 또는 두께 28mm 이상의 복층유리를 포함한다)로 된 4m² 미만의 붙박이창을 설치할 수 있다.
  ㉡ 인력의 대기 및 휴식 등을 위하여 종합방재실과 방화구획된 부속실을 설치할 것
  ㉢ 면적은 20m² 이상으로 할 것
  ㉣ 재난 및 안전관리, 방범 및 보안, 테러 예방을 위하여 필요한 시설·장비의 설치와 근무 인력의 재난 및 안전관리 활동, 재난 발생 시 소방대원의 지휘 활동에 지장이 없도록 설치할 것
  ㉤ 출입문에는 출입 제한 및 통제 장치를 갖출 것
④ 종합방재실의 설비 등
  ㉠ 조명설비(예비전원을 포함한다.) 및 급수·배수설비
  ㉡ 상용전원과 예비전원의 공급을 자동 또는 수동으로 전환하는 설비
  ㉢ 급기·배기 설비 및 냉방·난방 설비
  ㉣ 전력 공급 상황 확인 시스템
  ㉤ 공기조화·냉난방·소방·승강기 설비의 감시 및 제어시스템
  ㉥ 자료 저장 시스템
  ㉦ 지진계 및 풍향·풍속계
  ㉧ 소화 장비 보관함 및 무정전 전원공급장치
  ㉨ 피난안전구역, 피난용 승강기 승강장 및 테러 등의 감시와 방범·보안을 위한 폐쇄회로 텔레비전(CCTV)

5. 선큰 설치기준

① 다음 각 목의 구분에 따라 용도(「건축법 시행령」 별표 1에 따른 용도를 말한다)별로 산정한 면적을 합산한 면적 이상으로 설치할 것
  ㉠ 문화 및 집회시설 중 공연장, 집회장 및 관람장은 해당 면적의 7퍼센트 이상
  ㉡ 판매시설 중 소매시장은 해당 면적의 7퍼센트 이상
  ㉢ 그 밖의 용도는 해당 면적의 3퍼센트 이상
② 다음 각 목의 기준에 맞게 설치할 것
  ㉠ 지상 또는 피난층(직접 지상으로 통하는 출입구가 있는 층 및 제1항에 따른 피난안전구역을 말한다)으로 통하는 너비 1.8미터 이상의 직통계단을 설치하거나, 너비 1.8미터 이상 및 경사도 12.5퍼센트 이하의 경사로를 설치할 것
  ㉡ 거실(건축물 안에서 거주, 집무, 작업, 집회, 오락, 그 밖에 이와 유사한 목적을 위하여 사용되는 방을 말한다.) 바닥면적 100제곱미터마다 0.6미터 이상을 거실에 접하도록 하고, 선큰과 거실을 연결하는 출입문의 너비는 거실 바닥면적 100제곱미터마다 0.3미터로 산정한 값 이상으로 할 것

③ 다음 각 목의 기준에 맞는 설비를 갖출 것
　㉠ 빗물에 의한 침수 방지를 위하여 차수판(遮水板), 집수정(集水井), 역류방지기를 설치할 것
　㉡ 선큰과 거실이 접하는 부분에 제연설비[드렌처(수막)설비 또는 공기조화설비와 별도로 운용하는 제연설비를 말한다]를 설치할 것. 다만, 선큰과 거실이 접하는 부분에 설치된 공기조화설비가 「화재예방, 소방시설 설치·유지 및 안전관리에 관한 법률」제9조제1항에 따른 화재안전기준에 맞게 설치되어 있고, 화재발생 시 제연설비 기능으로 자동 전환되는 경우에는 제연설비를 설치하지 않을 수 있다.

05 비상용 승강기

1) 대상
① 높이 31미터를 초과하는 건축물에는 대통령령으로 정하는 바에 따라 승강기뿐만 아니라 비상용 승강기를 추가로 설치하여야 한다. 다만, 국토교통부령으로 정하는 건축물의 경우에는 그러하지 아니하다.(건축법 제64조 2항)
② 10층 이상인 공동주택의 경우에는 승용승강기를 비상용 승강기의 구조로 하여야 한다.(주택건설기준 등에 관한 규정 제15조 2항)

2) 면제(건축물의 설비기준 등에 관한 규칙 제9조)
법 제64조 제2항 단서에서 "국토교통부령이 정하는 건축물"이라 함은 다음 각 호의 건축물을 말한다.
① 높이 31미터를 넘는 각 층을 거실 외의 용도로 쓰는 건축물
② 높이 31미터를 넘는 각 층의 바닥면적 합계가 500제곱미터 이하인 건축물
③ 높이 31미터를 넘는 층수가 4개층 이하로서 당해 각 층의 바닥면적 합계 200제곱미터(벽 및 반자가 실내에 접하는 부분의 마감을 불연재료로 한 경우에는 500제곱미터) 이내마다 방화구획으로 구획한 건축물

3) 비상용 승강기의 승강장 및 승강로의 구조(건축물의 설비기준 등에 관한 규칙 제10조)
① 삭제〈1996.2.9.〉
② **비상용 승강기 승강장의 구조**
　㉮ 승강장의 창문·출입구 기타 개구부를 제외한 부분은 당해 건축물의 다른 부분과 내화구조의 바닥 및 벽으로 구획할 것. 다만, 공동주택의 경우에는 승강장과 특별피난계단의 부속실과의 겸용부분을 특별피난계단의 계단실과 별도로 구획하는 때에는 승강장을 특별피난계단의 부속실과 겸용할 수 있다.

㉯ 승강장은 각 층의 내부와 연결될 수 있도록 하되, 그 출입구(승강로의 출입구를 제외한다)에는 갑종방화문을 설치할 것. 다만, 피난층에는 갑종방화문을 설치하지 아니할 수 있다.
㉰ 노대 또는 외부를 향하여 열 수 있는 창문이나 제14조 제2항의 규정에 의한 배연설비를 설치할 것
㉱ 벽 및 반자가 실내에 접하는 부분의 마감재료(마감을 위한 바탕을 포함한다.)는 불연재료로 할 것
㉲ 채광이 되는 창문이 있거나 예비전원에 의한 조명설비를 할 것
㉳ 승강장의 바닥면적은 비상용 승강기 1대에 대하여 6세곱미터 이상으로 할 것. 다만, 옥외에 승강장을 설치하는 경우에는 그러하지 아니하다.
㉴ 피난층이 있는 승강장의 출입구(승강장이 없는 경우에는 승강로의 출입구)로부터 도로 또는 공지(공원·광장 기타 이와 유사한 것으로서 피난 및 소화를 위한 당해 대지에의 출입에 지장이 없는 것을 말한다.)에 이르는 거리가 30미터 이하일 것
㉵ 승강장 출입구 부근의 잘 보이는 곳에 당해 승강기가 비상용 승강기임을 알 수 있는 표지를 할 것

③ **비상용 승강기의 승강로의 구조**
㉮ 승강로는 당해 건축물의 다른 부분과 내화구조로 구획할 것
㉯ 각 층으로부터 피난층까지 이르는 승강로를 단일구조로 연결하여 설치할 것

4) 배연설비의 구조(건축물의 설비기준 등에 관한 규칙 제14조 2항)

① 배연구 및 배연풍도는 불연재료로 하고, 화재가 발생한 경우 원활하게 배연시킬 수 있는 규모로서 외기 또는 평상시에 사용하지 아니하는 굴뚝에 연결할 것
② 배연구에 설치하는 수동개방장치 또는 자동개방장치(열감지기 또는 연기감지기에 의한 것을 말한다.)는 손으로도 열고 닫을 수 있도록 할 것
③ 배연구는 평상시에는 닫힌 상태를 유지하고, 연 경우에는 배연에 의한 기류로 인하여 닫히지 아니하도록 할 것
④ 배연구가 외기에 접하지 아니하는 경우에는 배연기를 설치할 것
⑤ 배연기는 배연구의 열림에 따라 자동적으로 작동하고, 충분한 공기배출 또는 가압능력이 있을 것
⑥ 배연기에는 예비전원을 설치할 것
⑦ 공기유입방식을 급기가압방식 또는 급·배기방식으로 하는 경우에는 제1호 내지 제6호의 규정에 불구하고 소방관계법령의 규정에 적합하게 할 것

06 피난용 승강기의 설치기준(건축물의 피난·방화 구조 등의 기준에 관한 규칙 제30조)

1) 피난용 승강기 승강장의 구조
① 승강장의 출입구를 제외한 부분은 해당 건축물의 다른 부분과 내화구조의 바닥 및 벽으로 구획할 것
② 승강장은 각 층의 내부와 연결될 수 있도록 하되, 그 출입구에는 60분+방화문 또는 60분방화문을 설치할 것. 이 경우 방화문은 언제나 닫힌 상태를 유지할 수 있는 구조이어야 한다.
③ 실내에 접하는 부분(바닥 및 반자 등 실내에 면한 모든 부분을 말한다)의 마감(마감을 위한 바탕을 포함한다)은 불연재료로 할 것
④ 「건축물의 설비기준 등에 관한 규칙」 제14조에 따른 배연설비를 설치할 것. 다만, 「소방시설 설치·유지 및 안전관리에 관한 법률 시행령」 별표 5 제5호가목에 따른 제연설비를 설치한 경우에는 배연설비를 설치하지 아니할 수 있다.

2) 피난용 승강기 승강로의 구조
① 승강로는 해당 건축물의 다른 부분과 내화구조로 구획할 것
② 승강로 상부에 「건축물의 설비기준 등에 관한 규칙」 제14조에 따른 배연설비를 설치할 것

3) 피난용 승강기 기계실의 구조
① 출입구를 제외한 부분은 해당 건축물의 다른 부분과 내화구조의 바닥 및 벽으로 구획할 것
② 출입구에는 60분+방화문 또는 60분방화문을 설치할 것

4) 피난용 승강기 전용 예비전원
① 정전 시 피난용 승강기, 기계실, 승강장 및 폐쇄회로 텔레비전 등의 설비를 작동할 수 있는 별도의 예비전원 설비를 설치할 것
② ①에 따른 예비전원은 초고층 건축물의 경우에는 2시간 이상, 준초고층 건축물의 경우에는 1시간 이상 작동이 가능한 용량일 것
③ 상용전원과 예비전원의 공급을 자동 또는 수동으로 전환이 가능한 설비를 갖출 것
④ 전선관 및 배선은 고온에 견딜 수 있는 내열성 자재를 사용하고, 방수조치를 할 것

07 방화계획

1) 공간적 대응

① **대항성(對抗性)** : 건축물의 내화성능, 방화구획성능, 화재방어력, 방연성능, 초기소화대응력 등의 화재사상과 대항하여 저항하는 성능을 가진 항력

② **회피성(回避性)** : 건축물의 불연화, 난연화, 내장제한, 구획의 세분화, 방화훈련, 불조심 등과 화기취급의 제한 등과 같은 화재의 예방적 조치 및 상황

③ **도피성(逃避性)** : 화재 발생 시 사람이 궁지에 몰리지 않고 안전하게 피난할 수 있는 공간성과 시스템을 말하며 거실의 배치, 피난통로의 확보, 피난시설의 설치 및 건축물의 구조계획서, 방재계획서 등

2) 설비적 대응

화재에 대응하여 설치하는 소화설비, 경보설비, 피난설비 등의 소방시설

08 복도 형태에 따른 피난 특성

형태		피난 특성
T형		피난자에게 피난경로를 확실히 알려줄 수 있는 형태
Y형		
X형		양방향 피난이 가능한 형태
H형		피난자가 집중되어 패닉(Panic) 현상이 일어날 우려가 있는 형태
CO형		
Z형		중앙 복도형 건축물에서의 피난경로로서 코너식 중 가장 안전한 형태

PART 01

소방안전관리론 문제풀이

PART 01 소방안전관리론 문제풀이

01 다음 중 연소의 정의를 설명한 것으로 가장 알맞은 것은 어느 것인가?

① 연소란 일종의 산화반응으로 열과 빛을 동반하는 흡열반응이다.
② 연소란 일종의 산화반응으로 열과 빛을 동반하는 발열반응이다.
③ 연소란 일종의 환원반응으로 열과 빛을 동반하는 흡열반응이다.
④ 연소란 일종의 환원반응으로 열과 빛을 동반하는 발열반응이다.

● 연소
일종의 산화반응으로 그 반응이 너무 급격하여 열과 빛을 동반하는 발열반응이며 화학적인 반응이다.
① 산소와 화합하는 산화반응이어야 한다.
② 발열반응이어야 한다.
③ 빛을 발생시켜야 한다.

02 다음 중 연소에 대한 설명으로 틀린 것은 어느 것인가?

① 가연물, 산소공급원, 점화원에 의한 연소를 표면연소라 한다.
② 가연물, 산소공급원, 점화원, 순조로운 연쇄반응에 의한 연소를 불꽃연소라 한다.
③ 불꽃연소는 물리적 소화로만 소화가 가능하다.
④ 연쇄반응을 차단하는 소화를 화학적 소화라 한다.

● 연소의 필요 요소

구분	필요 요소	소화	
3요소	가연물 산소공급원 점화원	제거소화 질식소화 냉각소화	물리적 소화
4요소	가연물 산소공급원 점화원 연쇄반응	제거소화 질식소화 냉각소화 억제소화	물리적 소화 화학적 소화

03 연소의 필요 요소 중 가연물질이 되기 위한 구비 조건으로 맞지 않는 것은?

① 산소와의 친화력이 커야 한다.
② 열전도율이 작아야 한다.
③ 활성화 에너지가 커야 한다.
④ 화학반응 시 발열반응을 해야 한다.

정답 01. ② 02. ③ 03. ③

가연물질 조건

가연물 : 산화반응 시 발열반응을 할 수 있는 물질, 즉 불에 탈 수 있는 물질을 말한다.

가연물이 되기 쉬운 조건	가연물이 될 수 없는 물질
㉠ 열전도율이 적을 것 ㉡ 발열량이 클 것 ㉢ 활성화 에너지가 작을 것 ㉣ 산소와 친화력이 좋을 것 ㉤ 표면적이 클 것 ㉥ 주위의 온도가 높을 것 ㉦ 화학적으로 불안정할 것(고체<액체<기체)	㉠ 산소와 반응할 수 없는 물질 (CO_2, H_2O, Fe_2O_3) ㉡ 불활성기체 (He, Ne, Ar, Kr, Xe, Rn) ㉢ 흡열 반응하는 물질 (N_2, NO, NO_3) 예 $N_2 + O_2 \rightarrow 2NO - 43.2kcal$

04 불꽃연소와 작열연소에 대한 설명으로 틀린 것은?

① 불꽃연소는 작열연소보다 단위 시간당 발열량이 크다.
② 작열연소에는 연쇄반응이 동반된다.
③ 작열연소는 연소속도가 느리다.
④ 작열연소는 불완전연소의 경우에, 불꽃연소는 완전연소의 경우에 나타난다.

연소의 분류

구 분	불꽃이 있는 연소	불꽃이 없는 연소
물질	기체 · 액체 · 고체	고체
화재	표면화재	심부화재
종류	확산연소 · 예혼합연소 · 증발연소 자기연소 · 분해연소 · 자연발화	표면연소 · 훈소 · 작열연소
소화	물리적 소화 · 화학적 소화	물리적 소화

05 다음 중 가연물이 될 수 없는 물질로 알맞게 짝지어진 것은 어느 것인가?

① CH_4, CO_2
② He, N_2
③ C_3H_8, CO
④ C_2H_2, H_2

가연물이 될 수 없는 물질

① 산소와 반응할 수 없는 물질(CO_2, H_2O, Fe_2O_3)
② 불활성 기체(He, Ne, Ar, Kr, Xe, Rn)
③ 흡열 반응하는 물질(N_2, NO, NO_3)

06 다음 중 산소공급원이 될 수 없는 것은 어느 것인가?

① 제1류 위험물 ② 제2류 위험물
③ 제5류 위험물 ④ 제6류 위험물

▶ **산소공급원의 종류**
① 공기 중의 산소(체적비 : 21%, 중량비 : 23wt%)
② 화합물 내의 산소(제1류 위험물, 제5류 위험물, 제6류 위험물)

07 다음 중 공기 중의 산소는 몇 wt%인가?

① 21wt% ② 23wt%
③ 79wt% ④ 76wt%

08 가연물질이 불꽃연소를 하기 위해 필요한 최소한의 산소 농도를 무엇이라 하는가?

① 최소산소농도 ② 최소필요농도
③ 최소연소농도 ④ 최소점화에너지

▶ **최소산소농도(MOC ; Minimum Oxygen Concentration)**
① 가연물이 연소하기 위하여 필요로 하는 최소한의 산소농도를 말한다.
② 일반적으로 탄화 수소계는 약 10%, 분진은 약 8% 정도이다.
③ MOC = 산소 몰수(mol수) × 연소 하한계
  → 산소몰수 : 연료 1몰당 필요한 산소몰수

09 메탄(CH_4) 1몰이 완전연소되면 이산화탄소(CO_2) 1몰과 수증기(H_2O) 2몰이 생성되는데 메탄(CH_4) 1몰이 완전연소되기 위한 MOC(Minium Oxygen Concentration)는 얼마인가?

① 5% ② 10%
③ 15% ④ 20%

▶ **MOC = 산소 몰수 × 연소 하한계**
① 산소 몰수
  메탄의 완전연소 방정식 : $CH_4 + 2O_2 \rightarrow CO_2 + 2H_2O$
② 메탄의 연소 범위 : 5~15%
③ MOC = 산소 몰수 × 연소 하한계 = 2 × 5 = 10%

정답 06. ② 07. ② 08. ① 09. ②

10 다음 중 가연물과 산소를 반응시킬 수 있는 에너지가 될 수 없는 것은?

① 기화열 ② 연소열
③ 분해열 ④ 용해열

> **점화원의 구분**
>
> | 점화원이 될 수 있는 것 | 불꽃, 마찰, 고온표면, 단열압축, 복사열, 자연발화, 정전기 등 |
> |---|---|
> | 점화원이 될 수 없는 것 | 기화열, 증발열, 냉각열, 단열팽창 등 |

11 다음 중 점화원이 될 수 있는 기계적 에너지가 아닌 것은 어느 것인가?

① 마찰스파크 ② 마찰열
③ 정전기 ④ 압축열

> **기계적 에너지(Mechanical Heat Energy)**
> ① 마찰열(Frictional Heat) : 물체 간의 마찰에 의하여 발생하는 열
> ② 마찰스파크(Friction Spark) : 고체 물체끼리의 충돌에 의해 발생되는 순간적인 스파크
> ③ 압축열(Heat of Compression) : 기체를 압축하면 기체 분자들 간의 충돌 횟수가 증가하고 이로 인하여 내부 에너지가 상승하면서 발생되는 열

12 정전기에 의한 발화를 방지하기 위한 예방대책으로 알맞지 않은 것은?

① 습도를 70% 이하로 유지한다. ② 도체 물질을 사용한다.
③ 공기를 이온화한다. ④ 유류 수송 배관의 유속을 낮춘다.

> 1. 정전기 발생 : 부도체일 경우 발생
> 2. 정전기 방지대책
>   ① 상대습도를 70% 이상으로 한다.
>   ② 공기를 이온화한다.
>   ③ 접지를 한다.
>   ④ 유류 수송 배관의 유속을 낮춘다.

13 어떤 물질이 공기와 혼합하여 발화되기 위한 최소에너지를 최소점화에너지라 한다. 다음 중 최소점화에너지의 크기를 구하는 식으로 알맞은 것은?

① $E = C(V_1 - V_2)\,[\text{J}]$ ② $E = C(V_1 - V_2)^2\,[\text{J}]$
③ $E = \dfrac{1}{2}C(V_1 - V_2)\,[\text{J}]$ ④ $E = \dfrac{1}{2}C(V_1 - V_2)^2\,[\text{J}]$

정답 10. ① 11. ③ 12. ① 13. ④

14 가연성 혼합기체에 대한 최소점화에너지(MIE)가 가장 작은 물질은?

① C_2H_2 ② C_6H_6
③ C_6H_{14} ④ CH_4

▶ **최소착화(발화·점화)에너지(MIE ; Minimum Ignition Energy)**

어떤 물질이 공기와 혼합하였을 때 점화원으로 발화하기 위하여 필요한 최소한의 에너지

$$MIE = \frac{1}{2}CV^2$$

여기서, MIE : 최소발화에너지[J], C : 콘덴서용량[F], V : 전압[V]

아세틸렌·수소·이황화탄소	에틸렌	벤젠	메탄·에탄·프로판·부탄
0.019[mJ]	0.096[mJ]	0.2[mJ]	0.28[mJ]

15 가연성 혼합기를 형성하는 공간에서 점화원에 의해 발화되는 최저온도를 무엇이라 하는가?

① 인화점 ② 연소점
③ 발화점 ④ 발열점

▶ **용어의 정의**

㉠ 인화점
  ㉮ 가연성 기체와 공기가 혼합된 상태(가연성 혼합기)에서 점화원에 의해 불이 붙을 수 있는 최저온도를 인화점이라 한다.
  ㉯ 연소범위 하한계에 도달되는 온도로 액체 가연물의 화재 위험성의 척도이며, 인화점이 낮을수록 위험성은 크다 할 수 있다.

㉡ 연소점
  ㉮ 연소상태에서 점화원이 없어도 자발적으로 연소가 지속되는 온도를 연소점이라 한다.
  ㉯ 인화점보다 약 10℃ 정도 높다.
  ㉰ 인화점에서는 점화원을 제거하면 연소가 중단되나, 연소점에서는 점화원을 제거하더라도 연소는 중단되지 않는다.

㉢ 발화점
  ㉮ 점화원 없이 스스로 불이 붙을 수 있는 최저온도를 발화점이라 한다.
  ㉯ 발화점은 일반적으로 인화점보다 훨씬 높은 온도를 나타내며 발화점 역시 낮을수록 위험성은 크다.

16 다음 중 자연발화되기 위한 조건으로 틀린 것은?

① 주위의 온도가 높아야 한다. ② 열전도율이 커야 한다.
③ 습도가 높아야 한다. ④ 표면적이 넓어야 한다.

정답 14. ① 15. ① 16. ②

◐ **자연발화되기 위한 조건**
① 열 축적이 잘 되어야 하므로 주위 온도가 높아야 한다.
② 열전도율이 작아야 한다.
③ 습도가 높아야 한다.
④ 표면적이 넓어야 한다.

※ **자연발화 방지대책**
① 습도를 낮게 한다.
② 주변의 온도를 낮게 한다.
③ 통풍이 잘 되도록 한다.
④ 열 축적을 방지한다.

17 다음 중 인화점이 가장 낮은 것은?
① 경유
② 메틸알코올
③ 이황화탄소
④ 등유

◐ **액체가연물질의 인화점**
① 경유 : 50~70℃
② 메탈알코올 : 11℃
③ 이황화탄소 : -30℃
④ 등유 : 30~60℃

종류	인화점(℃)	종류	인화점(℃)
디에틸에테르	-45	휘발유	-20~-43
이황화탄소	-30	톨루엔	4.5
아세트알데히드	-37.7	등유	30~60
아세톤	-18	중유	60~150

18 발화점이 낮아지는 조건으로 옳지 않은 것은?
① 열전도율이 높고, 화학적인 활성도가 커야 한다.
② 화학적 반응열이 커야 한다.
③ 분자구조가 복잡해야 한다.
④ 가연성 가스가 산소와 친화력이 커야 한다.

◐ **발화점이 낮아질 수 있는 조건**
① 산소와의 친화력이 좋을수록
② 발열량이 클수록
③ 압력이 높을수록
④ 분자구조가 복잡할수록
⑤ 접촉금속의 열전도성이 클수록
⑥ 탄화수소의 분자량이 클수록

19 다음 중 자연발화에 영향을 미치는 열과 관계가 없는 것은?
① 산화열
② 분해열
③ 흡착열
④ 기화열

20 다음 중 자연발화가 용이한 물질의 보관 방법으로 옳지 않은 것은?

① 칼륨, 나트륨, 리튬 : 석유류 속에 저장한다.
② 황린, 이황화탄소 : 물속에 저장한다.
③ 아세틸렌 : 알코올 속에 저장한다.
④ 알킬알루미늄 : 공기와의 접촉을 차단하기 위하여 밀폐용기에 저장한다.

▶
　　③ 아세틸렌 : 아세톤 속에 저장한다.
　　④ 알킬알루미늄 : 불활성가스로 봉입하여 밀폐용기에 저장한다.

21 연소범위의 온도와 압력에 따른 변화를 설명한 것이다. 옳은 것은?

① 일산화탄소는 압력이 상승하면 넓어진다.
② 온도가 낮아지면 넓어진다.
③ 압력이 상승하면 좁아진다.
④ 불활성기체를 첨가하면 좁아진다.

▶ **연소범위 영향요소**
　　① 산소농도가 클수록 연소범위는 넓어진다.
　　② 압력이 높을수록 연소범위는 넓어진다.(단, 수소・일산화탄소는 좁아진다.)
　　③ 온도가 높을수록 연소범위는 넓어진다.
　　④ 불활성가스를 첨가하면 연소범위는 좁아진다.

22 수소, 메탄, 아세틸렌, 이황화탄소가 각각 공기와 일정한 비율로 혼합되어 있을 때 위험도가 가장 큰 가연성 가스는 어느 것인가?

① 아세틸렌　　　　　　　　　　② 수소
③ 이황화탄소　　　　　　　　　④ 메탄

▶ **위험도**

　　① 아세틸렌 : 2.5~81(%)　　$H = \dfrac{81 - 2.5}{2.5} = 31.4$

　　② 수소 : 4.0~75(%)　　$H = \dfrac{75 - 4.0}{4.0} = 17.75$

　　③ 이황화탄소 : 1.2~44(%)　　$H = \dfrac{44 - 1.2}{1.2} = 35.67$

　　④ 메탄 : 5.0~15(%)　　$H = \dfrac{15 - 5.0}{5.0} = 2$

정답　20. ③　21. ④　22. ③

23 수소, 메탄, 아세틸렌, 이황화탄소의 공기 중에서 폭발범위(연소범위)가 넓은 것부터 차례로 나열된 것은?

① 수소 > 메탄 > 아세틸렌 > 이황화탄소
② 아세틸렌 > 수소 > 이황화탄소 > 메탄
③ 이황화탄소 > 아세틸렌 > 메탄 > 수소
④ 메탄 > 이황화탄소 > 수소 > 아세틸렌

> **연소범위**
> ① 아세틸렌 : 2.5~81(%)　　② 수소 : 4.0~75(%)
> ③ 이황화탄소 : 1.2~44(%)　④ 메탄 : 5.0~15(%)

24 화재의 위험에 관한 사항을 설명한 것으로 알맞지 않은 것은?

① 착화점·비점이 낮을수록 위험하다.
② 연소범위(폭발한계)는 넓을수록 위험하다.
③ 온도·압력이 높을수록 위험하다.
④ 연소속도가 빠를수록, 증기압이 작을수록 위험하다.

> **증기압**
> ① 액체가 기체로 될 때의 압력을 말하며, 증기압이 큰 물질은 기체로 되기 쉬워 위험한 물질이라 할 수 있다.
> ② 비등점이 낮은 물질은 증기압이 크다.

25 혼합가스가 존재할 경우 이 가스의 폭발 하한값은 얼마인가?(단, 혼합가스는 에탄 20%, 프로판 60%, 부탄 20%로 혼합되어 있으며 각 가스의 폭발 하한값은 에탄 3.0, 프로판 2.1, 부탄 1.8이다.)

① 1.5　　　　　　　　　　② 2.16
③ 3.10　　　　　　　　　　④ 4.23

> **혼합가스의 연소 하한값**
>
> $$L = \dfrac{100}{\dfrac{V_1}{L_1} + \dfrac{V_2}{L_2} + \dfrac{V_3}{L_3}}$$
>
> 여기서, L : 혼합가스의 연소 하한값
> L_1, L_2, L_3 : 각 성분기체의 연소 하한값
> V_1, V_2, V_3 : 각 성분기체의 체적%
>
> $$L = \dfrac{100}{\dfrac{V_1}{L_1} + \dfrac{V_2}{L_2} + \dfrac{V_3}{L_3}} = \dfrac{100}{\dfrac{20}{3} + \dfrac{60}{2.1} + \dfrac{20}{1.8}} = 2.158 = 2.16\%$$

정답　23. ②　24. ④　25. ②

26 메탄(CH_4)의 공기 중 Cst(완전연소 조성농도, 화학양론적 조성비)는 얼마인가?

① 8.5
② 9.5
③ 10.5
④ 11.5

▶ **화학양론조성비(Cst)**
① 가연성 가스와 공기 중의 산소가 완전연소되기 위해 필요한 농도비
$$Cst = \frac{연료몰수}{연료몰수 + 공기몰수} \times 100\% \quad \left(공기몰수 = \frac{산소몰수}{0.21}\right)$$
② 메탄의 완전연소 방정식
$CH_4 + 2O_2 \rightarrow CO_2 + 2H_2O$
③ 공기몰수 $= \dfrac{산소몰수}{0.21} = \dfrac{2}{0.21} = 9.52$
④ $Cst = \dfrac{연료몰수}{연료몰수 + 공기몰수} \times 100 = \dfrac{1}{1+9.52} \times 100 = 9.5\%$

27 표준상태에서 메탄(CH_4) 1mol이 완전 연소하는 데 필요한 공기 중의 산소는 몇 mol인가?

① 1
② 2
③ 3
④ 4

28 0℃, 1atm에서 프로판(C_3H_8) 22g이 완전연소하는 경우 생성되는 이산화탄소(CO_2)의 질량은 몇 g인가?

① 22g
② 44g
③ 66g
④ 88g

▶ **완전연소 방정식**
① 프로판의 완전연소 방정식
$C_3H_8 + 5O_2 \rightarrow 3CO_2 + 4H_2O$
44g   5×32g   3×44g   4×18g
② 프로판 몰수 : 이산화탄소 몰수 = 1 : 3
프로판 22g은 0.5몰이므로, 이산화탄소 몰수는 1.5몰이다.
③ 1.5몰 × 44g = 66g

29 0℃, 1atm에서 부탄(C_4H_{10}) 1mol을 완전연소시키기 위해 필요한 산소는 몇 l인가?

① 22.4l
② 44.5l
③ 112l
④ 145.6l

정답 26. ② 27. ② 28. ③ 29. ④

> ● 완전연소방정식
> ① 부탄의 완전연소 방정식
> $C_4H_{10} + 6.5O_2 \rightarrow 4CO_2 + 5H_2O + Q[kcal]$
> ② 아보가드로의 법칙 : 표준상태에서 모든 기체 1[mol]에서 차지하는 체적은 22.4[l]이며, 그 속에는 6.023×10^{23}개의 분자 수를 포함한다.
> ③ 부탄 1[mol]이 연소할 때 산소 6.5[mol]이 소모되므로, $6.5 \times 22.4[l] = 145.6[l]$

30 가연성 가스이면서도 독성 가스인 것은?

① 이산화탄소   ② 황화수소
③ 수소   ④ 메탄

> ● H_2S(황화수소)
> ① 석유정제물, 펄프 등 유황을 함유한 물질의 공기 부족 상태의 연소로 발생됨
> ② 흡입 시 세포호흡이 중지되어 질식될 우려가 있음(마취성)
> ③ 자극성이 커서 눈물이 많이 나게 되며, 썩은 달걀 냄새가 남
> ④ 허용농도 10ppm(0.001%)

31 수소 등의 가연성 기체가 공기 중의 산소와 혼합하면서 발염연소하는 형태를 무엇이라 하는가?

① 확산연소   ② 예혼합연소
③ 증발연소   ④ 분해연소

32 다음 중 기체 가연물의 연소 형태를 설명한 것으로 틀린 것은 어느 것인가?

① 대부분의 기체 가연물의 연소는 확산연소에 해당된다.
② 확산연소는 발염연소 또는 불꽃연소를 한다.
③ 가연성 기체와 공기를 일정한 비율로 혼합시켜 연소하는 것을 예혼합연소라 한다.
④ 확산연소는 혼합기로 역화를 일으킬 위험성이 매우 크다.

> ● 기체 가연물의 연소 형태
> ① 확산연소
>   가연성 가스와 공기가 농도가 0이 되는 화염 쪽으로 이동하는 확산의 과정을 통한 연소(Fick's Law : 농도는 높은 곳에서 낮은 곳으로 이동 한다.)이다. 대부분 기체가연물의 연소는 확산연소에 해당되며, 화염의 높이가 30cm 이상이 되면 난류 확산화염이 된다.
> ② 예혼합연소
>   가연성 기체와 공기를 완전연소가 될 수 있도록 적당한 혼합비로 미리 혼합시킨 후 연소시키는 형태이며, 혼합기로 역화를 일으킬 위험성이 크다.

33 액체 가연물의 증발 연소를 설명한 것 중 가장 알맞은 것은?

① 가연물의 표면에서 불꽃을 내지 않고 연소하는 형태이다.
② 비등점이 낮고, 증기압이 큰 액체 가연물의 연소 형태이다.
③ 비등점이 높고, 증기압이 작은 액체 가연물의 연소 형태이다.
④ 승화성 물질의 단순 증발에 의해 가연물이 연소하는 형태이다.

◎ 액체 가연물의 연소 형태
　① 증발연소 : 비점 낮고, 증기압이 커서 쉽게 증발하여 위험하다.
　② 분해연소 : 비점 높고, 증기압이 작다.

34 다음 중 고체 가연물의 연소 현상으로 볼 수 없는 것은?

① 자기연소　　　　　　　　② 분해연소
③ 확산연소　　　　　　　　④ 증발연소

◎ 고체 가연물의 연소형태
　① 표면연소
　　가연성 기체의 발생 없이 고체 표면에서 불꽃을 내지 않고 연소하는 형태이다. 불꽃연소에 비해 연소열량이 적고 연소속도가 느려 화재에 대한 위험성은 크지 않다.
　　예) 코크스, 목탄, 금속분 등
　② 분해연소
　　가연물이 열분해를 통하여 여러 가지 가연성 기체를 발생하며 연소하는 형태
　　예) 목재, 종이, 섬유, 플라스틱 등
　③ 증발연소
　　승화성 물질의 단순 증발에 의해 발생된 가연성 기체가 연소하는 형태
　　예) 황, 나프탈렌, 장뇌 등
　④ 자기연소
　　가연물 내에 산소를 함유하는 물질이 연소하는 형태이며, 외부로부터 산소공급이 없이도 연소가 진행될 수 있어 연소속도가 매우 빨라 폭발적으로 연소한다.
　　예) 질산에스테르류, 셀룰로이드류, 니트로화합물류 등

35 고체 가연물이 연소되는 메커니즘을 가장 알맞게 설명한 것은 어느 것인가?

① 열분해-용융-기화-연소　　　　② 용융-열분해-기화-연소
③ 열분해-기화-용융-연소　　　　④ 용융-기화-열분해-연소

36 숯, 코크스, 금속분 등 가연성 기체의 발생 없이 연소하는 형태는 다음 중 어느 것인가?

① 표면연소　　　　　　　　② 분해연소
③ 증발연소　　　　　　　　④ 자기연소

정답　33. ②　34. ③　35. ②　36. ①

37 다음 중 표면연소에 적용할 수 없는 소화방법은?

① 냉각소화 ② 질식소화
③ 제거소화 ④ 부촉매소화

▶ **연소의 분류**

구분	불꽃이 있는 연소	불꽃이 없는 연소
물질	기체 · 액체 · 고체	고체
화재	표면화재	심부화재
종류	확산연소 · 예혼합연소 · 증발연소 자기연소 · 분해연소 · 자연발화	표면연소 · 훈소 · 작열연소
소화	물리적 소화 · 화학적 소화	물리적 소화

38 다음 중 연소속도에 영향을 주는 요인에 해당되지 아니하는 것은?

① 활성화에너지 ② 발열량
③ 가연물의 종류 ④ 점화원의 종류

▶ **연소속도의 영향요인**

① 가연물의 온도가 높을수록
② 가연물의 입자가 작을수록
③ 산소의 농도가 클수록
④ 주변 압력은 높을수록, 자신의 압력은 낮을수록
⑤ 발열량이 많을수록
⑥ 활성화에너지가 작을수록

39 버너의 불꽃에서 가연성 기체의 분출속도가 연소속도보다 빠를 때 발생되는 연소현상을 무엇이라 하는가?

① 불완전연소 ② 선화(Lifting)
③ 역화(Back Fire) ④ 블로오프(Blow Off)

▶ **연소의 이상 현상**

① 불완전연소 : 연소의 필요 요소 중 한 가지 이상이 부적합하여 가연물의 일부가 미연소되는 현상을 불완전연소라 한다. 불완전연소 시 생성물의 대표적인 것은 일산화탄소와 그을음이다.
② 선화(Lifting) : 가연성 기체가 염공(노즐)을 통해 분출되는 속도가 연소속도보다 빠를 때, 불꽃이 염공에 붙지 못하고 일정한 간격을 두고 연소하는 현상이다.
③ 역화(Back Fire) : 가연성 기체의 분출속도가 연소속도보다 느릴 경우 불꽃이 버너의 염공 속으로 진입하는 현상으로 선화(Lifting)와 반대되는 현상이다.
④ 블로오프(Blow Off) : 화염 주변에 공기의 유동이 심하여 불꽃이 노즐에 정착되지 못하고 떨어지면서 꺼지는 현상이다.

정답 37. ④ 38. ④ 39. ②

40 다음 중 불완전연소의 발생 원인에 해당되지 아니하는 것은?

① 공기의 공급이 부족한 경우
② 주위의 온도가 낮은 경우
③ 연료의 공급이 불충분한 경우
④ 주위의 압력이 높은 경우

▶ **불완전연소 발생원인**
① 주위온도가 낮을 때
② 산소의 공급이 불충분할 때
③ 가연물의 공급상태가 부적합할 때

41 가연물이 천천히 산화되는 경우 산화열의 축적, 발열에 의해 발화하는 현상을 무엇이라 하는가?

① 자연발화 ② 자기연소 ③ 증발연소 ④ 분해연소

▶ **자연발화**
① 점화원 없이 물질이 서서히 산화되면서 발생된 열의 축적에 의해 발화된다.
② 가연물의 표면온도가 발화점 이상으로 상승되어야 발화가 일어난다.

42 햇빛에 방치해 둔 기름걸레가 자연 발화를 한 경우를 가장 알맞게 설명한 것은?

① 분해열에 의한 발화
② 산화열에 의한 발화
③ 흡착열에 의한 발화
④ 중합열에 의한 발화

43 다음 중 정전기에 의한 발화 과정을 가장 올바르게 설명한 것은 어느 것인가?

① 전하 발생 – 전하 축적 – 전하 방전 – 발화
② 전하 축적 – 전하 발생 – 전하 방전 – 발화
③ 전하 발생 – 전하 방전 – 전하 축적 – 발화
④ 전하 축적 – 전하 방전 – 전하 발생 – 발화

44 건축물 내부에서 화재가 발생하여 실내 온도가 20℃에서 650℃로 되었다면 이로 인하여 팽창된 공기의 부피는 처음 공기의 약 몇 배가 되는가?

① 2.15배 ② 3.15배 ③ 4.15배 ④ 5.15배

▶ **샤를의 법칙**

$$\frac{V_1}{T_1} = \frac{V_2}{T_2}, \quad V_2 = \frac{T_2}{T_1} \times V_1$$

$$V_2 = \frac{(273+650)}{(273+20)} \times V_1 = 3.15\,V_1$$

정답 40. ④ 41. ① 42. ② 43. ① 44. ②

45. "기체의 체적은 절대온도에 비례하고, 절대압력에 반비례한다."라는 법칙과 관계가 있는 것은?

① 보일의 법칙
② 샤를의 법칙
③ 보일-샤를의 법칙
④ 뉴턴의 법칙

▶ **보일-샤를의 법칙**

① 보일의 법칙 : 온도가 일정할 때 기체의 체적은 절대압력에 반비례한다.
② 샤를의 법칙 : 압력이 일정할 때 기체의 체적은 절대온도에 비례한다.
③ 보일-샤를의 법칙 : 기체의 체적은 절대온도에 비례하고, 절대압력에 반비례한다.

$$\frac{PV}{T} = C(일정)$$

④ 뉴턴의 법칙 : 제1법칙(관성의 법칙), 제2법칙(가속의 법칙), 제3법칙(작용과 반작용의 법칙)이 있다.

46. 23℃에서 증기압이 76mmHg이고 증기밀도가 2인 액체가 있다. 23℃에서의 증기-공기밀도는?(단, 대기압은 표준대기압으로 한다.)

① 0.9
② 1.0
③ 1.1
④ 1.2

▶ **증기-공기밀도**

액체와 평행상태에 있는 증기와 공기의 혼합가스 증기밀도이다.

증기-공기밀도가 1보다 크면 공기보다 무거우므로 대기 중에서 낮은 곳에 체류하여 인화의 위험이 증대된다.

$$증기-공기밀도 = \frac{pd}{P_0} + \frac{P_0 - p}{P_0}$$

여기서, P_0 : 대기압, p : 특정 온도에서의 증기압, d : 증기밀도

$$증기-밀도 = \frac{(76 \times 2) + (760 - 76)}{760} = 1.1$$

47. 할론1301의 증기비중은 약 얼마가 되는가?

① 2.14 ② 3.14 ③ 4.14 ④ 5.14

▶ **증기비중**

$$기체의 비중 = \frac{측정기체의 밀도(g/l)}{표준상태의 공기밀도(g/l)} = \frac{측정기체의 분자량}{공기의 분자량}$$

할론1301(CF_3Br) = $(1 \times 12) + (3 \times 19) + (1 \times 80) = 149g$

$$증기비중 = \frac{할론1301의 분자량}{공기의 분자량} = \frac{149}{29} = 5.14$$

48 물질의 상태 변화 없이 온도를 변화시키기 위해서 가해진 열을 무엇이라 하는가?

① 잠열
② 현열
③ 기화열
④ 융해열

◉ **현열과 잠열**

① 잠열 : 어떤 물질을 온도 변화 없이 상태를 변화시킬 때 필요한 열량
  ㉮ 증발잠열 : 액체가 기화할 때 필요한 열(물의 증발잠열 : 539kcal/kg)
  ㉯ 융해잠열 : 고체가 액화할 때 필요한 열(얼음의 융해잠열 : 80kcal/kg)

$$Q = m \cdot \gamma$$

여기서, Q : 잠열(kcal), m : 질량(kg), γ : 융해, 증발잠열(kcal/kg)

② 현열
현열이란 상태의 변화 없이 온도 변화에 필요한 열량이다.
−5℃의 얼음 → −1℃의 얼음, 20℃의 물 → 80℃의 물

$$Q = m \cdot C \cdot \Delta T$$

여기서, Q : 현열(kcal), m : 질량(kg), C : 물질의 비열(kcal/kg · ℃), ΔT : 온도차(℃)

49 15℃의 물 10kg이 100℃의 수증기가 되기 위해서 필요한 열량은 몇 kcal인가?

① 860
② 1,720
③ 5,390
④ 6,240

◉ **현열과 잠열의 계산**

15℃ 물 → 100℃ 물 → 100℃ 수증기
　　　현열(Q_1)　　잠열(Q_2)

㉮ 현열(Q_1) = $m \cdot C \cdot \Delta T$ = 10kg × 1kcal/kg · ℃ × (100 − 15)℃ = 850kcal
㉯ 잠열(Q_2) = $m \cdot \gamma$ = 10kg × 539kcal/kg = 5,390kcal
∴ 필요한 열량 = ㉮ + ㉯ = 850 + 5,390 = 6,240kcal

50 60°F에서 물 1lb를 1°F만큼 상승 시키는 데 필요한 열량을 무엇이라 하는가?

① 1cal
② 1BTU
③ 1J
④ 1kW

정답 48. ② 49. ④ 50. ②

51 다음 중 폭굉(Detonation)에 대한 설명으로 틀린 것은 어느 것인가?

① 발열반응으로 연소의 전파속도가 음속보다 느린 현상이다.
② 밀폐된 공간에서 주로 발생되며 충격파가 발생되기도 한다.
③ 연소의 전파속도는 약 1,000~3,500m/s이다.
④ 압력이 높을수록 폭굉 유도거리는 짧아진다.

◐ 폭굉(Detonation)
압력파가 미반응 물질 속으로 전파하는 속도가 음속보다 빠른 것으로 파면 선단에서 심한 파괴작용을 동반한다. 압력파의 이동속도는 1,000~3,500m/sec이다.

52 다음 중 방폭구조의 종류에 해당되지 아니하는 것은?

① 내화 방폭구조
② 내압 방폭구조
③ 안전증 방폭구조
④ 압력 방폭구조

◐ 방폭구조의 종류
- 내압(耐壓) 방폭구조
- 압력(壓力) 방폭구조
- 유입 방폭구조
- 충전 방폭구조
- 몰드 방폭구조
- 안전증 방폭구조
- 본질안전 방폭구조

53 정상적인 상태에서 지속적 위험분위기를 형성하는 공간에 사용이 가능한 방폭구조는 다음 중 어느 것인가?

① 본질안전 방폭구조
② 유입 방폭구조
③ 충전 방폭구조
④ 압력 방폭구조

◐ 위험장소별 방폭구조의 종류

구분	대상장소	방폭구조의 종류
0종 장소	항상 폭발분위기이거나, 장기간 위험성이 존재하는 지역, 인화성 액체용기나 탱크 내부, 가연성 가스용기 내부 등	본질안전 방폭구조
1종 장소	정상상태에서 간헐적으로 폭발분위기로 유지되는 지역이나 릴리프밸브 부근	내압, 압력 방폭구조
2종 장소	비정상상태에서만 폭발분위기가 유지되는 지역	내압, 압력, 안전증 방폭구조

정답 51. ① 52. ① 53. ①

54 다음 중 블레비(BLEVE) 현상을 가장 알맞게 설명한 것은 어느 것인가?

① 화재가 아닌 경우 물 등이 뜨거운 기름표면 아래서 끓을 때 Over Flow되는 현상
② 물이 액체위험물 화재의 뜨거운 표면에 들어가 비등하면서 발생되는 Over Flow 현상
③ 화재 시 열파에 의한 탱크 바닥의 물이 비등으로 인하여 급격하게 Over Flow되는 현상
④ 과열에 의한 탱크 내부의 액화가스가 급격하게 분출하면서 폭발하는 현상

▶ 블레비(BLEVE : Boiling Liquid Expanding Vapor Explosion)의 정의

가연성 액화가스의 저장탱크 주위에 화재가 발생되어 기상부의 탱크 강판이 국부적으로 가열된 경우 그 부분의 강도가 약해져 파열되면서 내부의 가열된 액화가스가 급속히 비등하면서 팽창, 폭발하는 현상이다.

55 액화가스를 저장하는 탱크의 용기가 과열로 파괴되면서 분출된 가스에 불이 붙어 큰 화구를 형성하는 것을 무엇이라 하는가?

① BLEVE
② Fire Ball
③ Boil Over
④ Flash Over

▶ Fire Ball(화구)

Fire ball은 BLEVE나 UVCE와 같이 Flash 증발로 인해 확산된 인화성 증기가 착화되면서 폭발할 때, 화염이 급속히 확대되어 공기를 끌어올리며 버섯형 화염 형태로 보이는 것을 말한다.

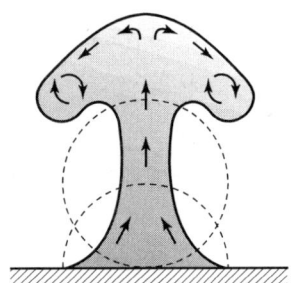

56 다음 중 화학적 폭발에 해당되지 아니하는 것은?

① 분진폭발
② 분해폭발
③ 분무폭발
④ 수증기폭발

▶ 폭발의 원인별 분류

① 물리적 폭발 : 고압 용기의 파열, 탱크의 감압에 의한 파손, 액체의 폭발적인 증발 등 눈에 보이는 물리적 변화에 의한 폭발로 연소를 동반하지 않는 특징이 있다.
　예 보일러 폭발, 수증기 폭발, 고압용기 폭발
② 화학적 폭발 : 화학반응에 의한 폭발적인 연소, 중합, 반응폭주 등에 의하여 발생되는 폭발이며, 연소를 동반하는 특징이 있다.
　예 산화폭발, 분해폭발, 중합폭발, 분진폭발, 분무폭발

정답 54. ④ 55. ② 56. ④

57 다음 중 화재의 정의를 설명한 것 중 바르지 못한 것은?

① 사람의 의도에 반하거나 방화에 의하여 불이 발생되어 피해를 주는 연소 현상
② 사람의 통제를 벗어난 광적인 연소 현상
③ 자연 또는 인위적인 원인에 의하여 불이 발생되어 인명 피해를 주는 연소 현상
④ 사람이 이를 제어하여 인류의 문화 및 문명의 발달을 가져오게 한 연소 현상

▶ **화재의 정의**

사람의 통제를 벗어난 광적인 연소 확대 현상으로 사람의 의도에 반하거나 고의에 의해서 발생하여 인명 및 재산의 피해를 주는 것이다.
① 인간의 통제를 벗어난 광적인 연소현상
② 인간의 의도에 반하는 연소현상
③ 인적 · 물적 피해를 주는 연소현상

58 다음 중 화재의 원인에 대한 설명으로 틀린 것은?

① 주위의 온도가 높을수록 화재가 잘 일어난다.
② 활성화에너지가 작을수록 화재가 잘 일어난다.
③ 열전도율이 클수록 화재가 잘 일어난다.
④ 산소와의 친화력이 클수록 화재가 잘 일어난다.

▶
③ 화재는 열전도율이 작을수록 잘 발생한다.

59 다음 중 가연물의 종류에 따라 화재를 분류한 것 중 틀린 것은?

① 일반화재 – 종이, 목재, 섬유, 합성수지
② 유류화재 – 가솔린, 등유, 경유, 에틸알코올
③ 금속화재 – 칼륨, 유황, 마그네슘, 알루미늄
④ 가스화재 – 도시가스, 메탄, LPG, LNG

▶ **유황**

① 비금속원소
② 화약과 성냥의 원료
③ 상온에서 황색이고, 무취

60 다음은 화재의 종류 및 특징을 설명한 것으로 틀린 것은 어느 것인가?

① 일반화재를 A급 화재라고 하며 연소 후 재를 남기지 않는 화재를 말한다.
② 유류화재를 B급 화재라고 하며 질식소화에 의한 소화가 가장 효과적이다.
③ 전기화재를 C급 화재라고 하며 소화기 표시색은 청색이다.
④ 금속화재를 D급 화재라고 하며 주수소화를 금지한다.

61 일반 가연물 화재인 합성수지 화재의 특징을 설명한 것 중 틀린 것은?

① 열가소성 수지는 열경화성 수지에 비해 화재 위험성이 작다.
② 열경화성 수지에는 페놀수지, 요소수지, 멜라민수지 등이 있다.
③ 연소 시 많은 유독가스가 발생되어 인명피해 우려가 크다.
④ 부도체이므로 정전기 발생에 주의해야 한다.

62 일반 가연물 화재(A급 화재)의 특징을 설명한 것으로 틀린 것은 어느 것인가?

① 목재, 종이 등에 의해 발생되는 화재이며 연기의 색은 백색이다.
② 동물성 섬유는 식물성 섬유에 비해 연소 속도가 빨라 화재 위험이 크다.
③ 소화방법으로는 주수에 의한 냉각소화가 가장 효과적이다.
④ 소화기 색상은 백색이며, 연소 후 재를 남긴다.

◉ **화재의 종류 및 특징**

① 일반가연물 화재

종류	목재, 종이, 섬유류, 합성수지류, 특수가연물 등
특징	㉠ 연기의 색상은 백색이며, 연소 후 재가 남는 특징이 있다. ㉡ 고체 상태이므로 기체, 액체에 비해 상대적으로 큰 착화에너지가 필요하다. ㉢ 화재 시 주수에 의한 냉각소화가 효과적이다.

② 합성수지 화재

	열가소성 수지	열경화성 수지
종류	열을 가하면 용융되어 액체로 되고 온도가 내려가면 고체 상태가 되며 화재 위험성이 매우 크다. ⑩ 폴리에틸렌, 폴리프로필렌, 폴리스티렌, 폴리염화비닐, 아크릴수지 등	열을 가하면 용융되지 않고 바로 분해되어 기체를 발생시키며 열가소성에 비해 화재의 위험성이 작다. ⑩ 페놀수지, 요소수지, 멜라민수지, 에폭시수지 등
특징	㉠ 분진 형태의 플라스틱은 스파크, 불꽃 등 작은 에너지로도 착화가 일어날 수도 있다. ㉡ 부도체이므로 정전기에 의해 인화성 증기에 발화 가능성이 있다. ㉢ 열가소성 수지는 열경화성 수지에 비해 화재 위험성이 현저히 크다. ㉣ 연소 시 유독가스에 의한 인명 피해의 우려가 크다.	

정답 60. ① 61. ① 62. ②

63 다음 중 유류화재를 일으키는 물질이 아닌 것은 어느 것인가?

① 휘발유   ② 이황화탄소
③ 페놀   ④ 황린

● 유류화재 : 제4류 위험물과 같은 액체 가연물로 인한 화재
  ④ 황린은 제3류 위험물

64 1기압에서 발화점이 섭씨 100도 이하인 것 또는 인화점이 섭씨 영하 20도 이하이고 비점이 40도 이하인 것은 제4류 위험물 중 어느 것인가?

① 특수인화물   ② 제1석유류
③ 제2석유류   ④ 제4석유류

● 제4류 위험물의 분류

특수인화물	이황화탄소, 디에틸에테르, 그 밖에 1기압에서 발화점이 섭씨 100도 이하인 것 또는 인화점이 섭씨 영하 20도 이하이고 비점이 섭씨 40도 이하인 것
제1석유류	아세톤, 휘발유, 그 밖에 1기압에서 인화점이 섭씨 21도 미만인 것
알코올류	분자를 구성하는 탄소원자의 수가 1~3개까지인 포화 1가 알코올(변성알코올 포함)
제2석유류	등유, 경유, 그 밖에 1기압에서 인화점이 섭씨 21도 이상 섭씨 70도 미만인 것
제3석유류	중유, 클레오소트유, 그 밖에 1기압에서 인화점이 섭씨 70도 이상 섭씨 200도 미만인 것
제4석유류	기어유, 실린더유, 그 밖에 1기압에서 인화점이 섭씨 200도 이상 섭씨 250도 미만인 것
동식물유류	동물의 지육 또는 식물의 종자나 과육으로부터 추출한 것으로서 1기압에서 인화점이 섭씨 250도 미만인 것

65 유류화재의 특징을 설명한 것으로 틀린 것은 어느 것인가?

① 연기의 색상은 흑색을 띠며 연소 후 재를 남기지 아니 한다.
② 화재가 발생된 경우 주수소화에 의한 냉각소화가 가장 효과적이다.
③ 부도체이므로 정전기로 인한 착화에 주의해야 한다.
④ 소화기 색상은 황색이다.

● 유류화재

종류	제4류 위험물과 같은 액체 가연물
특징	㉠ 연기 색상은 흑색이며, 연소 후 재를 남기지 않는 특징이 있다. ㉡ 용기에서 누설될 경우 연소 면이 급격히 확대된다. ㉢ 대부분 물에 녹지 않고 물보다 가벼우며 주수소화 시 연소 면이 확대되므로 질식소화가 효과적이다. ㉣ A급 화재에 비해 화재 진행 속도가 빠르고 활성화 에너지가 작다. ㉤ 부도체이므로 정전기로 인한 착화의 우려가 있어 정전기 방지대책이 중요하다.

66 다음은 액체 위험물에서 발생될 수 있는 현상을 설명한 것이다. 가장 알맞은 것은?

- 중질유의 탱크에서 장시간 조용히 연소하다 탱크 내 잔존기름이 갑자기 분출하는 현상
- 유류탱크에서 탱크 바닥에 물과 기름의 에멀션이 섞여 있을 때 이로 인하여 화재가 발생하는 현상
- 연소유면으로부터 100도 이상의 열파가 탱크 저부에 고여 있는 물을 비등하게 하면서 연소유를 탱크 밖으로 비산시키며 연소하는 현상

① Boil Over
② Slop Over
③ Froth Over
④ Flash Over

67 다음 중 화재와 관련이 없는 것은 어느 것인가?

① Boil Over
② Slop Over
③ Froth Over
④ Flash Over

▶ **Froth Over**
화재가 아닌 경우로서 물이 고점도 유류와 접촉되면 급속히 비등하여 거품과 같은 형태로 분출되는 현상

68 다음에서 보일오버가 발생될 수 있는 조건에 해당되지 아니하는 것은?

① 비점이 물보다 낮은 유류일 것
② 탱크 내부에 수분이 존재할 것
③ 열파를 형성하는 유류일 것
④ 물보다 가벼운 유류일 것

▶ **보일오버(Boil Over)**
① 고비점 액체 위험물에서 발생되는 현상
② 탱크 유면에서 화재 발생 → 고온의 열류층 형성 → 열파에 의해 탱크 하부 수분이 급격히 비등하면서 상층의 유류를 탱크 밖으로 분출시키는 현상

69 알칼리금속 중 금속칼륨이 물과 반응하면 위험해지는 이유로 옳은 것은?

① 산소를 발생시키기 때문에
② 수소를 발생시키기 때문에
③ 이산화탄소를 발생시키기 때문에
④ 아세틸렌을 발생시키기 때문에

▶ **금속화재(D급 화재)**
① $2K + 2H_2O \rightarrow 2KOH + H_2 + Q[kcal]$
② 금속칼륨은 물과 반응 시 수소를 발생시키고 발열반응이 일어난다.

정답 66. ① 67. ③ 68. ① 69. ②

70 다음 중 금속화재의 특징을 설명한 것으로 잘못된 것은 어느 것인가?

① 금속화재를 일으키는 물질에는 나트륨, 칼륨, 마그네슘 등이 있다.
② 금속화재를 일으킬 수 있는 금속, 분진의 양은 30~80mg/l 정도이다.
③ 금속화재 시에는 주수소화가 가장 효과적이다.
④ 금속화재 시의 온도는 약 2,000~3,000℃로 매우 높다.

● 금속화재(D급 화재)

종류	Na, K, Al, Mg, 알킬알루미늄, 알킬리튬, 무기과산화물, 그 밖의 금속성 물질(Cu, Ni 제외)
특징	㉠ 연소 시 온도가 매우 높다.(약 2,000~3,000℃) ㉡ 분진 상태로 공기 중에서 부유 시 분진폭발의 우려가 있다. ㉢ 주수소화 시 수증기 폭발의 위험과 수소와 산소 가스가 발생되어 연소가 더욱 심해진다. ㉣ Na, K 등의 금속은 물과 접촉하면 발열반응이 일어난다. $2K + 2H_2O \rightarrow 2KOH + H_2 + Qkcal$ ㉤ 금속의 양이 30~80mg/l 정도이면 금속화재를 일으킬 수 있다.
소화 방법	㉠ 건조사에 의한 질식소화(소규모 금속화재에 사용) ㉡ 금속화재용 소화약제(Dry Powder) 사용

71 다음 중 주방화재를 설명한 것으로 옳은 것은 어느 것인가?

① 주방화재를 식용류 화재라고도 하며 재연의 우려가 높다.
② 제2종 분말소화약제를 사용하여 비누화 현상에 의한 소화를 한다.
③ 인화점 이하로 온도를 떨어뜨릴 경우 재발화가 일어나지 않는다.
④ 발화점은 약 300~315℃ 정도이다.

● 주방화재(식용유 화재)

② 제1종 분말소화약제(나트륨에 의한 비누화 현상)를 사용한다.
③ 재발화의 위험이 매우 크므로 발화점 이하로 냉각시켜야 한다.
④ 인화점 : 약 300~315℃
　연소점 : 약 350~370℃
　발화점 : 약 390~410℃

72 다음 중 가연성 가스를 나타낸 것으로 가장 알맞은 것은?

① 연소범위 중 하한값이 10% 이상이거나 상한값과 하한값의 차이가 20% 이하인 가스
② 연소범위 중 하한값이 10% 이하이거나 상한값과 하한값의 차이가 20% 이상인 가스
③ 연소범위 중 하한값이 5% 이상이거나 상한값과 하한값의 차이가 10% 이하인 가스
④ 연소범위 중 하한값이 5% 이하이거나 상한값과 하한값의 차이가 10% 이상인 가스

정답 70. ③ 71. ① 72. ②

73 다음 중 화재를 소실정도에 의해 분류한 경우 잘못 설명된 것은 어느 것인가?

① 전소화재란 전체의 70% 이상 소손된 화재를 말한다.
② 반소화재란 전체의 50% 이상 70% 미만 소손된 화재를 말한다.
③ 즉소화재란 인명피해가 없고 피해액이 경미한 화재를 말한다.
④ 소실 정도가 70% 미만이더라도 재수리가 불가한 경우는 전소화재에 해당된다.

◐ 소실 정도에 따른 화재의 분류

① 국소화재 : 전체의 10% 미만이 소손된 경우로서 바닥 면적이 3.3m² 미만이거나 내부의 수용물만이 소손된 경우
② 부분소화재 : 전체의 10% 이상 30% 미만이 소손된 경우
③ 반소화재 : 전체의 30% 이상 70% 미만이 소손된 경우
④ 전소화재 : 전체의 70% 이상이 소손되거나 70% 미만이라 할지라도 재수리 후 사용이 불가능하도록 소손된 경우
⑤ 즉소화재 : 화재로 인한 인명피해가 없고 피해액이 경미한(동산과 부동산을 포함하여 50만 원 미만) 화재로 화재 건수에 이를 포함한다.

74 화상을 강도에 의해 분류할 경우 4도 화상에 해당되는 것은?

① 피부가 약간 붉게 보이고 햇빛에 의해서도 발생될 수 있으며 홍반성 화상이라 한다.
② 표피가 타들어가 진피가 손상된 화상이며, 수포성 화상이라 한다.
③ 열이 깊숙이 침투하여 검게 되는 화상이며, 괴사성 화상이라 한다.
④ 통증이 전혀 없을 수 있으며 근육, 신경, 뼈 안까지 손상된 화상으로, 흑색 화상이라 한다.

◐ 강도에 의한 화상의 분류

1도 화상 (홍반성 화상)	㉠ 일반적으로 햇빛에 의한 화상 ㉡ 피부가 약간 붉게 보이는 정도의 화상
2도 화상 (수포성 화상)	㉠ 표피가 타 들어가 진피가 손상되는 화상 ㉡ 화상 부위가 분홍색으로 되고 수포가 발생
3도 화상 (괴사성 화상)	㉠ 피부의 모든 층이 타 버린 화상 ㉡ 열이 피부 깊숙이 침투하여 검게 된다.
4도 화상 (흑색 화상)	㉠ 근육, 신경, 뼈 속까지 손상되는 화상 ㉡ 통증이 거의 없을 수 있다.

75 다음 중 사망자의 정의를 가장 올바르게 설명한 것은?

① 화재의 현장에서 부상을 당해 24시간 이내에 사망한 사람을 말한다.
② 화재의 현장에서 부상을 당해 48시간 이내에 사망한 사람을 말한다.
③ 화재의 현장에서 부상을 당해 72시간 이내에 사망한 사람을 말한다.
④ 화재의 현장에서 사망 또는 부상을 당한 사람을 말한다.

정답 73. ② 74. ④ 75. ③

◉ 인명피해의 종류
① 사상자 : 화재현장에서 사망 또는 부상을 당한 사람
② 사망자 : 화재현장에서 부상을 당한 후 72시간 이내에 사망한 경우
③ 중상자 : 의사의 진단을 기초로 하여 3주 이상의 입원치료를 필요로 하는 부상
④ 경상자 : 중상 이외의(입원치료를 필요로 하지 않는 것도 포함) 부상

76. "화재가 발생한 경우 건물의 기둥, 벽, 건축자재 등은 발화부 방향으로 도괴한다."는 발화부 추정 원칙 중 어느 것에 해당되는가?

① 연소의 상승성 ② 도괴방향법
③ 탄화심도 ④ 주연흔

◉ 발화부 추정 원칙
① 연소의 상승성 : 역삼각형 패턴으로 연소하고, 연소속도는 상방연소 > 수평연소 > 하방연소 순이다.
② 도괴방향법 : 건물의 구조체가 발화부를 향해 도괴하는 현상
③ 탄화심도 : 목재 표면의 탄화된 깊이를 통해 발화부를 추정
④ 주연흔 : 건물 구조체에 발생한 연기의 흔적으로 발화부를 추정
⑤ 박리흔 : 화재에 의한 콘크리트의 폭렬 및 박리상태로 추정
⑥ 변색흔 : 건물 구조체에 발생한 변색의 흔적으로 추정
⑦ 균열흔 : 목재 표면의 균열은 발화부에 가까울수록 작고 가늘다.
⑧ 용융흔 : 발화부 근처일수록 유리파편의 표면이 깨끗하다. 이는 순식간에 열로 인해 파손되었기 때문이다.

77. 물질의 특성과 화재 위험성을 설명한 것 중 틀린 것은?

① 온도가 높을수록, 압력이 높을수록 위험하다.
② 연소범위가 넓을수록 위험하다.
③ 인화점, 발화점이 낮을수록, 비점이 높을수록 위험하다.
④ 연소속도, 증기압이 클수록 위험하다.

◉
③ 인화점, 발화점이 낮을수록, 비점이 낮을수록 위험하다.

78. 화재를 효과적으로 소화하는 방법 중 물리적 소화에 해당되지 아니하는 것은?

① 제거소화 ② 질식소화
③ 냉각소화 ④ 억제소화

◉
④ 억제소화(부촉매소화) – 화학적 소화

79 소화방법 중 가연물 주변의 공기를 차단하여 산소 농도를 15% 이하로 떨어뜨려 소화하는 방법에 해당되지 아니하는 것은?

① 산불 화재 시 진행 방향의 나무를 벌목하는 방법
② 이산화탄소로 가연물을 덮는 방법
③ 포 소화약제로 가연물을 덮는 방법
④ 불연성 고체로 가연물을 덮는 방법

▶ 질식소화
① 산소 농도를 15% 이하로 떨어뜨려 소화하는 방법
② 불연성 가스를 첨가 : CO_2, N_2, 수증기 등을 첨가하여 주위 산소를 밀어냄
③ 불연성의 포 거품으로 가연물 표면을 덮음
④ 담요 또는 건조사로 화염을 덮음
⑤ 이산화탄소 소화설비, 불활성가스 소화약제 소화설비 등

제거소화
① 산림화재 시 미리 벌목하여 가연물을 제거하는 것
② 유류탱크 화재에서 배관을 통하여 미연소 유류를 이송하는 것
③ 가스화재 시 가스밸브를 닫아 가스공급을 차단하는 것
④ 전기화재 시 전원공급을 차단하는 것

80 다음 중 화학적 소화에 대한 설명으로 틀린 것은 어느 것인가?

① 화학적 소화는 불꽃연소에 효과적이다.
② 화학적 소화는 연쇄반응을 차단시켜 소화한다.
③ 화학적 소화는 표면연소에 효과적이다.
④ 화학적 소화에는 할로겐화합물 소화약제 또는 분말 소화약제를 사용한다.

▶ 화학적 소화
① 불꽃연소에만 가능한 소화방법이다.
② 화재 시 부촉매에 의한 연쇄반응을 차단하여 소화한다.
③ 할로겐화합물 소화약제, 분말 소화약제 등을 사용한다.

81 화재가 발생된 경우 가연성 증기의 농도를 연소범위 밖으로 벗어나게 하여 소화하는 방법을 무엇이라 하는가?

① 질식소화방법   ② 제거소화방법
③ 희석소화방법   ④ 억제소화방법

▶ 희석소화
㉮ 연소 중인 수용성 액체에 물을 주입하여 농도를 희석
㉯ 불연성 가스를 주입하여 가연성 가스의 농도를 희석

정답 79. ① 80. ③ 81. ③

82. 다음 중 화재의 종류와 표시색상의 연결이 올바르지 않은 것은?

① A급 화재 : 백색
② B급 화재 : 황색
③ C급 화재 : 적색
④ D급 화재 : 무색

▶ ③ C급 화재 : 청색

83. 다음 중 열경화성 수지가 아닌 것은?

① 페놀수지
② 멜라민수지
③ 요소수지
④ 염화비닐수지

▶ ① 열경화성 수지 – 페놀수지, 멜라민수지, 요소수지, 에폭시수지 등
② 열가소성 수지 – 폴리에틸렌, 폴리염화비닐, 폴리프로필렌, 폴리스티렌 등

84. 화재를 연료지배형 화재와 환기지배형 화재로 구분할 경우 다음 중 환기지배형화재로 볼 수 없는 것은?

① 밀폐된 공간 또는 구획된 공간에서 주로 발생한다.
② 플래시오버(Flash Over) 이전에 주로 발생한다.
③ 공기의 인입량에 지배를 받는다.
④ 목조건축물보다 내화건축물일 경우 주로 발생한다.

▶ ② 플래시오버(Flash Over) 이전에는 주로 연료지배형 화재이다.

85. 목재건축물의 화재 원인에 해당되지 아니하는 것은?

① 접염
② 비화
③ 복사열
④ 흡착열

▶ 목재건축물의 화재 원인
① 접염
② 비화
③ 복사열

86. 목재건축물 화재의 메커니즘을 가장 알맞게 나타낸 것은 어느 것인가?

① 화재원인 – 무염착화 – 발염착화 – 출화 – 최성기 – 연소낙하 – 소화
② 화재원인 – 발염착화 – 무염착화 – 출화 – 최성기 – 연소낙하 – 소화

③ 화재원인 – 출화 – 무염착화 – 발염착화 – 연소낙하 – 최성기 – 소화
④ 화재원인 – 출화 – 발염착화 – 무염착화 – 연소낙하 – 최성기 – 소화

● 목재건축물의 화재 진행 과정

> 화재원인 – 무염착화 – 발염착화 – 출화 – 최성기 – 연소낙하 – 소화

※ 출화
① 옥내출화
  ㉠ 건축물 실내의 천장 속, 벽 내부에서 착화
  ㉡ 준불연성, 난연성으로 피복된 내부에서 착화
② 옥외출화
  ㉠ 건축물 외부의 가연물질에서 착화
  ㉡ 창, 출입구 등의 개구부 등에서 착화

87 목재의 연소과정을 설명한 것 중 틀린 것은 어느 것인가?

① 목재는 약 100℃에서 수분의 증발이 일어나고 흑갈색으로 변한다.
② 목재는 약 130℃에서 열분해되어 가연성 기체가 생성된다.
③ 목재의 인화온도는 약 220~260℃ 정도이다.
④ 목재의 발화온도는 약 420~480℃ 정도이다.

● 목재의 열분해 단계
① 100℃ : 수분 및 휘발성분이 증발하여 갈색으로 변한다.
② 170℃ : 흑갈색으로 변하면서 열분해되어 가연성 기체가 생성된다.
③ 260℃ : 급격한 분해가 일어나며 목재의 인화점이 된다.
④ 480℃ : 목재의 발화점이 되며, 폭발적으로 연소한다.

88 가연물의 연소 시 불꽃 없이 착화되는 현상을 무엇이라 하는가?

① 무염착화   ② 발염착화
③ 출화   ④ 발화

89 목재는 수분 함유량이 많을 경우 화염에 장시간 노출되어도 착화되기 어렵다. 다음 중 착화되기 어려운 수분 함유량은 최소 몇 % 이상인가?

① 5% 이상   ② 10% 이상
③ 15% 이상   ④ 30% 이상

정답 87. ② 88. ① 89. ③

90 내화건축물 화재의 특성을 설명한 것 중 틀린 것은 어느 것인가?

① 화재 초기에는 연료지배형 화재의 특성을 나타낸다.
② 고온 단기형의 화재 특성을 나타낸다.
③ 플래시오버는 화재 성장기에서 발생한다.
④ 플래시오버 이전까지를 거주 가능 시간으로 볼 수 있다.

▶ 내화건축물 화재의 특성

① 내화건축물은 목조건축물에 비해 연소온도는 낮지만 연소 지속시간은 길다.
② 저온 장기형이다.(약 800~1,000℃, 30분~3시간)

91 내화건축물 화재의 메커니즘을 가장 알맞게 나타낸 것은 어느 것인가?

① 화재 초기 – 성장기 – 최성기 – 감쇠기
② 화재 초기 – 최성기 – 성장기 – 감쇠기
③ 화재 초기 – 감쇠기 – 성장기 – 최성기
④ 화재 초기 – 감쇠기 – 최성기 – 성장기

▶ 내화건축물의 화재 진행단계

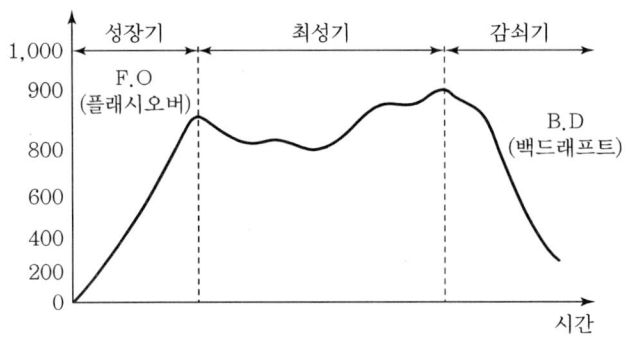

초기 – 발화 – 성장기 – 최성기 – 감쇠기

① 초기 : 주요 구조부가 가연성이 아니고 공기의 유통도 적기 때문에 연소속도가 완만하다.
② 발화 : 화재의 개시
③ 성장기 : 에너지의 축적에 의해 연소가 급격히 진행되어 검은 연기가 발생되며, 실 전체가 화염에 휩싸이는 Flash Over가 발생한다.
④ 최성기
　㉮ 환기지배형 화재의 과정으로서, 열방출속도의 변화가 적으며 실의 온도가 매우 높다.
　㉯ 실의 온도가 약 800~1,000℃에 이르게 되며, 건물의 도괴 방지와 관련하여 지속시간 및 최고온도의 파악이 중요하다.
⑤ 감쇠기
　㉮ 실내의 가연물이 거의 소진되어 화세가 약해지며, 상당시간 고온으로 유지된 후 연기의 농도도 엷어진다.
　㉯ 최성기의 환기지배형 화재에서 연료지배형 화재로 전환된다.
　㉰ Back Draft가 발생할 수 있다.

정답 90. ② 91. ①

92 내장재의 발화시간에 영향을 주는 요인에 해당되지 아니하는 것은?

① 발화온도
② 복사열유속
③ 내장재의 두께
④ 화염확산속도

▶ 내장재 발화시간의 영향 요인

① 발화온도
② 복사열유속
③ 내장재의 두께
④ 화재성장

93 실내공간이 $5 \times 5 \times 3\text{m}^3$인 건물 내에 가연물 3kmol이 적재되어 있고, 화재하중이 2kg/m^2일 경우 이 가연물이 완전연소한다고 가정하면 발생되는 총 열량[kcal]은 얼마인가?

① 125,000
② 225,000
③ 325,000
④ 425,000

▶ 화재하중

$$W[\text{kg/m}^2] = \frac{\Sigma(G_t \cdot H_t)}{H_o \cdot A_f} = \frac{\Sigma Q_t}{H_o \times A_f}$$

여기서, W : 연료하중(화재하중)[kg/m²]
G_t : 가연물의 양[kg]
H_t : 가연물의 단위 질량당 발열량[kcal/kg][kJ/kg]
H_o : 목재의 단위 질량당 발열량[4,500kcal/kg][18,855kJ/kg]
A_f : 화재 실의 바닥 면적[m²]
Q_t : 가연물의 전체 발열량[kcal]

$Q_t = 2[\text{kg/m}^2] \times 4,500[\text{kcal/kg}] \times (5 \times 5)[\text{m}^2]$
$\quad = 225,000[\text{kcal}]$

94 화재하중이란 단위면적당 가연물의 질량을 나타내는데 다음 중 화재하중과의 관계를 틀리게 설명한 것은 어느 것인가?

① 가연물의 질량이 많으면 화재하중은 크다.
② 목재의 발열량은 4,500kcal/kg이다.
③ 화재실의 면적이 클수록 화재하중은 크다.
④ 가연물의 발열량이 크면 화재하중은 크다.

정답 92. ④ 93. ② 94. ③

95 화재가혹도의 설명으로 틀린 것은?

① 화재하중이 작으면 화재가혹도가 작다.
② 화재실 내 단위시간당 축적되는 열이 크면 화재가혹도가 크다.
③ 화재규모 판단척도로 주수시간을 결정한다.
④ 최고온도와 지속시간으로 나타낼 수 있다.

▶ **화재가혹도**

① 화재 가혹도는 화재의 최고온도와 지속시간에 의해 표현되는 화재의 규모를 표시하는 지표이다.
② 최고온도와 지속시간
  ㉠ 최고온도 : 발생 화재의 열 축적률이 크다는 것을 표시하는 화재강도(Fire intensity)의 개념이다.
  ㉡ 지속시간 : 화재에 의해 연소되는 가연물의 양을 표시하는 연료하중(Fire load)의 개념이다.
③ 화재가혹도는 화재의 시간온도 곡선의 하부면적으로 표현할 수 있다.

96 Thomas' Flash Over 판단기준을 사용해서 바닥면이 6.0m × 4.0m, 높이가 3.0m인 방에서 Flash Over가 발생하는 데 필요한 열 발생속도[MW]는 얼마인가?(단, 방에는 창문이 높이 2.0m, 폭 3.0m이고, Flash Over에 대한 열발생속도 $Qf_0 = 0.007At + 0.378Av\sqrt{Hv}$ [MW]로 구한다.)

① 3.92
② 4.35
③ 2.92
④ 3.45

▶ **Flash Over 열 발생속도**

$Qf_0 = 0.007At + 0.378Av\sqrt{Hv}$ [MW]

① 실내 표면적 = 천장 면적 + 벽 면적 + 바닥 면적 − 개구부 면적
  $= (6 \times 4 \times 2) + (6 \times 3 \times 2) + (4 \times 3 \times 2) - (3 \times 2) = 102 m^2$
② 환기인자
  $A_v\sqrt{H_v} = (3 \times 2) \times \sqrt{2} = 8.485$
③ $Q = 0.007A_t + 0.378A_v\sqrt{H_v}$
  $= (0.007 \times 102) + (0.378 \times 8.485) = 3.92$ [MW]

97 플래시오버(Flash Over)에 대한 설명으로 틀린 것은 어느 것인가?

① 어느 순간 실 전체에 화염이 확대되는 현상이다.
② 연료지배형 화재에서 환기지배형 화재로 전이되는 단계이다.
③ 화재의 성장 단계 중 최성기 이후에서 발생한다.
④ 플래시오버 이전에 피난이 완료되어야 한다.

정답 95. ③ 96. ① 97. ③

Flash Over(플래시오버)

③ 화재의 성장 단계 중 성장기에서 발생한다.

※ Flash over와 Back draft 비교

구 분	발생원인	발생시기
Flash over	에너지 축적	성장기
Back draft	공기 공급	최성기 이후(감쇠기)

98 내화구조 건물의 표준시간-온도 곡선에서 화재 발생 후 2시간 경과 시 내부 온도는 약 몇 ℃가 되는가?

① 840 ② 950 ③ 1,010 ④ 1,050

표준시간-온도 곡선

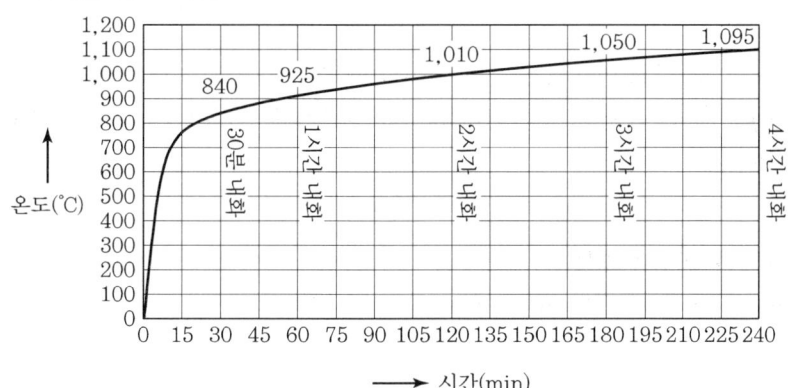

99 화재 성장기 때의 열 방출속도와 관계가 없는 것은?

① 기화열에 비례한다. ② 연소속도에 비례한다.
③ 연소열에 비례한다. ④ 기화면적에 비례한다.

성장기 때의 열 방출속도

열방출률 $Q = m'' \cdot A \cdot \triangle Hc = \dfrac{q''}{L_V} \cdot A \cdot \triangle Hc$ [kW]

$$\text{연소속도 } m'' = \dfrac{q''}{L_V} [\text{g/s} \cdot \text{m}^2]$$

여기서, m'' : 단위 면적당 질량 연소속도[g/s·m²]
q'' : 연료 표면으로의 순 열류[kW/m²]
L_V : 기화열(kJ/kg), $\triangle H_c$: 연소열[kJ/g]

정답 98. ③ 99. ①

100 플래시오버(Flash Over) 발생시간이 빨라질 수 있는 조건에 해당되지 아니하는 것은?

① 내장재의 열전도율이 적을수록
② 내장재가 열분해되기 쉬울수록
③ 개구부의 크기가 클수록
④ 내장재의 두께가 얇을수록

▶ 플래시오버(Flash Over) 발생시간의 영향인자
① 연료하중이 클수록 화재성장이 촉진된다.
② 화원의 위치가 천장과 벽, 실내의 모서리에 있는 경우 플래시오버가 빠르다.
③ 개구부의 크기
　㉮ 너무 작은 경우 : 산소 부족으로 연소가 제대로 이루어지지 않는다.
　㉯ 너무 큰 경우 : 유입 공기에 의한 냉각으로 플래시오버가 늦어진다.
　㉰ 개구율(개구부면적/벽면적)이 1/3~1/2일 때 플래시오버가 가장 빠르다.
④ 가연물의 발열량(화재강도)이 클수록 열축적이 증대되어 빠르다.
⑤ 내장재의 열전도율이 낮고 내장재의 두께가 얇을수록 플래시오버가 빠르다.
⑥ 화원이 크면 천장부에 닿아 자체 방사열이 커서 플래시오버 발생이 빠르다.

101 면적 $0.5m^2$의 목재 표면에서 연소가 일어날 때 에너지 방출속도(Q)는 몇 kW인가?(단, 목재의 최대 질량연소유속(m″) = $22g/m^2 s$, 기화열(L) = 4kJ/s, 유효연소열($\triangle Hc$) = 30kJ/g이다.)

① 110　　② 220　　③ 330　　④ 440

▶ 에너지 방출속도(열방출률)
$$Q = m'' \cdot A \cdot \triangle Hc = 22 \times 0.5 \times 30 = 330\,kJ/s = 330\,kW$$

102 「건축법」상 건축물의 주요 구조부에 해당되지 아니하는 것은?

① 주계단　　② 벽　　③ 기둥　　④ 바닥

▶ 건축물의 주요 구조부
① 건축물의 골격을 유지하는 부분
② 주계단 · 내력벽 · 기둥 · 바닥 · 보 · 지붕(다만, 사잇벽 · 사잇기둥 · 최하층 바닥 · 작은 보 · 차양 · 옥외 계단 등은 제외한다.)

103 「건축법 시행령」상 내화구조의 정의를 설명한 것 중 옳지 않은 것은?

① 화재에 견딜 수 있는 성능을 가진 구조
② 진화 후 재사용이 가능한 구조
③ 화염의 확산을 막을 수 있는 구조
④ 철근콘크리트조, 철골철근콘크리트조, 연와조

정답　100. ③　101. ③　102. ②　103. ③

◎ 내화구조

① 정의
내화구조란 화재에 견딜 수 있는 성능을 가진 구조로 쉽게 연소되지 않고 화재 시에도 상당시간 내력의 저하가 없으며 진화 후에 재사용이 가능한 구조

② 목적 및 기능

목 적	기 능
• 인명 보호 및 원활한 소화활동 • 화재 확대 방지 및 재산보호 • 건물의 도괴 방지	• 차열 및 차염성 • 불연성능 • 충격 및 주수에 대한 강도 유지

104 다음의 내화구조 기준 중 벽에 해당되지 아니하는 것은?

① 철근콘크리트조 또는 철골철근콘크리트조로서 두께가 10cm 이상인 것
② 골구를 철골조로 하고 그 양면을 두께 4cm 이상의 철망모르타르로 덮은 것
③ 벽돌조로서 두께가 10cm 이상인 것
④ 철재로 보강된 콘크리트블록조, 벽돌조, 석조로서 철재를 덮은 콘크리트 블록의 두께가 5cm 이상인 것

◎ 내화구조의 기준(벽)

① 철근콘크리트조 또는 철골철근콘크리트조 : 두께 10cm 이상
② 골구를 철골조로 하고 그 양면을 두께 4cm 이상의 철망모르타르 또는 두께 5cm 이상의 콘크리트블록·벽돌 또는 석재로 덮은 것
③ 철재로 보강된 콘크리트 블록조·벽돌조 또는 석조로서 철재를 덮은 콘크리트블록 등의 두께 : 5cm 이상
④ 벽돌조 : 두께 19cm 이상
⑤ 고온·고압의 증기로 양생된 경량기포 콘크리트패널 또는 경량기포 콘크리트블록조 : 두께 10cm 이상

105 내화구조의 철골철근콘크리트조 기둥은 그 작은 지름이 얼마 이상이 되어야 하는가?

① 5cm 이상
② 10cm 이상
③ 15cm 이상
④ 25cm 이상

◎ 내화구조의 기준(기둥)

① 철근콘크리트조 또는 철골철근콘크리트조
② 철골을 두께 6cm(경량골재 : 5cm) 이상의 철망모르타르 또는 두께 7cm 이상의 콘크리트블록·벽돌 또는 석재로 덮은 것
③ 철골을 두께 5cm 이상의 콘크리트로 덮은 것

정답 104. ③ 105. ④

106 내화구조의 기준 중 바닥에 해당되지 아니하는 것은?

① 철근콘크리트조 또는 철골철근콘크리트조로서 두께 10cm 이상인 것
② 철재의 양면을 두께 5cm 이상의 철망모르타르 또는 콘크리트로 덮은 것
③ 철재로 보강된 콘크리트블록조, 벽돌조 또는 석조로서 철재를 덮은 콘크리트블록의 두께가 5cm 이상인 것
④ 철근콘크리트조 또는 철골철근콘크리트조로서 두께가 7cm 이상인 것

▶ **내화구조의 기준(바닥)**
  ① 철근콘크리트조 또는 철골철근콘크리트조 : 두께 10cm 이상
  ② 철재로 보강된 콘크리트블록조·벽돌조 또는 석조 : 철재를 덮은 콘그리트블록 등의 두께가 5cm 이상인 것
  ③ 철재의 양면을 두께 5cm 이상의 철망모르타르 또는 콘크리트로 덮은 것

107 다음 중 방화구조 기준으로 알맞은 것은?

① 철망모르타르로서 그 바름 두께가 1cm 이상인 것
② 석고판 위에 시멘트모르타르 또는 회반죽을 바른 것으로서 그 두께의 합계가 2.5cm 이상인 것
③ 두께 1.5cm 이상의 암면보온판 위에 석면시멘트판을 붙인 것
④ 두께 1.0cm 이상의 석고판 위에 석면시멘트판을 붙인 것

▶ **방화구조 기준**
  ① 철망모르타르 : 그 바름 두께가 2cm 이상
  ② 석고판 위에 시멘트모르타르 또는 회반죽을 바른 것 : 그 두께의 합계가 2.5cm 이상
  ③ 시멘트모르타르 위에 타일을 붙인 것 : 그 두께의 합계가 2.5cm 이상
  ④ 심벽에 흙으로 맞벽치기한 것
  ⑤ 「산업표준화법」에 따른 한국산업표준이 정하는 바에 따라 시험한 결과 방화 2급 이상에 해당하는 것

108 다음 중 방화문의 구분으로 옳지 않은 것은?

① 60분+방화문 : 연기 및 불꽃을 차단할 수 있는 시간이 60분 이상이고, 열을 차단할 수 있는 시간이 60분 이상인 방화문
② 60분+방화문 : 연기 및 불꽃을 차단할 수 있는 시간이 60분 이상이고, 열을 차단할 수 있는 시간이 30분 이상인 방화문
③ 60분 방화문 : 연기 및 불꽃을 차단할 수 있는 시간이 60분 이상인 방화문
④ 30분 방화문 : 연기 및 불꽃을 차단할 수 있는 시간이 30분 이상 60분 미만인 방화문

방화문의 구분(건축법 시행령 제64조제1항)

1. 60분+ 방화문 : 연기 및 불꽃을 차단할 수 있는 시간이 60분 이상이고, 열을 차단할 수 있는 시간이 30분 이상인 방화문
2. 60분 방화문 : 연기 및 불꽃을 차단할 수 있는 시간이 60분 이상인 방화문
3. 30분 방화문 : 연기 및 불꽃을 차단할 수 있는 시간이 30분 이상 60분 미만인 방화문

109 60분+ 방화문은 열을 차단할 수 있는 시간이 얼마이상이 되어야 하는가?

① 60분　　　　　　　　　② 30분
③ 20분　　　　　　　　　④ 10분

110 방화셔터에 대한 기준 중 틀린 것은?

① 방화셔터는 불꽃 또는 연기감지기에 의한 일부폐쇄, 열감지기에 의한 완전폐쇄가 되어야 한다.
② 피난상 유효한 갑종방화문으로부터 1m 이내의 거리에 설치하여야 한다.
③ 셔터의 상부는 상층 바닥에 직접 닿도록 하여야 한다.
④ 방화셔터는 비차열 1시간 이상의 내화성능이 요구된다.

방화셔터

1) 정의
"자동방화셔터"(이하 "셔터"라 한다)라 함은 공항·체육관 등 넓은 공간에 부득이하게 수직 또는 수평 구획 벽을 설치하지 못하는 경우에 사용하는 셔터를 말하며, 규칙 제14조 제3항의 규정에 따른 성능을 확보하여 원장이 성능을 인정한 구조를 말한다.

2) 성능기준 및 구성
① 건축물 방화구획을 위해 설치하는 방화문 및 셔터는 건축물의 용도 등 구분에 따라 화재 시의 가열에 규칙 제14조제3항 또는 제26조에서 정하는 시간 이상을 견딜 수 있어야 하며, 차연성능, 개폐성능 등 방화문 또는 셔터가 갖추어야 하는 성능에 대해서는 세부운영지침에서 정하는 바에 따른다. 〈전문개정〉
② 원장은 규칙 제14조제3항 또는 제26조에서 정하는 내화성능 보다 나은 성능을 확보한 방화문 또는 셔터에 대해 30분 단위로 추가하여 인정할 수 있다. 〈전문개정〉
③ 방화문은 항상 닫혀있는 구조 또는 화재발생시 불꽃, 연기 및 열에 의하여 자동으로 닫힐 수 있는 구조여야 한다. 〈전문개정〉
④ 셔터는 전동 및 수동에 의해서 개폐할 수 있는 장치와 화재발생시 불꽃, 연기 및 열에 의하여 자동 폐쇄되는 장치 일체로서 화재발생시 불꽃 또는 연기감지기에 의한 일부폐쇄와 열감지기에 의한 완전폐쇄가 이루어 질 수 있는 구조를 가진 것이어야 한다. 다만, 수직방향으로 폐쇄되는 구조가 아닌 경우는 불꽃, 연기 및 열감지에 의해 완전폐쇄가 될 수 있는 구조여야 한다.
⑤ 셔터의 상부는 상층 바닥에 직접 닿도록 하여야 하며, 그렇지 않은 경우 방화구획 처리를 하여 연기와 화염의 이동통로가 되지 않도록 하여야 한다.
[건축물의 피난·방화구조 등의 기준에 관한 규칙 제14조제3항]
③ 영 제46조제1항제2호에서 "국토교통부령으로 정하는 기준에 적합한 것"이란 한국건설기술연

정답　109. ②　110. ②

구원장이 국토교통부장관이 정하여 고시하는 바에 따라 다음 각 호의 사항을 모두 인정한 것을 말한다. 〈신설 2019.8.6, 2021.3.26.〉
1. 생산공장의 품질 관리 상태를 확인한 결과 국토교통부장관이 정하여 고시하는 기준에 적합할 것
2. 해당 제품의 품질시험을 실시한 결과 비차열 1시간 이상의 내화성능을 확보하였을 것

111 다음 방화 댐퍼에 대한 설명 중 옳은 것은?

① 화재로 인한 연기 또는 불꽃을 감지하여 자동적으로 닫히는 구조로 할 것
② 방화댐퍼는 두께 1.5mm 이상의 철판으로 할 것
③ 폐쇄가 된 경우 틈새가 생기지 아니하는 구조로 하여야 한다.
④ 「산업표준화법」에 의한 한국산업규격상의 방화댐퍼의 방연시험방법에 적합할 것

▶ **방화댐퍼의 기준**

환기·난방 또는 냉방시설의 풍도가 방화구획을 관통하는 경우에는 그 관통부분 또는 이에 근접한 부분에 다음 각 목의 기준에 적합한 댐퍼를 설치할 것. 다만, 반도체공장건축물로서 방화구획을 관통하는 풍도의 주위에 스프링클러헤드를 설치하는 경우에는 그렇지 않다.
① 화재로 인한 연기 또는 불꽃을 감지하여 자동적으로 닫히는 구조로 할 것. 다만, 주방 등 연기가 항상 발생하는 부분에는 온도를 감지하여 자동적으로 닫히는 구조로 할 수 있다.
② 국토교통부장관이 정하여 고시하는 비차열(非遮熱) 성능 및 방연성능 등의 기준에 적합할 것
③ 〈삭제〉
④ 〈삭제〉

112 건축물의 피난·방화구조 등의 기준에 관한 규칙 상 소방관 진입창의 기준으로 옳은 것은?

① 창문의 가운데에 지름 20센티미터 이상의 역삼각형을 야간에도 알아볼 수 있도록 빛 반사 등으로 붉은색으로 표시할 것
② 창문의 한쪽 모서리에 타격지점을 지름 2센티미터 이상의 원형으로 표시할 것
③ 창문의 크기는 폭 80센티미터 이상, 높이 1미터 이상으로 할 것
④ 실내 바닥면으로부터 창의 아랫부분까지의 높이는 1미터 이내로 할 것

▶ **소방관 진입창(건축물의 피난·방화구조 등의 기준에 관한 규칙 제18조의 2)**

1. 2층 이상 11층 이하인 층에 각각 1개소 이상 설치할 것. 이 경우 소방관이 진입할 수 있는 창의 가운데에서 벽면 끝까지의 수평거리가 40미터 이상인 경우에는 40미터 이내마다 소방관이 진입할 수 있는 창을 추가로 설치해야 한다.
2. 소방차 진입로 또는 소방차 진입이 가능한 공터에 면할 것
3. 창문의 가운데에 지름 20센티미터 이상의 역삼각형을 야간에도 알아볼 수 있도록 빛 반사 등으로 붉은색으로 표시할 것

4. 창문의 한쪽 모서리에 타격지점을 지름 3센티미터 이상의 원형으로 표시할 것
5. 창문의 크기는 폭 90센티미터 이상, 높이 1.2미터 이상으로 하고, 실내 바닥면으로부터 창의 아랫부분까지의 높이는 80센티미터 이내로 할 것
6. 다음 각 목의 어느 하나에 해당하는 유리를 사용할 것
    가. 플로트판유리로서 그 두께가 6밀리미터 이하인 것
    나. 강화유리 또는 배강도유리로서 그 두께가 5밀리미터 이하인 것
    다. 가목 또는 나목에 해당하는 유리로 구성된 이중 유리로서 그 두께가 24밀리미터 이하인 것

113
방화문 성능 기준 중 문세트 시험(KS F 3109)에서 규정한 차연성이란 방화문을 설치한 시험장치 내 압력이 25Pa일 때 방화문을 통한 누설량이 (   )m³/min · m²를 초과하지 않아야 한다. 다음 중 (   ) 안에 들어갈 내용이 알맞은 것은?

① 1.0
② 0.9
③ 0.8
④ 0.7

▶ 문세트 시험(KS F 3109) 중 차연성 시험 ─────────────
방화문을 설치한 시험장치 내 압력이 25Pa일 때 방화문을 통한 누설량이 0.9m³/min · m²를 초과하지 않아야 한다.

114
다음 (   ) 안에 들어갈 알맞은 수치는 각각 얼마인가?

> 상층으로의 연소확대를 방지하기 위한 스팬드럴은 아래층 창문 상단에서 위층 창문 하단까지의 거리를 (   )cm 이상 이격하고, 캔틸레버는 건물의 외벽에서 돌출된 부분의 거리가 (   )cm 이상 되어야 한다.

① 5, 5
② 9, 5
③ 50, 50
④ 90, 50

115
일정규모 이상의 건축물은 화재로 인한 피해를 최소화하기 위해 방화구획을 하여야 한다. 다음 중 방화구획의 종류에 해당되지 아니하는 것은?

① 수용인원단위 구획
② 면적단위 구획
③ 층단위 구획
④ 용도단위 구획

정답 113. ② 114. ④ 115. ①

방화구획의 종류

① 면적별 구획

구분		자동식 소화설비 미설치	자동식 소화설비 설치
10층 이하		1,000m² 이내	3,000m² 이내
11층 이상	일반재료	200m² 이내	600m² 이내
	불연재료	500m² 이내	1,500m² 이내

② 층별 구획
매층마다 구획할 것. 다만, 지하 1층에서 지상으로 직접 연결하는 경사로 부위는 제외한다.
③ 용도별 구획
문화 및 집회시설·의료시설·공동주택 등 주요 구조부를 내화구조로 해야 하는 부분은 그 부분과 다른 부분을 방화구획할 것
④ 수직관통부 구획
엘리베이터 권상기실, 계단, 경사로, 린넨슈트, 피트 등 수직관통부를 방화구획한다.

116. 방화구획의 기준을 설명한 것 중 틀린 것은 어느 것인가?

① 매층마다 내화구조의 바닥으로 구획하여야 한다.
② 10층 이하의 층은 바닥면적 1,000m² 이내마다 구획 하여야 한다.
③ 11층 이상의 층은 바닥면적 600m² 이내마다 구획 하여야 한다.
④ 자동식 소화설비가 설치된 경우 기준 면적의 3배 이내마다 구획할 수 있다.

방화구획의 기준

① 10층 이하의 층은 바닥면적 1,000m²(스프링클러, 기타 이와 유사한 자동식 소화설비를 설치한 경우에는 바닥면적 3,000m²) 이내마다 구획할 것
② 11층 이상의 층은 바닥면적 200m²(스프링클러, 기타 이와 유사한 자동식 소화설비를 설치한 경우에는 600m²) 이내마다 구획할 것. 다만, 벽 및 반자의 실내에 접하는 부분의 마감을 불연재료로 한 경우에는 바닥면적 500m²(스프링클러, 기타 이와 유사한 자동식 소화설비를 설치한 경우에는 1,500m²) 이내마다 구획하여야 한다.
③ 매층마다 구획할 것. 다만, 지하 1층에서 지상으로 직접 연결하는 경사로 부위는 제외한다.

117. 방화구획 면적을 작게 할 경우의 특징이 아닌 것은?

① 연기의 제어가 용이하다. ② 화재의 성장을 억제할 수 있다.
③ 피난이 용이하다. ④ 정보 전달이 어렵다.

정답 116. ③ 117. ④

118 「건축법 시행령」상 방화구획을 완화하여 적용할 수 있는 기준이 아닌 것은?

① 문화 및 집회시설(동·식물원은 제외한다), 종교시설, 운동시설 또는 장례식장의 용도로 쓰는 거실로서 시선 및 활동공간의 확보를 위하여 불가피한 부분
② 계단실부분·복도 또는 승강기의 승강로 부분(해당 승강기의 승강을 위한 승강로비 부분을 포함한다)으로서 그 건축물의 다른 부분과 방화구획으로 구획된 부분
③ 공동주택의 세대별 층간 바닥 부분
④ 주요 구조부가 내화구조 또는 불연재료로 된 주차장

◉ **방화구획의 완화요건(「건축법 시행령」 제46조 제2항)**

① 문화 및 집회시설(동·식물원은 제외한다), 종교시설, 운동시설 또는 장례식장의 용도로 쓰는 거실로서 시선 및 활동공간의 확보를 위하여 불가피한 부분
② 물품의 제조·가공·보관 및 운반 등에 필요한 고정식 대형기기 설비의 설치를 위하여 불가피한 부분. 다만, 지하층인 경우에는 지하층의 외벽 한쪽 면(지하층의 바닥면에서 지상층 바닥 아래면까지의 외벽 면적 중 4분의 1 이상이 되는 면을 말한다) 전체가 건물 밖으로 개방되어 보행과 자동차의 진입·출입이 가능한 경우에 한정한다.
③ 계단실부분·복도 또는 승강기의 승강로 부분(해당 승강기의 승강을 위한 승강로비 부분을 포함한다)으로서 그 건축물의 다른 부분과 방화구획으로 구획된 부분
④ 건축물의 최상층 또는 피난층으로서 대규모 회의장·강당·스카이라운지·로비 또는 피난안전구역 등의 용도로 쓰는 부분으로서 그 용도로 사용하기 위하여 불가피한 부분
⑤ 복층형 공동주택의 세대별 층간 바닥 부분
⑥ 주요 구조부가 내화구조 또는 불연재료로 된 주차장
⑦ 단독주택, 동물 및 식물 관련 시설 또는 교정 및 군사시설 중 군사시설(집회, 체육, 창고 등의 용도로 사용되는 시설만 해당한다)로 쓰는 건축물
⑧ 건축물의 1층과 2층의 일부를 동일한 용도로 사용하며 그 건축물의 다른 부분과 방화구획으로 구획된 부분(바닥면적의 합계가 500제곱미터 이하인 경우로 한정한다)

119 다음 중 방화 재료의 구분이 틀린 것은 어느 것인가?

① 불연재료-콘크리트
② 준불연재료-유리, 모르타르
③ 불연재료-석재, 벽돌
④ 준불연재료-목모 시멘트판

◉ **방화 재료의 구분**

① 불연재료
  ㉮ 불에 타지 않는 성질을 가진 재료로서 불연성 시험 및 가스 유해성 시험결과 기준을 만족하는 것
  ㉯ 콘크리트·석재·벽돌·기와·철강·알루미늄·유리·시멘트모르타르·회
② 준불연재료
  ㉮ 불연재료에 준하는 성질을 가진 재료로서 열방출률 시험 및 가스 유해성 시험결과 기준을 만족하는 것
  ㉯ 석고보드·목모 시멘트판

정답 118. ③ 119. ②

③ 난연재료
   ㉮ 불에 잘 타지 않는 성질을 가진 재료로서 열방출률 시험 및 가스 유해성 시험결과 기준을 만족하는 것
   ㉯ 난연합판 · 난연플라스틱

120 「건축법 시행령」상 내화건축물인 경우 피난층 이외의 층에서 거실로부터 직통계단까지의 보행거리는 얼마 이하로 하여야 하는가?

① 75m 이하　② 50m 이하　③ 40m 이하　④ 30m 이하

▶ 보행거리에 의한 기준

층의 구분			일반 피난층이 아닌 층에서의 거실에서 직통계단까지의 보행거리	
주요 구조부			내화구조 또는 불연재료	기타 구조
용도	일반용도		50m 이하	30m 이하
	공동주택	15층 이하	50m 이하	30m 이하
		16층 이상	40m 이하	30m 이하

121 「건축법 시행령」상 관람석 또는 집회실로부터 출구를 설치하지 아니하여도 되는 특정소방대상물에 해당하는 것은?

① 전시장 및 동 · 식물원　② 종교시설
③ 위락시설　④ 장례식장

▶ 관람석 등으로부터의 출구 설치(「건축법 시행령」 제38조)
   ① 제2종 근린생활시설 중 공연장 · 종교집회장(해당 용도로 쓰는 바닥면적의 합계가 각각 300m² 이상인 경우만 해당)
   ② 문화 및 집회시설(전시장 및 동 · 식물원은 제외)
   ③ 종교시설
   ④ 위락시설
   ⑤ 장례식장

122 「건축물의 피난 · 방화구조 등의 기준에 관한 규칙」에서 정한 방화벽의 기준에 해당되지 아니하는 것은?

① 내화구조로서 홀로 설 수 있는 구조일 것
② 방화벽의 양쪽 끝과 윗쪽 끝을 건축물의 외벽면 및 지붕면으로부터 0.2미터 이상 튀어 나오게 할 것
③ 방화벽에 설치하는 출입문의 너비 및 높이는 각각 2.5미터 이하로 할 것
④ 방화벽의 출입문에는 60+방화문 또는 60분 방화문을 설치할 것

정답　120. ②　121. ①　122. ②

▶ 방화벽의 기준
① 내화구조로서 홀로 설 수 있는 구조일 것
② 방화벽의 양쪽 끝과 윗쪽 끝을 건축물의 외벽면 및 지붕면으로부터 0.5m 이상 튀어 나오게 할 것
③ 방화벽에 설치하는 출입문의 너비 및 높이는 각각 2.5m 이하로 하고, 해당 출입문에는 60+방화문 또는 60분 방화문을 설치할 것

123 「건축물의 피난·방화구조 등의 기준에 관한 규칙」에서 정한 피난안전구역의 기준에 해당되지 아니하는 것은?

① 피난안전구역의 내부마감재료는 불연재료로 설치할 것
② 건축물의 내부에서 피난안전구역으로 통하는 계단은 피난계단의 구조로 설치할 것
③ 비상용 승강기는 피난안전구역에서 승하차 할 수 있는 구조로 설치할 것
④ 피난안전구역의 높이는 2.1미터 이상일 것

▶ 피난안전구역의 구조 및 설비
① 피난안전구역의 바로 아래층 및 위층은 단열재를 설치할 것
② 피난안전구역의 내부 마감 재료는 불연재료로 설치할 것
③ 건축물의 내부에서 피난안전구역으로 통하는 계단은 특별피난계단의 구조로 설치할 것
④ 비상용 승강기는 피난안전구역에서 승하차할 수 있는 구조로 설치할 것
⑤ 피난안전구역에는 식수 공급을 위한 급수전을 1개소 이상 설치하고 예비전원에 의한 조명설비를 설치할 것
⑥ 관리사무소 또는 방재센터 등과 긴급연락이 가능한 경보 및 통신시설을 설치할 것
⑦ 피난안전구역의 높이는 2.1m 이상일 것
⑧ 배연설비를 설치할 것
⑨ 그 밖에 소방청장이 정하는 소방 등 재난관리를 위한 설비를 갖출 것

124 「건축물의 피난·방화구조 등의 기준에 관한 규칙」에서 정한 건축물의 바깥쪽에 설치하는 피난계단의 구조에 해당되지 아니하는 것은?

① 계단은 그 계단으로 통하는 출입구 외의 창문 등으로부터 1미터 이상의 거리를 두고 설치할 것
② 건축물의 내부에서 계단으로 통하는 출입구에는 갑종방화문을 설치할 것
③ 계단의 유효너비는 0.9미터 이상으로 할 것
④ 계단은 내화구조로 하고 지상까지 직접 연결되도록 할 것

▶ 옥외피난계단의 구조
① 계단의 위치
계단실의 출입구 이외의 창문(1m² 이하의 망입유리 붙박이창은 제외) 등으로부터 2m 이상의 거리를 두고 설치할 것
② 출입구는 60+방화문 또는 60분 방화문으로 할 것

③ 계단의 유효너비는 0.9m 이상으로 할 것
④ 계단의 구조는 내화구조로 지상까지 직접 연결되도록 할 것

125 다음 중 특별피난계단을 설치하여야 하는 경우는?

① 15층 이상의 아파트
② 지하 2층 이하의 지하층
③ 11층 이상의 층
④ 5층 이상의 층

▶ **특별피난계단의 설치 대상**
① 건축물의 11층 이상의 층(공동주택은 16층 이상) 또는 지하 3층 이하의 층에 설치하는 직통계단
② 판매시설의 용도로 사용되는 층에서의 직통계단 중 1개소 이상

126 「건축물의 피난·방화구조 등의 기준에 관한 규칙」에서 정한 특별피난계단의 구조에 해당되지 아니하는 것은?

① 계단실·노대 및 부속실은 창문 등을 제외하고는 내화구조의 벽으로 각각 구획할 것
② 계단실 및 부속실의 실내에 접하는 부분의 마감은 불연재료로 할 것
③ 계단실에는 비상전원에 의한 조명설비를 할 것
④ 출입구의 유효너비는 0.9미터 이상으로 하고 피난의 방향으로 열 수 있을 것

▶ **특별피난계단의 구조**
① 계단실, 부속실의 실내에 접하는 부분의 마감 : 불연재료
② 계단실, 노대 및 부속실(비상용 승강기의 승강장을 겸용하는 부속실 포함)의 벽 : 내화구조
③ 계단실에는 예비전원에 의한 조명설비를 할 것
④ 계단실 실내 측의 창 : 노대, 부속실에 접하는 부분 외에는 설치금지
⑤ 전실(노대, 부속실)의 실내 측의 창 : 계단실에 접하는 부분 외에는 설치금지
⑥ 계단실과 전실 사이의 창 : 망입유리로 된 1m² 이하의 붙박이창을 설치 가능
⑦ 계단실, 전실에서의 옥외로의 창 : 2m 이상 다른 개구부와 이격시킬 것(예외 : 망이 들어 있는 유리의 붙박이 창으로서 그 면적은 각각 1m² 이하인 것)
⑧ 계단 : 내화구조로 하고, 피난층 또는 지상까지 직접 연결되도록 할 것
⑨ 출입문
　㉮ 건물 내부~전실 : 60+방화문 또는 60분 방화문
　㉯ 전실~계단실 : 60+방화문, 60분 방화문 또는 30분 방화문
　㉰ 유효폭 0.9m 이상
⑩ 전실(노대 또는 부속실)을 설치할 것
　건축물 내부와 계단실은 ㉮ 노대로 연결하거나 ㉯ 부속실을 통해 연결할 것
⑪ 부속실의 구조
　㉮ 외부를 향해 열 수 있는 바닥에서 1m 이상 높이에 위치한 면적 1m² 이상의 창문이 있거나,
　㉯ 배연설비가 설치되어 있을 것

127. 「건축물의 피난·방화구조 등의 기준에 관한 규칙」에서 정한 회전문 설치기준에 해당되지 아니하는 것은?

① 계단이나 에스컬레이터로부터 2m 이상의 거리를 둘 것
② 출입에 지장이 없도록 일정한 방향으로 회전하는 구조로 할 것
③ 회전문의 중심축에서 회전문과 문틀 사이의 간격을 포함한 회전문 날개 끝부분까지의 길이는 100cm 이상이 되도록 할 것
④ 회전문의 회전속도는 분당 회전수가 8회를 넘지 아니하도록 할 것

▶ 회전문의 설치기준
① 계단이나 에스컬레이터로부터 2미터 이상의 거리를 둘 것
② 회전문과 문틀 사이 및 바닥 사이는 다음 각 목에서 정하는 간격을 확보하고 틈 사이를 고무와 고무펠트의 조합체 등을 사용하여 신체나 물건 등에 손상이 없도록 할 것
  ㉮ 회전문과 문틀 사이는 5cm 이상
  ㉯ 회전문과 바닥 사이는 3cm 이하
③ 출입에 지장이 없도록 일정한 방향으로 회전하는 구조로 할 것
④ 회전문의 중심축에서 회전문과 문틀 사이의 간격을 포함한 회전문 날개 끝부분까지의 길이는 140cm 이상이 되도록 할 것
⑤ 회전문의 회전속도는 분당 회전수가 8회를 넘지 아니하도록 할 것
⑥ 자동회전문은 충격이 가해지거나 사용자가 위험한 위치에 있는 경우에는 전자감지장치 등을 사용하여 정지하는 구조로 할 것

128. 「건축물의 피난·방화구조 등의 기준에 관한 규칙」에서 정한 헬리포트 설치기준에 해당되지 아니하는 것은?

① 헬리포트의 길이와 너비는 각각 22m 이상으로 할 것
② 헬리포트의 중심으로부터 반경 10m 이내에는 헬리콥터의 이·착륙에 장애가 되는 건축물, 공작물, 조경시설 또는 난간 등을 설치하지 아니할 것
③ 헬리포트의 주위한계선은 백색으로 하되, 그 선의 너비는 38cm로 할 것
④ 헬리포트의 중앙부분에는 지름 8m의 "Ⓗ" 표지를 백색으로 하되, "H" 표지의 선의 너비는 38cm로, "○" 표지의 선의 너비는 60cm로 할 것

▶ 헬리포트 설치기준
② 헬리포트의 중심으로부터 반경 12m 이내에는 헬리콥터의 이·착륙에 장애가 되는 건축물, 공작물, 조경시설 또는 난간 등을 설치하지 아니할 것

정답 127. ③ 128. ②

129 「건축물의 피난 · 방화구조 등의 기준에 관한 규칙」에서 정한 피난용 승강기 승강장의 구조에 해당되지 아니하는 것은?

① 승강장의 출입구를 제외한 부분은 다른 부분과 내화구조의 바닥 및 벽으로 구획할 것
② 승강장은 각 층의 내부와 연결될 수 있도록 하고, 그 출입구에는 60+방화문 또는 60분 방화문을 설치할 것
③ 실내에 접하는 부분의 마감은 불연재료로 할 것
④ 예비전원으로 작동하는 조명 설비를 설치할 것

▶ **피난용 승강기 승강장의 구조**
① 승강장의 출입구를 제외한 부분은 해당 건축물의 다른 부분과 내화구조의 바닥 및 벽으로 구획할 것
② 승강장은 각 층의 내부와 연결될 수 있도록 하되, 그 출입구에는 60+방화문 또는 60분 방화문을 설치할 것. 이 경우 방화문은 언제나 닫힌 상태를 유지할 수 있는 구조이어야 한다.
③ 실내에 접하는 부분(바닥 및 반자 등 실내에 면한 모든 부분을 말한다.)의 마감(마감을 위한 바탕을 포함한다.)은 불연재료로 할 것
④ 「건축물의 설비기준 등에 관한 규칙」따른 배연설비를 설치할 것. 다만, 제연설비를 설치한 경우에는 배연설비를 설치하지 아니할 수 있다.

130 지하층이란 이란 건축물의 바닥이 지표면 아래에 있는 층으로서 바닥에서 지표면까지 평균높이가 해당 층 높이의 (   ) 이상인 것을 말한다. 다음 중 (   ) 안에 들어갈 알맞은 것은?

① 2분의 1
② 3분의 1
③ 4분의 1
④ 5분의 1

▶ **지하층의 정의**
건축물의 바닥이 지표면 아래에 있는 층으로서 건축물의 용도에 따라 그 바닥으로부터 지표면까지의 평균높이가 해당 층 높이의 2분의 1 이상인 것

131 「건축물의 피난 · 방화구조 등의 기준에 관한 규칙」에서 정한 피난용승강기 전용 예비전원의 기준에 해당되지 아니하는 것은?

① 정전 시 피난용 승강기, 기계실, 승강장 및 폐쇄회로 텔레비전 등의 설비를 작동할 수 있는 별도의 예비전원 설비를 설치할 것
② 예비전원은 초고층 건축물의 경우에는 1시간 이상, 준초고층 건축물의 경우에는 30분 이상 작동이 가능한 용량일 것
③ 상용전원과 예비전원의 공급을 자동 또는 수동으로 전환이 가능한 설비를 갖출 것
④ 전선관 및 배선은 고온에 견딜 수 있는 내열성 자재를 사용하고, 방수조치를 할 것

◎ **피난용 승강기 전용 예비전원의 기준**
① 정전 시 피난용 승강기, 기계실, 승강장 및 폐쇄회로 텔레비전 등의 설비를 작동할 수 있는 별도의 예비전원 설비를 설치할 것
② ①에 따른 예비전원은 초고층 건축물의 경우에는 2시간 이상, 준초고층 건축물의 경우에는 1시간 이상 작동이 가능한 용량일 것
③ 상용전원과 예비전원의 공급을 자동 또는 수동으로 전환이 가능한 설비를 갖출 것
④ 전선관 및 배선은 고온에 견딜 수 있는 내열성 자재를 사용하고, 방수조치를 할 것

132 「건축물의 피난·방화구조 등의 기준에 관한 규칙」에서 정한 지하층의 비상탈출구 기준에 해당되지 아니하는 것은?

① 비상탈출구의 유효너비는 0.75m 이상으로 하고, 유효높이는 1.5m 이상으로 할 것
② 비상탈출구는 출입구로부터 3m 이상 떨어진 곳에 설치할 것
③ 지하층의 바닥으로부터 비상탈출구의 아랫부분까지의 높이가 1.2m 이상이 되는 경우에는 벽체에 발판의 너비가 20cm 이상인 사다리를 설치할 것
④ 비상탈출구의 유도등과 피난통로의 비상조명등의 설치는 건축법령이 정하는 바에 의할 것

◎ **지하층의 비상탈출구 기준**
① 비상탈출구의 유효너비는 0.75m 이상으로 하고, 유효높이는 1.5m 이상으로 할 것
② 비상탈출구의 문은 피난방향으로 열리도록 하고, 실내에서 항상 열 수 있는 구조로 하여야 하며, 내부 및 외부에는 비상탈출구의 표시를 할 것
③ 비상탈출구는 출입구로부터 3m 이상 떨어진 곳에 설치할 것
④ 지하층의 바닥으로부터 비상탈출구의 아랫부분까지의 높이가 1.2m 이상이 되는 경우에는 벽체에 발판의 너비가 20cm 이상인 사다리를 설치할 것
⑤ 비상탈출구는 피난층 또는 지상으로 통하는 복도나 직통계단에 직접 접하거나 통로등으로 연결될 수 있도록 설치하여야 하며, 피난층 또는 지상으로 통하는 복도나 직통계단까지 이르는 피난통로의 유효너비는 0.75m 이상으로 하고, 피난통로의 실내에 접하는 부분의 마감과 그 바탕은 불연재료로 할 것
⑥ 비상탈출구의 진입부분 및 피난통로에는 통행에 지장이 있는 물건을 방치하거나 시설물을 설치하지 아니할 것
⑦ 비상탈출구의 유도등과 피난통로의 비상조명등의 설치는 소방법령이 정하는 바에 의할 것

133 「건축물의 피난·방화구조 등의 기준에 관한 규칙」상 건축물의 옥상에 설치하는 대피공간의 설치기준을 설명한 것 중 틀린 것은?

① 대피공간의 면적은 지붕 수평투영면적의 10분의 1 이상일 것
② 피난계단 또는 직통계단과 연결되도록 할 것
③ 내부마감재료는 불연재료로 할 것
④ 예비전원으로 작동하는 조명설비를 설치할 것

정답 132. ④ 133. ②

▶ 옥상에 설치하는 대피공간의 설치기준
① 대피공간의 면적은 지붕 수평투영면적의 10분의 1 이상일 것
② 특별피난계단 또는 피난계단과 연결되도록 할 것
③ 출입구·창문을 제외한 부분은 해당 건축물의 다른 부분과 내화구조의 바닥 및 벽으로 구획할 것
④ 출입구는 유효너비 0.9미터 이상으로 하고, 그 출입구에는 60+방화문 또는 60분 방화문을 설치할 것
⑤ 내부마감재료는 불연재료로 할 것
⑥ 예비전원으로 작동하는 조명설비를 설치할 것
⑦ 관리사무소 등과 긴급 연락이 가능한 통신시설을 설치할 것

134 「건축물의 피난·방화구조 등의 기준에 관한 규칙」상 피난안전구역의 구조 및 설비에 대한 기준을 설명한 것 중 틀린 것은?

① 피난안전구역의 내부 마감재료는 불연재료로 설치할 것
② 비상용 승강기는 피난안전구역에서 승하차할 수 있는 구조로 설치할 것
③ 피난안전구역의 높이는 2.0m 이상일 것
④ 건축물 내부에서 피난안전구역으로 통하는 계단은 특별피난계단의 구조로 설치할 것

▶ 피난안전구역의 구조 및 설비
③ 피난안전구역의 높이는 2.1m 이상일 것

135 「건축물의 설비기준 등에 관한 규칙」에서 정한 비상용 승강기를 설치하지 아니할 수 있는 건축물에 해당되지 아니하는 것은?

① 높이 31미터를 넘는 각 층을 거실의 용도로 쓰는 건축물
② 높이 31미터를 넘는 각 층의 바닥면적의 합계가 500제곱미터 이하인 건축물
③ 높이 31미터를 넘는 층수가 4개 층 이하로서 당해 각 층의 바닥면적의 합계 200제곱미터 이내마다 방화구획으로 구획한 건축물
④ 높이 31미터를 넘는 층수가 4개 층 이하로서 당해 각 층의 바닥면적의 합계 500제곱미터(벽 및 반자가 실내에 접하는 부분의 마감을 불연재료로 한 경우) 이내마다 방화구획으로 구획한 건축물

▶ 비상용 승강기 설치 면제 대상
① 높이 31미터를 넘는 각 층을 거실 외의 용도로 쓰는 건축물
② 높이 31미터를 넘는 각 층의 바닥면적의 합계가 500제곱미터 이하인 건축물
③ 높이 31미터를 넘는 층수가 4개 층 이하로서 당해 각 층의 바닥면적의 합계 200제곱미터(벽 및 반자가 실내에 접하는 부분의 마감을 불연재료로 한 경우에는 500제곱미터) 이내마다 방화구획으로 구획한 건축물

정답 134. ③ 135. ①

136 공동주택 중 아파트의 발코니에 설치하는 대피공간의 구조에 대한 기준을 틀리게 설명한 것은 어느 것인가?

① 출입구에 설치하는 갑종방화문은 거실 쪽에서만 열 수 있는 구조로서 대피공간을 향해 열리는 밖여닫이로 하여야 한다.
② 대피공간은 30분 이상의 내화성능을 갖는 내화구조의 벽으로 구획되어야 하며, 벽·천장 및 바닥의 내부 마감 재료는 준불연재료 또는 불연재료를 사용하여야 한다.
③ 대피공간에 창호를 설치하는 경우에는 폭 0.7미터 이상, 높이 1.0미터 이상은 반드시 외기에 개방될 수 있어야 한다.
④ 대피공간에는 정전에 대비해 휴대용 손전등을 비치하거나 비상전원이 연결된 조명설비가 설치되어야 한다.

◉ 공동주택 중 아파트의 발코니에 설치하는 대피공간의 구조

① 출입구에 설치하는 갑종방화문은 거실 쪽에서만 열 수 있는 구조로서 대피공간을 향해 열리는 밖여닫이로 하여야 한다.
② 대피공간은 1시간 이상의 내화성능을 갖는 내화구조의 벽으로 구획되어야 하며, 벽·천장 및 바닥의 내부 마감 재료는 준불연재료 또는 불연재료를 사용하여야 한다.
③ 대피공간에 창호를 설치하는 경우에는 폭 0.7미터, 높이 1.0미터 이상은 반드시 개폐 가능하여야 하며, 비상시 외부의 도움을 받는 경우 피난에 장애가 없는 구조로 설치하여야 한다.
④ 대피공간에는 정전에 대비해 휴대용 손전등을 비치하거나 비상전원이 연결된 조명설비가 설치되어야 한다.

137 「건축법」상 고층건축물의 정의를 올바르게 설명한 것은 어느 것인가?

① 층수가 30층 이상이거나 높이가 120m 이상인 건축물을 말한다.
② 층수가 30층 이상이고 높이가 120m 이상인 건축물을 말한다.
③ 층수가 50층 이상이고 높이가 200m 이상인 건축물을 말한다.
④ 층수가 50층 이상 또는 높이가 200m 이상인 건축물을 말한다.

138 「초고층 및 지하연계 복합건축물 재난관리에 관한 특별법」상 초고층 건축물 등의 관리주체가 관계인, 상시근무자 및 거주자에 대하여 실시하는 교육·훈련의 종류, 횟수, 방법, 범위, 그 밖에 필요한 사항은 어디에서 정하는가?

① 소방청령 ② 시·도조례 ③ 행정안전부령 ④ 대통령령

◉ 「초고층 및 지하연계 복합건축물 재난관리에 관한 특별법」 제14조(교육 및 훈련)

① 초고층 건축물등의 관리주체는 관계인, 상시근무자 및 거주자에게 재난 및 테러 등에 대한 교육·훈련(입점자의 피난유도와 이용자의 대피에 관한 훈련을 포함한다)을 실시하여야 한다. 이 경우 관리주체가 상시 근무자나 거주자를 대상으로 소화·피난 등의 훈련과 방화관리상 필요한 교육을 실시하는 경우에는 소방훈련 또는 교육을 실시한 것으로 본다.

정답 136. ② 137. ① 138. ③

② 소방청장, 시·도지사, 시장·군수·구청장은 제1항에 따른 교육·훈련에 대하여 지도·감독을 할 수 있다. 이 경우 방범·테러 등의 교육·훈련에 관하여 필요한 경우에는 관계 기관의 장에게 협조를 요청할 수 있다.
③ 제1항에 따른 교육·훈련의 종류, 횟수, 방법, 범위, 그 밖에 필요한 사항은 행정안전부령으로 정한다.

139 「초고층 및 지하연계 복합건축물 재난관리에 관한 특별법」상 초고층 건축물의 정의를 가장 올바르게 설명한 것은 어느 것인가?

① 층수가 30층 이상이거나 높이가 120m 이상인 건축물을 말한다.
② 층수가 30층 이상이고 높이가 120m 이상인 건축물을 말한다.
③ 층수가 50층 이상 또는 높이가 200m 이상인 건축물을 말한다.
④ 층수가 50층 이상이고 높이가 200m 이상인 건축물을 말한다.

140 「초고층 및 지하연계 복합건축물 재난관리에 관한 특별법 시행규칙」상 초고층 건축물 등의 관리주체는 관계인, 상시근무자 및 거주자에 대하여 교육 및 훈련을 하여야 한다. 다음 중 관계인 및 상시근무자에 대한 교육 및 훈련에 해당되지 아니하는 것은?

① 재난 발생 상황 보고·신고 및 전파에 관한 사항
② 현장 통제와 재난의 대응 및 수습에 관한 사항
③ 재난 발생 시 임무, 재난 유형별 대처 및 행동 요령에 관한 사항
④ 피난안전구역의 위치에 관한 사항

▶ 「초고층 및 지하연계 복합건축물 재난관리에 관한 특별법 시행규칙」 제6조(교육 및 훈련 등)
① 재난 발생 상황 보고·신고 및 전파에 관한 사항
② 입점자, 이용자 및 거주자 등(장애인 및 노약자를 포함한다)의 대피 유도에 관한 사항
③ 현장 통제와 재난의 대응 및 수습에 관한 사항
④ 재난 발생 시 임무, 재난 유형별 대처 및 행동 요령에 관한 사항
⑤ 2차 피해 방지 및 저감(低減)에 관한 사항
⑥ 외부기관 출동 관련 상황 인계에 관한 사항
⑦ 테러 예방 및 대응 활동에 관한 사항

141 초고층 건축물에 설치하는 종합방재실의 설치기준 등 필요한 사항은 어디에서 정하는가?

① 소방청령
② 시·도조례
③ 행정안전부령
④ 대통령령

▶ 「초고층 및 지하연계 복합건축물 재난관리에 관한 특별법」 제16조(종합방재실의 설치·운영)
④ 종합방재실의 설치기준 등 필요한 사항은 행정안전부령으로 정한다.

142 특정소방대상물의 층수가 99층인 경우 종합방재실의 설치 개수는 몇 개인가?

① 1개　　　② 2개　　　③ 3개　　　④ 4개

- **종합방재실의 개수**
  ① 종합방재실의 개수 : 1개
  ② 다만, 100층 이상인 초고층 건축물 등의 관리주체는 종합방재실이 그 기능을 상실하는 경우에 대비하여 종합방재실을 추가로 설치하거나, 관계지역 내 다른 종합방재실에 보조종합재난관리체제를 구축하여 재난관리 업무가 중단되지 아니하도록 한다.

143 「초고층 및 지하연계 복합건축물 재난관리에 관한 특별법 시행규칙」상 종합방재실의 위치에 대한 설치기준 중 틀린 것은?

① 1층 또는 피난층
② 승용 승강장, 피난 전용 승강장 및 피난계단으로 이동하기 쉬운 곳
③ 소방대가 쉽게 도달할 수 있는 곳
④ 화재 및 침수 등으로 인하여 피해를 입을 우려가 적은 곳

- **종합방재실의 위치**
  ① 1층 또는 피난층. 다만, 초고층 건축물 등에 특별피난계단이 설치되어 있고, 특별피난계단 출입구로부터 5m 이내에 종합방재실을 설치하려는 경우에는 2층 또는 지하 1층에 설치할 수 있으며, 공동주택의 경우에는 관리사무소 내에 설치할 수 있다.
  ② 비상용 승강장, 피난 전용 승강장 및 특별피난계단으로 이동하기 쉬운 곳
  ③ 재난정보 수집 및 제공, 방재 활동의 거점 역할을 할 수 있는 곳
  ④ 소방대가 쉽게 도달할 수 있는 곳
  ⑤ 화재 및 침수 등으로 인하여 피해를 입을 우려가 적은 곳

144 「초고층 및 지하연계 복합건축물 재난관리에 관한 특별법 시행규칙」상 종합방재실은 1층 또는 피난층에 설치하여야 하는데, 2층 또는 지하 1층에 종합방재실을 설치할 수 있는 경우는?

① 피난계단 출입구로부터 5m 이내에 종합방재실을 설치하려는 경우에
② 피난계단 출입구로부터 10m 이내에 종합방재실을 설치하려는 경우에
③ 특별피난계단 출입구로부터 5m 이내에 종합방재실을 설치하려는 경우에
④ 특별피난계단 출입구로부터 10m 이내에 종합방재실을 설치하려는 경우에

145 「초고층 및 지하연계 복합건축물 재난관리에 관한 특별법 시행규칙」상 종합방재실의 구조 및 면적에 대한 설치기준을 틀리게 설명한 것은?

① 다른 부분과 방화구획으로 설치할 것
② 인력의 대기 및 휴식 등을 위하여 종합방재실과 방화구획된 부속실을 설치할 것

정답 142. ① 143. ② 144. ③ 145. ③

③ 면적은 10m² 이상으로 할 것
④ 출입문에는 출입 제한 및 통제장치를 갖출 것

▶ **종합방재실의 구조 및 면적**
① 다른 부분과 방화구획으로 설치할 것. 다만, 다른 제어실 등의 감시를 위하여 두께 7mm 이상의 망입유리(두께 16.3mm 이상의 접합유리 또는 두께 28mm 이상의 복층유리를 포함한다)로 된 4m² 미만의 붙박이창을 설치할 수 있다.
② 인력의 대기 및 휴식 등을 위하여 종합방재실과 방화구획된 부속실을 설치할 것
③ 면적은 20m² 이상으로 할 것
④ 재난 및 안전관리, 방범 및 보안, 테러 예방을 위하여 필요한 시설·장비의 설치와 근무 인력의 재난 및 안전관리 활동, 재난 발생 시 소방대원의 지휘 활동에 지장이 없도록 설치할 것
⑤ 출입문에는 출입 제한 및 통제 장치를 갖출 것

146 「초고층 및 지하연계 복합건축물 재난관리에 관한 특별법 시행규칙」상 종합방재실의 설비 등에 해당되지 아니하는 것은?

① 조명설비(예비전원을 포함한다) 및 급수·배수설비
② 상용전원과 예비전원의 공급을 자동 또는 수동으로 전환하는 설비
③ 공기조화·냉난방·소방·승강기 설비의 감시 및 제어시스템
④ 차압계, 폐쇄력측정기, 절연저항계

▶ **종합방재실의 설비 등**
① 조명설비(예비전원을 포함한다) 및 급수·배수설비
② 상용전원과 예비전원의 공급을 자동 또는 수동으로 전환하는 설비
③ 급기·배기설비 및 냉방·난방설비
④ 전력 공급 상황 확인 시스템
⑤ 공기조화·냉난방·소방·승강기 설비의 감시 및 제어시스템
⑥ 자료 저장 시스템
⑦ 지진계 및 풍향·풍속계
⑧ 소화 장비 보관함 및 무정전 전원공급장치
⑨ 폐쇄회로 텔레비전(CCTV)

147 초고층 건축물에 설치하여야 하는 피난안전구역은 지상으로부터 최대 몇 개 층마다 설치하여야 하는가?

① 10개 층마다
② 20개 층마다
③ 30개 층마다
④ 40개 층마다

▶ 「건축법 시행령」 제34조 제3항
③ 초고층 건축물에 설치하여야 하는 피난안전구역은 지상으로부터 최대 30개 층마다 1개소 이상 설치하여야 한다.

정답 146. ④ 147. ③

148 초고층 건축물 등의 관리주체는 그 건축물 등에 재난 발생 시 상시근무자, 거주자 및 이용자가 대피할 수 있는 피난안전구역을 설치·운영하여야 하는데 피난안전구역의 설치·운영 기준 및 규모는 어디에서 정하는가?

① 소방청령
② 시·도조례
③ 행정안전부령
④ 대통령령

▶ 「**초고층 및 지하연계 복합건축물 재난관리에 관한 특별법**」 제18조 제3항(피난안전구역 설치)
① 초고층 건축물등의 관리주체는 그 건축물 등에 재난 발생 시 상시근무자, 거주자 및 이용자가 대피할 수 있는 피난안전구역을 설치·운영하여야 한다.
② 제1항에 따른 피난안전구역의 기능과 성능에 지장을 초래하는 폐쇄·차단 등의 행위를 하여서는 아니 된다.
③ 피난안전구역의 설치·운영 기준 및 규모는 대통령령으로 정한다.

149 초고층 및 지하연계 복합건축물의 피난안전구역에 설치하는 소방시설에 해당되지 아니하는 것은?

① 소화기구(소화기 및 간이소화용구만 해당한다), 옥내소화전설비 및 스프링클러설비
② 자동화재탐지설비 또는 비상방송설비
③ 방열복, 공기호흡기, 인공소생기, 피난유도선 유도등, 유도표지
④ 제연설비, 무선통신보조설비

▶ 피난안전구역에 설치하는 소방시설
① 소화설비 중 소화기구(소화기 및 간이소화용구만 해당), 옥내소화전설비 및 스프링클러설비
② 경보설비 중 자동화재탐지설비
③ 피난설비 중 방열복, 공기호흡기(보조마스크를 포함한다), 인공소생기, 피난유도선(피난안 전구역으로 통하는 직통계단 및 특별피난계단을 포함), 피난안전구역으로 피난을 유도하기 위한 유도등·유도표지, 비상조명등 및 휴대용비상조명등
④ 소화활동설비 중 제연설비, 무선통신보조설비

150 초고층 건축물 등과 그 주변 지역을 포함하여 재난의 예방·대비·대응 및 수습 등의 활동에 필요한 지역으로 대통령령으로 정하는 지역을 무엇이라 하는가?

① 관계지역
② 화재경계지역
③ 예방지역
④ 경계지역

정답 148. ④ 149. ② 150. ①

151 시장·군수·구청장은 초고층 건축물등의 재난관리를 위하여 필요하다고 인정하는 경우에는 초고층 건축물 등(일반건축물등을 포함한다)의 관계인, 시공자 및 시행자 등에 대하여 해당 시설의 재난 및 안전관리에 대한 자료를 제출하게 하거나 보고하게 할 수 있는데 이를 위반한 자에 대한 벌칙으로 알맞은 것은?

① 3,000만 원 이하의 벌금
② 2,000만 원 이하의 벌금
③ 1,000만 원 이하의 벌금
④ 300만 원 이하의 벌금

152 「초고층 및 지하연계 복합건축물 재난관리에 관한 특별법」상 벌칙이 다른 하나는?

① 재난예방 및 피해경감계획을 제출하지 아니한 자
② 재난 및 안전관리협의회를 구성 또는 운영하지 아니한 자
③ 초기 대응대를 구성 또는 운영하지 아니한 자
④ 총괄재난관리자를 지정하지 아니한 자

> ④ 총괄재난관리자를 지정하지 아니한 자 : 300만 원 이하 과태료
> ①~③ : 500만 원 이하 과태료

153 「초고층 및 지하연계 복합건축물 재난관리에 관한 특별법」상 지하연계 복합건축물이란 층수가 ( )층 이상이거나 1일 수용인원이 ( ) 명 이상인 건축물로서 지하부분이 지하역사 또는 지하도상가와 연결된 건축물을 말한다. 다음 중 ( ) 안의 내용이 알맞게 짝지어진 것은?

① 11, 3천
② 11, 5천
③ 30, 5천
④ 30, 1만

> **초고층 및 지하연계 복합건축물의 정의**
> ① 초고층 건축물 : 층수가 50층 이상 또는 높이가 200미터 이상인 건축물을 말한다.
> ② 고층 건축물 : 층수가 30층 이상이거나 높이가 120미터 이상인 건축물을 말한다.
> ③ 지하연계 복합건축물이란 다음 각 목의 요건을 모두 갖춘 것을 말한다.
> ㉮ 층수가 11층 이상이거나 1일 수용인원이 5천 명 이상인 건축물로서 지하부분이 지하역사 또는 지하도상가와 연결된 건축물
> ㉯ 건축물 안에 문화 및 집회시설, 판매시설, 운수시설, 업무시설, 숙박시설, 위락시설 중 유원시설업의 시설 또는 대통령령으로 정하는 용도의 시설이 하나 이상 있는 건축물(대통령령으로 정하는 용도의 시설 : 종합병원과 요양병원)

정답 151. ③   152. ④   153. ②

154 「초고층 및 지하연계 복합건축물 재난관리에 관한 특별법 시행령」상 지하층이 하나의 용도로 사용되는 경우 피난안전구역의 면적 산정방법으로 옳은 것은?

① 면적=(피난안전구역 위층의 재실자 수×0.5)×0.28[m^2]
② 면적=(수용인원×0.1)×0.28[m^2]
③ 면적=(수용인원×0.5)×0.28[m^2]
④ 면적=(사용형태별 수용인원의 합×0.1)×0.28[m^2]

◐ 피난안전구역 면적

① 초고층 건축물 : (피난안전구역 위층의 재실자 수×0.5)×0.28[m^2]
② 16층 이상 29층 이하인 지하연계 복합건축물의 지상 : 지상층별 거주밀도가 [m^2]당 1.5명을 초과하는 층은 해당 층의 사용형태별 면적의 합의 10분의 1에 해당하는 면적
③ 지하층

지하층이 하나의 용도로 사용되는 경우	지하층이 둘 이상의 용도로 사용되는 경우
면적 (수용인원×0.1)×0.28[m^2]	(사용형태별 수용인원의 합×0.1)×0.28[m^2]

*수용인원=사용형태별 면적×거주밀도

155 건축물의 방화계획 중 건물 내 상층으로의 연소확대 방지에 해당하는 방화계획은?

① 평면계획
② 단면계획
③ 입면계획
④ 내장계획

◐ 건축물의 방화계획

① 부지 선정 및 배치계획
  소방차량 진입 부지 및 통로 확보, 피난경로 확보
② 평면계획
  조닝(Zoning) 계획, 안전구획, 용도구획
③ 단면계획
  건축물 내부의 수직 Shaft를 통한 상층 연소확대 방지
④ 입면계획
  건축물 외부를 통한 상층 연소 확대 방지대책, 캔틸레버, 스팬드럴 설치
⑤ 재료계획
  내장재의 불연화, 방염을 통한 가연물의 불연화
⑥ 설비계획
  소화설비, 경보설비, 피난설비 등을 설치하여 건축적인 방재성능을 보완

정답 154. ② 155. ②

156 건축물의 방화계획 중 공간적 대응에 해당하지 아니하는 것은?

① 도피성   ② 피난성   ③ 대항성   ④ 회피성

○ **공간적 대응**

① 대항성(對抗性)
건축물의 내화성능, 방화구획성능, 화재방어력, 방연성능, 초기소화대응력 등의 화재사상과 대항하여 저항하는 성능을 가진 항력

② 회피성(回避性)
건축물의 불연화, 난연화, 내장제한, 구획의 세분화, 방화훈련, 불조심 등과 화기취급의 제한 등과 같은 화재의 예방적 조치 및 상황

③ 도피성(逃避性)
화재 발생 시 사람이 궁지에 몰리지 않고 안전하게 피난할 수 있는 공간성과 시스템을 말하며 거실의 배치, 피난통로의 확보, 피난시설의 설치 및 건축물의 구조계획서, 방재계획서 등

157 건축물의 방화계획 중 설비적 대응에 해당하는 것은?

① 내화구조   ② 불연화
③ 직통계단   ④ 소화설비

○ **설비적 대응**

화재에 대응하여 설치하는 소화설비, 경보설비, 피난설비 등의 소방시설

158 화재가 발생한 경우 화재로부터 피난할 수 있는 직통계단, 피난계단 등은 방화계획의 무엇에 해당 하는가?

① 대항성 대응   ② 회피성 대응
③ 도피성 대응   ④ 설비적 대응

159 건축물의 방화계획 중 연소 확대 방지계획으로 볼 수 없는 것은?

① 방화구획   ② 방화문
③ 방화셔터   ④ 피난계단

○ **연소 확대 방지계획**

① 방화구획
② 방화문
③ 방화셔터
④ 피난계단 : 건축물의 피난계획에 속한다.

160 건축물 복도의 형태에 따른 특성 중 중앙 코너 방식으로 피난자가 집중되어 패닉(Panic) 현상이 발생할 수 있는 형태는 어느 것인가?

① H형　　　② Z형　　　③ X형　　　④ T형

◉ 복도 형태에 따른 피난특성

형태		피난특성
T형	↔↓	
Y형	↑↖↗↓	피난자에게 피난경로를 확실히 알려줄 수 있는 형태
X형	↔↕	양방향 피난이 가능한 형태
H형	↔↕↔	
CO형	□ (사각형에 화살표 안쪽)	피난자가 집중되어 패닉(Panic) 현상이 일어날 우려가 있는 형태
Z형	⌐⌐	중앙 복도형 건축물에서의 피난경로로서 코너식 중 가장 안전한 형태

161 「건축물의 피난·방화구조 등의 기준에 관한 규칙」상 오피스텔의 양옆에 거실이 있는 경우 복도의 너비는 얼마 이상이 되어야 하는가?

① 0.9[m] 이상　　　② 1.5[m] 이상
③ 1.8[m] 이상　　　④ 2.5[m] 이상

◉ 복도의 너비

구 분	양옆에 거실이 있는 복도	기타의 복도
유치원·초등학교·중학교·고등학교	2.4[m] 이상	1.8[m] 이상
공동주택·오피스텔	1.8[m] 이상	1.2[m] 이상
당해 층 거실의 바닥면적 합계가 200[m²] 이상인 경우	1.5[m] 이상(의료시설의 복도는 1.8[m] 이상)	1.2[m] 이상

정답　160. ①　161. ③

162 건축물의 피난계획을 설명한 것 중 틀린 것은?

① 피난경로는 간단명료하게 할 것
② 피난설비는 가급적 이동식으로 할 것
③ 2방향 이상의 피난 통로를 확보할 것
④ 피난수단은 원시적인 방법으로 할 것

▶ 피난계획의 일반적인 원칙

① 2방향 이상의 피난로를 확보할 것
② 피난의 수단은 원시적 방법에 의할 것
③ 피난경로는 간단·명료할 것
④ 피난시설은 고정설비에 의할 것
⑤ 피난대책은 Fool-proof와 Fail-safe 원칙에 의할 것
⑥ 피난경로에 따라 일정한 Zone을 형성하고, 최종 대피장소로 접근함에 따라 각 Zone의 안전성을 점차적으로 높일 것
  ㉮ 제1차 안전구획 : 복도
  ㉯ 제2차 안전구획 : 전실(부속실)
  ㉰ 제3차 안전구획 : 계단

163 건축물의 피난계획 중 Fool Proof 원칙에 해당하는 것은?

① 한 가지 피난수단이 실패하더라도 다른 피난 수단을 이용할 수 있는 원칙
② 양방향 피난수단을 이용할 수 있는 원칙
③ 피난수단을 가장 원시적인 방법으로 하는 원칙
④ 피난설비를 이동식으로 하는 원칙

▶ Fool-proof와 Fail-safe

Fool-proof	Fail-safe
① 누구나 식별 가능하도록 간단명료하게 설치한다. ② 피난 시 인간행동 특성에 부합하도록 설계한다. ③ Fool-proof의 예 • 간단명료한 피난 통로, 유도등, 유도 표지 등 • 소화설비, 경보설비에 위치 표시, 사용방법 부착 • 피난 방향으로 개방	① 한 가지가 고장으로 실패하더라도 다른 수단에 의해 안전이 확보되도록 하는 것을 말한다. ② 2방향 이상의 피난 경로 ③ Fail-safe의 예 • 2방향 이상의 피난로 확보 • 피난 실패자를 위한 보조적 피난기구의 설치 • 소화설비의 자동·수동 기동 장치 • 경보설비의 감지기·발신기 설치 등

164 다음 중 피난시설의 안전구획을 설정하는 경우 포함되지 않는 것은?

① 복도
② 전실(계단부속실)
③ 계단
④ 거실

정답 162. ② 163. ③ 164. ④

◉ 피난시설의 안전구획 설정
① 제1차 안전구획 : 복도
② 제2차 안전구획 : 전실(부속실)
③ 제3차 안전구획 : 계단

165 소방시설 등의 성능 위주 설계방법 및 기준상 인명안전기준의 성능기준에 해당되지 아니하는 것은?

① 호흡 한계선은 바닥으로부터 1.8[m]이다.
② 열에 의한 영향은 50[℃] 이하이다.
③ 집회시설의 허용가시거리 한계는 10[m]이다.
④ 일산화탄소(CO)의 독성 기준치는 1,400[ppm]이다.

◉ 인명안전기준의 성능기준
① 호흡 한계선은 바닥으로부터 1.8[m]이다.
② 열에 의한 영향은 60[℃] 이하이다.
③ 집회 · 판매시설의 허용가시거리 한계는 10[m], 기타 시설은 5[m]이다.
④ 독성기준치
㉮ 일산화탄소(CO) 1,400[ppm]
㉯ 산소(O_2) 15% 이상
㉰ 이산화탄소(CO_2) 5% 이하

166 다음 중 안전관리의 3요소(3E)에 해당되지 아니하는 것은?

① 교육(Education) ② 기술(Engineering)
③ 영향(Effect)   ④ 시행 · 규제(Enforcement)

◉ 안전관리의 3요소(3E)
① 교육(Education)
② 기술(Engineering)
③ 시행 · 규제(Enforcement)

167 다음 중 전열현상을 설명한 것으로 틀린 것은?

① 고체 간의 열전달 현상으로 열이 고온에서 저온으로 이동하는 것을 전도라 한다.
② 대류는 온도차에 의한 밀도 차이로 열이 전달되는 현상이다.
③ 복사에너지는 절대온도의 4승에 비례한다.
④ 열전달은 전도, 대류, 복사 중 한 가지에 의해서만 일어난다.

정답 165. ② 166. ③ 167. ④

열전달

① 전도(Fourier의 열전달 법칙)
고체 간의 열전달 현상으로 고온체와 저온체의 직접적인 접촉에 의해서 고온에서 저온으로 이동하는 것으로 저온에서 지배적이며 분자 자신은 진동만 일어날 뿐 이동하지는 않는다.

② 대류(Newton의 냉각 법칙)
고온유체와 저온유체 간의 온도차에 의한 밀도 차이로 열전달이 일어나며 유체 분자 간의 이동이 있다. 실내공기의 유동 및 물을 가열하는 것은 주로 대류에 의해서 이루어진다.

③ 복사(Stenfan-Boltzmann 법칙)
원자 내부의 전자는 열을 받거나 빼앗길 때 원래의 에너지 준위에서 벗어나 다른 에너지 준위로 전이한다. 이때 전자기파를 방출 또는 흡수하는데, 이러한 전자기파에 의해 열이 매질을 통하지 않고 고온의 물체에서 저온의 물체로 직접 전달되는 현상이다. 복사에너지는 면적에 비례하고 절대온도의 4승에 비례한다.

④ 전도, 대류, 복사는 단독으로 일어나지 않고 2개 이상의 과정이 동시에 일어난다.

168 다음 중 화재에 가장 큰 영향을 미치는 것은?
① 전도
② 대류
③ 복사
④ 용융

169 다음 중 열전도율을 나타내는 단위로 가장 알맞은 것은?
① W/m · deg
② W/m² · deg
③ kcal/m² · hr · ℃
④ kcal · m²/hr · ℃

열 전도

$$Q = K \cdot A \cdot \frac{\Delta t}{l}$$

여기서, Q : 전도열량(W=J/s=cal/s), K : 열전도도(W/m · ℃ = J/s · m · ℃)
A : 접촉면적(m²), Δt : 온도차($T_1 - T_2$(℃))
l : 두께(m)

170 섭씨온도 30℃를 화씨온도로 변환하면 몇 °F인가?
① 56°F
② 66°F
③ 76°F
④ 86°F

온도 변환

$$°F = \frac{9}{5}℃ + 32 = \left(\frac{9}{5} \times 30\right) + 32 = 86°F$$

정답 168. ③ 169. ① 170. ④

171 두께가 10mm인 창유리의 내부 온도가 15℃, 외부 온도가 -5℃이다. 창의 크기는 2m×2m이고 유리의 열전도율이 1.5 W/m·℃이라면 창을 통한 열전달률은 몇 kW 인가?

① 9　　　② 10　　　③ 11　　　④ 12

▶ 열전달률

$$Q = K \cdot A \cdot \frac{\triangle t}{l}$$

여기서, Q : 전도열량(W=J/s=cal/s)
K : 열전도도(W/m·℃=J/s·m·℃)
A : 접촉면적(m²)
$\triangle t$: 온도차($T_1 - T_2$(℃))
l : 두께(m)

$Q = K \times A \times \frac{\triangle t}{l}$

$= 1.5 \text{W/m} \cdot ℃ \times (2 \times 2) \text{m}^2 \times \frac{(15+5)℃}{(10 \times 10^{-3})\text{m}}$

$= 12{,}000 \text{W} = 12 \text{kW}$

172 물체의 표면 온도가 100℃에서 500℃로 변하였다면, 복사에너지는 처음의 몇 배가 되겠는가?

① 약 9배　　　② 약 12배
③ 약 15배　　　④ 약 18배

▶ 복사에너지

$Q_1 : Q_2 = (273+100)^4 : (273+500)^4$

$Q_2 = \left(\frac{773}{373}\right)^4 \times Q_1 = 18.45 \, Q_1$

173 다음 중 물체의 열전도에 영향을 미치는 요소가 아닌 것은?

① 질량　　　② 비열　　　③ 열전도율　　　④ 온도

174 다음 중 연소 시 발생하는 연소 생성물이 아닌 것은?

① 화염　　　② 산소　　　③ 연기　　　④ 열

정답　171. ④　172. ④　173. ①　174. ②

175 일반 가연물 연소 시 발생하는 연소 가스 중 독성은 없으나 공기보다 무겁고 많은 양을 흡입하게 되면 질식의 우려가 있는 연소 생성물은?

① CO(일산화탄소)   ② CO_2(이산화탄소)
③ HCl(염화수소)   ④ H_2S(황화수소)

▶ CO_2(이산화탄소)
① 비독성 가스이지만, 화재 시 대량으로 발생하여 산소 농도를 저하시킨다.
② 실제 화재 시 호흡속도를 증가시켜 유해가스의 흡입률을 높인다.

176 일산화탄소(CO)가 인체에 위험을 주는 치사 농도는 얼마인가?

① 0.01%   ② 0.1%   ③ 0.04%   ④ 0.4%

▶ 일산화탄소(CO)
4,000ppm에서는 1시간 이내에 치사한다.

$1ppm = \dfrac{1}{10^6}$, $1\% = 10^2$

ppm을 % 변환 시 : $\dfrac{1}{10^4} = \dfrac{1}{10,000}$

$4,000 \div 10,000 = 0.4\%$

177 다음의 연소 생성물 중 독성이 가장 큰 것은?

① $COCl_2$(포스겐)   ② HCl(염화수소)
③ CO(일산화탄소)   ④ HCN(시안화수소)

▶ 연소생성물의 독성
① $COCl_2$(포스겐) : 허용농도 0.1ppm(0.00001%)
② HCl(염화수소) : 허용농도 5ppm(0.0005%)
③ CO(일산화탄소) : 허용농도 50ppm(0.005%)
④ HCN(시안화수소) : 허용농도 10ppm(0.001%)
⑤ PH_3(포스핀) : 허용농도 0.3ppm(0.00003%)

178 연소 생성물 중 석유제품, 유지류 등의 연소 시 생성되는 가스로서 자극성이 크고 맹독성인 가스는 어느 것인가?

① 시안화수소   ② 아크로레인
③ 포스겐   ④ 일산화탄소

179 불완전연소 시 발생하는 것으로서 인체 내에서 혈액의 산소 운반을 저해하고 두통, 근육 조절 등의 장애를 일으키는 물질은 어느 것인가?

① 일산화탄소 ② 유황 ③ 포스겐 ④ 이산화탄소

▶ **CO(일산화탄소)**
① 독성이 큰 편은 아니지만, 화재 시 다량 발생하고 거의 모든 화재에서 발생한다.
② 불완전연소에 의해 탄소성분이 CO로 배출된다.(훈소에서는 CO_2보다도 많다고 함)
③ 유해성 : 혈액 내의 헤모글로빈(Hb)과 결합되어 산소결핍을 유발시킨다.
   Hb + CO → COHb(카르복시 헤모글로빈)
   O_2Hb + CO → COHb + O_2
   → 폐로 흡입된 CO는 Hb과 결합하여 COHb으로 되어, 헤모글로빈에 의한 산소의 운반을 방해하므로 혈중 산소농도 저하로 산소결핍이 유발된다.
④ 4,000ppm에서는 1시간 이내에 치사한다.

180 다음의 연기에 대한 설명 중 틀린 것은 어느 것인가?

① 연소 시 발생하는 연소 생성물로 산소의 공급이 부족할 경우 백색 연기가 발생한다.
② 가연물이 불완전연소되는 경우 많이 발생한다.
③ 고체 또는 액체 미립자를 연기라 한다.
④ 가연물의 연소 시 열분해된 생성물을 말한다.

▶
① 연소 시 발생하는 연소 생성물로 산소의 공급이 부족할 경우 흑색 연기가 발생한다.

181 가연물이 연소하는 경우 불완전연소하면서 짙은 연기가 발생하는 경우는?

① 공기 공급이 부족한 경우 ② 공기 공급이 충분한 경우
③ 온도가 낮은 경우 ④ 온도가 높은 경우

182 화재 시 발생되는 연소 생성물 중 연기의 수직방향(계단실, 피트 공간 등)에서의 이동 속도로 알맞은 것은?

① 0.3~0.5m/s ② 0.5~1.0m/s
③ 2.0~3.0m/s ④ 3.0~5.0m/s

▶ **연기의 이동속도**

수평속도	0.5~1m/s
수직속도	2~3m/s(실내 계단 · 승강로 : 3~5m/s)

정답 179. ① 180. ① 181. ① 182. ④

183 실내 화재 시 패닉(Panic)의 발생에 영향을 주지 않는 경우는 어느 것인가?

① 외부와 단절되어 고립된 경우
② 유독가스에 의한 호흡장애가 일어난 경우
③ 연기에 의해 피난이 어려운 경우
④ 화재로 인해 소화설비가 작동된 경우

◎ 패닉(Panic) 현상

연기 농도의 증가에 따른 호흡곤란, 시계 제한 등으로 발생하는 극도의 불안감과 공포로 이성적 행동 능력을 상실하게 된다.

184 고온의 연소생성물이 부력에 의한 힘을 받아 상승하면서 천장면 아래에 얇은 층을 형성하는 빠른 속도의 가스 흐름을 무엇이라 하는가?

① Ceiling jet flow
② Back layering
③ Flash over
④ Fire plume

◎ 천장 제트 흐름(Ceiling Jet Flow)

① 고온의 연소생성물이 부력에 의해 천장면 아래에 얇은 층을 형성하는 비교적 빠른 속도의 가스 흐름을 말한다.
② Ceiling Jet Flow의 두께는 실 높이(H)의 5~12% 정도이며, 최고 온도와 최고 속도의 범위는 실 높이(H)의 1% 이내이다.
③ 화재안전기준에서 스프링클러 헤드와 그 부착면의 거리를 30cm 이하로 규정한 이유는 건물의 층고를 3m로 보아 Ceiling Jet Flow 내에 헤드가 설치될 수 있도록 하기 위함이다.
④ 천장과 벽 부분 사이에서는 Dead Air Space가 발생되므로, 벽과 스프링클러헤드 간의 공간은 10cm 이상, 연기감지기는 0.6m 이상 이격하도록 규정하고 있다.

185 화재 시 발생하는 화재플럼(Fire plume)의 평균 화염 높이는 열방출률과 어떤 관계가 있는가?

① 평균화염의 높이는 열방출률의 2분의 1승에 비례한다.
② 평균화염의 높이는 열방출률의 3분의 2승에 비례한다.
③ 평균화염의 높이는 열방출률의 5분의 1승에 비례한다.
④ 평균화염의 높이는 열방출률의 5분의 2승에 비례한다.

◎ 평균 화염 높이

$$L_f = 0.23 Q^{\frac{2}{5}} - 1.02 D \,[\text{m}]$$

여기서, Q : 에너지 방출속도[kW]
D : 화염 직경, 연소면의 직경[m]

186 실내 건축물 화재 시 발생된 연기가 건물 밖으로 이동하는 주된 요인이 아닌 것은?

① 가스의 팽창 ② 굴뚝효과
③ 바람효과 ④ 소화설비 작동

● 연기의 유동에 영향을 미치는 요인

① 연돌(굴뚝)효과 ② 외부에서의 풍력
③ 공기유동의 영향 ④ 건물 내 기류의 강제이동
⑤ 비중차 ⑥ 공조설비
⑦ 온도상승에 따른 증기팽창

187 굴뚝효과란 건물 내부와 외부의 온도차에 의한 밀도차로 압력차가 발생하는 것을 말한다. 다음 중 굴뚝효과의 크기가 올바르게 설명된 것은?

① $\triangle P = 3,460H\left(\dfrac{1}{T_o} + \dfrac{1}{T_i}\right)$ 　　② $\triangle P = 3,460H\left(\dfrac{1}{T_o} - \dfrac{1}{T_i}\right)$

③ $\triangle P = 3,460H\left(\dfrac{1}{T_i} + \dfrac{1}{T_o}\right)$ 　　④ $\triangle P = 3,460H\left(\dfrac{1}{T_i} - \dfrac{1}{T_o}\right)$

● 연돌효과의 크기

$$\triangle P = 3,460H\left(\dfrac{1}{T_o} - \dfrac{1}{T_i}\right)[\text{Pa}]$$

여기서, $\triangle P$: 연돌효과에 의한 압력차[Pa], H : 중성대로부터의 높이[m]
T_o : 외부 공기의 절대온도[K], T_i : 내부 공기의 절대온도[K]

188 다음 중 굴뚝효과의 크기를 결정하는 요인에 해당되지 않는 것은?

① 건물 내외부의 온도차 ② 연기의 농도
③ 중성대로부터의 높이 ④ 외벽의 기밀성

● 연돌효과의 영향 요인

① 수직공간 내·외부의 온도차 : 온도차가 클수록 연기확산이 빨라진다.
② 건물의 높이 : 초고층일수록 높이(H)가 커져 압력차가 커진다.
③ 수직공간의 누설면적
　㉮ 중성대 상부의 누설 면적이 크면, 중성대가 상승되어 압력차는 줄어들지만 연기에 의한 확산 피해는 커진다.
　㉯ 중성대 하부의 누설 면적이 크면, 중성대가 낮아져 압력차가 커진다.
④ 누설틈새
⑤ 건물 상부의 공기 기류 : 상부에서 수직 공간으로의 기류가 강하면, 연돌효과는 줄어든다.

정답 186. ④　187. ②　188. ②

189 굴뚝효과(Stack Effect)에서 나타나는 중성대에 관계되는 설명으로 틀린 것은?

① 건물 내의 기류는 항상 중성대의 하부에서 상부로 이동한다.
② 중성대는 상하의 기압이 일치하는 위치에 있다.
③ 중성대의 위치는 건물 내외부의 온도차에 따라 변할 수 있다.
④ 중성대의 위치는 건물 내의 공조상태에 따라 달라질 수 있다.

◉ 중성대

① 실내로 들어오는 공기와 나가는 공기 사이에 발생되는 압력이 0인 지점을 말한다.
② 중성대 상부
  실내압력이 실외압력보다 커서 연기는 화재실에서 외부로 배출된다.(실내압력 > 실외압력)
③ 중성대 하부
  실내압력이 실외압력보다 작아서 공기가 화재실로 유입된다.(실내압력 < 실외압력)

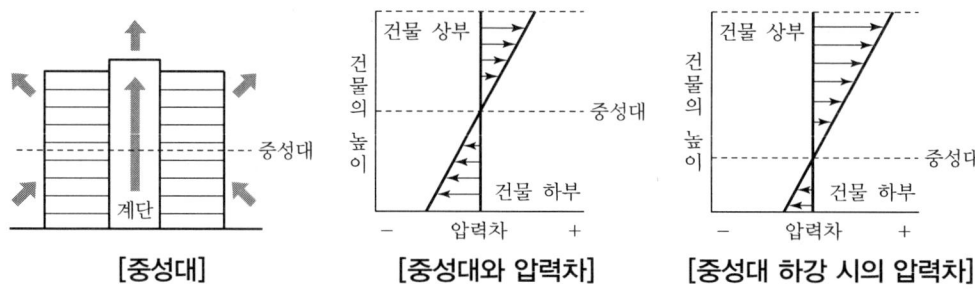

[중성대]　　[중성대와 압력차]　　[중성대 하강 시의 압력차]

④ 건물에서의 중성대 높이
  ㉮ 상부와 하부에 개구부가 있는 건물의 경우 개구부 면적이 같고, 실내·외 온도차가 같다면 $h = \frac{1}{2}H$가 되어 건물의 중앙에 중성대가 위치하게 된다.
  ㉯ 개구부 중 하부 개구부가 크면 하부의 압력차는 상부보다 작게 되고, 중성대는 아래로 이동하게 된다.

190 연기의 농도 표시방법 중 단위체적당 연기 입자의 질량을 나타내는 방법은?

① 중량농도법　　② 입자농도법
③ 광학적농도법　　④ 상대농도법

◉ 연기의 농도측정법

① 중량농도
  단위체적당 연기입자의 질량(mg/m³)을 측정하는 표시법
② 입자농도
  단위체적당 연기입자의 개수(개/cm³)를 측정하는 표시법
③ 광학적 농도
  연기 속을 투과하는 빛의 양을 측정하는 방법(Lambert-Beer법칙)으로 감광계수(m^{-1})로 나타낸다.

정답 189. ④ 190. ①

$$C_s = \frac{1}{L} \ln\left(\frac{I_o}{I}\right)$$

여기서, C_s : 감광계수(m^{-1}), L : 투과거리(m)
I_o : 연기가 없을 때 빛의 세기(lux, lm/m^2)
I : 연기가 있을 때의 빛의 세기(lux, lm/m^2)

191 연기의 농도와 가시거리의 관계에서 감광계수가 $0.1m^{-1}$일 때의 상황을 바르게 설명한 것은 어느 것인가?

① 연기감지기가 작동할 정도이며, 가시거리는 20~30m이다.
② 건물 내부에 익숙한 사람이 피난에 지장을 느낄 정도이며, 가시거리는 5m이다.
③ 앞이 거의 보이지 않을 정도이며, 가시거리는 1~2m이다.
④ 최성기 때 화재실의 농도이며, 가시거리는 0.2~0.5m이다.

▶ 감광계수에 따른 가시거리

감광계수	가시거리	상황 설명
0.1Cs	20~30m	• 희미하게 연기가 감도는 정도의 농도 • 연기감지기가 작동되는 농도 • 건물구조에 익숙지 않은 사람이 피난에 지장을 받을 수 있는 농도
0.3Cs	5m	건물구조를 잘 아는 사람이 피난에 지장을 받을 수 있는 농도
0.5Cs	3m	약간 어두운 정도의 농도
1.0Cs	1~2m	전방이 거의 보이지 않을 정도의 농도
10Cs	수십 cm	• 최성기 때 화재층의 연기 농도 • 유도등도 보이지 않는 암흑상태의 농도
30Cs	–	출화실에서 연기가 배출될 때의 농도

192 고층 건축물의 화재 시 연기를 제어하는 기본방법이 아닌 것은?

① 연기를 공급하여 제어한다.
② 연기를 배기하여 제어한다.
③ 연기를 희석하여 제어한다.
④ 연기를 차단하여 제어한다.

▶ 연기 제어 기본방법
  ① 차단
  ② 배기
  ③ 희석

193 다음 중 화재 시 연기의 유해성에 해당되지 아니하는 것은?

① 농도적 유해성　　② 시각적 유해성
③ 생리적 유해성　　④ 심리적 유해성

▶ 연기의 유해성
① 생리적 유해성
　㉮ 산소 결핍
　㉯ CO 중독
　㉰ 그 밖의 유독가스에 의한 중독
　㉱ 호흡기의 화상
　㉲ 입자에 의한 자극
② 시계적 유해성
③ 심리적 유해성

194 한 무리 실험동물의 50%를 죽게 하는 독성 물질의 농도로 50%의 치사농도로 반수치사농도라고도 하는 독성과 관련된 용어로 알맞은 것은?

① TWA　　② LC50
③ LD50　　④ STEL

▶ 독성과 관련된 용어

구 분	내 용
TLV 허용농도	근로자가 유해 요인에 노출될 때, 노출기준 이하의 수준에서는 거의 모든 근로자에게 건강상 나쁜 영향을 미치지 아니하는 기준을 의미
TWA 시간가중 평균노출기준	1일 8시간 작업을 기준으로 하여 유해요인의 측정치에 발생시간을 곱하여 8시간으로 나눈 값을 의미
STEL 단시간 노출기준	근로자가 15분 동안 노출될 수 있는 최대허용농도로서 이 농도에서는 1일 4회 60분 이상 노출이 금지되어 있다.
Ceiling 최고노출기준	근로자가 1일 작업 시간 동안 잠시라도 노출 되어서는 안 되는 기준
LC50 50% 치사농도	한 무리 실험동물의 50%를 죽게 하는 독성 물질의 농도
LD50 50% 치사량	독극물의 투여량에 대한 시험 생물의 반응을 치사율로 나타낼 수 있을 때의 투여량. 한 무리의 50%가 사망한다는 것

195 초등학교 교실의 면적이 $100m^2$이고, 높이가 6m인 경우 바닥에서 3m × 3m 크기의 화재가 발생하였다고 가정할 때, 바닥으로부터 3m 높이까지의 연기가 도달하는 시간은 얼마인가?

① 10　　② 12
③ 9　　④ 8

정답　193. ①　194. ②　195. ③

● 연기층 하강 시간

$$t = \frac{20A}{P\sqrt{g}}\left(\frac{1}{\sqrt{y}} - \frac{1}{\sqrt{h}}\right)(\sec)$$

여기서, A : 화재 실의 바닥면적(m^2)
P : 화염의 둘레(대형 : 12m, 중형 : 6m, 소형 : 4m)
g : 중력가속도($9.8m/s^2$)
y : 청결층 높이(m)
h : 건물 높이, 실내 높이(m)

$$t = \frac{20 \times 100}{12 \times \sqrt{9.8}}\left(\frac{1}{\sqrt{3}} - \frac{1}{\sqrt{6}}\right) = 9(\sec)$$

196 화재 진행과정이 다음과 같은 그림으로 진행될 경우 화재로 인해 발생되는 전체 열 발생량 [MJ]은 얼마인가?

- 성장단계 $Q = \alpha t^2 (\alpha : 0.08612 kW/s^2)$
- 일정단계 $Q = 3,500 kW(240초 동안)$
- 소멸단계 $Q = 10 kW/s$ 비율로 일정하게 감소

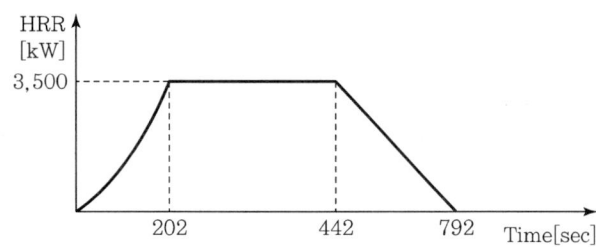

① 1,689   ② 1,789   ③ 1,889   ④ 1,999

● 열 발생량 [MJ]

① 성장단계(성장기)
$$Q_1 = \alpha t^2 = \alpha \int_0^{202} t^2 dt = \alpha \left[\frac{1}{3}t^3\right]_0^{202} = 0.08612\left[\frac{1}{3}(202^3 - 0^3)\right] = 236,612 kJ = 236.6 MJ$$

② 일정단계(지속기)
$$Q_2 = 3,500 kW \times (442 - 202)s = 840,000 kJ = 840 MJ$$

③ 소멸단계(감쇠기)
$$Q_3 = \frac{1}{2} \times 3,500 kW \times (792 - 442)s = 612,500 kJ = 612.5 MJ$$

④ 전체 열 발생량
$$Q = Q_1 + Q_2 + Q_3 = 236.6 + 840 + 612.5 = 1,689.1 MJ$$

정답 196. ①

197 다음 중 소화의 원리를 틀리게 설명한 것은?

① 가연성 물질을 인화점 이하로 냉각시킨다.
② 훈소화재는 화학적 소화가 가능하다.
③ 질식소화는 물리적 소화이다.
④ 소화란 연소의 필요 요소 중 하나 이상을 제거하는 것이다.

▶ **소화의 원리**

① 연소의 3요소 제어(물리적 소화 : 가연물, 산소공급원, 점화원 제어)
② 연소의 4요소 제어(화학적 소화 : 연쇄반응 차단)
③ 물적 조건(농도, 압력)과 에너지 조건(온도, 점화원) 제어

구분	필요요소	소 화	
3요소	가연물	제거소화	물리적 소화
	산소공급원	질식소화	
	점화원	냉각소화	
4요소	연쇄반응	억제소화	화학적 소화

198 유전 화재 시 질소폭탄을 투하하는 것은 소화방법 중 어느 것에 해당하는가?

① 억제소화　　② 질식소화
③ 제거소화　　④ 냉각소화

▶ **제거소화의 종류**

① 산림화재 시 미리 벌목하여 가연물을 제거하는 것
② 유류탱크 화재에서 배관을 통하여 미연소 유류를 이송하는 것
③ 가스화재 시 가스밸브를 닫아 가스 공급을 차단하는 것
④ 전기화재 시 전원 공급을 차단하는 것
⑤ 유전화재 시 질소폭탄을 투하하여 연소에 사용될 산소를 제거한 후 진공상태로 만드는 것

199 물리적 소화의 방법 중 하나인 질식소화는 공기 중의 산소 농도를 얼마 이하로 떨어뜨려 소화하는 것인가?

① 15% 이하　　② 21% 이하
③ 10% 이하　　④ 23% 이하

200 물의 일반적인 성질에 대한 설명으로 옳지 않은 것은?

① 물의 비열은 $1\text{cal/g} \cdot ℃$이다.
② 물의 비중은 0℃에서 가장 크다.

정답　197. ②　198. ③　199. ①　200. ②

③ 100℃, 1기압에서 증발잠열은 약 539cal/g이다.
④ 액체 상태에서 수증기로 바뀌면 체적이 증가한다.

▶ 물의 일반적 성질
① 물의 비열은 1cal/g · ℃이다.
② 물의 비중은 4℃에서 1이다.
③ 100℃, 1기압에서 증발잠열은 약 539cal/g이다.
④ 액체 상태에서 수증기로 바뀌면 체적이 약 1,700배로 증가한다.
⑤ 물의 융해잠열은 약 80cal/g이다.

201 물을 소화약제로 사용할 경우 기대할 수 없는 소화효과는 어느 것인가?
① 냉각효과　　　　　　　　② 질식효과
③ 희석효과　　　　　　　　④ 부촉매효과

▶ 물의 소화효과
① 냉각소화
　㉮ 물의 높은 증발잠열을 이용하여 화열의 발생보다 물에 의한 열손실을 더 크게 하여 냉각시킨다.
　㉯ 분무상의 작은 입자가 봉상주수 입자보다 더 쉽게 증발되므로, 열을 더 빨리 흡수한다.
② 질식소화
　㉮ 물이 수증기로 기화하면 약 1,700배 체적팽창되어 산소 농도를 낮춘다.
　㉯ 냉각소화 효과보다는 적지만, 미세물분무 소화설비 등에서는 그 효과가 크다.
③ 유화작용
　㉮ 점성이 있는 가연성 액체에 운동량을 가진 물을 주입시키면, 불연성의 박막인 Emulsion을 형성하여 위험물의 증발을 억제시켜 연소범위 이하의 농도로 만든다.
　㉯ 연소 중인 가연성 액체 표면에 물을 방사할 때에는 Slop over에 주의해야 한다.
④ 희석소화
　수용성 액체의 화재 시 물을 주입시켜 가연성 물질의 농도를 낮춘다.

202 물을 방사 형태에 따라 분류할 때 전기화재에 적응성이 있는 것은 어느 것인가?
① 봉상주수　　　　　　　　② 적상주수
③ 우상주수　　　　　　　　④ 무상주수

▶ 물의 방사형태에 따른 적응성
① 봉상주수 : 옥내소화전 – A급 화재
② 적상주수 : 스프링클러설비 – A급 화재
③ 무상주수 : 물분무설비, 미분무설비 – A · B · C급 화재 – 소화효과가 가장 크다.

203 4류 위험물 중 휘발유 화재가 발생한 경우 주수소화를 금지하는 이유로 타당한 것은?
① 물과 반응하여 유독가스를 생성하므로
② 비중이 물보다 가벼워 연소면이 확대될 가능성이 있으므로
③ 가연성 가스인 수소가스가 발생되므로
④ 조연성 가스인 산소가 발생되므로

204 물을 소화약제로 사용할 경우 소화효과를 높이기 위한 가장 좋은 방법은?
① 다량의 물로 방사한다.
② 빗방울 형태로 방사한다.
③ 안개 모양으로 방사한다.
④ 천천히 방사한다.

205 물은 100℃에서 기화될 때 체적이 증가하는데 다음 중 이로 인해 기대할 수 있는 가장 큰 소화효과는?
① 타격효과
② 촉매효과
③ 제거효과
④ 질식효과

▶ 물의 소화효과 중 질식효과
① 물이 수증기로 기화하면 약 1,700배 체적팽창되어 산소 농도를 낮춘다.
② 냉각소화 효과보다는 적지만, 미세물분무 소화설비 등에서는 그 효과가 크다.

206 다음 중 소화원리와 소화방법의 연결이 잘못된 것은?
① 억제소화 – 분말소화설비
② 냉각소화 – 스프링클러설비
③ 질식소화 – 이산화탄소 소화설비
④ 제거소화 – 옥내소화전설비

▶ 소화원리와 소화방법
① 억제, 피복소화 : 분말소화설비
② 냉각소화 : 옥내·외소화전설비, 스프링클러설비 등
③ 질식소화 : 이산화탄소 소화설비, 불활성기체 소화설비 등
④ 제거소화 : 가연물을 제거하는 것, 가스화재 시 가스밸브를 닫아 가스 공급을 차단하는 것 등
⑤ 희석소화 : 불연성 가스를 주입하여 가연성 가스의 농도를 희석

207 소화기 중 대형 소화기에 충전하는 소화약제의 양이 틀린 것은 어느 것인가?
① 포소화기 – 20ℓ 이상
② 물소화기 – 50ℓ 이상
③ 분말소화기 – 20kg 이상
④ 이산화탄소소화기 – 50kg 이상

정답 203. ② 204. ③ 205. ④ 206. ④ 207. ②

◉ 대형소화기의 소화약제 양
① 분말소화기 – 20kg 이상
② 할론소화기 – 30kg 이상
③ 이산화탄소소화기 – 50kg 이상
④ 포소화기 – 20l 이상
⑤ 강화액소화기 – 60l 이상
⑥ 물소화기 – 80l 이상

208 다음 중 강화액 소화기의 사용 온도 범위로 가장 알맞은 것은?
① -20℃ 이상 40℃ 이상
② -20℃ 이상 40℃ 이하
③ -40℃ 이상 20℃ 이상
④ -40℃ 이상 20℃ 이하

209 수성막포 소화약제를 설명한 것 중 틀린 것은?
① 휘발성이 커서 석유류 화재에는 부적합하다.
② 장기간 보관이 가능하다.
③ 저팽창포와 고팽창포 모두에 사용이 가능하다.
④ 유동성이 우수하다.

◉ 수성막포 소화약제
① 휘발성이 커서 석유류 화재에는 부적합하다.
② 장기간 보관이 가능하다.
③ 저팽창포에 사용이 가능하다.
④ 유동성이 우수하다.
⑤ A급 화재에 적응성이 있다.
⑥ 내열성이 없어서 윤화현상이 생긴다.

210 다음 중 이산화탄소 소화설비의 소화작용에 해당되지 아니하는 것은?
① 억제작용   ② 냉각작용   ③ 질식작용   ④ 피복작용

◉
① 억제작용 : 분말소화설비 및 할로겐화합물계 소화설비

211 다음 중 이산화탄소의 특징을 설명한 것으로 틀린 것은?
① 무색, 무취, 부식성이 없는 기체이다.
② 전기화재에 사용할 수 없다.
③ 영구보존이 가능하다.
④ 액체 상태로 저장이 가능하다.

정답 208. ②   209. ③   210. ①   211. ②

> **이산화탄소의 특징**
> ① 상온, 대기압에서 무색, 무취, 부식성이 없는 비전도성 기체이다.
> ② 전기화재에 사용이 가능하고, 주된 소화효과는 질식효과이다.
> ③ 영구보존이 가능하다.
> ④ 액체 상태로 저장이 가능하다.

212 다음 중 이산화탄소의 농도%를 산출하는 계산식으로 알맞은 것은?

① $\dfrac{21-O_2}{21} \times 100$　　② $\dfrac{21+O_2}{21} \times 100$

③ $\dfrac{21-O_2}{O_2} \times 100$　　④ $\dfrac{21+O_2}{21} \times 100$

> **방사 후 이산화탄소의 농도% 산출**
> $C[\%] = \dfrac{21-O_2}{21} \times 100$
> 여기서, C : CO_2 방사 후 실내의 CO_2 농도%
> O_2 : CO_2 방사 후 실내의 산소 농도%

213 불활성기체 소화약제 중 IG-541의 성분비로 가장 알맞은 것은?

① N_2 : 40%, Ar : 52%, CO_2 : 8%
② N_2 : 52%, Ar : 40%, CO_2 : 8%
③ N_2 : 50%, Ar : 50%
④ N_2 : 52%, Ar : 48%

> **불활성기체 소화약제의 성분비**
> ① IG-01 : Ar 100%
> ② IG-100 : N_2 100%
> ③ IG-541 : N_2 52%, Ar 40%, CO_2 8%
> ④ IG-55 : N_2 50%, Ar 50%

214 다음 중 전기설비에 대한 적응성이 낮은 것은?

① 포에 의한 소화
② 이산화탄소에 의한 소화
③ 물분무에 의한 소화
④ 할로겐화합물에 의한 소화

정답　212. ①　213. ②　214. ①

215 제1종 분말소화약제가 요리용 기름이나 지방질 기름의 화재 시 소화효과가 탁월한 이유에 대한 설명으로 가장 옳은 것은?

① 비누화 반응을 일으키기 때문이다.
② 요오드화 반응을 일으키기 때문이다.
③ 브롬화 반응을 일으키기 때문이다.
④ 질화 반응을 일으키기 때문이다.

▶ 비누화 현상
① 중탄산나트륨계의 분말소화약제를 지방이나 식용유 화재에 적용 시 기름의 지방산과 Na^+ 이온이 결합하여 비누를 형성한다.
② 생성된 비누는 기름을 포위하거나, 연소생성물인 가스에 의해 거품을 형성하여 재발화를 방지한다.

216 제3종 분말소화약제의 주성분으로 알맞은 것은?

① $NaHCO_3$
② $KHCO_3$
③ $NH_4H_2PO_4$
④ $KHCO_3 + NH_2CONH_2$

▶ 분말소화약제의 종류(216~218번)

종 류	성 분	색 상	적응화재
제1종 분말	$NaHCO_3$(탄산수소나트륨)	백색	B · C급
제2종 분말	$KHCO_3$(탄산수소칼륨)	담회색(자색)	B · C급
제3종 분말	$NH_4H_2PO_4$(인산암모늄)	담홍색	A · B · C급
제4종 분말	$KHCO_3 + NH_2CONH_2$ (탄산수소칼륨 + 요소)	회색	B · C급

217 분말소화약제 중 A · B · C급 화재에 적응성이 있는 소화약제는 어느 것인가?

① 제1종 분말소화약제
② 제2종 분말소화약제
③ 제3종 분말소화약제
④ 제4종 분말소화약제

218 제2종 분말소화약제인 중탄산칼륨($KHCO_3$)는 어떤 색상으로 착색되어 있는가?

① 담홍색
② 담자색
③ 백색
④ 회색

정답 215. ① 216. ③ 217. ③ 218. ②

219 다음 중 축압식 분말소화기의 지시압력계에 표시된 정상 사용 압력 범위의 상한값은 얼마인가?

① 0.70MPa ② 0.78MPa
③ 0.90MPa ④ 0.98MPa

▶ 축압식 분말소화기의 지시압력계
  ㉠ 노란색 부분 : 압력 부족 상태로 정상적으로 방사할 수 없다.
  ㉡ 녹색 부분 : 정상 사용 압력 범위로 0.7~0.98MPa이 적합하다.
  ㉢ 빨간색 부분 : 과압의 범위

220 다음 중 소화기의 사용방법으로 올바르지 못한 것은?

① 적응성이 있는 화재에만 사용한다.
② 양옆으로 비로 쓸 듯이 사용한다.
③ 바람을 등지고 풍상에서 풍하로 사용한다.
④ 화염에서 멀리 떨어져 사용한다.

▶ 소화기의 사용방법
  ④ 화염 근처에서 사용한다.

221 화재 시 노출피부에 대한 화상을 입힐 수 있는 최소 열유속으로 옳은 것은?

① $1kW/m^2$ ② $4kW/m^2$
③ $10kW/m^2$ ④ $15kW/m^2$

▶ 화재 시 열에 의한 손상을 받을 수 있는 최소치
  ① 노출 피부에 대한 통증 : $1kW/m^2$
  ② 노출 피부에 대한 화상 : $4kW/m^2$
  ③ 물체의 점화 : $10~20kW/m^2$

222 폭굉유도거리가 짧아질 수 있는 조건으로 옳은 것은?

① 관경이 클수록 짧아진다. ② 점화에너지가 클수록 짧아진다.
③ 압력이 낮을수록 짧아진다. ④ 연소속도가 늦을수록 짧아진다.

▶ 폭굉유도거리 짧아질 수 있는 조건
  ① 관경이 작을수록 짧아진다.
  ② 점화에너지가 클수록 짧아진다.
  ③ 압력이 높을수록 짧아진다.
  ④ 연소속도가 빠를수록 짧아진다.

223
이산화탄소 1.2kg을 18℃ 대기 중(1atm)에 방출하면 몇 L의 가스체로 변하는가?(단, 기체상수가 0.082l·atm/mol·K인 이상기체이며, 소수점 이하는 둘째 자리에서 반올림한다.)

① 0.6
② 40.3
③ 610.5
④ 650.8

▶ 이상기체 상태방정식

$$PV = nRT = \frac{m}{M}RT$$

여기서, P : 압력, V : 부피, n : mol 수, m : 질량
M : 분자량, R : 기체상수, T : 절대온도

$V = \dfrac{mRT}{MP}$

$= \dfrac{1200\text{g} \times 0.082 l \cdot \text{atm/mol} \cdot \text{K} \times (18+273)\text{K}}{44\text{g}/1\text{mol} \times 1\text{atm}}$

$= 650.78 l = 650.8 l$

224
가솔린 액면화재에서 직경 5m, 화재 크기 10MW일 때 화염 중심에서 15m 떨어진 점에서의 복사열류는 몇 kW/m²인가?(단, 가솔린의 경우 복사에너지 분율은 50%인 것으로 한다. π = 3.14, 소수점 셋째 자리에서 반올림한다.)

① 0.76
② 1.35
③ 1.77
④ 3.19

▶ 복사열류

$$\dot{q}'' = \frac{X_r \dot{Q}}{4\pi c^2}$$

여기서, $\dot{q}''$: 복사열류(W/m²)
X_r : 복사에너지 분율(전체 발열량 중 복사의 형태로 방출되는 비율)
$\dot{Q}$: 에너지 방출률(W)
c : 화염 중심으로부터의 거리(m)

$\dot{q}'' = \dfrac{50\% \times 10\text{MW}}{4\pi \times (15\text{m})^2} = \dfrac{0.5 \times 10 \times 10^6 \text{W}}{4 \times 3.14 \times (15\text{m})^2}$

$= 1769.29 \text{W/m}^2 = 1.77 \text{kW/m}^2$

정답 223. ④ 224. ③

225 연기의 제연방식에 관한 설명으로 옳지 않은 것은?

① 밀폐제연방식은 연기를 일정구획에 한정시키는 방법으로 비교적 소규모 공간의 연기제어에 적당하다.
② 자연제연방식은 연기의 부력을 이용하여 천장, 벽에 설치된 개구부를 통해 연기를 배출하는 방식이다.
③ 기계제연방식은 기계력으로 연기를 제어하는 방식으로 제3종 기계제연방식은 급기 송풍기로 가압하고 자연배출을 유도하는 방식이다.
④ 스모크타워 제연방식은 세로방향 샤프트(Shaft) 내의 부력과 지붕 위에 설치된 루프모니터의 흡입력을 이용하여 제연하는 방식이다.

◉ 기계제연방식

① 제1종 기계제연방식 : 강제 급기·배기 방식(급기, 배기 모두 송풍기 설치)
② 제2종 기계제연방식 : 강제 급기, 자연 배기 방식(급기만 송풍기 설치)
③ 제3종 기계제연방식 : 자연 급기, 강제 배기 방식(배기만 송풍기 설치)

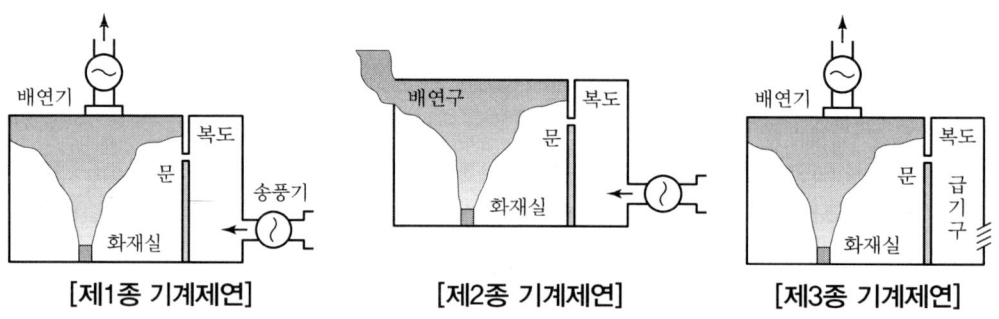

[제1종 기계제연]　　[제2종 기계제연]　　[제3종 기계제연]

226 화재 시 연소생성물인 이산화질소(NO₂)에 관한 설명으로 옳지 않은 것은?

① 질산셀룰로오스가 연소될 때 생성된다.
② 푸른색의 기체로 낮은 온도에서는 붉은 갈색의 액체로 변한다.
③ 이산화질소를 흡입하면 인후의 감각신경이 마비된다.
④ 공기 중에 노출된 이산화질소 농도가 200~700ppm이면 인체에 치명적이다.

◉ 이산화질소(NO₂)

① 질산셀룰로오스가 연소 또는 분해될 때 생성된다.
② 적갈색(붉은 갈색)의 기체로 낮은 온도에서는 푸른색의 액체로 변한다. 주로, 산화제로 사용된다.
③ 독성이 매우 커서 공기 중에 노출된 이산화질소 농도가 200~700ppm이면 인체에 치명적이다.

227 훈소의 일반적인 진행속도(cm/s) 범위로 옳은 것은?

① 0.001~0.01
② 0.05~0.5
③ 0.1~1
④ 10~100

▶ 훈소(燻燒, Smoldering)

① 정의 : 산소와 고체 표면 간에 발생하는 상대적으로 느린 연소과정
② 특징
  ㉮ 불꽃이 없고, 실내온도 상승이 느리다.
  ㉯ CO 발생량이 많다.
  ㉰ 훈소속도 : 0.001~0.01cm/s
    (표면 화염 확산속도 : 액체 · 고체는 1~100cm/s, 기상은 약 10~10^5cm/s)
③ 위험성
  ㉮ 많은 독성물질 배출
  ㉯ 연소 표면은 고온(약 1,000℃)이어서 질식, 억제소화 등이 유효하지 않다.

228 특정소방대상물의 수용인원 산정으로 옳은 것은?

• 객실이 30개인 콘도미니엄(온돌방)으로서 객실 1개당 바닥면적이 66m²이다.
• 단, 콘도미니엄의 종사자는 10명이다.

① 660
② 670
③ 760
④ 770

▶ 수용인원 산정방법

① 숙박시설이 있는 특정소방대상물
  ㉮ 침대가 있는 숙박시설 : 종사자 수＋침대 수(2인용은 2개로 산정)
  ㉯ 침대가 없는 숙박시설 : 종사자 수＋(바닥면적 합계÷3m²)
② ① 외의 특정소방대상물
  ㉮ 강의실, 교무실, 상담실, 실습실, 휴게실 용도 : 바닥면적 합계÷1.9m²
  ㉯ 강당, 문화 및 집회시설, 운동시설, 종교시설 : 바닥면적 합계÷4.6m²
  ㉰ 그 밖의 특정소방대상물 : 바닥면적 합계÷3m²
∴ 침대가 없는 숙박시설의 수용인원＝종사자 10명＋[(객실 30개×66m²)÷3m²]＝670명

229 건축물의 화재특성에서 플래시오버(flash over)와 롤오버(roll over)에 관한 설명으로 옳지 않은 것은?

① 플래시오버는 공간 내 전체 가연물을 발화시킨다.
② 롤오버에서는 화염이 주변공간으로 확대되어 간다.
③ 롤오버 현상은 플래시오버 현상과는 달리 감쇠기 단계에서 발생한다.
④ 내장재에 따른 플래시오버 발생시간을 보면, 난연성 재료보다는 가연성 재료의 소요시간이 짧다.

정답 227. ① 228. ② 229. ③

◉ 롤오버(Roll over)
① 플래시오버가 발생하기 직전에 작은 불꽃들이 연기 속에서 산재해 있는 상태이다.
② 작은 불꽃들은 고열의 연기가 충만한 실(室)의 천장 부근 또는 개구부의 상부에서 뿜어져 나오는 연기에 섞여 나타난다.
③ 롤오버 현상은 성장기 단계에서 발생한다.

230 −5℃의 얼음 10kg을 100℃의 수증기로 만드는 데 필요한 열량(kcal)은 얼마인가?

① 6,215
② 6,415
③ 7,190
④ 7,215

◉ 현열과 잠열

−5℃ 얼음 → 0℃ 얼음 → 0℃ 물 → 100℃ 물 → 100℃ 수증기
　　　현열(Q_1)　　잠열(Q_2)　　현열(Q_3)　　잠열(Q_4)

① 현열(Q_1) = $m \cdot C \cdot \triangle T$ = 10kg × 0.5kcal/kg · ℃ × 5℃ = 25kcal
② 잠열(Q_2) = $m \cdot \gamma$ = 10kg × 80kcal/kg = 800kcal
③ 현열(Q_3) = $m \cdot C \cdot \triangle T$ = 10kg × 1kcal/kg · ℃ × 100℃ = 1,000kcal
④ 잠열(Q_4) = $m \cdot \gamma$ = 10kg × 539kcal/kg = 5,390kcal

∴ 필요한 열량 = ① + ② + ③ + ④ = 25 + 800 + 1,000 + 5,390 = 7,215kcal

PART

02

소방전기회로

CHAPTER 01 소방전기회로

CHAPTER 01 소방전기회로

01 전기자기학

1. 전하와 대전체

1) **대전(Electrification)**
   전기적 성질을 띠는 현상

2) **전기량 또는 전하(Electric Charge)량**
   대전된 물체가 갖는 전기의 양
   ① 양자의 전하 : $+1.602 \times 10^{-19}$(C)
   ② 전자의 전하 : -1.602×10^{-19}(C)

2. 정전계에서의 쿨롱의 법칙

1) 두 점전하 사이에 작용하는 **힘은 두 전하의 곱에 비례하고, 두 전하간 거리의 제곱에 반비례**한다.

$$F = k\frac{Q_1 Q_2}{r^2} = \frac{Q_1 Q_2}{4\pi\varepsilon_0 r^2} = 9 \times 10^9 \frac{Q_1 Q_2}{r^2} \text{(N)}$$

여기서, F : 쿨롱의 힘(N), Q : 전하량(C)
r : 양 전하 간의 거리(m)
ε_0 : 진공 중의 유전율(Dielectric Constant)
c : 진공 중의 빛의 속도($≒3 \times 10^8$m/s)

진공의 유전율 ε_0는

$$\varepsilon_0 = \frac{1}{4\pi \times 9 \times 10^9} = \frac{10^7}{4\pi c^2} = \frac{1}{\mu_0 c^2} = \frac{1}{120\pi c} = 8.855 \times 10^{-12} \text{F/m}$$

2) **힘의 방향**은 두 점전하를 연결하는 직선 방향을 취하며, **같은 전하 사이에는 반발력, 다른 전하 사이에는 흡인력**이 작용한다.

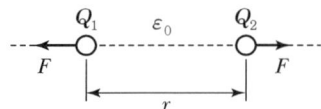

[동종 전하이면 F는 반발력]　　[이종 전하이면 F는 흡인력]

3) 평등 전계 E 속에 있는 정지된 전자 e 가 받는 힘
   ① 크기 : eE
   ② 방향 : 전자는 음전하이므로 전계와 반대 방향

예 제

두 자극 간의 거리를 2배로 하면 자극 사이에 작용하는 힘은 몇 배인가?
㉮ 2　　　　　　　　　　　　　㉯ 4
㉰ $\dfrac{1}{2}$　　　　　　　　　　　　㉱ $\dfrac{1}{4}$

정답 및 해설

[정답] ㉱

쿨롱의 법칙에 의해 쿨롱력은 거리의 제곱에 반비례하므로

$$F \propto \dfrac{1}{r^2} \qquad \dfrac{F'}{F} = \dfrac{\dfrac{1}{(2r)^2}}{\dfrac{1}{r^2}} = \dfrac{1}{4}$$

$$\therefore F' = \dfrac{1}{4}F$$

3. 전계의 세기

전계 중에 단위 점전하를 놓았을 때 이에 작용하는 힘을 전계의 세기라 한다.

$$E = \dfrac{Q}{4\pi\varepsilon_0 r^2} = 9 \times 10^9 \dfrac{Q}{r^2} \,(\text{V/m})$$

전계의 세기는 단위 전하당 작용하는 힘으로 $E = \dfrac{F}{Q}$ N/C에서 단위는 N/C이 되나 실용 단위로 $\left[\dfrac{\text{N}}{\text{C}}\right] = \left[\dfrac{\text{N} \cdot \text{m}}{\text{C} \cdot \text{m}}\right] = \left[\dfrac{\text{J}}{\text{C} \cdot \text{m}}\right] = \left[\dfrac{\text{V}}{\text{m}}\right] = \left[\dfrac{\text{A} \cdot \Omega}{\text{m}}\right]$ 에서 V/m를 쓴다.

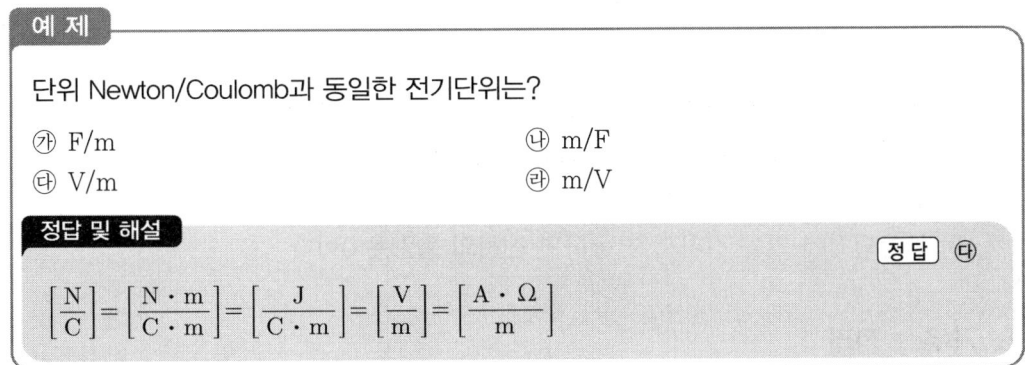

4. 정전흡인력

$$F = f_e \times S = \frac{1}{2}\varepsilon \cdot E^2 \cdot S = \frac{1}{2}\varepsilon \cdot \left(\frac{V}{d}\right)^2 \cdot S$$

여기서, F : 정전흡인력(N), ε : 진공의 유전율(F/m)
E : 전계의 세기(V/m), S : 단면적(m²)
V : 전압(V), d : 극판 간격

따라서, **유전체의 정전흡인력은 전압의 제곱에 비례하고, 면적에 비례하며, 극판 간격의 제곱에 반비례**한다.

5. 전기력선의 성질

전기력선은 전계 내에서 **단위전하 +1C**이 아무 저항 없이 전기력에 따라 이동할 때 그려지는 **가상선**을 의미하며, 다음과 같은 성질을 가지고 있다.

1) 전기력선의 방향은 **전계의 방향과 일치**한다.
2) **전기력선의 밀도는 전계의 세기와 같다.**
3) 단위전하(1C)에서는 $\dfrac{1}{\varepsilon_0} = 36\pi \times 10^9$개의 전기력선이 발생한다.

$$\left(Q(C)\text{의 전하에서 } N = \frac{Q}{\varepsilon_0}\text{개의 전기력선이 발생한다.}\right)$$

4) 전기력선은 **정전하(+전하)에서 출발하여 부전하(-전하)에서 멈추거나 무한원까지 퍼진다.**
5) 전하가 없는 곳에서는 **전기력선의 발생과 소멸이 없고 연속적**이다.
6) 전기력선은 **전위가 높은 곳에서 낮은 곳으로 향한다.** ($E = -\text{grad } V$)
7) 전기력선은 **자신만으로 폐곡선이 되는 일은 없다.** ($\nabla \cdot E = 0$)

8) **2개의 전기력선은** 서로 교차하지 않는다.
9) 전기력선은 **등전위면과 직교**한다.
10) **도체 내부에서 전기력선은 없다.**(전기력선은 도체를 통과하지 못한다.)
11) 전기력선은 **도체 표면에서 수직으로 출입**한다.
12) 전기력선은 무한원점에서 끝나거나, 무한원점에서 오는 것이 있다.
13) 무한원점에 있는 전하까지 합하면 **전하의 총량은 0**이다.

6. 가우스 정리

전하가 임의의 분포(즉, 선, 면, 체적 분포)를 하고 있을 때, 폐곡면 내의 **전 전하에 대해 폐곡면을 통과하는 전기력선의 수 또는 전속과의 관계를 수학적으로 표현한 식**을 가우스 법칙(정리)이라 한다.

1) 전속밀도와 전하에 관한 법칙

① **적분형**

폐곡면에서 나오는 전 전속선 수는 폐곡면 내에 있는 전 전하량과 같다.

$$\oint_S \boldsymbol{D} \cdot d\boldsymbol{S} = Q$$

② **미분형**

임의 점에서 전속선의 발산량은 그 점에서의 체적(공간) 전하밀도 크기와 같다.

$$\text{div } \boldsymbol{D} = \nabla \cdot \boldsymbol{D} = \rho$$

2) 전계세기와 전하에 관한 법칙

① **적분형**

폐곡면에서 나오는 전 전기력선 수는 폐곡면 내에 있는 전 전하량의 $\frac{1}{\varepsilon}$배와 같다.

$$\oint_S \boldsymbol{E} \cdot d\boldsymbol{S} = \frac{Q}{\varepsilon}$$

② **미분형**

임의 점에서 전기력선의 발산량은 그 점에서의 체적 전하밀도의 $\frac{1}{\varepsilon_0}$배와 같다.

$$\mathrm{div}\, \boldsymbol{E} = \nabla \cdot \boldsymbol{E} = \frac{\rho}{\varepsilon_0}$$

예제

QC의 전하에서 나오는 전기력선의 총수는? (단, ε, E는 전기유전율 및 전계의 세기를 나타낸다.)

㉮ EQ
㉯ $\dfrac{Q}{\varepsilon}$
㉰ $\dfrac{\varepsilon}{Q}$
㉱ Q

정답 및 해설

정답 ㉯

전기력선 수와 전기력선 밀도는 매질과 전하에 모두 관계된다. 전계에 관한 가우스 정리에서

$$\int_s E \cdot dS = \frac{Q}{\varepsilon} = \frac{Q}{\varepsilon_0 \varepsilon_s}$$

이므로 전기력선 수는 $\dfrac{Q}{\varepsilon_0 \varepsilon_s}$ 개다.

7. 전류계

키르히호프의 전류법칙(KCL ; Kirchhoff's Current Law, 제1법칙)에 의하면 한 점에서 전류의 대수적인 합 $\Sigma I = 0$이므로

$$\Sigma I = \int_s i \cdot d\boldsymbol{S} = \int_v \mathrm{div}\, i\, dv = 0$$

가 되어 $\mathrm{div}\, i = 0$이 된다.

즉, 이것은 단위 체적당의 전류의 발산은 없다(전류의 연속성)는 것을 의미하게 된다.

8. 자기현상

1) 정자계(Static Magnetic Field)

영구자석에 의한 자계 및 정상전류에 의해 형성된 자계

2) 자기력(Magnetic Force)

같은 극성의 자극은 서로 반발하고, 반대 극성의 자극은 서로 흡인

3) 단독으로 자하를 분리할 수 없으며, 자석을 이등분하여도 양쪽 끝에 각각 **정·부의 자극**을 갖는 자석이 만들어진다.
4) 자하는 항상 N극과 S극이 같은 양으로 존재하며, **자속은 N극에서 S극**으로 향하는 방향을 정방향으로 정의하고, 단위는 Weber(Wb)이다.

9. 정자계에서의 쿨롱의 법칙

$$F = k\frac{m_1 m_2}{r^2} = \frac{1}{4\pi\mu_0}\frac{m_1 m_2}{r^2} = 6.33 \times 10^4 \times \frac{m_1 m_2}{r^2} \text{(N)}$$

여기서, F : 자극 간에 작용하는 쿨롱력(N)
m_1, m_2 : 점자극의 세기(Wb)
r : 자극 간의 거리(m), μ_0 : 진공의 투자율($4\pi \times 10^{-7}$)(H/m)

- $\dfrac{1}{4\pi\mu_0} = 6.33 \times 10^4$
- $\mu_0 = \dfrac{1}{4\pi \times 6.33 \times 10^4} = 4\pi \times 10^{-7}$

또한, **동일 부호의 자극 사이에는 반발력, 서로 다른 부호의 자극 사이에는 흡인력**이 작용한다.

10. 기자력

$$F = NI \text{(AT)}$$

여기서, F : 기자력, N : 권수, I : 전류

기자력(자력의 세기)은 권수와 전류의 곱에 비례하며, 권수가 일정할 경우 전류에 비례한다.

> **예제**
> 코일에 전류가 흐를 때 생기는 자력의 세기를 설명한 것 중 옳은 것은?
> ㉮ 자력의 세기와 전류는 무관하다.
> ㉯ 자력의 세기와 전류는 반비례한다.
> ㉰ 자력의 세기는 전류에 비례한다.
> ㉱ 자력의 세기는 전류의 제곱에 비례한다.

> **정답 및 해설**　　　　　　　　　　　　　　　　　　　　　　정답 ㉰
>
> 기자력 $F=NI$(AT)에서 권수 N이 일정한 경우 기자력 $F \propto I$

11. 자속밀도와 비투자율

$$B = \mu_0 \mu_s H$$

여기서, B : 자속밀도, μ_0 : 진공 중의 투자율
μ_s : 비투자율, H : 자계의 세기

$B = \mu_0 \mu_s H$ 에서

$$\mu_s = \frac{B}{\mu_0 H} = \frac{\Phi/S}{\mu_0 H} = \frac{\Phi}{\mu_0 HS}$$

12. 자계의 세기와 자위

1) 자계의 세기
① **자계** : 자기적 힘이 미치는 공간
② **자계의 세기 H** : 자계 중의 한 점에 **단위자하(+1(Wb))를 놓았을 때, 이에 작용하는 힘의 크기 및 방향을 그 점에 대한 자계의 세기**라 한다.

$$H = \frac{m}{4\pi\mu_0 r^2} = 6.33 \times 10^4 \times \frac{m}{r^2} \text{ (AT/m)}$$

2) 쿨롱력과 자계
$F = mH$(N)

- 진공 중 $F = \dfrac{m^2}{4\pi\mu_0 r^2}$ (N)
- 진공 이외의 매질 $F = \dfrac{m^2}{4\pi\mu r^2}$ (N)

3) 전류에 의한 자계의 계산

① 무한직선 전류

$$H = \frac{I}{2\pi r} \,(\mathrm{AT/m})$$

② 반지름이 am인 원통형(원주형) 도체의 전류

㉮ 도체 외부 $(r \geq a)$

$$H = \frac{I}{2\pi r} \,(\mathrm{AT/m})$$

㉯ 도체 내부 $(r \leq a)$

- 균일전류 분포 : $H = \dfrac{rI}{2\pi a^2} \,(\mathrm{AT/m})$
- 전류가 도체 표면에서만 흐르는 경우 : $H = 0 \,(\mathrm{AT/m})$

③ 유한 직선전류

㉮ $H = \dfrac{I}{4\pi r}(\sin\theta_1 + \sin\theta_2)$
$= \dfrac{I}{4\pi r}(\cos\alpha_1 + \cos\alpha_2) \,(\mathrm{AT/m})$

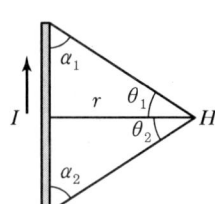

㉯ $\theta_2 = 0°$일 때 $H = \dfrac{I}{4\pi r} \,(\mathrm{AT/m})$

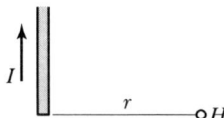

④ 원형 전류 H

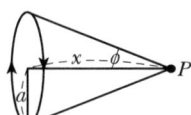

㉮ 원형 전류 중심의 자계의 세기 H_0는

$$H_0 = \frac{I}{2a} \,(\mathrm{AT/m})$$

④ 원형 전류 중심 축상 점 P에서의 자계의 세기 H_x

$$H_x = \frac{I}{2a}\sin^3\phi = \frac{a^2 I}{2(a^2+x^2)^{3/2}}\,(\text{AT/m})$$

⑤ 무한장 솔레노이드

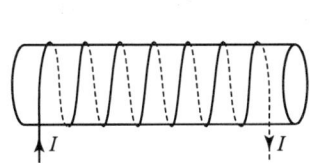 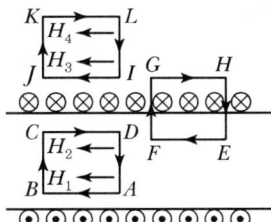

㉮ 내부(내부에서는 평등자계임)

$$H = nI$$

여기서, n : 단위길이당 권선수

㉯ 외부

$$H = 0$$

⑥ 환상 솔레노이드

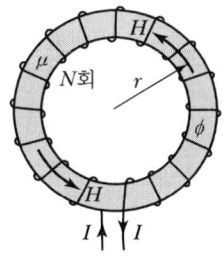 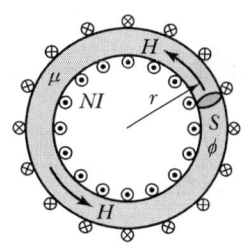

㉮ 내부(내부에서는 균등자계임)

$$H = \frac{NI}{2\pi r} = \frac{NI}{l}$$

㉯ 외부

$$H = 0$$

㈐ 자속

$$\phi = BA = \mu_0 HA = 4\pi \times 10^{-7} HA$$

여기서, I : 전류, N : 권수, l : 자로의 평균길이

예제

무한장 직선도체에 10A의 전류가 흐르고 있다. 이 도체로부터 20cm 떨어진 지점의 자계의 세기는 몇 AT/m인가?

㉮ 5π　　　　　　　　　　㉯ $\dfrac{25}{\pi}$

㉰ 25π　　　　　　　　　　㉱ $\dfrac{5}{\pi}$

정답 및 해설　　　　　　　　　　　　　　　　　　　　　정답 ㉯

$$H = \frac{I}{2\pi r} = \frac{10}{2\pi \times 20 \times 10^{-2}} = \frac{25}{\pi} \text{(AT/m)}$$

예제

소화설비의 기동장치에 사용하는 전자(電磁) 솔레노이드의 자계의 세기는?

㉮ 코일의 권수에 비례한다.　　㉯ 코일의 권수에 반비례한다.
㉰ 전류의 세기에 반비례한다.　　㉱ 전압에 반비례한다.

정답 및 해설　　　　　　　　　　　　　　　　　　　　　정답 ㉮

환상 솔레노이드
$H = \dfrac{NI}{2\pi r}$ (AT/m)에서 자계의 세기는 전류(I)와 코일의 권수(N)에 비례한다.

13. 자계 중의 자석에 작용하는 토크

그림과 같이 평등자계 H 내에 길이 l, 자극의 세기 $\pm m$ 인 자석이 자계와 θ의 각을 이루고 있을 때, 자석의 N극($+m$)은 자계와 동일 방향, S극($-m$)은 자계와 반대 방향으로 작용하여 자석에는 크기가 같고 방향은 반대인 회전력이 작용한다. 따라서

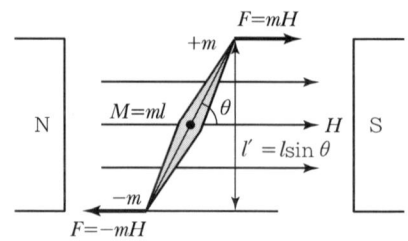

회전력 T는

$$T = Fl' = Fl\sin\theta = mHl\sin\theta \,(\text{N}\cdot\text{m})$$

가 된다. 이 식을 다시 자기모멘트 $M = ml$과 자계의 세기 H를 이용하여 벡터적으로 표현하면

$$T = MH\sin\theta$$

예 제

2,500AT/m의 자계 속에 자기량이 ±0.0002Wb이다. 길이가 5cm인 막대자석의 자기모멘트의 최대치는 몇 N · m인가?

㉮ 0.0005 ㉯ 0.025
㉰ 0.5 ㉱ 0.25

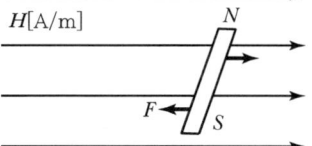

정답 및 해설

정답 ㉯

$\theta = 90°$에서 자기모멘트가 최대가 된다.
$T = ml\,H\sin\theta = 0.0002 \times 5 \times 10^{-2} \times 2,500 \times \sin 90° = 0.025\,(\text{N}\cdot\text{m})$
($\sin 90°$에서 최대가 된다.)

14. 평행도체 상호 간에 작용하는 힘

그림과 같이 거리가 $r\,\text{m}$ 떨어진 두 개의 평행도체 A, B에 전류가 I_1, I_2에 흐르고 있을 때, 전류 도체에 작용하는 힘

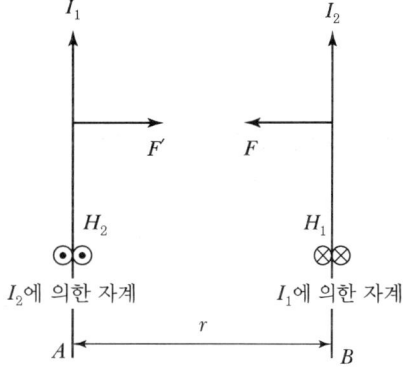

1) 도체 A에 의한 도체 B의 단위길이에 작용하는 힘 F

$$F = \mu_0 H_1 I_2 = \frac{\mu_0 I_1 I_2}{2\pi r}$$

2) 도체 B에 의한 도체 A가 받는 힘 F'

$$F' = \mu_0 H_2 I_1 = \frac{\mu_0 I_1 I_2}{2\pi r} \text{ (N/m)}$$

3) $F = F'$가 되어 전류 도체 A와 B가 받는 힘은 서로 같다.
4) 도체에 작용하는 힘의 방향은 **플레밍 왼손 법칙**에 의하여 두 도체의 **전류가 동일 방향**으로 흐를 때에는 **흡인력**, 반대 방향일 때에는 **반발력**이 작용한다.

예제

동일 전류가 흐르는 두 평행도선이 있다. 도선 사이의 거리를 2.5배로 하면 그 작용력은 몇 배가 되는가?

㉮ 0.4
㉯ 0.64
㉰ 2.5
㉱ 6.25

정답 및 해설

정답 ㉮

두 평행도선에 작용하는 힘

$$F = \frac{\mu_0 I_1 I_2}{2\pi r} = \frac{2 I_1 I_2}{r} \times 10^{-7} \text{ N/m} \text{에서} \quad \frac{F'}{F} = \frac{\frac{2 I_1 I_2}{2.5 r} \times 10^{-7}}{\frac{2 I_1 I_2}{r} \times 10^{-7}} = 0.4 \text{배}$$

15. 히스테리시스 곡선

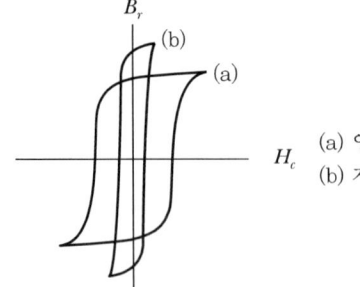

(a) 영구자석(Hard Iron)
(b) 자심재료 : 규소강판(Soft Iron)

1) **잔류자기**(residual magnetism) : B_r

   외부에서 가한 자계 세기를 0으로 해도 **자성체에 남는 자속밀도 크기**

2) **보자력**(coercive force) : H_c

   자화된 자성체 내부의 B를 0으로 하기 위하여 외부에서 자화와 반대방향으로 가하는 자계의 세기

3) **히스테리시스 손**(hysterisis loss)

   히스테리시스 곡선을 다시 일주시켜도 항상 처음과 동일하기 때문에 히스테리시스의 면적에 해당하는 에너지는 열로 소비된다. 이것을 히스테리시스 손이라 한다.

$$P_h = \eta f B_m^{1.6}$$

4) **자석 재료**

   ① **영구자석 재료** : 잔류자기(B_r) 및 보자력(H_c)이 클 것
   ② **전자석 재료** : 히스테리시스 곡선 면적 및 보자력(H_c)이 작을 것

16. 전류와 자계 사이의 작용을 나타내는 법칙

1) **앙페르의 오른나사 법칙**

   전류가 만드는 자계의 방향 결정

2) **비오 - 사바르의 법칙**

   자계 내 **전류 도선이 만드는 자계의 세기** 결정

3) **플레밍의 왼손 법칙**

   ① 자계 내에 놓인 **전류 도선이 받는 힘의 방향 결정**
   ② 전자력의 방향 결정
   ③ **전동기에 적용**

4) **플레밍의 오른손 법칙**

   ① 자계 내에서 도체가 운동하면 유도기전력이 도체에 발생하게 되는데, 이때 이 **유도기전력의 방향을 결정**하는 법칙
   ② **발전기에 적용**

5) **렌츠의 법칙**

   전자유도 현상에서 **코일에 생기는 유도기전력의 방향** 결정

6) 패러데이의 법칙

유도기전력의 크기 결정

17. 상호유도작용

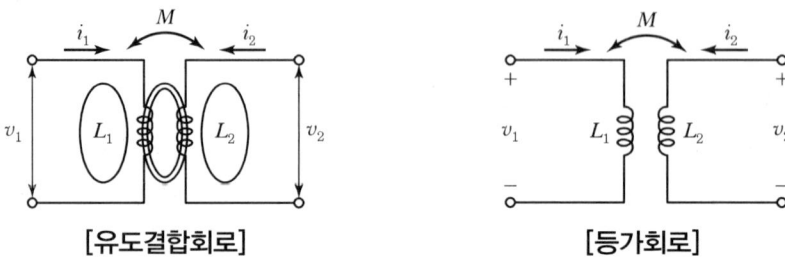

[유도결합회로] [등가회로]

그림과 같이 1차 측 코일에 교류전류 i_1이 흐르면 시간에 따라 변화하는 교류 자속이 1차 코일에 발생되고 그 자속의 일부는 2차 측 코일과 쇄교함으로써 2차 측 코일 양 단에는 패러데이 법칙에 의한 유도전압이 나타난다. 이와 같은 현상을 상호유도작용이라 한다. 이 경우 두 코일은 자기적으로 유도결합되어 있다고 한다.

1) 1, 2차 코일에 유도되는 전압 v_1, v_2

$$v_1 = L_1 \frac{di_1}{dt} \pm M \frac{di_2}{dt}, \qquad v_2 = L_2 \frac{di_2}{dt} \pm M \frac{di_1}{dt}$$

여기서, $L_1 \frac{di_1}{dt}$와 $L_2 \frac{di_2}{dt}$를 자기유도전압이라 하고, $\pm M \frac{di_2}{dt}$와 $\pm M \frac{di_1}{dt}$를 상호유도전압이라 한다.

2) 상호유도전압의 극성

- 두 코일에서 생기는 자속이 합쳐지는 방향이면 : $+ M \frac{di_2}{dt}$
- 두 코일에서 생기는 자속이 반대방향이면 : $- M \frac{di_2}{dt}$

3) 상호인덕턴스(mutual inductance)

상호인덕턴스는 **코일 1에 흐르는 전류가 변화할 때 코일 2에 어느 정도의 전압이 유도되는 가를 나타내는 양**으로서 단위는 자기 인덕턴스와 같이 헨리(H ; Henry)로 표시한다.

4) 유도결합회로의 등가 인덕턴스

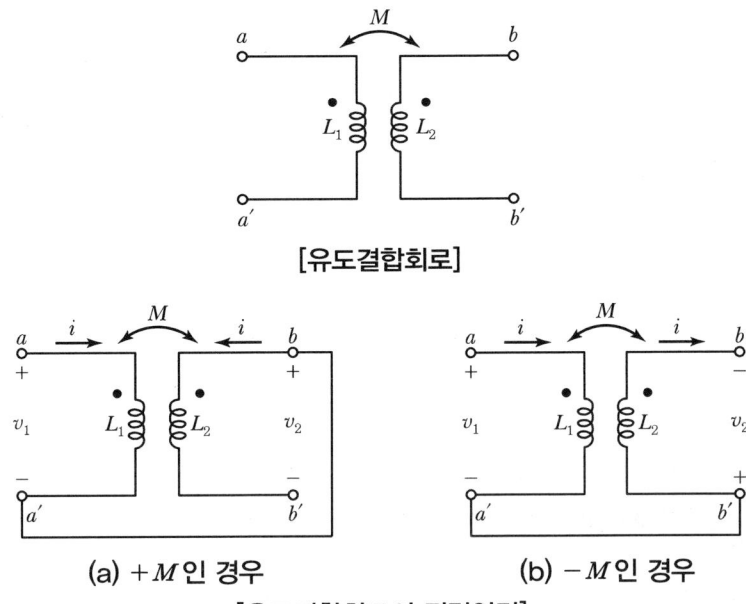

[유도결합회로]

(a) $+M$인 경우   (b) $-M$인 경우

[유도결합회로의 직렬연결]

유도결합회로의 상호인덕턴스 M은 두 코일의 자기 인덕턴스 L_1, L_2에 대한 등가 인덕턴스를 계산함으로써 산출할 수 있다.

① **화동결합**

L_1, L_2에 흘러 들어가는 **전류의 방향**이 모두 dot 방향과 같이 **동일한 경우**

$$L^+ = L_1 + L_2 + 2M$$

② **차동결합**

전류의 방향이 L_1에는 dot 방향, L_2에는 dot의 반대방향으로 흐르게 되어 양 코일에 흐르는 **전류의 방향이 서로 반대**이므로

$$L^- = L_1 + L_2 - 2M$$

③ 상호인덕턴스 M

$$M = \frac{L^+ - L^-}{4}$$

5) 결합계수(coupling factor)

결합계수는 두 코일 간의 유도결합 정도를 나타내는 양으로 k로 표시한다.

$$k = \frac{M}{\sqrt{L_1 L_2}}$$

로 정의 되며 $0 \leq k \leq 1$의 범위로 된다.

$k = 0$: **상호자속이 전혀 없는 경우**(무유도결합 상태)
$k = 1$: **누설자속이 없는 경우**(완전유도결합 상태)

예제

자기인덕턴스 L_1, L_2, 상호인덕턴스 M의 코일을 같은 방향으로 직렬 연결한 경우의 합성 인덕턴스는?

㉮ $L_1 + L_2 - M$ ㉯ $L_1 + L_2 + M$
㉰ $L_1 + L_2 - 2M$ ㉱ $L_1 + L_2 + 2M$

정답 및 해설

직렬 접속 : $L_0 = L_1 + L_2 \pm 2M$

정답 ㉱

02 회로이론

1. 도체 및 반도체

1) 전기도체(electic conductor)

전기도체는 자유전자가 많아서 아주 작은 외부 전압으로도 **전류의 흐름이 용이한 물질**을 말한다.

2) 반도체(semiconductor)

반도체는 Ge, Si, Se 등과 같은 물질로서 전기도체에 비해 비교적 **자유전자 수가 적으므**

로 전류를 흘리는 능력이 떨어지는 물체를 말한다.

3) 부도체(insulator)

부도체는 자유전자의 수가 매우 적어 거의 **전류가 흐르지 않은 물질로써 일명 절연체**(Insulator)라고도 하며 주로 고무, 플라스틱, 유리 등의 재료로서 전기절연을 목적으로 사용된다.

4) 요약

구분	고유저항의 범위	종류
도체	$10^{-4}\,\Omega \cdot m$ 이하	구리, 백금, 은, 알루미늄
반도체	$10^{-4} \sim 10^{4}\,\Omega \cdot m$	실리콘, 게르마늄, 탄소, 규소, 셀레늄, 아산화동
절연체	$10^{4}\,\Omega \cdot m$ 이상	**유리, 플라스틱, 고무, 페놀수지, 베크라이트**

2. 전류, 전압 및 전력

1) 전하량(전기량) : Q (C)

① **전하량** : 전하가 갖는 **전기의 총량**

② 전자가 갖는 총 전하량 Q = 전자의 개수 $\times -1.602 \times 10^{-19}$ (C)

2) 전류(Current) : I(A)

① **전류의 정의**

단위 시간 동안에 도체 회로의 **한 단면을 통과하는 전하량**을 전류라 한다.

② **전류의 표현**

㉮ 도체의 어느 단면을 Q (C)의 전하가 t초 동안에 이동하였다면 전류 I는 다음 식으로 나타낸다.

$$I = \frac{Q}{t}(A) \quad \text{또는} \quad Q = I \cdot t(C)$$

㉯ 이동하는 전하량이 시간에 따라 변화한다면 전류도 시간에 따라 변화하므로 dt(s)시간 동안에 전하량이 dQ(C)만큼 변화되었다면 전류 $i(t)$는

$$i(t) = \frac{dQ}{dt}(A) \quad \text{또는} \quad Q = \int_{0}^{t} i\, dt\,(C)$$

여기서, Q : 전기량, i : 전류

3) 전압(voltage) : V(V)

① **전압의 정의**

두 점 간의 에너지 차를 전압이라 한다.

② **전압의 표현**

1(C)의 전하를 한곳에서 다른 곳으로 이동시키는 데 1(J)의 에너지가 소모되었다면 두 점 간의 전압(전위차)은 1(V)가 된다.

$$V = \frac{W(\text{J})}{Q(\text{C})} \text{ (V)} \quad \text{또는} \quad W = QV(\text{J})$$

4) 기전력

기전력이란 단위 전하당 한 일이다. 즉, **전기를 흐르게 하는 능력**이다.

5) 전력

① **전력의 정의**

일을 하기 위해 사용된 에너지를 전기적으로 표현한 것으로서 **단위시간 동안에 사용된 전기에너지의 양**으로 정의한다.

② **전력의 표현**

㉮ 도선에 흐르는 전류가 $t(s)$ 동안에 $W(\text{J})$의 일을 행하였다면 전력 $P(\text{W})$는 다음 식으로 표현된다.

$$P = \frac{W}{t} = \frac{QV}{t} = VI = I^2 R = \frac{V^2}{R} \text{ (W) (J/s)}$$

㉯ 전력은 저항이 일정하면 전압의 제곱에 비례한다.

㉰ 전력은 마력으로 환산되나, 전력량은 마력으로 환산되지 않는다.

㉱ 전력은 칼로리 단위로 환산될 수 없으나, 전력량은 칼로리로 환산된다.

6) 전력량

① **전력량의 정의**

전력을 일정시간 사용하였을 때의 **총 사용 에너지**(energy)

② **전력량의 표현**

$$W = Pt(\text{J})$$

> **예제**
>
> 10A의 전류가 5분간 도체에 흘렀을 때 도체 단면을 지나는 전기량은 몇 C인가?
>
> ㉮ 3 ㉯ 50
> ㉰ 3,000 ㉱ 5,000
>
> **정답 및 해설** [정답] ㉰
>
> 통과한 전기량 $Q = It = 10 \times (5 \times 60) = 3{,}000\mathrm{C}$

3. 저항(Resistance)회로

1) 전선의 저항

전압강하에 의해 전류의 흐름을 감소시키는 회로소자를 저항이라 한다.

$$R = \rho \frac{l}{S} = \rho \frac{l}{\pi r^2} = \rho \frac{4l}{\pi d^2} (\Omega)$$

여기서, ρ : 고유저항($\Omega \cdot \mathrm{m}$), S : 전선의 단면적(m^2)
r : 전선의 반지름(m), d : 전선의 직경(m), l : 전선의 길이

2) 저항의 접속

① **직렬접속**

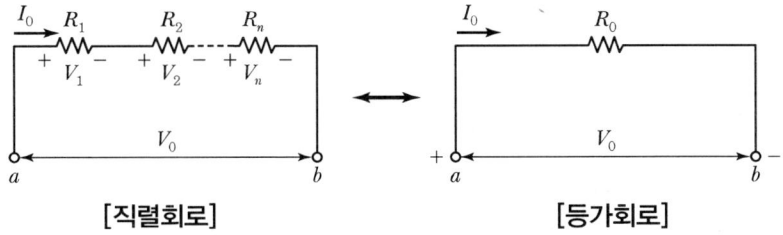

[직렬회로]   [등가회로]

합성저항 $R_0 = R_1 + R_2 + R_3 + \cdots + R_n$과 같이 각 저항의 대수합으로 된다.

② **병렬접속**

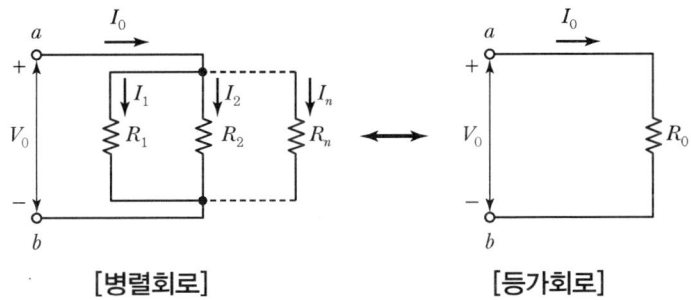

[병렬회로]   [등가회로]

합성저항 R_0

$$\frac{1}{R_0} = \left(\frac{1}{R_1} + \frac{1}{R_2} + \cdots + \frac{1}{R_n}\right)$$

$$\therefore R_0 = \frac{1}{\frac{1}{R_1} + \frac{1}{R_2} + \cdots + \frac{1}{R_n}}$$

3) 저항온도계수(Temperature coefficient of resistance)

온도 $t_1(℃)$에서의 도체의 저항을 R_1, $t_2(℃)$에서의 저항을 R_2라 하면 다음 식이 성립한다.

$$R_2 = R_1\{1 + \alpha_1(t_2 - t_1)\}(\Omega)$$

여기서, α_1 : $t_1(℃)$일 때의 저항온도계수

① **금속 도체** : $\alpha > 0$로서 온도의 증가에 따라 저항이 함께 증가하는 **정(+) 온도특성**
② **반도체나 부도체** : $\alpha < 0$로서 온도에 따라 저항이 감소하는 **부(−) 온도특성**

4) 전압분배법칙

각 저항에 걸리는 전압은 저항에 비례

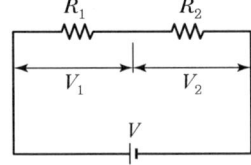

$V_1 = V \times \dfrac{R_1}{R_1 + R_2}$

$V_2 = V \times \dfrac{R_2}{R_1 + R_2}$

5) 전류분배법칙

각 저항에 흐르는 전류는 저항에 반비례

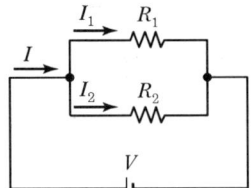

$I_1 = I \times \dfrac{R_2}{R_1 + R_2}$

$I_2 = I \times \dfrac{R_1}{R_1 + R_2}$

6) 배율기

전압계의 측정범위를 확대하기 위하여 내부저항 $r\,\Omega$인 **전압계에 직렬로 접속하는 저항** R

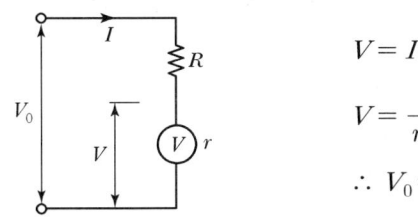

$V = Ir\,(\text{V}),\ I = \dfrac{V_0}{r+R}$ 이므로

$V = \dfrac{r}{r+R} \cdot V_0$

$\therefore V_0 = \dfrac{r+R}{r} \cdot V = \left(1 + \dfrac{R}{r}\right)V$

$$\text{배율}\ m = \dfrac{V_0}{V} = 1 + \dfrac{R}{r}$$

7) 분류기

전류계의 측정범위를 확대하기 위하여 내부저항 $r(\Omega)$인 **전류계에 병렬로 접속하는 저항**

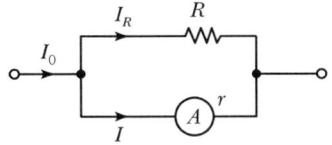

$I = \dfrac{R}{r+R} \times I_0$

$\therefore I_0 = \dfrac{r+R}{R} \times I = \left(1 + \dfrac{r}{R}\right) \times I$

$$\text{배율}\ m = \dfrac{I_0}{I} = 1 + \dfrac{r}{R}$$

8) 컨덕턴스(conductance)

컨덕턴스는 **저항 R의 역수**로서 전류가 얼마나 잘 통하는가에 대한 **전기전도성의 척도**로 사용된다.

$$G = \dfrac{1}{R} = \sigma \dfrac{S}{l}$$

여기서, $\sigma\,(=1/\rho)$: 도전율(Conductivity)($\mho$/m), S : 단면적(m²)

컨덕턴스의 단위로는 모(Mho : ($\mho$)) 또는 지멘스(Siemens : (S))가 사용된다.
- 컨덕턴스의 직렬접속 : 저항의 병렬접속과 동일
- 컨덕턴스의 병렬접속 : 저항의 직렬접속과 동일

예제

굵기가 한결같은 도체의 단면적이 Sm², 길이가 lm이고 도체의 고유저항이 $\rho\,\Omega\cdot$m일 때 저항 $R\,\Omega$은 무엇과 반비례하는가?

㉮ l
㉯ ρ^2
㉰ S
㉱ $\dfrac{l^2}{S}$

정답 및 해설　　　　　　　　　　　　　　　　　　　　　　[정답] ㉰

$R = \rho\,\dfrac{l}{S}$ 에서 저항은 단면적(S)에 반비례하고 길이(l)에 비례한다.

예제

전류 측정범위를 확대시키기 위하여 전류계와 병렬로 연결해야만 되는 것은?

㉮ 배율기 ㉯ 분류기
㉰ 중계기 ㉱ CT

정답 및 해설　　　　　　　　　　　　　　　　　　　　　　[정답] ㉯

- 배율기 : 전압계의 측정범위 확대, 전압계와 직렬접속
- 분류기 : 전류계의 측정범위 확대, 전류계와 병렬접속

4. 인덕턴스(inductance) 회로

1) 인덕턴스

자속 $\Phi = \dfrac{F}{R} = \dfrac{NI}{\dfrac{l}{\mu S}} = \dfrac{\mu SNI}{l}$

$LI = N\Phi$ 에서

$$L = \dfrac{N\Phi}{I} = \dfrac{\mu SN^2}{l}\,(\text{H})$$

여기서, N : 코일의 권수,　μ : 코일의 투자율
　　　　S : 코일의 단면적,　l : 코일의 길이

2) 유도전압(역기전력)

$$e = -N\frac{d\phi}{dt} = -L\frac{di}{dt}\,(\text{V})$$

① **패러데이 법칙(Faraday's Law)**
코일을 통과하는 자속 ϕ를 시간적으로 변화시키면 **코일 양 단에 기전력이 발생**한다는 법칙

② **렌츠의 법칙(Lenz's Law)**
렌츠의 법칙은 패러데이 법칙에 의해 코일에 생기는 **유도기전력의 방향을 결정**하는 법칙

3) 인덕터의 특징 및 에너지 저장

① 인덕터에 **직류전류**가 흐르면 $\frac{di}{dt}=0$가 되므로 **유도전압이 생성되지 않는다**.

② **직류**(D.C)에 대해서 인덕터는 회로적으로 단락(Short)되어 **도체적 역할**만 할 뿐이며 **전압강하는 생기지 않는다**.

③ 직류에 의해서도 자기장은 형성되므로 직류전류 I에 의한 자기에너지 $W_L(\text{J})$가 인덕터에 저장된다.

$$W_L = \frac{1}{2}LI^2\,(\text{J})$$

4) 인덕터의 접속

① **직렬접속**

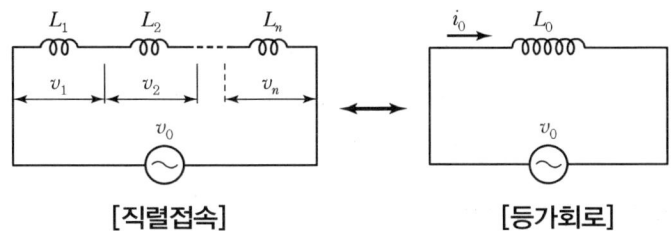

[직렬접속]　　　　　[등가회로]

$$\text{합성 인덕턴스}\quad L_0 = L_1 + L_2 + \cdots + L_n$$

로 되어 **직렬합성저항을 구하는 방법**과 같다.

② **병렬접속**

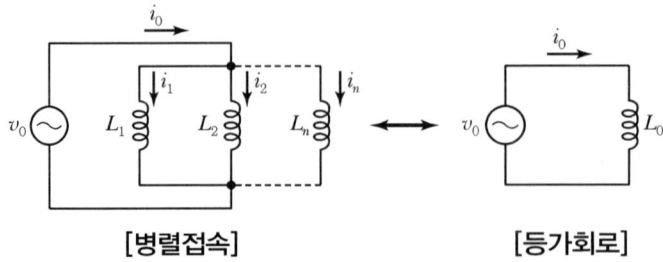

[병렬접속]   [등가회로]

병렬회로의 합성 인덕턴스 L_0

$$\frac{1}{L_0} = \frac{1}{L_1} + \frac{1}{L_2} + \cdots + \frac{1}{L_n}$$

$$\therefore L_0 = \frac{1}{\frac{1}{L_1} + \frac{1}{L_2} + \cdots + \frac{1}{L_n}}$$

로 되어 **병렬합성저항을 구하는 방법**과 같다.

5. 커패시턴스(Capacitance) 회로

1) 커패시턴스

커패시턴스는 전하가 갖는 정전에너지를 저장할 수 있는 능력을 가진 전기소자를 말하며 일명 콘덴서(condenser)라고도 한다.

$$C = \frac{\varepsilon_0 \varepsilon_s S}{d} (\text{F})$$

여기서, ε_0 : 진공의 유전율($\varepsilon_0 = 8.85 \times 10^{-12} (\text{F/m})$)
ε_s : 절연물의 비유전율, S : 전극 면적(m^2)
d : 전극 간 거리(m)

2) 콘덴서의 전압과 전하량

정전용량 $C(\text{F})$를 갖는 커패시터에 $Q(\text{C})$의 전하량이 축적되었다면

① 커패시터 양단 전압 : $V = \dfrac{Q}{C} (\text{V})$

② 커패시터에 축적되는 전하량 : $Q = CV (\text{C})$

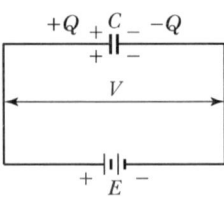

③ 커패시터에 충전 완료 시 $V = E$로 되므로 V 대신에 E를 사용하여 $Q = CE(\text{C})$의 관계도 성립한다.

3) 콘덴서의 접속

① **직렬접속**

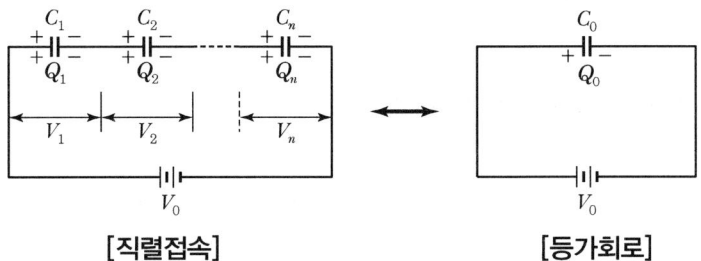

[직렬접속]   [등가회로]

- $Q_1 = Q_2 = \cdots = Q_n$
- 합성 커패시턴스 C_0

$$\frac{1}{C_0} = \frac{1}{C_1} + \frac{1}{C_2} + \cdots + \frac{1}{C_n}$$

$$\therefore C_0 = \frac{1}{\dfrac{1}{C_1} + \dfrac{1}{C_2} + \cdots + \dfrac{1}{C_n}}$$

의 관계가 성립한다. 이 식은 **병렬저항의 합성값을 구하는 식과 동일**하다.

② **병렬접속**

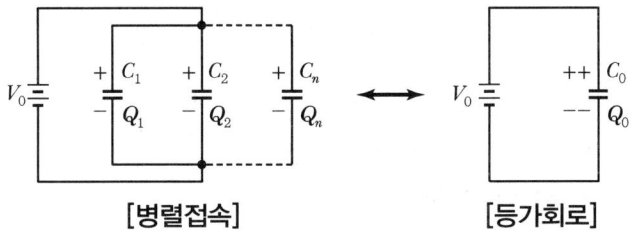

[병렬접속]   [등가회로]

- 합성정전용량 C_0

  $Q_0 = C_0 V_0$의 관계로부터 합성정전용량 C_0는

$$C_0 = C_1 + C_2 + \cdots + C_n$$

의 관계가 성립된다. 이 식은 **직렬저항의 합성값을 구하는 식과 동일**하다.

4) 분압법칙 : 정전용량에 반비례

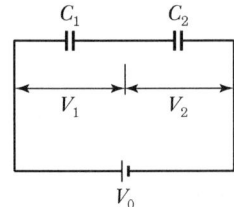

$$V_1 = V \times \frac{C_2}{C_1 + C_2}$$

$$V_2 = V \times \frac{C_1}{C_1 + C_2}$$

5) 콘덴서의 특징 및 에너지 저장

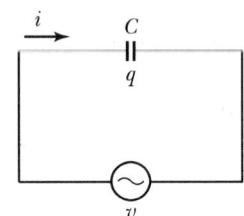

교류회로에서의 전압 v와 전하 q의 관계는 직류회로와 마찬가지로 $q = Cv$로 된다.

① 교류전압 v를 인가하는 경우 흐르는 전류 i

$$i = \frac{dq}{dt} = C\frac{dv}{dt}$$

② 교류전류 i가 흐르는 경우 콘덴서 양단에서의 전압강하 v

$$v = \frac{1}{C}\int i\, dt$$

③ 전압의 시간적 변화가 없는 $dv/dt = 0$인 직류전압을 커패시터에 인가한 경우 $i = 0$가 되어 커패시터는 개방 상태로 된다.

④ **콘덴서의 에너지 저장**

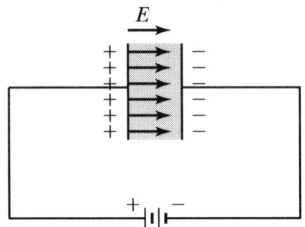

콘덴서는 공급받은 에너지를 소비하지 않고 도체 표면 사이의 전계 형태로 정전에너지를 저장한다. 이때 콘덴서에 저장되는 정전에너지는 다음 식으로 나타낸다.

$$W_C = \frac{1}{2}CV^2 = \frac{Q^2}{2C} \text{(J)}$$

여기서, C : 커패시터의 정전용량(F)
V : 두 전극 사이의 전압(V)

6) 콘덴서의 절연파괴

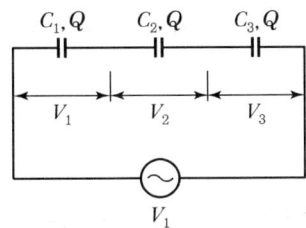

$$V_1 = \frac{Q}{C_1}, \qquad V_2 = \frac{Q}{C_2}, \qquad V_3 = \frac{Q}{C_3}$$

즉, 내압이 같은 콘덴서의 직렬 연결 시 **각 콘덴서 양단 간에 걸리는 전압은 용량에 반비례**하므로 용량이 제일 작은 콘덴서가 가장 먼저 파괴된다.

예 제

내전압이 각각 같은 $1\mu F$, $2\mu F$ 및 $3\mu F$ 콘덴서를 직렬로 연결하고, 양단 전압을 상승시키면?

㉮ $1\mu F$이 가장 먼저 파괴된다. ㉯ $2\mu F$이 가장 먼저 파괴된다.
㉰ $3\mu F$이 가장 먼저 파괴된다. ㉱ 동시에 파괴된다.

정답 및 해설

정답 ㉮

$V_1 = \frac{Q}{C_1}$, $V_2 = \frac{Q}{C_2}$, $V_3 = \frac{Q}{C_3}$

내전압이 같은 콘덴서를 직렬로 연결한 경우 각 콘덴서 양단 간에 걸리는 전압은 정전용량에 반비례하므로 용량이 제일 작은 $1\mu F$의 콘덴서가 가장 먼저 파괴된다.

6. 관련 법칙 및 전기 효과

1) 옴의 법칙(Ohm's Law)

전류는 전압에 비례하고 저항에 반비례한다는 것이 **옴의 법칙**으로서 전압(V), 전류(I), 저항(R)의 관계는 다음 식과 같다.

$$\text{전압 } V = RI \text{ (V)} \qquad \text{전류 } I = \frac{V}{R} \text{ (A)} \qquad \text{저항 } R = \frac{V}{I} \text{ (}\Omega\text{)}$$

2) 키르히호프의 법칙

① **키르히호프의 전류법칙**(KCL ; Kirchhoff's Current Law, 제1법칙)

한 절점(접속점)에서의 **유입 전류와 유출 전류**의 대수적인 **합은 같다**.

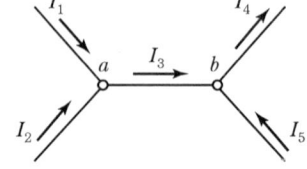

㉮ a점에서 : $I_1 + I_2 = I_3$

㉯ b점에서 : $I_3 + I_5 = I_4$

② **키르히호프의 전압법칙**(KCL ; Kirchhoff's Voltage Law, 제2법칙)

회로망 내의 임의의 폐회로(경로)에 있어서 **전원전압(E_i)의 합은 전압강하의 합(V_i)과 같다**.

$E_1 + E_2 + E_3 + \cdots = V_1 + V_2 + V_3 + \cdots$

즉, $\Sigma E_i = \Sigma V_i$

3) 중첩의 원리

회로망에 다수의 전압원과 전류원이 존재하는 경우 임의의 한 점에 흐르는 전류는 이들의 전압원이나 전류원이 각각 단독으로 존재할 경우의 전류분포의 합과 같다. 이 경우 제거하는 전압원은 단락하고 전류원은 개방한다.

4) 패러데이 법칙(Faraday' Law)

전기분해작용으로 인해 전극에 석출되는 물질의 양은 전해액을 통과하는 전기량 Q에 비례하고, 전기량이 같으면 그 물질의 화학당량에 비례한다.

즉, 전해액에 전류 I(A)가 t(s) 동안 흐른 경우, 석출되는 물질의 양 W(g)은

$$W = kQ = kIt \text{ (g)}$$

여기서, k : 전기화학당량(g/C)

5) 줄의 법칙(Joule's Law)

① **줄의 법칙**

㉮ 저항이 R인 도체에서 소모되는 에너지는 모두 열로 바뀐다는 법칙

㉯ 저항이 R인 도체에 전류 I가 $t(s)$동안 흘렀을 때 소모되는 에너지 H(J)

> - $H = I^2 Rt = \dfrac{V^2}{R} t = Pt \,(\text{J})$
> - $H = 0.24 I^2 Rt = 0.24 \dfrac{V^2}{R} t = 0.24 Pt \,(\text{cal})$
> - $H = Cm(\theta_2 - \theta_1) \,(\text{cal})$

② 열량과 일량의 관계
  ㉮ 1J=0.239cal ≒ 0.24cal
  ㉯ 1cal=4.186J ≒ 4.2J
③ kWh의 전력량을 cal로 환산
  1kW·h=1,000×3,600W·sec=1,000×3,600J/sec·sec
     =3,600,000J=0.24×3,600,000cal
     =864,000cal=864kcal

6) 브리지 평형조건

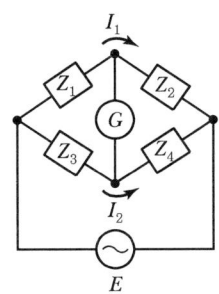

교류브리지의 평형조건
$Z_1 Z_4 = Z_2 Z_3$
여기서 실수부는 실수부끼리 허수부는 허수부끼리 서로 같아야 한다.

7) 제벡 효과(Seebeck effect)
  두 종류의 금속 접속면에 온도차가 있으면 기전력이 발생하는 효과

8) 펠티에 효과(Peltier effect)
  두 종류의 금속 접속면에 전류를 흘리면 **접속점에서 열의 흡수, 발생이 일어나는 효과**

9) 톰슨 효과(Thomson effect)
  동일한 금속 도선의 두 점 간에 온도차를 주고 고온 쪽에서 저온 쪽으로 전류를 흘리면, **도선 속에서 열이 발생되거나 흡수가 일어나는 현상**

10) 핀치 효과(Pinch effect)

액체 도체에 전류를 흘리면 전류의 방향과 수직방향으로 **원형 자계가 생겨서 전류가 흐르는 액체에는 구심력의 전자력이 작용한다.** 그 결과 액체 단면은 수축하여 저항이 커지기 때문에 전류의 흐름은 작게 된다. 전류의 흐름이 작게 되면 수축력이 감소하여 액체 단면은 원상태로 복귀하고 다시 전류가 흐르게 되어 수축력이 작용한다. 이와 같은 현상을 **핀치 효과**라 한다.

7. 전지의 직렬 접속

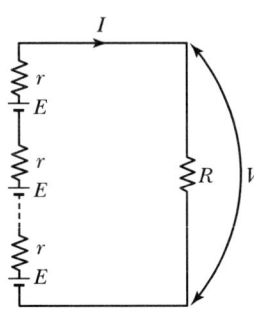

전지의 내부 저항이 r 이고 기전력이 E 인 전지를 n개 직렬 접속하면 단자전압 V는

- $I = \dfrac{nE}{nr+R}$

- 단자전압 $V = I \cdot R = \dfrac{nE}{nr+R} \cdot R$

예제

기전력 100V, 내부저항 1Ω의 전원에 19Ω의 외부 저항기를 직렬로 접속할 때 저항기 양단에 나타나는 전압은 몇 V인가?

㉮ 85　　　　　　　　　　㉯ 90
㉰ 95　　　　　　　　　　㉱ 100

정답 및 해설　　　　　　　　　　　　　　　　　　　**정답** ㉰

전류 : $I = \dfrac{E}{r+R} = \dfrac{100}{1+19} = 5\text{A}$

전압 : $V = IR = 5 \times 19 = 95\text{V}$

예제

그림과 같은 평형 휘트스톤 브리지에서 X 값은?

㉮ $X = \dfrac{Q}{R}P$　　　　　　　㉯ $X = \dfrac{P}{Q}R$

㉰ $X = \dfrac{R}{PQ}$　　　　　　　㉱ $X = \dfrac{Q}{P}R$

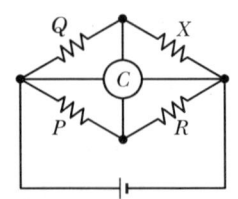

정답 및 해설

정답 ④

직류브리지의 평형조건 $Q \cdot R = P \cdot X$ (마주보는 저항값의 곱은 서로 같다.)
위 평형조건에 의해
$$\therefore X = \frac{Q}{P}R$$

8. 교류의 파형 및 주기

1) 교류(AC ; Alternating Current)
시간 변화에 따라 파형이 주기적으로 변화하는 전원

2) 정현파
교류 중에서 정현(sine)곡선을 그리는 파형을 정현파라 하며 가정이나 산업용 전원으로 주로 사용되고 있다. 통상 교류라 함은 정현파를 의미한다.

3) 비정현파
① 정현파가 아닌 교류파를 통칭하여 비정현파라 하며 구형파(square wave), 삼각파(triangle wave) 또는 펄스파(pulse wave) 등을 말한다.
② 비사인파(비정현파) = **직류분 + 기본파 + 고조파**

4) 왜형파
모양이 일정하지 않고 일그러진 모양을 가진 파를 왜형파라 한다.

5) 주파수(Frequency : f)
주파수는 1초 동안에 반복되는 사이클(cycle)의 수(數)로 정의한다.
1Hz = 1cycle/second : c/s

6) 주기(period : T)
파형이 1사이클 이동할 때까지 소요되는 시간

$$T = \frac{1}{f}(\sec)$$

7) 각속도(angular velocity : ω)
정현파 교류는 발전기 코일의 회전에 의해서 발생되므로 코일의 이동을 회전각도로 표시하여 사용한다. 이 회전각도를 각속도 또는 각주파수(angular frequency) ω 라 한다.

각속도 ω 와 주파수 f의 관계는 다음과 같다.

$$\omega = \frac{2\pi}{T} = 2\pi f(\text{rad/sec})$$

8) 위상각

$$\theta = \omega t \text{ 에서 } t = \frac{\theta}{\omega} = \frac{\theta}{2\pi f}$$

여기서, θ : 위상차(rad), ω : 각속도(rad/sec)
f : 주파수(Hz), t : 시간(sec)

예제

$v = 141\sin 377t$ V인 정현파 전압의 주파수는 몇 Hz인가?
㉮ 50 ㉯ 55
㉰ 60 ㉱ 65

정답 및 해설

정답 ㉰

$v = V_m \sin\omega t$ 에서
각속도 $\omega = 377 = 2\pi f$ rad/sec
주파수 $f = \frac{\omega}{2\pi} = \frac{377}{2\pi} \fallingdotseq 60\text{Hz}$

9. 정현파 전압과 전류의 일반적 표현

1) 순시값

$\theta = \omega t$ 의 관계가 있으므로 정현파 전압과 전류는

$$e = E_m \sin\theta = E_m \sin\omega t (\text{V})$$

$i = I_m \sin\theta = I_m \sin\omega t(\text{A})$의 식으로 일반화할 수 있다.

$$\cos\omega t = \sin\left(\omega t + \frac{\pi}{2}\right)$$

여기서, e 와 i는 각각 교류전압과 전류의 순시값(instantaneous value)을 나타낸다.

2) 평균값(average value)

한 주기 동안을 평균한 값

$$V_{av} = \frac{1}{T}\int_0^T v\,dt$$

그러나 정현파 교류는 정(+), 부(−)가 대칭이므로 한 주기를 평균하면 0이 된다. 따라서 반주기에 대한 순시값의 평균을 취하여 정현파 교류의 평균값을 구한다.
정현파 교류의 전압 및 전류의 평균값은 각각

- $V_{av} = \dfrac{2}{\pi} V_m \fallingdotseq 0.637 V_m$
- $I_{av} = \dfrac{2}{\pi} I_m \fallingdotseq 0.637 I_m$

3) 실효값(effective value)

동일한 저항회로에 직류와 교류를 동일 시간 인가하였을 때 소비되는 전력량이 같은 경우 이때의 직류값을 정현파 교류의 실효값으로 정의한다.
따라서 정현파 교류의 전압 및 전류의 실효값은 각각

- $V = \dfrac{V_m}{\sqrt{2}} \fallingdotseq 0.707 V_m$
- $I = \dfrac{I_m}{\sqrt{2}} \fallingdotseq 0.707 I_m$

4) 파형률과 파고율

구형파를 기준으로 할 때, 비정현적인 파형이 어느 정도 일그러졌는가를 나타내는 척도로써 파형률(wave factor)과 파고율(peak factor)이 사용된다.

① 파형률

$$\frac{실효값}{평균값} = \frac{V}{V_{av}} = \frac{I}{I_{av}}$$

$$정현파\ 교류의\ 파형률 = \frac{V}{V_{av}} = \frac{\dfrac{V_m}{\sqrt{2}}}{\dfrac{2V_m}{\pi}} \fallingdotseq 1.109$$

② 파고율

$$\frac{\text{최댓값}}{\text{실효값}} = \frac{V_m}{V} = \frac{I_m}{I}$$

정현파 교류의 파고율 $= \dfrac{V_m}{V} = \dfrac{V_m}{\dfrac{V_m}{\sqrt{2}}} = 1.414$

③ 주기적인 비정현파에 대한 파형률과 파고율

파형	실효값	평균값	파형률	파고율
정현파	$\dfrac{V_m}{\sqrt{2}}$	$\dfrac{2V_m}{\pi}$	1.11	1.414
정현반파 (반파정류)	$\dfrac{V_m}{2}$	$\dfrac{V_m}{\pi}$	1.57	2
삼각파	$\dfrac{V_m}{\sqrt{3}}$	$\dfrac{V_m}{2}$	1.15	1.73
구형반파	$\dfrac{V_m}{\sqrt{2}}$	$\dfrac{V_m}{2}$	1.41	1.41
구형파	V_m	V_m	1	1

5) 직류와 교류 전원이 동시에 존재하는 경우 전압의 실효값

$$\text{합성전압의 실효값} = \sqrt{(\text{직류전압의 실효값})^2 + (\text{교류전압의 실효값})^2}$$

예제

실효값 100V의 교류전압을 최댓값으로 나타내면 몇 V인가?

㉮ 110
㉯ 120
㉰ 141.4
㉱ 173.2

정답 및 해설

[정답] ㉰

정현파의 경우 : 최댓값 $V_m = \sqrt{2}\,V = \sqrt{2} \times 100 = 141.4\text{V}$

10. R, L, C회로

1) R, L, C회로의 전압과 전류의 위상관계

① R회로

$I = I \angle 0°$

$V = RI \angle 0° = V \angle 0°$

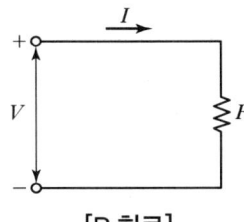
[R 회로]

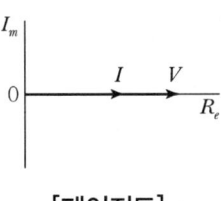
[페이저도]

㉮ 전압과 전류는 동위상이다.
㉯ $V = IR$이다.

② L회로

$I = I \angle 0$

$V = V \angle \dfrac{\pi}{2} = \omega LI \angle \dfrac{\pi}{2}$

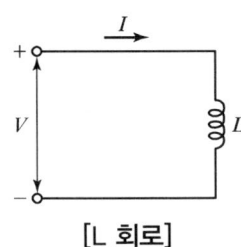
[L 회로]

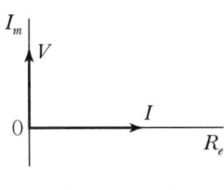
[페이저도]

㉮ 유도성 리액턴스 $X_L = j\omega L$이다.
㉯ $I = \dfrac{V}{j\omega L} = -j\dfrac{V}{\omega L}$ (전류는 전압보다 $-j\left(-\dfrac{\pi}{2}\right)$만큼 늦다.)
㉰ $V = j\omega LI$ (전압은 전류보다 $+j\left(\dfrac{\pi}{2}\right)$만큼 빠르다.)

③ C회로

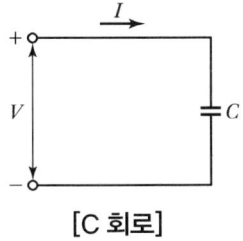
[C 회로]

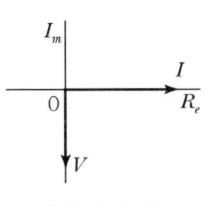
[페이저도]

㉮ 용량성 리액턴스 $X_C = \dfrac{1}{j\omega C}$ 이다.

㉯ $I = j\omega CV$ (전류는 전압보다 $+j\left(\dfrac{\pi}{2}\right)$ 만큼 빠르다.)

㉰ $V = -j\dfrac{I}{\omega C}$ (전압은 전류보다 $-j\left(-\dfrac{\pi}{2}\right)$ 만큼 늦다.)

④ 요약

부하의 종류	위상관계
저항(R) 부하	전압과 전류가 동상
인덕턴스(L) 부하	전류가 전압보다 90° 뒤진다. = 전압이 전류보다 90° 앞선다.
콘덴서(C) 부하	전류가 전압보다 90° 앞선다. = 전압이 전류보다 90° 뒤진다.

2) 임피던스

① 유도리액턴스

$$X_L = \omega L = 2\pi f L (\Omega)$$

여기서, ω : 각주파수(rad/s), L : 인덕턴스(H), f : 주파수(Hz)

② 용량리액턴스

$$X_C = \dfrac{1}{\omega C} = \dfrac{1}{2\pi f C}(\Omega)$$

여기서, ω : 각주파수(rad/s), C : 정전용량(F), f : 주파수(Hz)

③ 임피던스 및 어드미턴스

임피던스 $Z = R + jX =$ 저항 $+ j$ 리액턴스(Ω)

어드미턴스 $Y = G + jB =$ 콘덕턴스 $+ j$ 서셉턴스($\mho$)

- $Y = \dfrac{1}{Z}$: 어드미턴스는 임피던스의 역수
- $G = \dfrac{1}{R}$: 콘덕턴스는 저항의 역수
- $B = \dfrac{1}{X}$: 서셉턴스는 리액턴스의 역수

컨덕턴스(conductance)의 단위는 모($\mho$), 지멘스(S, Ω^{-1}) 등을 사용한다.

3) 임피던스 직·병렬회로

① 직렬회로

- 임피던스 $Z = Z_1 + Z_2 + Z_3 + \cdots + Z_n$
  $= (R_1 + R_2 + R_3 + \cdots + R_n) + j(X_1 + X_2 + X_3 + \cdots + X_n)$
  $= R_0 + jX_0$
- 역률 $\cos\theta = \dfrac{R_0}{Z} = \dfrac{R_0}{\sqrt{R_0^2 + X_0^2}}$

② 병렬회로

- 어드미턴스 $Y = Y_1 + Y_2 + Y_3 + \cdots + Y_n$
  $= (G_1 + G_2 + G_3 + \cdots + G_n) + j(B_1 + B_2 + B_3 + \cdots + B_n)$
  $= G_0 + jB_0$
- 역률 $\cos\theta = \dfrac{G}{Y} = \dfrac{\frac{1}{R_0}}{\frac{1}{Z}} = \dfrac{Z}{R_0} = \dfrac{\frac{R_0 \cdot X_0}{\sqrt{R_0^2 + X_0^2}}}{R_0} = \dfrac{X_0}{\sqrt{R_0^2 + X_0^2}}$

예제

지멘스(Simens)는 무엇의 단위인가?

㉮ 비저항 ㉯ 도전율
㉰ 컨덕턴스 ㉱ 자속

정답 및 해설 　　　　　　　　　　　　　　　　　　　　　　　**정답** ㉰

컨덕턴스(conductance)의 단위는 모($\mho$), 지멘스(S, Ω^{-1}) 등을 사용한다.

11. 역률과 무효율

1) 역률(Power factor)

전압과 전류의 위상차의 여현으로 표시

$$\cos\theta = \frac{P}{VI}, \qquad \cos\theta = \frac{R}{Z}$$

2) 무효율(Reactive factor)

전압과 전류의 위상차의 정현으로 표시

$$\sin\theta = \frac{Q}{VI}, \quad \sin\theta = \frac{X}{Z}$$

3) 위상차 θ의 범위

$-90° \leq \theta \leq 90°$의 범위에 있으므로 역률 $\cos\theta$는 $0 \leq \cos\theta \leq 1$이다.

① 순 저항성 회로의 경우 $\theta = 0°$이므로 $\cos\theta = 1$이고
② 순 유도성 회로인 경우 $\theta = 90°$이므로 $\cos\theta = 0$이며
③ 순 용량성 회로의 경우 $\theta = -90°$이므로 $\cos\theta = 0$이다.

4) RLC 직렬회로에서 역률

$$\cos\theta = \frac{R}{Z} = \frac{R}{\sqrt{R^2 + (X_L - X_C)^2}}$$

여기서, Z : 임피던스, R : 저항, X_L : 유도성 리액턴스, X_C : 용량성 리액턴스

5) 역률 개선

① 역률 개선방법

유도성 무효전력에 의한 역률 저하를 **용량성 무효전력을 공급함으로써 전체 무효전력을 감소시켜 역률을 향상**시키는 것을 역률 개선이라고 한다.

② 역률 개선에 필요한 콘덴서 용량

$$Q_c = P\tan\theta_1 - P\tan\theta_2 = P(\tan\theta_1 - \tan\theta_2)$$

여기서, θ_1 : 역률 개선 전, θ_2 : 역률 개선 후
Q_c : 콘덴서 용량(kVA), P : 유효전력(kW)

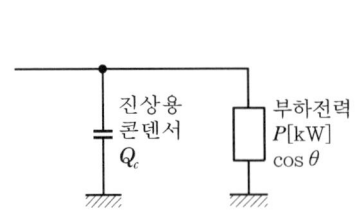
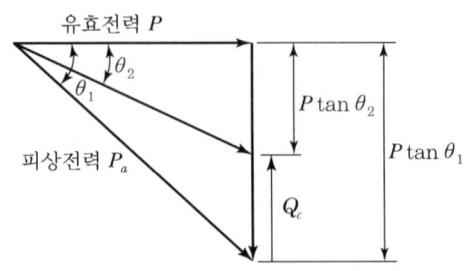

③ **역률 개선용 콘덴서의 설치방법**

㉮ 고압콘덴서를 변전소에 집중 설치하거나 고압배전선로의 주상에 설치

㉯ 고압콘덴서를 고압 자가용 수용가의 수전실에 설치

㉰ 저압 콘덴서를 부하에 직접 병렬로 설치

㉮, ㉯, ㉰ 방법 중 ㉰의 방법이 역률 개선효과가 직접적이고 그 효과도 전 계통에 미친다는 장점이 있다.

예제

저항 3Ω과 유도리액턴스 4Ω이 직렬로 접속된 회로의 역률은?

㉮ 0.6　　　　　　　　　　　㉯ 0.8
㉰ 0.9　　　　　　　　　　　㉱ 1

정답 및 해설

정답 ㉮

R, L, C 직렬회로에서 역률

$$\cos\theta = \frac{R}{Z} = \frac{R}{\sqrt{R^2+X^2}}$$

$$= \frac{3}{\sqrt{3^2+4^2}} = 0.6$$

12. 교류회로의 전력

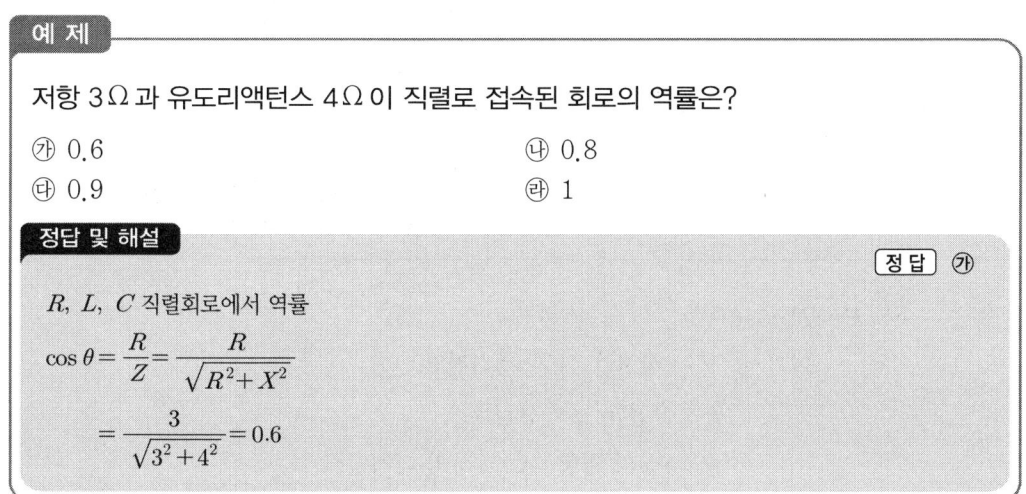

1) 전력의 종류

① **유효전력** P

유효전력 P는 부하회로의 저항성분 R을 통해 일을 하면서 **실제로 에너지를 소비하는 전력**을 말하며 단위는 와트(Watt : W)가 사용된다.

㉮ 단상회로의 유효전력

$$P = VI\cos\theta = I^2R(\text{W})$$

㉯ 3상회로의 유효전력

$$P = 3V_p I_p \cos\theta = \sqrt{3}\, V_l I_l \cos\theta \,(\text{W})$$

㉰ $R-X$ 직렬회로에서 단상 유효전력

$$P = I^2 R = \left(\frac{V}{\sqrt{R^2+X^2}}\right)^2 R = \frac{V^2 R}{R^2+X^2}\,(\text{W})$$

㉱ $R-X$ 직렬회로에서 3상 유효전력

$$P = 3I^2 R = 3\left(\frac{V_p}{\sqrt{R^2+X^2}}\right)^2 R = 3\frac{V_p^{\,2} R}{R^2+X^2}\,(\text{W})$$

㉲ $P = P_a \cos\theta\,(\text{W})$

여기서, V_p : 상전압, V_l : 선간전압

I_p : 상전류, I_l : 선전류

R : 1상의 저항, X : 1상의 리액턴스

② **무효전력** Q

무효전력 Q는 회로의 X_L, X_C 성분에 의한 에너지 축적효과로 생기는 전력으로서 단지 **전원 측과 에너지를 주고받을 뿐** 일에는 실제로 관여하지 않으므로 **에너지를 소비하지 않는다**. 단위는 바(Volt-ampere reactive : Var)가 사용된다.

㉮ 단상 회로의 무효전력

$$Q = VI\sin\theta = I^2 X\,(\text{Var})$$

㉯ 3상 회로의 무효전력

$$Q = 3V_p I_p \sin\theta = \sqrt{3}\, V_l I_l \sin\theta\,(\text{Var})$$

㉰ $R-X$ 직렬회로에서 단상 무효전력

$$Q = I^2 X = \left(\frac{V}{\sqrt{R^2+X^2}}\right)^2 X = \frac{V^2 X}{R^2+X^2}\,(\text{Var})$$

㉣ $R-X$ 직렬회로에서 3상 무효전력

$$Q = 3I^2 X = 3\left(\frac{V_p}{\sqrt{R^2+X^2}}\right)^2 X = 3\frac{V_p^2 X}{R^2+X^2} \text{(Var)}$$

㉤ $Q = P_a \sin\theta \text{(Var)}$

여기서, V_p : 상전압, V_l : 선간전압
I_p : 상전류, I_l : 선전류
R : 1상의 저항, X : 1상의 리액턴스

③ **피상전력 P_a**

피상전력 P_a는 인가전압과 유입전류 사이의 위상관계를 고려하지 않고 임피던스 Z에 대응하여 단지 회로에 인가된 전압 V와 전류 I의 크기만을 생각하기 때문에 겉보기 전력이라고도 한다. 단위는(Volt Ampere : VA)가 사용된다.

$$P_a = VI = I^2 Z \text{(VA)}$$

2) 역률과 전력의 관계

전력 삼각형으로부터 P, Q, P_a의 관계를 나타내면 다음과 같다.

$$P_a^2 = P^2 + Q^2 \quad \text{또는} \quad P_a = \sqrt{P^2 + Q^2}$$

① **역률**

$$\cos\theta = \frac{P}{P_a} = \frac{\text{유효전력}}{\text{피상전력}}$$

② **무효율**

$$\sin\theta = \frac{Q}{P_a} = \frac{\text{무효전력}}{\text{피상전력}}$$

3) 복소전력

부하의 R 성분에 의한 유효전력과 X 성분에 의한 무효전력을 임피던스와 마찬가지로 **실수부와 허수부로 나누어 표시한 것을 복소전력**(complex power)이라 한다.

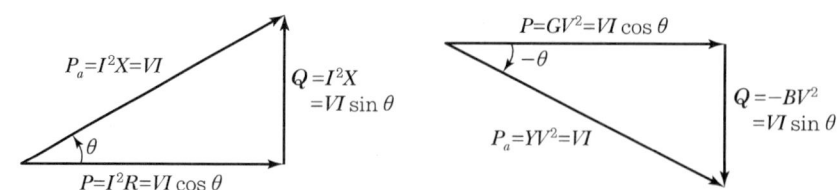

[전력 삼각형]

구분	피상전력	$+jQ$	$-jQ$
전류공액	$P_a = VI^* = P \pm jQ$	유도성 무효전력	용량성 무효전력
전압공액	$P_a = V^*I = P \pm jQ$	용량성 무효전력	유도성 무효전력

4) 회로소자의 전력과 에너지

① 저항 R회로

㉮ 평균전력 P는

$$P = VI = I^2R = \frac{V^2}{R}\,(\text{W})$$

㉯ 시간 $t(s)$ 동안에 저항에서 열로 소비되는 에너지(전력량)는

$$W_R = Pt = I^2Rt\,(\text{J}) = 0.24I^2Rt\,(\text{cal})$$

② 인덕턴스 L회로

㉮ 평균전력 P

$$P = \frac{1}{T}\int_0^T p\,dt = \frac{1}{T}\int_0^T VI\sin 2\omega t\,dt = 0$$

평균전력 $P = 0(\text{W})$인 것은 소비전력이 $0(\text{W})$인 것이다. 즉, 인덕터 코일에 교류전원이 공급되면 전원과 인덕터 사이에 주기적인 에너지 교환이 일어날 뿐이며 전력의 소모는 발생하지 않는다.

㉯ 축적에너지의 평균값 W_L

$$W_L = \frac{1}{2}LI^2\,(\text{J})$$

여기서, L : 인덕턴스(H), I : 전류(A)

③ 커패시턴스 C회로
  ㉮ 평균전력 P

$$P = \frac{1}{T}\int_0^T p\,dt = \frac{1}{T}\int_0^T VI\sin 2\omega t\,dt = 0$$

평균전력 $P = 0(\text{W})$인 것은 **소비전력이 0(W)**인 것이다. 즉, 커패시터 회로에 교류 전원이 공급되면 전원과 커패시터 사이에 주기적인 에너지 교환이 일어날 뿐이며 전력의 소모는 발생하지 않는다.

  ㉯ 축적에너지의 평균값 W_C

$$W_C = \frac{1}{2}CV^2$$

13. 선로에서의 전압과 전력손실

1) 전압과 전력손실 및 전선과의 관계

항목	관계	관계식
송전전력(P)	전압의 제곱에 비례	$\propto V^2$
전압강하(e)	전압에 반비례	$\propto \dfrac{1}{V}$
• 전선의 단면적(S) • 전선의 총 중량(W) • **전력손실**(P_l) • **전압강하율**(ε)	전압의 제곱에 반비례	$\propto \dfrac{1}{V^2}$

2) 전력손실

$$P_L = I^2 R = I^2 \rho \frac{l}{S} = I^2 \rho \frac{l}{\dfrac{\pi d^2}{4}} = \frac{KI^2 l}{d^2}$$

여기서, R : 저항, I : 전류
ρ : 고유저항($\Omega \cdot \text{m}$), S : 전선의 단면적(m^2)
l : 전선의 길이(m), d : 전선의 직경(m)

즉, 전류의 증가율만큼 전선의 직경을 증가시키면 전력손실은 변함이 없다.

14. 평형 3상 전원회로의 전압과 전류

1) Y 전원회로의 전압과 전류

V_a, V_b, V_c를 상전압, I_a, I_b, I_c를 상전류, V_{ab}, V_{bc}, V_{ca}를 선간전압, I_1, I_2, I_3를 선전류라 하면 상전압과 선간전압의 관계는

$$\begin{aligned}
&\bullet\, V_{ab} = V_a - V_b = V_a + (-V_b) \\
&\bullet\, V_{bc} = V_b - V_c = V_b + (-V_c) \\
&\bullet\, V_{ca} = V_c - V_a = V_c + (-V_a)
\end{aligned}$$

로 되며 페이저도는 그림 (b)와 같다.

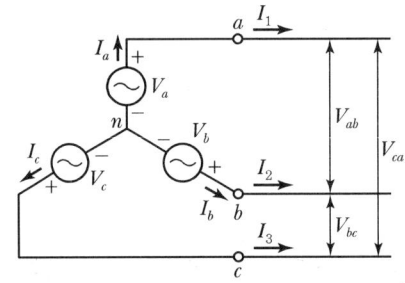
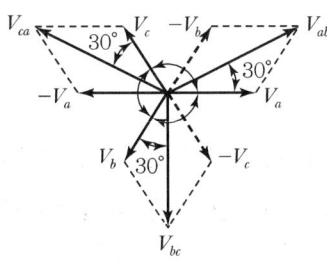

(a) 3상 Y전원 회로   (b) 페이저도

① **각 상전압과 각 선간전압의 관계**

$$\begin{aligned}
&\bullet\, V_{ab} = \sqrt{3}\, V_a \underline{/30°} \\
&\bullet\, V_{bc} = \sqrt{3}\, V_b \underline{/30°} \\
&\bullet\, V_{ca} = \sqrt{3}\, V_c \underline{/30°}
\end{aligned}$$

대표적으로 상전압을 V_p, 선간전압을 V_l이라 하면

$$V_l = \sqrt{3}\, V_p \underline{/30°}$$

로 되어 **각 선간전압은 각 상전압에 비해 크기가 $\sqrt{3}$ 배이며, 위상은 30° 빠르다.**

② **상전류와 선전류의 관계**

$$I_1 = I_a, \qquad I_2 = I_b, \qquad I_3 = I_c$$

대표적으로 상전류를 I_P, 선전류를 I_l 이라 하면

$$I_l = I_P$$

로 되어 각 선전류는 **각 상전류와 크기와 위상이 같다**.

2) △ 전원회로의 전압과 전류

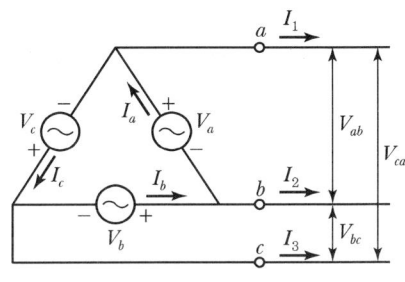

(a) 3상 △ 전원 회로

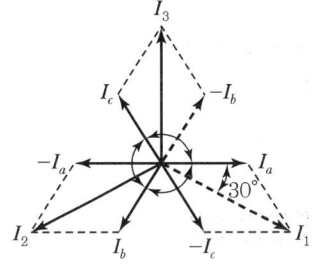

(b) 페이저도

① 선간전압과 상전압의 관계

$$V_{ab} = V_a, \ V_{bc} = V_b, \ V_{ca} = V_c$$

대표적으로 상전압을 V_P, 선간전압을 V_l 이라 하면

$$V_l = V_P$$

로 되어 **각 선간전압은 각 상전압과 크기와 위상이 같다**.

② 상전류와 선전류의 관계

- $I_1 = I_a - I_c = I_a + (-I_c)$
- $I_2 = I_b - I_a = I_b + (-I_a)$
- $I_3 = I_c - I_b = I_c + (-I_b)$

따라서 각 상전류와 각 선전류의 관계는 다음과 같다.

- $I_1 = \sqrt{3}\, I_a \underline{/-30°}$
- $I_2 = \sqrt{3}\, I_b \underline{/-30°}$
- $I_3 = \sqrt{3}\, I_c \underline{/-30°}$

대표적으로 상전류를 I_p, 선전류를 I_l이라 하면

$$I_l = \sqrt{3}\,I_p\,\underline{/-30°}$$

로 되어 **각 선전류는 각 상전류에 비해 크기가 $\sqrt{3}$ 배이며 위상은 30° 늦다.**

예제

대칭 3상 Y부하에서 각 상의 임피던스 $Z = 30\,\Omega$이고 부하전류가 8A일 때 부하의 선간전압은 몇 V인가?

㉮ 380   ㉯ 415
㉰ 480   ㉱ 515

정답 및 해설

정답 ㉯

상전압 $V_p = I \cdot Z = 30 \times 8 = 240$

선간전압 $V_l = \sqrt{3}\,V_P = \sqrt{3} \times 240 = 415$

15. 비정현파 교류

1) 비정현파의 발생원인

정현파로부터 일그러진 파형을 총칭하여 비정현파(non-sinuisoidal wave)라 하며 비정현파의 발생 원인은 다음과 같다.
① 교류 발전기에서의 전기자 반작용에 의한 일그러짐
② 변압기에서의 철심의 자기포화
③ 변압기에서의 히스테리시스 현상에 의한 여자 전류의 일그러짐
④ 다이오드의 비직선성에 의한 전류의 일그러짐

2) 비정현파 교류의 실효값 V 및 I

$i = I_0 + \sum_{n=1}^{\infty} I_{mn} \sin(n\omega t + \theta_n)$ 으로부터

$$\bullet\ I = \sqrt{I_0^{\,2} + \left(\frac{I_{m1}}{\sqrt{2}}\right)^2 + \left(\frac{I_{m2}}{\sqrt{2}}\right)^2 + \cdots + \left(\frac{I_{mn}}{\sqrt{2}}\right)^2}$$

$$= \sqrt{I_0^{\,2} + I_1^{\,2} + I_2^{\,2} + \cdots + I_n^{\,2}}$$

$$\bullet\ V = \sqrt{V_0^{\,2} + V_1^{\,2} + V_2^{\,2} + V_3^{\,2} + \cdots}$$

즉, **비정현파 교류의 실효값은 직류분, 기본파 및 고조파의 제곱 합의 평방근**으로 나타냄을 알 수 있다.

3) 왜형률

비정현파에서 기본파에 대해 고조파 성분이 어느 정도 포함되었는가를 나타내는 지표로서 왜형률(distortion factor)이 사용된다. 이는 비정현파가 정현파를 기준으로 하였을 때 얼마나 일그러졌는가를 표시하는 척도가 된다.

- 왜형률

$$= \frac{\text{고조파 실효값의 합}}{\text{기본파 실효값}} = \frac{\sqrt{(V_2^2 + V_3^2 + \cdots)}}{V_1}$$

$$= \sqrt{\frac{(V_2^2 + V_3^2 + \cdots)}{V_1^2}} = \sqrt{\left(\frac{V_2}{V_1}\right)^2 + \left(\frac{V_3}{V_1}\right)^2 + \cdots}$$

16. 대칭좌표법

1) 대칭좌표법

비대칭성의 불평형 전압이나 전류를 대칭성의 3성분(영상분, 정상분, 역상분)으로 분해하여 각각의 성분이 단독으로 존재하는 경우로 해석한 다음 각각의 성분을 중첩하는 방법으로 불평형 회로를 해석한다.

즉, 불평형전압 = 영상분 전압 + 정상분 전압 + 역상분 전압으로 구성된다.

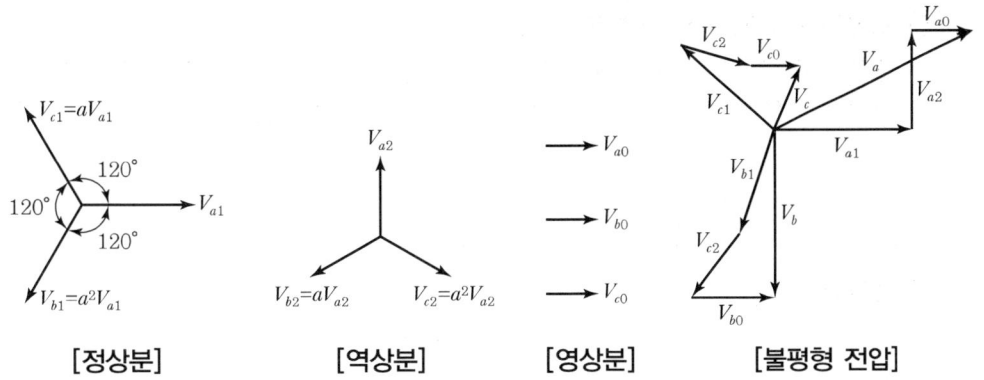

[정상분]　　[역상분]　　[영상분]　　[불평형 전압]

① 정상분은 상순 a - b - c로 120°의 위상차를 갖는 전압
② 역상분은 상순 a - c - b로 120°의 위상차를 갖는 전압
③ 영상분은 전압의 크기가 같고 위상이 동상인 성분

2) 불평형 3상전압 V_a, V_b, V_c

- $V_a = V_0 + V_1 + V_2$
- $V_b = V_0 + a^2 V_1 + a V_2$
- $V_c = V_0 + a V_1 + a^2 V_2$

3) 영상, 정상, 역상전압

- 영상 전압 $V_0 = \dfrac{1}{3}(V_a + V_b + V_c)$
- 정상 전압 $V_1 = \dfrac{1}{3}(V_a + a V_b + a^2 V_c)$
- 역상 전압 $V_2 = \dfrac{1}{3}(V_a + a^2 V_b + a V_c)$

4) 3상 교류발전기의 기본식

$$V_0 = -Z_0 I_0, \qquad V_1 = E_a - Z_1 I_1, \qquad V_2 = -Z_2 I_2$$

여기서, E_a : a 상의 유기 기전력, Z_0 : 영상 임피던스
Z_1 : 정상 임피던스, Z_2 : 역상 임피던스

회전기에서 Z_1과 Z_2는 일반적으로 같지 않다.

5) 고장의 종류에 따른 대칭분의 종류

고장의 종류	대칭분
1선 지락	정상분 + 역상분 + 영상분
선간 단락	정상분 + 역상분
3상 단락	정상분

6) 영상분

① 영상분은 접지선, 중성선에 존재한다.
② 비접지 Y, △는 영상분이 존재하지 않는다.

7) 불평형률

불평형 회로의 전압과 전류에는 정상분과 더불어 역상분과 영상분이 반드시 포함된다. 따라서 회로의 불평형 정도를 나타내는 척도로서 불평형률이 사용된다.

• 불평형률

$$\frac{역상분}{정상분} \times 100\% = \frac{V_2}{V_1} \times 100\% \quad 또는 \quad \frac{I_2}{I_1} \times 100\%$$

17. 2단자망

1) 복소 각주파수

α를 각주파수에 포함시킨 $(\alpha+j\omega)$를 복소 각주파수(complex angular frequency)라 하며 이것을 s로 표시한다. 즉, 구동점 임피던스 $Z(j\omega)$를 $Z(s)$로 표시하고 L과 C의 임피던스를 sL, $\frac{1}{sC}$로 표시한다.

① **직렬회로의 임피던스**

$$Z_s(s) = R + sL + \frac{1}{sC}$$

② **병렬회로의 임피던스**

$$Z_p(s) = \frac{1}{\frac{1}{R} + \frac{1}{sL} + sC}$$

2) 영점

$Z(s) = 0$이 되는 s의 값을 영점(zero)이라 하며 **회로의 단락상태**를 나타내고 기호 ○로 표시한다.

3) 극점

$Z(s) = \infty$가 되는 s의 값을 극점(pole)이라 하며 **회로가 개방상태**임을 뜻하고 기호 ×로 표시한다.

4) 요약

구분	내용	
임피던스 함수	임피던스를 구할 때 $j\omega = s$로 치환해서 계산한다.	−
영점	$Z(s) = 0$이 되는 s의 근	회로의 단락 상태
극점	$Z(s) = \infty$가 되는 s의 근	회로의 개방 상태

구분	내용	
정저항 회로	$R^2 = Z_1 Z_2 = \dfrac{L}{C}$	$R = \sqrt{Z_1 Z_2} = \sqrt{\dfrac{L}{C}}$
역회로	주파수와 무관한 정수 $R^2 = Z_1 Z_2 = \dfrac{L}{C}$	$R^2 = \dfrac{L_1}{C_1} = \dfrac{L_2}{C_2}$

18. 4단자망

1) ABCD 파라미터

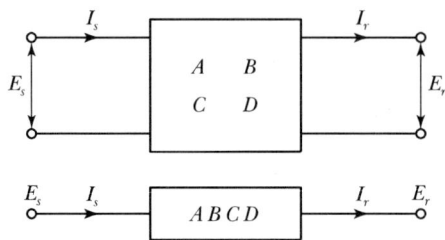

$E_s = A E_r + B I_r$

$I_s = C E_r + D I_r$

$AD - BC = 1$

$A = D$

① $A = \dfrac{E_s}{E_r}\bigg|_{I_r = 0}$: 전압비   2차 측 개방 후 1차 전압과 2차 전압의 비

② $B = \dfrac{E_s}{I_r}\bigg|_{E_r = 0}$: 임피던스 차원(Ω)   2차 측 단락 후 1차 측 전압과 2차 측 전류의 비

③ $C = \dfrac{I_s}{E_r}\bigg|_{I_r = 0}$: 어드미턴스 차원(℧)   2차 측 개방 후 1차 측 전류와 2차 측 전압의 비

④ $D = \dfrac{I_s}{I_r}\bigg|_{V_r = 0}$: 전류비   2차 측 단락 후 1차 측 전류와 2차 측 전류의 비

2) 영상임피던스

$$Z_{01} = \sqrt{\dfrac{AB}{CD}}, \qquad Z_{02} = \sqrt{\dfrac{BD}{AC}}$$

19. 직렬 공진회로

1) 직렬 공진 특성

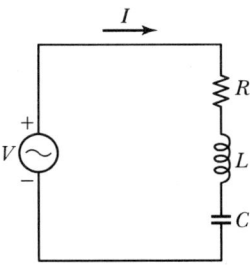

① 임피던스 Z

$$Z = R + j\left(\omega L - \frac{1}{\omega C}\right)$$

② 회로전류의 크기 I 및 위상 θ

$$\cdot I = \frac{V}{Z} = \frac{V}{R + j\left(\omega L - \frac{1}{\omega C}\right)} = \frac{V}{\sqrt{R^2 + \left(\omega L - \frac{1}{\omega C}\right)^2}}$$

$$\cdot \theta = \tan^{-1} \frac{\omega L - \frac{1}{\omega C}}{R}$$

③ 직렬공진조건

허수부 = 0, 즉 리액턴스 성분 $X = 0$가 되는 조건으로서,

$$\omega L - \frac{1}{\omega C} = 0 \qquad \therefore \omega L = \frac{1}{\omega C}$$

④ 공진 각주파수 ω_r와 공진주파수 f_r

$$\omega_r = \frac{1}{\sqrt{LC}}, \qquad f_r = \frac{1}{2\pi \sqrt{LC}}$$

⑤ 공진주파수 f_r에서 전류 I와 위상차 θ

$$I = I_r = \frac{V}{R}, \qquad \theta = \tan^{-1} \frac{0}{R} = 0$$

그러므로 직렬공진은 리액턴스 성분이 0이 되므로 공진 시 V와 I는 동상이 되고 전류는 최대로 된다. 이때의 전류 I_r를 공진전류라 한다.

2) 전압확대율

직렬 공진회로에서는 그림과 같이 L과 C양 단의 전압 V_L, V_C는 전원전압 V보다 수십 배 이상으로 확대되어 나타난다. 따라서 전원전압 V에 대한 V_L, V_C의 비율을 전압확대율 또는 양호도(quality factor) Q라 하며 다음 식으로 표시한다.

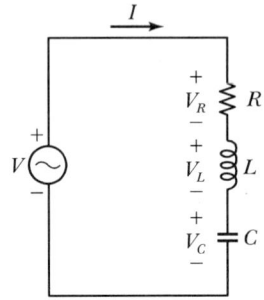
(a) 직렬 공진회로의 전압강하

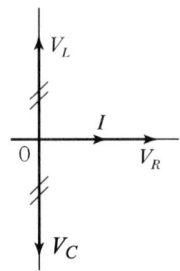
(b) 공진 시의 전류 벡터도

① **직렬 공진 시 V, V_L, V_C**

$$V = RI_r, \qquad V_L = \omega_r L I_r, \qquad V_C = \frac{1}{\omega_r C} I_r$$

② **양호도 Q**

- $Q_L = \dfrac{V_L}{V} = \dfrac{\omega_r L I_r}{R I_r} = \dfrac{\omega_r L}{R}$

- $Q_C = \dfrac{V_C}{V} = \dfrac{\dfrac{1}{\omega_r C} I_r}{R I_r} = \dfrac{1}{R \omega_r C}$

공진 시 $\omega_r L = \dfrac{1}{\omega_r C}$ 이고 $\omega_r = \dfrac{1}{\sqrt{LC}}$ 이므로

$$Q = Q_L = Q_C = \frac{\omega_r L}{R} = \frac{1}{R \omega_r C} = \frac{1}{R}\sqrt{\frac{L}{C}}$$

따라서, $V_L = V_C = QV$로 되어 L과 C양 단의 전압 V_L, V_C는 전원전압 V의 Q배로 나타나지만 그림 (b)와 같이 벡터적으로 $180°$의 위상차를 가지므로 서로 상쇄되어 V_R 성분만 남게 된다.

또한 양호도 Q는

$$Q = \frac{\omega_r L}{R} = \omega_r \frac{I^2 L}{I^2 R} = \frac{L\text{에 축적되는 에너지}}{\text{평균전력}}$$

로 나타내므로 Q는 공진회로가 에너지를 축적하는 효능의 척도가 되기도 한다.

3) 직·병렬 공진 요약

공진의 종류 / 구분	직렬 공진	병렬 공진
회로도	R-L-C 직렬, 전원 E	E, R, L, C 병렬
회로의 Z, Y	$Z = R + j\left(\omega L - \dfrac{1}{\omega C}\right)$	$Y = \dfrac{1}{R} + j\left(\omega C - \dfrac{1}{\omega L}\right)$
공진 조건	$\omega_r L = \dfrac{1}{\omega_r C}$	$\omega_r C = \dfrac{1}{\omega_r L}$
공진 각주파수	$\omega_r = \dfrac{1}{\sqrt{LC}}$	$\omega_r = \dfrac{1}{\sqrt{LC}}$
공진 주파수	$f_r = \dfrac{1}{2\pi\sqrt{LC}}$	$f_r = \dfrac{1}{2\pi\sqrt{LC}}$
공진 시 Z_r, Y_r	$Z_r = R$ (최소)	$Y_r = \dfrac{1}{R}$ (최소)
공진 전류	$I_r = \dfrac{E}{Z_r} = \dfrac{E}{R}$ (최대)	$I_r = Y_r E = \dfrac{E}{R}$ (최소)
선택도	$Q = \dfrac{\omega_r L}{R} = \dfrac{1}{\omega_r CR} = \dfrac{1}{R}\sqrt{\dfrac{L}{C}}$	$Q = \dfrac{R}{\omega_r L} = \omega_r CR = R\sqrt{\dfrac{C}{L}}$
공진의 의미	• 허수부가 0이다. • 전압과 전류가 동상이다. • 역률이 1이다. • **임피던스가 최소**이다. • 흐르는 **전류가 최대**이다.	• 허수부가 0이다. • 전압과 전류가 동상이다. • 역률이 1이다. • **어드미턴스가 최소**이다. • 흐르는 **전류가 최소**이다.

20. 필터회로(filter circuit)

회로망 내의 입력신호가 갖는 어떤 주파수 영역을 선택하거나 저지시킬 수 있도록 설계된 R, L, C 요소들의 임의적인 조합을 필터 또는 여파기라 한다.

일반적으로 필터회로의 구성은 2가지로 분류된다.

- **수동필터**(passive filter) : R, L, C 소자들만의 직·병렬조합으로 구성된 필터
- **능동필터**(active filter) : R, L, C 소자들이 트랜지스터나 증폭기들과 결합된 필터

1) 저항필터회로

저항필터회로는 저항 R과 L, C 소자와의 조합으로 구성된 필터회로를 말하며 주파수 선택성에 따라서 다음의 종류로 구분한다.

① **저역통과필터**(low-pass filter)
   높은 주파수는 잘 통과시키지 않고 **낮은 주파수를 잘 통과**시키는 회로

② **고역통과필터**(high-pass filter)
   높은 주파수는 잘 통과시키지만 낮은 주파수는 잘 통과시키지 않는 회로

③ **대역통과필터**(band-pass filter)
   대역통과필터는 **특정 대역의 주파수만 통과**시키고 통과대역보다 **높거나 낮은 주파수는 저지나 감쇠**시키는 필터이다.

④ **대역저지필터**(band-reject filter)
   대역저지필터는 **특정한 제거대역을 제외한 나머지 모든 주파수를 통과**시키는 필터이다.

2) 정 K형 필터

정 K형 필터는 인덕턴스 L과 커패시턴스 C의 조합으로 구성된 순수한 리액턴스 4단자망 필터를 말한다.

① **정 K형 저역통과필터**

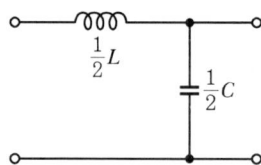

② **정 K형 고역통과필터**

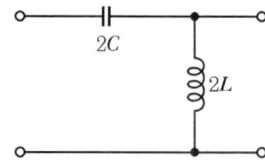

③ 정 K형 대역통과필터

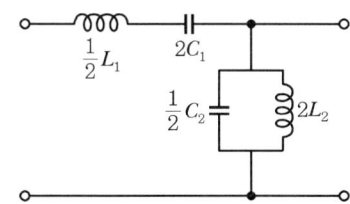

21. 과도현상

1) $R-L$ 직렬회로(직류전압 인가 시)

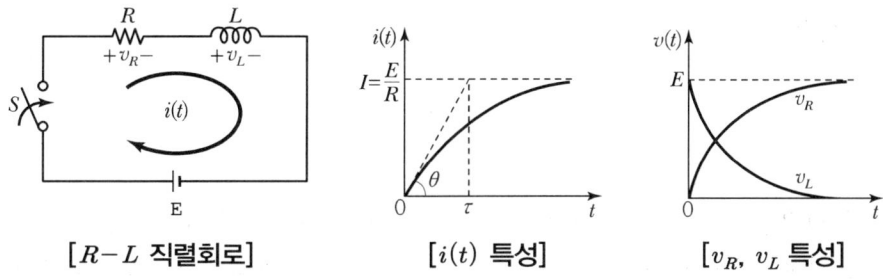

[$R-L$ 직렬회로]   [$i(t)$ 특성]   [v_R, v_L 특성]

그림과 같이 $R-L$ 직렬회로에 $t=0$에서 직류전압 E가 인가되었을 때 순간적으로 회로에 흐르는 전류를 i라 하면

① 키르히호프의 전압법칙(KVL)

$$E = Ri + L\frac{di}{dt}$$

② 미분방정식의 일반해 $i(t)$

$$i(t) = i_s + i_t$$

여기서, i_s : 정상해(steady state solution)
i_t : 과도해(tresient state solution)

③ 정상해 i_s

정상상태($t=\infty$)일 때의 전류값이므로

$E = Ri + L\dfrac{di}{dt}\bigg|_{t=\infty}$ 의 조건을 적용시키면

$i_s = \dfrac{E}{R}$

④ 과도해 i_t

$$-\frac{E}{R}e^{-\frac{R}{L}t}$$

⑤ 완전해 $i(t)$

$$i(t) = i_s + i_t = \frac{E}{R} - \frac{E}{R}e^{-\frac{R}{L}t} = \frac{E}{R}\left(1 - e^{-\frac{R}{L}t}\right)(A)$$

⑥ 시정수 τ

$$\tau = \frac{L}{R}$$

㉮ 시정수는 정상전류의 63.2%에 도달할 때까지의 시간을 의미한다.
㉯ 시정수가 크면 과도현상이 오래 지속되고 시정수가 적으면 과도현상이 짧아진다.

2) 과도현상 요약

① $R-L$ 직렬회로

	$R-L$ 직렬회로	직류 기전력 인가 시(S/W on 시)	직류 기전력 제거 시(S/W off 시)
㉮	전류 $i(t)$	$i(t) = \frac{E}{R}\left(1 - e^{-\frac{R}{L}t}\right)$	$i(t) = \frac{E}{R}e^{-\frac{R}{L}t}$
㉯	시정수	$\tau = \frac{L}{R}$(sec)	$\tau = \frac{L}{R}$(sec)

② $R-C$ 직렬회로

	$R-C$ 직렬회로	직류 기전력 인가 시(S/W on 시)	직류 기전력 제거 시(S/W off 시)
㉮	전하 $q(t)$	$q(t) = CE\left(1 - e^{-\frac{1}{RC}t}\right)$	$q(t) = CEe^{-\frac{1}{RC}t}$
㉯	전류 $i(t)$	$i(t) = \frac{E}{R}e^{-\frac{1}{RC}t}$ A	$i(t) = -\frac{E}{R}e^{-\frac{1}{RC}t}$ A
㉰	시정수	$\tau = RC$ sec	$\tau = RC$ sec

③ $R-L-C$ 직렬회로

	특성	$R-L-C$ 직렬회로
㉮	$R > 2\sqrt{\dfrac{L}{C}}$ 과제동 (비진동적)	
㉯	$R = 2\sqrt{\dfrac{L}{C}}$ 임계 진동	
㉰	$R < 2\sqrt{\dfrac{L}{C}}$ 부족 제동(감쇄진동)	
㉱	$R = 0$ 무제동($L \cdot C$ 회로)	

④ L 회로 및 C 회로에서 전류 및 전압의 변화

㉮ L 회로

$v_L = L\dfrac{di}{dt}$ 에서 i 가 급격히 ($t = 0$ 인 순간) 변화하면 v_L 이 ∞ 가 되는 모순이 생긴다.

따라서, 코일에서는 전류가 급격하게 변화할 수 없다.

㉯ C 회로

$i_c = C\dfrac{dv}{dt}$ 에서 v 가 급격히 변화하면 i_c 가 ∞ 가 되는 모순이 생긴다.

따라서, 콘덴서에서는 전압이 급격하게 변화할 수 없다.

03 전력 설비

1. 변압기

변압기란 전자유도작용을 이용하여 교류 전압과 전류의 크기를 변성하는 장치로 2개 이상의 전기회로와 1개 이상의 공통자기회로로 이루어져 있다.

1) 철손전류 및 자화전류와 여자전류의 관계

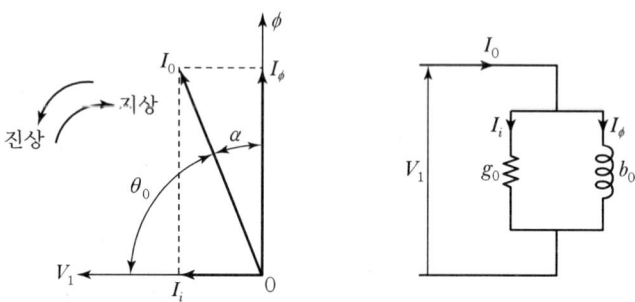

[여자회로 및 여자전류의 벡터도]

- $I_0 = I_\phi + I_i = \sqrt{I_\phi^2 + I_i^2}$
- $I_i = \dfrac{P_i}{V_1}$ (A)

여기서, I_0 : 여자전류, I_ϕ : 자화전류(자속을 만드는 전류)
I_i : 철손전류(철손 공급 전류), P_i : 철손

또한, 철심에는 자기포화 및 히스테리시스 현상이 있으므로 변압기 여자전류에는 제3고조파가 가장 많이 포함되어 있다.

2) 권수비

$$a = \frac{N_1}{N_2} = \frac{E_1}{E_2} = \frac{I_2}{I_1}$$

여기서, N_1 : 1차 권수, N_2 : 2차 권수, E_1 : 1차 기전력
E_2 : 2차 기전력, I_1 : 1차 전류, I_2 : 2차 전류

3) 1차 및 2차 유기기전력

$$E_1 = 4.44 f\, w_1 \Phi_m \text{(V)} \qquad E_2 = 4.44 f\, w_2 \Phi_m \text{(V)}$$

4) 임피던스 환산

① 1차 측에서 2차 측으로 환산 시
- 전압은 $\frac{1}{a}$배
- 전류는 a배
- 임피던스는 $\frac{1}{a^2}$배
- 어드미턴스는 a^2배

② 2차 측에서 1차 측으로 환산 시
- 전압은 a배
- 전류는 $\frac{1}{a}$배
- 임피던스는 a^2배

5) 전 손실전력

$$P_L = P_i + \left(\frac{1}{m}\right)^2 P_c \text{(kW)}$$

여기서, P_i : 무부하손실로 부하전류와 관계없이 매시간 발생하는 손실

P_c : 전부하 동손으로 부하전류의 제곱에 비례하는 손실, 즉 무부하 시에는 발생하지 않는 손실

6) 절연의 종류

종류	최고사용온도(℃)	종류	최고사용온도(℃)
Y종	90	F종	155
A종	105	H종	180
E종	120	C종	180 이상
B종	130		

7) 변압기유의 구비조건

① 점도가 낮고 비열이 커서 냉각효과가 클 것
② 응고점이 낮고 인화점이 높을 것
③ 절연물과 화학 반응이 없을 것
④ 고온에서 불용성 침전물이 생기지 말 것

8) 변압기의 온도 상승시험

① **실부하법**
소용량의 변압기 온도시험에 적용하는 방법으로 변압기 용량에 해당하는 실부하를 인가하여 온도 상승을 확인하는 방법

② **반환부하법**
2대 이상의 동일 정격의 변압기가 있는 경우에 사용하는 방법으로서 전원 측으로부터 손실분을 공급하는 방법으로 현재 가장 좋은 방법

③ **등가부하법**
1차 권선에 전압을 가하여 2차 권선을 단락시키고 전류를 흘려 부하손실분을 공급하는 방법

9) 효율

① **효율**

$$\eta = \frac{V_2 I_2 \cos\theta}{V_2 I_2 \cos\theta + P_i + P_c} \times 100\%$$

② $\frac{1}{m}$ **부하 시 효율**

철손은 부하에 관계없이 일정하고 동손은 $I_2^2 r$ 로서 부하 전류의 제곱에 비례하므로 $\frac{1}{m}$ 로 부하가 감소하면 P_c는 $\left(\frac{1}{m}\right)^2$ 으로 감소한다. 따라서

$$\frac{\frac{1}{m} V_2 I_2 \cos\theta}{\frac{1}{m} V_2 I_2 \cos\theta + P_i + \left(\frac{1}{m}\right)^2 P_c} \times 100\%$$

10) V결선

① **출력**

$$P_v = \sqrt{3} P_1 (\text{kVA})$$

② **변압기 이용률**

$$\frac{\text{V결선 시 용량}}{\text{2대의 용량}} = \frac{\sqrt{3} P_1}{2 P_1} = \frac{\sqrt{3}}{2} = 0.866$$

③ 출력비

$$\frac{\text{고장 후 용량}}{\text{고장 전 용량}} = \frac{\sqrt{3}\,P_1}{3P_1} = \frac{\sqrt{3}}{3} = 0.577$$

11) 비율 차동 계전기(Percentage Differential Relay)

① **용도**

발전기나 변압기의 **내부 고장**에 대한 **보호용**으로 사용

② **비율 차동 계전기 결선**

변압기의 결선이 Y-△ 또는 △-Y인 경우 변압기 1, 2차 측 변류기의 2차 전류 I_1, I_2의 크기 및 위상을 동일하게 하기 위해 비율 차동 계전기의 변류기의 결선은 변압기 결선과 반대로 한다.

변압기 결선	변류기 결선
Y-△	△-Y
△-Y	Y-△

예 제

그림과 같은 이상변압기의 권선비가 $n_1 : n_2 = 1 : 3$이다. a, b 단자에서 본 임피던스는 몇 Ω인가?

㉮ 50 ㉯ 100
㉰ 200 ㉱ 300

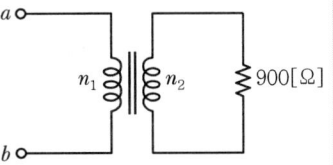

정답 및 해설

정답 ㉯

권수비 $a = \dfrac{n_1}{n_2} = \dfrac{1}{3}$

2차를 1차로 환산한 임피던스, 즉 a, b단자에서 본 임피던스

$Z_{21} = a^2 Z_2 = \left(\dfrac{1}{3}\right)^2 \times 900 = 100\ \Omega$

> **예제**
>
> 단상 변압기 3대를 △결선하여 부하에 전력을 공급하고 있는데, 변압기 1대가 고장 나서 V결선으로 바꾼 경우 고장 전의 몇 % 출력을 낼 수 있는가?
>
> ㉮ 50   ㉯ 57.7
> ㉰ 66.7   ㉱ 86.6
>
> **정답 및 해설**   [정답] ㉯
>
> $$출력비 = \frac{고장\ 후\ 용량}{고장\ 전\ 용량} = \frac{\sqrt{3}P_1}{3P_1} = \frac{\sqrt{3}}{3} = 0.577$$
>
> ∴ 57.7%

2. 회전기기

1) 전기각과 기하각

① **전기각**

극과 극 사이(N극과 S극 사이)를 말하며 π rad이다.

② **기하각**

기하학적인 각도로서 회전자가 1회전하게 되면 그때의 회전각은 2π(rad)이 된다.

③ **전기각과 기하각 사이의 관계**

$$전기각 = 기하각 \times \frac{P}{2} (\text{rad})$$

여기서, P : 극수

2) 전동기의 회전속도

① **동기속도**

극수와 주파수에 의해 정해지는 속도로서 다음과 같이 나타낸다.

- 동기속도 $N_s = \dfrac{120f}{P}$ (rpm)
- 동기속도 $n_s = \dfrac{2f}{P}$ (rps)

② 슬립 s

회전자계의 속도를 N_s, 유도전동기의 실제의 회전수를 N이라고 하면 유도전동기의 슬립 s는

$$s = \frac{N_s - N}{N_s} \times 100 (\%)$$

로 표현된다.

3) 유도 전동기(Motor)가 널리 사용되는 이유

① 전원을 쉽게 얻을 수 있다.
② 전기적인 지식이 없는 사람도 취급이 용이하다.
③ 값이 싸며, 튼튼하고, 제어가 쉽다.
④ 공해물질을 발생시키지 않는다.

4) 펌프용 전동기의 출력

$$P = \frac{HQK}{6.12\eta} \text{(kW)}$$

여기서, P : 전동기 용량(kW), K : 여유계수
H : 전양정(m), Q : 양수량(m³/min)

5) 농형 유도전동기의 기동법

농형 유도전동기의 **기동 토크 T_s는 전압의 제곱에 비례**한다.
따라서 기동전류를 억제하기 위하여 단자전압을 감소시키면 기동 토크도 **전압의 제곱에 비례**하여 감소하게 된다.

① **전 전압 기동법**

전동기에 별도의 기동장치를 사용하지 않고 **직접 정격전압을 인가하여 기동하는 방법**
㉮ 5kW 이하의 **소용량 농형 유도 전동기에 적용**
㉯ 기동 전류가 정격 전류의 4~6배 정도이다.

② **Y-△ 기동 방법**

기동 시 고정자권선을 **Y로 접속하여 기동**함으로써 기동전류를 감소시키고 운전속도에 가까워지면 권선을 **△로 변경하여 운전**하는 방식

㉮ 5~15kW 정도의 농형 유도전동기 기동에 적용

㉯ Y로 기동 시 전기자 권선에 가하여 지는 전압은 정격전압의 $1/\sqrt{3}$ 이므로 △ 기동 시에 비해 **기동전류는 1/3, 기동토크도 1/3로 감소**한다.

㉰ 모선 접속

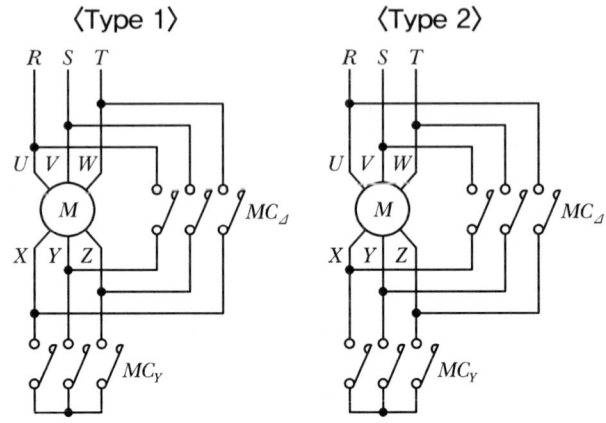

Type 1 또는 Type 2 모두 사용되나 기동 순간의 과도(돌입) 전류를 감소시키기 위하여 현재는 Type 1이 많이 사용된다.

③ **리액터 기동방법**

전동기의 1차 측에 직렬로 철심이 든 리액터를 설치하고 그 리액턴스의 값을 조정하여 전동기에 인가되는 전압을 제어함으로써 기동전류 및 토크를 제어하는 방식

④ **기동보상기법**

3상 단권변압기를 이용하여 전동기에 인가되는 기동전압을 감소시킴으로써 기동전류를 감소시키는 기동방식

㉮ 15kW 이상의 농형 유도전동기 기동에 적용

㉯ 기동 보상기 2차 측 전류＝기동 전류 × 기동 보상기 탭

㉰ 기동 보상기 1차 측 전류＝기동 보상기 2차 측 전류 / 권수비
　　　　　　　　　　　　＝기동 보상기 2차 측 전류 × 기동 보상기 탭

⑤ **콘도르퍼법**

이 방법은 기동보상기법과 리액터기동 방식을 혼합한 방식이다. 기동 시에는 단권변압기를 이용하여 기동한 후 단권변압기의 감전압탭으로부터 전원으로 접속을 바꿀 때 큰 과도전류가 생기는 경우가 발생한다. 이 전류를 억제하기 위하여 기동된 후에 리액터를 통하여 운전하고 일정한 시간 후 리액터를 단락하여 전원으로 접속을 바꾸는 기동방식이다. 원활한 기동이 가능하지만 가격이 비싸다는 단점이 있다.

6) 비례추이

비례추이란 **2차 회로 저항의 크기를 조정**함으로써 **그 크기를 제어할 수 있는 요소**를 말하며 비례추이를 할 수 있는 것은 $\frac{r_2}{s}$**의 함수**로 표시된다. 따라서 비례추이는 2차 저항의 크기를 변화시킬 수 있는 **권선형 유도 전동기에서 사용**된다.

7) 유도전동기의 전류 및 토크

① 유도전동기의 전류

$$I = \frac{P}{\sqrt{3}\ V\cos\theta \cdot \eta}(A)$$

여기서, P : 3상 유도전동기의 출력(W)
V : 전압(V), I : 전류(A)
$\cos\theta$: 역률, η : 효율

② 유도전동기의 토크

㉮ 토크

$$T = K_0 \frac{sE_2^{\ 2}\ r_2}{r^2 + (sx_2)^2}(\text{kg·m})$$

여기서, T : 토크(kg·m)
K_0 : 비례상수
s : 슬립, E_2 : 2차 유기기전력
r_2 : 2차 1상의 저항(Ω)
x_2 : 2차 1상의 리액턴스(Ω)

유도전동기의 토크는 슬립이 일정할 경우 전압의 제곱에 비례한다.

㉯ 토크

$$T = 0.975\frac{P}{N}(\text{kg·m})$$

여기서, P : 전동기 출력
N : 전동기의 회전속도

8) 3상 유도전압조정기

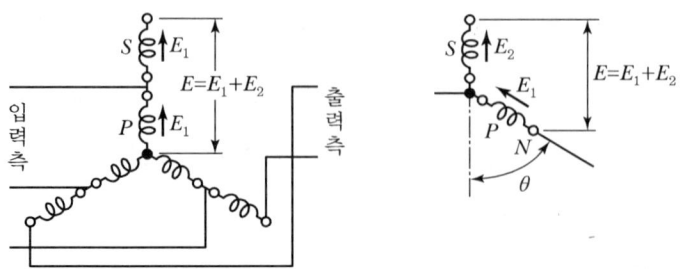

권선형 3상 유도 전동기의 1차 권선 P와 2차 권선 S를 3상 성형 단권변압기와 같이 접속한 후 회전자를 구속하고 사용하는 것과 같다.
- 1차 권선 : 회전자
- 2차 권선 : 고정자

3. 전열기 용량

$$P = \frac{cm\theta}{860\eta t} \text{(kW)}$$

여기서, P : 용량(kW), η : 효율
t : 소요시간(h), m : 질량(l)
c : 비열, 물의 경우 1
θ_2 : 상승 후 온도(℃)
θ_1 : 상승 전 온도(℃)
$\theta = \theta_2 - \theta_1$

예제

10Ω의 저항에 2A의 전류를 10분간 흘렸을 때 발열량은 몇 cal인가?

㉮ 2,880 ㉯ 5,760
㉰ 11,520 ㉱ 24,000

정답 및 해설 [정답] ㉯

$H = 0.24 I^2 Rt \text{cal}$
$H = 0.24 I^2 Rt = 0.24 \times 2^2 \times 10 \times 10 \times 60 = 5,760 \text{cal}$

04 전기화학

1. 전지의 종류

1) 1차 전지
한 번 방전하면 **재사용할 수 없는 전지**
① 망간전지
② 공기전지
③ 수은전지

2) 2차 전지
방전방향과 반대방향으로 충전하여 **몇 번이고 반복 사용할 수 있는 전지**
① 납축전지
② 알칼리축전지

2. 2차 전지

1) 연축전지 화학 반응식

$$PbO_2 + 2H_2SO_4 + Pb \underset{충전}{\overset{방전}{\rightleftarrows}} PbSO_4 + 2H_2O + PbSO_4$$
$$(+) \quad (전해액) \quad (-) \quad\quad (+) \quad\quad (물) \quad (-)$$

방전 후 연축전지는 **양극과 음극이 모두 황산연**이 된다.

2) 알칼리 축전지 화학 반응식

양극은 산화니켈(Ni_2O_3)이며, 음극은 카드뮴(Cd)을 사용한다.

$$2NiO(OH)(양극) + 2H_2O(전해액) + Cd(음극) \underset{충전}{\overset{방전}{\rightleftarrows}} 2Ni(OH)_2 + Cd(OH)_2(음극)$$

① 양극 : 산화니켈 2NiO(OH)
② 음극 : 카드뮴(Cd)

3) 충전방식
① **보통 충전** : 필요할 때마다 표준 시간율로 소정의 충전을 하는 방식이다.
② **급속 충전** : 비교적 단시간에 보통 전류의 2~3배의 전류로 충전하는 방식이다.
③ **부동 충전** : 축전지의 자기 방전을 보충함과 동시에 상용 부하에 대한 전력 공급은 충전기가 부담하도록 하되 충전기가 부담하기 어려운 일시적인 대전류 부하는 축전지로 하여금 부담하게 하는 방식이다.

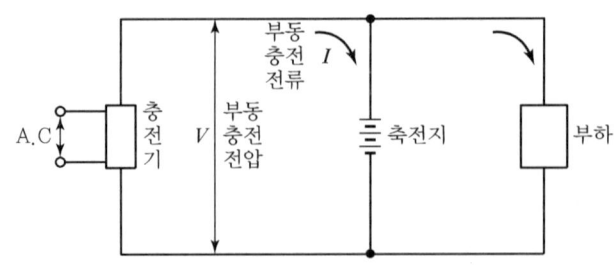

$$\text{충전기 2차 충전 전류(A)} = \frac{\text{축전지 용량(Ah)}}{\text{정격 방전율(h)}} + \frac{\text{상시 부하 용량(VA)}}{\text{표준 전압(V)}}$$

④ **세류 충전** : 자기 방전량만을 항시 충전하는 부동 충전 방식의 일종이다.
⑤ **균등 충전** : 부동 충전 방식에 의하여 사용할 때 각 전해조에서 일어나는 전위차를 보정하기 위하여 1~3개월마다 1회씩 정전압으로 10~12시간 충전하여 각 전해조의 용량을 균일화하기 위한 방식이다.

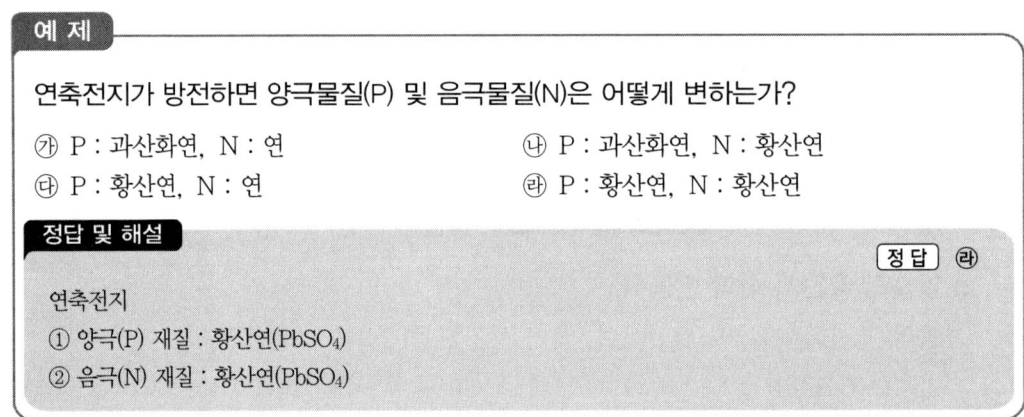

예제

연축전지가 방전하면 양극물질(P) 및 음극물질(N)은 어떻게 변하는가?
㉮ P : 과산화연, N : 연   ㉯ P : 과산화연, N : 황산연
㉰ P : 황산연, N : 연   ㉱ P : 황산연, N : 황산연

정답 및 해설   정답 ㉱

연축전지
① 양극(P) 재질 : 황산연($PbSO_4$)
② 음극(N) 재질 : 황산연($PbSO_4$)

3. 전지의 국부작용

전해질용액 속에 들어 있는 용액의 조성이나, **불순물, 온도·압력 등의 국부적 불균일성**으로 인해 내부에서 국부적으로 전위차가 발생되며 이 전위차를 국부전지(local cell)라 한다. 이 국부전지에 의해 **전지의 자기방전이 발생**하게 되며 이러한 현상을 전지의 국부작용이라고 한다.

4. 패러데이(Faraday)의 법칙 및 전해액의 도전율

1) 패러데이의 법칙

$$W = kQ = kIt$$

여기서, W : 석출되는 물질의 양(g), k : 물질의 화학당량(g/C)
Q : 전해액을 통과하는 총 전기량(C)

위 식은 석출되는 물질의 양은 통과하는 전기량에 비례한다는 것을 나타낸다.

2) 도전율

전해액의 도전율은 농도가 증가할수록 증가한다.

05 계측

1. 지시계기의 구성요소 및 오차

1) 지시계기의 구성요소

① 구동장치
② 제어장치
③ 제동장치
④ 가동부 지지장치
⑤ 지침 및 눈금

2) 오차와 보정률

① 오차

$$\frac{M-T}{T}$$

② 보정률

$$\frac{T-M}{M}$$

여기서, M : 지시값, T : 참값

> **예제**
>
> 어떤 측정계기의 지시값을 M, 참값을 T라 할 때 보정률은?
>
> ㉮ $\dfrac{T-M}{M}$　　　　　㉯ $\dfrac{M}{M-T}$
>
> ㉰ $\dfrac{T-M}{T}$　　　　　㉱ $\dfrac{T}{M-T}$
>
> **정답 및 해설**　　　　　　　　　　　　　　　　　　　　　[정답] ㉮
>
> 오차 $= \dfrac{M-T}{T}$,　보정률 $= \dfrac{T-M}{M}$
>
> 여기서, M : 지시값, T : 참값

2. 측정 계측기

1) 용도별 적용 계측기

① 굵은 나전선의 저항 : 캘빈더블 브리지
② 수천 옴의 가는 전선의 저항 : 휘트스톤 브리지
③ 전해액의 저항(축전지의 내부저항) : 콜라우시 브리지
④ 옥내 전등선의 절연저항 : 메거
⑤ 인덕턴스 측정 : 맥스웰브리지
⑥ 정전용량 및 유전체 손실각 측정 : 셰링브리지
⑦ 미소전류 및 미소전압의 측정 : 검류계

2) 계기별 측정 가능한 전압의 종류 및 지시값

계기의 종류	측정 가능한 전압의 종류	지시값	사용계기
가동코일형	직류	평균값	• 전압계　• 전류계 • 저항계
정전형	직류 및 교류	평균값 및 실효값	전압계
유도형	교류	실효값	
열전형	직류 및 교류	평균값 및 실효값	• 전압계　• 전류계 • 전력계

3) 회로시험기로 측정할 수 있는 것

① 직류전압
② 직류전류

③ 교류전압

④ 저항

⑤ 도통상태

4) 전압계 및 전류계의 연결

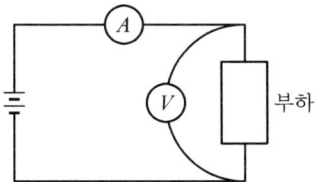

① **전압계(Ⓥ)는** 부하에 **병렬**로 접속한다.
② **전류계(Ⓐ)는** 부하에 **직렬**로 접속한다.

5) 가동철편형 계기의 구조형태

① 흡인형(attraction type)
② 반발형(repulsion type)
③ 반발흡인형(repulsion attraction type)

6) 전류력계형 계기(electrodynamic type instrument)

① **직류와 교류를 같은 눈금으로 측정**할 수 있다.(장점)
② 전압계, 전류계, 전력계, 주파수계, 역률계 등에 사용된다.
③ 고정 코일에 흐르는 전류로 자장을 만들기 때문에 가동코일형 계기에 비하여 자장에 약한 결점이 있다.

7) 정류기형 전류계

정류기에 의해 교류를 직류로 변환하여 가동코일형 계기로 지시하는 것으로서 감도가 좋으며 **교류의 실효값을 지시**한다. 주로 상용주파수에서 사용되며 파형의 영향을 받기 쉽다.

예제

부하전압과 전류를 측정하기 위한 연결방법이다. 옳은 것은?

㉮ 전압계 : 부하와 병렬, 전류계 : 부하와 직렬
㉯ 전압계 : 부하와 병렬, 전류계 : 부하와 병렬
㉰ 전압계 : 부하와 직렬, 전류계 : 부하와 직렬
㉱ 전압계 : 부하와 직렬, 전류계 : 부하와 병렬

> **정답 및 해설**
>
> ① 전압계 : 부하와 병렬로 연결하여 측정
> ② 전류계 : 부하와 직렬로 연결하여 측정
>
>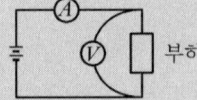
>
> [정답] ㉮

3. 전력의 측정

1) 1전력계법

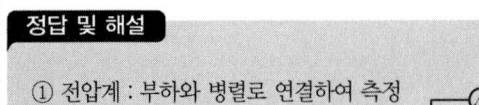

전원 및 부하가 모두 대칭이므로 $E_{ab} = E_{bc} = E_{ca} = E$, $I_a = I_b = I_c = I$ 라고 하면 소비전력 P는

$$P = 2W = \sqrt{3}\, EI \qquad \therefore\ I = \frac{2W}{\sqrt{3}\, E}$$

2) 2전력계법 : 단상 전력계 2대로 3상의 전력 및 역률을 계산하는 방법

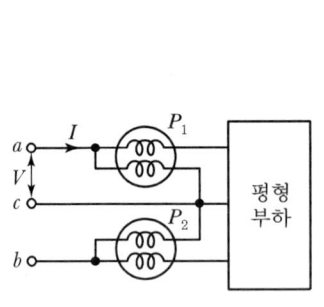
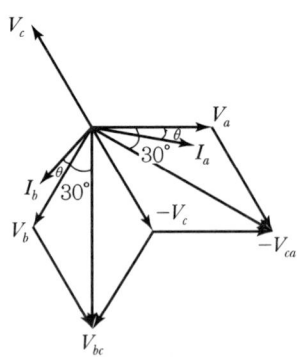

① 유효전력

$$P = P_1 + P_2$$

② 무효전력

$$Q = \sqrt{3}\,(P_1 - P_2)$$

③ 피상전력

$$P_a = \sqrt{P^2 + Q^2} = 2\sqrt{P_1^{\,2} + P_2^{\,2} - P_1 P_2}$$

④ 역률

$$\cos\theta = \frac{P}{P_a} = \frac{P_1 + P_2}{2\sqrt{P_1^{\,2} + P_2^{\,2} - P_1 P_2}}$$

3) 3전압계법

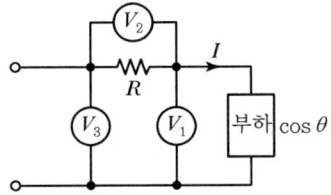

전류 I를 기준으로 벡터도를 그려 보면 그림과 같다.

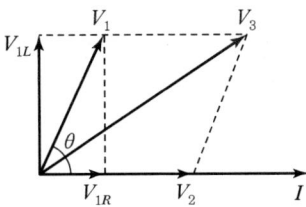

소비 전력 $P = V_1 I\cos\theta$이고 벡터도에서

$V_3 = \sqrt{V_1^{\,2} + V_2^{\,2} + 2V_1 V_2 \cos\theta}$ 이므로

$\cos\theta = \dfrac{V_3^{\,2} - V_1^{\,2} - V_2^{\,2}}{2V_1 V_2}$

$\therefore\ P = V_1 I \cos\theta = V_1 \cdot \dfrac{V_2}{R} \cdot \dfrac{V_3^{\,2} - V_1^{\,2} - V_2^{\,2}}{2V_1 V_2}$

$$P = \frac{1}{2R}(V_3{}^2 - V_1{}^2 - V_2{}^2)$$

$\left(P = \dfrac{V^2}{R}\text{의 형태로 제일 높은 전압에서 낮은 전압을 빼주면 된다.}\right)$

4) 3전류계법 : 전류계 3개로 전력을 측정하는 방법

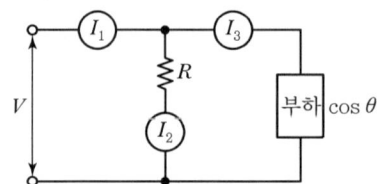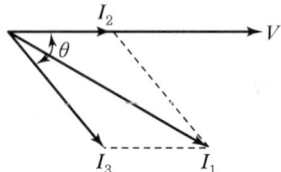

소비전력 $P = VI_3 \cos\theta$ 이고 벡터도에서

$I_1 = \sqrt{I_2{}^2 + I_3{}^2 + 2I_2 I_3 \cos\theta}$ 이므로

$\cos\theta = \dfrac{I_1{}^2 - I_2{}^2 - I_3{}^2}{2 I_2 I_3}$

$$P = VI_3 \cos\theta = I_2 R I_3 \cos\theta = R \cdot I_2 \cdot I_3 \cdot \frac{I_1{}^2 - I_2{}^2 - I_3{}^2}{2 I_2 \cdot I_3}$$

$$\therefore P = \frac{R}{2}(I_1{}^2 - I_2{}^2 - I_3{}^2)$$

($P = I^2 R$의 형태로 제일 큰 전류에서 낮은 전류를 빼주면 된다.)

4. 적산전력계

1) 잠동 현상

무부하 상태에서 정격 주파수 및 정격 전압의 110%를 인가하여 계기의 원판이 1회전 이상 회전하는 현상

2) 방지 대책

① 원판에 작은 구멍을 뚫는다.
② 원판에 소 철편을 붙인다.

5. 측정의 종류

측정의 종류	정의
직접 측정	측정량을 같은 종류의 기준량과 직접 비교하여 그 양의 크기를 결정하는 방법
간접 측정	측정량과 어떤 관계가 있는 독립된 양을 각각 직접 측정으로 구하여 그 결과로부터 계산에 의해 요구되는 측정량의 값을 결정하는 방법
비교 측정	측정하려고 하는 양과 미리 값이 알려진 표준량을 비교하는 방법
절대 측정	측정량과 표준량이 종류나 성질이 서로 다른 경우에 3개의 기본량인 길이, 질량, 시간을 측정함으로써 구하고자 하는 측정량을 얻어내는 방법

6. 편위법과 영위법

1) 편위법

용수철 저울에 무게를 측정하고자 하는 물체를 올려놓으면, 저울의 지침이 움직이고 그 위치의 변화로부터 물체의 무게를 알 수 있다. 이와 같이 측정량의 크기에 따라 지침 등을 편위시켜 측정량을 지시시키는 방법을 편위법(偏位法, deflection method)이라고 부른다.

2) 영위법

천칭(天秤)에서는 물체의 무게와 무게의 기준이 되는 분동을 서로 비교하여 지침이 0을 지시하도록 분동의 무게를 조정하면, 분동의 무게와 물체의 무게가 서로 같다는 사실로부터 물체의 무게를 구할 수 있다. 이와 같이 어느 측정량을 그것과 종류가 같고 크기가 조정되는 기준량과 비교하여 측정량과 똑같이 되도록 기준량을 조정한 후 기준량의 크기로부터 측정량을 구하는 방법을 영위법(零位法, null method)이라 한다.

편위법	영위법
측정감도는 낮지만 신속하게 할 수 있다.	측정감도가 좋고 정밀측정에 적합하다.
공업상 각종의 측정에 널리 사용된다.	측정조건이 안정되지 않으면 완전한 영위를 구하기 어려우므로 공업상의 측정에는 부적합하다.

7. 계기용 변류기(CT ; Current Transformer)

1) 목적

회로의 **대전류를 소전류로 변성**하여 계기나 계전기에 공급하기 위한 목적으로 사용

2) 변압기 회로의 변류비

변류기 2차 측 정격전류는 5A이며 변압기회로에서 변류기의 변류비는 다음과 같다.

$$\frac{\text{CT 1차 측 전류} \times (1.25 \sim 1.5)}{\text{CT 2차 측 전류}} = \frac{\text{최대 부하 전류} \times (1.25 \sim 1.5)(A)}{5(A)}$$

3) 2차 측 개방 불가

변류기 2차 측을 개방하면 1차 전류가 모두 여자전류가 되어 2차 측에 과전압을 유기하여 절연이 파괴되어 소손될 우려가 있으므로 **CT 2차 측 기기를 교체하고자 하는 경우는 반드시 CT 2차 측을 단락**시켜야 한다.

예제

변류기에 결선된 전류계가 고장이 나서 교환하려 한다. 다음 중 옳은 것은?

㉮ 변류기의 2차를 개방시키고 한다.
㉯ 변류기의 2차를 단락시키고 한다.
㉰ 변류기의 2차를 접지시키고 한다.
㉱ 변류기에 피뢰기를 달고 한다.

정답 및 해설

전류계 고장 시 교환할 때 변류기의 2차 측을 단락시킨다.

정답 ㉯

---

06 한국전기설비규정(KEC)

1. 전압의 구분

구분	개정 후
특별저압	• 교류 50[V] 이하 • 직류 120[V] 이하
저압	• 교류 1[kV] 이하 • 직류 1.5[kV] 이하
고압	• 교류 1[kV] 초과 7[kV] 이하 • 직류 1.5[kV] 초과 7[kV] 이하
특별 고압	교류·직류 7[kV] 초과

2. 절연저항

사용전압[V]	DC 시험전압	절연저항[MΩ]
SELV 및 PELV	250	0.5 이상
FELV 500V 이하	500	1.0 이상
500V 초과	1,000	1.0 이상

- SELV : 1차와 2차가 절연되었고, 접지되지 않은 특별저압
- PELV : 1차와 2차가 절연되었고, 접지된 특별저압
- FELV : 1차와 2차가 절연되어 있지 않은 특별저압

3. 접지설계

구분	개정 후
고압 및 특 고압	계통 접지
저압	보호 접지 피뢰시스템 접지
변압기	중성점 접지

1) 계통 접지

전력계통의 이상 현상을 대비하기 위하여 대지와 계통을 접속하는 것으로 TN 계통, TT 계통, IT 계통으로 구분한다.
① TN 접지 : 전원부−대지, 설비−중선선
② TT 접지 : 전원부−대지, 설비−대지
③ IT 접지 : 전원부−절연되어 있거나 임피던스 접지, 설비−대지

2) 보호 접지

감전보호를 목적으로 기기의 한 점 이상을 접지한다.

3) 피뢰시스템 접지

뇌격 전류를 안전하게 대지로 방전하기 위해 접지를 한다.

07 자동제어

1. 로직

1) 분배법칙과 결합법칙

정리	스위치 회로
T1 : 교환의 법칙 (a) A+B=B+A (b) A·B=B·A	
T2 : 결합의 법칙 (a) (A+B)+C=A+(B+C) (b) (A·B)·C=A·(B·C)	
T3 : 분배의 법칙 (a) A·(B+C)=A·B+A·C (b) A+(B·C)=(A+B)·(A+C)	

2) 드 모르간의 정리

① **쌍대(duality)의 원리**

논리대수의 식에서 0과 1, +와 ·를 동시에 교환한 식은 반드시 성립한다는 것이다. 즉, 0 + A = A 에 위의 쌍대의 원리를 적용하면 1 · A = A 식으로 된다.

또한, A + A = A 에 쌍대의 원리를 적용하면 A · A = A 식이 된다.

② **일반화된 드 모르간의 정리**

$$\overline{(X_1 + X_2 + X_3 \cdots X_n)} = \overline{X_1} \cdot \overline{X_2} \cdot \overline{X_3} \cdots \overline{X_n}$$

$$\overline{(X_1 \cdot X_2 \cdot X_3 \cdots X_n)} = \overline{X_1} + \overline{X_2} + \overline{X_3} + \cdots + \overline{X_n}$$

3) 유접점 및 무접점과 논리회로

회로	유접점	무접점	논리회로	진리표
AND 회로			$X = A \cdot B$	A B X / 0 0 0 / 0 1 0 / 1 0 0 / 1 1 1
OR 회로			$X = A + B$	A B X / 0 0 0 / 0 1 1 / 1 0 1 / 1 1 1
NOT 회로			$X = \overline{A}$	A X / 0 1 / 1 0
NAND 회로			$X = \overline{A \cdot B}$	A B X / 0 0 1 / 0 1 1 / 1 0 1 / 1 1 0
NOR 회로			$X = \overline{A + B}$	A B X / 0 0 1 / 0 1 0 / 1 0 0 / 1 1 0
exclusive-OR 회로			$X = \overline{A} \cdot B + A \cdot \overline{B} = A \oplus B$	A B X / 0 0 0 / 0 1 1 / 1 0 1 / 1 1 0

플립플롭			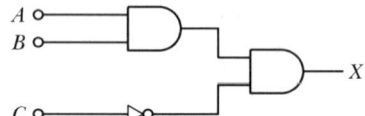

예제

그림과 같은 논리회로의 출력 X는?

㉮ $A \cdot B + \overline{C}$ ㉯ $A + B + \overline{C}$
㉰ $(A + B) \cdot \overline{C}$ ㉱ $AB\overline{C}$

정답 및 해설   정답 ㉱

$X = (A \cdot B) \cdot \overline{C} = AB\overline{C}$

예제

다음 그림과 같은 다이오드 논리회로의 명칭은?

㉮ NOT 회로 ㉯ AND 회로
㉰ OR 회로   ㉱ NAND 회로

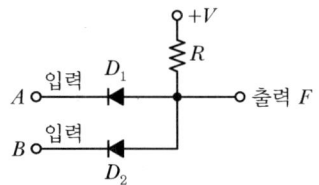

정답 및 해설   정답 ㉯

입력단자 A 및 B 두 곳에 전압이 인가되어야만 다이오드 D_1 및 다이오드 D_2가 도통되지 못하고 출력 F에 $+V$가 나타나게 된다.

예제

그림과 같은 유접점회로의 논리식은?

㉮ $AB + BC$ ㉯ $A + BC$
㉰ $B + AC$ ㉱ $AB + B$

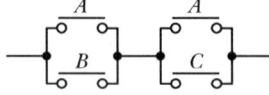

정답 및 해설   정답 ㉯

$(A+B)(A+C) = AA + AC + AB + BC = A + AC + AB + BC = A(1 + C + B) + BC$
$\qquad = A + BC$
(1+C+B는 C와 B에 관계없이 항상 1이 된다.)

2. 변환요소의 종류

변환량		변환요소
변환 전	변환 후	
압력	변위	벨로우즈, 다이어프램, **스프링**
변위	**압력**	노즐 플래퍼, **유압 분사관**, 스프링
	임피던스	가변 저항기, 용량형 변환기, 가변 저항 스프링
	전압	**포텐셔미터**, 차동 변압기, **전위차계**
광	임피던스	광전관, 광전도 셀, 광전 트랜지스터
	전압	광전지, 광전 다이오드
온도	**임피던스**	측온 저항(열선, 서미스터, 백금, 니켈), **정온식 감지선형 감지기**
	전압	**열전대**(백금-백금 로듐, 철-콘스탄탄, 구리-콘스탄탄, 크로멜-알루멜) 열전대식 감지기

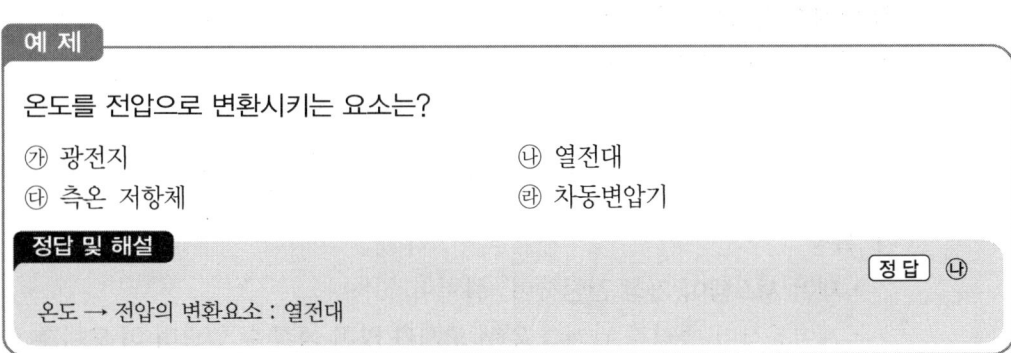

예제

온도를 전압으로 변환시키는 요소는?
㉮ 광전지   ㉯ 열전대
㉰ 측온 저항체   ㉱ 차동변압기

정답 및 해설   정답 ㉯

온도 → 전압의 변환요소 : 열전대

3. 증폭기의 종류

1) 공기식 증폭기

벨로우즈, **노즐 플래퍼**, 파일럿 밸브

2) 전기식 증폭기

앰플리다인, SCR, 다이아트론, 자기증폭기, 트랜지스터 등

예제

전기식 증폭기가 아닌 것은?
㉮ 노즐 플래퍼   ㉯ 앰플리다인
㉰ SCR   ㉱ 다이아트론

정답 및 해설

노즐 플래퍼, 벨로우즈 등은 기계식(공기식) 증폭기이다.

정답 ㉮

4. 제어계의 종류 및 관련 용어

1) 제어계의 종류

제어계는 개회로 제어계(open loop control system)와 폐회로 제어계(closed loop control system)로 구분된다.

① **개회로 제어계**(open loop control system)

가장 간단한 장치로서 제어 동작이 출력과 관계없이 신호의 통로가 열려 있는 제어 계통을 개회로 제어계라 한다. 또한 이 제어계는 **미리 정해 놓은 순서에 따라서 제어의 각 단계가 순차적으로 진행**되므로 시퀀스 제어(sequential control)라고도 한다.

㉮ 개루프 제어계의 구성도

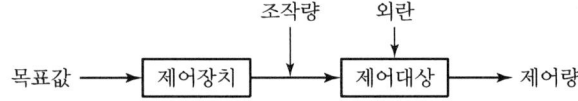

㉯ 특징
- **제어 시스템이 가장 간단**하며, 설치비가 싸다.
- 제어동작이 출력과 관계가 없어 **오차가 많이 생길 수 있으며 이 오차를 교정할 수가 없다.**

② **폐회로 제어계**(closed loop control system)

제어계의 출력이 목푯값과 일치하는가를 항상 비교하여, 일치하지 않을 때에는 그 차에 비례하는 동작 신호가 제어계로 다시 보내져서 그 오차를 수정하도록 하는 **궤한 경로**(feedback path)**를 가지고 있는 제어계**로서 궤한 제어계라고도 하며 **입력과 출력을 비교하는 장치가 필요하다.**

㉮ 폐루프 제어계의 구성도

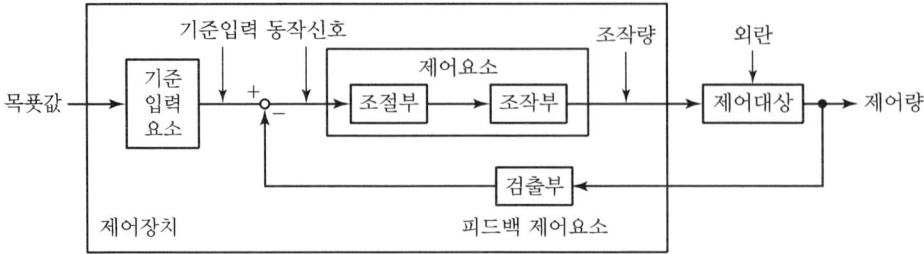

㉯ 폐회로 제어계의 장점
- 생산품질 향상이 현저하며 **균일한 제품**을 얻을 수 있다.
- 원료, 연료 및 동력을 절약할 수 있으며 인건비를 줄일 수 있다.
- **생산 속도를 상승**시키고, 생산량을 크게 증대시킬 수 있다.
- 노동조건의 향상 및 위험 환경의 안정화에 기여한다.
- 생산설비의 수명 연장, **설비 자동화**로 원가를 절감할 수 있다.

㉰ 폐회로 제어계의 단점
- 자동제어의 설비에 **많은 비용**이 들고 **고도화된 기술**이 필요하다.
- 제어장치의 운전, 수리 및 보관에 고도의 지식과 능숙한 기술이 있어야 한다.
- 설비의 일부에 고장이 있어도 전 생산 라인에 영향을 미친다.

③ **서보기구**

물체의 위치, 방위, 자세 등의 기계적 변위를 제어량으로 해서 **목푯값이 임의의 변화에 추종하도록 구성된 제어계**를 말하며, 비행기 및 선박의 방향 제어계, **미사일 발사대의 자동 위치 제어계, 추적용 레이더**, 자동 평형 기록계 등이 이에 속한다.

2) 전달함수

① **개루프**

$$X \longrightarrow \boxed{G_1} \longrightarrow \boxed{G_2} \longrightarrow Y$$

입력을 X, 출력을 Y라고 하면

$Y = (G_1 \cdot G_2)X$ 이므로 전달함수 $G(s) = \dfrac{Y}{X} = G_1 \cdot G_2$

② **폐루프**

㉮ 정궤환 제어계 : 궤환되는 신호가 가산점에 (+)로 들어갈 때를 말하며 거의 사용되지 않는다.

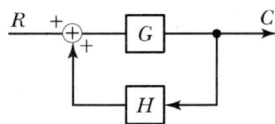

$$G(s) = \frac{\text{전향경로}}{1 - \text{피드백}} = \frac{G}{1 - GH}$$

㉯ **부궤환 제어계** : 궤환되는 신호가 가산점에 (−)로 들어갈 때를 말하며 **자동제어**에서 주로 사용하고 있다.

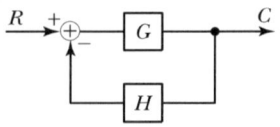

$$G(s) = \frac{\text{전향경로}}{1 - \text{피드백}} = \frac{G}{1-(-GH)} = \frac{G}{1+GH}$$

3) 제어량의 종류에 따른 분류

① **시퀀스 제어**
   미리 정해진 순서에 따라 각 단계가 순차적으로 진행되는 제어방식

② **프로세스 제어**
   제어량이 **온도, 유량, 압력, 액위, 농도, 밀도 등의 플랜트나 생산 공정 중의 상태량을 제어량**으로 하는 제어

③ **추종제어**
   목적물의 **임의의 변화에 추종하여 목표치가 변화하는 제어방식**

④ **프로그램제어**
   목푯값의 변화가 단계별로 미리 정해져 있어 그 **정해진 대로 변화하는 제어방식**

4) 용어

① **목푯값**
   제어량이 그 값을 갖도록 목표로 하여 외부에서 주어지는 신호로서 궤환제어계에 속하지 않으며 설정값이라 한다.

② **기준입력**
   제어계를 동작시키는 기준으로서 목푯값에 비례하는 신호입력이다.

③ **주궤환 신호**
   동작신호를 얻기 위하여 기준입력과 비교되는 신호로서 제어량의 함수 관계가 된다.

④ **동작신호**
   기준입력과 주궤환신호와의 편차인 신호로서 제어동작을 일으키는 원인이 되는 신호이다.

⑤ **제어요소**
   제어동작 신호를 인가하면 조작량을 변화시키는 것으로서 조절부와 조작부로 구성된다.

⑥ **조절부**
기준 입력 신호와 검출부의 출력 신호를 제어 시스템에 필요한 신호로 만들어 조작부에 보내는 것이다.

⑦ **조작부**
조절부로부터 받은 신호를 조작량으로 변환하여 제어 대상에게 보내는 부분이다.

⑧ **조작량**
동작신호를 증폭하여 충분한 에너지를 가진 신호로 제어대상을 직접 구동할 수 있는 양

⑨ **외란**
제어량의 값을 변화시키려는 외부로부터의 바람직하지 않은 신호이다.

⑩ **제어량**
제어를 받는 궤환계의 양이며 제어 대상이 속하는 양이다.

⑪ **검출부**
주로 제어 대상으로부터 제어량을 검출하고 기준 입력 신호와 비교시키는 부분이다.

⑫ **제어장치**
제어를 하기 위해서 제어 대상에 부가하는 장치이다.

⑬ **제어대상**
제어 시스템에서 직접 제어를 받는 장치로서 장치의 전체 또는 그 일부분을 받는다.

⑭ **제어편차**
목푯값으로부터 제어량을 뺀 값으로 정의되며, 이 신호가 동작 신호와 일치되기도 한다.

⑮ **다변수 시스템**
단일 입출력이 아니고, 둘 이상의 입력과 둘 이상의 출력을 가진 시스템을 말한다.

예제

그림과 같은 시스템의 등가합성 전달함수는?

㉮ $G_1 + G_2$ ㉯ $G_1 - G_2$

㉰ $G_1 \cdot G_2$ ㉱ $\dfrac{G_1}{G_2}$

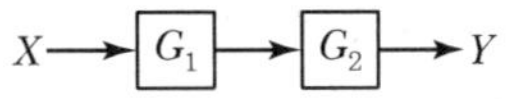

$X \longrightarrow \boxed{G_1} \longrightarrow \boxed{G_2} \longrightarrow Y$

정답 및 해설

정답 ㉰

입력을 X, 출력을 Y라고 하면
$Y = (G_1 \cdot G_2) X$이므로 전달함수 $G(s) = \dfrac{Y}{X} = G_1 \cdot G_2$

> **예제**
>
> 피드백제어계 중 물체의 위치, 방위, 자세 등의 기계적 변위를 제어량으로 하는 것은?
> ㉮ 서보기구   ㉯ 프로세스제어
> ㉰ 자동조정   ㉱ 프로그램제어
>
> **정답 및 해설**   정답 ㉮
>
> 서보기구
> 물체의 위치, 방위, 자세 등의 기계적 변위를 제어량으로 해서 목푯값이 임의의 변화에 추종하도록 구성된 제어계

5. 자력제어와 타력제어

1) 자력제어
보조동작을 필요로 하지 않고 오직 조작부를 움직이는 데 필요한 에너지를 검출해서 얻는 제어장치로서 자동감압밸브 등에 이용되고 있다.

2) 타력제어
조작부를 움직이는 데 **보조동작을 필요로 하는 제어장치**로서 자력제어보다 구조가 복잡하고 가격이 비싸지만 정보처리와 조작 속도면에서 자력제어보다 우수한 장점이 있으며 공기, 유압, 전기 등의 동력을 사용하고 위치제어, 서보제어, 온도제어 등에 이용되고 있다.

08 전력전자

1. 인버터

1) 인버터의 구성기기
① **정류장치**(Converter) : 교류를 직류로 변환한다.
② **축전지** : 정류장치에 의해 변환된 직류 전력을 저장한다.
③ **역변환 장치**(Inverter) : 직류를 사용 주파수의 교류 전압으로 변환한다.

2) 동작방식에 따른 인버터의 분류
동작방식에 따라 자려식(自勵式)과 타려식(他勵式)으로 구분할 수 있다.

① **자려식** : 회로 자체의 진상장치(進相裝置 : 경류장치)에 의해 전류(轉流)하고, 외부로부터는 무효전력의 보상을 받지 않는 것이며, 회로방식에는 직렬형과 병렬형이 있다.
② **타려식** : 외부로부터는 무효전력의 보상을 받는다. 회로로서는 단상(單相)·다상 정류회로가 그대로 인버터를 형성하고 있다.

2. 사이리스터

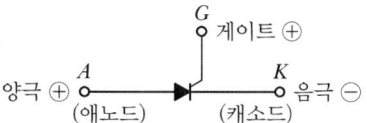

다이오드는 회로의 주변 상황에 따라 순방향으로 전압이 가해지면 도통하고 역방향으로 전압이 가해지면 도통하지 않는 수동적인 소자로 사용자가 임의로 ON, OFF시킬 수 없다. 반면, 사이리스터는 사용자가 원하는 시점에 도통시킬 수 있는 소자이다.
사이리스터는 여러 가지 종류가 있으나 그중 SCR(silicon controlled rectifier)이 대표적이다.

1) 기능

① 순방향 저지상태
   순방향 전압이 SCR에 인가되어도 SCR은 다이오드처럼 바로 도통하는 것이 아니고 **SCR을 점호하기 전까지는 계속 불통상태**에 머물러 있으며 이러한 상태를 순방향 저지 상태라 한다.
② SCR에 순방향 전압이 인가되어 있을 때 게이트 단자에 전류를 흘리면 SCR은 도통된다. 그러나 **역전압이 걸려 있는 상태에서는 게이트 단자에 전류를 흘려도 SCR은 도통되지 않는다.**
③ SCR은 일단 도통된 후 게이트 전류를 차단시켜도 계속 도통상태를 유지한다.
④ 래칭전류
   SCR이 ON되기 위하여 애노우드에서 캐소드 쪽으로 흘러야 할 최소전류이다.
⑤ 유지전류
   ON된 후에 **ON 상태를 유지하기 위한 최소전류**로서 래칭전류보다 작다.
⑥ SCR의 소호
   소자에 역전압이 걸려 흐르던 전류가 멈추면 소호(OFF)된다. 그리고 일단 소호가 되고 나면 다시 순방향 전압이 가해져도 게이트를 통해 점호(ON)하기 전까지는 다시 도통하지 않는다.

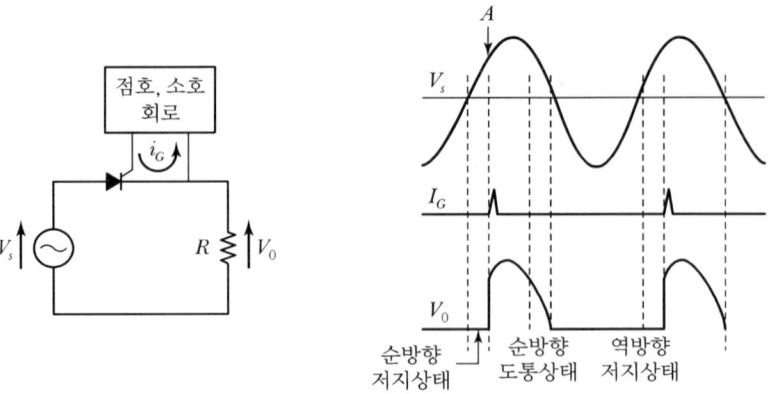

[사이리스터의 동작]

2) SCR의 특징

① 아크가 생기지 않으므로 열의 발생이 적다.
② **과전압에 약하다.**
③ 대용량 정류기에 적합하다.
④ 게이트 신호를 인가할 때부터 도통할 때까지의 시간이 짧다.
⑤ 전류가 흐르고 있을 때 양극의 전압강하가 작다.
⑥ 정류기능을 갖는 **단일방향성 3단자 소자**이다.
⑦ 역률각 이하에서는 제어가 되지 않는다.

3. 다이오드 정류회로

1) 정류전압 및 PIV

	반파정류	전파정류	브리지정류
정류전압	$E_d = \dfrac{\sqrt{2}\,E}{\pi} = 0.45E$	$E_d = \dfrac{2\sqrt{2}\,E}{\pi} = 0.9E$	$E_d = \dfrac{2\sqrt{2}\,E}{\pi} = 0.9E$
PIV	$\text{PIV} = \sqrt{2}\,E = \pi E_d$	$\text{PIV} = 2\sqrt{2}\,E = \pi E_d$	$\text{PIV} = \sqrt{2}\,E = \dfrac{\pi}{2} E_d$

여기서, E : 교류전압(실효값), E_d : 직류전압

2) 브리지 정류회로의 특징

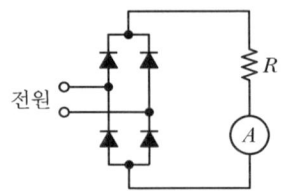

① 변압기의 2차 코일에 중간 탭(Tap)이 필요하지 않아 작은 변압기를 사용할 수 있다.
② **최대 역전압(PIV)이 전파 정류회로의 1/2이므로 고전압 정류에 적합하다.**
③ 변압기 이용률이 단상 정류회로 중에서 가장 좋고 직류자화도 없다.
④ 정류용 변압기 2차 측 전압의 최댓값은 $V_{\max} = V_{dc} \times \dfrac{\pi}{2}$의 관계가 있다.
⑤ 다이오드가 많이 필요하여 값이 비싸지만, 여러 가지 장점 때문에 현재 가장 많이 사용되고 있는 정류회로이다.
⑥ **다이오드 1개가 단락되면 반파정류**가 된다.

3) 순저항 부하 시 정류회로의 특성

	단상 반파	단상 전파	3상 반파	3상 전파
상수	1	2	3	3
출력 펄스의 수	1	2	3	6
맥동 주파수 Hz	f	$2f$	$3f$	$6f$
맥동률 %	121	48	17.7	4.04
최대 역전압(PIV)(V)	$\sqrt{2}\,V$	$\dfrac{\sqrt{2}\,V}{2\sqrt{2}\,V}$	$\sqrt{6}\,E$	$\sqrt{2}\,V$

여기서, f : 전원 주파수, I_m : 최대 전류, V : 선간 전압, E : 상전압

4) 다이오드의 보호

① **다이오드 직렬 연결 : 과전압으로부터 보호**

② **다이오드 병렬 연결 : 과전류로부터 보호**

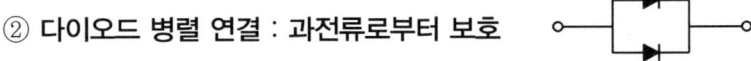

예 제

다이오드를 사용한 정류회로에서 과대한 부하전류에 의하여 다이오드가 파손될 우려가 있을 경우의 적당한 대책은?

㉮ 다이오드를 직렬로 추가한다.
㉯ 다이오드를 병렬로 추가한다.
㉰ 다이오드의 양단에 적당한 값의 저항을 추가한다.
㉱ 다이오드의 양단에 적당한 값의 콘덴서를 추가한다.

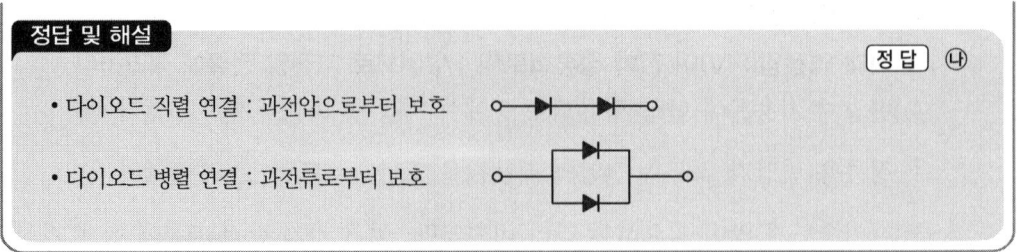

정답 및 해설　　　　　　　　　　　　　　　　　　　　　　　정답 ④

- 다이오드 직렬 연결 : 과전압으로부터 보호
- 다이오드 병렬 연결 : 과전류로부터 보호

4. 각종 반도체 소자의 특성

1) 서미스터

일반적인 금속과는 달리, 온도가 높아지면 저항값이 감소하는 **부저항온도계수**의 특성을 가지고 있는데 이것을 NTC(Negative Temperature Coefficient Thermistor)라 한다. 구조적으로 직렬형 · 방열형 · 지연형으로 분류되는데, 외형은 깨알만한 것에서부터 동전 크기만 한 것까지 여러 종류가 있다.

2) 바리스터(Varistor)

다이오드 2개를 역방향으로 연결해 놓은 것으로서 **교류입력전압이 과대해지는 것을 방지**하기 위한 것이다.

3) 제너 다이오드(Zener Diode)

제너 다이오드는 정전압 소자로 만든 PN 접합 다이오드로서 정전압 다이오드라 하며, 전압 범위는 약 3V 정도에서 150V 정도까지의 다양한 종류가 있다.

4) 발광다이오드(LED)의 특징

① **응답속도가 매우 빠르다.**
② **발열이 적다.**
③ PN 접합에 순방향 전류를 흘려 발광된다.
④ 수명이 길고 진동에 강하다.
⑤ **발광다이오드에는 비소화칼륨(GaAs), 인화칼륨(GaP) 등의 금속화합물이 사용된다.**

5) 집적회로(集積回路, Integrated Circuit)

트랜지스터 · 다이오드 · 저항 · 콘덴서 등 **많은 회로부품이 1개의 기판 위에 분리할 수 없는 형태**로 결합 구성되어 있는 **고밀도 초소형 회로**, 약칭은 IC이다.

6) 반도체의 온도 특성

반도체는 **온도의 증가에 따라 저항값이 감소하는 부성저항(-) 특성**을 가지고 있다.

7) 요약

종류	특성	적용
서미스터	온도의 변화에 따라 저항값이 변화하는 반도체로 부온도 특성이 있다.	**온도보상용, 온도계측용**
SCR	사이리스터의 일종으로 단 방향 대 전류 스위칭 소자	무접점 스위치, AVR, 전력제어용
바리스터	다이오드 2개를 역방향으로 연결해 놓은 것	• 스위치 및 계전기의 접점 개폐 시 불꽃제어용 • **서지전압에 대한 보호용**
바 랙 터	가해지는 전압에 따라 용량이 변화하는 특성	AFC 회로, FM 변조회로에 적용
터널 다이오드	부성저항	증폭, 발진, 개폐작용
포토 다이오드	빛을 감지하면 전류가 흐르는 다이오드	빛의 검출 등 계측용에 사용
제너 다이오드	제너현상을 이용	**정전압 회로용**

PART 02

소방전기회로 문제풀이

PART 02 소방전기회로 문제풀이

01 전기의 성질에 대한 설명 중 틀린 것은?

① 원자는 그의 중심에 원자핵이 있다.
② 원자핵은 양성자와 중성자로 되어 있다.
③ 전자 1개의 전하량은 -1.602×10^{-18}[C]이다.
④ 전하를 가지고 있는 것은 전자와 양성자이다.

▶ **전기의 성질**

① 양자 및 전자의 전기량(전하량)

구 분	전하량[C]	질량[kg]
양자	$+1.602 \times 10^{-19}$	1.67×10^{-27}(전자의 약 1,840배)
전자	-1.602×10^{-19}	9.1×10^{-31}

② 자유전자의 이동
  금속에 전류가 흐르는 이유는 자유전자의 이동 현상 때문이다.

02 10[A]의 전류가 5분간 도체에 흘렀을 때 도선 단면을 지나는 전기량은 몇 [C]인가?

① 3 ② 50 ③ 3,000 ④ 5,000

▶ **전기량(전하량) Q[C]**

① 전하란, 물질의 마찰 등에 의해서 대전된 전기를 말하며, 이 전하의 크기를 전기량(전하량)이라 한다.
② 전류 $I[\mathrm{A}] = \dfrac{Q[\mathrm{C}]}{t[\mathrm{s}]}$ [단위시간 동안 이동한 전기량(전하량)]
③ 전기량(전하량) $Q = I \cdot t = 10 \times 5 \times 60 = 3,000$[C]

03 10[C]의 전하가 5초 동안 어느 점을 통과하고 있을 때 전류 값은 몇 [A]인가?

① 2 ② 5 ③ 10 ④ 50

▶

$I = \dfrac{Q}{t} = \dfrac{10}{5} = 2$[A]

정답 01. ③ 02. ③ 03. ①

04 10[V]의 기전력으로 50[C]의 전기량이 이동할 때 한 일은 몇 [J]인가?

① 240　　　② 400　　　③ 500　　　④ 600

▶ **전압**
① 전류를 흐르게 하는 전기적인 에너지의 차이, 전기적인 압력의 차를 말한다.
② 전압 $V[\text{V}] = \dfrac{W[\text{J}]}{Q[\text{C}]}$ (단위 전하가 한 일)
③ 일 $W = Q \cdot V = 50 \times 10 = 500[\text{J}]$

05 다음 회로의 합성저항은 몇 [Ω]인가?

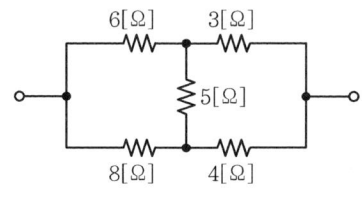

① 0.19　　　② 1.28　　　③ 2.57　　　④ 5.14

▶ **브리지 회로(휘트스톤 브리지, 교류 브리지)의 평형조건**

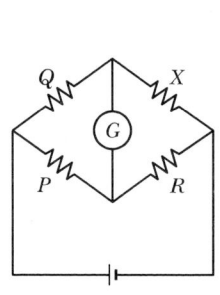
[휘트스톤 브리지 회로]

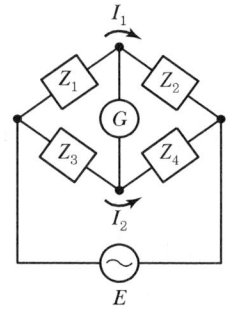
[교류 브리지 회로]

1. 마주보는 저항(임피던스)의 곱이 서로 같으면 회로는 평형상태이다.
2. 이때, 검류계 Ⓖ에는 전류가 흐르지 않는다.

※ 합성저항
1. 직렬
   $R = R_1 + R_2 + R_3 + \cdots + R_n$
2. 병렬
   1) 저항이 2개일 경우 $R = \dfrac{R_1 \times R_2}{R_1 + R_2}$
   2) 저항이 3개 이상일 경우 $R = \dfrac{1}{\dfrac{1}{R_1} + \dfrac{1}{R_2} + \dfrac{1}{R_3} + \cdots + \dfrac{1}{R_n}}$

06 그림과 같은 회로에서 a, b 단자에서 본 합성저항은 몇 [Ω]인가?

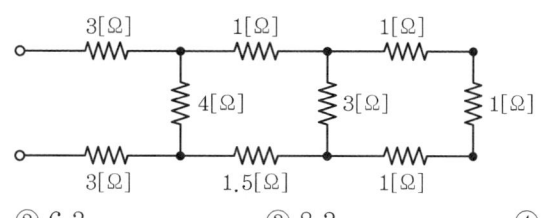

① 6 ② 6.3 ③ 8.3 ④ 8

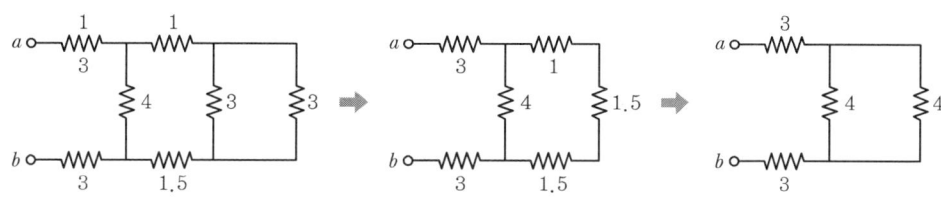

$$R = R_1 + R_4 + \frac{R_2 \times R_3}{R_2 + R_3} = 3 + 3 + \frac{4 \times 4}{4 + 4} = 8[\Omega]$$

07 그림에서 a, b 간의 합성저항은 몇 [Ω]인가?

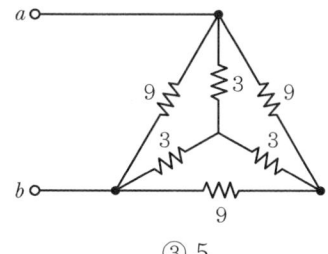

① 3 ② 4 ③ 5 ④ 6

Y결선의 저항을 △결선으로 변환시키면 $R_\triangle = 3R_Y$

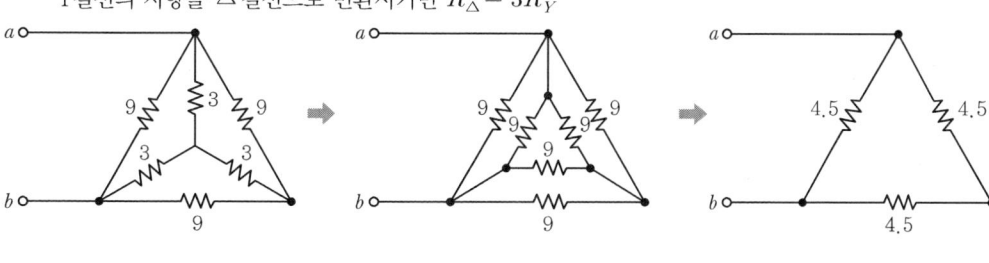

$$R_{ab} = \frac{4.5 \times 9}{4.5 + 9} = 3[\Omega]$$

정답 06. ④ 07. ①

08 다음과 같은 회로에서 50[Ω]의 저항에 흐르는 전류는 몇 [A]인가?

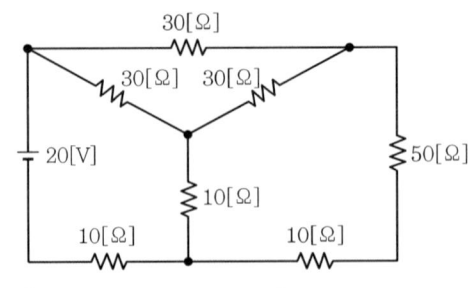

① $\dfrac{1}{2}$ ② $\dfrac{1}{4}$ ③ $\dfrac{1}{6}$ ④ $\dfrac{1}{8}$

▶

△ 결선된 저항을 Y결선으로 등가변환하면

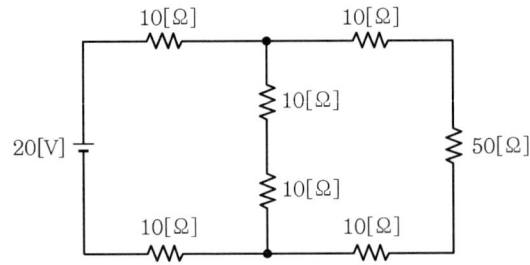

① 전체 전류 $I = \dfrac{V}{R} = \dfrac{20}{\dfrac{3,200}{90}} = \dfrac{9}{16}[A]$

② 합성저항 $R = 10 + \dfrac{20 \times 70}{20 + 70} + 10 = \dfrac{3,200}{90}[\Omega]$

③ 50[Ω]에 흐르는 전류(전류분배법칙)

$I_{50} = \dfrac{R_{20}}{R_{20} + R_{70}} \times I$

$= \dfrac{20}{20 + 70} \times \dfrac{9}{16} = \dfrac{1}{8}[A]$

09 동일한 저항을 가진 두 개의 도선을 병렬로 연결하였을 때의 합성저항은?

① 도선저항 하나의 2배이다.

② 도선저항 하나의 $\dfrac{1}{2}$ 배이다.

③ 도선저항 하나의 값과 같다.

④ 도선저항 하나의 $\dfrac{1}{3}$ 배이다.

10 다음 그림과 같은 회로에서 전류 I_1을 구하는 식은?

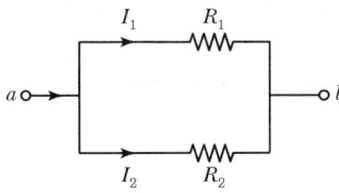

① $I_1 = \dfrac{IR_2}{R_1 + R_2}$ ② $I_1 = \dfrac{IR_2}{R_1(R_1 + R_2)}$

③ $I_1 = \dfrac{IR_1}{R_1 + R_2}$ ④ $I_1 = \dfrac{IR_1}{R_1(R_1 + R_2)}$

◉ 전압분배법칙·전류분배법칙

전압분배법칙	전류분배법칙
① 저항이 직렬로 연결 ② 전류가 일정 각 저항에 걸리는 전압은 저항에 비례 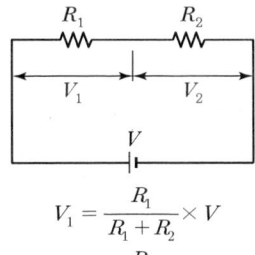 $V_1 = \dfrac{R_1}{R_1 + R_2} \times V$ $V_2 = \dfrac{R_2}{R_1 + R_2} \times V$ 전체전류 $I = I_1 = I_2$ 전체전압 $V = V_1 + V_2$ 합성저항 $R = R_1 + R_2$	① 저항이 병렬로 연결 ② 전압이 일정 각 저항에 흐르는 전류는 저항에 반비례 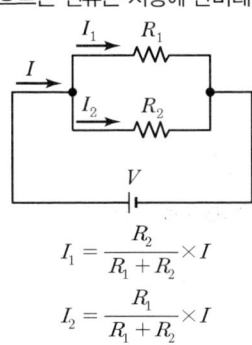 $I_1 = \dfrac{R_2}{R_1 + R_2} \times I$ $I_2 = \dfrac{R_1}{R_1 + R_2} \times I$ 전체전류 $V = V_1 = V_2$ 전체전압 $I = I_1 + I_2$ 합성저항 $R = \dfrac{1}{\dfrac{1}{R_1} + \dfrac{1}{R_2}} = \dfrac{R_1 \times R_2}{R_1 + R_2}$

정답 10. ①

11 그림과 같은 회로에 흐르는 전전류가 5[A]이면 A, B 사이의 3[Ω]에 흐르는 전류는 몇 [A]인가?(단, 각 저항의 단위는 모두 [Ω]이다.)

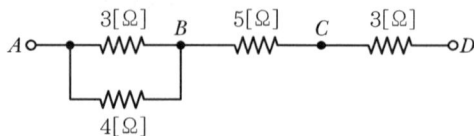

① $\dfrac{12}{7}$ ② $\dfrac{16}{7}$ ③ $\dfrac{20}{7}$ ④ $\dfrac{24}{7}$

◎ 전류분배법칙

3[Ω]에 흐르는 전류

$$I_1 = \dfrac{R_2}{R_1+R_2} \times I = \dfrac{4}{3+4} \times 5 = \dfrac{20}{7}[A]$$

12 다음 회로에서 단자 a, b 사이에 4[Ω]의 저항을 접속했을 때 4[Ω]에 흐르는 전류[A]는?

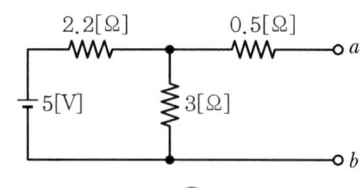

① 0.5   ② 1   ③ 2   ④ 5

◎ 전류분배법칙

① 전체전류 $I = \dfrac{V}{R} = \dfrac{5}{2.2+\dfrac{3\times 4.5}{3+4.5}} = 1.25[A]$

② 4[Ω]에 흐르는 전류 $I_2 = \dfrac{R_1}{R_1+R_2} \times I = \dfrac{3}{3+4.5} \times 1.25 = 0.5[A]$

13 그림과 같은 회로에서 S를 열었을 때 전류계의 지시 값이 10[A]였다면, S를 닫을 때 전류계의 지시값은 몇 [A]인가?

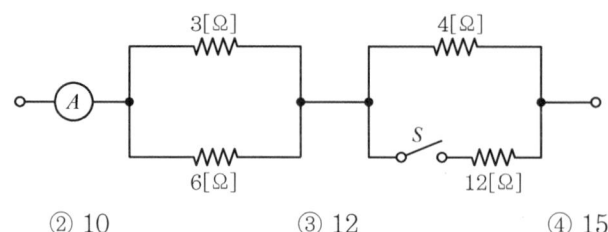

① 8   ② 10   ③ 12   ④ 15

① S를 닫을 때 전류 $I = \dfrac{V}{R} = \dfrac{60}{\dfrac{3\times 6}{3+6}+\dfrac{4\times 12}{4+12}} = 12[\text{A}]$

② S를 열었을 때 전압 $V = IR = 10 \times \left(\dfrac{3\times 6}{3+6}+4\right) = 60[\text{V}]$

14 일정 전압의 직류전원에 저항을 접속하고 전류를 흘릴 때 이 전류값을 20[%] 증가시키려면 저항값을 몇 배로 하여야 하는가?

① 0.64 ② 0.83 ③ 1.2 ④ 1.25

$\dfrac{R'}{R} = \dfrac{\dfrac{V}{I'}}{\dfrac{V}{I}} = \dfrac{I}{I'(=1.2I)} = \dfrac{1}{1.2}$

∴ $R' = 0.83R$

15 다음 그림과 같은 회로에서 E_1의 전압을 구하는 식은?

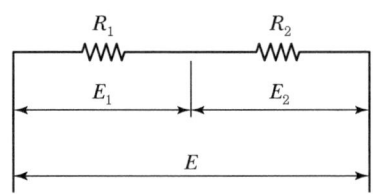

① $E_1 = \dfrac{R_2}{R_1+R_2}E$ ② $E_1 = \dfrac{(R_1+R_2)E}{R_1 R_2}$

③ $E_1 = \dfrac{R_1}{R_1+R_2}E$ ④ $E_1 = \dfrac{R_1 R_2}{R_1+R_2}E$

16 단면적이 2[mm²]이고, 길이가 2[km]인 원형 구리 전선의 저항은 약 얼마인가?(단, 구리의 고유저항은 $1.72\times 10^{-8}[\Omega\cdot\text{m}]$이다.)

① 1.72[mΩ] ② 17.2[mΩ] ③ 1.72[Ω] ④ 17.2[Ω]

$R = \rho\dfrac{l}{S} = 1.72\times 10^{-8} \times \dfrac{2\times 1{,}000}{2\times 10^{-6}} = 17.2[\Omega]$

정답 14. ② 15. ③ 16. ④

17 다음 그림과 같은 회로에서 저항 20[Ω]에 흐르는 전류[A]는?

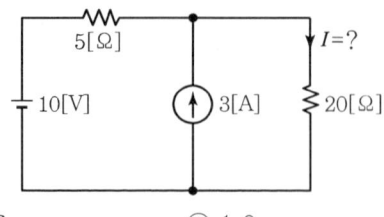

① 0.4　　　② 0.6　　　③ 1.0　　　④ 3

◉ **중첩의 원리**

① 전압원을 단락시킨 경우(─┼─ (변환)→ │) ← 전류원만의 회로

$R_1 = 5[\Omega]$, $R_2 = 20[\Omega]$이라 할 때 R_1, R_2에 흐르는 전류를 각각 I_1, I_2라 하면 저항 R_2에 흐르는 전류 I_2는

$I_2 = \dfrac{R_1}{R_1 + R_2} \times I$ (전류분배법칙)

$= \dfrac{5}{5 + 20} \times 3 = 0.6[\text{A}]$

② 전류원을 개방시킨 경우(↑ (변환)→ ○) ← 전압원만의 회로

합성저항 $R = 5 + 20 = 25[\Omega]$이므로

$I_2 = \dfrac{V}{R} = \dfrac{10}{25} = 0.4[\text{A}]$

∴ 전 전류 $I = 0.6 + 0.4 = 1[\text{A}]$

18 다음 회로에서 4[Ω]의 저항에 흐르는 전류는?

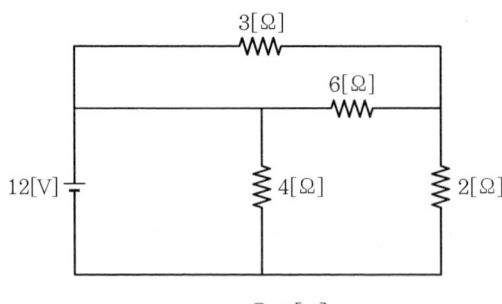

① 1[A]　　　② 2[A]
③ 3[A]　　　④ 6[A]

1) 그림 ④에서

   전전류 $I = \dfrac{V}{R} = \dfrac{12}{2} = 6[A]$

2) 그림 ③에서

   4[Ω]에 흐르는 전류는 전전류의 반이 된다. (← 저항이 동일하므로)

   ∴ 4[Ω]에 흐르는 전류는 $\dfrac{6[A]}{2} = 3[A]$

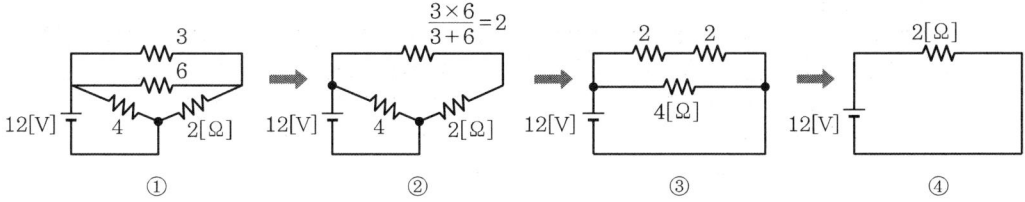

19

주위 온도 0℃에서의 저항이 20[Ω]인 연동선이 있다. 주위 온도가 50[℃]로 되는 경우 저항은 몇 [Ω]인가?(단, 0℃에서 연동선의 온도계수 $\alpha_0 = 4.3 \times 10^{-3}$이다.)

① 약 22.3
② 약 23.3
③ 약 24.3
④ 약 25.3

$R_2 = R_1\{1 + \alpha_0(t_2 - t_1)\}$
$= 20 \times \{1 + 4.3 \times 10^{-3} \times (50-0)\} = 24.3[\Omega]$

20

2개의 저항을 직렬로 연결하여 30[V]의 전압을 가하면 6[A]의 전류가 흐르고, 병렬로 연결하여 동일 전압을 가하면 25[A]의 전류가 흐른다. 두 저항값은 각각 몇 [Ω]인가?

① 2, 3
② 3, 5
③ 4, 5
④ 5, 6

◉ 저항의 연결

① $I = \dfrac{V}{R}$ 에서

   $R = \dfrac{V}{I} = \dfrac{30}{6} = 5[\Omega]$

② $R_1 + R_2 = 5[\Omega]$

정답 19. ③   20. ①

21 내부저항이 200[Ω]이며 직류 120[mA]인 전류계를 6[A]까지 측정할 수 있는 전류계로 사용 하고자 한다. 어떻게 하면 되겠는가?

① 24[Ω]의 저항을 전류계와 직렬로 연결한다.
② 12[Ω]의 저항을 전류계와 병렬로 연결한다.
③ 약 6.24[Ω]의 저항을 전류계와 직렬로 연결한다.
④ 약 4.08[Ω]의 저항을 전류계와 병렬로 연결한다.

▶ 배율기 · 분류기

배율기(R_m)	분류기(R_s)
① 전압계와 직렬로 접속한 저항 ② 전압 측정 범위 확대	① 전류계와 병렬로 접속한 저항 ② 전류 측정 범위 확대
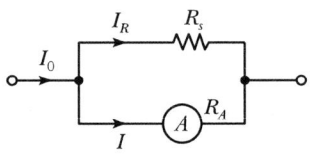	
배율 $m = \dfrac{V_0}{V} = 1 + \dfrac{R_m}{R_V}$	배율 $m = \dfrac{I_0}{I} = 1 + \dfrac{R_A}{R_s}$
여기서, V_0 : 확대된 전압, V : 전압계 최대눈금 R_m : 배율기 저항, R_V : 전압계 내부저항	여기서, I_0 : 확대된 전류, I : 전류계 최대눈금 R_s : 분류기 저항, R_A : 전류계 내부저항

분류기 배율 $m = \dfrac{I_0}{I} = 1 + \dfrac{R_A}{R_s}$ 에서,

$\dfrac{6}{0.12} = 1 + \dfrac{200}{R_S}$

$\therefore R_s = \dfrac{200}{\dfrac{6}{0.12} - 1} = 4.08[\Omega]$

22 내부저항이 100[Ω], 최대눈금이 20[V]인 직류 전압계에 1[kΩ]인 배율기를 접속하여 전압을 측정하면 측정 가능한 최대 전압[V]은?

① 880 ② 440 ③ 220 ④ 22

▶ 배율기의 배율

$m = \dfrac{V_0}{V} = 1 + \dfrac{R_m}{R_V}$

$V_0 = \left(1 + \dfrac{R_m}{R_V}\right) \times V = \left(1 + \dfrac{1{,}000}{100}\right) \times 20 = 220[\text{V}]$

23 전류의 열작용과 관계가 깊은 것은?

① 옴의 법칙 ② 줄의 법칙
③ 플레밍의 법칙 ④ 키르히호프의 법칙

▶ **줄열(열량)**

① 저항을 가진 도체에 전류가 흐르면 열이 발생한다.

② $H = 0.24VIt = 0.24I^2Rt = 0.24\dfrac{V^2}{R}t$ [cal]

여기서, V : 전압[V]
I : 전류[A]
t : 시간[s]

24 0[℃]의 물 4[l]를 효율 80[%]인 전열기로 30분간 가열시켜 온도를 43[℃]로 높이기 위하여 필요한 전열기 용량은 몇 [kW]인가?

① 0.1 ② 0.5 ③ 1 ④ 4.3

▶ **전열기 용량**

$P = \dfrac{mC\Delta T}{860\eta t} = \dfrac{4 \times 1 \times (43-0)}{860 \times 0.8 \times 0.5} = 0.5$ [kW]

25 두 종류의 금속으로 폐회로를 만들어 전류를 흘리면 양 접속점에서 한쪽은 온도가 올라가고 다른 쪽은 온도가 내려가는 현상은?

① 펠티에 효과 ② 제백 효과
③ 톰슨 효과 ④ 홀 효과

▶ **여러 가지 전기효과**

① 제백 효과
   ㉠ 서로 다른 금속의 접속 면에 온도차가 있으면, 기전력이 발생하는 효과
   ㉡ 열전대식 감지기, 열반도체식 감지기, 열전온도계
② 펠티에 효과
   ㉠ 서로 다른 금속의 접속면에 전류를 흐르게 하면, 접속점에서 열의 발생 또는 열의 흡수가 일어나는 효과
   ㉡ 전자 냉장고, 전자 항온기
③ 톰슨 효과
   동일한 금속의 접속면에 온도차를 주고, 고온에서 저온으로 전류를 흐르게 하면, 접속점에서 열의 발생 또는 열의 흡수가 일어나는 효과

정답 23. ② 24. ② 25. ①

26 100[V]로 500[W]의 전력을 소비하는 전열기가 있다. 이 전열기를 80[V]로 사용하면 소비전력은 몇 [W]인가?

① 320　　② 360　　③ 400　　④ 440

전력 $P = \dfrac{W}{t} = VI = I^2R = \dfrac{V^2}{R}$ [W] 또는 [J/s]

$\dfrac{P'}{P} = \dfrac{\dfrac{V'^2}{R}}{\dfrac{V^2}{R}} = \left(\dfrac{V'}{V}\right)^2$

$\therefore P' = \left(\dfrac{V'}{V}\right)^2 \times P = \left(\dfrac{80}{100}\right)^2 \times 500 = 320$ [W]

27 정격전압에서 400[W]의 전력을 소비하는 저항에 정격 80[%]의 전압을 가할 때의 전력은 몇 [W]인가?

① 156　　② 220　　③ 256　　④ 320

전력 $P = \dfrac{W}{t} = VI = I^2R = \dfrac{V^2}{R}$ [W] 또는 [J/s]

$\dfrac{P'}{P} = \dfrac{\dfrac{V'^2}{R}}{\dfrac{V^2}{R}} = \left(\dfrac{V'}{V}\right)^2$

$\therefore P' = \left(\dfrac{V'}{V}\right)^2 \times P = \left(\dfrac{0.8V}{V}\right)^2 \times P = \left(\dfrac{0.8V}{V}\right)^2 \times 400 = 256$ [W]

28 같은 저항 4개를 그림과 같이 연결하여 a-b 간에 일정 전압을 가했을 때 소비전력이 가장 큰 것은?

①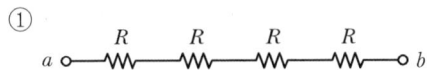

②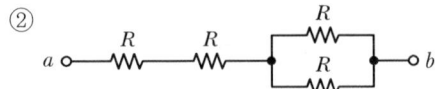

③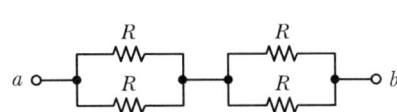

④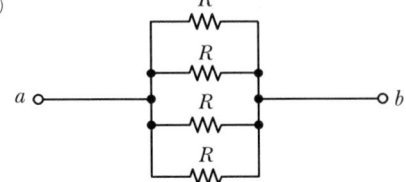

정답　26. ①　27. ③　28. ④

29 220[V], 100[W], 역률 80[%]의 부하를 매일 5시간씩 30일 동안 사용하는 경우 전력량은 몇 [kWh]인가?

① 5
② 10
③ 15
④ 20

▶ 전력량

$W = P \cdot t$
$= 100 \times 5 \times 30 = 15{,}000 [\text{Wh}] = 15 [\text{kWh}]$

30 기전력 1.2[V], 내부저항 0.4[Ω]의 전지가 길이 20[m], 단면적 1[mm²]의 동선에 접속된 경우 1분 동안에 발생하는 열량은 몇 [cal]인가?(단, 동의 고유저항 $\rho = 1.6 \times 10^{-8}$ [Ω·m]이다.)

① 12.9
② 15.8
③ 28.9
④ 64.8

▶ 줄열

$H = 0.24 VIt = 0.24 I^2 Rt = 0.24 \dfrac{V^2}{R} t [\text{cal}]$

$H = 0.24 I^2 Rt$
$= 0.24 \times 1.67^2 \times 0.72 \times 60 = 28.9 [\text{cal}]$

① 저항 R_0 = 전기저항(R) + 내부저항(r)
$= \rho [\Omega \cdot \text{m}] \times \dfrac{L[\text{m}]}{S[\text{m}^2]} + r[\Omega]$
$= 1.6 \times 10^{-8} \times \dfrac{20}{1 \times 10^{-6}} + 0.4 = 0.72 [\Omega]$

② 전류 $I[\text{A}] = \dfrac{V[\text{V}]}{R_0 [\Omega]} = \dfrac{1.2}{0.72} = 1.67 [\text{A}]$

31 200[V], 60[W] 전등 2개를 매일 5시간씩 점등하고, 600[W] 전열기 1개를 매일 1시간씩 사용할 경우 1개월(30일)의 소비전력량은 몇 [kWh]인가?

① 18
② 36
③ 180
④ 360

▶ 전력량

$W = P \cdot t$
$= \{(60 \times 2 \times 5) + (600 \times 1 \times 1)\} \times 30 = 36{,}000 [\text{Wh}] = 36 [\text{kWh}]$

정답 29. ③ 30. ③ 31. ②

32 어떤 회로에 100[V]의 전압을 가하니 10[A]의 전류가 흘러 7,200[cal]의 열량이 발생하였다. 전류가 흐른 시간은 몇 [s]인가?

① 20 ② 30 ③ 50 ④ 100

> 줄열

$$H = 0.24\,VIt = 0.24\,I^2Rt = 0.24\,\frac{V^2}{R}t\,[\text{cal}]$$

$H = 0.24\,VIt\,[\text{cal}]$에서,

$$t = \frac{H}{0.24\,VI} = \frac{7{,}200}{0.24 \times 100 \times 10} = 30\,[\text{s}]$$

33 15[kW]의 옥내소화전 펌프전동기를 정격상태에서 30분간 사용했을 경우의 전력량을 열량으로 환산하면 몇 [kcal]인가?

① 4,300 ② 6,480 ③ 8,600 ④ 12,960

> 줄열

$$H = 0.24\,VIt = 0.24\,I^2Rt = 0.24\,\frac{V^2}{R}t\,[\text{cal}]$$

$$H = 0.24\,VIt = 0.24\,Pt\,[\text{cal}]$$
$$= 0.24 \times 15 \times 10^3 \times 30 \times 60 = 6{,}480{,}000\,[\text{cal}] = 6{,}480\,[\text{kcal}]$$

34 같은 재질의 전선으로 길이를 변화시키지 않고 지름을 2배로 하고 전선에 흐르는 전류를 2배로 하면 전력손실은 어떻게 되는가?

① 변하지 않는다. ② $\frac{1}{2}$배가 된다.
③ 2배가 된다. ④ 4배가 된다.

> 전력

$$P = \frac{W}{t} = VI = I^2R = \frac{V^2}{R}\,[\text{W}]\ \text{또는}\ [\text{J/s}]$$

$$\frac{P'}{P} = \frac{I'^2 R'}{I^2 R} = \frac{(2I)^2 \times \frac{1}{4}R}{I^2 R} = 1 \quad \therefore\ P' = P$$

① $I' = 2I$

② $\dfrac{R'}{R} = \dfrac{\rho \cdot \dfrac{L}{A'}}{\rho \cdot \dfrac{L}{A}} = \dfrac{A}{A'} = \left(\dfrac{\dfrac{\pi D^2}{4}}{\dfrac{\pi D'^2}{4}}\right) = \left(\dfrac{D}{D'}\right)^2 = \left(\dfrac{D}{2D}\right)^2 \quad \therefore\ R' = \dfrac{1}{4}R$

정답 32. ② 33. ② 34. ①

35 반도체의 저항값과 온도의 관계로 옳은 것은?

① 저항값은 온도에 비례한다.
② 저항값은 온도에 반비례한다.
③ 저항값은 온도의 제곱에 비례한다.
④ 저항값은 온도의 제곱에 반비례한다.

▶ **반도체의 성질**

상온에서 고유저항이 도체보다는 크고 부도체보다는 작은 물질로서 저온에서는 부도체의 성질을, 고온에서는 도체의 성질을 띠게 되며, 이를 부성저항 특성 또는 부온도 특성이라 한다.

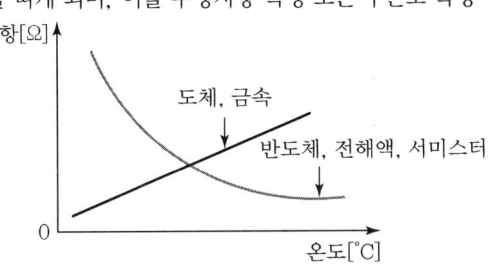

[도체·부도체의 온도－저항 특성 곡선]

36 지멘스(Siemens)는 무엇의 단위인가?

① 비저항
② 도전율
③ 컨덕턴스
④ 자속

37 전선의 고유 저항을 $\rho[\Omega \cdot m]$, 길이 $L[m]$, 지름 $D[m]$라 할 때 저항 R은 몇 $[\Omega]$인가?

① $\dfrac{L}{\rho D}$
② $\dfrac{L}{\rho D^2}$
③ $\dfrac{\rho L}{\pi D^2}$
④ $\dfrac{4\rho L}{\pi D^2}$

38 전극의 불순물로 인하여 기전력이 감소하는 것은 무엇 때문인가?

① 국부작용
② 성극작용
③ 전기분해
④ 감극현상

▶ **전지의 국부작용·분극(성극)작용**

① 국부작용 : 전해질 용액의 조성이나 온도·압력의 변화 및 불순물 등에 의해 용액이 불균일해지면 전지 내부에서 국부적으로 전위차가 발생하는데, 이 전위차를 국부전지라 하며, 국부전지에 의해 전지 내에서 자기방전이 일어나 기전력이 감소되는 현상을 국부작용이라 한다.

② 분극(성극)작용 : 전지에 전류가 흐르면 양극에 발생하는 수소(H_2) 가스가 전류의 흐름을 방해하여, 기전력이 감소되는 현상을 분극작용 또는 성극작용이라 한다.

정답 35. ② 36. ③ 37. ④ 38. ①

39 전해액에서 도전율은 어느 것에 의하여 증가되는가?

① 전해액의 농도
② 전해액의 색깔
③ 전해액의 체적
④ 전해액의 용기

40 납축전지가 방전하면 양극물질(P) 및 음극물질(N)은 어떻게 변하는가?

① P : 과산화납, N : 납
② P : 과산화납, N : 황산납
③ P : 황산납, N : 납
④ P : 황산납, N : 황산납

● 축전지의 화학 반응식

① 납(연) 축전지

$$PbO_2 + 2H_2SO_4 + Pb \underset{충전}{\overset{방전}{\rightleftharpoons}} PbSO_4 + 2H_2O + PbSO_4$$

(+)　(전해액)　(−)　　　(+)　(물)　(−)

② 알칼리[니켈−카드뮴(Ni−Cd)] 축전지

$$2NiO(OH) + 2H_2O + Cd \underset{충전}{\overset{방전}{\rightleftharpoons}} 2Ni(OH)_2 + Cd(OH)_2$$

(+)　　(전해액)　(−)　　　(+)　　　(−)

41 패러데이의 법칙에서 같은 전기량에 의해서 석출되는 물질의 양은 각 물질의 무엇에 비례하는가?

① 원자량
② 화학당량
③ 원자가
④ 전류의 세기

● 패러데이 법칙

① $W = KQ = KIt$ [g]

여기서, W : 석출되는 물질의 양[g]

K : 화학당량[g/C] $\left(= \dfrac{원자량}{원자가} \right)$

Q : 전해액을 통과하는 전기량[C]

② 전해액에 전류가 흐를 때 석출되는 물질의 양은 통과하는 전기량에 비례한다.

42 전기분해에서 석출한 물질의 양을 W, 시간을 t, 전류를 I라 하면 다음 중 맞는 식은 어느 것인가?

① $W = KIt$
② $W = \dfrac{KI}{t}$
③ $W = KI^2 t$
④ $W = \dfrac{Kt}{I}$

정답　39. ①　40. ④　41. ②　42. ①

43 정전용량 0.2[μF]와 0.5[μF]의 콘덴서를 병렬로 접속한 경우 그 합성용량은 몇 [μF]인가?

① 0.14　　② 0.35　　③ 0.7　　④ 0.9

● 콘덴서의 접속(합성 정전용량)

합성 정전용량 $C = C_1 + C_2 = 0.2 + 0.5 = 0.7[\mu F]$

① 직렬접속

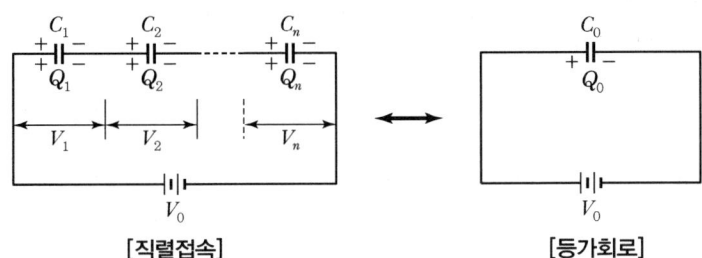

[직렬접속]　　　　[등가회로]

$$C[F] = \cfrac{1}{\cfrac{1}{C_1} + \cfrac{1}{C_2} + \cfrac{1}{C_3}}$$

② 병렬접속

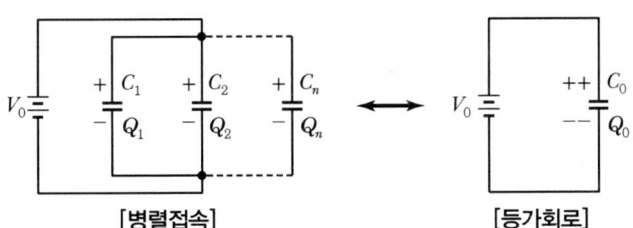

[병렬접속]　　　　[등가회로]

$$C[F] = C_1 + C_2 + C_3$$

44 다음 콘덴서 회로의 AB 간, AC 간 정전용량으로 옳은 것은?

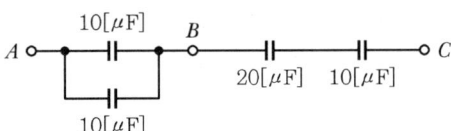

① AB 간 : 20[μF], AC 간 : 5[μF]
② AB 간 : 10[μF], AC 간 : 40[μF]
③ AB 간 : 20[μF], AC 간 : 10[μF]
④ AB 간 : 10[μF], AC 간 : 5[μF]

정답 43. ③ 44. ①

◐ 합성정전 용량
① AB 간(병렬) $C_{AB} = 10 + 10 = 20\,[\mu F]$
② AC 간(직렬) $C_{AC} = \dfrac{1}{\dfrac{1}{20} + \dfrac{1}{20} + \dfrac{1}{10}} = 5\,[\mu F]$

45 그림과 같은 회로에 1[C]의 전하를 충전시키려 한다. 이때 양 단자 a, b 사이에는 몇 [V]의 전압을 인가해야 하는가?

① 5×10^6
② 5×10^4
③ 3×10^6
④ 3×10^4

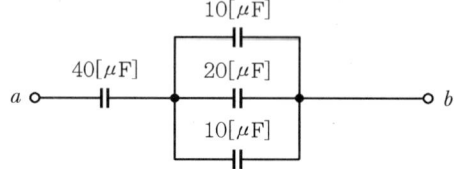

◐
- 전기량(전하량) $Q = CV\,[C]$
- 전압 $V = \dfrac{Q[C]}{C[F]} = \dfrac{1}{20 \times 10^{-6}} = 50{,}000\,[V]$

46 다음 중 전기장의 세기에 대한 단위로 맞는 것은?

① V/m   ② C/A   ③ V/C   ④ C/V

◐ 전기장의 세기(전계의 세기)
$E = \dfrac{1}{4\pi\varepsilon_0}\dfrac{Q}{r^2} = 9 \times 10^9 \times \dfrac{Q}{r^2}\,[V/m]$
① 전계 중에 단위 점전하를 놓았을 때 이에 작용하는 힘을 말한다.
② 단위는 [N/C] 또는 [V/m]를 사용한다.

47 공기 중에 $1 \times 10^{-7}[C]$의 (+)전하가 있을 때 이 전하로부터 15[cm]의 거리에 있는 점의 전장의 세기는 몇 [V/m]인가?

① 1×10^4 ② 2×10^4
③ 3×10^4 ④ 4×10^4

◐ 전기장의 세기(전계의 세기)
$E = \dfrac{1}{4\pi\varepsilon_0}\dfrac{Q}{r^2} = 9 \times 10^9 \times \dfrac{Q}{r^2}\,[V/m]$
$E = 9 \times 10^9 \times \dfrac{Q}{r^2} = 9 \times 10^9 \times \dfrac{1 \times 10^{-7}}{0.15^2} = 4 \times 10^4\,[V/m]$

정답 45. ② 46. ① 47. ④

48 평행판 콘덴서에서 콘덴서가 큰 정전용량을 얻기 위한 방법이 아닌 것은?

① 극판의 면적을 넓게 한다.
② 극판 간의 간격을 넓게 한다.
③ 비유전율이 큰 절연물을 사용한다.
④ 극판 간의 간격을 좁게 한다.

◉ 콘덴서의 정전용량

① 정전용량이란, 콘덴서에 전하를 축적할 수 있는 용량을 말한다.
② 정전용량 $C[\text{F}] = \varepsilon \cdot \dfrac{A}{d}$

여기서, ε : 유전율[F/m]$= \varepsilon_0 \cdot \varepsilon_s$ ($\varepsilon_0 = 8.855 \times 10^{-12}$[F/m], ε_s : 비유전율(공기, 진공=1))
A : 극판의 면적[m²]
d : 극판의 간격[m]

49 정전용량 $2[\mu\text{F}]$의 콘덴서를 직류 $3,000[\text{V}]$로 충전할 때 이것에 축적되는 에너지는 몇 [J]인가?

① 6
② 9
③ 12
④ 18

◉ 콘덴서에 축적되는 에너지

$$W = \frac{1}{2}QV = \frac{1}{2}CV^2 [\text{J}]$$

$$W = \frac{1}{2}CV^2 = \frac{1}{2} \times 2 \times 10^{-6} \times 3,000^2 = 9[\text{J}]$$

50 콘덴서(Condenser)에 축적되는 에너지를 2배로 만들기 위한 방법으로 옳지 않은 것은?

① 두 극판의 면적을 2배로 한다.
② 두 극판 사이의 간격을 0.5배로 한다.
③ 두 전극 사이에 인가된 전압을 2배로 한다.
④ 두 극판 사이에 유전율이 2배인 유전체를 삽입한다.

◉ 콘덴서에 축적되는 에너지

$$W = \frac{1}{2}CV^2 = \frac{1}{2} \cdot \varepsilon \frac{A}{d} \cdot V^2 [\text{J}]$$

→ ε, A를 2배, d를 0.5배로 하면 W가 2배로 된다.
여기서, C : 정전용량, V : 전압, ε : 유전율, A : 극판 면적, d : 극판 간격

정답 48. ② 49. ② 50. ③

51 커패시터가 직병렬로 접속된 회로에 180[V]의 직류전압이 인가되었을 때, 커패시터에 분담되는 전압 V_1, V_2, V_3는?

① $V_1 = 40$V, $V_2 = 80$V, $V_3 = 60$V
② $V_1 = 80$V, $V_2 = 40$V, $V_3 = 60$V
③ $V_1 = 80$V, $V_2 = 100$V, $V_3 = 100$V
④ $V_1 = 100$V, $V_2 = 80$V, $V_3 = 80$V

● 콘덴서의 연결 ─────────────
① $C_1 = 40[\mu F]$, $C_2 = 20 + 30 = 50[\mu F]$
② 콘덴서의 분압법칙
$$V_1 = \frac{C_2}{C_1 + C_2} \times V = \frac{50}{40 + 50} \times 180 = 100[V]$$
③ $V_2 = V_3 = V - V_1 = 180 - 100 = 80[V]$

52 정전흡인력에 대한 설명으로 옳은 것은?
① 전압의 제곱에 비례한다.
② 쿨롱의 법칙으로 직접 계산된다.
③ 극판 간격에 비례한다.
④ 가우스 정리에 의하여 직접 계산된다.

● 정전흡인력 ─────────────
① $F = \frac{1}{2}\varepsilon_o E^2 = \frac{1}{2}\varepsilon_o \left(\frac{V}{d}\right)^2 [N]$

여기서, F : 정전흡인력[N]
ε_o : 진공의 유전율[F/m]
E : 전계의 세기[V/m]
V : 전압[V]
d : 극판의 간격[m]

② 유전체의 정전흡인력은 전압의 제곱에 비례하고, 극판 간격의 제곱에는 반비례한다.
③ 정전흡인력은 반도체 공장의 청정실(Clean Room) 등에서 정전기 집진장치에 응용된다.

53 내전압이 동일한 1[μF], 2[μF] 및 3[μF] 콘덴서를 직렬로 연결하고, 양단 전압을 상승시킨 경우 가장 먼저 파괴되는 것은?

① 1[μF]의 콘덴서가 제일 먼저 파괴된다.
② 2[μF]의 콘덴서가 제일 먼저 파괴된다.
③ 3[μF]의 콘덴서가 제일 먼저 파괴된다.
④ 동시에 파괴된다.

● 정전용량

$$C[\text{F}] = \frac{Q[\text{C}]}{V[\text{V}]}$$

① 정전용량 C는 전압 V에 반비례한다.
② 따라서, 용량이 제일 작은 콘덴서에 가장 높은 전압이 인가된다.

54 4×10^{-5}[C], 6×10^{-5}[C]의 두 전하가 자유공간에 2[m]의 거리에 있을 때 그 사이에 작용하는 힘은 약 몇 [N]인가?

① 5.4[N], 흡입력이 작용한다.
② 5.4[N], 반발력이 작용한다.
③ $\frac{7}{9}$[N], 흡입력이 작용한다.
④ $\frac{7}{9}$[N], 반발력이 작용한다.

● 쿨롱의 법칙

$$F = 9 \times 10^9 \times \frac{Q_1 \cdot Q_2}{r^2}$$
$$= 9 \times 10^9 \times \frac{4 \times 10^{-5} \times 6 \times 10^{-5}}{2^2} = 5.4[\text{N}]$$

55 진공의 유전율 $10^7/4\pi C^2$와 같은 값[F/m]은?(단, C는 광속도라 한다.)

① 8.855×10^{-10}
② 8.855×10^{-12}
③ 9×10^2
④ 3.6×10^9

56 간격이 2[mm], 단면적이 10[mm²]인 평행전극에 500[V]의 직류전압을 공급할 때 전극 사이 전계의 세기[V/m]는?

① 2.5×10^5
② 5×10^6
③ 5×10^7
④ 5×10^8

● 전계의 세기

$$E = \frac{V}{d} = \frac{500}{2 \times 10^{-3}} = 2.5 \times 10^5 [\text{V/m}]$$

정답 53. ① 54. ② 55. ② 56. ①

57 코일에 전류가 흐를 때 생기는 자력의 세기를 설명한 것 중 옳은 것은?

① 자력의 세기와 전류는 무관하다.
② 자력의 세기와 전류는 반비례한다.
③ 자력의세기는 전류에 비례한다.
④ 자력의 세기는 전류의 2승에 비례한다.

▶ 기자력(자력의 세기)

$F = NI [\text{AT}]$

여기서, F : 기자력[AT], N : 코일 권수[회], I : 전류[A]

58 환상철심에 코일을 감고 이 코일에 5[A]의 전류를 흘리면 2,000[AT]의 기자력이 생긴다. 코일의 권수는 몇 회인가?

① 200 ② 300 ③ 400 ④ 500

▶ 기자력(자력의 세기)

$F = NI [\text{AT}]$

$N = \dfrac{F}{I} = \dfrac{2,000}{5} = 400$

59 코일의 권수가 1,250회인 공심 환상솔레노이드의 평균길이가 50[cm]이며, 단면적이 20[cm²]이고, 코일에 흐르는 전류가 1[A]일 때 솔레노이드의 내부자속은 몇 [Wb]인가?

① 6.285×10^{-6}
② 6.285×10^{-8}
③ 3.14×10^{5}
④ 3.14×10^{-8}

▶ 자속밀도

$B = \mu_0 \cdot \mu_s \cdot H = \dfrac{\phi}{A} [\text{Wb/m}^2]$

여기서, B : 자속밀도[Wb/m²] 또는 [T](테슬라)
μ_0 : 진공(공기) 중의 투자율[H/m](1.257×10^{-6})
μ : 비투자율(공기, 진공 = 1)
ϕ : 자속[Wb]
A : 면적[m²]
H : 자계의 세기 $\left(= \dfrac{NI}{l} \right)$ [AT/m] 또는 [N/Wb]

$\phi = \mu_0 \cdot \mu_s \cdot H \cdot A$
$= \mu_0 \cdot \mu_s \cdot \dfrac{NI}{l} \cdot A$
$= 1.257 \times 10^{-6} \times 1 \times \dfrac{1,250 \times 1}{0.5} \times 20 \times 10^{-4} = 6.285 \times 10^{-6} [\text{Wb}]$

60 자속밀도 B[Wb/m²]의 자장 중에 있는 m[Wb]의 자극이 받는 힘은 몇 [N]인가?

① mB ② $\dfrac{mB}{\mu_0}$ ③ $\dfrac{mB}{\mu_s}$ ④ $\dfrac{mB}{\mu_0\mu_s}$

$$F = m \cdot H = m \cdot \dfrac{B}{\mu_0 \cdot \mu_s}[\text{N}]$$

61 요소와 단위의 연결 중 틀린 것은?

① 자속밀도 $-$ Wb/m²
② 유전체밀도 $-$ C/m²
③ 투자율 $-$ AT/m
④ 유전율 $-$ F/m

62 평형 왕복 도체에 전류가 흐를 때 발생하는 힘의 크기와 방향은?(단, 두 도체 사이의 거리는 r[m]라고 한다.)

① 힘의 크기 : $\dfrac{1}{r}$에 비례, 힘의 방향 : 반발력
② 힘의 크기 : r에 비례, 힘의 방향 : 흡인력
③ 힘의 크기 : $\dfrac{1}{r^2}$에 비례, 힘의 방향 : 반발력
④ 힘의 크기 : r^2에 비례, 힘의 방향 : 흡인력

◎ 두 평행 도선에 작용하는 힘

$$F = \dfrac{2I_1 I_2}{r} \times 10^{-7}[\text{N/m}]$$

① 전류 I_1, I_2가 같은 방향이면, 힘 F는 흡인력이 작용한다.
② 전류 I_1, I_2가 반대 방향이면, 힘 F는 반발력이 작용한다.

63 권수가 200인 코일에서 0.1초 사이에 0.4[Wb]의 자속이 변화한다면, 코일에 발생되는 기전력은?

① 8[V] ② 200[V]
③ 800[V] ④ 2,000[V]

◎ 유도기전력

$$e = -N\dfrac{d\phi}{dt} = 200 \times \dfrac{0.4}{0.1} = 800[\text{V}]$$

정답 60. ④ 61. ③ 62. ① 63. ③

64 자기 히스테리시스곡선의 횡축과 종축이 나타내는 것은?

① 자장의 세기와 자속밀도
② 투자율과 자장의 세기
③ 잔류자기와 자장의 세기
④ 자장의 세기와 보자력

◉ 히스테리시스 곡선(Hysterisis Curve)

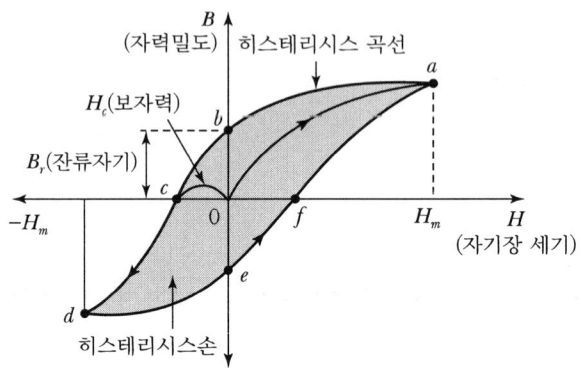

① 종축 : 자속밀도, 횡축 : 자기장의 세기
② 보자력 : 잔류자기를 제거하기 위해 추가로 가해주는 보정 자기장을 말한다.

65 자화되지 않은 강자성체를 외부 자계 내에 놓았더니 히스테리시스 곡선(Hysteresis Loop)이 나타났다. 이에 관한 설명으로 옳은 것을 모두 고른 것은?

> ㄱ. 외부자계의 세기를 계속 증가시키면 강자성체의 자속밀도가 계속 증가한다.
> ㄴ. 자계의 세기를 0에서 증가시켰다가 다시 0으로 감소시키면 강자성체에는 잔류자기(Residual Magnetization)가 남게 된다.
> ㄷ. 히스테리시스 곡선이 이루는 면적에 해당하는 에너지는 손실이다.
> ㄹ. 주파수를 낮추면 히스테리시스 곡선이 이루는 면적을 키울 수 있다.

① ㄱ
② ㄴ, ㄷ
③ ㄴ, ㄷ, ㄹ
④ ㄱ, ㄴ, ㄷ, ㄹ

◉
- ㄱ : 외부자계를 계속 증가시키면 강자성체의 자속밀도는 증가하다가 일정 한계치에 이르면 더 이상 증가하지 않는다.
- ㄹ : 히스테리시스 곡선이 이루는 면적을 히스테리시스 손(철심에서 열로 손실되는 에너지)이라 하며, 히스테리시스 손은 주파수와 비례하여 증가한다. 즉, 주파수를 낮추면 히스테리시스곡선이 이루는 면적을 줄일 수 있다.

66 전류에 의한 자계의 방향을 결정하는 법칙은?

① 렌츠의 법칙
② 비오사바르의 법칙
③ 앙페르의 오른나사법칙
④ 플레밍의 오른손법칙

67 전자유도상에서 코일에 생기는 유도기전력의 방향을 정의한 법칙은?

① 플레밍의 오른손법칙   ② 플레밍의 왼손법칙
③ 렌츠의 법칙   ④ 패러데이의 법칙

68 자체 인덕턴스가 각각 250[mH], 360[mH]인 두 코일이 있다. 두 코일 사이의 상호인덕턴스가 210[mH]라면 결합계수는 얼마가 되겠는가?

① 0.3   ② 0.5
③ 0.7   ④ 0.9

▶ **상호인덕턴스**

$M[\text{H}] = k\sqrt{L_1 \cdot L_2}$

여기서, $L_1 \cdot L_2$: 자체 인덕턴스 $(0 < k \leq 1)$

$k = \dfrac{M}{\sqrt{L_1 \cdot L_2}} = \dfrac{210}{\sqrt{250 \times 360}} = 0.7$

69 두 코일의 자체 인덕턴스를 $L_1[\text{H}]$, $L_2[\text{H}]$라 하고 상호 인덕턴스를 M이라 할 때, 두 코일을 자속이 동일한 방향과 역방향이 되도록 하여 직렬로 각각 연결하였을 경우, 합성 인덕턴스의 큰 쪽과 작은 쪽의 차는?

① M ② $2M$
③ $4M$ ④ $8M$

▶ **인덕턴스의 접속**

① 직렬접속 $L = L_1 + L_2 \pm 2M[\text{H}]$

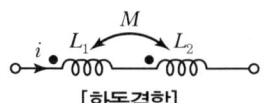
[화동결합]

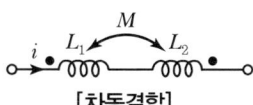
[차동결합]

정답 66. ③ 67. ③ 68. ③ 69. ③

② 병렬접속 $L = \dfrac{L_1 L_2 - M^2}{L_1 + L_2 \pm 2M}$ [H]

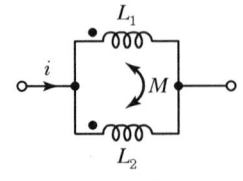

[가동결합]

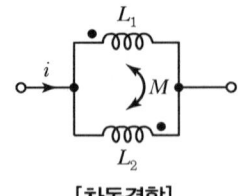

[차동결합]

③ 상호인덕턴스 M의 부호
  ㉠ 가동(순방향) 결합 : $-2M$ ㉡ 차동(역방향) 결합 : $+2M$
④ 합성 인덕턴스는 가동결합일 때 큰 값이 되고, 차동결합일 때 작은 값이 된다.
  $L_1 + L_2 + 2M - (L_1 + L_2 - 2M) = 4M$

70 자체 인덕턴스가 20[mH]인 코일에 30[A]의 전류가 흐른 경우 축적된 에너지는 몇 [J]인가?

① 6   ② 9   ③ 12   ④ 18

▶ 코일에 축적되는 에너지

$W = \dfrac{1}{2} L I^2 = \dfrac{1}{2} \times 20 \times 10^{-3} \times 30^2 = 9 \text{[J]}$

71 그림과 같은 결합회로의 등가 인덕턴스는 어떻게 되는가?

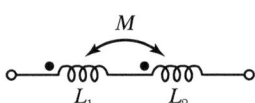

① $L_1 + L_2 + 2M$ ② $L_1 + L_2 - 2M$
③ $L_1 + L_2 - M$ ④ $L_1 + L_2 + M$

72 그림과 같은 회로에서 a, b 간의 합성 인덕턴스 L_0의 값은?

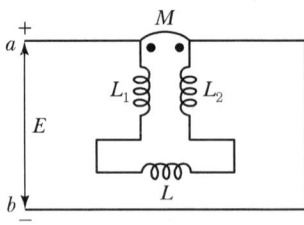

① $L_1 + L_2 + L$ ② $L_1 + L_2 - 2M + L$
③ $L_1 + L_2 + 2M + L$ ④ $L_1 + L_2 - M + L$

정답 70. ② 71. ① 72. ②

73 A, B 양단에서 본 합성 인덕턴스는?(단, 단위는 [H]이며, 코일 간의 상호유도는 없다고 본다.)

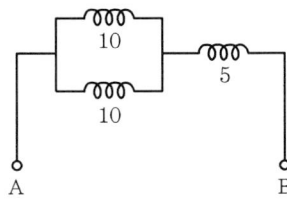

① 25 ② 15
③ 10 ④ 5

◎ 인덕턴스의 접속

① 병렬접속 $L = \dfrac{L_1 L_2 - M^2}{L_1 + L_2 \pm 2M} = \dfrac{10 \times 10}{10 + 10} = 5[\text{H}]$

② 직렬접속 $L = L_1 + L_2 \pm 2M = 5 + 5 = 10[\text{H}]$

74 공기 중에서 +m[Wb]의 자극으로부터 나오는 자력선의 총수를 나타낸 것은?

① m ② $\dfrac{\mu_0}{m}$
③ $\dfrac{m}{\mu_0}$ ④ $\mu_0 m$

◎ 가우스의 정리

자력선의 총수 $= \dfrac{m}{\mu} = \dfrac{m}{\mu_0 \cdot \mu_s} = \dfrac{m}{\mu_0}$

75 각속도 $\omega = 377[\text{rad/s}]$인 사인파 교류의 주파수는 약 몇 [Hz]인가?

① 50 ② 60
③ 300 ④ 600

◎

- 각속도 $\omega = 2\pi f[\text{rad/s}]$
- 주파수 $f = \dfrac{\omega}{2\pi} = \dfrac{377}{2\pi} = 60[\text{Hz}]$

76 교류의 파고율은?

① $\dfrac{실효값}{평균값}$ ② $\dfrac{실효값}{최대값}$

③ $\dfrac{최대값}{평균값}$ ④ $\dfrac{최대값}{실효값}$

● 교류의 값

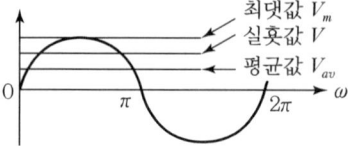

$\dfrac{최대값}{실효값} = 파고율$
$\dfrac{실효값}{평균값} = 파형률$

① 순시값 $v = V_m \sin wt\,[\text{V}]$, $i = I_m \sin wt\,[\text{A}]$
  여기서, 각속도 $\omega = 2\pi f\,[\text{rad/s}]$

② 최대값 V_m

③ 실효값 $V = V_m \times \dfrac{1}{\sqrt{2}}$

④ 평균값 $V_{av} = V_m \times \dfrac{2}{\pi}$

77 $v = V_m \sin(wt + \theta)$의 실효값은?

① V_m ② $\dfrac{V_m}{\sqrt{2}}$

③ $\dfrac{V_m}{2}$ ④ $\dfrac{V_m}{\pi}$

78 그림과 같이 정류회로에서 $v = 35\sqrt{2}\sin wt\,[\text{V}]$일 때 부하 R에 걸리는 전압의 평균치는 몇 [V]인가?

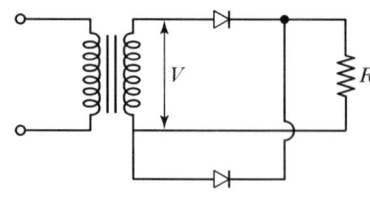

① 30.2   ② 31.5
③ 33.7   ④ 35.8

정답 76. ④ 77. ② 78. ②

◎ 교류의 값

① 평균값
$$V_{av} = V_m \times \frac{2}{\pi} = 35\sqrt{2} \times \frac{2}{\pi} = 31.51[\text{V}]$$

② 실효값
$$V = V_m \times \frac{1}{\sqrt{2}} = 35\sqrt{2} \times \frac{1}{\sqrt{2}} = 35[\text{V}]$$

79 $v = V_m \sin(wt - \theta)$의 파형은?

① 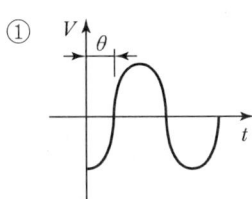 ②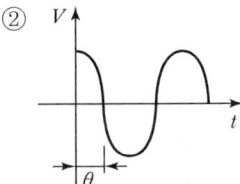

③ 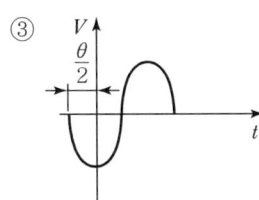 ④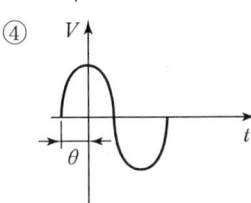

80 어떤 정현파 전압의 평균값이 191[V]이면 최대값은 몇 [V]인가?

① 100 ② 200 ③ 300 ④ 450

◎ 교류의 값

평균값 $V_{av} = V_m \times \frac{2}{\pi}$ 에서, $V_m = \frac{V_{av} \times \pi}{2} = \frac{191 \times \pi}{2} = 300.022[\text{V}]$

81 $v = \sqrt{2}\,V\sin wt$[V]인 전압에서 $wt = \frac{\pi}{6}$[rad]일 때의 크기가 70.7[V]이면 이 전원의 실효값은 약 몇 [V]가 되는가?

① 100 ② 200 ③ 300 ④ 400

◎

$v = \sqrt{2}\,V\sin wt$에서,

$V = \frac{v}{\sqrt{2}\,\sin wt} = \frac{v}{\sqrt{2}\,\sin 30°} = \frac{70.7}{\sqrt{2} \times 0.5} = 99.98[\text{V}]$

정답 79. ① 80. ③ 81. ①

82 다음은 정현파 교류전압 파형의 한 주기를 나타내었다. 시간(t)에 따른 전압의 순시값을 가장 근사하게 표현한 것은?

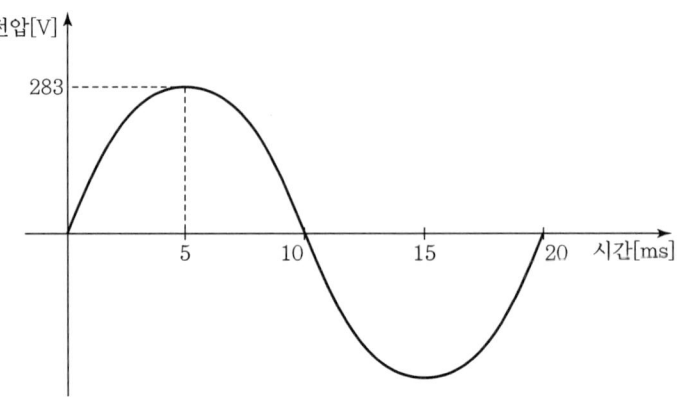

① $v(t) = \sqrt{2} \cdot 200 \cdot \sin 40\pi t$
② $v(t) = \sqrt{2} \cdot 200 \cdot \sin 100\pi t$
③ $v(t) = \sqrt{2} \cdot 220 \cdot \sin 40\pi t$
④ $v(t) = \sqrt{2} \cdot 220 \cdot \sin 100\pi t$

$v(t) = \sqrt{2}\, V \sin \omega t$ 에서

$V = \dfrac{V_m}{\sqrt{2}} = \dfrac{283}{\sqrt{2}} \fallingdotseq 200\,[\text{V}]$

$\omega = \dfrac{2\pi}{T} = \dfrac{2\pi}{20 \times 10^{-3}} = 100\pi\,[\text{rad/sec}]$

$\therefore v(t) = \sqrt{2} \cdot 200 \cdot \sin 100\pi t$

83 $v = 2 + 10\sqrt{2}\sin(\omega t + 30°) + 5\sqrt{2}(2\omega t - 60°) + 20\sqrt{2}\sin(3\omega t - 30°)\,[\text{V}]$의 비정현파에 대한 실효값[V]과 왜형률을 나타낸 것으로 옳은 것은?

① 23, 16.2   ② 23, 2.06   ③ 22.9, 16.2   ④ 22.9, 2.06

● 비정현파의 실효값

$V = \sqrt{V_0^2 + V_1^2 + V_2^2 + \cdots + V_n^2}\,[\text{V}]$

① 비정현파의 실효값

$V = \sqrt{V_0^2 + V_1^2 + V_2^2 + V_3^2} = \sqrt{2^2 + \left(\dfrac{10\sqrt{2}}{\sqrt{2}}\right)^2 + \left(\dfrac{5\sqrt{2}}{\sqrt{2}}\right)^2 + \left(\dfrac{20\sqrt{2}}{\sqrt{2}}\right)^2} = 23\,[\text{V}]$

② 왜형률

$D = \dfrac{\sqrt{V_2^2 + V_3^2}}{V_1} = \dfrac{\sqrt{\left(\dfrac{5\sqrt{2}}{\sqrt{2}}\right)^2 + \left(\dfrac{20\sqrt{2}}{\sqrt{2}}\right)^2}}{\left(\dfrac{10\sqrt{2}}{\sqrt{2}}\right)} = 2.06$

정답 82. ② 83. ②

84
RLC 직렬회로에서 $R=3[\Omega]$, $X_L=8[\Omega]$, $X_C=4[\Omega]$일 때 합성 임피던스의 크기는 몇 $[\Omega]$인가?

① 5　　② 7　　③ 8　　④ 10

● RLC 직렬회로

$$Z = \sqrt{R^2+X^2} = \sqrt{R^2+(X_L-X_C)^2}$$
$$= \sqrt{3^2+(8-4)^2} = 5[\Omega]$$
$$X = |X_L - X_C|$$
$$= \left(\omega L - \frac{1}{\omega C}\right)$$

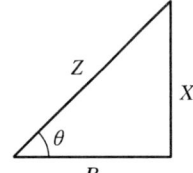

85
그림과 같은 회로의 역률은?

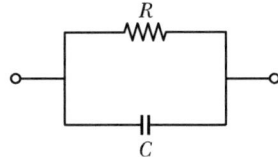

① $1+(wRC)^2$　　② $\dfrac{1}{1+(wRC)^2}$

③ $\sqrt{1+(wRC)^2}$　　④ $\dfrac{1}{\sqrt{1+(wRC)^2}}$

● RC 병렬회로

$$\cos\theta = \frac{G}{Y} = \frac{\frac{1}{R}}{\frac{1}{Z}} = \frac{1}{\frac{1}{Z}} \cdot \frac{1}{R}$$
$$= \frac{1}{\sqrt{\left(\frac{1}{R}\right)^2+\left(\frac{1}{X_C}\right)^2}} \times \frac{1}{\sqrt{R^2}}$$
$$= \frac{1}{\sqrt{\frac{R^2}{R^2}+\frac{R^2}{\frac{1}{(\omega C)^2}}}} = \frac{1}{\sqrt{1+(\omega CR)^2}}$$

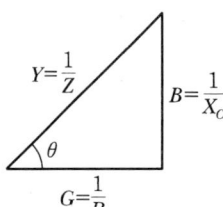

정답　84. ①　85. ④

86 그림과 같은 회로에 200[V]를 가하는 경우의 전류는 약 몇 [A]인가?

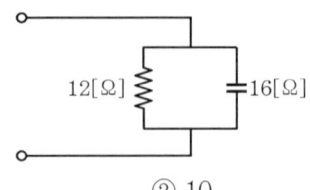

① 8 ② 10
③ 21 ④ 42

▶ RC 병렬회로

$$I = \frac{V}{Z} = YV$$
$$= \sqrt{\left(\frac{1}{R}\right)^2 + \left(\frac{1}{X_C}\right)^2} \times V$$
$$= \sqrt{\left(\frac{1}{12}\right)^2 + \left(\frac{1}{16}\right)^2} \times 200 = 20.83[A]$$

87 저항 R과 인덕턴스 L의 직렬회로에서 시정수는?

① RL ② $\dfrac{L}{R}$

③ $\dfrac{R}{L}$ ④ $\dfrac{L}{Z}$

▶ 시정수 τ
① 어떤 회로 또는 제어대상이 외부로부터의 입력에 얼마나 빠르게 혹은 느리게 반응할 수 있는 지를 나타내는 지표를 말한다.
② 전류가 흐르기 시작해서 정상전류의 63.2%에 도달하기까지의 시간을 나타낸다.
③ RL 직렬회로 $\tau = \dfrac{L}{R}[s]$
④ RC 직렬회로 $\tau = RC[s]$

88 RL 직렬회로에서 $R = 20[\Omega]$, $L = 10[H]$인 경우 시정수 τ는?

① 0.1[s] ② 0.5[s] ③ 2[s] ④ 200[s]

▶ 시정수

$$\tau = \frac{L}{R} = \frac{10}{20} = 0.5[s]$$

정답 86. ③ 87. ② 88. ②

89 $R = 10[k\Omega]$, $C = 5[\mu F]$의 직렬회로에 100[V]의 직류 전압을 인가했을 때 시정수 τ는?

① 5[ms] ② 50[ms] ③ 1[s] ④ 2[s]

◉ 시정수
$$\tau = RC$$
$$= 10 \times 10^3 \times 5 \times 10^{-6} = 50 \times 10^{-3}[s]$$

90 $50[\mu F]$의 콘덴서에 60[Hz]의 주파수가 주어졌을 때 용량 리액턴스는 몇 [Ω]인가?

① 26 ② 53 ③ 150 ④ 300

◉ 용량 리액턴스
$$X_C = \frac{1}{\omega C} = \frac{1}{2\pi f C}$$
$$= \frac{1}{2 \times \pi \times 60 \times 50 \times 10^{-6}} = 53.05[\Omega]$$

91 그림과 같은 회로에 교류전압 30[V]를 인가할 때 전 전류는 몇 [A]인가?

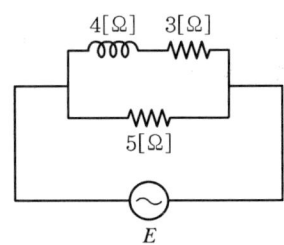

① $9.6 + j4.8$ ② $9.6 + j9.6$
③ $9.6 - j4.8$ ④ $9.6 - j9.6$

◉ 리액턴스
① 유도리액턴스(코일) $X_L = \omega L = 2\pi f L [\Omega]$ 임피던스 $Z = R + jX_L$

② 용량리액턴스(콘덴서) $X_C = \frac{1}{\omega C} = \frac{1}{2\pi f C}[\Omega]$ 임피던스 $Z = R - jX_C$

전 전류 $I = \frac{V}{Z} = \frac{30}{\frac{5 \times (3+j4)}{5+3+j4}} = 9.6 - j4.8[A]$

92. 그림과 같은 회로의 역률은?(단, $R=12[\Omega]$, $X_L=20[\Omega]$, $X_C=4[\Omega]$이다.)

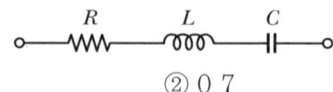

① 0.6
② 0.7
③ 0.8
④ 0.9

▶ RLC 직렬회로

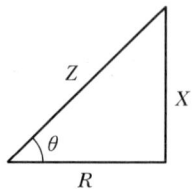

$\cos\theta = \dfrac{R}{Z} = \dfrac{12}{20} = 0.6$

$Z = \sqrt{R^2 + X^2} = \sqrt{R^2 + (X_L - X_C)^2} = \sqrt{12^2 + (20-4)^2} = 20[\Omega]$

$X = |X_L - X_C| = \left(\omega L - \dfrac{1}{\omega C}\right)$

93. $100[\Omega]$의 저항부하 2개만으로 직렬 연결된 회로에 AC 60[Hz], 220[V]의 교류전원을 인가하였을 때, 역률은 얼마인가?

① 1
② 0.9
③ 0.8
④ 0.7

▶

$Z = R + jX$ 에서
R만 존재하므로 $X = 0$, $Z = R$
$\therefore \cos\theta = \dfrac{R}{Z} = 1$

94. $R=25[\Omega]$, $X_L=5[\Omega]$, $X_C=10[\Omega]$을 병렬로 접속한 회로의 어드미턴스는 몇 [℧]인가?

① $0.4 - j0.1$
② $0.4 + j0.1$
③ $0.04 - j0.1$
④ $0.04 + j0.1$

▶ RLC 병렬회로

$Y = G + jB = \dfrac{1}{R} + j\left(\dfrac{1}{X_C} - \dfrac{1}{X_L}\right)$

$= \dfrac{1}{25} + j\left(\dfrac{1}{10} - \dfrac{1}{5}\right) = 0.04 - j0.1$

정답 92. ① 93. ① 94. ③

95 회로에서 전류 I는 몇 [A]인가?

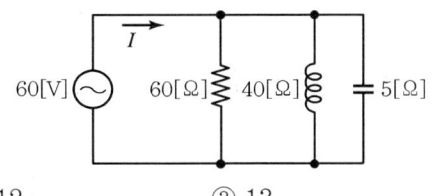

① 11 ② 12 ③ 13 ④ 14

◉ RLC 병렬회로

$$전류\ I = \frac{V}{Z} = YV$$
$$= \sqrt{\left(\frac{1}{R}\right)^2 + \left(\frac{1}{X_C} - \frac{1}{X_L}\right)^2} \cdot V$$
$$= \sqrt{\left(\frac{1}{60}\right)^2 + \left(\frac{1}{5} - \frac{1}{40}\right)^2} \times 60 = 10.55 [A]$$

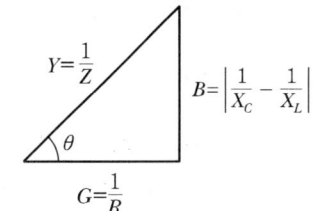

96 그림과 같은 브리지 회로가 평형이 되기 위한 Z의 값은 몇 [Ω]인가?(단, 그림의 임피던스 단위는 모두 [Ω]이다.)

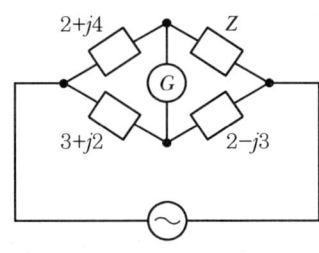

① $4-j2$ ② $2-j4$
③ $-2+j4$ ④ $4+j2$

◉ 브리지 회로(교류 브리지 회로)의 평형조건

① 마주보는 저항(임피던스의)의 곱이 서로 같으면 회로는 평형상태이다.
② 이때, 검류계 ⓖ에는 전류가 흐르지 않는다.
③ $Z_1 \cdot Z_3 = Z_2 \cdot Z_4$ 에서,
$$Z_2 = \frac{Z_1 \cdot Z_3}{Z_4} = \frac{(2+j4) \times (2-j3)}{3+j2} = 4-j2$$

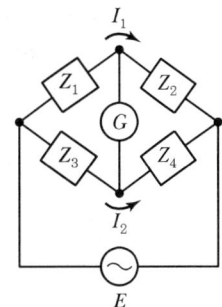

정답 95. ① 96. ①

97 그림과 같은 교류 브리지의 평형조건으로 옳은 것은?

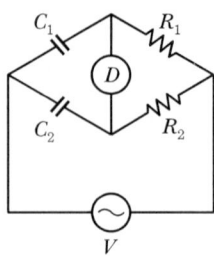

① $C_1 R_1 = C_2 R_2$
② $C_1 R_2 = C_2 R_1$
③ $C_1 C_1 = R_1 R_2$
④ $\dfrac{1}{C_1 C_2} = R_1 R_2$

▶ 브리지 회로(교류 브리지)의 평형조건

① 마주보는 저항(임피던스의)의 곱이 서로 같으면 회로는 평형상태이다.
② 이때, 검류계 ⓖ에는 전류가 흐르지 않는다.
③ $C_1 \cdot R_2 = C_2 \cdot R_1$에서

$$\dfrac{1}{\omega C_1} \cdot R_2 = \dfrac{1}{\omega C_2} \cdot R_1$$

$$\dfrac{R_2}{R_1} = \dfrac{\dfrac{1}{\omega C_2}}{\dfrac{1}{\omega C_1}} \left(= \dfrac{\omega C_1}{\omega C_2} = \dfrac{C_1}{C_2} \right)$$

$$\therefore C_1 \cdot R_1 = C_2 \cdot R_2$$

98 LC 회로에서 L 또는 C를 증가시키면 공진 주파수는 어떻게 되는가?

① 증가한다.
② 감소한다.
③ L에 반비례한다.
④ C에 반비례한다.

▶ 공진

공진 조건	$X_L = X_C$ 에서, $\omega L = \dfrac{1}{\omega C}$, $2\pi f L = \dfrac{1}{2\pi f C}$	공진의 의미 ① 전압과 전류가 동상이다. ② 리액턴스(X) : 0, 역률 : 1 ③ 임피던스 : 최소, 전류 : 최대
공진 각속도	$\omega = \dfrac{1}{\sqrt{LC}}$ [rad/s] (L[H], C[F])	
공진 주파수	$f = \dfrac{1}{2\pi\sqrt{LC}}$ [Hz] (L[H], C[F])	

정답 97. ① 98. ②

99 RLC 직렬공진회로에서 $R=3[\Omega]$, $L=15[\text{mH}]$, $C=8[\mu\text{F}]$일 때 선택도 Q는 약 얼마인가?

① 14.4 ② 25.4 ③ 34.4 ④ 55.4

◉ **선택도**

① 선택도 $Q = \dfrac{\text{리액턴스 성분}}{\text{저항성분}} = \dfrac{\omega L}{R} = \dfrac{1}{\omega CR} = \dfrac{1}{R}\sqrt{\dfrac{L}{C}}$

여기서, R : 저항[Ω]
L : 인덕턴스[H]
C : 커패시턴스[F]
ω : 각속도[rad/s]

② $Q = \dfrac{1}{R}\sqrt{\dfrac{L}{C}} = \dfrac{1}{3} \times \sqrt{\dfrac{15 \times 10^{-3}}{8 \times 10^{-6}}} = 14.43$

100 콘덴서만의 회로에서 전압과 전류 사이의 위상관계는?

① 전압이 전류보다 180° 앞선다. ② 전압이 전류보다 180° 뒤진다.
③ 전압이 전류보다 90° 앞선다. ④ 전압이 전류보다 90° 뒤진다.

◉ **전압과 전류의 위상**

① R만의 회로 : 전압과 전류는 동상이다.
② L만의 회로 : 전압이 전류보다 90° 앞선다.
③ C만의 회로 : 전류가 전압보다 90° 앞선다.

101 그림과 같은 회로에서 부하 L, R, C의 조건 중 역률이 가장 좋은 것은?

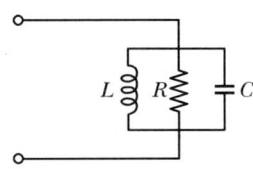

① $L=3[\Omega]$, $R=4[\Omega]$, $C=4[\Omega]$
② $L=3[\Omega]$, $R=3[\Omega]$, $C=4[\Omega]$
③ $L=4[\Omega]$, $R=3[\Omega]$, $C=4[\Omega]$
④ $L=4[\Omega]$, $R=3[\Omega]$, $C=3[\Omega]$

◉ **공진의 의미**

① 전압과 전류가 동상이다.
② 리액턴스(X) : 0, 역률 : 1
③ 임피던스 : 최소, 전류 : 최대

102 어떤 회로에 $V=100+j20$[V]인 전압을 가했을 때 $I=8+j6$[A]인 전류가 흘렀다. 이 회로의 소비전력은 몇 [W]인가?

① 800　　② 920　　③ 1,200　　④ 1,400

▶ 피상전력
$P_a = VI = (100+j20) \times (8-j6) = 920 - j440 \text{[VA]}$

103 전압 $V=10+j5$[V], 전류 $I=5+j2$[A]일 때, 소비전력 P[W], 무효전력 Q[Var]는 각각 얼마인가?

① $P=30$, $Q=40$　　② $P=40$, $Q=45$
③ $P=50$, $Q=20$　　④ $P=60$, $Q=5$

▶ 피상전력
$P_a = VI = (10+j5) \times (5-j2) = 60 + j5 \text{[VA]}$

104 어떤 회로에 $V=100\angle\dfrac{\pi}{3}$[V]의 전압을 가하니 $I=10\sqrt{3}+j10$[A]의 전류가 흘렀다. 이 회로의 무효전력[Var]은?

① 0　　② 1,000　　③ 1,732　　④ 2,000

▶
- 피상전력 $P_a = VI$
$= (50+j50\sqrt{3}) \times (10\sqrt{3}-j10) = 1,732 + j1,000 \text{[VA]}$
- 전압 $V = 100\angle\dfrac{\pi}{3}$
$= 100\left(\cos\dfrac{\pi}{3} + j\sin\dfrac{\pi}{3}\right)$
$= 100\left(\dfrac{1}{2} + j\dfrac{\sqrt{3}}{2}\right) = 50 + j50\sqrt{3} \text{[V]}$

105 어느 전동기가 회전하고 있을 때 전압 및 전류의 실효값이 각각 50[V], 3[A]이고 역률이 0.8이라면 무효전력은 몇 [Var]인가?

① 70　　② 80　　③ 90　　④ 100

▶ 무효전력
$P_r = VI\sin\theta = 50 \times 3 \times 0.6 = 90 \text{[Var]}$
① $\cos^2\theta + \sin^2\theta = 1$　　② $\sin\theta = \sqrt{1-\cos^2\theta} = \sqrt{1-0.8^2} = 0.6$

정답　102. ②　103. ④　104. ②　105. ③

106 어느 회로의 유효전력은 80[W]이고, 무효전력은 60[Var]이다. 이때의 역률 $\cos\theta$ 의 값은?

① 0.8
② 0.85
③ 0.9
④ 0.95

◉ 교류의 전력

- 역률 $\cos\theta = \dfrac{P}{P_a} = \dfrac{P}{\sqrt{P^2+P_r^2}} = \dfrac{80}{\sqrt{80^2+60^2}} = 0.8$

- 무효율 $\sin\theta = \dfrac{P_r}{P_a} = \dfrac{60}{\sqrt{P^2+P_r^2}} = \dfrac{60}{\sqrt{80^2+60^2}} = 0.6$

- 위상각 $\theta = \tan^{-1}\dfrac{P_r}{P} = \tan^{-1}\dfrac{60}{80} = 36.87$

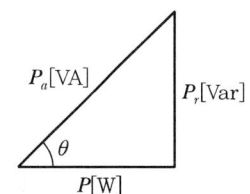

구분	단상	3상
피상전력 P_a[VA]	VI	$3V_p I_p = \sqrt{3}\, V_l I_l$
유효전력 P[W]	$VI\cos\theta$	$3V_p I_p \cos\theta = \sqrt{3}\, V_l I_l \cos\theta$
무효전력 P_r[var]	$VI\sin\theta$	$3V_p I_p \sin\theta = \sqrt{3}\, V_l I_l \sin\theta$

107 3상 3선식 200[V] 회로에서 10[Ω]의 전열선을 그림과 같이 접속할 때 선 전류는 몇 [A]인가?

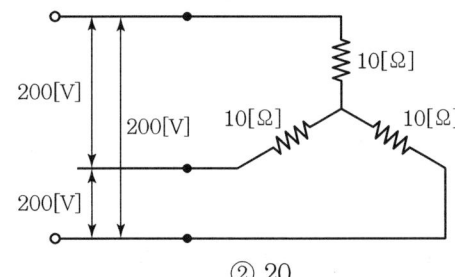

① 12
② 20
③ 35
④ 40

◉ 3상 결선

선전류 $I_l = I_P = \dfrac{V_P}{R} = \dfrac{\frac{V_l}{\sqrt{3}}}{R} = \dfrac{\frac{200}{\sqrt{3}}}{10} = 11.54[A]$

정답 106. ① 107. ①

※ 3상 교류의 결선법 Y결선과 △결선

구분	Y결선(성형결선)	△결선(삼각결선)
결선방식		
전압	$V_l = \sqrt{3}\,V_P \angle 30$ 여기서, V_l : 선간전압[V] V_P : 상전압[V]	$V_l = V_P$ 여기서, V_l : 선간전압[V] V_P : 상전압[V]
전류	$I_l = I_P$ 여기서, I_l : 선간전압[V] I_P : 상전류[A]	$I_l = \sqrt{3}\,I_P \angle -30$ 여기서, I_l : 선간전압[V] I_P : 상전류[A]

★ 상전압 V_P : 다상교류의 각 상에 걸리는 전압
선간전압 V_l : 다상교류 회로에서 단자 간에 걸리는 전압

108. 전압 220[V], 전류 20[A], 역률 0.6인 3상 회로의 전력은 약 몇 [kW]인가?

① 3.8 ② 4.2
③ 4.6 ④ 5.2

▶ **교류의 전력**

유효전력 $P = \sqrt{3}\,VI\cos\theta = \sqrt{3} \times 220 \times 20 \times 0.6 = 4,572.6[\text{W}] = 4.57[\text{kW}]$

109. 30[Ω]의 저항 3개로 △ 결선 회로를 만든 다음 그것을 다시 Y결선 회로로 변환하면 한 변의 저항은 몇 [Ω]이 되는가?

① 10 ② 30
③ 60 ④ 90

▶ **$Y \leftrightarrow \triangle$ 변환**

① $Y \to \triangle$ 변환 $R_\triangle = 3R_Y\ (\triangle = 3Y)$

② $\triangle \to Y$ 변환 $R_Y = \dfrac{1}{3}R_\triangle \left(Y = \dfrac{1}{3}\triangle\right)$

$R_Y = \dfrac{1}{3}R_\triangle = \dfrac{1}{3} \times 30 = 10[\Omega]$

정답 108. ③ 109. ①

110 60[Hz]의 3상 전압을 전파 정류하면 맥동주파수는 얼마인가?

① 60
② 120
③ 240
④ 360

◎ 맥동주파수

① 단상 반파 : $1f$, 단상 전파 : $2f$, 3상 반파 : $3f$, 3상 전파 : $6f$
② 3상 전파의 맥동 주파수 $= 6f = 6 \times 60 = 360[\text{Hz}]$

111 백분율 오차가 +12.0[%]일 때 백분율 보정은?

① +9.7[%]
② −9.7[%]
③ +10.7[%]
④ −10.7[%]

◎ 오차와 보정

백분율 오차 $= \dfrac{M-T}{T} \times 100$ 에서, $12 = \dfrac{M-T}{T} \times 100$ 이므로,

$M = \dfrac{12T}{100} + T = \dfrac{12T}{100} + \dfrac{100}{100}T = \dfrac{112T}{100} = 1.12T$

백분율 보정 $= \dfrac{T-M}{M} \times 100 = \dfrac{T-1.12T}{1.12T} \times 100 = -10.71[\%]$

① 오차 $= M-T$

오차율 $= \dfrac{M-T}{T}$

백분율 오차[%] $= \dfrac{M-T}{T} \times 100$

② 보정 $= T-M$

보정률 $= \dfrac{T-M}{M}$

백분율 보정[%] $= \dfrac{T-M}{M} \times 100$

여기서, M : 지시값(Measurement Value)
T : 참값(True Value)

112 측정량과 별도로 크기를 조정할 수 없는 표준량을 준비하고 이것을 표준량과 평행시켜 표준량으로부터 측정량을 구하는 방법으로 감도가 좋고 정밀 측정에 적합한 측정방법은?

① 편위법
② 직편법
③ 영위법
④ 반경법

정답 110. ④ 111. ④ 112. ③

113 잠동(Creeping)이 발생하는 계기는?

① 전압계　　② 전류계　　③ 역률계　　④ 적산전력계

> **● 잠동(Creeping) 현상**
>
> 적산전력계는 전력량을 측정하는 계측기로, 전력 공급 시 무부하 상태에서 정격 주파수 및 정격 전압의 110%를 인가하므로, 전원이 차단된 경우에도 계기의 원판이 0.5~1회전 정도 더 회전하게 되는데 이러한 현상을 잠동 현상이라 한다.
>
> ※ **방지대책**
> ① 원판에 작은 구멍을 뚫어 놓는다.
> ② 원판에 작은 철편을 매달아 놓는다.

114 직류전압을 측정할 수 없는 계기는?

① 가동코일형 계기　　② 정전형 계기
③ 유도형 계기　　　　④ 전류력계형

> **● 전기 계기의 종류**
>
> | 종류 | 구동 토크(동작원리) | 사용 회로 | 교류지시 |
> |---|---|---|---|
> | 가동코일형 | 영구 자석의 자기장 내에 코일을 두고, 이 코일에 전류를 통과시켜 발생되는 힘을 이용 | 직류 | 평균값 |
> | 가동철편형 | 전류에 의한 자기장이 연철편에 작용하는 힘을 사용 | 교류 | 실효값 |
> | 유도형 | 회전 자기장 또는 이동 자기장과 이것에 의한 유도 전류와의 상호작용을 이용 | 교류 | 실효값 |
> | 전류력계형 | 전류 사용 간에 작용하는 힘을 이용 | 직류 교류 | 평균값, 실효값 |
> | 열전형 | 다른 종류의 금속체 사이에 발생되는 기전력을 이용 | 직류 교류 | 평균값, 실효값 |
> | 정류형 | 가동 코일형 계기 앞에 정류회로를 삽입하여 교류전압만을 측정 | 교류 | 실효값 |
> | 정전형 | • 대전된 대전체 사이에 작용하는 흡인력 또는 반발력(즉, 정전력)을 이용
• 고전압 측정에 쓰임(전류측정에 쓰이지 않음) | 직류 교류 | 평균값, 실효값 |

115 정류기형 계기의 눈금이 지시하는 것은?

① 최대값　　　② 실효값
③ 평균값　　　④ 순시값

116 지시 계기의 구비조건으로 해당되지 않는 것은?
① 정확도가 높고, 측정회로에 영향이 적을 것
② 과부하에 견디는 양이 적을 것
③ 응답도가 좋을 것
④ 구조가 간단하고 취급이 쉬울 것

117 3전압계법에 의한 전력 P는?

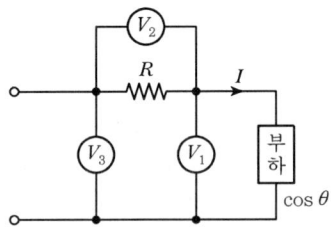

① $P = \dfrac{1}{2R}(V_3 - V_1 - V_2)^2$
② $P = \dfrac{1}{R}(V_2^2 - V_1^2 - V_3^2)$
③ $P = \dfrac{1}{2R}(V_3^2 - V_1^2 - V_2^2)$
④ $P = V_3 I \cos^2\theta$

○ 전력계
1) 전력계법
   ① 1전력계법 $P = 2W$ [W]
   ② 2전력계법 $P = W_1 + W_2$ [W]
   ③ 3전력계법 $P = W_1 + W_2 + W_3$ [W]
2) 3전압계법
   $P = \dfrac{1}{2} \cdot \dfrac{1}{R} \cdot (V_3^2 - V_2^2 - V_1^2)$ [W]
3) 3전류계법
   $P = \dfrac{1}{2} \cdot R \cdot (I_3^2 - I_2^2 - I_1^2)$ [W]

118 자동화재탐지설비의 배선에 대한 절연저항을 측정하려 한다. 필요한 계기는?
① 메거
② 회로시험기
③ 전위차계
④ 휘트스톤 브리지

○
절연저항 $R[\Omega] = \dfrac{\text{인가한 전압[V]}}{\text{누설전류[A]}}$

정답 116. ② 117. ③ 118. ①

119 다음은 부하전압과 전류를 측정하기 위한 방법이다. 옳은 것은?

① 전압계 : 부하와 병렬,   전류계 : 부하와 직렬
② 전압계 : 부하와 병렬,   전류계 : 부하와 병렬
③ 전압계 : 부하와 직렬,   전류계 : 부하와 직렬
④ 전압계 : 부하와 직렬,   전류계 : 부하와 병렬

부하(저항) R에 대하여 전류계는 직렬로, 전압계는 병렬로 연결한다.

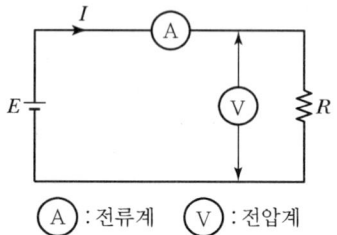

- 분류기는 전류계와 병렬로 연결한다.
- 배율기는 전압계와 직렬로 연결한다.

120 다음 중 계측방법이 잘못된 것은?

① 훅 온 미터에 의한 전류 측정
② 회로시험기에 의한 저항 측정
③ 메거에 의한 접지저항 측정
④ 전류계, 전압계, 전력계에 의한 역률 측정

121 선간전압 E[V]의 3상 평형전원에 대칭 3상 저항부하 R[Ω]이 그림과 같이 접속되었을 때 a, b 두 상 간에 접속된 전력계의 지시값이 W[W]라면 C상의 전류는 몇 [A]인가?

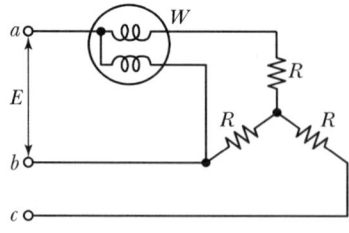

① $\dfrac{2W}{\sqrt{3}\,E}$　　② $\dfrac{W_1 + W_2}{\sqrt{3}\,E}$

③ $\dfrac{W_1 + W_2 + W_3}{\sqrt{3}\,E}$　　④ $\dfrac{\sqrt{3}\,W}{\sqrt{E}}$

정답 119. ① 120. ③ 121. ①

122. 단상 교류회로에 연결되어 있는 부하의 역률을 측정하고자 한다. 이때 필요한 계측기의 구성으로 옳은 것은?

① 전압계, 전력계, 회전계
② 저항계, 전력계, 전류계
③ 전압계, 전류계, 전력계
④ 전류계, 전압계, 주파수계

▶ **역률**

$$\cos\theta = \frac{P}{Pa} = \frac{P}{VI}$$

∴ 역률을 측정하기 위해서는 전압계, 전류계, 전력계가 필요하다.

123. 제어장치가 제어 대상에 가하는 제어신호로 제어장치의 출력인 동시에 제어대상의 입력인 것은?

① 제어량
② 조작량
③ 목표값
④ 동작신호

▶ **피드백 제어시스템**

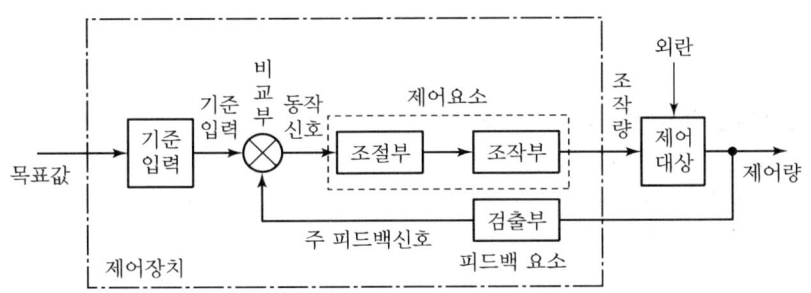

124. 피드백 제어의 특징으로 틀린 것은?

① 정확도가 증가한다.
② 대역폭이 크다.
③ 계의 특성 변화에 대한 입력 대 출력비의 감도가 감소한다.
④ 구조가 단순하고 설치비용이 저렴하다.

125. 궤환제어계에서 제어요소에 대한 설명으로 옳은 것은?

① 조작부와 검출부로 구성되어 있다.
② 조절부와 검출부로 구성되어 있다.
③ 목표값에 비례하는 신호를 발생하는 제어이다.
④ 동작신호를 조작량으로 변화시키는 요소이다.

정답 122. ③ 123. ② 124. ④ 125. ④

126 감지기 중 감지선형은 어느 변환요소에 속하는가?

① 압력 → 변위
② 온도 → 임피던스
③ 온도 → 전압
④ 변위 → 임피던스

127 목표값이 미리 정해진 시간적 변화를 하는 경우 제어량을 그것에 추종시키기 위한 제어는?

① 추종 제어
② 정치 제어
③ 비율 제어
④ 프로그램 제어

▶ **목적에 의한 제어의 분류**
① 정치 제어 : 제어량을 어떤 일정한 목표값으로 유지하는 것을 목적으로 하는 제어
② 비율 제어 : 목표값이 다른 것과 일정 비율 관계를 가지고 변화하는 경우의 추종 제어
③ 프로그램 제어 : 미리 정해진 프로그램에 따라 제어량을 변화시키는 것을 목적으로 하는 제어

128 제어량이 변화하는 물체의 위치, 방향, 자세 등일 경우의 제어는?

① 프로세스 제어
② 시퀀스 제어
③ 서보 제어
④ 정치 제어

▶ **제어량의 성질에 의한 제어의 분류**
① 프로세스 제어 : 제어량이 온도, 유량, 압력, 액위, 농도, 밀도 등의 플랜트나 생산공정 중의 상태량을 제어량으로 하는 제어로서 프로세스에 가해지는 외란(기준 입력신호 이외의 신호요소)의 억제를 주 목적으로 한다.
　예 온도조절장치, 압력제어장치
② 서보기구 : 물체의 위치, 방위, 자세 등의 기계적 변위를 제어량으로 해서 목표값의 임의의 변화에 추종하도록 구성된 제어계를 말한다.
　예 비행기 및 선박의 방향 제어계, 미사일 발사대의 자동 위치 제어계, 추적용 레이더
③ 자동조정 : 전압, 전류, 주파수, 회전속도, 힘 등 전기적 · 기계적 양을 주로 제어하는 것으로서, 응답속도가 대단히 빨라야 하는 것이 특징이다.
　예 정전압 장치, 발전기의 조속기 제어
④ 시퀀스 제어 : 미리 정해 놓은 순서 또는 일정한 논리에 의하여 정해진 순서에 따라 제어의 각 단계를 차례로 진행하는 것을 말한다.
　예 전기 세탁기, 교통 신호기, 무인 발전소

129 제어량이 온도, 압력, 유량 및 액면 등과 같은 일반 공업량일 때의 제어는?

① 공정 제어
② 프로그램 제어
③ 시퀀스 제어
④ 추종 제어

130 제어요소의 동작특성 중 연속동작이 아닌 제어는?

① 비례 제어
② 비례적분 제어
③ 비례미분 제어
④ 온오프 제어

131 교류전력변환장치로 사용되는 인버터회로에 대한 설명 중 틀린 것은?

① 직류전력을 교류전력으로 변환하는 장치를 인버터라고 한다.
② 전류형 인버터와 전압형 인버터로 구분할 수 있다.
③ 전류방식에 따라서 타려식과 자려식으로 구분할 수 있다.
④ 인버터의 부하장치에는 직류직권전동기를 사용할 수 있다.

132 그림과 같은 피드백 제어의 종합 전달함수 $\left(\dfrac{C}{R}\right)$는?

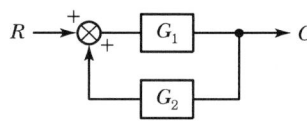

① $\dfrac{1}{G_1} + \dfrac{1}{G_2}$
② $\dfrac{G_1}{1 - G_1 G_2}$
③ $\dfrac{G_1}{1 + G_1 G_2}$
④ $\dfrac{G_2}{1 - G_1 G_2}$

▶ 전달함수 ─────

$G(s) = \dfrac{C}{R}$

$RG_1 + CG_2G_1 = C$

$RG_1 = C(1 - G_2G_1)$

$\therefore \dfrac{C}{R} = \dfrac{G_1}{1 - G_2G_1}$

정답 130. ④ 131. ④ 132. ②

133 그림의 블록선도에서 전달함수 $\left(\dfrac{C}{R}\right)$는?

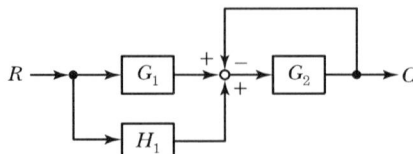

① $\dfrac{H_1}{1+G_1G_2}$

② $\dfrac{G_2(G_1+H_1)}{1+G_2}$

③ $\dfrac{G_1G_2}{1+G_1G_2H_1}$

④ $\dfrac{G_1G_2}{G_1+H_1}$

◉ 전달함수

$G(s)=\dfrac{C}{R}$

$(RG_1+RH_1)G_2 - CG_2 = C$

$RG_1G_2 + RH_1G_2 = C(1+G_2)$

$RG_2(G_1+H_1) = C(1+G_2)$

$\therefore \dfrac{C}{R}=\dfrac{G_2(G_1+H_1)}{1+G_2}$

134 그림과 같은 블록선도에서 C는?

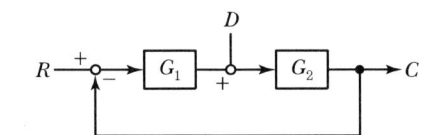

① $C=\dfrac{G_1G_2}{1+G_1G_2}R+\dfrac{G_1}{1+G_1G_2}D$

② $C=\dfrac{G_1G_2}{1+G_1G_2}R+\dfrac{G_1G_2}{1-G_1G_2}D$

③ $C=\dfrac{G_1G_2}{1+G_1G_2}R+\dfrac{G_1G_2}{1+G_1G_2}D$

④ $C=\dfrac{G_1G_2}{1+G_1G_2}R+\dfrac{G_2}{1+G_1G_2}D$

◉ 전달함수

$G(s)=\dfrac{C}{R}$

$RG_1G_2 - CG_1G_2 + DG_2 = C$

$RG_1G_2 + DG_2 = C(1+G_1G_2)$

$\therefore C=\dfrac{G_1G_2}{1+G_1G_2}R+\dfrac{G_2}{1+G_1G_2}D$

정답 133. ② 134. ④

135 그림과 같은 블록선도에서 C는?

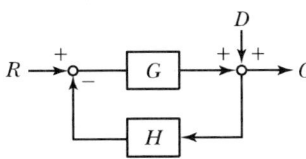

① $C = \dfrac{G}{1+HG}R + \dfrac{G}{1+HG}D$ ② $C = \dfrac{1}{1+HG}R + \dfrac{1}{1+HG}D$

③ $C = \dfrac{G}{1+HG}R + \dfrac{1}{1ївHG}D$ ④ $C = \dfrac{1}{1+HG}R + \dfrac{G}{1+HG}D$

◉ 전달함수

$G(s) = \dfrac{C}{R}$

$RG - CHG + D = C$

$RG + D = C(1+HG)$

$\therefore C = \dfrac{G}{1+HG}R + \dfrac{1}{1+HG}D$

136 그림과 같은 게이트의 명칭은?

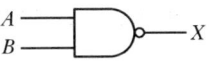

① AND ② NAND ③ OR ④ NOR

◉ 논리회로

명칭	유접점	무접점 다이오드	논리회로	진리표		
				A	B	X
AND 회로	(회로도)	(회로도)	$X = A \cdot B$ 입력신호 A, B가 동시에 1일 때만 출력 신호 X가 1이 된다.	0 0 1 1	0 1 0 1	0 0 0 1
OR 회로	(회로도)	(회로도)	$X = A + B$ 입력신호 A, B 중 어느 하나라도 1이면 출력신호 X가 1이 된다.	0 0 1 1	0 1 0 1	0 1 1 1

정답 135. ③ 136. ②

회로					
NOT 회로			$X=\overline{A}$ 입력신호 A가 0일 때만 출력신호 X가 1이 된다.	A|X 0|1 1|0	
NAND 회로			$X=\overline{A\cdot B}$ 입력신호 A, B가 동시에 1일 때만 출력신호 X가 0이 된다. (AND 회로의 부정)	A|B|X 0|0|1 0|1|1 1|0|1 1|1|0	
NOR 회로			$X=\overline{A+B}$ 입력신호 A, B가 동시에 0일 때만 출력신호 X가 1이 된다. (OR 회로의 부정)	A|B|X 0|0|1 0|1|0 1|0|0 1|1|0	

137 다음 그림과 같은 다이오드 논리회로 명칭은?

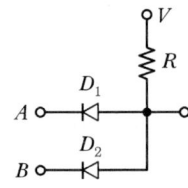

① NOT 회로 ② AND 회로
③ OR 회로   ④ NAND 회로

138 그림과 같은 무접점회로는 어떤 논리회로인가?

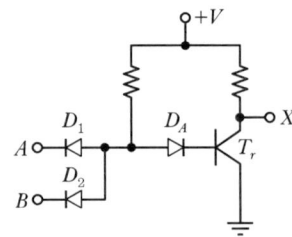

① AND ② OR
③ NOT ④ NAND

정답 137. ② 138. ④

139 그림과 같은 회로의 명칭으로 적당한 것은?

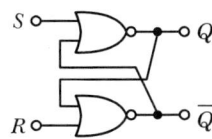

① HALF ADDER 회로
② EXCLUSIVE OR 회로
③ NAND 회로
④ FLIP FLOP 회로

140 전자접촉기의 보조 a 접점에 해당되는 것은?

① 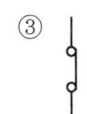 ② ③ 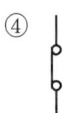 ④

141 다음 논리식 중 성립하지 않는 것은?

① $A + A = A$
② $A \cdot A = A$
③ $A \cdot \overline{A} = 1$
④ $A + \overline{A} = 1$

▶ 불대수

① 2진수 "0", "1" 및 논리 변수 A, B일 때 다음이 성립한다.
  ㉠ $A + 0 = A$ $A \cdot 1 = A$
  ㉡ $A + A = A$ $A \cdot A = A$
  ㉢ $A + 1 = 1$ $A + \overline{A} = 1$
  ㉣ $A \cdot 0 = 0$ $A \cdot \overline{A} = 0$

② 2중 NOT는 NOT이 아니다.
  $\overline{\overline{A}} = A$ $\overline{\overline{A \cdot B}} = A \cdot B$
  $\overline{\overline{A + B}} = A + B$ $\overline{\overline{A \cdot B}} = \overline{A} \cdot \overline{B}$

③ "0"과 "1"의 연산
  $0 + 0 = 0, \ 0 + 1 = 1, \ \overline{0} = 1$
  $0 \cdot 1 = 0, \ 1 \cdot 1 = 1, \ \overline{1} = 0$

정답 139. ④ 140. ③ 141. ③

142 그림과 같은 릴레이 시퀀스 회로의 출력식을 나타내는 것은?

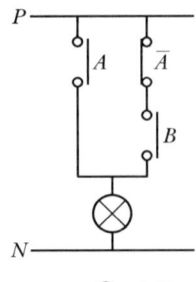

① $\overline{AB}$　　② $\overline{A+B}$　　③ AB　　④ $A+B$

▶ 출력

$X = A+(\overline{A}B)$
$= (A+\overline{A}) \cdot (A+B) = A+B$

143 그림과 같은 계전기 접점회로의 논리식은?

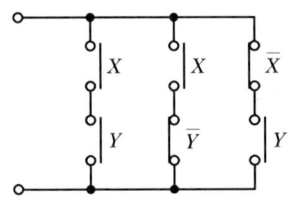

① $XY + X\overline{Y} + \overline{X}Y$　　② $(XY)(X\overline{Y})(\overline{X}Y)$
③ $(X+Y)(X+\overline{Y})(\overline{X}+Y)$　　④ $(X+Y)+(X+\overline{Y})+(\overline{X}+Y)$

144 그림과 같은 유접점 회로의 논리식은?

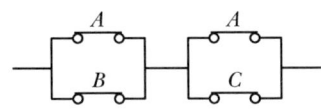

① $AB+BC$　　② $A+BC$　　③ $B+AC$　　④ $AB+B$

▶ 출력

$X = (A+B) \cdot (A+C)$
$= AA+AC+AB+BC$
$= A+AC+AB+BC$
$= A(1+C)+AB+BC$
$= A+AB+BC$
$= A(1+B)+BC$
$= A+BC$

145 논리식 $A \cdot (A+B)$를 간단히 하면?

① A
② B
③ AB
④ $A+B$

▶ 출력
$$X = (AA) + (AB)$$
$$= A + AB$$
$$= A(1+B) = A$$

146 그림과 같은 결선도는 전자개폐 기본회로도이다. OFF 스위치와 보조 b접점을 나타내는 것은?

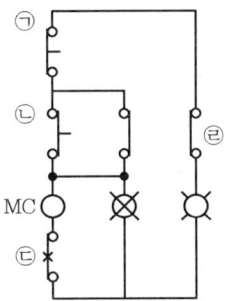

① OFF스위치 : ㉠, 보조 b접점 : ㉣
② OFF스위치 : ㉡, 보조 b접점 : ㉢
③ OFF스위치 : ㉢, 보조 b접점 : ㉡
④ OFF스위치 : ㉣, 보조 b접점 : ㉠

147 그림과 같은 논리회로에서 F의 값은?

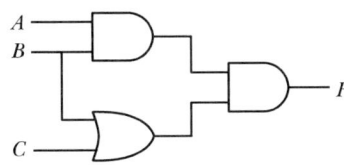

① $F = A + BC$
② $F = 1$
③ $F = A + B + C$
④ $F = AB(B+C)$

정답 145. ① 146. ① 147. ④

148 다음 논리회로에 대한 논리식을 가장 간략화한 것은?

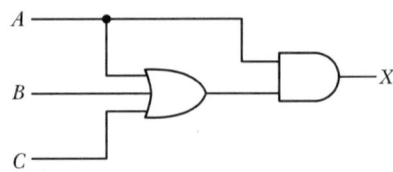

① X = A
② X = AB
③ X = BC
④ X = AB + BC

> X = A(A + B + C) = A + AB + AC = A(1 + B + C) = A

149 그림과 같은 논리회로의 출력 Y는?

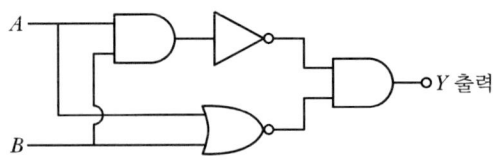

① $Y = \overline{AB} \cdot \overline{(A+B)}$
② $Y = \overline{AB}(A+B)$
③ $Y = AB + AB$
④ $Y = \overline{(A+B)} + \overline{AB}$

150 논리식 $A\overline{B}C + A\overline{B}\overline{C} + \overline{A}\overline{B}C + \overline{A}\overline{B}\overline{C}$를 간략화한 후 논리회로를 그리면?

①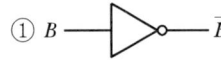
② $\begin{array}{c}A\\B\end{array}$ ⟶ $\overline{AB}$
③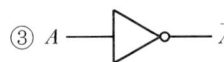
④ $\begin{array}{c}A\\B\end{array}$ ⟶ AB

> 출력
> $X = A\overline{B}C + A\overline{B}\overline{C} + \overline{A}\overline{B}C + \overline{A}\overline{B}\overline{C}$
> $= \overline{B}(AC + A\overline{C} + \overline{A}C + \overline{A}\overline{C})$
> $= \overline{B}\{A(C + \overline{C}) + \overline{A}(C + \overline{C})\}$
> $= \overline{B}(A + \overline{A}) = \overline{B}$

151 그림과 같은 논리회로는?

① AND 회로
② OR 회로
③ NOT 회로
④ NAND 회로

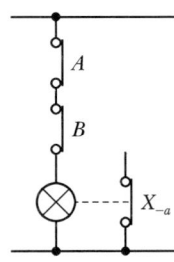

152 그림의 유접점 회로를 논리식으로 표시하면?

① $ABCD = Y$
② $(A+B)CD = Y$
③ $A+B+CD = Y$
④ $AB(C+D) = Y$

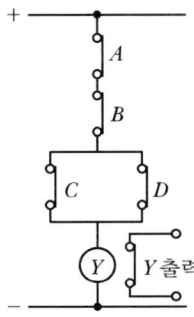

153 다음 표와 같은 진리표의 Gate는?

① AND
② OR
③ NAND
④ NOR

입력		출력
X	Y	Z
0	0	1
0	1	1
1	0	1
1	1	0

정답 151. ① 152. ④ 153. ③

154 다음 타임차트의 논리식은?(단, A, B, C는 입력, X는 출력이다.)

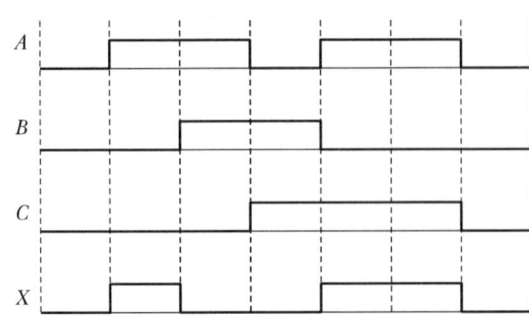

① $X = A\overline{B}$
② $X = \overline{A}B$
③ $X = AB\overline{C}$
④ $X = \overline{A}B\overline{C}$

▶
$X = A\overline{B}$

155 전류증폭정수 $\beta = 49$일 때 베이스 접지 시의 전류증폭정수는?

① 0.89
② 0.92
③ 0.95
④ 0.98

▶ 전류증폭정수

① $\alpha = \dfrac{\beta}{1+\beta}$

여기서, α : 베이스 접지 시 전류증폭정수

② $\beta = \dfrac{I_C}{I_B}$

여기서, β : 이미터 접지 시 전류증폭정수
I_C : 컬렉터 전류
I_B : 베이스 전류

$\alpha = \dfrac{\beta}{1+\beta} = \dfrac{49}{1+49} = 0.98$

156 전자회로에서 온도보상용으로 많이 사용되고 있는 소자는?

① 저항
② 리액터
③ 콘덴서
④ 서미스터

157 그림은 비상시에 대비한 예비전원의 공급회로이다. 직류전압을 일정하게 하기 위해서 콘덴서(C)를 설치한다면 그 위치로 적당한 곳은?

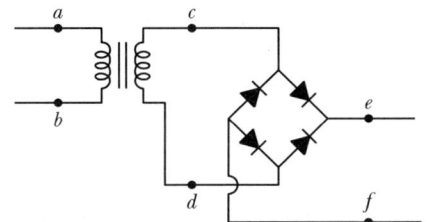

① a와 b 사이
② c와 d 사이
③ e와 f 사이
④ a와 c 사이

158 각종 소방설비의 표시등에 사용되는 발광다이오드(LED)에 대한 설명으로 옳은 것은?

① 응답속도가 매우 빠르다.
② PNP 접합에 역방향 전류를 흘려서 발광시킨다.
③ 전구에 비해 수명이 길고 진동에 약하다.
④ 발광다이오드의 재료로는 Cu, Ag 등이 사용된다.

159 다이오드를 사용한 정류회로에서 과대한 부하전류에 의하여 다이오드가 파손될 우려가 있을 경우의 적당한 대책은?

① 다이오드를 직렬로 추가한다.
② 다이오드를 병렬로 추가한다.
③ 다이오드의 양단에 적당한 값의 저항을 추가한다.
④ 다이오드의 양단에 적당한 값의 콘덴서를 추가한다.

정답 156. ④ 157. ③ 158. ① 159. ②

160 그림과 같은 정전압 회로에서 Q_1의 역할은?

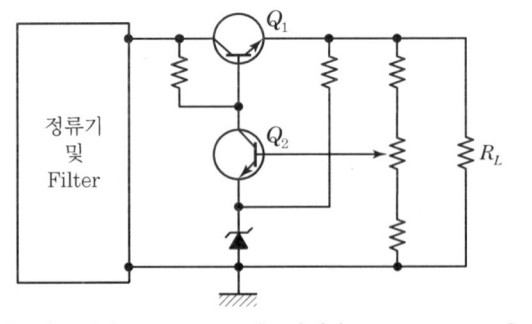

① 증폭용 ② 비교부용 ③ 제어용 ④ 기준부용

161 다음 중 Surge(충격) 전압 등 과입력으로부터 회로를 보호하는 기능이 있는 것은?
① 제너다이오드 ② 바리스터
③ 발광다이오드 ④ 서미스터

◐ **다이오드의 종류**
① 제너다이오드 : 일정 전압을 유지시키는 데 사용되는 다이오드
② 바리스터 : Surge(충격) 전압 등 과입력으로부터 회로를 보호하는 기능이 있는 다이오드
③ 발광다이오드 : 전기에너지를 빛에너지로 변환시킬 수 있는 다이오드
④ 서미스터 : 부성저항 온도계수(온도가 증가하면 저항이 감소)의 특성을 갖는 다이오드

162 서미스터에 대한 설명으로 옳은 것은?
① 열을 감지하는 감열 저항체 소자이다.
② 온도 상승에 따라 저항값이 증가한다.
③ 구성은 규소, 아연 납 등을 혼합한 것이다.
④ 화학적으로는 수소결합에 해당된다.

163 트렌지스터에 대한 설명으로 적당하지 못한 것은?
① 수명이 길다.
② 저전압, 소전력으로 동작한다.
③ 소형이다.
④ 고온에 잘 견디며 온도 특성이 양호하다.

164 도통 상태에 있는 SCR을 차단 상태로 하기 위한 올바른 방법은?

① 전압의 극성을 바꾸어 준다.
② 양극전압을 더 높게 한다.
③ 게이트 역방향 바이어스를 인가시킨다.
④ 게이트 전류를 차단시킨다.

▶ SCR
① 전류의 흐름을 ON, OFF할 수 있는 기능이 있다.
② 도통 중인 SCR을 차단하기 위해서는 순방향으로 가해진 전압을 역방향으로 변경하면 된다.

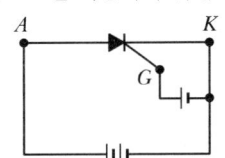

여기서, A : 애노우드(+)
K : 캐소우드(−)
G : 게이트(+)

구분	ON	OFF
A	+	−
K	−	+
G	+	+

165 반도체 소자 중 부저항 특성을 갖지 않는 것은?

① 정류다이오드
② 다이리스터
③ UJT
④ 트라이악(TRIAC)

166 역률을 개선하기 위하여 설치하는 진상 콘덴서는 어느 위치에 설치하는 것이 가장 효과가 좋은가?

① 수전점
② 고압모선
③ 변압기 2차 측
④ 부하와 병렬

167 부동충전방식의 일종으로 자기 방전량만큼만 순간순간 항상 보충하는 방식은?

① 급속충전
② 보통충전
③ 균등충전
④ 세류(트리클) 충전

정답 164. ① 165. ① 166. ④ 167. ④

◉ 충전방식
① 보통충전 : 필요할 때마다 충전
② 급속충전 : 짧은 시간에 충전
③ 부동충전
  ㉠ 충전기 : 상용부하 전력 부담
  ㉡ 축전지 : 일시적인 대전류 부하에 대한 전력 부담
  • 충전기 2차 충전전류[A] = $\dfrac{\text{축전지 정격용량[Ah]}}{\text{축전지 공칭방전율[h]}} + \dfrac{\text{상시부하[VA]}}{\text{표준전압[V]}}$
  ※ 축전지 공칭방전율
    - 납(연) 축전지 : 10[h]
    - 알칼리 축전지 : 5[h]
  • 충전기 2차 출력[VA] = 충전기 2차 충전전류 × 표준전압
④ 세류충전 : 자기 방전량을 상시 충전
⑤ 균등충전 : 1~3개월마다 장시간 충전

168 정격용량 100[Ah], 상시부하 1.5[kW], 표준전압 100[V]인 연축전지를 부동충전방식으로 충전하는 경우 충전기 2차 측 출력[kVA]은?

① 2.5
③ 1.6
② 25
④ 16

◉
충전기 2차 출력 = 표준전압 × 2차 충전전류
$$= 100 \times \left(\dfrac{100}{10} + \dfrac{1{,}500}{100} \right) = 2{,}500[\text{VA}] = 2.5[\text{kVA}]$$

169 용량환산시간이 1.1, 방전전류가 10[A]인 축전지 용량[Ah]은?

① 10.75
③ 13.75
② 12.5
④ 15.5

◉ 축전지 용량
$$C = \dfrac{1}{L} KI[\text{Ah}] = \dfrac{1}{0.8} \times 1.1 \times 10 = 13.75[\text{Ah}]$$

여기서, L : 보수율(0.8)
K : 용량환산시간계수
I : 방전전류

170
전압 220[V], 주파수 60[Hz], 4극 10[PS]인 3상 유도전동기의 동기 속도는 몇 [rpm]인가?(단, 전동기의 역률은 0.8이다.)

① 1,200 ② 1,800 ③ 2,400 ④ 3,600

▶ **동기속도**

① 교류전원을 사용하는 동기 전동기나 유도 전동기에서 만들어지는 회전 자기장의 회전속도

② $N_s = \dfrac{120f}{P} = \dfrac{120 \times 60}{4} = 1,800\,[\text{rpm}]$

171
3상 유도전동기의 감압 기동법이 아닌 것은?

① 2차 저항법 ② $Y-\triangle$ 기동법
③ 리액터 기동법 ④ 직입 기동법

172
직류 전동기의 속도제어의 종류가 아닌 것은?

① 전류제어법 ② 계자제어법
③ 저항제어법 ④ 전압제어법

▶ **속도제어의 종류**

① 계자제어법(정출력 제어법) : 자속(ϕ)을 변환하여 속도를 제어
② 저항제어법(정토크 제어법) : 전기자 회로에 저항 R_s를 직렬로 접속하여 속도를 제어
③ 전압제어법(정토크 제어법) : 단자전압 V를 변환하여 속도를 제어

173
계기용 변압기 1차 측, 2차 측 권수가 각각 200회, 40회 이며, 2차 측 전압이 20[V]이면 1차측에 가한 전압[V]은?

① 4 ② 10 ③ 100 ④ 200

▶ **권수비**

$$a = \dfrac{N_1}{N_2} = \dfrac{E_1}{E_2} = \dfrac{V_1}{V_2} = \dfrac{I_2}{I_1} = \sqrt{\dfrac{Z_1}{Z_2}}$$

여기서, N_1 : 1차 코일권수, N_2 : 2차 코일권수
E_1 : 1차 기전력[V], E_2 : 2차 기전력[V]
V_1 : 1차 단자전압[V], V_2 : 2차 단자전압[V]
I_1 : 1차 전류[A], I_2 : 2차 전류[A]
Z_1 : 1차 임피던스[Ω], Z_2 : 2차 임피던스[Ω]

$\dfrac{N_1}{N_2} = \dfrac{V_1}{V_2}$ 에서, $V_1 = \dfrac{N_1}{N_2} \times V_2 = \dfrac{200}{40} \times 20 = 100\,[\text{V}]$

정답 170. ② 171. ④ 172. ① 173. ③

174 실리콘 정류기의 최고 허용온도[℃]는?

① 80~120
② 140~200
③ 200~250
④ 250~320

175 옥내배선의 분기회로 보호용으로 사용되는 것은?

① MCCB
② DS
③ ACB
④ OS

> **차단기 및 스위치**
> ① MCCB(Molded Case Circuit Breaker, 배선용 차단기) : 단락 사고로부터 회로를 보호하고 과부하로부터 기계·기구의 절연을 방호하는 기능이 있는 차단기
> ② DS(Disconnet Switch, 단로기) : 부하전류를 차단할 수 없으며, 무부하 상태에서 회로의 접속 변경 또는 전로로부터 기기를 완전히 개방할 경우에 사용한다.
> ③ ACB(Air Circuit Breaker, 기중 차단기) : 공기 중에 개폐 접점이 있는 저압용 차단기
> ④ OS(Oil Switch, 유입 개폐기) : 변압기용의 절연유가 들어 있는 기름통 속에 개폐장치를 넣은 것으로 수동으로 부하를 차단한다.

176 한국전기설비규정(KEC)에서 정하는 전압의 범위 중 옳지 않은 것은?

① 저압 : 교류 600[V] 이하, 직류 750[V] 이하
② 저압 : 교류 1[kV] 이하, 직류 1.5[kV] 이하
③ 고압 : 교류 1[kV] 초과, 7[kV] 이하
④ 고압 : 직류 1.5[kV] 초과, 7[kV] 이하

> **전압의 범위**

구 분	개정 전	개정 후
저압	교류 600[V] 이하 직류 750[V] 이하	교류 1[kV] 이하 직류 1.5[kV] 이하
고압	교류 600[V] 초과 7[kV] 이하 직류 750[V] 초과 7[kV] 이하	교류 1[kV] 초과 7[kV] 이하 직류 1.5[kV] 초과 7[kV] 이하
특별 고압	교류·직류 7[kV] 초과	교류·직류 7[kV] 초과
특별 저압	–	교류 50[V] 이하 직류 120[V] 이하

정답 174. ② 175. ① 176. ①

177 한국전기설비규정(KEC)에서 정하는 접지설계 기준 중 옳은 것은?

① 저압에는 제3종 또는 특별 제3종 접지를 한다.
② 고압 및 특 고압에는 제1종 접지를 한다.
③ 변압기에는 제2종 접지를 한다.
④ 저압, 고압 및 특 고압에는 계통 접지, 보호 접지, 피뢰시스템 접지를 한다.

▶ 접지설계

구 분	개정 전	개정 후
고압 및 특 고압	제1종 접지	계통 접지 보호 접지 피뢰시스템 접지
저압	제3종 또는 특별 제 3종 접지	
변압기	제2종 접지	변압기 중성점 접지

- 계통 접지 : 전력계통의 이상 현상을 대비하기 위하여 대지와 계통을 접속하는 것으로 TN 계통, TT 계통, IT 계통으로 구분한다.
- 보호 접지 : 감전보호를 목적으로 기기의 한 점 이상을 접지한다.
- 피뢰시스템 접지 : 뇌격 전류를 안전하게 대지로 방전하기 위해 접지를 한다.

178 저압옥내간선을 분기하는 경우 과전류차단기는 원칙적으로 분기점으로부터 몇 [m] 이내에 설치하여야 하는가?

① 1.5
② 3
③ 4.5
④ 8

179 다음은 금속관을 사용한 소방용 옥내배선 그림 기호의 일부분이다. 공사방법으로 옳지 않은 것은?

————////————
HFIX 1.5(16)

① 천장은폐배선을 한다.
② 직경 1.5 [mm]인 전선 4가닥을 사용한다.
③ 내경 16 [mm]의 후강전선관을 사용한다.
④ 저독성 난연 가교 폴리올레핀 절연 전선을 사용한다.

▶
천장은폐배선으로서 HFIX 1.5[mm²] 4가닥을 내경 16[mm]의 후강전선관에 넣은 것

참고 HFIX : 450/750V 저독성 난연 가교 폴리올레핀 절연 전선

정답 177. ④ 178. ② 179. ②

180 금속관 공사에서 금속관의 끝에 사용하는 것이 아닌 것은?
① 링 리듀서　　　　　　　② 엔트런스 캡
③ 터미널 캡　　　　　　　④ 부싱

181 옥내배선의 분기회로 설계 시 사용전압이 220[V]이고, 15[A] 분기회로로 할 때 1회로의 분기회로 용량은 몇 [VA]인가?
① 1,500　　② 3,000　　③ 3,300　　④ 3,600

> 분기회로 용량=사용전압[V]×차단기 용량[A]=220×15=3,300[VA]

182 저압옥내배선의 준공검사의 조합으로 적당한 것은?
① 절연저항 측정, 접지저항 측정, 절연내력 측정
② 절연저항 측정, 온도상승 측정, 접지저항 측정
③ 절연저항 측정, 접지저항 측정, 도통시험
④ 온도상승시험, 접지저항 측정, 도통시험

183 전선 재료 중에서 구비하여야 할 조건은?
① 전기 저항이 클 것　　　　② 기계적 강도가 적을 것
③ 인장 강도가 작을 것　　　④ 가요성이 풍부할 것

184 간선의 굵기를 결정하는 데 고려하지 않아도 되는 것은?
① 허용전류　　　　　　　② 전압강하
③ 전선관의 굵기　　　　　④ 기계적 강도

185 폭 15[m], 길이 20[m]인 사무실의 조도를 400[lx]로 할 경우 전광속 4,900[lm]의 형광등 40[W]을 시설할 경우 몇 등을 사용하여야 하는가?(단, 조명률은 50[%], 감광보상률은 1.3으로 한다.)
① 23등　　② 32등　　③ 46등　　④ 64등

정답　180. ①　181. ③　182. ③　183. ④　184. ③　185. ④

◉ 조명계산

FUN = DAE

여기서, F : 램프 한 개에 대한 광속[lm]

U : 조명률[%], D : 감광보상률$\left(=\dfrac{1}{M}\right)$[%]

M : 유지율(보수율), E : 평균 조도[lx](작업면에서의 조도)

$N = \dfrac{DAE}{FU} = \dfrac{1.3 \times 15 \times 20 \times 400}{4,900 \times 0.5} = 63.67$ ∴ 64개

186 객석 내의 통로 길이가 10[m]인 곳에 1개의 용량이 25[W]인 객석유도등을 설치하였다. 이때 회로에 흐르는 전류는 몇 [A]인가?(단, 전압은 100[V]로 하고, 선로손실 및 기타 손실은 무시한다.)

① 0.25 ② 0.5
③ 1 ④ 2.25

◉

전력 $P = VI$[W]에서

전류 $I = \dfrac{P}{V} = \dfrac{2 \times 25}{100} = 0.5$[A]

(객석유도등 설치 수 $N = \dfrac{L}{4} - 1 = \dfrac{10}{4} - 1 = 1.5$ ∴ 2개)

187 전양정 55[m], 토출량 0.3[m³/mina], 펌프 효율 0.55, 전달계수 1.1인 옥내소화전설비의 전동기출력은 약 몇 [kW]인가?

① 5.4 ② 5.8 ③ 6.6 ④ 6.9

◉ 전동기 용량(전동기 출력)

$P = \dfrac{1,000 \times Q \times H}{102 \times 60 \times \eta} \times K$

$= \dfrac{1,000 \times 0.3 \times 55}{102 \times 60 \times 0.55} \times 1.1 = 5.4$[kW]

여기서, Q : 토출량[m³/min]

H : 전양정[m]

η : 효율

K : 전달계수(전동기 직결식 1.1, 내연기관 1.15~1.2)

정답 186. ② 187. ①

188 역률 0.6, 출력 20[kW]인 전동기 부하에 병렬로 전력용 콘덴서를 설치하여 역률을 0.9로 개선하려고 한다. 전력용 콘덴서 용량은 몇 [kVA]가 필요한가?

① 16,990　　② 16.99　　③ 14,050　　④ 14.05

◉ 역률개선용 콘덴서 용량

$$Q_c = P(\tan\theta_1 - \tan\theta_2) = P\left(\frac{\sin\theta_1}{\cos\theta_1} - \frac{\sin\theta_2}{\cos\theta_2}\right) = P\left(\frac{\sqrt{1-\cos^2\theta_1}}{\cos\theta_1} - \frac{\sqrt{1-\cos^2\theta_2}}{\cos\theta_2}\right)$$

여기서, Q_c : 콘덴서 용량[kVA], P : 유효전력[kW]
$\cos\theta_1$: 개선 전 역률, $\cos\theta_2$: 개선 후 역률

$$\therefore Q_c = P\left(\frac{\sqrt{1-\cos^2\theta_1}}{\cos\theta_1} - \frac{\sqrt{1-\cos^2\theta_2}}{\cos\theta_2}\right) = 20 \times \left(\frac{\sqrt{1-0.6^2}}{0.6} - \frac{\sqrt{1-0.9^2}}{0.9}\right)$$
$$= 16.99[\text{kVA}]$$

189 3상 3선식 380[V]로 수전하는 곳의 부하전력이 95[kW], 역률이 85[%], 배선의 길이가 150[m]이며, 전압강하를 8[%]까지 허용하는 경우 전선의 단면적[mm²]은?

① 1.2　　② 14.9　　③ 2.4　　④ 25.81

◉ 전선의 단면적

$$A = \frac{30.8LI}{1,000e} = \frac{30.8 \times 150 \times 169.81}{1,000 \times 380 \times 0.08} = 25.806[\text{mm}^2]$$

① 부하전류 $I[\text{A}]$
　$P[\text{W}] = \sqrt{3}\,VI\cos\theta$ 에서,
　$$I = \frac{P}{\sqrt{3}\,V\cos\theta} = \frac{95 \times 10^3}{\sqrt{3} \times 380 \times 0.85} = 169.81[\text{A}]$$
② 배선의 길이 : 150[m]
③ 전압강하 : 8[%]

※ 전압강하

구 분	계수	전압강하	전선 단면적
단상 3선식 · 직류 3선식 · 3상 4선식	1	$e_1 = \dfrac{17.8LI}{1,000A}[\text{V}]$	$A = \dfrac{17.8LI}{1,000e_1}[\text{mm}^2]$
단상 2선식 · 직류 2선식	2	$e_2 = \dfrac{35.6LI}{1,000A}[\text{V}]$	$A = \dfrac{35.6LI}{1,000e_2}[\text{mm}^2]$
3상 3선식	$\sqrt{3}$	$e_3 = \dfrac{30.8LI}{1,000A}[\text{V}]$	$A = \dfrac{30.8LI}{1,000e_3}[\text{mm}^2]$

여기서, A : 전선 도체의 단면적[mm²]
　　　　L : 전선 1본의 길이[m], I : 부하전류[A]
　　　　e_1 : 외측선 또는 각 상의 1선과 중성선 사이의 전압강하[V]
　　　　$e_2 \cdot e_3$: 각 선 간의 전압강하[V]

PART 03

소방수리학·약제화학

CHAPTER 01 소방수리학
CHAPTER 02 약제화학

CHAPTER 01 소방수리학

01 유체의 기본 성질

1. 물질의 구분

1) 고체(Solid)
일정한 형태를 유지하다 전단응력이 가해지면 전단력에 비례하여 변형을 이루다가 전단력을 제거하게 되면 바로 평형을 이루어 정지하는 물질

2) 유체(Fluid)
유체는 고체에 비해 변형하기 쉽고 어떤 형상도 될 수 있으며, 자유로이 흐르는 특성이 있고 전단력을 제거하여도 전단응력이 작용하는 동안 연속적으로 변형을 일으키는 물질

구분	전단력 가할 시	전단력 제거 시
고체	변형	평형
유체(액체, 기체)	변형	변형

Check Point

- 전단력(剪斷力) : 유체의 운동방향과 평행한 면에 작용하는 힘
- 수직력(垂直力) : 유체에 수직으로 작용하는 일종의 누르는 힘

2. 유체의 분류

1) **압축성 유체** : 압력의 변화에 따라서 체적과 밀도가 변하는 유체
   예 배관 내를 흐르는 가스, 배관 내 수격작용을 발생하는 유체

2) **비압축성 유체** : 압력의 변화에도 체적과 밀도가 변하지 않는 유체
   예 모든 액체의 흐름, 이동하는 물체 주위의 기류

3) **점성유체** : 점성의 영향이 큰 유체
   예 레이놀즈수가 작은 유체, 속도가 작은 유체

4) **비점성유체** : 점성의 영향을 무시할 수 있는 유체
   예 레이놀즈수가 큰 유체, 속도가 큰 유체

5) **이상유체(완전유체)** : 비점성, 비압축성의 유체로 점성의 영향이 무시될 수 있고, 밀도가 변하지 않는 유체
   예 점성이 작고 밀도가 일정한 고속의 흐름

02 차원과 단위

1. 차원(Dimension)

공학에서 다루는 길이, 시간, 질량, 온도 등의 물리적 양을 말한다.

1) **기본차원과 유도차원**
   ① **기본차원** : 차원의 최소그룹으로, 모든 물리량은 기본차원의 조합으로 표시됨
   ② **유도차원** : 기본차원의 항으로 표시되는 물리적 양

2) **차원계의 종류**
   ① **MLT 차원계**
   • 기본차원을 M(질량), L(길이), T(시간)로 표현한 것
   • 힘을 MLT 차원계로 표시하면

   $$F = ma \text{에서}, \ F = [M][L]/[T]^2 = [MLT^{-2}]$$

   ② **FLT 차원계**
   • 기본차원을 F(힘), L(길이), T(시간)로 표현한 것
   • 압력을 FLT 차원계로 표시하면

   $$P = \frac{F}{A} \text{에서}, \ P = [FL^{-2}]$$

> **Check Point** 무차원수

차원이 없는 수					
레이놀즈 수	프루드 수	마하 수	코시 수	웨버 수	오일러 수
$\dfrac{관성력}{점성력}$	$\dfrac{관성력}{중력}$	$\dfrac{관성력}{탄성력}$	$\dfrac{관성력}{탄성력}$	$\dfrac{관성력}{표면장력}$	$\dfrac{압력}{관성력}$
$Re = \dfrac{\rho VD}{\mu}$	$Fr = \dfrac{V}{\sqrt{Lg}}$	$Ma = \dfrac{V}{\sqrt{K/\rho}}$	$Ca = \dfrac{\rho V^2}{K}$	$We = \dfrac{\rho L V^2}{\sigma}$	$Eu = \dfrac{2P}{\rho V^2}$

2. 단위(Unit)

1) **절대단위계(Absolute Unit System)** : 물리량을 **질량, 길이, 시간**으로 나타냄
   ① **기본단위** : 길이, 질량, 시간의 단위를 다음과 같이 나타낸다.
      ㉮ CGS계 : cm, g, s
      ㉯ MKS계 : m, kg, s
   ② **유도단위** : 기본단위 두 개 이상의 조합으로 유도된 단위
      ㉮ CGS계 : 면적(cm^2), 체적(cm^3), 밀도(g/cm^3), 힘($g \cdot cm/s^2$) 등
      ㉯ MKS계 : 면적(m^2), 체적(m^3), 밀도(kg/m^3), 힘($kg \cdot m/s^2$) 등

2) **중력단위계(Gravitational Unit System)** : 물리량을 **중량, 길이, 시간**으로 나타냄
   ① **기본단위** : 길이, 중량, 시간의 단위를 다음과 같이 나타낸다.
      ㉮ CGS계 : cm, gf, s
      ㉯ MKS계 : m, kgf, s
   ② **유도단위** : 기본단위 두 개 이상의 조합으로 이루어진 단위
      ㉮ CGS계 : 면적(cm^2), 체적(cm^3), 비중량(gf/cm^3), 힘(gf) 등
      ㉯ MKS계 : 면적(m^2), 체적(m^3), 비중량(kgf/m^3), 힘(kgf) 등

3) **국제단위계(SI 단위계, System International Unit)**

국제적 표준단위계로서, 7개의 기본단위와 2개의 보조단위로 구성

	측정	단위	기호
기본단위	길이	Meter	m
	질량	Kilogram	kg
	시간	second	s
	전류	Ampere	A
	온도	Kelvin	K

기본단위	물질의 양 광도	Mole Candela	mol cd
보조단위	평면각 입체각	Radian Steradian	rad sr

4) 기본단위에 붙이는 접두사

접두사	약자	크기	접두사	약자	크기
tetra −	T −	10^{12}	centi −	c −	10^{-2}
giga −	G −	10^{9}	mili −	m −	10^{-3}
mega −	M −	10^{6}	micro −	μ −	10^{-6}
kilo −	k −	10^{3}	nano −	n −	10^{-9}
hectro −	h −	10^{2}	pico −	p −	10^{-12}
deka −	da −	10	femto −	f −	10^{-15}
deci −	d −	10^{-1}	atto −	a −	10^{-18}

5) 주요 물리량의 단위

물리량	기호	중력단위	절대단위
길이	l	m	m
질량	m	$\dfrac{\text{kg}_f \cdot \text{s}^2}{\text{m}}$	kg
시간	t	s	s
면적	A	m^2	m^2
체적	V	m^3	m^3
속도	v	$\dfrac{\text{m}}{\text{s}}$	$\dfrac{\text{m}}{\text{s}}$
가속도	a	$\dfrac{\text{m}}{\text{s}^2}$	$\dfrac{\text{m}}{\text{s}^2}$
각속도	w	$\dfrac{\text{rad}}{\text{s}}$	$\dfrac{\text{rad}}{\text{s}}$
밀도	ρ	$\dfrac{\text{kg}_f \cdot \text{s}^2}{\text{m}^4}$	$\dfrac{\text{kg}}{\text{m}^3}$
비중량	γ	$\dfrac{\text{kg}_f}{\text{m}^3}$	$\dfrac{\text{kg}}{\text{m}^2 \cdot \text{s}^2}$
힘(무게)	F	kg_f	N, $\dfrac{\text{kg} \cdot \text{m}}{\text{s}^2}$

압력	p	$\dfrac{\mathrm{kg_f}}{\mathrm{m}^2}$	$\dfrac{\mathrm{N}}{\mathrm{m}^2}(\mathrm{Pa})$
동력	P	$\dfrac{\mathrm{kg_f} \cdot \mathrm{m}}{\mathrm{s}}$	$\mathrm{W}(\mathrm{J/s}),\ \dfrac{\mathrm{kg} \cdot \mathrm{m}^2}{\mathrm{s}^3}$
일(에너지)	W	$\mathrm{kg_f} \cdot \mathrm{m}$	$\mathrm{J},\ \mathrm{N} \cdot \mathrm{m},\ \dfrac{\mathrm{kg} \cdot \mathrm{m}^2}{\mathrm{s}^2}$
점성계수	μ	$\dfrac{\mathrm{kg_f} \cdot \mathrm{s}}{\mathrm{m}^2}$	$\dfrac{\mathrm{N} \cdot \mathrm{s}}{\mathrm{m}^2}$
동점성계수	ν	$\dfrac{\mathrm{m}^2}{\mathrm{s}}$	$\dfrac{\mathrm{m}^2}{\mathrm{s}}$
상용온도	θ	℃	℃
절대온도	θ	°K	°K
기체상수	R	$\dfrac{\mathrm{m}}{°\mathrm{K}}$	$\dfrac{\mathrm{kJ}}{\mathrm{kg} \cdot °\mathrm{K}}$

3. 주요 물리량

1) 길이(length)

① 한 끝에서 다른 한 끝까지의 거리를 나타내며, 단위로는 [m], [cm], [mm]를 사용한다.
② 1[km] = 1,000[m], 1[m] = 100[cm], 1[cm] = 10[mm]
③ 1[in] = 2.54[cm], 1[ft] = 30.48[cm]

2) 면적(area)

① 면이 이차원의 공간을 차지하는 넓이의 크기로 단위로는 [m²], [cm²], [mm²]를 사용한다.
② 1[m²] = 10⁴[cm²] = 10⁶[mm²]
③ **원 면적**
- 반지름 : r[m]
- 지름 : D[m] $= 2r$
- 면적 A[m²] $= \pi r^2 = \dfrac{\pi D^2}{4}$

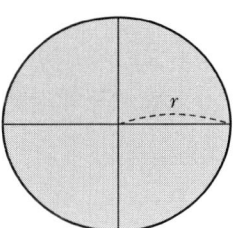

④ **사각형의 면적**
- 가로길이[m]=세로길이[m]=a[m]
- 면적 $A[\text{m}^2] = a \times a = a^2$
- 대각선의 길이 $L[\text{m}] = \sqrt{a^2 + a^2} = \sqrt{2a^2} = \sqrt{2}\,a$

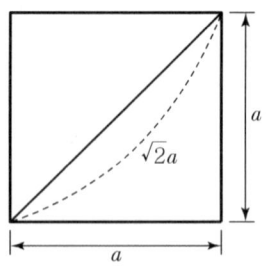

3) 부피(volume) 또는 체적

① 넓이와 높이를 가진 물건이 공간에서 차지하는 크기로, 단위는 [m³] 또는 리터(liter) [l], [cc]를 사용한다.

② $1[\text{m}^3] = 1,000[l]$, $1[l] = 10^{-3}[\text{m}^3]$, $1[\text{cc}] = 1[\text{cm}^3]$

③ **원 기둥의 부피(체적)**
- 반지름 r[m], 지름 D[m]
- 높이 H[m]
- 원 기둥의 부피 V[m³]
  = 원 기둥의 한 밑면의 넓이(A)×높이(H)
  $= \dfrac{\pi D^2}{4} \times H$

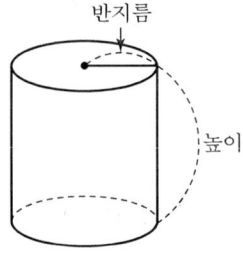

| Reference | 원 기둥의 겉넓이(표면적)

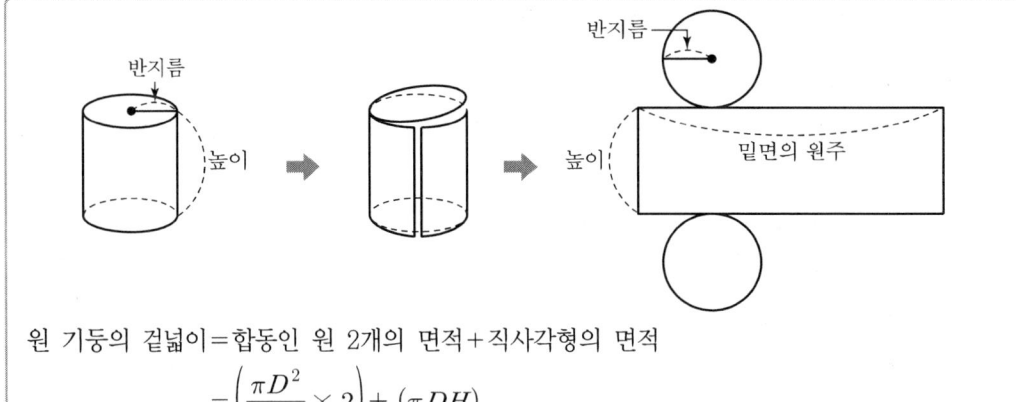

원 기둥의 겉넓이=합동인 원 2개의 면적+직사각형의 면적
$= \left(\dfrac{\pi D^2}{4} \times 2\right) + (\pi DH)$

> **예제**
>
> 그림과 같은 원 기둥의 표면적과 부피를 계산하시오.
>
>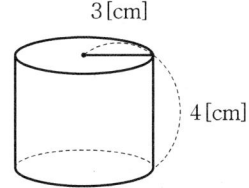
>
> **정답 및 해설**
>
> ① 원 기둥의 표면적[cm²]
> $$A = \left(\frac{\pi D^2}{4} \times 2\right) + (\pi DH) = \left(\frac{\pi \times 6^2}{4} \times 2\right) + (\pi \times 6 \times 4) = 131.95 [\text{cm}^2]$$
>
> ② 원 기둥의 부피[cm³]
> $$V = A \times H = \frac{\pi D^2}{4} \times H = \frac{\pi \times 6^2}{4} \times 4 = 113.1 [\text{cm}^3]$$

4) 질량(mass)

① 장소에 따라 변하지 않는 물체 고유의 양이며, 절대단위계에서는 [kg]을 사용한다.

② 1[kg] = 1,000[g], 1[g] = 10^{-3}[kg], 1[ton] = 1,000[kg], 1[lb] = 0.4536[kg]

5) 힘(force)

① 물체에 작용하여 모양에 변화를 일으키는 원인을 말하며, 다음과 같이 나타낼 수 있다.

② **뉴턴의 운동 제2법칙**

㉠ 힘 = 질량 × 가속도

$F[\text{N}] = m \cdot a$

㉡ 1[N]이란, 1[kg]의 질량이 1[m/s²]의 가속도를 가질 때 생기는 힘을 말한다.

㉢ $1[\text{N}] = 1[\text{kg}] \times 1\left[\frac{\text{m}}{\text{s}^2}\right] = 1\left[\frac{\text{kg} \cdot \text{m}}{\text{s}^2}\right]$

$= 10^3[\text{g}] \times 10^2\left[\frac{\text{cm}}{\text{s}^2}\right] = 10^5\left[\frac{\text{g} \cdot \text{cm}}{\text{s}^2}\right]$

6) 중량(weight, 무게)

① 지구가 그 물체를 잡아당기고 있는 힘의 크기로 중량은 힘의 단위를 가지는 물체의 무게를 말한다.

② **절대단위** : [N]

중력단위 : [kgf]

③ **중량 = 질량 × 중력가속도**

$W = m \times g$

④ **절대 단위** : $9.8[\text{N}] = 1[\text{kg}] \times 9.8\left[\dfrac{\text{m}}{\text{s}^2}\right]$

중력 단위 : $1[\text{kg}_f] = 1[\text{kg}] \times 9.8\left[\dfrac{\text{m}}{\text{s}^2}\right] = 9.8[\text{N}]$

7) **압력(pressure)**

① 유체 속의 어떤 물체 표면에서 단위 면적당 받는 힘을 말한다.

② 대기압이란 대기, 즉 공기의 무게에 의한 압력을 말한다.

③ $p\left[\text{Pa}, \dfrac{\text{N}}{\text{m}^2}\right] = \dfrac{F}{A}$

④ **표준 대기압** $1\text{atm} = 760[\text{mmHg}] = 0.76[\text{mHg}]$
$= 10,332[\text{mmH}_2\text{O}] = 10.332[\text{mH}_2\text{O}]$
$= 1.0332[\text{kgf/cm}^2] = 10,332[\text{kgf/m}^2]$
$= 101,325[\text{N/m}^2][\text{Pa}] = 0.101325[\text{MPa}]$
$= 1,013[\text{mbar}] = 14.7\text{Psi}[\text{lbf/in}^2]$

8) **밀도(density)**

① **액체의 밀도**

㉠ 단위 부피당 질량을 말한다.

㉡ $\rho = \dfrac{\text{물체의 질량}}{\text{물체의 부피}} = \dfrac{m}{V}\left[\dfrac{\text{kg}}{\text{m}^3}\right]$

㉢ SI단위로 밀도는 $\left[\dfrac{\text{kg}}{\text{m}^3}\right]$ 이며, 4[℃] 물의 밀도는 $1,000\left[\dfrac{\text{kg}}{\text{m}^3}\right]$ 이다.

㉣ $1\left[\dfrac{\text{kg}}{\text{m}^3}\right]$ 을 중력단위의 밀도로 나타내면

$1\left[\dfrac{\text{kg}}{\text{m}^3}\right] = \dfrac{1}{9.8}\left[\dfrac{\text{kg}_f \cdot \text{s}^2}{\text{m}} \cdot \dfrac{1}{\text{m}^3}\right] = \dfrac{1}{9.8}\left[\dfrac{\text{kg}_f \cdot \text{s}^2}{\text{m}^4}\right]$ 이 된다.

$$1[\text{kg}_\text{f}] = 9.8[\text{N}] = 9.8\left[\frac{\text{kg} \cdot \text{m}}{\text{s}^2}\right]$$

$$1[\text{kg}] = \frac{1}{9.8}\left[\frac{\text{kg}_\text{f} \cdot \text{s}^2}{\text{m}}\right]$$

② **기체의 밀도**

기체는 압축성 유체이므로 온도, 압력이 변하면 부피가 변하여 밀도가 변한다. 기체의 밀도는 아보가드로 법칙과 이상기체 상태방정식으로 계산할 수 있다.

㉠ 표준상태(0℃, 1기압)일 때

$$\rho = \frac{\text{분자량}[\text{kg}]}{22.4[\text{m}^3]} = \frac{\text{분자량}[\text{g}]}{22.4[l]}$$

| Reference | 아보가드로의 법칙

1. 같은 온도와 압력에서 기체들은 그 종류에 관계없이 일정한 부피 속에는 같은 수의 분자가 들어 있다.
2. 모든 기체 1mol이 표준상태(0℃, 1기압)에서 차지하는 체적은 22.4l이고 그 속에는 6.023 $\times 10^{23}$개의 분자가 존재한다.

㉡ 표준상태가 아닐 때

$$\rho = \frac{\text{PM}}{\text{RT}}$$

여기서, ρ : 밀도[kg/m³], P : 압력[N/m²]
M : 분자량[kg/k-mol], T : 절대온도[K]
R : 기체정수[N · m/k-mol · K]

9) **비체적(specific)**

① 단위 질량당 부피, 즉 밀도의 역수를 말한다.

$$v_s = \frac{\text{물체의 부피}}{\text{물체의 질량}} = \frac{V}{m}$$

② **SI단위** $v_s = \frac{1}{\rho}\left[\frac{\text{m}^3}{\text{kg}}\right]$

③ **중력단위** $v_s = \frac{1}{\rho}\left[\frac{\text{m}^4}{\text{kg}_\text{f} \cdot \text{s}^2}\right]$

10) 비중량(speckfic weight)

① 단위 부피당 무게를 말한다.

$$\gamma = \frac{물체의\ 중량}{물체의\ 부피} = \frac{W}{V} = \frac{m \cdot g}{V} = \rho \cdot g \left[\frac{N}{m^3}\right]$$

② 4[℃] 물의 비중량

㉠ SI단위 $9,800 \left[\dfrac{N}{m^3}\right]$

㉡ 중력단위 $1,000 \left[\dfrac{kg_f}{m^3}\right]$

> $1[N] = \dfrac{1}{9.8}[kg_f] = 0.102[kg_f]$ 이므로,
>
> $1\left[\dfrac{N}{m^3}\right] = 0.102\left[\dfrac{kg_f}{m^3}\right] \Leftrightarrow 1\left[\dfrac{kg_f}{m^3}\right] = 9.8\left[\dfrac{N}{m^3}\right]$

11) 비중(specific gravity)

① 액비중

㉠ 어떤 물질의 4[℃] 물에 대한 밀도비 또는 비중량비를 말한다.

㉡ $s = \dfrac{물체의\ 밀도(\rho)}{4[℃]\ 물의\ 밀도(\rho_w)} = \dfrac{물체의\ 비중량(\gamma = \rho \cdot g)}{4[℃]\ 물의\ 비중량(\gamma_w = \rho_w \cdot g)}$

㉢ 비중은 밀도비 또는 비중량비로 표시될 수 있으며, 무차원수이므로 SI단위나 중력단위로 구분할 필요가 없다.

‖ Reference ‖

수은의 밀도 = $13,600[kg/m^3]$
물의 밀도 = $1,000[kg/m^3]$
따라서, 수은의 비중 = 13.6

② 기체비중(증기비중)

㉠ 공기 분자량에 대한 측정 기체 분자량의 비

㉡ $s = \dfrac{측정기체의\ 분자량[kg]}{공기의\ 평균\ 분자량[kg]} = \dfrac{측정기체의\ 밀도[kg/m^3]}{공기의\ 밀도[kg/m^3]}$

‖ Reference ‖

공기의 평균 분자량 ≒ 29
공기 중에는 $N_2 : 79[\%]$, $O_2 : 21[\%]$
$(28 \times 0.79) + (32 \times 0.21) = 28.84$

12) 일(work)

① 일은 힘에 거리를 곱한 양을 말한다.
② **[일] = [힘]×[거리]**
  $1[J] = 1[N] \times 1[m]$

13) 동력(power) : 단위시간당 한 일의 양, 일률

① 동력 = $\dfrac{일량}{시간}$

② **절대단위**

$$1\left[\frac{J}{s}\right] = 1\left[\frac{N \cdot m}{s}\right] = 1\left[\frac{kg \cdot m}{s^2}\frac{m}{s}\right] = 1\left[\frac{kg \cdot m^2}{s^3}\right] = 1[W]$$

③ **중력단위**

$$1\left[\frac{kg \cdot m^2}{s^3}\right] = 1 \times \frac{1}{9.8}\left[\frac{kg_f \cdot s^2}{m}\frac{m^2}{s^3}\right] = 0.102\left[\frac{kg_f \cdot m}{s}\right]$$

$$1[kW] = 102\left[\frac{kg_f \cdot m}{s}\right] \quad 1[Hp] = 76\left[\frac{kg_f \cdot m}{s}\right] \quad 1[Ps] = 75\left[\frac{kg_f \cdot m}{s}\right]$$

14) 온도(temperature) : 물질의 차갑고 뜨거운 정도를 나타내는 것

① **섭씨온도[℃]**
  표준 대기압하에서 순수한 물의 어는점을 0[℃], 끓는점을 100[℃]로 하여 그 사이를 100등분한 온도

② **화씨온도[℉]**
  표준 대기압하에서 순수한 물의 어는점을 32[℉], 끓는점을 212[℉]로 하여 그 사이를 180등분한 온도

③ **절대온도**
  ㉠ 켈빈(Kelvin)온도 : K = ℃ + 273.15
  ㉡ 랭킨(Rankine)온도 : R = ℉ + 460

| Reference | 섭씨온도와 화씨온도의 관계

섭씨온도를 화씨온도로 변환 : $F = \dfrac{9}{5}℃ + 32$

화씨온도를 섭씨온도로 변환 : $℃ = \dfrac{5}{9}(°F - 32)$

03 유체의 성질

1. 기체의 성질과 법칙

1) 기체의 분류

① **실제기체(Real gas)**
우리가 일상생활에서 접하는 기체로 분자 간의 상호작용(분자 간의 인력, 반발력) 때문에 이상기체와는 다른 특성을 나타내는 기체를 실제 기체라고 하며, 실제기체는 고온, 저압일 때 이상기체에 가까운 성질을 가진다.

② **이상기체(Ideal gas)**
이상기체법칙을 따르는 기체로 구성분자들이 모두 동일하며 분자의 부피가 0이고, 분자 간 상호작용이 없는 가상적인 기체를 말하며, 실제기체가 어떤 가정 조건들을 만족하는 경우 이를 이상기체(완전기체)라 한다. 공학에서 나타내는 모든 기체는 이상기체로 본다.

> **Check Point** 이상기체의 가정 조건
>
> 1. 어떤 한 기체는 많은 동일한 분자들로 구성된다.
>   '많다'라는 것은 개개의 분자들의 경로를 알 수 없다는 것을 의미한다.
> 2. 분자들은 뉴턴의 운동법칙을 따른다.
>   (관성의 법칙, 가속도의 법칙, 작용 반작용의 법칙)
> 3. 분자 자체의 부피는 무시한다.
>   즉, 기체 전체가 차지하는 부피 중에서 분자 자체가 차지하는 부피는 무시할 수 있을 만큼 작은 부분이다.
> 4. 모든 분자의 운동은 무작위적(random)이다.
>   즉, 각각의 분자들은 각각의 운동방향과 속력을 가지고 운동한다.
> 5. 분자들은 서로 상호작용하지 않으며, 분자와 용기 벽면의 충돌은 완전탄성충돌이라 가정한다.

2) 이상기체에 적용되는 식

① 보일(Boyle)의 법칙

온도가 일정할 때 기체의 체적은 절대압력에 반비례한다.

$$PV = C, \quad P_1V_1 = P_2V_2$$

여기서, P : 절대압력, V : 기체의 체적

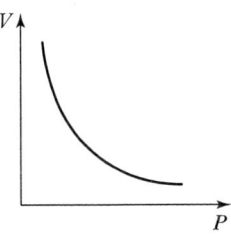

② 샤를(Charles)의 법칙

압력이 일정할 때 기체의 체적은 절대온도에 비례한다.

$$\frac{V}{T} = C, \quad \frac{V_1}{T_1} = \frac{V_2}{T_2}$$

여기서, T : 절대온도(K), V : 기체의 체적

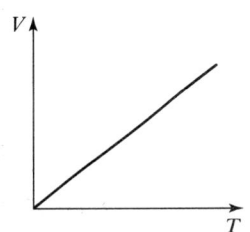

③ 보일 – 샤를(Boyle – Charles)의 법칙

기체의 체적은 절대온도에 비례하고 절대압력에 반비례한다.

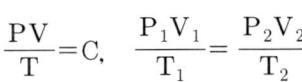

$$\frac{PV}{T} = C, \quad \frac{P_1V_1}{T_1} = \frac{P_2V_2}{T_2}$$

여기서, P : 절대압력, V : 기체의 체적, T : 절대온도(K)

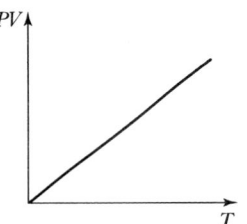

④ 아보가드로의 법칙

㉮ 같은 온도와 압력에서 기체들은 그 종류에 관계없이 일정한 부피 속에는 같은 수의 분자가 들어 있다.

㉯ 모든 기체 1mol이 표준상태(0℃, 1기압)에서 차지하는 체적은 22.4l이고 그 속에는 6.023×10^{23}개의 분자가 존재한다.

⑤ 이상기체 상태방정식

$$PV = nRT \text{에서 } n = \frac{m}{M}, \quad PV = \frac{m}{M}RT$$

여기서, P : 압력(atm), V : 체적(m³), n : 몰수(k-mol), T : 절대온도(K)
R : 기체정수(atm · m³/k-mol · K), M : 분자량(kg), m : 질량(kg)

이상기체 상태방정식은 기체의 체적, 온도, 압력, 무게, 밀도 등을 계산할 때 가장 많이 사용되는 식이다.

⑥ **돌턴의 분압법칙**

혼합 기체의 부피, 압력, 몰수 등에 관한 법칙으로, 압력 및 온도가 같은 기체를 같은 온도 같은 압력에서 혼합하면,

㉮ 혼합물의 부피는 각 성분 기체의 부피의 합과 같다.

$(V = V_1 + V_2 + V_3 \cdots V_n)$

㉯ 혼합 기체 내에서 각 성분 기체가 가지는 압력, 즉 분압의 합은 혼합 기체가 나타내는 압력(전압)과 같다.

$(P = P_1 + P_2 + P_3 \cdots P_n)$

㉰ 각 성분의 분압의 비는 각 성분의 몰 분율의 비와 같다.

$\left(P_1 : P_2 : P_3 : \cdots : P_n = \dfrac{n_1}{n} : \dfrac{n_2}{n} : \dfrac{n_3}{n} : \cdots : \dfrac{n_n}{n}\right)$

⑦ **그레이엄의 확산속도의 법칙**

기체의 확산속도는 그 기체의 분자량(밀도)의 제곱근에 반비례한다.

$$\dfrac{U_2}{U_1} = \sqrt{\dfrac{M_1}{M_2}} = \sqrt{\dfrac{\rho_1}{\rho_2}}$$

여기서, U : 확산속도
M : 분자량
ρ : 밀도

2. 액체의 성질

1) Newton의 점성법칙

전단력은 평판의 면적 A와 이동속도에는 비례하지만 두 평판 사이의 거리 y에는 반비례

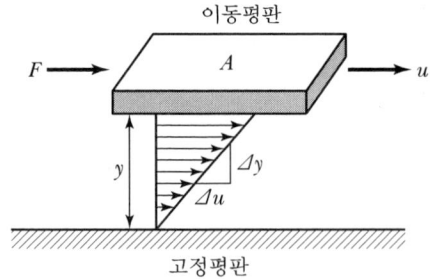

식	유체의 점성계수 μ가 작용	$\tau = \left(\dfrac{F}{A}\right)$
$F = A\dfrac{\Delta u}{\Delta y}$	$F = \mu A\dfrac{\Delta u}{\Delta y}$	$\tau = \mu \dfrac{du}{dy}$

여기서, τ : 전단응력[N/m²]

F : 전단력[N]

μ : 점성계수[kg/m · s]

$\dfrac{du}{dy}$: 속도구배

‖ Reference ‖

- 뉴턴유체 : Newton의 점성법칙을 만족하는 유체
- 비뉴턴유체 : Newton의 점성법칙을 만족하지 않는 유체
- 이상유체 : 점성이 없고 비압축성인 유체

2) 점성계수(Coefficient of Viscosity)

① 절대점성계수(Absolute Viscosity) : μ(뮤)

㉠ 물질이 갖는 끈끈한 정도

㉡ $\mu = \dfrac{\tau}{du/dy} = \dfrac{전단력/면적}{속도/거리}$ (Newton의 점성법칙에 의해)

㉢ 포아즈(Poise) : 점성계수 중 CGS계인 [g/cm · s]

㉣ 물의 점성계수는 1CP(Centi Poise)

㉤ 1P = 100CP = 1[g/cm · s] = 0.1[kg/m · s] = 0.1[N · s/m²]

▼ 점성계수의 단위 및 차원

구 분	단위	차원
절대단위	kg/m · s, g/cm · s	$[ML^{-2}T^{-2}]$
중력단위	kgf · s/m², gf · s/cm²	$[FTL^{-2}]$

② 동점성계수(Kinematic Viscosity) : ν(뉴)

㉠ 절대점성계수를 유체의 밀도로 나눈 것

㉡ $\nu = \dfrac{\mu}{\rho} = \dfrac{g/cm \cdot s}{g/cm^3} = \dfrac{cm^2}{s}$

㉢ 스토크스(Stokes) : 동점성계수 중 CGS계인 [cm²/s]

㉣ 1St = 100cSt = 1cm²/s = 1×10⁻⁴m²/s

3) 표면장력(Surface Tension)
① 표면장력이란, 분자력에 의해 액면을 유지시키려고 하는 단위 길이당 인장력을 의미한다.
② 표면장력은 곡선 상에 작용하는 힘으로, 그 힘의 크기를 곡선의 길이로 나누어 줄 수 있으며, 단위는 [N/m]를 사용한다.
③ 빗방울, 풀잎 위의 이슬방울, 유리 위의 수은방울이 구형을 이루고 있는 것도 표면장력에 의한 것으로 볼 수 있다.

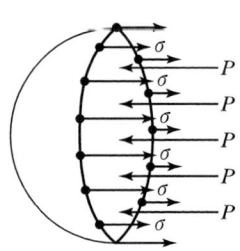 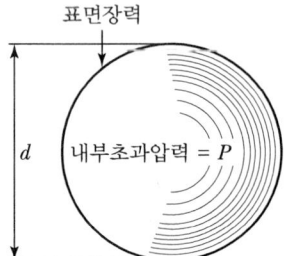

그림과 같이 지름 d인 작은 구형방울의 표면장력 σ와 내부초과압력 P가 서로평형을 이루고 있다면

$$F_1 = F_2, \quad \sigma \pi d = \frac{P \pi d^2}{4} \quad \therefore \sigma = \frac{Pd}{4}$$

$$\sigma = \frac{F_1}{\pi d}, \quad F_1 = \sigma \pi d$$

$$P = \frac{F_2}{A\left(=\frac{\pi d^2}{4}\right)}, \quad F_2 = \frac{P \pi d^2}{4}$$

여기서, F_1 : 인장력, F_2 : 유체 내부의 힘
σ : 표면장력, P : 내부 초과압력, d : 직경

4) 체적탄성계수와 압축률
① **체적탄성계수(Bulk Modulus)** : K
㉮ 유체가 힘을 받은 경우 압축이 되는 정도를 나타내는 상수
㉯ 체적 변화율에 대한 압력의 변화

$$K = -\frac{\Delta P}{\frac{\Delta V}{V}} = \frac{\Delta P}{\frac{\Delta \rho}{\rho}}$$

② **압축률(Compressibility, 壓縮率) : β**

체적탄성계수의 역수를 압축률이라 한다.

$$\beta = \frac{1}{K} = -\frac{\frac{\Delta V}{V}}{\Delta P}$$

5) 아르키메데스의 원리

① 유체 속에 잠겨 있는 물체가 받는 부력은 그 물체가 배제하는 유체의 무게와 같다.
② 유체 위에 떠있는 부양체는 자체의 무게와 같은 무게의 유체를 배제한다.

$$F = \gamma_1 V_1$$

여기서, 부력 $F = \gamma_1 \cdot V_1$ (γ_1 : 유체의 비중량, V_1 : 잠긴 물체의 체적)
중량 $W = \gamma \cdot V$ (γ : 물체의 비중량, V : 물체의 전체 체적)

6) 파스칼의 원리

① 밀폐된 용기 속의 유체에 압력을 가하면 그 압력은 유체내의 모든 부분에 그대로 전달된다.
② 파스칼의 원리를 이용하면 작은 힘으로 큰 무게를 들 수 있다.
③ $P_1 = P_2$에서,

$$\frac{F_1}{A_1} = \frac{F_2}{A_2} \left(A_1 = \frac{\pi D_1^2}{4}, \ A_2 = \frac{\pi D_2^2}{4} \right)$$

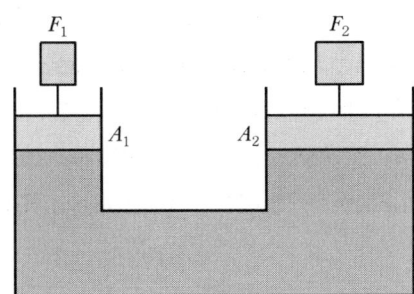

04 유체의 정역학

1. 압력(Pressure, 壓力)

1) 압력이란 "단위면적당 가해지는 힘(전압력)"을 말한다.
2) 힘 F가 단위 면적 A에 수직으로 작용할 때 표면이 받는 압력 P는 다음과 같다.

$$압력 = 단위\ 면적당\ 받는\ 힘 = \frac{면적에\ 수직으로\ 작용하는\ 힘}{힘이\ 분포된\ 면적}$$

$$P = \frac{F}{A},\ P = \gamma h$$

여기서, P : 압력(kgf/m², N/m²), F : 힘(kgf, N), A : 단면적(cm², m²)
γ : 비중량(kgf/m³, N/m³), h : 깊이(m)

2. 절대압력과 계기압력

우리가 일반적으로 말하는 압력은 대기압을 0으로 보고 말하는 계기압력이며, 절대압력은 완전진공상태로부터 측정한 압력을 말한다.

1) 대기압

대기압이란 대기(지구를 둘러싸고 있는 공기)의 공기 무게에 의한 단위 면적당 작용하는 힘을 말하며, 다음과 같이 구분할 수 있다.

① **국소대기압(Local Atmospheric Pressure)**

대기압은 지구의 지면 위에 있는 공기의 무게에 의한 것이므로, 측정하는 위치의 고도에 따라 값이 다르며, 그 측정 장소에서의 압력을 국소대기압이라 한다.

② **표준대기압(Standard Atmospheric Pressure)**

760mmHg를 표준대기압이라 하는데, 이는 수은주의 기둥을 760mm 올릴 수 있는 압력을 의미하며, 표준대기압은 'atm'이라는 기호로 표시한다.

1atm = 760mmHg = 0.76mHg = 10,332mmH₂O = 10.332mH₂O
   = 1.0332kgf/cm² = 10,332kgf/m²
   = 101,325N/m²(Pa) = 101.325kPa
   = 1,013mbar = 1.013bar = 14.7PSI(lbf/in²)

> **Reference** 　공학기압(Technical Pressure)
>
> 1at = 1kgf/cm² = 10,000kgf/m² = 10mH₂O = 0.968atm = 735.6mmHg
>   = 9.8069×10⁴N/m²(Pa) = 980.69mbar = 0.98bar = 14.23PSI(lbf/in²)

2) 절대압력

완전 진공상태부터 읽은 실제압력을 "절대압력"이라 하며, 다음과 같이 나타낸다.

> 절대압력 = 대기압 + 계기압력

① **대기압보다 클 경우** : 절대압력 = 대기압 + 계기압력
② **대기압보다 작을 경우** : 절대압력 = 대기압 − 진공압력

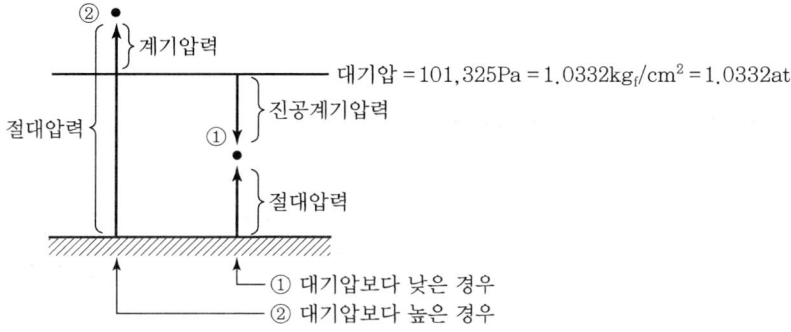

대기압 = $101,325\text{Pa} = 1.0332\text{kg}_f/\text{cm}^2 = 1.0332\text{at}$

① 대기압보다 낮은 경우
② 대기압보다 높은 경우

Check Point 압력의 구분

1. **게이지압력(Gauge Pressure)**
   압력계가 지시하는 압력으로 '국소대기압을 기준으로 한 압력' 즉, 대기압을 0으로 보는 압력을 말한다.

2. **절대압력(Absolute Pressure)**
   '완전 진공을 기준으로 하여 측정한 압력'을 말한다.

3. **진공압력(Vacuum Pressure)**
   '대기압보다 낮은 정도의 압력'으로 진공계가 지시하는 압력을 말한다.

3. 압력의 측정

압력을 측정하는 장치에는 액주계, 탄성압력계 등이 있다.

1) 액주계(Manometer, 液柱計)

측정하려는 압력을 액주의 높이로서 표시할 수 있는 압력계를 액주계 또는 마노미터라 한다.
액주계는 액주의 높이로 압력을 측정할 수 있으므로, 사용하기가 편리하고, 정확한 압력을 측정할 수 있는 장점이 있다.

① **피에조미터(Piezometer)**

액주계의 액체가 측정하려는 유체와 같을 경우 이를 피에조미터라 하며, 비중이 큰 액체나 압력이 작은 경우 사용한다.

$P_2 = P_3$ 이므로,

$P_1 + P_0 + \gamma h = P_0$

$\therefore P_1 = -\gamma h$

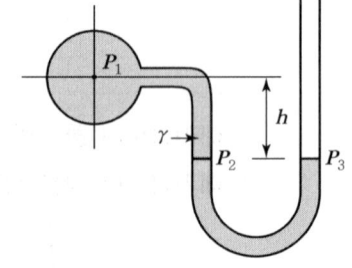

② **U자형 마노미터(U-type Manometer)**

U자로 구부러진 유리관 속에 동작 유체와 다른 유체를 넣어서 압력 차에 의한 높이차를 이용하여 압력을 측정할 수 있으며, 비중이 작은 액체나 압력이 큰 경우 사용한다.

$P_2 = P_3$ 이므로,

$P_1 + \gamma_A h_1 = \gamma_B h_2$

$\therefore P_1 = \gamma_B h_2 - \gamma_A h_1$

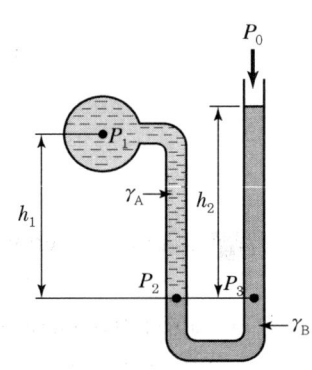

③ **시차액주계**

2개 용기 속의 압력의 차를 측정할 때 사용한다.

㉮ $P_3 = P_4$ 이므로,

$P_1 + \gamma_A h_1 = P_2 + \gamma_C h_3 + \gamma_B h_2$

$P_1 - P_2 = \gamma_C h_3 + \gamma_B h_2 - \gamma_A h_1$

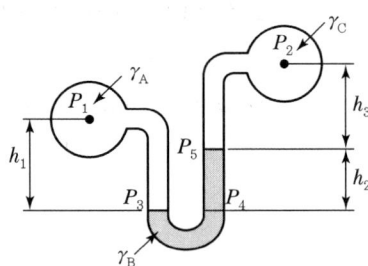

㉯ $P_3 = P_4$ 이므로,

$P_1 - \gamma_A h_1 = P_2 - \gamma_C h_3 - \gamma_B h_2$

$P_1 - P_2 = \gamma_A h_1 - \gamma_C h_3 - \gamma_B h_2$

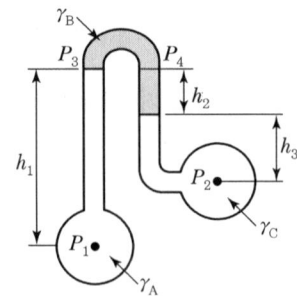

2) 탄성압력계

탄성을 이용하여 압력을 측정하는 압력계의 총칭으로서 부르동 압력계, 다이어프램 압력계, 벨로쓰 압력계 등이 있다.

① **부르동 압력계(Bourdon Pressure Gauge)**

공기압, 수압, 유압 등을 측정하는 원반형의 압력계로 금속의 탄성을 이용한 것이다.

부르동 관에 압력이 가해지면 지침을 회전시켜 압력을 지시한다. 최대 측정 가능 범위는 보통 1~2,000kgf/cm² 정도이다.

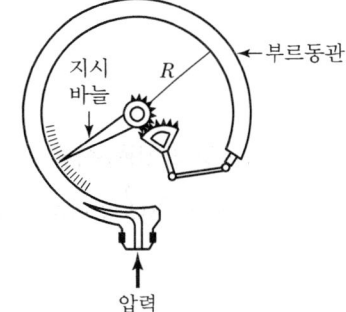

② **다이어프램 압력계(Diaphragm Pressure Gauge)**

압력이 가해질 경우 다이어프램의 변형을 이용하여 압력을 측정하는 것으로 미소 압력을 측정할 수 있으며, 측정 압력은 20~5,000 mmH₂O 정도이다.

③ **벨로우쓰 압력계(Bellows Type Pressure Gauge)**

압력이 가해질 경우 금속의 벨로우즈가 압력에 의해 신축하는 것을 이용하는 것으로 구조가 간단하며, 저압 측정용으로 많이 사용된다. 측정압력은 0.01~10kgf/cm² 정도이다.

05 유체의 운동학

1. 유체의 운동

1) 정상류와 비정상류

① **정상류(Steady Flow, 定常流)**

유동 경로상 임의의 한 점에서 속도, 밀도, 압력, 온도 등이 시간의 경과에 따라 변화되지 않는 흐름을 말한다.

$$\frac{\partial V}{\partial t}=0, \ \frac{\partial \rho}{\partial t}=0, \ \frac{\partial P}{\partial t}=0, \ \frac{\partial T}{\partial t}=0$$

여기서, t : 시간, V : 속도, ρ : 밀도, P : 압력, T : 온도

② **비정상류(Unsteady Flow, 非正常流)**

유동 경로 상의 임의의 한 점에서 속도, 밀도, 압력, 온도 중 하나 이상이 시간의 경과에 따라 변화되는 흐름을 말한다.

$$\frac{\partial V}{\partial t} \neq 0, \quad \frac{\partial \rho}{\partial t} \neq 0, \quad \frac{\partial P}{\partial t} \neq 0, \quad \frac{\partial T}{\partial t} \neq 0$$

2) 등속류와 비등속류

① **등속류(Uniform Flow)**

유체가 흐르고 있는 과정에서 임의의 순간에 모든 점에서 속도 벡터가 동일한 흐름. 즉, 시간은 일정하게 유지되면서, 거리의 변화에 따른 속도의 변화가 없는 흐름을 말한다.

$$\frac{\partial V}{\partial s} = 0$$

② **비등속류(Nonuniform Flow)**

유체가 흐르고 있는 과정에서 임의의 순간에 한 점에서 다른 점으로 속도 벡터가 변하는 흐름. 즉, 거리의 변화에 따라 속도가 변하는 흐름을 말한다.

$$\frac{\partial V}{\partial s} \neq 0$$

‖ Reference ‖ 유체의 흐름 형태

- 정상 등속류 유동 : $\frac{\partial V}{\partial t} = 0, \ \frac{\partial V}{\partial s} = 0$
- 정상 비등속류 유동 : $\frac{\partial V}{\partial t} = 0, \ \frac{\partial V}{\partial s} \neq 0$
- 비정상 등속류 유동 : $\frac{\partial V}{\partial t} \neq 0, \ \frac{\partial V}{\partial s} = 0$
- 비정상 비등속류 유동 : $\frac{\partial V}{\partial t} \neq 0, \ \frac{\partial V}{\partial s} \neq 0$

2. 연속방정식(Equation of Continuity)

유체의 흐름에 질량보존의 법칙을 적용시킨 방정식

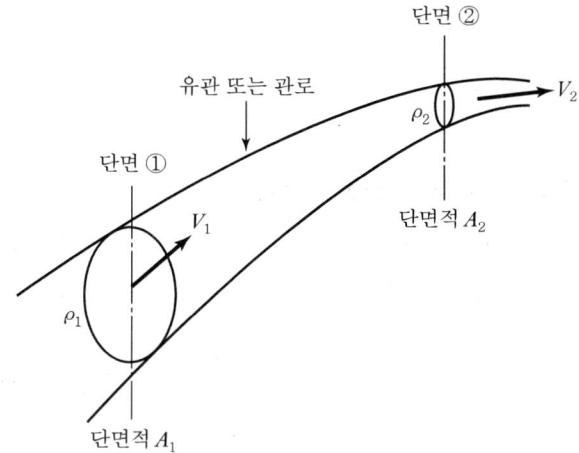

그림에서 단면 ①과 단면 ②를 통과하는 질량은 항상 같다.
질량유량(Mass Flowrate)은 $AV\rho$이므로

| Reference |

- 질량유량 $G[kg/s] = AV\rho$ $m_1 = m_2$이므로 $A_1 V_1 \rho_1 = A_2 V_2 \rho_2$
- 중량유량 $W[kgf/s] = AV\gamma$ $w_1 = w_2$이므로 $A_1 V_1 \gamma_1 = A_2 V_2 \gamma_2$

비압축성 유체는 밀도(비중량)의 변화가 없으므로 $\rho_1 = \rho_2$이다.

$$\text{체적유량 } Q[m^3/s] = AV \quad Q_1 = Q_2 \text{ 이므로 } A_1 V_1 = A_2 V_2$$

여기서, A : 단면적$[m^2]$, V : 유속$[m/s]$, ρ : 밀도$[kg/m^3]$, γ : 비중량$[kgf/m^3]$

3. 오일러의 운동방정식(Euler Equation of Motion)

오일러의 운동방정식은 유선을 따라 흐르는 유체의 미소 체적에 대하여 뉴턴의 운동 제2법칙을 이용한 것으로, 오일러의 운동방정식을 적분한 것이 베르누이 방정식이다.

$$\frac{dP}{\gamma} + \frac{vdv}{g} + dz = 0$$

| Reference | 오일러의 운동방정식의 가정 조건

- 유체는 유선을 따라 흐른다.
- 유체의 유동은 정상류이다.
- 유체는 비압축성 유체이다.
- 유체는 비점성 유체이다.

4. 베르누이 방정식(Bernoulli's Equation)

유체의 유도에 에너지 보존의 법칙을 적용시킨 것으로 배관 내 임의의 두 점에서 에너지의 총합(압력에너지, 운동에너지, 위치에너지)은 항상 일정하다.

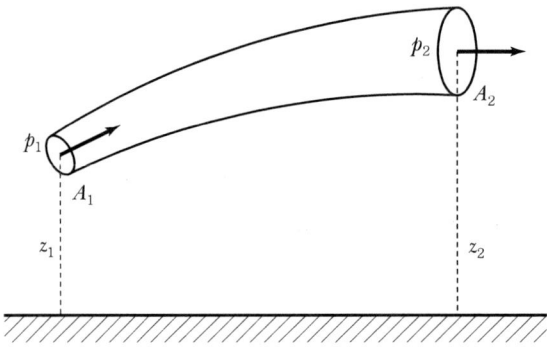

에너지로 표현	$\frac{1}{2}mv^2$	+	mgh	+	PV	=	C	[N·m]
	운동 E		위치 E		압력 E			
수두로 표현	$\frac{v^2}{2g}$	+	h	+	$\frac{P}{\gamma}$	=	C	[m]
	속도수두		위치수두		압력수두			
압력으로 표현	$\frac{v^2}{20g}$	+	$\frac{1}{10}h$	+	P_n	=	C	[kg$_f$/cm^2]
	동압		낙차압		정압			

여기서, m : 유체의 질량[kg]
v : 단면을 통과하는 유체의 속도[m/s]
g : 중력가속도[m/s^2]
h : 기준위치에서 배관 단문 중심까지의 높이[m]
P : 배관에 작용하는 유체의 압력[N/m^2]
V : 유체 질량의 체적[m^3]

| Reference | 베르누이 방정식의 가정 조건

- 정상상태의 흐름이다.(정상유동이다.)
- 비점성 유체이다.(마찰력이 없다.)
- 유체입자는 유선을 따라 움직인다.(적용되는 임의의 두 점은 같은 유선상에 있다.)
- 비압축성 유체의 흐름이다.

5. 베르누이 방정식의 응용

1) 토리첼리의 정리(Torricelli Principle)

다음 그림과 같이 수조의 수면으로부터 높이가 H(m)인 지점에 오리피스(배관)를 설치하고 수면의 상부와 오리피스 중심선에 베르누이 방정식을 적용하면,

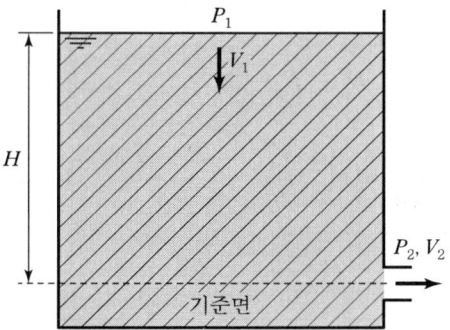

여기서, P_1, P_2 : 대기압

H : 수면과 오리피스 출구 중심선과의 높이차[m]

V_1 : 수면에서의 유속[m/s]

V_2 : 오리피스 출구에서의 유속[m/s] ($V_2 = \sqrt{2gH}$)

$$\frac{P_1}{\gamma} + \frac{V_1^2}{2g} + Z_1 = \frac{P_2}{\gamma} + \frac{V_2^2}{2g} + Z_2 \text{에서,}$$

$P_1 = P_2$ ($\because P_1$, P_2는 대기압)

$V_1 = 0$ ($\because A_1 > A_2$이면 상대적으로 V_1은 0으로 볼 수 있다)

$$\frac{V_2^2}{2g} = Z_1 - Z_2$$

$$\therefore V_2 = \sqrt{2gH} \, (Z_1 - Z_2 = H)$$

2) 피토관(Pitot Tube)

운동하는 유체가 정지한 물체에 닿게 되면 유체의 압력이 증가하는데, 이러한 압력의 증가는 베르누이의 법칙에 의해서 유체의 속도와 관계가 있다. 베르누이 법칙에 의해 유체가 가진 에너지의 총량은 변하지 않으므로, 속도에너지가 압력에너지의 형태로 변한 것이며, 이러한 원리를 이용하여 유체의 속도를 측정하는 계측기기를 피토관이라 한다.

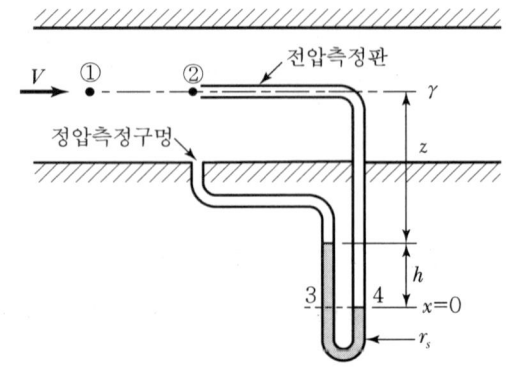

① 관 속의 유속

$$V_1[\text{m/s}] = \sqrt{\frac{2g}{\gamma}(P_s - P_1)}$$

$\dfrac{P_s}{\gamma} = \dfrac{P_1}{\gamma} + \dfrac{V_1^2}{2g}$ 에서, $\dfrac{V_1^2}{2g} = \dfrac{P_s - P_1}{\gamma}$, $V_1^2 = \dfrac{2g}{\gamma}(P_s - P_1)$

$$\therefore V_1 = \sqrt{\frac{2g}{\gamma}(P_s - P_1)}$$

② 관 속의 유속

$$V_1 = \sqrt{2gh\left(\frac{\gamma_s}{\gamma} - 1\right)}$$

$P_3 = P_4$ 이므로,

$P_3 = P_1 + \gamma z + \gamma_s h$, $P_4 = P_s + \gamma(z+h)$

$P_1 + \gamma z + \gamma_s h = P_s + \gamma(z+h)$

$P_s - P_1 = \gamma z + \gamma_s h - \gamma z - \gamma h$

$P_s - P_1 = \gamma_s h - \gamma h = (\gamma_s - \gamma)h$

전압 = 정압 + 동압

$$P_s\left[\frac{\text{N}}{\text{m}^2}\right] = P_1 + \frac{\rho V_1^2}{2}$$

$$\frac{P_s}{\gamma}[\text{m}] = \frac{P_1}{\gamma} + \frac{V_1^2}{2g}$$

3) 벤투리관(Venturi Tube)

점차적으로 축소 확대된 관에서 정압을 측정하여 유량을 구할 수 있도록 만든 관을 말한다.

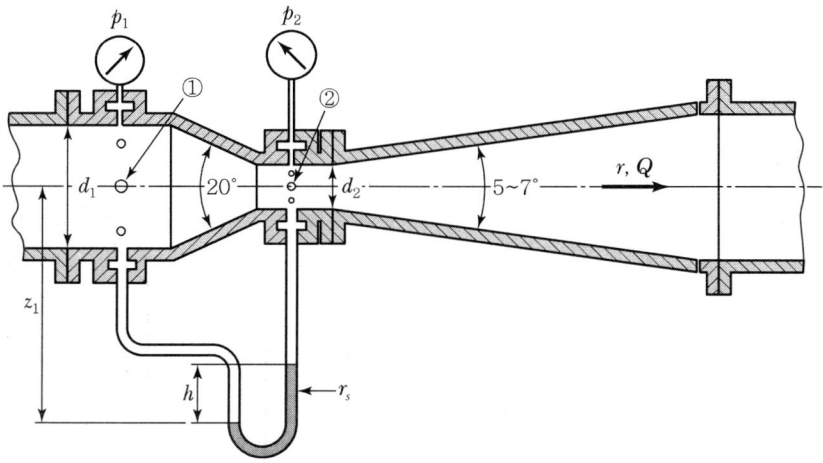

① 상류 측 ①지점과 목 부분 ②지점에 베르누이 방정식 적용

$$\frac{P_1}{\gamma} + z_1 + \frac{V_1^2}{2g} = \frac{P_2}{\gamma} + z_2 + \frac{V_2^2}{2g}$$ 에서, $z_1 = z_2$ 이므로

$$\frac{P_1 - P_2}{\gamma} = \frac{V_2^2 - V_1^2}{2g} \quad \cdots\cdots\cdots\cdots ㉠$$

② 연속방정식 $A_1 V_1 = A_2 V_2$ 에서

$$V_1 = \frac{A_2}{A_1} V_2 = \left(\frac{D_2}{D_1}\right)^2 V_2 \quad \cdots\cdots\cdots ㉡$$

③ ㉡식을 ㉠식에 대입

$$\frac{P_1 - P_2}{\gamma} = \frac{V_2^2 - \left(\frac{D_2}{D_1}\right)^4 V_2^2}{2g} = \frac{1}{2g}\left[1 - \left(\frac{D_2}{D_1}\right)^4\right] V_2^2$$

$$V_2^2 = \frac{2g}{\left[1 - \left(\frac{D_2}{D_1}\right)^4\right]} \times \frac{P_1 - P_2}{\gamma}$$

$$V_2 = \frac{1}{\sqrt{1 - \left(\frac{D_2}{D_1}\right)^4}} \times \sqrt{2gh\left(\frac{\gamma_s}{\gamma} - 1\right)}$$

$$Q[\text{m}^3/\text{s}] = A_2 V_2$$
$$= A_2 \times \frac{1}{\sqrt{1-\left(\frac{D_2}{D_1}\right)^4}} \times \sqrt{2gh\left(\frac{\gamma_s}{\gamma}-1\right)}$$

4) 사이폰 작용

① 곡관 내에 물을 채우고 한쪽을 용기 내 물속에 담그면, 다른 한쪽에서 물이 유출하는데 이를 사이폰 작용이라 한다.

② 관의 유출속도 $V_2 = \sqrt{2gH}$ 으로 수면과 사이폰관 노즐 사이의 높이차 H가 클수록 속도가 증가되며, 또한 H가 커질수록 유량이 증가된다.

③ 그러나 H가 커질수록 속도수두 증가로 인해 압력수두는 감소되며, 사이폰관 정점에서의 압력이 포화증기압 미만이 되면, 사이폰관 작용이 불가능해진다.

④ 따라서 정점에서의 압력이 포화증기압일 때 사이폰관에 흐르는 유량은 최대가 되기 위한 H가 된다.

5) 실제 유체에 대한 베르누이 방정식

① **베르누이 방정식을 실제 유체에 적용**

$$\frac{P_1}{\gamma} + \frac{V_1^2}{2g} + Z_1 - H_L = \frac{P_2}{\gamma} + \frac{V_2^2}{2g} + Z_2 \text{에서}$$

$$H_L[\text{m}] = \frac{P_1 - P_2}{\gamma} + \frac{V_1^2 - V_2^2}{2g} + (Z_1 - Z_2)$$

| Reference | 손실수두 $H_L[\text{m}]$

배관의 단면적이 변하는 부분이나 배관 부속기기(엘보우, 티, 밸브 등)에서 발생하는 유체 마찰로 인하여 유체가 원래 가졌던 압력에너지의 손실을 수두로 나타낸 양을 말한다.

② **펌프가 유체에 가해지는 에너지를 베르누이 방정식으로 나타낼 경우**

㉮ 실제 유체의 흐름에 베르누이 방정식을 적용시키려면 손실수두의 항(H_L)과 펌프에 의한 동력을 수두(H_P)로 나타낸 값을 추가로 반영시켜 주어야 한다.

㉯ 펌프가 공급한 단위중량당 에너지(수두 또는 양정)를 H_P라 하고, 총 손실수두를 H_L이라 하면, 펌프의 상류지점과 하류지점에서의 에너지의 총량은 변함이 없으므로 다음 식과 같이 정리할 수 있다.

$$\frac{P_1}{\gamma} + \frac{V_1^2}{2g} + Z_1 - H_L + H_P = \frac{P_2}{\gamma} + \frac{V_2^2}{2g} + Z_2 \text{에서,}$$

$$H_P[\text{m}] = \frac{P_2 - P_1}{\gamma} + \frac{V_2^2 - V_1^2}{2g} + (Z_2 - Z_1) + H_L$$

06 실제 유체의 흐름

1. 유체 흐름의 구분

구분	레이놀즈 수	내용
층류	$Re \leq 2,100$	유체가 질서정연하게 흐르는 흐름
난류	$Re \geq 4,000$	유체가 무질서하게 흐르는 흐름
임계(천이)영역	$2,100 < Re < 4,000$	층류에서 난류로 바뀌는 영역

2. 레이놀즈 수

$$\text{Re No} = \frac{\rho \text{VD}}{\mu} = \frac{\text{VD}}{\nu}$$

여기서, D : 배관의 직경[m, cm], V : 유체의 유속[m/s, cm/s]
ρ : 유체의 밀도[kg/m³, g/cm³], μ : 절대점도[kg/m·s, g/cm·s]
ν : 동점도[m²/s, cm²/s]

3. 유체의 마찰 손실

1) 주손실

① **다르시 – 바이스바흐식(Darcy – Weisbach)** : 모든 유체의 층류, 난류에 적용

$$h_L = f \cdot \frac{L}{D} \cdot \frac{V^2}{2g} = K \cdot \frac{V^2}{2g} [\text{m}]$$

여기서, f(관마찰계수) $= \dfrac{64}{Re}$(층류일 때), L : 배관 길이[m]

D : 내경[m], V : 유속[m/s], g : 중력가속도[9.8m/s²]

K : 손실계수

② **하겐 – 포아즈웰 방정식(Hagen Poiseuille Equation)** : 층류에 적용

$$\text{압력강하}(\Delta P) = \frac{128\mu LQ}{\pi D^4} = \frac{32\mu LV}{D^2} \ [N/m^2 = Pa] \quad Q : \text{유량}[m^3/s]$$

③ **하겐 – 윌리암식(Hazen – Willams)** : 난류 흐름인 물에 적용

[SI 단위] $P = 6.053 \times 10^4 \times \dfrac{Q^{1.85}}{C^{1.85} \times d^{4.87}} \times L \ [MPa]$

[중력단위] $P_f = 6.174 \times 10^5 \times \dfrac{Q^{1.85}}{C^{1.85} \times d^{4.87}} \times L \ [kg_f/cm^2]$

여기서, Q : 유량[l/min], C : 배관의 마찰손실계수

d : 배관의 내경[mm], L : 배관의 길이[m]

④ **수력반경(Hydraulic Radius)** : 원 관 이외의 관이나 덕트 등에서의 마찰손실을 계산

- 수력반경(R_h) $= \dfrac{\text{유동단면적}(m^2)}{\text{접수길이}(m)}$

- 손실수두(h_L) $= f \dfrac{L}{4R_h} \dfrac{V^2}{2g}$

㉠ 단면이 원형인 관의 수력반경

$$R_h = \frac{\frac{\pi D^2}{4}}{\pi D} = \frac{D}{4} \quad \therefore D = 4R_h$$

㉡ 단면이 사각형인 관의 수력반경

$$R_h = \frac{\text{가로} \times \text{세로}}{2(\text{가로} + \text{세로})}$$

ⓒ 단면이 동심 2중관의 수력반경
    내경이 d, 외경이 D인 동심 2중관의 수력반경

$$R_h = \frac{\frac{\pi D^2}{4} - \frac{\pi d^2}{4}}{(\pi D + \pi d)} = \frac{\frac{\pi}{4}(D^2 - d^2)}{\pi(D+d)} = \frac{1}{4}(D-d)$$

2) 부차적 손실

주 손실 외의 밸브(Valve), 엘보(Elbow), 티(Tee) 등과 같은 관 부속물에서의 마찰손실

$$h_L = K\frac{V^2}{2g}$$

여기서, h_L : 손실수두(m), K : 손실계수

부차적 손실은 속도수두에 비례한다.

① **돌연 확대 손실**

$$h_L = \frac{(V_1 - V_2)^2}{2g} = \left(1 - \frac{A_1}{A_2}\right)^2 \cdot \frac{V_1^2}{2g} = K \cdot \frac{V_1^2}{2g}$$

돌연 확대부분에서의 손실계수 $K = \left(1 - \frac{A_1}{A_2}\right)^2$

② **돌연 축소 손실**

$$h_L = \frac{(V_0 - V_2)^2}{2g} = \left(\frac{1}{C_c} - 1\right)^2 \cdot \frac{V_2^2}{2g} = K \cdot \frac{V_2^2}{2g}$$

돌연 축소부분에서의 손실계수 $K = \left(\frac{1}{C_c} - 1\right)^2$

C_c(Coefficient of Contraction) : 축소계수

07 소화설비의 배관

1. 배관의 종류

1) 배관용 강관(Steel Pipe)

① **배관용 탄소강관(SPP, Carbon Steel Pipes for Ordinary Piping, KS D 3507)**
  ㉠ 소화설비 배관에 주로 사용하며, 비교적 사용압력(1.2MPa 미만)이 낮은 유체(물이나 가스 등)에 사용되는 배관이다.
  ㉡ 백관 : 내식성을 주기 위해 강관에 용융 아연 도금을 한 것
  ㉢ 흑관 : 도금은 하지 않고, 1차 방청도장만 한 것

② **압력 배관용 탄소강관(SPPS, Carbon Steel Pipes for Pressure Service, KS D 3562)**
  ㉠ 소화설비 배관 중 주로 고압(사용압력 1.2MPa 이상, 10MPa 이하)인 유체에 사용되는 배관이다.
  ㉡ 관의 호칭은 호칭 지름과 두께로 나타내며, 관의 두께는 스케줄 번호로 나타낸다.

③ **고압 배관용 탄소강관(SPPH, Carbon Steel Pipes for High Pressure Service, KS D 3564)**
  고압(사용압력 10MPa 이상)의 배관에 주로 사용하는 배관이다.

④ **고온 배관용 탄소강관(SPHT, Carbon Steel Pipes for High Temperature Service, KS D 3570)**
  고온 증기관(사용온도 350℃ 이상)에 주로 사용되는 배관이다.

> **Check Point**
>
> ▶ **강관의 두께**
>
> $$\text{Sch. No} = \frac{P}{S} \times 1,000$$
>
> 여기서, P : 사용압력(MPa), S : 허용응력(N/mm²) = $\dfrac{\text{인장강도}}{\text{안전율}}$
>
> Sch. No는 무차원수로 10, 20, 30, 40, 80 등이 있으며 번호가 클수록 두꺼운 관이다.
>
> ▶ **강관의 특성**
> 1. 충격, 진동에 대한 저항력이 크고, 외력에도 잘 파괴되지 않는다.
> 2. 용접성이 우수하다.
> 3. 반영구적인 내식성이 있다.
> 4. 보수가 용이하다.
> 5. 주철관에 비해 가볍고 인장강도가 크다.

2) 동 및 동합금관

동(Cu)은 열과 전기의 양도체로 내식성이 우수하고 가공이 용이하며, 마찰 저항이 적은 이점이 있으나 순도가 높은 동은 지나치게 연하여 기계적 성질이 약하므로 아연(Zn), 주석(Sn), 규소(Si), 니켈(Ni) 등을 첨가시켜 기계적인 성질을 개량한 동합금관을 사용한다.

3) 주철관

수도 배수관으로 많이 사용되는 것으로, 고급 주철관, 덕타일 주철관 등이 있으며, 인장강도는 25 ~ 45kgf/mm이다. 부식하지 않도록 정제(精製) 타르를 가열 인쇄 도장한다거나 모르타르를 관 내면에 원심력으로 부착시키는 모르타르 라이닝 도장 등을 실시한다. 이음에는 소켓형, 플랜지형, 메커니컬 조인트 등이 있다.

4) 스테인리스 강관(STS)

내식성이 우수하여 부식의 우려가 높은 화학공장, 폐수처리용 배관 등으로 사용된다. 강관에 비해 저온 충격성, 기계적 성질이 우수하여 두께가 얇고 위생적이다.

5) 염소화염화비닐수지 배관(CPVC, Chlorinated Poly Vinyl Chloride)

PVC(Poly Vinyl Chloride)를 염소화시킨 것으로 PVC의 단점인 내열성, 내후성, 내연성을 향상시켰다. C factor 150으로 마찰손실이 없고 반영구적으로 사용이 가능하다.

2. 강관의 이음

이음방법에 따라 나사이음, 용접이음, 플랜지 이음, 그루브 이음(Grooved Joint) 등이 있다.

1) 나사이음

소구경(관경 50mm 이하)의 저압용 탄소강관의 접합에 사용되는 이음방법으로 마모, 충격, 진동, 부식 및 균열 등이 생길 우려가 없는 곳에 사용되는 방법이다.

2) 용접이음

대구경(관경 50mm 이상)의 배관에 사용되는 이음방법으로 맞대기 용접, 삽입형 용접, 플랜지 용접 등이 있다.

3) 플랜지 이음

플랜지 사이에 개스킷(Gasket)을 끼우고 65mm 이상의 볼트, 너트로 접속시키는 이음으로 각종 기기의 접속 및 관을 자주 해체 또는 교환할 필요가 있는 곳에 적합하다.

4) 그루브 이음(Grooved Joint)
배관의 연결부위에 홈(Grooved)을 내어 홈 사이에 개스킷(Gasket)이 부착된 그루브 커플링을 설치하여 연결하는 방식이다.

3. 관 부속물

1) 관 이음쇠의 종류
① **배관의 방향을 변경** : 엘보, 티
② **배관을 연결** : 유니온, 플랜지, 니플, 소켓
③ **배관의 지름을 변경** : 리듀서, 부싱
④ **배관을 분기** : 티, 와이, 크로스
⑤ **배관의 말단 부분** : 플러그, 캡

2) 신축이음(Expansion Joints)
강관은 온도가 1℃ 변할 때마다 배관 1m 당 약 0.012mm 정도의 신축이 발생하게 되는데, 배관의 길이가 긴 경우 배관의 열 등에 의한 팽창 또는 신축을 흡수하여 배관의 손상을 방지할 수 있도록 설치하는 것을 말하며, 강관은 30m마다, 동관은 20m마다 1개씩 설치한다.

① **루프형(Loop Expansion Joints)**
고온 및 고압의 옥외 배관에 가장 많이 설치하며, 루프 형태로 구부려서 설치하므로 공간을 많이 차지한다. 곡률반경은 관 지름의 6배 이상으로 한다.

② **벨로스형(Bellows Expansion Joints)**
주름 모양의 원형 판에서 신축을 흡수할 수 있는 것으로, 공간은 많이 필요하지 않으나, 누수의 염려가 있고, 고압의 배관에는 부적합하다.

③ **슬리브형(Sleeve Expansion Joints)**
슬리브와 본체 사이에 글랜드 패킹을 넣어 축 방향으로 이동할 수 있도록 만든 이음으로, 물, 온수, 기름 등의 배관에 널리 사용되며, 장시간 사용 시 패킹의 마모로 누수가 발생할 수 있다.

④ **스위블형(Swivel Expansion Joints)**
2개 이상의 엘보를 이용하여 나사의 회전에 의해 신축을 흡수하는 것으로, 설치비는 저렴하나 신축량이 큰 배관의 경우 나사 이음부에서 누설이 발생할 수 있으므로, 부적당하다.

| Reference | 신축이음의 신축흡수율 크기

루프형 > 슬리브형 > 벨로우즈형 > 스위블형

4. 밸브(Valve)

1) 게이트밸브(Gate Valve)

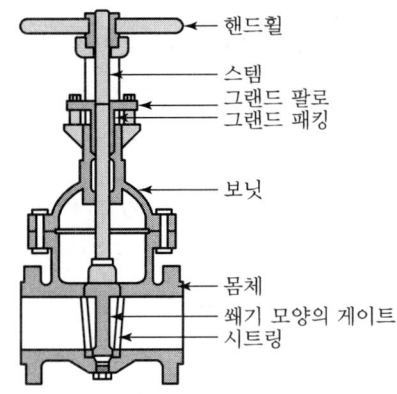

① 개폐 여부를 육안으로 식별이 가능한 개폐표시형 밸브이다.
② 유체의 흐름을 Disk가 수직으로 차단하므로, 개폐에 많은 시간이 소모된다.
③ 소화설비용 개폐밸브로 많이 사용하나, 유량 조절용으로는 부적합하다.

2) 스톱밸브(Stop Valve)

유체의 흐름을 차단하거나, 유량을 제어할 수 있는 밸브로서 밸브 내에서 유체의 흐름 방향을 변경할 수 있다.

① **글로브밸브**
입구와 출구의 중심선이 일직선 상에 있는 밸브로 개폐 및 유량 조절이 쉬우며, 펌프 성능시험배관의 유량조절 밸브로 가장 적합하다.

② **앵글밸브(Angle Valve)**
옥내소화전설비의 방수구, 스프링클러설비의 유수검지장치의 배수밸브 등과 같이 유체의 흐름 방향을 직각으로 변경하는 경우에 사용한다.

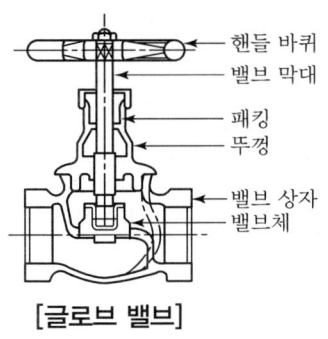
[글로브 밸브]

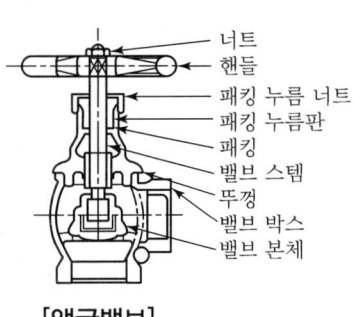
[앵글밸브]

3) 버터플라이 밸브(Butterfly Valve)

Disk가 밸브 내부에서 회전하여 신속히 개폐할 수 있는 밸브로 누설의 우려가 많고 게이트밸브보다 마찰손실이 커서 소화설비의 흡입 측 배관에는 사용할 수 없는 밸브이다.

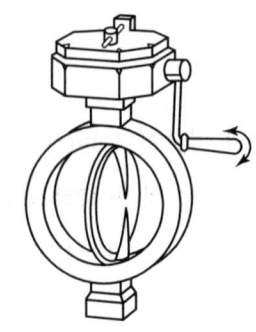

4) 체크밸브(Check Valve)

유체를 한쪽 방향으로만 흐르게 하는 밸브로서 역류방지를 목적으로 사용되는 밸브이다.

① **스윙형(Swing Check Valve)**

Disk가 상하로 개폐되며, 마찰손실이 리프트형보다 적어 수평 및 수직 배관에 사용이 가능하다.

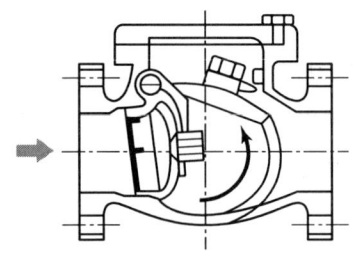

② **리프트형(Lift Check Valve)**

유체의 압력에 의해 밸브가 수직으로 개폐되는 형식으로 수평 및 수직배관에 모두 사용이 가능하며 스모렌스키 체크밸브가 대표적인 밸브이다.

| Reference | 스모렌스키 체크밸브

1. 충격에 강해 소화설비용 토출 측 배관에 가장 많이 사용된다.
2. By-pass 밸브를 이용하여 수동으로 물을 역류시킬 수 있다.

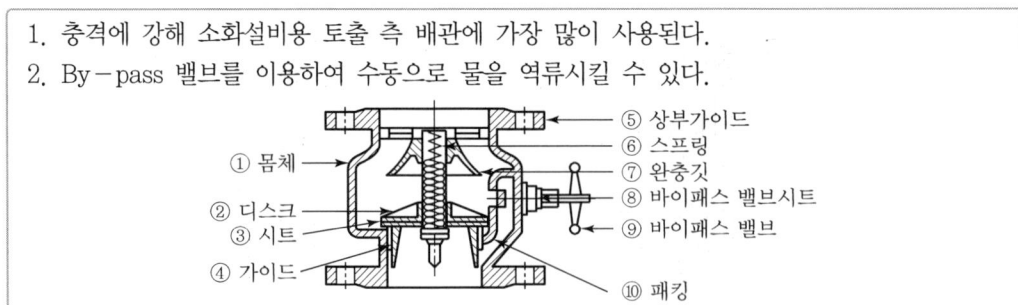

5) 안전밸브(Safety Valve)

기기나 배관 내의 압력이 일정 압력 이상일 때 자동적으로 작동하는 밸브로 작동 압력이 고정되어 있다. 압력챔버 상부에 설치 시 압력챔버 상부의 압축공기가 배출된다.

6) 릴리프밸브(Relief Valve)

액체의 압력이 상승하여 일정 압력 이상이 될 때 자동적으로 작동하는 밸브로 작동 압력을 임으로 조정할 수 있으며, 펌프의 체절압력 미만에서 개방이 되도록 조정하여야 한다.

08 펌프

1. 펌프(Pump)의 종류

1) 원심펌프(Centrifugal Pump)

소화펌프 중 가장 널리 사용되고 있는 펌프로서 회전차(Impeller)의 원심력을 이용하여 액체를 송수하는 펌프이다.

① 안내깃에 의한 분류

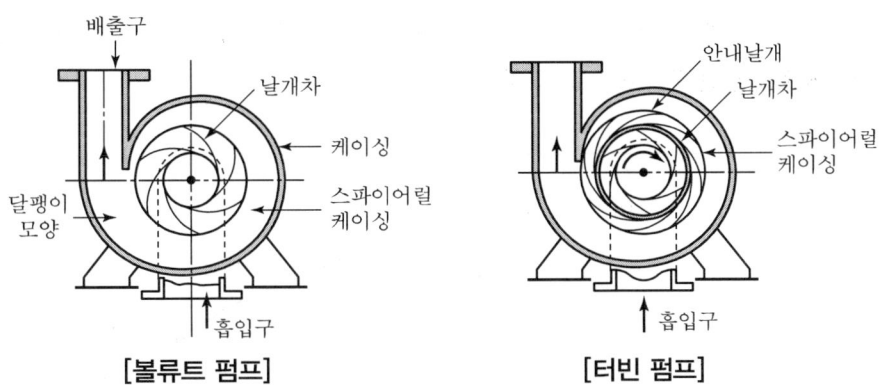

[볼류트 펌프]   [터빈 펌프]

볼류트 펌프	터빈 펌프
케이싱 내부에 안내깃이 없다.	케이싱 내부에 안내깃이 있다.
양정이 낮고 토출량이 많은 곳에 사용	양정이 높고 토출량이 적은 곳에 사용

Reference 안내깃(Guide Vane)

속도에너지를 압력에너지로 변환시켜주는 역할을 한다.

② 흡입구에 의한 분류
  ㉠ 단흡입펌프 : 회전차의 한쪽에서만 흡입되는 펌프
  ㉡ 양흡입펌프 : 회전차의 양쪽에서 흡입되는 펌프

③ 축의 방향에 의한 분류

구분	횡축펌프	입축펌프
장점	① 보수 및 점검이 쉽다. ② 주요 부분이 수면 상에 있어 부식의 우려가 적다. ③ 가격이 대체로 저렴하다.	① 설치면적이 작다. ② 임펠러가 수중에 있어 캐비테이션의 발생 우려가 없다. ③ 프라이밍이 불필요하다.
단점	① 설치면적이 크다. ② 흡입양정이 큰 경우 캐비테이션의 발생 우려가 있다. ③ 기동 시에 프라이밍이 필요하다. ④ 대구경 펌프에는 부적합하다.	① 보수, 점검이 어렵다. ② 주요 부분이 수중에 있으므로 부식되기 쉽다. ③ 가격이 일반적으로 비싸다.

④ 단수에 의한 분류

㉠ 단단펌프(Single Stage Pump)

펌프 1대에 Impeller 1개를 단 것

㉡ 다단펌프(Multi Stage Pump)

여러 개의 Impeller를 직렬로 배치한 것으로 고양정용으로 사용된다.

⑤ 펌프의 성능곡선(H−Q 곡선)

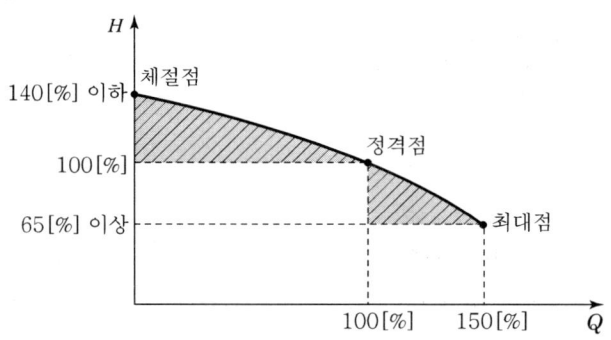

▼ 펌프의 성능시험표 작성

구분		체절운전	정격운전	정격유량의 150[%]
토출량		0	520[l/min]	780[l/min] (520×1.5)
토출압	이론치	0.98[MPa] (0.7×1.4)	0.7[MPa]	0.455[MPa] (0.7×0.65)
	측정치	릴리프밸브 개방 시 압력	정격토출량일 때 압력	정격토출량의 150[%]일 때 압력

2) 왕복펌프
① 피스톤의 왕복 직선 운동에 의해 실린더 내부가 진공이 되어 액체를 송수하는 펌프
② 양정이 크고, 유량이 작은 경우에 적합

3) 회전펌프
기어, 베인, 스크류(나사) 등 케이싱 내의 회전자를 회전시켜 회전 운동에 의해 액체를 연속으로 수송하는 펌프로 점성이 큰 액체의 압송에 적합

2. 펌프의 계산

1) 펌프의 전(全) 양정

$$H[\mathrm{m}] = h_1 + h_2 + h_3 + h_4$$

여기서, H : 전양정[m], h_1 : 배관 및 관부속물의 마찰손실양정[m]
h_2 : 호스의 마찰손실양정[m], h_3 : 실양정[m]
h_4 : 방사압력 환산양정[m]

2) 동력계산

수동력 (Water Horse Power)	축동력 (Brake Horse Power)	전달동력 (Electrical or Engine Horse Power)
펌프에 의해 유체(물)에 주어지는 동력	모터에 의해 펌프에 주어지는 동력	실제 운전에 필요한 동력
$P_w = \dfrac{\gamma \times Q \times H}{102 \times 60}[\mathrm{kW}]$	$P_s = \dfrac{\gamma \times Q \times H}{102 \times 60 \times \eta}[\mathrm{kW}]$	$P = \dfrac{\gamma \times Q \times H}{102 \times 60 \times \eta} \times K[\mathrm{kW}]$

여기서, H : 전양정[m], γ : 비중량[kg$_f$/m^3]
Q : 유량[m^3/min], η : 펌프효율
K : 전달계수(전동기 : 1.1, 내연기관 : 1.15~1.2)

3) 펌프의 상사(相似)법칙

구분	펌프 1대	펌프 2대
유 량	$Q_2 = \dfrac{N_2}{N_1} \times Q_1$	$Q_2 = \dfrac{N_2}{N_1} \times \left(\dfrac{D_2}{D_1}\right)^3 \times Q_1$
양 정	$H_2 = \left(\dfrac{N_2}{N_1}\right)^2 \times H_1$	$H_2 = \left(\dfrac{N_2}{N_1}\right)^2 \times \left(\dfrac{D_2}{D_1}\right)^2 \times H_1$

| 축동력 | $L_2 = \left(\dfrac{N_2}{N_1}\right)^3 \times L_1$ | $L_2 = \left(\dfrac{N_2}{N_1}\right)^3 \times \left(\dfrac{D_2}{D_1}\right)^5 \times L_1$ |

여기서, Q : 유량, N : 회전수, H : 양정, L : 축동력, D : 임펠러 직경

4) 비속도(비교회전도)

$$N_s = \dfrac{N\sqrt{Q}}{\left(\dfrac{H}{n}\right)^{\frac{3}{4}}}$$

여기서, N_s : 비속도[rpm, m³/min, m], N : 임펠러의 회전속도[rpm]
Q : 토출량[m³/min], H : 펌프의 전양정[m]
n : 단수

5) 펌프의 압축비

$$K = \sqrt[n]{\dfrac{P_2}{P_1}}$$

여기서, K : 압축비, n : 펌프의 단수,
P_1 : 펌프의 흡입압력, P_2 : 펌프의 토출압력

6) 펌프의 직·병렬 연결

구분		직렬 연결	병렬 연결
성능	유량(Q)	Q	$2Q$
	양정(H)	$2H$	H

3. 소방펌프의 수리적 특성

1) 유효흡입수두(NPSHav ; Available Net Positive Suction Head)

펌프 운전 시 공동현상 발생 없이 펌프를 안전하게 운전할 수 있는 흡입에 필요한 수두로 펌프의 특성과는 무관하게 펌프를 설치하는 주변 조건 및 환경에 따라 결정되는 값이다.

$$NPSH_{av} = 10.3 \pm H_h - H_f - H_v$$

① H_h : 펌프의 흡입양정(낙차환산수두)[m]
　㉠ 수조가 펌프보다 낮은 경우 : $-H_h$
　㉡ 수조가 펌프보다 높은 경우 : $+H_h$
② H_f : 흡입배관의 마찰손실 수두[m]
　　＝직관의 손실수두＋관 부속류 등의 손실수두
③ H_v : 물의 포화증기압 환산 수두[m]

2) 필요흡입수두(NPSHre ; Required Net Positive Suction Head)

펌프 회전에 의해 만들어지는 펌프 내부의 진공도이며, 펌프의 특성에 따라 펌프가 가지고 있는 고유한 값이다.

① **Thoma의 캐비테이션 계수**

$$NPSH_{re} = \sigma H$$

여기서, σ : 캐비테이션 계수, H : 펌프의 전양정[m]

② **실험에 의한 방법**

$$\frac{NPSH_{re}}{H} = 0.03 \quad \therefore NPSH_{re} = 0.03 \times H$$

③ **비속도에 의한 계산**

$$N_s = \frac{N\sqrt{Q}}{H^{\frac{3}{4}}} \quad \therefore H_{re} = \left(\frac{N\sqrt{Q}}{N_s}\right)^{\frac{4}{3}}$$

여기서, N_s : 비속도[rpm, m³/min, m], N : 임펠러의 회전속도[rpm]
　　　Q : 토출량[m³/min], H : 펌프의 전양정[m]
　　　n : 단수, H_{re} : 필요흡입양정[m]

‖ Reference ‖

Cavitation이 발생되지 않을 조건
$NPSH_{av} \geqq NPSH_{re}$

설계 조건
$NPSH_{av} \geqq NPSH_{re} \times 1.3$

3) 공동(Cavitation)현상
펌프의 내부나 흡입 배관에서 물이 국부적으로 증발하여 증기 공동이 발생하는 현상

① **발생원인**
- ㉠ 펌프의 설치 위치가 수원보다 높을 경우
- ㉡ 펌프의 흡입관경이 작은 경우
- ㉢ 펌프의 마찰손실, 흡입 측 수두가 큰 경우
- ㉣ 흡입 측 배관의 유속이 빠른 경우
- ㉤ 펌프의 흡입 압력이 유체의 증기압보다 낮은 경우

② **발생현상**
- ㉠ 소음과 진동이 발생한다.
- ㉡ 침식이 발생한다.
- ㉢ 토출량과 양정이 감소되고 효율이 감소된다.

③ **방지법**
- ㉠ 펌프 위치를 가급적 수면에 가깝게 설치한다.
- ㉡ 펌프의 회전수를 낮춘다.
- ㉢ 흡입 관경을 크게 한다.
- ㉣ 2대 이상의 펌프를 사용한다.
- ㉤ 양흡입 펌프를 사용한다.

4) 수격(Water Hammering)작용
펌프의 순간적인 정지, 밸브의 급격한 개폐, 배관의 급격한 굴곡에 의해 관속을 흐르는 액체의 속도가 급격히 변하면서 운동에너지가 압력에너지로 바뀌면 고압이 발생되어 배관이나 관 부속물에 무리한 힘을 가하게 되는데 이러한 현상을 수격작용이라 한다.

① **발생원인**
- ㉠ 펌프의 급격한 기동 또는 정지를 하는 경우
- ㉡ 밸브의 급격한 개방 또는 폐쇄를 하는 경우

② **방지법**
- ㉠ 펌프에 플라이휠(Fly Wheel)을 설치한다.
- ㉡ 펌프 토출 측에 Air Chamber를 설치한다.
- ㉢ 배관의 관경을 가능한 한 크게 하여 유속을 낮춘다.
- ㉣ 토출 측에 수격방지기(Water Hammering Cushion)를 설치한다.
- ㉤ 각종 밸브는 서서히 조작한다.
- ㉥ 대규모 설비에는 Surge Tank를 설치한다.

5) 맥동(Surging)현상

펌프 운전 시 토출량이 주기적으로 변하면서 압력계의 눈금이 흔들리고 토출배관에 진동과 소음을 수반하는 현상으로 배관의 장치나 기계의 파손을 일으킬 수 있다.

① **발생원인**
  ㉠ 펌프의 양정곡선이 산형곡선이고 곡선의 상승부에서 운전이 되는 경우
  ㉡ 배관의 개폐밸브가 닫혀 있는 경우
  ㉢ 유량조절밸브가 탱크 뒤쪽에 있는 경우
  ㉣ 배관 중에 공기탱크나 물탱크가 있는 경우

② **방지법**
  ㉠ 배관 내 필요 없는 수조는 제거한다.
  ㉡ 배관 내 기체상태인 부분이 없도록 한다.
  ㉢ 펌프의 양수량을 증가시키거나 임펠러의 회전수를 변경한다.
  ㉣ 유량조절밸브를 펌프 토출 측 직후에 설치한다.
  ㉤ 배관 내 유속을 조절한다.

09 송풍기

1. 송풍기의 분류

1) 풍압에 의한 분류

① **Fan** : 압력 상승이 $0.1[kg_f/cm^2]$ 이하인 것
② **Blower** : 압력 상승이 $0.1[kg_f/cm^2]$ 이상, $1.0[kg_f/cm^2]$ 이하인 것
③ **압축기** : 압력 상승이 $1.0[kg_f/cm^2]$ 이상인 것

2) 형식에 의한 분류

① **원심식 송풍기**
  ㉠ 다익형 송풍기 : 소음이 높고 효율이 낮아 주로 국소통풍용, 저속덕트용, 소방의 배연 및 급기가압용으로 사용된다.
  ㉡ 터보형 송풍기 : 고속덕트 공조용으로 사용된다.
  ㉢ 리밋 로드형 송풍기 : 공장의 환기 및 공조의 저속 덕트용으로 사용된다.
  ㉣ 익형 송풍기 : 효율이 대단히 높고 소음이 적어 고속회전이 가능하여 고속덕트용으로 사용된다.
② **축류식 송풍기** : 베인형, 튜브형, 프로펠러형 송풍기

| Reference | 프로펠러형 송풍기의 특징

- 고속운전에 적합하며 효율이 높다.
- 풍량은 크지만 풍압이 낮다.
- 소음이 심하다.
- 환기, 배기용으로 사용한다.

2. 송풍기의 동력

공기동력 (Air Horse Power)	축동력 (Brake Horse Power)	전달동력 (Electrical or Engine Horse Power)
송풍기에 의해 유체(공기)에 주어지는 동력	모터에 의해 송풍기에 주어지는 동력	실제 운전에 필요한 동력
$P_a = \dfrac{P_t \times Q}{102 \times 60}[\text{kW}]$	$P_s = \dfrac{P_t \times Q}{102 \times 60 \times \eta}[\text{kW}]$	$P = \dfrac{P_t \times Q}{102 \times 60 \times \eta} \times K[\text{kW}]$

여기서, P_t : 전압[mmH₂O, kg$_f$/m²], Q : 풍량[m³/min]

η : 효율, K : 전달계수(전동기 : 1.1, 내연기관 : 1.15~1.2)

3. 송풍기의 번호

1) 원심식 송풍기

$$No = \frac{임펠러의 \ 바깥지름[\text{mm}]}{150}$$

2) 축류식 송풍기

$$No = \frac{임펠러의 \ 바깥지름[\text{mm}]}{100}$$

CHAPTER 02 약제화학

01 소화약제

1. 소화약제의 정의
소화성능이 있는 물질을 가공하여 소화에 사용하는 약제를 의미

2. 소화약제의 조건
1) 연소의 4요소 중 한 가지 이상을 제거할 수 있는 능력이 탁월할 것
2) 가격이 저렴할 것
3) 안정성이 있을 것
4) 인체에 무해할 것
5) 환경오염이 적을 것

3. 소화약제의 분류

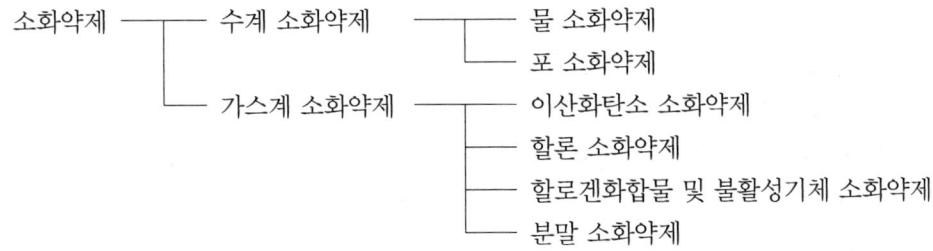

02 물 소화약제

1. 물 소화약제의 특성
물은 수소와 산소의 극성 공유결합 물질로 화학적으로 매우 안정하여 일반 가연물 화재에 적응성이 우수하나 겨울철 및 한랭지역에서는 동결의 우려가 있는 단점이 있다.

1) 물의 소화효과

냉각효과	물의 높은 증발잠열은 화열보다 물에 의한 열손실을 크게 하여 냉각시키는 작용을 한다.
질식효과	물이 수증기로 기화되면 체적이 약 1,700배로 팽창되어 주변의 공기를 밀어내 산소농도를 낮추는 작용을 한다.
희석효과	수용성 액체 화재 시 물을 주입하면 가연성 물질의 농도를 낮추는 작용을 한다.
유화효과	가연성 액체 화재 시 물을 방사하게 되면 일시적으로 물과 기름이 혼합되는 Emulsion 현상이 발생하여 가연성 가스 방출 방지 및 산소 공급 차단 등의 효과가 있다.

2) 물의 특성

① **비열** : 1kcal/kg℃
② **증발잠열** : 539kcal/kg
③ **융해잠열** : 80kcal/kg
④ **기화 체적** : 약 1,700배
⑤ **비중** : 1
⑥ **밀도** : 1,000kg/m^3
⑦ **비중량** : 9,800N/m^3

3) 장점 및 단점

① **장점**
  ㉮ 쉽게 구할 수 있으며, 독성이 없다.
  ㉯ 비열과 잠열이 커서 냉각효과가 크다.
  ㉰ 방사형태가 다양하다.(봉상주수, 적상주수, 무상주수)
  ㉱ 화학적으로 안정하여 첨가제를 혼합하여 사용할 수 있다.

② **단점**
  ㉮ 0℃ 이하에서는 동결의 우려가 있다.
  ㉯ 소화 후 수손에 의한 2차 피해 우려가 있다.
  ㉰ B급 화재(유류화재), C급 화재(전기화재), D급 화재(금속 화재)에는 적응성이 없다.

Check Point | 물분자의 구조

수소원자 2개와 산소원자 1개가 극성공유결합과 물분자와 물분자 사이에는 수소결합을 이루고 있으며 이러한 수소결합의 결합력 때문에 비열과 증발잠열이 크고 표면장력이 커서 소화약제로 우수하다.

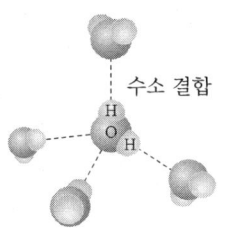
수소 결합

Check Point | 물의 상태 변화

1. **현열**

    상태는 불변, 온도만 변할 때 열량(반응열)
    열량 $Q = mc\Delta t$
    여기서, m : 무게, c : 비열, Δt : 온도차

2. **잠열**

    상태는 변화, 온도는 불변 일 때 열량(변화열)
    1) 물의 융해잠열(고체 → 액체) : 80cal/g
    2) 물의 기화잠열(액체 → 기체) : 539cal/g

3. **비열**

    어떤 물질 1g을 1℃ 올리는 데 필요한 열량(cal)
    1) 물의 비열 : 1cal/g · ℃
    2) 얼음의 비열 : 0.5cal/g · ℃
    3) 수증기의 비열 : 0.6cal/g · ℃

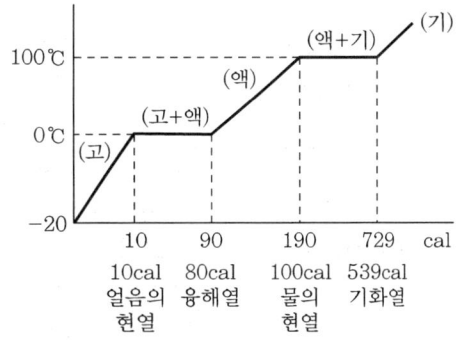

4. **물의 상태 변화 시 체적 변화**

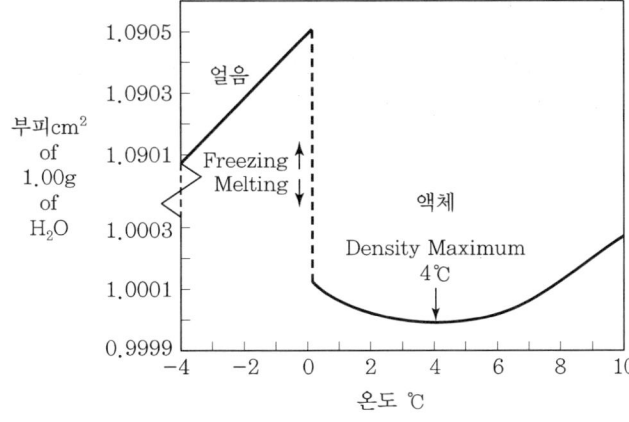

2. 물 소화약제의 방사방법

구분	형태	적용설비	소화효과	적용화재
봉상	물이 가늘고 긴 물줄기 형상	옥내소화전, 옥외소화전	냉각	A급
적상	샤워기 형상	스프링클러	냉각	A급
무상	물안개 또는 구름의 형상	물분무, 미분무	질식, 냉각, 희석, 유화	A, B, C급

3. 소화효과 증대를 위한 첨가제

첨가제	특성
부동액 (Antifreeze Agent)	• 0℃ 이하의 온도에서 물의 특성상 동결로 인한 부피팽창에 의하여 배관을 파손하게 되므로 겨울철 등 한랭지역에서는 물의 어는 온도를 낮추기 위하여 동결 방지제인 부동액을 사용 • 부동액 : 에틸렌글리콜, 프로필렌글리콜, 글리세린 등
침투제 (Wetting Agent)	• 물은 표면장력이 크므로 심부화재에 사용 시 가연물에 깊게 침투하지 못하는 성질이 있다. 물에 계면활성제 첨가로 표면장력을 낮추어 침투효과를 높인 첨가제 • 침투제 : 계면활성제 등
증점제 (Viscosity Agent)	• 물의 점성을 강화하여 부착력을 증대시켜 산불화재 등에 사용하여 잎 및 가지 등에 소화가 곤란한 부분에 소화효과를 증대시키는 첨가제 • 증점제 : CMC 등
유화제 (Emulsifier Agent)	• 에멀션(물과 기름의 혼용상태) 효과를 이용하여 산소의 차단 및 가연성 가스의 증발을 막아 소화효과를 증대시킨 소화약제 • 유화제 : 친수성 콜로이드, 에틸렌글리콜, 계면활성제 등

‖ Reference ‖ 물슬러리(Water-Slurry)

산림화재용으로 제작된 소화약제로 물과 모래의 혼합으로 가열물에 도포하면 물에 의한 냉각소화와 소화 후에 잔존하는 모래에 의한 질식소화를 얻을 수 있다.

> **Check Point** 물의 부피와 무게의 관계(4℃ 물 기준)

부피 = 1m × 1m × 1m = 1m³
1m³ 공간을 액체의 체적 1,000L라 정하고 1m³ 공간의 물의 무게를 1,000kg라 정한다. 그러므로
1m³ = 1,000L = 1,000kg = 1ton
비중은 물과의 상대적인 개념이므로 단위가 없다.
물의 비중량 = 무게/부피 = 1,000kg/m³ = 9,800N/m²

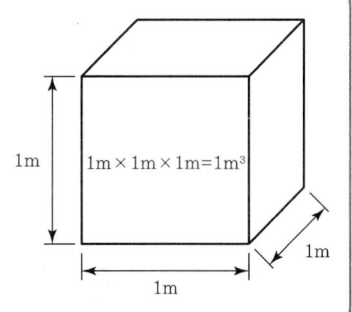

03 강화액 소화약제

심부화재 또는 주방의 식용유 화재에 대해서 신속한 소화를 위하여 개발되었으며, 물 소화약제의 단점을 보완하기 위하여 탄산칼륨 등의 수용액을 주성분으로 하여, -20℃에서도 동결하지 않고 재발화 방지에도 효과가 있으며, A급(일반화재), K급(주방화재) 등에 우수한 소화능력이 있다.

1. 강화액 소화약제의 특징

1) **첨가물** : 탄산칼륨(K_2CO_3) 등
2) **비중** : 1.3 이상
3) **pH값** : pH 12 이상의 강알칼리성
4) **동결점** : -20℃ 이하
5) **소화효과** : 미분일 경우 유류화재에도 소화효과 있음
6) **표면장력** : 33dyne/cm 이하(물소화약제 72.75dyne/cm)로 표면장력이 낮아서 심부화재에 효과적

2. 강화액 소화기

강화액은 물에 탄산칼륨(K_2CO_3)을 용해시킨 것으로 동절기 및 한랭지에서도 동결되지 않으므로 보온의 필요가 없으며, 재연소 방지의 효과도 있어서 봉상 주수 시 A급 화재에 대한 소화능력이 크다.

1) **비중** : 1.3~1.4

2) 응고점 : −17∼−30℃

3) **사용온도범위** : −20℃ 이상 40℃ 이하

4) 동절기 및 한랭지에서도 사용이 가능하다.

5) 독성 및 부식성이 없다.

6) 담황색의 알칼리성(pH 12 이상)이다.

7) 무상 주수 시 소규모 C급 화재에 적응성이 있다.

3. 강화액 소화기 소화원리

$$H_2SO_4 + K_2CO_3 + H_2O \rightarrow K_2SO_4 + 2H_2O + CO_2$$

04 포 소화약제

1. 포 소화약제

화재 면에 방사된 포 약제는 질식작용과 냉각작용에 의한 소화효과가 있으며, 물을 사용할 수 없는 유류화재에 매우 효과적이다.

2. 포소화약제의 장단점

1) **장점**

① 인체에 무해하고, 화재 시 열분해에 의한 독성가스의 생성이 없다.

② 인화성·가연성 액체 화재 시 매우 효과적이다.

③ 옥외에서도 소화효과가 우수하다.

2) **단점**

① 동절기에는 동결로 인한 포의 유동성의 한계로 설치상 제약이 있다.

② 단백포 약제의 경우에는 변질·부패의 우려가 있다.

③ 소화약제 잔존물로 인한 2차 피해가 우려된다.

3. 소화효과

1) **질식효과** : 방사된 포 약제가 가연물을 덮어 가연성 가스의 생성을 억제함과 동시에 산소 공급을 차단시킨다.

2) **냉각효과** : 포 수용액에 포함되어 있는 물이 증발되면서 화재면 주위를 냉각시킨다.

4. 포소화약제의 구비조건

1) **소포성** : 포가 잘 깨지지 않아야 한다.
2) **유동성** : 유면에 잘 확산되어야 한다.
3) **접착성** : 표면에 잘 흡착되어야 질식효과를 극대화할 수 있다.
4) **안정성, 응집성** : 경년기간이 길고 포의 안정성이 좋아야 한다.
5) **내유성** : 기름에 오염되지 않아야 한다.
6) **내열성** : 열에 견딜 수 있어야 한다.
7) **무독성** : 독성이 없어야 한다.

5. 포 소화약제의 종류

1) 화학포 소화약제

탄산수소나트륨($NaHCO_3$)과 황산알루미늄수용액($Al_2(SO_4)_3 \cdot 18H_2O$)에 기포안정제를 첨가한 것으로 화학반응에 의해 포를 생성한다.

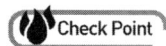

> ▶ **화학포 소화약제**
> 1. 외약제(A제) : 탄산수소나트륨($NaHCO_3$), 기포안정제
> 2. 내약제(B제) : 황산알루미늄 [$Al_2(SO_4)_3$]
> 3. 화학식
> $6NaHCO_3 + Al_2(SO_4)_3 \cdot 18H_2O \rightarrow 3Na_2SO_4 + 2Al(OH)_3 + 6CO_2 + 18H_2O$
>   **탄산수소나트륨(외) 황산알루미늄(내) 황산나트륨 수산화알루미늄**
>   ≫ 화학포 부피의 비(분자수의 비=몰비=부피비≠질량비)
>   　탄산수소나트륨 : 황산알루미늄=6 : 1

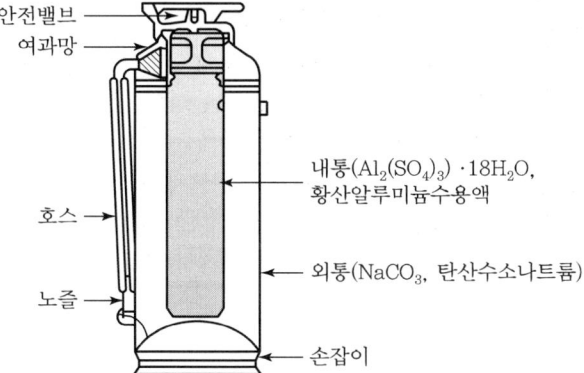

> **기포안정제(소포성 방지)**
> 1. 가수분해 단백질(=수용성 단백질)
> 2. 계면활성제
> 3. 사포닌
> 4. 젤라틴
> 5. 카세인 등

2) 기계포 소화약제

단백포	동물성의 뼈 등 단백질을 가성 소다로 분해·중화·농축시킨 포 소화약제로 사용 농도는 3%, 6%이다. ㉮ 내열성이 우수하여 화재 면에 오래 남으므로, 재발화가 방지된다. ㉯ 포의 안정성이 높고, 가격이 저렴하다. ㉰ 부패·변질 우려가 높아 장기 보관이 어렵다. ㉱ 유류에 접촉 시 오염 우려가 있어, 표면하주입식에는 부적합하다. ㉲ 다른 포 약제에 비해 유동성이 적어 소화속도가 느리다.
합성계면 활성제포	탄화수소계 합성계면활성제를 주원료로 하며, 모든 농도(1%, 1.5%, 2%, 3%, 6%)에 사용이 가능하다. ㉮ 저발포, 중발포, 고발포에 사용이 가능하다. ㉯ 인체에 무해하며, 포의 유동성이 우수하고, 반영구적이다. ㉰ 유류화재 외에 A급 화재에도 적용이 가능하다. ㉱ 내열성과 내유성이 좋지 않아 윤화 현상이 발생할 우려가 있다. ㉲ 쉽게 분해되지 않으므로, 환경 오염을 유발할 수 있다.
수성막포	일명 Light Water 라는 상품명으로 쓰이기도 하며 불소계 계면활성제포의 일종으로 1960년 초 미국에서 개발되었다. 액면에 수성막을 형성함으로써 질식소화, 냉각소화 작용으로서 소화한다. 사용 농도는 3%, 6%이다. ㉮ 수명이 반영구적이다. ㉯ 수성막과 거품의 이중 효과로 소화 성능이 우수하다. ㉰ 석유류 화재는 휘발성이 커서 부적합하다. ㉱ C급 화재에는 사용이 곤란하다.
불화단백포	불소계의 계면활성제를 소량의 단백포에 첨가한 것으로 3%, 6%의 농도로 사용되며 단백포의 단점을 보완하여 내유성·유동성·내열성 등을 개선한 약제로 표면하주입방식에 사용 가능하나 단백포에 비해 비싼 단점이 있다.
내알코올형 포	단백질의 가수분해 생성물과 합성세제 등이 주성분이며, 수용성 액체(알코올, 에테르, 케톤, 에스테르 등)의 화재에 포를 사용할 때 발생되는 파포현상을 방지하기 위해 개발된 포 소화약제이다.

Check Point 포소화약제 팽창비

▶ 팽창비

$$팽창비 = \frac{방출\ 후\ 포의\ 체적}{방출\ 전\ 포수용액의\ 체적(포원액+물)} = \frac{방출\ 후\ 포의\ 체적(l)}{\dfrac{원액의\ 양(l) \times 100}{농도(\%)}}$$

▶ 팽창률

$$포\ 팽창률 = \frac{V}{W_1 - W_2}$$

여기서, V : 포 수집용기의 내용적(ml), W_1 : 포 수집용기에 채집된 포의 총중량(g)
W_2 : 포 수집용기의 중량(g)

Check Point 발포 배율에 의한 분류

구분	약제 종류	약제 농도	팽 창 비	
저발포용	단백포	3%, 6%	6배 이상 20배 이하	
	합성계면활성제포	3%, 6%	6배 이상 20배 이하	
	수성막포	3%, 6%	5배 이상 20배 이하	
	내알코올포	3%, 6%	6배 이상 20배 이하	
	불화단백포	3%, 6%	6배 이상 20배 이하	
고발포용	합성계면활성제포	1%, 1.5%, 2%	제1종 기계포	80배 이상 250배 미만
			제2종 기계포	250배 이상 500배 미만
			제3종 기계포	500배 이상 1,000배 미만

※ 저발포용에서 수성막포만 5배 이상이며, 나머지는 6배 이상임에 주의하세요.

Check Point 포 소화약제 물성 비교

구분	단백포	합성계면활성제포	수성막포	내알코올용 포
pH(20℃)	6.0~7.5	6.5~8.5	6.5~8.5	6.5~8.5
비중(20℃)	1.1~1.2	0.9~1.2	1.0~1.15	0.9~1.2
점도(Stokes)	400 이하	200 이하	200 이하	400 이하
유동점(℃)	영하 7.5	영하 12.5	영하 22.5	영하 22.5

팽창비	6배 이상	고발포 80배 이상	5배 이상	6배 이상
		저발포 80배 이상		
침전원액량	0.1 % 이하			

Check Point 포 소화약제의 소화효과

▶ 불화단백포 > 수성막포 > 합성계면 활성제포 > 단백포

포성질	유동성	섬착성	내열성	내유성
불화단백포	O	O	O	O
수성막포	O	×	×	O
합성계면 활성제포	O	×	O	×
단백포	×	O	O	×

▶ 소화성능 : 불화단백포 > 수성막포 > 계면활성제포 > 단백포

Check Point

▶ 25% 환원시간
포의 25% 환원시간은 용기에 채집한 포(거품)의 25%가 포수용액으로 환원되는 데 걸리는 시간

1. 소화약제의 형식승인 및 제품검사의 기술기준(제4조)

구분	팽창률	발포 전 포수용액용량의 25%인 포수용액이 거품으로부터 환원되는 데 필요한 시간
단백포 등	6배 이상	1분 이상
수성막포	5배 이상	1분 이상
합성계면활성제포	500배 이상	3분 이상
방수포용 포	6배 이상 10배 미만	2분 이상

2. 소화설비용 헤드의 성능인증 및 제품검사의 기술기준(제28조)

구분	25% 환원시간
단백포 등	60초 이상
수성막포	60초 이상
합성계면활성제포	180초 이상

05 이산화탄소(CO_2) 소화약제

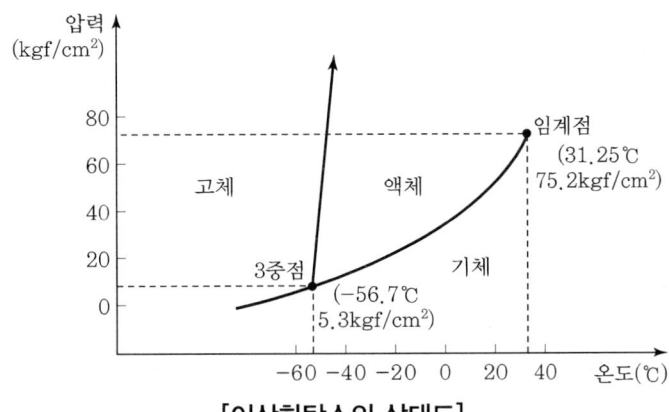

[이산화탄소의 상태도]

구분	기준값	구분	기준값
분자량	44	삼중점	$-56.7℃$
비중	1.53	임계온도	$31.25℃$
융해열	$45.2cal/g$	임계압력	$75.2kgf/cm^2$
증발열	$137cal/g$	비점	$-78℃$
밀도	$1.98g/l$	승화점	$-78.5℃$

1. 이산화탄소의 소화효과

1) **질식효과** : 산소 농도를 15% 이하로 떨어뜨리는 질식소화 작용을 한다.
2) **냉각효과** : CO_2의 잠열 및 줄·톰슨 효과에 의해 주위의 열을 흡수하는 냉각소화작용을 한다.

2. 이산화탄소의 장단점

1) **장점**

① 비중이 커서 A급 심부화재에 적용이 가능하다.
② 잔존물이 남지 않으며, 부패 및 변질 등의 우려가 없다.
③ 무색·무취이며, 화학적으로 매우 안정한 물질이다.
④ 전기적 비전도성인 기체로 전기화재가 적용 가능하다.
⑤ 자체 증기압이 커서 별도의 가압원이 필요하지 않다.
⑥ 임계온도가 높아 액체 상태로 저장이 가능하다.

2) 단점
① 방출 시 인명 피해 우려가 크다.
② 고압으로 방사되므로 소음이 매우 크다.
③ 줄·톰슨 효과에 의한 운무현상과 동상 등의 피해 우려가 크다.
④ 지구 온난화 물질이다.

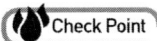

> **이산화탄소 줄·톰슨 효과**
> 1. 액체상태의 이산화탄소가 기체상태로 변화할 때 주변의 열을 흡수하여 냉각되는 효과로 공기 중의 수증기가 응결하여 안개가 생기는 현상을 운무현상이라 한다.
> 2. 배관으로 고압의 이산화탄소가 저압인 대기 중으로 방출되면 -78℃로 급랭(줄·톰슨 효과)되어 배관에 소량의 수분이 있으면 결빙하여 고체 이산화탄소인 드라이아이스로 변하여 배관을 막는 현상으로 이산화탄소의 품질을 제2종 이상으로 제한한다.

3. 이산화탄소 소화약제의 품질

주로 제2종(순도 99.5% 이상, 수분함량 0.05% 이하)을 주로 사용

종별	함량(vol%)	수분(wt%)	비고
1종	99.0% 이상	–	무색무취
2종	99.5% 이상	0.05% 이하	–
3종	99.5% 이상	0.005% 이하	–

4. 충전비

1) CO_2 소화기 : 1.5 이상
2) CO_2 소화설비
   ① 고압식 1.5 이상 1.9 이하
   ② 저압식 1.1 이상 1.4 이하

$$C = \frac{V}{G}$$

여기서, C : 충전비, G : 1병 충전질량(kg), V : 용기체적(l)

5. 소화기의 설치금지장소

지하층이나 무창층 또는 밀폐된 거실로서 바닥면적의 합계가 20m² 미만의 장소. 다만, 배기를 위한 유효한 개구부가 있는 장소인 경우에는 그러하지 아니하다.

- ▶ 이산화탄소소화약제와 위험물과의 반응식(금속화재 사용금지)
  - 과산화칼륨 : $2K_2O_2 + 2CO_2 \rightarrow 2K_2CO_3 + O_2$
  - 마그네슘 : $2Mg + CO_2 \rightarrow 2MgO + C$
  - 칼륨과 이산화탄소 : $4K + 3CO_2 \rightarrow 2K_2CO_3 + C$
  - 사염화탄소+탄산가스 : $CCl_4 + CO_2 \rightarrow 2COCl_2$

- ▶ 이산화탄소의 농도별 인체영향

농도	인체에 미치는 영향	농도	인체에 미치는 영향
1%	공중위생상의 상한선	2%	불쾌감 감지
3%	호흡수 증가	4%	두부에 압박감 감지
6%	두통, 현기증	8%	호흡곤란
10%	시력장애, 1분 이내에 의식불명 하여 방치 시 사망	20%	중추신경 마비로 사망

- ▶ 이산화탄소 농도

$$CO_2[\%] = \frac{21 - O_2}{21} \times 100$$

- ▶ 이산화탄소 기화체적

$$CO_2[m^3] = \frac{21 - O_2}{O_2} \times V$$

06 할론 소화약제

1. 할론 소화약제

파라핀계 탄화수소의 수소원자 1개 이상을 할로겐 원자로 치환시킨 것으로 부촉매효과가 우수하여 적은 양의 약제로도 충분한 소화능력을 발휘할 수 있는 소화약제이다.

1) 소화효과

주된 소화효과는 **억제소화(부촉매효과)**로 화재 면에 방사 시 열분해에 생성물이 가연물과 산소의 반응을 억제하는 소화 작용을 한다.

2) 장점 및 단점
① 억제소화의 소화능력이 우수하다.
② 전기의 비전도성으로 전기화재에 적응성이 있다.
③ 약제의 변질·부패 우려가 없다.
④ 소화 후 기기 등을 오염시키지 않는다.
⑤ 오존층 파괴 물질이다.
⑥ 열분해 시 독성 물질이 생성된다.

Check Point 할로겐 원소의 특징

▶ 전기음성도 크기, 이온화에너지 크기
　F > Cl > Br > I
▶ 소화 효과, 오존층 파괴 지수
　F < Cl < Br < I

원소	원자량	원소	원자량
F	19	Br	80
Cl	35.5	I	127

Check Point

1. 미군에서 제조한 것으로서 할론소화약제는 영어명을 함께 숙지하여야 한다.
2. 할로겐족 명명법

원소기호	약호	한글명(위험물에서 사용)	영어명(소화약제에서 사용)
F	F	불소	플루오린
Cl	C	염소	클로오르
Br	B	취소	브롬
I		옥소	요오드

3. 첫 번째 숫자는 탄소의 개수이며, 다음부터는 할로겐원소 순서대로 F, Cl, Br의 순서대로 작성하며, 해당 원소가 없는 경우에는 0, 마지막 숫자가 0이면 생략합니다.

예 Halon　1　3　0　1　→　CF_3Br
　　Halon　①　②　③　④

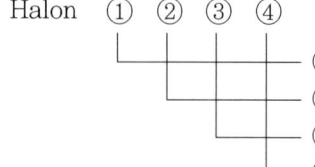

① C 의 개수 : C_1 → 1은 생략
② F 의 개수 : F_3 → 3
③ Cl 의 개수 : Cl_0 → 0은 원소 생략
④ Br 의 개수 : Br_1 → 1은 생략

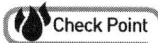

▶ 할론 소화약제의 물성

	할론1211	할론1301	할론2402
화학식	CF_2ClBr	CF_3Br	$C_2F_4Br_2$
분자량	165.4	148.93	259.8
비점(℃)	-4	-57.75	47.5
빙점(℃)	-160.5	-168	-110.1
임계온도(℃)	153.8	67	214.6
임계압력(atm)	40.57	39.1	33.5
임계밀도(g/cm²)	0.713	0.745	0.790
대기잔존기간(년)	20	100	—
상태(20℃)	기체	기체	액체
오존층파괴지수	2.4	14.1	6.6
밀도(g/cm³)	1.83	1.57	2.18
증기비중	5.7	5.1	9.0
증발잠열(kJ/kg)	130.6	119	105

2. 할론 소화약제의 종류

구분	약제	화학식	구조식	명칭	약칭
메탄 유도체	할론1211	CF_2ClBr	F-C-F (Cl 위, Br 아래)	일취화일염화이불화메탄 (Bromo Chloro diFluoro methane)	BCF
	할론1301	CF_3Br	F-C-F (F 위, Br 아래)	일취화삼불화메탄 (Bromo Trifluoro Methane)	BTM
	할론1011	CH_2ClBr	H-C-H (Cl 위, Br 아래)	일취화일염화메탄 (Chloro Bromo methane)	CB
	할론104	CCl_4	Cl-C-Cl (Cl 위, Cl 아래)	사염화탄소 (Carbon Tetra Chloride)	CTC

| 에탄 유도체 | 할론2402 | $C_2F_4Br_2$ | F–C(F)(Br)–C(F)(Br)–F | 이취화사불화에탄 (tetra Fluoro diBromo ethane) | FB |

3. 할론 소화약제의 특징

구분	특징
할론2402	1. 무색, 투명한 액체 2. 독성은 할론1211, 1301보다 강하지만 104보다는 약하다.
할론1211	1. 자체 압력이 부족하므로 질소가스로 가압하여 사용된다. 2. 상온에서 기체이며 증기비중은 5.7 3. 주로 유류화재와 전기화재에 사용
할론1301	1. 상온에서 기체이며 무색무취의 비전도성, 증기비중 5.13 2. 자체증기압이 1.4(MPa)이므로, 질소로 충전하여 4.2(MPa)로 사용한다. 3. 소화약제 중에서 소화효과가 가장 우수하지만, 오존파괴지수 또한 가장 크다.
할론1011	1. 상온에서 액체이며 증기비중은 4.5, 기체 밀도는 $0.0058(g/cm^3)$ 2. 독성이 있음
할론104	1. 무색투명한 휘발성 액체로 특유의 냄새와 독성이 있다. 2. 메탄에 수소 대신 염소원자 4개를 치환하여 생성 3. 공기, 수분, 이산화탄소 등과 반응하여 포스겐($COCl_2$) 가스 발생

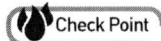
Check Point

> ➤ **연쇄반응 메커니즘**
> $CF_3Br + H \rightarrow CF_3 + HBr$ $HBr + H \rightarrow H_2 + Br$
> $Br + Br + M \rightarrow Br_2 + M$ $Br_2 + H \rightarrow HBr + Br$
>
> ➤ **사염화탄소 반응식 – 포스겐($COCl_2$) 가스의 발생으로 현재 사용 중지**
> 1. 탄산가스와 반응 : $CCl_4 + CO_2 \rightarrow 2COCl_2$
> 2. 공기와 반응 : $2CCl_4 + O_2 \rightarrow 2COCl_2 + 2Cl_2$
> 3. 물과의 반응 : $CCl_4 + H_2O \rightarrow COCl_2 + 2HCl$
> 4. 금속과의 반응 : $3CCl_4 + Fe_2O_3 \rightarrow 3COCl_2 + 2FeCl_2$
>
> ➤ **할로겐화합물이 인체에 미치는 영향**
>
> | 농도 | 증상 |
> |---|---|
> | 6% | 현기증, 맥박 수 증가, 가벼운 지각이상, 전도는 변화 없음 |
> | 9% | 불쾌한 현기증, 맥박 수 증가, 심전도는 변화 없음 |

10%	가벼운 현기증과 지각 이상, 혈압이 내려감, 심전도 파고가 낮아짐
12~15%	심한 현기증과 지각 이상, 심전도 파고가 낮아짐

▶ **가스계 관련 소화약제 용어**

1. 오존파괴지수(ODP ; Ozone Depletion Potential) : 어떤 물질의 오존파괴능력을 상대적으로 나타내는 지표

   $$ODP = \frac{어떤\ 물질\ 1kg이\ 파괴하는\ 오존량}{CFC-11(CFCl_3)\ 1kg이\ 파괴하는\ 오존량}$$

   할론 1301 : 14.1, NAFS-Ⅲ : 0.044

2. 지구온난화지수(GWP ; Global Warming Potential) : 어떤 물질이 기여하는 온난화 정도를 상대적으로 나타내는 지표

   $$GWP = \frac{어떤\ 물질\ 1kg이\ 기여하는\ 온난화\ 정도}{CO_2\ 1kg이\ 기여하는\ 온난화\ 정도}$$

3. NOAEL(No Observed Adverse Effect Level, 최대허용설계농도) : 농도를 증가시킬 때 아무런 악영향도 감지할 수 없는 최대허용농도

4. LOAEL(Lowest Observed Adverse Effect Level, 최소허용농도) : 농도를 감소시킬 때 아무런 악영향도 감지할 수 있는 최소허용농도

5. ALT(Atmospheric Life Time, 대기권 잔존수명) : 물질이 방사된 후 대기권 내에서 분해되지 않고 체류하는 잔류기간(단위 : 년)

6. LC 50 : 4시간 동안 쥐에게 노출했을 때 그 중 50%가 사망하는 농도

7. ALC(Approximate Lethal Concentration) : 사망에 이르게 할 수 있는 최소농도

07 할로겐화합물 및 불활성기체 소화약제

1. 할로겐화합물 및 불활성기체 소화약제 소화기

1) CFC 규제와 오존층 파괴

오존층은 지상으로부터 25~30km 부근의 성층권이라고 부르는 층에 존재한다. 이 오존은 성층권 내의 O_2가 태양의 빛에너지에 의해 생성과 파괴를 반복해서 일어나며 균형을 이루고 있으나, 할로겐화합물 및 프레온가스 등에 의해 이 균형이 무너지고 오존층이 파괴되고 있으며, 이는 인공위성 등에 의해 확인되고 있다.

오존층의 파괴는 생태계에 다음과 같은 심각한 영향을 미치고 있으며 따라서 CFC(염화불화탄소)의 규제는 불가피하게 여겨진다.

2) 오존층 파괴의 영향
① 인체에 유해한 자외선이 지표까지 도달하는 양이 많아서 피부암, 백내장 등을 유발한다.
② 식물의 광합성 작용을 방해하여 식물의 성장을 저해하고 이에 따라 농작물 등의 수확량이 감소하게 된다.
③ 지구의 온실효과 증대로 인한 해수면 상승이 우려된다.
④ 바다의 플랑크톤 감소 등으로 먹이사슬의 붕괴 등이 염려된다.

3) CFC 규제에 관한 주요 사항
① **몬트리올 의정서(1987년 9월)의 규제 대상물질**
　㉮ Group 1 : CFC-11, 12, 113, 114, 115
　㉯ Group 2 : Halon 1211, Halon 1301, Halon 2402
② UNEP(국제연합환경계획)에서 우리나라에 몬트리올 의정서 가입 요청(1987년 12월)
③ 정부에서 오존층 보호를 위한 특정물질 규제 등에 관한 법률 공포(1991. 1. 14).
④ **코펜하겐 몬트리올 의정서 회의(1992.11.) - Group 2**
　㉮ 선진국 : 1994. 1. 1.부터 전면 사용 중지
　㉯ 개발도상국 : 2010. 1. 1.부터 사용 중지(우리나라 포함)(2003년까지 국민 1인당 0.3kg 이내에 한하여 사용 연장 허용)

2. 할로겐화합물 및 불활성기체 소화약제의 구비조건

1) 정의
전기적으로 비전도성이며 증발하기 쉽고 방사 시 잔류물이 없는 가스상태의 소화약제

2) 할로겐화합물 및 불활성기체의 구비조건
① 소화성능이 기존의 할론소화약제와 유사하여야 한다.
② 독성이 낮아야 하며 설계농도는 최대허용농도(NOAEL) 이하이어야 한다.
③ 환경영향성 ODP, GWP, ALT가 낮아야 한다.
④ 소화 후 잔존물이 없어야 하고 전기적으로 비전도성이며 냉각효과가 커야 한다.
⑤ 저장 시 분해되지 않고 금속용기를 부식시키지 않아야 한다.
⑥ 기존의 할론소화약제보다 설치비용이 크게 높지 않아야 한다.

3. 할로겐화합물 및 불활성기체 소화약제의 분류

1) 할로카본(halocarbon) 소화약제

탄소(C), 수소(H), 브롬(Br), 염소(Cl), 불소(F), 요오드(I)의 성분을 포함한 것
- HFC(Hydro Fluoro Carbon) : 불화탄화수소
- HBFC(Hydro bromo Fluoro Carbon) : 브롬불화탄화수소
- HCFC(Hydro Chloro Fluoro Carbon) : 염화불화탄화수소
- FC or PFC(Perfluoro Carbon) : 불화탄소
- FIC(Fluoroiodo Carbon) : 불화요오드화탄소

2) 불활성 기체(inert gases and mixtures) 소화약제

소화약제의 주성분으로 헬륨, 네온, 아르곤, 질소 또는 이산화탄소 등의 가스 가운데 1가지 또는 그 이상을 함유한 소화약제

	소화약제		화학식	허용 농도
할로카본	퍼플루오로부탄	FC-3-1-10	C_4F_{10}	40%
	하이드로클로로플루오카본 혼화제	HCFC BLEND A	HCFC-123($CHCl_2CF_3$) : 4.75% HCFC-22($CHClF_2$) : 82% HCFC-124($CHClFCF_3$) : 9.5% $C_{10}H_{16}$: 3.75%	10%
	클로로테트라플루오로에탄	HCFC-124	$CHClFCF_3$	1.0%
	펜타플루오로에틴	HFC-125	CHF_2CF_3	11.5%
	헵타플루오로프로판	HFC-227ea	CF_3CHFCF_3	10.5%
	트리플루오로메탄	HFC-23	CHF_3	30%
	헥사플루오로이오다이드	HFC-236fa	$CF_3CH_2CF_3$	12.5%
	트리플루오로이로다이드	FIC-1311	CF_3I	0.3%
	도데카플루오로-2-메틸펜탄-3-원	FK-5-1-12	$CF_3CF_2(O)CF(CF_3)_2$	10%
불활성	불연성, 불활성 기체 혼합가스	IG-01	Ar	43%
		IG-100	N_2	43%
		IG-541	N_2 : 52%, Ar : 40%, CO_2 : 8%	43%
		IG-55	N_2 : 50%, Ar : 50%	43%

4. 소화효과

1) 할로겐화합물 소화약제
① 부촉매효과
② 질식효과
③ 냉각효과

2) 불활성 기체 소화약제
① 질식효과
② 냉각효과

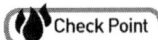

> **할로겐화합물 및 불활성기체 소화약제의 명명법**
>
> 1. 할로겐화합물 계열
>   1) 계열 구분
>
> | 계열 | 구성 | 할로겐화합물 소화약제명 |
> |---|---|---|
> | HFC(Hydro Fluoro Carbon) | C에 F, H 결합 | HFC-125, HFC-227ea
HFC-23, HFC-236fa |
> | HCFC(Hydro Chloro Fluoro Carbon) | C에 Cl, F, H 결합 | HCFC-BLEND A
HCFC-124 |
> | FIC(Fluoroiodo Carbon) | C에 I, F 결합 | FIC-13I1 |
> | FC or PFC(Perfluoro Carbon) | C에 F 결합 | FC-3-1-10
FK-5-1-12 |
>
> 2) 명명법
> ① 첫 번째 숫자는 탄소의 개수에서 1 빼기
> ② 두 번째 숫자는 수소의 개수에 1 더하기
> ③ 세 번째 숫자는 불소의 개수
> ④ 네 번째 문자는 브롬은 B, 옥소는 I로 표시
> ⑤ 다섯 번째 숫자는 브롬이나 옥소의 개수 표시
>
> 예) HCFC 1 2 4 → C_2HFCl_4 → $CHClFCF_3$
>
>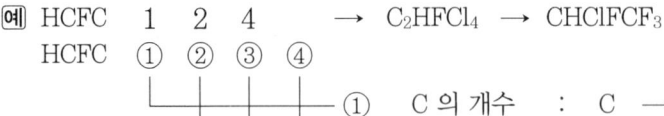

3) 화학식과 구조식

약제명	약제명	화학식	구조식	분자량
HFC	HFC-23	CHF_3	$F-\underset{\underset{F}{\vert}}{\overset{\overset{H}{\vert}}{C}}-F$	$12+1+19\times 3=70$
	HFC-125	CHF_2CF_3	$F-\underset{\underset{F}{\vert}}{\overset{\overset{H}{\vert}}{C}}-\underset{\underset{F}{\vert}}{\overset{\overset{F}{\vert}}{C}}-F$	$12\times 2+1+19\times 5=120$
	HFC-227ea	CF_3CHFCF_3	$F-\underset{\underset{F}{\vert}}{\overset{\overset{F}{\vert}}{C}}-\underset{\underset{F}{\vert}}{\overset{\overset{H}{\vert}}{C}}-\underset{\underset{F}{\vert}}{\overset{\overset{F}{\vert}}{C}}-F$	$12\times 3+1+19\times 7=170$
	HFC-236fa	$CF_3CH_2CF_3$	$F-\underset{\underset{F}{\vert}}{\overset{\overset{F}{\vert}}{C}}-\underset{\underset{H}{\vert}}{\overset{\overset{H}{\vert}}{C}}-\underset{\underset{F}{\vert}}{\overset{\overset{F}{\vert}}{C}}-F$	$12\times 3+1\times 2+19\times 6=152$
HCFC	HCFC-BLEND A	HCFC-123 : 4.75% HCFC-22 : 82% HCFC-124 : 9.5% $C_{10}H_{16}$: 3.75%		
	HCFC-124	$CHClFCF_3$	$F-\underset{\underset{Cl}{\vert}}{\overset{\overset{H}{\vert}}{C}}-\underset{\underset{F}{\vert}}{\overset{\overset{F}{\vert}}{C}}-F$	$12\times 2+1+35.5+19\times 4=136.5$
FIC	FIC-13I1	CF_3I	$F-\underset{\underset{F}{\vert}}{\overset{\overset{I}{\vert}}{C}}-F$	$12+19\times 3+127=196$
FC	FC-3-1-10	C_4F_{10}	$F-\underset{\underset{F}{\vert}}{\overset{\overset{F}{\vert}}{C}}-\underset{\underset{F}{\vert}}{\overset{\overset{F}{\vert}}{C}}-\underset{\underset{F}{\vert}}{\overset{\overset{F}{\vert}}{C}}-\underset{\underset{F}{\vert}}{\overset{\overset{F}{\vert}}{C}}-F$	$12\times 4+19\times 10=238$
	FK-5-1-12	$CF_3CF_2C(O)CF(CF_3)_2$	(구조식)	$12\times 6+16+19\times 12=316$

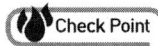

2. 불활성 기체 계열

1) 계열 구분

종류	화학식
IG – 01	Ar(100%)
IG – 100	N₂(100%)
IG – 55	N₂(50%), Ar(50%)
IG – 541	N₂(52%), Ar(40%), CO₂(8%)

2) 명명법
① 첫 번째 숫자는 질소(N_2)의 농도 %이며 반올림하여 한 자리로 표시, 없으면 생략
② 두 번째 숫자는 아르곤(Ar)의 농도 %이며 반올림하여 한 자리로 표시, 없으면 생략
③ 세 번째 숫자는 이산화탄소(CO_2)의 농도 %이며 반올림하여 한 자리로 표시, 없으면 생략

예 IG – 5 4 1

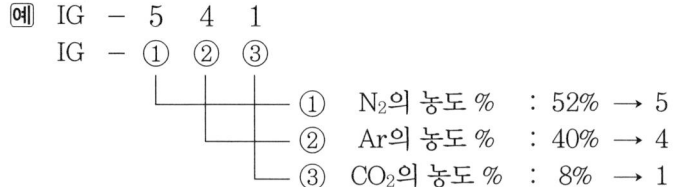

▶ 할로겐화합물 및 불활성기체 소화약제의 비체적

$S = K_1 + K_2 \times t$

여기서, K_1 : 표준상태에서의 비체적, K_2 : 비체적증가분

$$K_1 = \frac{22.4}{분자량}, \quad K_2 = K_1 \times \frac{1}{273} = \frac{22.4}{분자량} \times \frac{1}{273}$$

08 분말 소화약제

1. 분말소화기

분말약제를 화재면에 방사하면 열분해반응을 통해 생성되는 Na^+, K^+, NH_4^+에 의한 부촉매작용(억제작용)과 CO_2, H_2O, HPO_3 등에 의한 질식작용 그리고 증기증발에 의한 냉각작용으로 소화효과를 유발시키는 약제이다.

2. 소화효과

1) 부촉매(억제)효과
열분해 시 생성된 Na^+, K^+, NH_4^+ 등의 활성라디칼이 연쇄반응을 차단하고 억제하여 소화작용을 한다.

2) 질식효과
열분해 시 생성된 수증기 및 CO_2가 산소의 농도를 떨어뜨려 질식효과에 의한 소화작용을 한다.

3) 냉각효과
열분해 시 흡열반응과 수증기에 의해 냉각작용을 한다.

4) 비누화 현상
제1종 분말($NaHCO_3$)의 Na^+가 기름을 둘러싸고, 비누 거품을 형성하여 K급 화재를 소화하는 데 효과적이다.

5) 방진작용
제3종 분말($NH_4H_2PO_4$)의 열분해 시 생성되는 메타인산(HPO_3)이 연료 면에 유리질의 인산피막을 형성하여 고체 가연물의 재착화를 방지한다.

3. 약제의 구비조건
1) 내습성이 우수할 것
2) 유동성이 좋을 것
3) 비고화성일 것
4) 미세도가 적합할 것
5) 겉보기 비중(기술기준 : 0.82g/mL)을 가질 것
6) 부식성 및 독성이 없을 것

4. 소화기의 종류

1) 주성분에 의한 구분

분말 종류	주성분	분자식	성분비	색 상	적응 화재
제1종 분말	탄산수소나트륨	$NaHCO_3$	90wt% 이상	백색	B, C급
제2종 분말	탄산수소칼륨	$KHCO_3$	92wt% 이상	담회색	B, C급
제3종 분말	인산암모늄	$NH_4H_2PO_4$	75wt% 이상	담홍색	A, B, C급
제4종 분말	탄산수소칼륨과 요소	$KHCO_3 + CO(NH_2)_2$	−	회색	B, C급

2) 가압방식에 의한 구분

① **축압식** : 소화기 내부에 소화약제와 방출원으로 질소가스를 충전한 것으로 압력계가 부착되어 있으며 상용압력은 0.7~0.98MPa이다.

② **가압식** : 소화기 내부에 소화약제와 내부의 별도 용기 속에 소화약제 방출원으로 CO_2를 넣어 충전한 것이다.

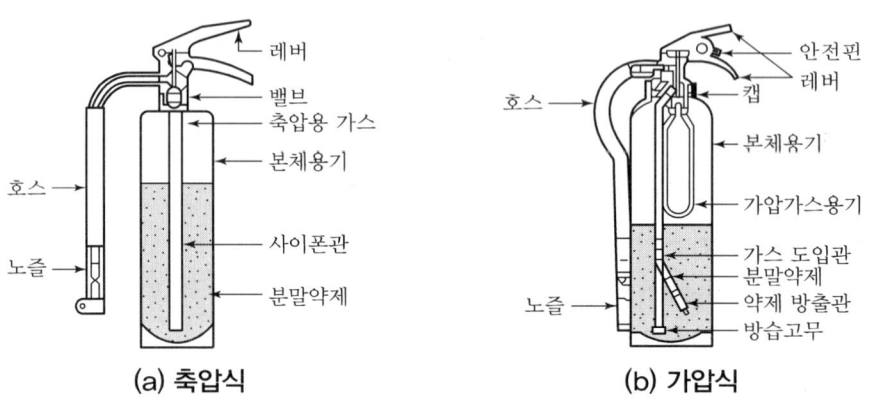

(a) 축압식　　　　　　　　(b) 가압식

5. 열분해반응식

1) 제1종 분말약제 : $NaHCO_3$(탄산수소나트륨)

① 270[℃]

$$2NaHCO_3 \rightarrow Na_2CO_3 + CO_2 \uparrow + H_2O \uparrow - 30.3[kcal]$$

② 850[℃]

$$2NaHCO_3 \rightarrow Na_2O + 2CO_2 \uparrow + H_2O \uparrow - 104.4[kcal]$$

2) 제2종 분말약제 : $KHCO_3$(탄산수소칼륨)

① 190[℃]

$$2KHCO_3 \rightarrow K_2CO_3 + CO_2 \uparrow + H_2O \uparrow - 29.82[kcal]$$

② 890[℃]

$$2KHCO_3 \rightarrow K_2O + 2CO_2 \uparrow + H_2O \uparrow - 127.1[kcal]$$

3) 제3종 분말약제 : $NH_4H_2PO_4$(제1인산암모늄)

① 166[℃]

$$NH_4H_2PO_4 \rightarrow H_3PO_4 + NH_3 \uparrow \rightarrow 질식작용$$

② 216[℃]

$$2H_3PO_4 \rightarrow H_4P_2O_7 + H_2O \uparrow -77kcal \rightarrow 냉각작용$$

③ 360[℃]

$$H_4P_2O_7 \rightarrow 2HPO_3 + H_2O \uparrow \rightarrow 피막을 형성하여 재연방지$$

4) 제4종 분말약제 : $KHCO_3$(탄산수소칼륨) + $CO(NH_2)_2$(요소)

$$2KHCO_3 + CO(NH_2)_2 \rightarrow K_2CO_3 + 2NH_3 + 2CO_2 \uparrow - Q[kcal]$$

| Reference | 분말입자의 크기

- 입자의 범위 : 10~75micron
- 최적입자의 범위 : 20~25micron

| Reference | 표면처리제

스테아르산 아연, 스테아르산 알미늄, 실리콘

6. CDC(Compatible Dry Chemical) 소화약제

1) 분말 소화약제의 빠른 소화능력(속소성)과 포 소화약제의 포의 재착화 방지능력을 적용시킨 소화약제이다.

2) Twin Agent System : CDC 소화약제와 수성막포를 함께 적용한 설비

① **TWIN 20/20** : ABC 분말약제 20kg + 수성막포 20l

② **TWIN 40/40** : ABC 분말약제 40kg + 수성막포 40l

3) **소화효과** : 희석효과 · 질식효과 · 냉각효과 · 부촉매효과

7. 금속화재용 분말 소화약제(Dry Powder)

1) 일반적으로 금속화재는 가연성 금속인 알루미늄(Al), 마그네슘(Mg), 나트륨(Na), 칼륨(K) 등이 연소하는 것을 말하며, 이러한 금속화재는 연소 온도가 매우 높아 소화의 어려움이 있다. 금속화재 시 주수소화를 하는 경우 물은 금속과 급격한 반응을 일으키거나 수증기 폭발을 일으킬 위험이 있으므로 주수소화를 금지하여야 한다.

2) 금속화재용 분말소화약제(Dry Powder)는 금속표면을 덮어서 산소의 공급을 차단하거나 온도를 낮추는 것이 주된 소화원리이다.

3) **Dry Powder가 가져야 하는 특성**
   ① 요철이 있는 금속 표면을 피복할 수 있을 것
   ② 냉각효과가 있을 것
   ③ 고온에 견딜 수 있을 것
   ④ 금속이 용융된 경우(Na, K 등)에는 용융 액면 상에 뜰 것

4) **소화효과** : 질식효과 · 냉각효과

09 간이소화용구

1. 간이소화용구 종류
마른모래, 팽창질석, 팽창진주암 등

2. 마른모래(ABCD급)
1) 가연물이 포함되지 않고, 반드시 건조되어 있을 것
2) 부속기구(양동이, 삽 등)를 비치할 것

3. 팽창질석
팽창질석(Vermiculite)은 운모가 풍화 또는 변질되어 생성된 것으로 함유하고 있는 수분이 탈수되면 팽창하여 늘어나는 성질을 가지고 있다.

4. 팽창진주암
팽창진주암(Perlite)은 천연유리를 조각으로 분쇄한 것을 말한다. 팽창진주암은 3~4%의 수분을 함유하고 있으며, 화재 시에 820~1,100℃의 온도에 노출되면 체적이 약 15~20배 정도 팽창하는 특성이 있다.

5. 간이소화용구 능력단위

▼ 실제 소화능력에 따라 측정한 수치

소화용구	용량	능력단위
소화전용 물통	8l	0.3단위
수조(물통 3개 포함)	80l	1.5단위
수조(물통 6개 포함)	190l	2.5단위
마른모래(삽 1개 포함)	50l	0.5단위
팽창질석, 팽창진주암(삽 1개 포함)	160l	1.0단위

※ 마른모래(건조사)의 조건 - 제1류에서 제6류까지 모두 적용 가능

1) 반드시 건조 상태일 것
2) 가연물이 포함되지 않을 것
3) 포대 또는 드럼 등에 넣어 보관할 것
4) 반드시 삽과 함께 비치할 것

PART 03

소방수리학·약제화학 문제풀이

CHAPTER 01 소방수리학 문제풀이

01 다음은 유체의 정의를 설명한 것이다. ( ) 안에 들어갈 내용으로 옳은 것은?

> 유체란 아무리 작은 ( )에도 저항할 수 없어 연속적으로 변형되는 물질이다.

① 전단응력　　② 수직응력　　③ 압력　　④ 중력

◐ **유체의 정의**

유체는 고체에 비해 변형하기 쉽고 어떤 형상도 될 수 있으며, 자유로이 흐르는 특성을 지니고 있으며 전단력을 제거하여도 전단응력이 작용하는 동안 연속적으로 변형을 일으키는 물질을 말한다.

구분	전단력을 가하면	전단력을 제거하면
고체	변형	평형
유체	변형	변형

※ **전단력**

유체의 운동방향과 평행한 면에 작용하는 힘을 말하며, 마찰력이라 한다.

02 물리량을 MLT차원계로 나타낸 것으로 옳지 않은 것은?

① 면적 : L^2
② 가속도 : LT^2
③ 동력 : ML^2T^{-3}
④ 밀도 : ML^{-3}

◐ **차원과 단위**

구분		절대단위			중력단위		
		질량	길이	시간	중량	길이	시간
차원		M	L	T	F	L	T
단위	MKS계	kg	m	s	kg$_f$	m	s
	CGS계	g	cm	s	gf	cm	s

① 면적 : $[m^2]$, $[L^2]$
② 가속도 : $[m/s^2]$, $[LT^{-2}]$
③ 동력 : $\left[\dfrac{N \cdot m}{s} = \dfrac{kg \cdot m^2}{s^3}\right]$, $[ML^2T^{-3}]$
④ 밀도 : $[kg/m^3]$, $[ML^{-3}]$

정답　01. ①　02. ②

03 동력을 MLT차원계로 올바르게 나타낸 것은?

① $\dfrac{L^2}{T^2}$ ② $\dfrac{M}{T^2 L}$ ③ $\dfrac{ML^2}{T^2}$ ④ $\dfrac{ML^2}{T^3}$

▶ **동력**

동력이란 단위 시간당 한 일의 양, 즉 일률을 말한다.

동력 = $\dfrac{일량}{시간}$ = $\dfrac{힘 \times 거리}{시간}$

㉠ 절대단위 : $\left[\dfrac{N \cdot m}{s} = \dfrac{kg \cdot m^2}{s^3}\right]$, $[ML^2 T^{-3}]$

㉡ 중력단위 : $\left[\dfrac{kg_f \cdot m}{s}\right]$, $[FLT^{-1}]$

04 절대점성계수를 FLT차원계로 올바르게 나타낸 것은?

① $FT^{-1}L^{-2}$ ② $FT^2 L^3$
③ FTL^{-2} ④ FTL^{-1}

▶ **점성계수**

① 절대점성계수
 ㉠ 절대단위 : $[kg/m \cdot s, \ g/cm \cdot s]$, $[ML^{-1}T^{-1}]$
 ㉡ 중력단위 : $[kg_f \cdot s/m^2, \ g_f \cdot s/cm^2]$, $[FTL^{-2}]$

② 동점성계수
 ㉠ 절대단위 : $[m^2/s, \ cm^2/s]$, $[L^2 T^{-1}]$
 ㉡ 중력단위 : $[m^2/s, \ cm^2/s]$, $[L^2 T^{-1}]$

05 다음의 단위에 대한 설명으로 옳지 않은 것은?

① $1dyne = 1g \cdot cm/s^2$ ② $1W = 1N/s$
③ $1J = 1N \cdot m$ ④ $1N = 1kg \cdot m/s^2$

▶ **동력**

$1Watt = 1Joule/s = 1N \cdot m/s = 1kg \cdot m^2/s^3$

06 다음 중 압력을 나타내는 단위로 옳지 않은 것은?

① N/m^2 ② kg_f/cm^2
③ lb_f/in^2 ④ J/cm^2

정답   03. ④   04. ③   05. ②   06. ④

> **압력**
> - 압력 : 유체 속의 어떤 물체 표면에서 단위 면적당 받는 힘이며, $P = \dfrac{F}{A}$로 나타낸다.
> - 힘 : 물체에 작용하여 모양에 변화를 일으키는 원인이며, 기호 : F, 단위 : $[\text{N}, \text{kg}_f]$을 사용한다.
> - 면적 : 면이 이차원의 공간을 차지하는 넓이의 크기로, 기호 : A, 단위 : $[\text{m}^2, \text{cm}^2]$를 사용한다.
> - 일 : 힘×거리를 의미하며, 기호 : W, 단위 : $[\text{J} = \text{N} \cdot \text{m}]$를 사용한다.

07 다음 중 같은 단위가 아닌 것은?

① $\text{kg} \cdot \text{m}^2/\text{s}^2$
② $\text{Pa} \cdot \text{m}^3$
③ $\text{N} \cdot \text{s}$
④ J

> ① $\text{kg} \cdot \text{m}^2/\text{s}^2 = \dfrac{\text{kg} \cdot \text{m} \cdot \text{m}}{\text{s}^2} = \text{N} \cdot \text{m}$
>
> ② $\text{Pa} \cdot \text{m}^3 = \dfrac{\text{N}}{\text{m}^2} \cdot \text{m}^3 = \text{N} \cdot \text{m}$
>
> ③ $\text{N} \cdot \text{s} = \dfrac{\text{kg} \cdot \text{m}}{\text{s}^2} \cdot \text{s} = \dfrac{\text{kg} \cdot \text{m}}{\text{s}}$
>
> ④ $\text{J} = \text{N} \cdot \text{m}$

08 다음 중 주요 물리량을 설명한 것으로 옳지 않은 것은?

① 밀도란 단위 부피당 질량을 말하며, 기체의 밀도는 표준상태일 때는 아보가드로 법칙으로, 표준상태가 아닌 경우에는 샤를의 법칙으로 계산할 수 있다.

② 비체적이란 단위 질량당 부피, 즉 밀도의 역수이며, $v_s = \dfrac{\text{물체의 부피}}{\text{물체의 질량}} = \dfrac{V}{m} \left[\dfrac{\text{m}^3}{\text{kg}} \right]$이다.

③ 비중량이란 단위 부피당 무게를 말하며, $\gamma = \dfrac{\text{물체의 중량}}{\text{물체의 부피}} = \dfrac{W}{V} \left[\dfrac{\text{N}}{\text{m}^3} \right]$이다.

④ 비중은 고체·액체 물질은 액 비중으로, 기체물질은 증기비중으로 계산한다.

> **밀도**
> 밀도란 단위 부피당 질량을 말한다.
> ① 액체의 밀도
> 밀도 $= \dfrac{\text{질량}}{\text{부피}}$, $\rho = \dfrac{\text{m}}{\text{V}} \left[\dfrac{\text{kg}}{\text{m}^3} \right]$
> ② 기체의 밀도
> 기체는 압축성 유체이므로 온도, 압력이 변하면 부피가 변하여 밀도가 변한다. 기체의 밀도는 아보가드로 법칙과 이상기체 상태방정식으로 계산할 수 있다.

정답 07. ③ 08. ①

㉠ 표준상태(0℃, 1기압)일 때

$$\rho = \frac{분자량[kg]}{22.4[m^3]} = \frac{분자량[g]}{22.4[l]}$$

㉡ 표준상태가 아닐 때

$$\rho = \frac{PM}{RT}$$

여기서, ρ : 밀도[kg/m^3]
P : 압력[N/m^2]
M : 분자량[kg/k-mol]
T : 절대온도[K]
R : 기체정수[N · m/k-mol · K]

※ **아보가드로의 법칙**

1. 같은 온도와 압력에서 기체들은 그 종류에 관계없이 일정한 부피 속에는 같은 수의 분자가 들어 있다.
2. 모든 기체 1mol이 표준상태(0℃, 1기압)에서 차지하는 체적은 22.4l이고 그 속에는 6.023×10^{23}개의 분자가 존재한다.

09 다음 중 표준대기압(1atm)을 나타낸 것으로 옳지 않은 것은?

① 760mmHg
② 10,332kg$_f$/m^2
③ 101.325kPa
④ 10,332mH$_2$O

▶ **표준대기압**

1atm = 760[mmHg] = 0.76[mHg]
= 10,332[mmH$_2$O] = 10.332[mH$_2$O]
= 1.0332[kg$_f$/cm^2] = 10,332[kg$_f$/m^2]
= 101,325[N/m^2][Pa] = 0.101325[MPa]
= 1,013[mbar] = 14.7Psi[lb$_f$/in^2]

10 섭씨 45[℃]를 화씨온도[℉]로 나타낸 것으로 옳은 것은?

① 7.3
② 49
③ 57
④ 113

▶ **온도**

온도란 물질의 차갑고 뜨거운 정도를 나타내는 것을 말한다.

① 섭씨온도를 화씨온도로 변환 : ℉ = 1.8 × ℃ + 32 = 1.8 × 45 + 32 = 113

② 화씨온도를 섭씨온도로 변환 : ℃ = $\frac{℉ - 32}{1.8}$

정답 09. ④ 10. ④

11 기름의 비중이 0.8인 경우 기름의 밀도[$kg_f \cdot s^2/m^4$]로 옳은 것은?

① 81.6 ② 800 ③ 1,000 ④ 7,840

- 액 비중 $s = \dfrac{\text{물체의 밀도}(\rho)}{4[℃]\text{물의 밀도}(\rho_w)} = \dfrac{\text{물체의 비중량}(\gamma = \rho \cdot g)}{4[℃]\text{물의 비중량}(\gamma_w = \rho_w \cdot g)}$
- 기름의 밀도 = 기름의 비중 × 물의 밀도
  $= 0.8 \times 1,000 [kg/m^3] = 800 [kg/m^3]$
  $= 0.8 \times 102 [kg_f \cdot s^2/m^4] = 81.6 [kg_f \cdot s^2/m^4]$

12 기름의 비중이 0.8인 경우 기름의 비중량[N/m^3]으로 옳은 것은?

① 81.6 ② 800 ③ 1,000 ④ 7,840

- 액 비중 $s = \dfrac{\text{물체의 밀도}(\rho)}{4[℃]\text{물의 밀도}(\rho_w)} = \dfrac{\text{물체의 비중량}(\gamma = \rho \cdot g)}{4[℃]\text{물의 비중량}(\gamma_w = \rho_w \cdot g)}$
- 기름의 비중량 = 기름의 비중 × 물의 비중량
  $= 0.8 \times 9,800 [N/m^3] = 7,840 [N/m^3]$
  $= 0.8 \times 1,000 [kg_f/m^3] = 800 [kg_f/m^3]$

13 밀도가 80[$kgf \cdot s^2/m^4$]인 유체의 비체적[m^3/kg]으로 옳은 것은?

① 1.276×10^{-5} ② 1.276×10^{-3}
③ 1.45×10^{-3} ④ 2.03×10^{-5}

비체적

비체적이란 단위 질량당 부피, 즉 밀도의 역수를 말한다.

$v_s = \dfrac{1}{\rho} = \dfrac{\text{물체의 부피}}{\text{물체의 질량}} = \dfrac{V}{m} [m^3/kg]$

중력단위의 밀도[$kg_f \cdot s^2/m^4$]을 절대단위의 밀도[kg/m^3]로 변환하면
$\rho = 80[kg_f \cdot s^2/m^4] \times 9.8[kg \cdot m/kg_f \cdot s^2] = 784[kg/m^3]$ 이 되므로

$\therefore v_s = \dfrac{1}{\rho} = \dfrac{1}{784} = 1.276 \times 10^{-3} [m^3/kg]$

14 표준상태(0℃, 1atm)에서 공기의 밀도[kg/m^3]로 옳은 것은?

① 0.43 ② 0.78 ③ 1.29 ④ 2.29

정답 11. ① 12. ④ 13. ② 14. ③

◎ 표준상태(0℃, 1atm)에서 기체의 밀도

$$\rho = \frac{\text{분자량}[kg]}{22.4[m^3]} = \frac{28.8}{22.4} = 1.285[kg/m^3]$$

※ 공기의 평균 분자량

$N_2 : 79[\%]$, $O_2 : 21[\%]$
$(28 \times 0.79) + (32 \times 0.21) = 28.8[kg]$

15 다음 중 수두 100[mmH₂O]로 표시되는 압력[Pa]으로 옳은 것은?

① 9.55×10^{-5}
② 9.88×10^{-4}
③ 980
④ 980×10^4

◎ 표준대기압

$1[atm] = 10,332[mmH_2O] = 101,325[Pa]$이므로,
$10,332[mmH_2O] : 101,325[Pa] = 100[mmH_2O] : x[Pa]$

$$\therefore x = \frac{100}{10,332} \times 101,325 = 980.69[Pa]$$

16 압력계의 눈금 1,250[kPa]을 수두[mH₂O]로 나타낸 것으로 옳은 것은?

① 0.127
② 12.7
③ 127
④ 1,270

◎ 표준대기압

$1[atm] = 101.325[kPa] = 10.332[mH_2O]$이므로,
$101.325[kPa] : 10.332[mH_2O] = 1,250[kPa] : x[mH_2O]$

$$\therefore x = \frac{1,250}{101.325} \times 10.332 = 127.461[mH_2O]$$

17 진공계의 눈금이 50[mmHg]일 경우 절대압력[kPa]으로 옳은 것은?(단, 대기압은 101.325[kPa]이다.)

① 45.33
② 75.98
③ 94.66
④ 195.99

◎ 절대압력

절대압력 = 대기압 − 진공압력 = 101.325 − 6.666 = 94.659[kPa]
진공압력 760[mmHg] = 101.325[kPa]이므로
760[mmHg] : 101.325[kPa] = 50[mmHg] : x[kPa]

$$\therefore x = \frac{50}{760} \times 101.325 = 6.666[kPa]$$

정답 15. ③ 16. ③ 17. ③

18 다음의 유체에 대한 설명으로 옳지 않은 것은?

① 실제유체란 점성이 있고, 압축성인 유체를 말한다.
② 이상유체란 점성이 없고, 비압축성인 유체를 말한다.
③ 이상유체란 비점성, 비압축성인 유체로 밀도가 변하는 유체를 말한다.
④ 실제기체는 높은 온도와 낮은 압력일 때 이상기체 상태방정식을 만족한다.

◎ 이상유체(완전유체)

이상유체란 비점성, 비압축성의 유체로 점성의 영향이 무실될 수 있으며, 밀도가 변하지 않는 유체를 말한다.

※ 실제기체가 이상기체 상태방정식을 만족할 조건

1. 온도는 높고, 압력이 낮을 것
2. 분자량이 작을 것
3. 분자 간의 인력이 작을 것

19 다음 중 이상기체에 대한 설명으로 옳은 것은?

① 온도가 일정할 때 기체의 체적은 절대압력에 비례한다.
② 압력이 일정할 때 기체의 체적은 절대온도에 반비례한다.
③ 기체의 체적은 절대온도에 비례하고, 절대압력에는 반비례한다.
④ 기체의 체적은 절대압력에 비례하고, 절대온도에는 반비례한다.

◎ 이상기체에 적용되는 식

① 보일(Boyle)의 법칙
 온도가 일정할 때 기체의 체적은 절대압력에 반비례한다.
 $PV = C$, $P_1 V_1 = P_2 V_2$

② 샤를(Charles)의 법칙
 압력이 일정할 때 기체의 체적은 절대온도에 비례한다.
 $\dfrac{V}{T} = C$, $\dfrac{V_1}{T_1} = \dfrac{V_2}{T_2}$

③ 보일-샤를(Boyle-Charles)의 법칙
 기체의 체적은 절대온도에 비례하고 절대압력에는 반비례한다.
 $\dfrac{PV}{T} = C$, $\dfrac{P_1 V_1}{T_1} = \dfrac{P_2 V_2}{T_2}$

 여기서, P : 절대압력
 V : 기체의 체적
 T : 절대온도(K)

정답 18. ③ 19. ③

20 1[atm], 20[℃]에서 5[l]의 공기가 100[℃]로 되었다면, 공기의 부피[l]로 옳은 것은?

① 6.37
② 7.36
③ 25
④ 34.22

> **샤를의 법칙**
> $\dfrac{V_1}{T_1} = \dfrac{V_2}{T_2}$ 에서, $V_2 = \dfrac{T_2}{T_1} \times V_1 = \dfrac{100+273}{20+273} \times 5 = 6.365[l]$

21 상온상압(20[℃], 1atm)에서 체적이 10[m³]인 이산화탄소를 온도는 60[℃], 압력을 0.2[MPa]로 변경시킨 경우 이산화탄소의 체적[m³]으로 옳은 것은?

① 5.76
② 15.2
③ 22.43
④ 34.22

> **보일-샤를의 법칙**
> 기체의 체적은 절대온도에 비례하고 절대압력에 반비례한다.
> $\dfrac{PV}{T} = C$, $\dfrac{P_1 V_1}{T_1} = \dfrac{P_2 V_2}{T_2}$
> $V_2 = \dfrac{P_1}{P_2} \times \dfrac{T_2}{T_1} \times V_1 = \dfrac{0.101325}{0.2} \times \dfrac{60+273}{20+273} \times 10 = 5.757[\text{m}^3]$

22 다음 중 그레이엄의 확산속도의 법칙으로 옳은 것은?(단, U : 확산속도, M : 분자량, ρ : 밀도이다.)

① $\dfrac{U_2}{U_1} = \sqrt{\dfrac{M_1}{M_2}}$
② $\dfrac{U_2}{U_1} = \sqrt{\dfrac{M_2}{M_1}}$
③ $\dfrac{U_2}{U_1} = \sqrt{\dfrac{\rho_2}{\rho_1}}$
④ $\dfrac{U_1}{U_2} = \sqrt{\dfrac{\rho_1}{\rho_2}}$

> **그레이엄의 확산속도의 법칙**
> 기체의 확산속도는 그 기체의 분자량(밀도)의 제곱근에 반비례한다.
> $\dfrac{U_2}{U_1} = \sqrt{\dfrac{M_1}{M_2}} = \sqrt{\dfrac{\rho_1}{\rho_2}}$

23 실제기체가 이상기체 상태방정식에 잘 맞을 조건은 무엇인가?

① 고온·고압
② 고온·저압
③ 저온·고압
④ 저온·저압

정답 20. ① 21. ① 22. ① 23. ②

◉ 실제기체가 이상기체 상태방정식을 만족시킬 수 있는 조건
① 온도는 높고, 압력이 낮을수록
② 분자량이 작고 분자 간의 인력이 작을수록
③ 비체적이 클수록

24 유체 속에 잠겨 있는 물체가 받는 부력을 설명한 것으로 옳은 것은?
① 부력은 물체의 중량보다 크다.
② 부력은 물체의 비중량과 밀접한 관계가 있다.
③ 부력은 물체의 중력과 같다.
④ 부력은 그 물체가 배제하는 유체의 무게와 같다.

◉ 아르키메데스의 원리
① 유체 속에 잠겨 있는 물체가 받는 부력은 그 물체가 배제하는 유체의 무게와 같다.
② 유체 위에 떠있는 부양체는 자체의 무게와 같은 무게의 유체를 배제한다.
③ $F = \gamma_1 V_1$

여기서, 부력 $F = \gamma_1 \cdot V_1$(γ_1 : 유체의 비중량, V_1 : 잠긴 물체의 체적)
중량 $W = \gamma \cdot V$(γ : 물체의 비중량, V : 물체의 전체 체적)

25 바닷물에 전체 부피의 80%가 잠겨 있는 빙산의 비중으로 옳은 것은?(단, 바닷물의 비중은 1.05이다.)
① 0.84　　② 0.956　　③ 0.927　　④ 0.912

◉ 아르키메데스의 원리(부력과 중량의 관계)

① 부력 $F = \gamma_1 \cdot V_1$[γ_1(유체의 비중량) : 바닷물의 비중량, V_1(잠긴 물체의 체적) : 빙산의 체적]
② 중량 $W = \gamma \cdot V$[γ(물체의 비중량) : 빙산의 비중량, V(물체의 전체 체적) : 빙산의 전체 체적]

• 부력 $F = \gamma_1 \cdot V_1 = S_1 \cdot \gamma_w \cdot V_1 = 1.05 \times 1,000 [\text{kg}_f/\text{m}^3] \times 80 [\text{m}^3] = 84,000 [\text{kg}_f]$
• 중량 $W = \gamma \cdot V = S \cdot \gamma_w \cdot V = S \times 1,000 [\text{kg}_f/\text{m}^3] \times 100 [\text{m}^3] = 100,000 S [\text{kg}_f]$

부력과 중량은 같으므로
$F = W$

$84,000 [\text{kg}_f] = 100,000 S [\text{kg}_f]$　∴ $S = \dfrac{84,000 [\text{kg}_f]}{100,000 [\text{kg}_f]} = 0.84$

[Tip] 잠긴 부분의 % = $\dfrac{\text{물체의 비중}}{\text{유체의 비중}} \times 100$

∴ 빙산의 비중 = $\dfrac{\text{잠긴 부분의 \%}}{100} \times$ 유체의 비중 = $\dfrac{80}{100} \times 1.05 = 0.84$

26 다음 그림과 같이 크고 작은 두 실린더에 물이 채워져 있는 경우 작은 피스톤의 지름이 15[mm], 큰 피스톤의 지름이 150[mm]일 때 큰 피스톤 위에 1,000[N]의 중량을 올리기 위하여 작은 피스톤에는 얼마의 힘[N]을 작용시켜야 하는가?

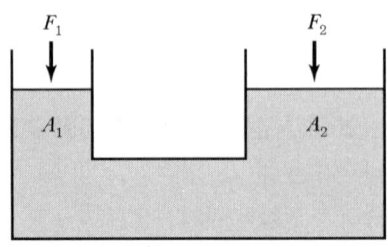

① 10　　② 100　　③ 1,000　　④ 10,000

▶ **파스칼의 원리**

액체의 일부에 힘을 가하여 압력을 증가시키면 액체 내의 모든 부분의 압력은 다 같이 증가한다.

$P_1 = P_2$ 에서, $\dfrac{F_1}{A_1} = \dfrac{F_2}{A_2}$

$F_1 = \dfrac{A_1}{A_2} F_2 = \left(\dfrac{D_1}{D_2}\right)^2 F_2 = \left(\dfrac{15}{150}\right)^2 \times 1,000 = 10[\text{N}]$

27 다음 중 유체의 체적탄성계수와 압축률에 대한 설명으로 옳지 않은 것은?

① 압축률은 체적탄성계수의 역수와 같다.
② 체적탄성계수가 커지면 유체는 압축하기가 어렵다.
③ 유체의 체적이 감소되면 밀도는 감소된다.
④ 체적탄성계수는 체적 변화율에 대한 압력의 변화이다.

▶ **체적탄성계수와 압축률**

① 체적탄성계수
　㉠ 유체가 힘을 받은 경우 압축이 되는 정도를 나타내는 상수
　㉡ 체적 변화율에 대한 압력의 변화이며, $K = -\dfrac{\Delta P}{\dfrac{\Delta V}{V}} = \dfrac{\Delta P}{\dfrac{\Delta \rho}{\rho}}$ 로 나타낸다.

② 압축률
　㉠ 체적탄성계수의 역수를 말한다.
　㉡ 압력에 대한 체적의 변화율이며, $\beta = \dfrac{1}{K} = -\dfrac{\dfrac{\Delta V}{V}}{\Delta P}$ 로 나타낸다.

∴ 체적이 감소하면 밀도는 증가한다.

정답　26. ①　27. ③

28
상온에서 유체의 체적을 $\frac{1}{10}$로 압축하는 데 필요한 압력[kgf/cm²]으로 옳은 것은?(단, 체적탄성계수 $K = 1.5 \times 10^4$이다.)

① 15 ② 150 ③ 1,500 ④ 15,000

▶ **체적탄성계수**

$K = -\dfrac{\Delta P}{\dfrac{\Delta V}{V}}$ 에서, $\Delta P = -K \cdot \dfrac{\Delta V}{V} = 1.5 \times 10^4 \times 0.1 = 1,500 [\text{kg}_\text{f}/\text{cm}^2]$

식에서 −부호의 의미는 부피가 감소됨을 나타낸다.

29
배관 속 유체의 체적을 0.5%로 감소시키기 위해서 가해져야 하는 압력[kgf/cm²]으로 옳은 것은?(단, 유체의 압축률은 $40 \times 10^{-6} [\text{cm}^2/\text{kg}_\text{f}]$이다.)

① 2×10^{-5} ② 8×10^{-3} ③ 125 ④ 12,500

▶ **압축률**

$\beta = \dfrac{1}{K} = -\dfrac{\dfrac{\Delta V}{V}}{\Delta P}$ 에서, $\Delta P = -\dfrac{\dfrac{\Delta V}{V}}{\beta} = \dfrac{0.005}{40 \times 10^{-6}} = 125 [\text{kg}_\text{f}/\text{cm}^2]$

30
다음 중 압력에 대한 설명으로 옳지 않은 것은?

① 압력이란 단위 면적당 가해지는 힘을 말한다.
② 표준대기압이란 수은주의 기둥을 760[mmHg]만큼 올릴 수 있는 압력을 의미한다.
③ 절대압력은 대기압과 진공압력의 합이다.
④ 대기압은 절대압력과 계기압력의 차이다.

▶ **절대압력**

절대압력이란 완전 진공상태로부터 읽은 실제압력을 말한다.
① 대기압보다 클 경우 : 절대압력 = 대기압 + 계기압력
② 대기압보다 작을 경우 : 절대압력 = 대기압 − 진공압력

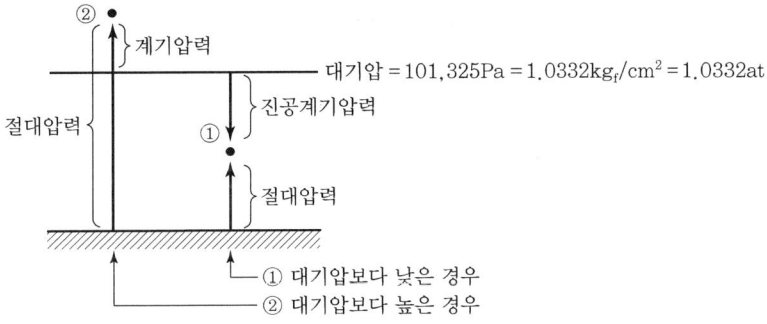

※ 압력의 구분
1. 게이지압력(Gauge Pressure)
   압력계가 지시하는 압력으로 '국소대기압을 기준으로 한 압력', 즉 대기압을 0으로 보는 압력을 말한다.
2. 절대압력(Absolute Pressure)
   '완전 진공을 기준으로 하여 측정한 압력'을 말한다.
3. 진공압력(Vacuum Pressure)
   '대기압보다 낮은 정도의 압력'으로 진공계가 지시하는 압력을 말한다.

31 다음 중 점성에 대한 설명으로 옳지 않은 것은?
① 기체의 점성은 분자 간 운동량 교환과 관계가 있다.
② 기체의 점성은 온도와는 관계가 없다.
③ 액체의 점성은 분자 간 결합력에 관계가 있다.
④ 온도가 상승하면 액체의 점성은 작아진다.

▶ 유체의 온도와 점성의 관계
① 액체는 온도가 상승하면 점성이 작아진다.
② 기체는 온도가 상승하면 점성이 증가한다.

32 이상기체 상태방정식 $PV = nRT$에서 R의 단위가 [N·m/k-mol·K]일 경우 기체상수 R의 값으로 옳은 것은?
① 0.082
② 0.085
③ 8.314
④ 8,314

▶ 이상기체 상태방정식

$PV = nRT$에서 $R = \dfrac{PV}{nT}$

여기서, P : 압력[N/m²]
V : 체적[m³]
n : 몰수[k-mol]
R : 기체상수[N·m/k-mol]
T : 절대온도[K]

$R = \dfrac{PV}{nT} = \dfrac{101,325 \times 22.4}{1 \times 273} = 8,313.846$ [N·m/k-mol·K]

정답 31. ② 32. ④

33 진공계의 압력이 0.015[MPa], 20[℃]인 기체가 계기압력 0.8[MPa]로 등온 압축된 경우 처음 체적에 대한 나중의 체적비로 옳은 것은?(단, 대기압은 730[mmHg]이다.)

① 0.012
② 0.018
③ 0.091
④ 0.096

▶ 보일의 법칙

$P_1 V_1 = P_2 V_2$ 에서, $V_2 = \dfrac{P_1}{P_2} \times V_1 = \dfrac{0.082}{0.897} \times V_1 = 0.091 V_1$

P_1, P_2는 절대압력이므로

$P_1 = \left(\dfrac{730}{760} \times 0.101325\right) - 0.015 = 0.082 [\text{MPa}]$

$P_2 = \left(\dfrac{730}{760} \times 0.101325\right) + 0.8 = 0.897 [\text{MPa}]$

34 1[atm], 25[℃]에서 이산화탄소 5[kg]을 방사한 경우 방출된 이산화탄소의 체적[m³]으로 옳은 것은?

① 0.23
② 2.78
③ 27.77
④ 43.75

▶ 이상기체 상태방정식

$PV = nRT = \dfrac{m}{M}RT \left(n = \dfrac{m}{M}\right)$ 에서

$V = \dfrac{mRT}{PM} = \dfrac{5 \times 0.082 \times (25+273)}{1 \times 44} = 2.776 [\text{m}^3]$

35 건식 유수검지장치 1차 측 가압수의 압력이 0.4[MPa], 지름이 15[cm]이다. 2차 측의 지름이 20[cm]일 때 2차 측 압축공기의 압력[MPa]은 얼마 이상이 되어야 하는가?

① 0.13
② 0.23
③ 0.53
④ 1.26

▶ 건식 유수검지장치

건식 유수검지장치 클래퍼의 개폐 유무는 1차 측 및 2차 측에 작용되는 힘에 의해 결정되며, 1차 측의 힘을 F_1이라 하고, 2차 측의 힘을 F_2라고 하면 $F_1 = F_2$가 되어야 클래퍼가 폐쇄된다.

$F_1 = F_2$ 에서, $P_1 A_1 = P_2 A_2 (F = PA)$ 이므로

$P_2 = \dfrac{A_1}{A_2} \times P_1 = \left(\dfrac{D_1}{D_2}\right)^2 \times P_1 = \left(\dfrac{15}{20}\right)^2 \times 0.4 = 0.225 [\text{MPa}]$

정답 33. ③ 34. ② 35. ②

36 윗면이 개방된 용기에 2[m]의 물이 채워져 있고, 물 위로 2[m]의 기름이 채워져 있는 경우 용기 밑바닥에서의 압력[kPa]으로 옳은 것은?(단, 기름의 비중은 0.5이고, 유체 상부면에 작용하는 대기압은 무시한다.)

① 3 ② 29.4 ③ 3,000 ④ 29,400

▶
압력 $P[\text{N/m}^2] = \gamma[\text{N/m}^3] \cdot H[\text{m}]$ 에서
$P = P_1 + P_2 = (\gamma_1 H_1) + (\gamma_2 H_2) = (9,800 \times 2) + (0.5 \times 9,800 \times 2) = 29,400[\text{Pa}] = 29.4[\text{kPa}]$

37 그림과 같은 액주계에서 원형 파이프 중심의 절대압력[kPa]으로 옳은 것은?(단, 대기압은 101[kPa]이다.)

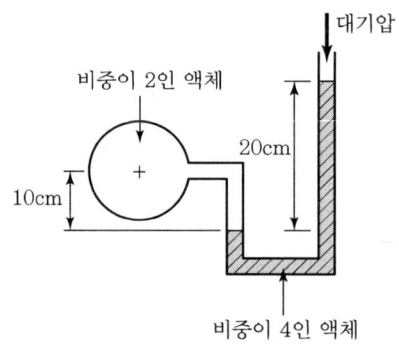

① 10 ② 107 ③ 95 ④ 111

▶ U자형 마노미터
$P_A = P_B$ 에서,
$P_{중심} + \gamma_A H_1 = \gamma_B H_2$
$P_{중심} + (2 \times 9.8[\text{kN/m}^3] \times 0.1[\text{m}]) = (4 \times 9.8[\text{kN/m}^3] \times 0.2[\text{m}])$
∴ $P_{중심(게이지압)} = 5.88[\text{kPa}]$
∴ $P_{중심(절대압력)} = $ 대기압 + 게이지압 $= 101 + 5.88 = 106.88[\text{kPa}]$

38 다음 중 돌턴의 분압법칙을 설명한 것으로 옳은 것은?
① 압력이 일정할 때 기체의 체적은 절대온도에 비례한다.
② 기체의 체적, 온도, 압력, 무게, 밀도 등을 계산할 때 가장 많이 사용한다.
③ 압력 및 온도가 같은 기체를 같은 온도, 같은 압력에서 혼합하면, 각 성분의 분압의 비는 각 성분의 몰 분율의 비와 같다.
④ 기체의 확산속도는 그 기체의 분자량의 제곱근에 반비례한다.

◉ **돌턴의 분압법칙**

혼합 기체의 부피, 압력, 몰수 등에 관한 법칙으로, 압력 및 온도가 같은 기체를 같은 온도 같은 압력에서 혼합하면,
① 혼합물의 부피는 각 성분 기체의 부피의 합과 같다. ($V = V_1 + V_2 + V_3 \cdots + V_n$)
② 혼합 기체 내에서 각 성분 기체가 가지는 압력, 즉 분압의 합은 혼합 기체가 나타내는 압력(전압)과 같다. ($P = P_1 + P_2 + P_3 \cdots + P_n$)
③ 각 성분의 분압의 비는 각 성분의 몰 분율의 비와 같다.
$$\left(P_1 : P_2 : P_3 : \cdots : P_n = \frac{n_1}{n} : \frac{n_2}{n} : \frac{n_3}{n} : \cdots : \frac{n_n}{n} \right)$$

39 액체의 온도 상승에 따른 점성계수의 변화를 설명한 것으로 옳은 것은?
① 분자 간의 운동량이 증가되어 점성계수는 증가한다.
② 분자 간의 운동량이 감소되어 점성계수는 감소한다.
③ 분자 간의 응집력이 약해져 점성계수가 증가한다.
④ 분자 간의 응집력이 약해져 점성계수가 감소한다.

◉ ─────────
① 기체상태
온도가 올라가면 기체 간의 운동이 증가하게 되므로 저항은 커진다. 따라서, 점성계수는 증가하게 된다.
② 액체상태
액체의 흐름을 방해하는 성질은 액체 분자 간의 응집력이므로, 온도가 올라가면 이 분자 간의 응집력이 떨어지게 되므로 저항은 작아진다. 즉, 점성계수는 감소하게 된다.

40 "일정온도에서 일정량의 용매에 용해하는 기체의 질량은 그 기체의 압력에 정비례한다."라는 기체의 용해도에 관한 법칙으로 옳은 것은?
① 그레이엄의 확산속도법칙　　② 돌턴의 분압법칙
③ 아보가드로의 법칙　　　　　④ 헨리의 법칙

◉ **헨리의 법칙**

액체 용매와 용매에 잘 녹지 않는 기체의 용해도에 관한 법칙으로 온도와 기체의 부피가 일정할 때 기체의 용해도는 용매와 평형을 이루고 있는 기체의 분압에 비례한다. 이 법칙은 용해도가 큰 기체에 대해서는 적용되지 않으며, 오직 낮은 압력에서 용매에 잘 녹지 않는 기체일 경우에만 적용된다.
예 수소, 산소, 질소, 이산화탄소 등이 있다.

41 다음 중 유체의 정압을 설명한 것으로 옳은 것은?

① 개방된 용기에 작용하는 유체의 압력은 유체의 깊이에 반비례한다.
② 개방된 용기에 작용하는 유체의 압력은 밀도에 반비례한다.
③ 유체의 압력은 작용면에 수평으로 작용한다.
④ 밀폐된 용기에서 어느 한 점에 작용하는 압력은 모든 방향에 같은 크기로 작용한다.

▶
정압은 유체가 관 내를 흐르고 있을 때 흐름과 직각방향으로 작용하는 압력으로 유체가 가지는 고유의 압력을 말하며, 어느 한 점에 작용되는 압력은 모든 방향에 같은 크기로 작용한다.
- 동압 : 유체가 관 내를 흐를 때 흐름의 방향에 직각인 면에 작용하며, 유속에 의하여 생기는 압력을 말한다.
- 전압＝동압＋정압

42 다음 중 "열은 스스로 저열원체에서 고열원체로 이동할 수 없다."라는 에너지 흐름의 법칙으로 옳은 것은?

① 열역학 0법칙
② 열역학 1법칙
③ 열역학 2법칙
④ 열역학 3법칙

▶ **열역학 법칙**

열과 역학적 일의 기본적인 관계를 바탕으로 열 현상과 에너지의 흐름을 규정한 법칙으로 열역학 0법칙, 열역학 1법칙, 열역학 2법칙, 열역학 3법칙으로 구분할 수 있다.

① 열역학 0법칙(온도평형, 열평형의 법칙)
  ㉠ 물체 A와 B가 다른 물체 C와 각각 열평형을 이루었다면 A와 B도 열평형 상태에 있다.
  ㉡ 온도의 존재를 주장하는 것과 같으며, 온도계의 원리를 제시하는 법칙이다.
② 열역학 1법칙(에너지 보존의 법칙)
  ㉠ 열과 일은 상호변환이 가능하다. 즉, 에너지는 형태가 변할 뿐 사라지거나 생성되지는 않으며, 이를 가역과정이라 한다.
  ㉡ 제1종 영구기관이란 외부로부터 에너지 공급 없이 에너지를 생산할 수 있는 기관을 말하며, 열역학 1법칙에 위배되는 기관을 말한다.
  ㉢ 열의 일당량 : 427kg$_f$ · m/kcal
  ㉣ 일의 열당량 : 1/427kcal/kg$_f$ · m
③ 열역학 2법칙(에너지흐름의 법칙)
  ㉠ 에너지 전달에는 일정한 방향이 있는 것으로 자연계에서 일어나는 모든 과정들은 가역과정이 아니다.
  ㉡ 차가운 물체와 뜨거운 물체를 접촉시키면, 열은 뜨거운 물체에서 차가운 물체로 전달되지만, 반대의 과정은 자발적으로 일어나지 않는다.
  ㉢ 제2종 영구기관이란 열역학 제2법칙에 위배되는 기관으로 저온에서 고온으로 열이 스스로 이동되는 기관 또는 열효율 100%인 기관을 말한다.
④ 열역학 3법칙
  어떠한 경우라도 절대영도(−273.15℃)에는 도달할 수 없다.

43 다음 중 탄성을 이용하여 압력을 측정하는 계측기로 타원형 단면의 금속관이 팽창하는 원리를 이용하여 압력을 측정하는 장치로 옳은 것은?

① 다이어프램 압력계
② 벨로스 압력계
③ 액주계
④ 브루동 압력계

압력측정장치

① 액주계
  측정하려는 압력을 액주의 높이로서 표시할 수 있는 압력계이며, 마노미터라고도 한다.
  ㉠ 피에조미터 : 액주계의 액체가 측정하려는 유체와 같을 경우 사용하며, 비중이 큰 액체나 압력이 작을 경우 사용한다.
  ㉡ U자형 마노미터 : U자로 구부러진 유리관 속에 동작 유체와 다른 유체를 넣어서 압력 차에 의한 높이차를 이용하여 압력을 측정할 수 있으며, 비중이 작은 액체나 압력이 큰 경우 사용한다.
  ㉢ 시차액주계 : 2개의 용기 속의 압력의 차를 측정할 때 사용한다.
② 탄성압력계
  탄성을 이용하여 압력을 측정하는 압력계의 총칭으로서 브루동 압력계, 다이어프램 압력계, 벨로스 압력계 등이 있다.
  ㉠ 브루동 압력계
    공기압, 수압, 유압 등을 측정하는 원반형의 압력계로 금속의 탄성을 이용한 것이다. 브루동관에 압력이 가해지면 지침을 회전시켜 압력을 지시한다. 최대 측정 가능 범위는 보통 1~2,000kg$_f$/cm^2 정도이다.
  ㉡ 다이어프램 압력계
    압력이 가해질 경우 다이어프램의 변형을 이용하여 압력을 측정하는 것으로, 미소 압력을 측정할 수 있으며, 측정 압력은 20~5,000mmH$_2$O 정도이다.
  ㉢ 벨로스 압력계
    압력이 가해질 경우 금속의 벨로스가 압력에 의해 신축하는 것을 이용하는 것으로 구조가 간단하며, 저압 측정용으로 많이 사용된다. 측정압력은 0.01~10kg$_f$/cm^2 정도이다.

44 다음 중 Newton의 점성법칙을 설명한 것으로 옳지 않은 것은?

① 전단응력은 점성계수와 속도구배의 곱이 된다.
② 전단응력은 속도구배에 비례한다.
③ 속도구배가 0일 경우 전단응력은 0이다.
④ 전단응력은 점성계수에 반비례한다.

뉴턴의 점성법칙

전단력은 평판의 면적 A와 이동속도에는 비례하지만 두 평판 사이의 거리 y에는 반비례

식	유체의 점성계수 μ가 작용	$\tau = \left(\dfrac{F}{A}\right)$
$F = A\dfrac{\Delta u}{\Delta y}$	$F = \mu A\dfrac{\Delta u}{\Delta y}$	$\tau = \mu \dfrac{du}{dy}$

정답 43. ④ 44. ④

여기서, τ : 전단응력[N/m²], F : 전단력[N]
μ : 점성계수[kg/m · s], [N · s/m²], $\dfrac{du}{dy}$: 속도구배

45 액체의 동 점성계수가 2Stokes, 비중량이 8,000[N/m³]일 경우 이 액체의 절대점성계수 [N · s/m²]로 옳은 것은?

① 0.0163   ② 0.0263   ③ 0.163   ④ 0.263

◉ 절대점성계수

동 점성계수 $\nu = \dfrac{\mu}{\rho}$ 이므로

$$\mu = \rho \cdot \nu = \left(\dfrac{8,000[\text{N/m}^3]}{9,800[\text{N/m}^3]} \times 1[\text{g/cm}^3]\right) \times 2[\text{cm}^2/\text{s}] = 1.63[\text{g/cm} \cdot \text{s}]$$

$$\therefore 1.63\left[\dfrac{\text{g}}{\text{cm} \cdot \text{s}}\right] = \dfrac{1.63 \times 10^{-3}}{10^{-2}}\left[\dfrac{\text{kg}}{\text{m} \cdot \text{s}}\right] = 0.163[\text{kg/m} \cdot \text{s}] = 0.163[\text{N} \cdot \text{s/m}^2]$$

46 다음 중 연속방정식을 설명한 것으로 옳은 것은?

① 뉴턴의 제2법칙을 만족시키는 방정식이다.
② 에너지 보존의 법칙을 만족시키는 방정식이다.
③ 유선상의 단위체적당 모멘트를 나타내주는 방정식이다.
④ 질량 보존의 법칙을 만족시키는 방정식이다.

◉ 연속방정식

연속방정식은 유체의 흐름에 질량 보존의 법칙을 적용시킨 방정식이다.

47 오일러의 운동방정식의 가정 조건으로 옳지 않은 것은?

① 유체는 유선을 따라 흐른다.   ② 유체의 유동은 비정상류이다.
③ 유체는 비압축성 유체이다.   ④ 유체는 비점성 유체이다.

◉ 오일러의 운동방정식

오일러의 운동방정식은 유선을 따라 흐르는 유체의 미소 체적에 대하여 뉴턴의 운동 제2법칙을 이용한 것으로, 오일러의 운동방정식을 적분한 것이 베르누이 방정식이다.

$$\dfrac{dP}{\gamma} + \dfrac{vdv}{g} + dz = 0$$

※ 오일러의 운동방정식의 가정 조건

- 유체는 유선을 따라 흐른다.
- 유체는 비압축성 유체이다.
- 유체의 유동은 정상류이다.
- 유체는 비점성 유체이다.

48 다음 그림과 같은 관을 흐르는 유체의 연속방정식을 설명한 것으로 옳은 것은?

① 방정식은 $\rho_1 A_1 V_1 = \rho_2 A_2 V_2$로 나타낼 수 있다.
② 배관 내의 속도는 항상 일정하다.
③ 방정식은 $\rho_1 A_2 V_2 = \rho_2 A_1 V_1$로 나타낼 수 있다.
④ 방정식은 $\rho_1 V_2 = \rho_2 V_1$로 나타낼 수 있다.

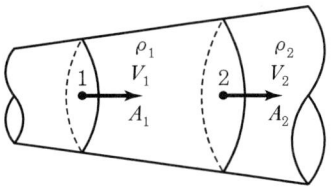

49 직경 4[cm]의 소방용 호스에 물이 50[N/s]로 흐를 경우 소방용 호스의 평균유속[m/s]으로 옳은 것은?

① 0.04   ② 0.16   ③ 4.06   ④ 39.79

▶ **연속방정식**

$Q = AV$에서, $V = \dfrac{Q}{A} = \dfrac{4Q}{\pi D^2} = \dfrac{4 \times 0.0051}{\pi \times 0.04^2} = 4.058 [\text{m/s}]$

$W[\text{N/s}] = Q[\text{m}^3/\text{s}] \cdot \gamma[\text{N/m}^3]$에서, $Q = \dfrac{W}{\gamma} = \dfrac{50}{9,800} = 0.0051 [\text{m}^3/\text{s}]$

여기서, Q : 체적유량[m³/s]
W : 중량유량[N/s]
V : 유속[m/s]
A : 배관의 단면적[m²]$\left(= \dfrac{\pi D^2}{4}\right)$
D : 배관의 직경[m]

50 내경이 20[mm]인 배관과 내경이 10[mm]인 배관이 연결되어 있고, 배관 속을 분당 30[l]의 물이 흐르는 경우 축소된 배관에서의 유속[m/s]으로 옳은 것은?

① 3.82   ② 6.37   ③ 10.47   ④ 15.48

▶ **연속방정식**

$Q_1 = Q_2$에서, $Q_2 = A_2 V_2$이므로,

$V_2 = \dfrac{Q_2}{A_2} = \dfrac{\dfrac{30 \times 10^{-3}}{60}}{\dfrac{\pi \times 0.01^2}{4}} = 6.366 [\text{m/s}]$

여기서, Q : 체적유량[m³/s]
V : 유속[m/s]
A : 배관의 단면적[m²]$\left(= \dfrac{\pi D^2}{4}\right)$
D : 배관의 직경[m]

정답 48. ① 49. ③ 50. ②

51 직경이 10[mm]인 오리피스에서 물의 유속이 4[m/s]일 때 방수량[m³/min]으로 옳은 것은?

① 3.141×10^{-4} ② 1.257×10^{-3}
③ 0.019 ④ 0.075

▶ 연속방정식

$$Q = AV = \frac{\pi \times D^2}{4} \times V = \frac{\pi \times 0.01^2}{4} \times 4 = 3.141 \times 10^{-4} [\text{m}^3/\text{s}] = 0.0188 [\text{m}^3/\text{min}]$$

여기서, Q : 체적유량[m³/s]
V : 유속[m/s]
A : 배관의 단면적[m²] $\left(= \frac{\pi D^2}{4}\right)$
D : 배관의 직경[m]

52 지름이 20[cm]인 관에서 유속이 1[m/s]인 물 제트가 넓은 평판에 그림과 같이 60° 경사지게 충돌할 경우 제트가 평판에 수직으로 작용하는 힘 F[N]으로 옳은 것은?(단, 중력은 무시한다.)

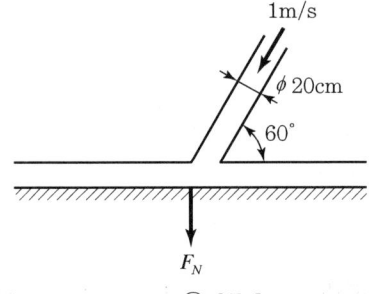

① 2.72 ② 3.14 ③ 27.2 ④ 31.4

▶
$$F = \rho Q V \sin\theta = \rho A V^2 \sin\theta$$
$$= 1{,}000 \times \frac{\pi}{4} \times 0.2^2 \times 1^2 \times \sin 60° = 27.2 [\text{N}]$$

53 물의 유속을 측정하기 위하여 피토 정압관(Pitot Static Tube)을 사용하였더니 정압과 정체압의 차이가 50[mmHg]일 때 유속[m/s]으로 옳은 것은?(단, 수은의 비중은 13.6이다.)

① 3.51 ② 3.65 ③ 5.79 ④ 11.11

▶
$$V = \sqrt{2gh\left(\frac{r_s}{r_w} - 1\right)} = \sqrt{2 \times 9.8 \times 0.05 \times \left(\frac{13{,}600}{1{,}000} - 1\right)} = 3.514 [\text{m/s}]$$

54 유체의 유도에 에너지 보존의 법칙을 적용시킨 방정식으로 옳은 것은?

① 베르누이방정식
② 연속방정식
③ 달시-바이스바하식
④ 하겐-윌리엄스식

▶ **베르누이방정식**

유체의 유도에 에너지 보존의 법칙을 적용시킨 것으로 배관 내 임의의 두 점에서 에너지의 총합(압력에너지, 운동에너지, 위치에너지)은 항상 일정하다.

에너지로 표현	$\frac{1}{2}mv^2$	+	mgh	+	PV	=	C	[N·m]
	운동 E		위치 E		압력 E			
수두로 표현	$\frac{v^2}{2g}$	+	h	+	$\frac{P}{\gamma}$	=	C	[m]
	속도수두		위치수두		압력수두			
압력으로 표현	$\frac{v^2}{20g}$	+	$\frac{1}{10}h$	+	P_n	=	C	[kgf/cm²]
	동압		낙차압		정압			

55 배관 내 물의 유속이 9.8[m/s], 압력이 98[kPa]이며, 배관이 기준면으로부터 5[m] 위에 있는 경우 전 수두[m]로 옳은 것은?

① 9.99
② 15.5
③ 18.5
④ 19.9

▶ **베르누이 방정식**

전 수두 = 압력수두 + 위치수두 + 속도수두

$$H = \frac{P}{\gamma} + Z + \frac{V^2}{2g} = \frac{98 \times 10^3}{9,800} + 5 + \frac{9.8^2}{2 \times 9.8} = 19.9[\text{m}]$$

여기서, P : 압력[N/m²]
γ : 비중량[N/m³]
Z : 위치수두[m]
V : 유속[m/s]
g : 중력가속도[m/s²]

56 배관 내 물의 유속이 10[m/s], 압력은 0.1[MPa]일 경우 속도수두[m]와 압력수두[m]로 옳은 것은?

① 속도수두 : 0.51, 압력수두 : 10.2
② 속도수두 : 5.1, 압력수두 : 10.2
③ 속도수두 : 10.2, 압력수두 : 5.1
④ 속도수두 : 10.2, 압력수두 : 0.51

정답 54. ① 55. ④ 56. ②

◐ 베르누이 방정식

① 속도수두 $H = \dfrac{V^2}{2g} = \dfrac{10^2}{2 \times 9.8} = 5.1[\text{m}]$

② 압력수두 $H = \dfrac{P}{\gamma} = \dfrac{0.1 \times 10^6}{9,800} = 10.2[\text{m}]$

57 지면으로부터 수평인 배관에 물이 흐르고 있다. 배관 입구의 지름이 65[mm], 유속이 2.5[m/s]이고, 출구의 지름이 40[mm]인 경우 출구에서의 압력[MPa]으로 옳은 것은? (단, 입구에서의 압력은 0.35[MPa]이고, 배관 내의 마찰손실은 무시한다.)

① 0.331   ② 0.348   ③ 331   ④ 348

◐ 베르누이 방정식

입구에서의 에너지 총합과 출구에서의 에너지 총합은 같으므로

$\dfrac{P_1}{\gamma} + Z_1 + \dfrac{V_1^2}{2g} = \dfrac{P_2}{\gamma} + Z_2 + \dfrac{V_2^2}{2g}$ 에서, $Z_1 = Z_2$ 이므로,

$\dfrac{P_2}{\gamma} = \dfrac{P_1}{\gamma} + \dfrac{V_1^2 - V_2^2}{2g}$ 에서, 양변에 $\gamma(=\rho \cdot g)$를 곱하면

$P_2 = P_1 + \dfrac{\rho(V_1^2 - V_2^2)}{2} = 0.35 \times 10^6 + \dfrac{1,000 \times (2.5^2 - 6.6^2)}{2} = 331,345[\text{N/m}^2] = 0.331[\text{MPa}]$

연속방정식

$Q_1 = Q_2$ 에서, $A_1 V_1 = A_2 V_2$ 이므로

$V_2 = \dfrac{A_1}{A_2} \times V_2 = \left(\dfrac{D_1}{D_2}\right)^2 \times V_1 = \left(\dfrac{65}{40}\right)^2 \times 2.5 = 6.6[\text{m/s}]$

58 수면과 오리피스 출구와의 높이 차가 5[m]인 수조에 직경이 10[cm]인 오리피스가 연결된 경우 오리피스 출구에서의 유속[m/s]으로 옳은 것은?

① 4.42   ② 7.0   ③ 9.89   ④ 10.0

◐ 토리첼리의 정리

$V = \sqrt{2gH} = \sqrt{2 \times 9.8 \times 5} = 9.899[\text{m/s}]$

※ 오리피스 출구에서의 유량

$Q_2 = A_2 V_2 = \dfrac{\pi D_2^2}{4} \times V_2 = \dfrac{\pi \times 0.1^2}{4} \times 9.89 = 0.078[\text{m}^3/\text{s}]$

59 지름이 100[mm]인 배관에 비중이 0.8인 유체가 평균속도 4[m/s]로 흐를 때 유체의 질량유량[kg/s]으로 옳은 것은?(단, 물의 밀도는 1,000[kg/m³]이다.)

① 25.13 ② 31.42 ③ 251.33 ④ 314.16

▶ **질량유량**

- 질량유량 $G = Q \cdot \rho = AV\rho = \dfrac{\pi \times 0.1^2}{4} \times 4 \times 0.8 \times 1{,}000 = 25.132 \,[\text{kg/s}]$

- 유체의 비중 $s = \dfrac{\rho}{\rho_w}$ 에서,

  유체의 밀도 $\rho = s\rho_w = 0.8 \times 1{,}000 = 800\,[\text{kg/m}^3]$

60 안지름이 20[cm]인 배관으로 중량유량 100[kg_f/s]의 물이 흐를 때 배관에서의 평균속도[m/s]로 옳은 것은?

① 0.31 ② 0.63 ③ 3.18 ④ 4.57

▶ **배관에서의 유속**

- 체적유량 $Q = AV$에서, $V = \dfrac{Q}{A} = \dfrac{4Q}{\pi D^2} = \dfrac{4 \times 0.1}{\pi \times 0.2^2} = 3.183\,[\text{m/s}]$

- 중량유량 $W = Q\gamma$에서, $Q = \dfrac{W[\text{kg}_f/s]}{\gamma[\text{kg}_f/\text{m}^3]} = \dfrac{100}{1{,}000} = 0.1\,[\text{m}^3/\text{s}]$

61 관의 지름이 45[cm]이고 관로에 설치된 오리피스의 지름이 3[cm]이다. 이 관로에 물이 유동하고 있을 때 오리피스의 전후 압력수두 차이가 12[cm]일 경우 유량[m³/s]으로 옳은 것은?(단, 유량계수 $C = 0.66$이다.)

① 3.7×10^{-2} ② 6.7×10^{-2}
③ 7.15×10^{-4} ④ 8.55×10^{-4}

▶ **벤투리미터 유량계**

$$Q = C \cdot A_2 \cdot V_2$$
$$= C \cdot A_2 \dfrac{1}{\sqrt{1 - \left(\dfrac{A_2}{A_1}\right)^2}} \cdot \sqrt{2gh} = C \cdot \dfrac{\pi D_2^2}{4} \dfrac{1}{\sqrt{1 - \left(\dfrac{D_2}{D_1}\right)^4}} \cdot \sqrt{2gh}$$
$$= 0.66 \times \dfrac{\pi \times 0.03^2}{4} \times \dfrac{1}{\sqrt{1 - \left(\dfrac{0.03}{0.45}\right)^4}} \times \sqrt{2 \times 9.8 \times 0.12} = 7.15 \times 10^{-4}\,[\text{m}^3/\text{s}]$$

정답 59. ① 60. ③ 61. ③

62 레이놀즈수가 1,500인 유체가 흐르는 관에 대한 관 마찰계수(f)의 값으로 옳은 것은?

① 0.03 ② 0.043 ③ 12.47 ④ 24.78

● 관 마찰계수

층류일 경우 관 마찰계수 $f = \dfrac{64}{Re\,No} = \dfrac{64}{1,500} = 0.0426$

구분	레이놀즈 수	내용
층류	$Re \leq 2,100$	유체가 질서정연하게 흐르는 흐름
난류	$Re \geq 4,000$	유체가 무질서하게 흐르는 흐름
임계(천이)영역	$2,100 < Re < 4,000$	층류에서 난류로 바뀌는 영역

63 단면이 동심 이중관일 경우 수력반경(Rh)을 계산하는 식으로 옳은 것은?(단, 내경은 d, 외경은 D이다.)

① $4(D-d)$ ② $4(D+d)$ ③ $\dfrac{1}{4}(D-d)$ ④ $\dfrac{1}{4}(D+d)$

● 수력반경

원관 이외의 관이나 덕트 등에서의 마찰손실을 계산하는 경우에 사용한다.

$$\text{수력반경} = \dfrac{\text{유동단면적}[\text{m}^2]}{\text{접수길이}[\text{m}]}$$

$$= \dfrac{\dfrac{\pi D^2}{4} - \dfrac{\pi d^2}{4}}{(\pi D + \pi d)} = \dfrac{\dfrac{\pi}{4}(D^2 - d^2)}{\pi(D+d)}$$

$$= \dfrac{\dfrac{\pi}{4}(D+d)(D-d)}{\pi(D+d)} = \dfrac{1}{4}(D-d)$$

64 길이가 400[m]이고 단면이 200[mm] × 300[mm]인 직사각형 관에 물이 평균속도 4[m/s]로 흐르는 경우 손실수두[m]로 옳은 것은?(단, 관마찰계수는 0.02이다.)

① 6.80   ② 15.48   ③ 21.27   ④ 27.21

● 달시-바이스바하식

$$h_L = f\dfrac{L}{D}\dfrac{V^2}{2g} = f\dfrac{L}{4Rh}\dfrac{V^2}{2g} = 0.02 \times \dfrac{400}{4 \times 0.06} \times \dfrac{4^2}{2 \times 9.8} = 27.21[\text{m}]$$

여기서, h_L : 마찰손실수두[m]
　　　　f : 마찰계수
　　　　D : 배관의 직경[m]
　　　　L : 직관의 길이[m]
　　　　V : 유체의 유속[m/s]

정답 62. ②   63. ③   64. ④

※ 수력지름

원관 이외의 관이나 덕트 등에서의 마찰손실을 계산할 경우 수력지름을 계산하여 달시방정식의 직경에 대입한다.

$$수력반경(Rh) = \frac{유동단면적[m^2]}{접수길이[m]} = \frac{가로 \times 세로}{2 \times (가로+세로)} = \frac{0.2 \times 0.3}{2 \times (0.2+0.3)} = 0.06[m]$$

65 직경은 300[mm], 길이가 1,000[m]인 배관에 비중이 0.85인 유체가 0.03[m³/s]로 흐를 경우 손실수두[m]로 옳은 것은?(단, 점성계수는 0.101[N·s/m²]이다.)

① 1.83　　　　　　　② 3.24
③ 4.32　　　　　　　④ 5.38

◉ 달시-바이스바하식

$$h_L = f\frac{L}{D}\frac{V^2}{2g} = 0.06 \times \frac{1,000}{0.3} \times \frac{0.424^2}{2 \times 9.8} = 1.834[m]$$

여기서, h_L : 마찰손실수두[m]
　　　　f : 마찰계수
　　　　D : 배관의 직경[m]
　　　　L : 직관의 길이[m]
　　　　V : 유체의 유속[m/s]

$Q = AV$에서, $V = \dfrac{Q}{A} = \dfrac{0.03}{\dfrac{\pi \times 0.3^2}{4}} = 0.424[m/s]$

$Re\ No = \dfrac{\rho VD}{\mu} \left[\dfrac{\dfrac{kg}{m^3}\dfrac{m}{s}m}{\dfrac{N \cdot s}{m^2} = \dfrac{kg \cdot m}{s^2}\dfrac{s}{m^2}}\right] = \dfrac{850 \times 0.424 \times 0.3}{0.101} = 1,070.5$

층류이므로 $f = \dfrac{64}{Re\ No} = \dfrac{64}{1,070.5} = 0.06$

66 다음 설명 중 옳은 것은?

① 달시-바이스바하식은 난류흐름인 물에만 적용한다.
② 옥내소화전 노즐에서의 방수량은 압력의 제곱에 비례한다.
③ 관의 마찰손실은 유체의 속도에 비례한다.
④ 층류 흐름에서 관 마찰계수는 레이놀즈수에 반비례한다.

◉
① 주손실
　㉠ 달시-바이스바하식은 모든 유체의 층류, 난류에 적용한다.

정답　65. ①　66. ④

$$h_L = f \cdot \frac{L}{D} \cdot \frac{V^2}{2g} = K \cdot \frac{V^2}{2g} [\text{m}]$$

ⓒ 하겐-포아즈윌의 식은 층류에 적용한다.

$$\text{압력강하}(\Delta P) = \frac{128\mu LQ}{\pi D^4} = \frac{32\mu LV}{D^2} [\text{N/m}^2 = \text{Pa}]$$

여기서, Q : 유량[m³/s]

ⓒ 하겐-윌리엄스식은 난류 흐름의 물에만 적용한다.

$$P = 6.053 \times 10^4 \times \frac{Q^{1.85}}{C^{1.85} \times d^{4.87}} \times L [\text{MPa}]$$

② 옥내소화전 노즐에서의 방수량

$$Q[l/\min] = 0.653 d^2 \sqrt{10P}$$

③ 층류에서의 관 마찰계수

$$f = \frac{64}{Re\ No}$$

67 지름이 5[cm]인 원관에 2[m/s]의 유속으로 기름이 흐르고 있다. 기름의 동점성 계수 $\nu = 2 \times 10^{-4}$ [m²/s]일 때 관 마찰계수 f로 옳은 것은?

① 0.13 ② 0.27 ③ 0.31 ④ 0.48

▶ 관 마찰계수

관 마찰계수 $f = \dfrac{64}{Re} = \dfrac{64}{500} = 0.128$

$Re\ No = \dfrac{VD}{\nu} = \dfrac{2 \times 0.05}{2 \times 10^{-4}} = 500\ (Re \leq 2{,}100 : \text{층류})$

68 내경이 200[mm]인 원관으로 1,000[m] 떨어진 곳에 수평거리로 물을 이송하려 한다. 1시간에 500[m³]을 물을 보내기 위해 필요한 압력[kPa]으로 옳은 것은?(단, 관마찰계수 $f = 0.02$이다.)

① 220,990 ② 220.99
③ 976,864 ④ 976.86

▶ 달시-바이스바하식

필요한 압력 $\Delta P = \gamma \cdot h_L = 9{,}800 \times 99.68 = 976{,}864 [\text{Pa}] = 976.86 [\text{kPa}]$

- 손실 수두 $h_L = f \dfrac{L}{D} \dfrac{V^2}{2g} = 0.02 \times \dfrac{1{,}000}{0.2} \times \dfrac{4.42^2}{2 \times 9.8} = 99.68 [\text{m}]$

- 유속 $V = \dfrac{Q}{A} = \dfrac{4 \times Q}{\pi \times D^2} = \dfrac{4 \times \frac{500}{3{,}600}}{\pi \times 0.2^2} = 4.42 [\text{m/s}]$

정답 67. ① 68. ④

69 내경이 50[cm], 길이가 1,000[m]인 배관에 소화수가 80[l/s]로 공급되는 경우 상당구배로 옳은 것은?(단, 마찰손실계수 f = 0.03이고 다른 조건은 무시한다.)

① 0.01255   ② 0.001255
③ 0.00515   ④ 0.000515

○ **상당구배(기울기)**

상당구배 = $\dfrac{\text{마찰손실수두}}{\text{배관의 길이}}$

$L_1 = \dfrac{h_L}{L} = \dfrac{0.515}{1,000} = 0.000515 [\text{m/m}]$

- 마찰손실수두 $h_L = f\dfrac{L}{D}\dfrac{V^2}{2g} = 0.03 \times \dfrac{1,000}{0.5} \times \dfrac{0.41^2}{2 \times 9.8} = 0.515[\text{m}]$
- 유속 $V = \dfrac{Q}{A} = \dfrac{0.08}{\dfrac{\pi \times 0.5^2}{4}} = 0.41[\text{m/s}]$

70 0.02[m³/s]의 유량으로 직경 50[cm]인 주철관 속을 기름이 흐르고 있다. 길이 1,000[m]에 대한 손실수두[m]로 옳은 것은?(단, 기름의 점성계수는 0.0105[kg$_f$ · s/m²], 비중은 0.9이다.)

① 0.0152   ② 0.152   ③ 1.488   ④ 14.88

○ **달시-바이스바하식**

손실수두 $h_l = f\dfrac{L}{D}\dfrac{V^2}{2g} = 0.143 \times \dfrac{1,000}{0.5} \times \dfrac{0.102^2}{2 \times 9.8} = 0.152[\text{m}]$

- 관 마찰계수 $f = \dfrac{64}{Re\,No} = \dfrac{64}{446} = 0.143$
- $Re\,No = \dfrac{\rho VD}{\mu}\left(\dfrac{\dfrac{\text{kg}_f \cdot \text{s}^2}{\text{m}^4}\dfrac{\text{m}}{\text{s}}\text{m}}{\dfrac{\text{kg}_f \cdot \text{s}}{\text{m}^2}}\right) = \dfrac{0.9 \times 102 \times 0.102 \times 0.5}{0.0105} = 446$
- 유속 $V = \dfrac{Q}{A} = \dfrac{0.02}{\dfrac{\pi \times 0.5^2}{4}} = 0.102[\text{m/s}]$

71 온도 60[℃], 압력 100[kPa]인 산소가 지름 10[mm]인 관 속을 흐르고 있다. 임계 레이놀즈수가 2,100일 때 층류로 흐를 수 있는 최대 평균속도[m/s]로 옳은 것은?(단, 점성계수 $\mu = 23 \times 10^{-6}$[kg/m · s], 기체상수 $R = 260$[N · m/kg · K]이다.)

① 0.418   ② 0.753   ③ 4.182   ④ 6.475

정답   69. ④   70. ②   71. ③

◉ 레이놀즈수

$Re\ No = \dfrac{\rho VD}{\mu}$ 에서, $V = \dfrac{Re\ No \times \mu}{\rho \times D} = \dfrac{2,100 \times 23 \times 10^{-6}}{1.155 \times 0.01} = 4.182[\text{m/s}]$

밀도 $\rho = \dfrac{P[\text{kN/m}^2]}{R[\text{N}\cdot\text{m/kg}\cdot\text{K}]\cdot T[\text{K}]} = \dfrac{100 \times 10^3}{260 \times (60+273)} = 1.155[\text{kg/m}^3]$

72 다음 설명 중 틀린 것은?

① 층류에서의 흐름은 난류보다 저항이 크다.
② 배관 내에서 유속은 관 중심이 빠르다.
③ 배관에서 유체마찰은 관벽이 가장 크다.
④ 실제 소화배관의 유체흐름은 대부분 난류로서 해석된다.

73 그림과 같은 탱크에 연결된 길이 100[m], 직경 20[cm]인 원관에 부차적 손실계수가 5인 밸브 A가 부착되어 있다. 탱크 수면으로부터 관 출구까지의 전체 손실수두[m]로 옳은 것은?(단, 관 입구에서의 부차적 손실계수는 0.5, 관 마찰계수는 0.02이고 평균속도는 V이다.)

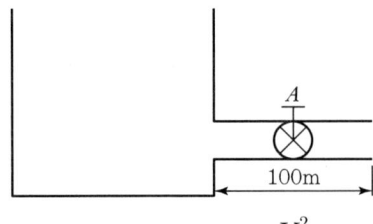

① $1.55\dfrac{V^2}{2g}$ ② $2.55\dfrac{V^2}{2g}$

③ $15.5\dfrac{V^2}{2g}$ ④ $25.5\dfrac{V^2}{2g}$

◉ 배관의 총 손실수두 = 주 손실 + 부차적 손실(= 관 입구 손실 + 밸브 A 손실)

$H_L = 0.02 \times \dfrac{100}{0.2} \times \dfrac{V^2}{2g} + 0.5 \times \dfrac{V^2}{2g} + 5 \times \dfrac{V^2}{2g}$

$= \left\{\left(0.02 \times \dfrac{100}{0.2}\right) + 0.5 + 5\right\}\dfrac{V^2}{2g} = 15.5\dfrac{V^2}{2g}[\text{m}]$

정답 72. ① 73. ③

74 손실계수 K가 6인 배관의 부차적 손실[m]로 옳은 것은?(단, 유속은 4[m/s]이다.)

① 1.224 ② 4.897 ③ 7.350 ④ 19.591

○ 부차적 손실
$$h_L = K\frac{V^2}{2g} = 6 \times \frac{4^2}{2 \times 9.8} = 4.897[\text{m}]$$

75 0.5[m³/s]의 유량으로 원유가 배관을 흐르는 경우 배관의 최소 지름[m]으로 옳은 것은?(단, 원유의 동 점성계수는 5×10^{-5}[m²/s]이고, 임계 레이놀즈수가 2,100이다.)

① 3.03 ② 4.04 ③ 5.05 ④ 6.06

○ 레이놀드 수
$$Re\ No = \frac{\rho VD}{\mu} = \frac{VD}{\nu} \text{에서},\ Re\ No = \frac{\frac{Q}{A} \times D}{\nu} = \frac{\frac{QD}{\pi D^2}}{\nu} = \frac{\frac{4Q}{\pi D}}{\nu} = \frac{4Q}{\pi D\nu}$$
$$\therefore D = \frac{4Q}{\pi \nu Re\ No} = \frac{4 \times 0.5}{\pi \times 5 \times 10^{-5} \times 2,100} = 6.06[\text{m}]$$

76 직경 30[cm], 길이 300[m]인 배관에 소화수가 18,000[l/min]으로 흐르고 있다. 손실 동력이 36.7[kW]일 때 관 마찰계수로 옳은 것은?

① 0.0058 ② 0.058 ③ 0.0136 ④ 0.131

○ 달시 – 바이스바하식

손실동력 $P[\text{W}] = \gamma Q H_L$에서, $H_L = f\frac{L}{D}\frac{V^2}{2g}$ 이므로, $P = \gamma Q f \frac{L}{D}\frac{V^2}{2g}$

$$\therefore f = \frac{PD2g}{\gamma Q L V^2} = \frac{36.7 \times 10^3 \times 0.3 \times 2 \times 9.8}{9,800 \times 0.3 \times 300 \times 4.24^2} = 0.0136$$

- 유량 $Q = 18,000[l/\text{min}] = 18,000 \times 10^{-3} \div 60 = 0.3[\text{m}^3/\text{s}]$
- 유속 $V = \frac{Q}{A} = \frac{4Q}{\pi D^2} = \frac{4 \times 0.3}{\pi \times 0.3^2} = 4.24[\text{m/s}]$

77 글로브밸브(손실계수 $K=10$)와 티(손실계수 $K=1.5$)가 설치된 배관에 일정량의 물이 이동할 때 배관의 상당길이[m]로 옳은 것은?(단, 관 마찰계수는 0.02, 직경은 30[mm]이다.)

① 10.25 ② 17.25 ③ 22.50 ④ 172.5

정답 74. ② 75. ④ 76. ③ 77. ②

> **달시 – 바이스바하식**
>
> $h_L = f\dfrac{L}{D}\dfrac{V^2}{2g} = K\dfrac{V^2}{2g}$[m]에서, $K = f\dfrac{L}{D}$이다.
>
> $\therefore L = \dfrac{KD}{f} = \dfrac{(10\times 0.03) + (1.5\times 0.03)}{0.02} = 17.25$[m]

78 배관의 마찰손실을 계산하는 하겐 – 윌리엄스식에 대한 설명으로 옳은 것은?

① $\triangle P$의 단위가 [MPa]일 경우 상수 값은 6.174×10^5이다.

② $\triangle P \propto \dfrac{1}{Q^{1.85}}$의 관계가 성립되며, 유량 Q의 단위는 [l/mm]이다.

③ 모든 유체의 층류 및 난류에 적용할 수 있다.

④ $\triangle P \propto \dfrac{1}{d^{4.87}}$의 관계가 성립되며, d[mm]는 배관의 안지름이다.

> **하겐 – 윌리엄스식**
>
> 난류 흐름인 물에만 적용할 수 있는 식으로
>
> $\triangle P = 6.053\times 10^4 \times \dfrac{Q^{1.85}}{C^{1.85}\times d^{4.87}} \times L$[MPa]
>
> $\triangle P \propto L$, $\triangle P \propto Q^{1.85}$, $\triangle P \propto \dfrac{1}{C^{1.85}}$, $\triangle P \propto \dfrac{1}{d^{4.87}}$
>
> 여기서, Q : 유량[l/min]
> C : 배관의 마찰손실계수
> d : 배관의 내경[mm]
> L : 배관의 길이[m]

79 배관 길이가 20[m], 직경이 80[mm]인 배관에 분당 2,400[l]의 소화수가 흐를 경우 배관의 마찰손실압력[MPa]으로 옳은 것은?(단, 조도는 100이다.)

① 0.234
② 0.238
③ 2.382
④ 23.82

> **하겐 – 윌리엄스식**
>
> $\triangle P = 6.053\times 10^4 \times \dfrac{Q^{1.85}}{C^{1.85}\times d^{4.87}} \times L$
>
> $= 6.053\times 10^4 \times \dfrac{2{,}400^{1.85}}{100^{1.85}\times 80^{4.87}} \times 20 = 0.2335$[MPa]

80 일정 길이의 배관 속을 200[*l*/min]의 물이 흐르고 있을 때 마찰손실 압력이 20[kPa]이었다. 동일한 배관에 유량을 300[*l*/min]으로 증가시킬 경우 마찰손실압력[kPa]으로 옳은 것은?(단, 마찰손실 계산은 하겐-윌리엄스의 공식을 이용한다.)

① 9.44　　　　　　　　　② 13.33
③ 30　　　　　　　　　　④ 42.34

◉ 하겐-윌리엄스식

$\triangle P_1 : \triangle P_2 = Q_1^{1.85} : Q_2^{1.85}$ 에서

$\triangle P_2 = \left(\dfrac{Q_2}{Q_1}\right)^{1.85} \times \triangle P_1 = \left(\dfrac{300}{200}\right)^{1.85} \times 20 = 42.34 \,[\text{kPa}]$

※ 하겐-윌리엄스의 공식

$\Delta P[\text{kPa}] = 6.05 \times 10^4 \times \dfrac{Q^{1.85}}{C^{1.85} \times d^{4.87}} \times L$ 에서,

$\triangle P \propto Q^{1.85}$, $\triangle P \propto \dfrac{1}{C^{1.85}}$, $\triangle P \propto \dfrac{1}{d^{4.87}}$, $\triangle P \propto L$

81 원 관에 유체가 층류로 흐를 때 최대유속($V_{\max}$)과 평균유속(V)의 관계로 옳은 것은?

① $V = 0.8 V_{\max}$　　　　② $V_{\max} = 0.8 V$
③ $V = 0.5 V_{\max}$　　　　④ $V_{\max} = 0.5 V$

◉ 유체의 최대유속과 평균유속의 관계

① 층류일 때 : $V = 0.5 V_{\max}$
② 난류일 때 : $V = 0.8 V_{\max}$

82 다음 중 레이놀즈 수의 물리적 의미로 가장 옳은 것은?

① 관성력/점성력　　　　② 관성력/탄성력
③ 관성력/중력　　　　　④ 관성력/표면장력

◉ 무차원수

레이놀즈 수	프루드 수	마하 수	코시 수	웨버 수	오일러 수
$\dfrac{관성력}{점성력}$	$\dfrac{관성력}{중력}$	$\dfrac{관성력}{탄성력}$	$\dfrac{관성력}{탄성력}$	$\dfrac{관성력}{표면장력}$	$\dfrac{압력}{관성력}$
$Re = \dfrac{\rho VD}{\mu}$	$Fr = \dfrac{V}{\sqrt{Lg}}$	$Ma = \dfrac{V}{\sqrt{K/\rho}}$	$Ca = \dfrac{\rho V^2}{K}$	$We = \dfrac{\rho L V^2}{\sigma}$	$Eu = \dfrac{2P}{\rho V^2}$

정답　80. ④　81. ③　82. ①

83 지름이 150[mm]인 배관에 동점성계수가 1.3×10^{-3}[cm²/s]인 유체가 층류 상태로 흐를 수 있는 최대 유량[cm³/s]으로 옳은 것은?(단, 레이놀즈 수는 2,100이다.)

① 3.216[cm³/s]   ② 32.16[cm³/s]
③ 321.6[cm³/s]   ④ 3,216[cm³/s]

▶ 유량

$$Q = AV = \frac{\pi \times 15^2}{4} \times 0.182 = 32.16 [\text{cm}^3/\text{s}]$$

$$Re\ No = \frac{\rho VD}{\mu} = \frac{VD}{\nu}\ \text{이므로},\quad V = \frac{Re\ No\ \nu}{D} = \frac{2{,}100 \times 1.3 \times 10^{-3}}{15} = 0.182 [\text{cm/s}]$$

84 일정량의 물이 층류상태로 수평 원관에 흐르는 경우 원관의 직경을 2배로 하면 손실수두는 얼마가 되는가?

① $\dfrac{1}{4}$ ② $\dfrac{1}{8}$
③ $\dfrac{1}{16}$ ④ $\dfrac{1}{32}$

▶ 하겐-포아즈웰 방정식

하겐-포아즈웰 방정식은 층류 유동에만 적용되는 식으로,

압력강하$(\Delta P) = \dfrac{128\mu LQ}{\pi D^4}$[N/m² = Pa]이므로,

손실수두 $H_L = \dfrac{128\mu LQ}{\gamma \pi D^4}$[m]가 되어 $H_L \propto \dfrac{1}{D^4}$ 한다.

$\therefore\ H_L = \dfrac{1}{D^4} = \dfrac{1}{2^4} = \dfrac{1}{16}$

85 비중이 0.86인 원유를 안지름 10[cm]인 수평 원관의 층류 유동으로 2,000[m] 떨어진 곳에 0.12[m³/min]의 유량으로 수송하려 할 때 펌프에 필요한 동력[W]으로 옳은 것은? (단, 원유의 점성계수 $\mu = 0.02$[N · s/m²]이다.)

① 0.055   ② 0.065
③ 55   ④ 65

▶ 펌프의 동력

$$P = \frac{\gamma \cdot Q \cdot H}{102 \times 60}$$

$$= \frac{0.86 \times 1{,}000 \times 0.12 \times 3.87}{102 \times 60} = 0.065 [\text{kW}] = 65 [\text{W}]$$

※ 하겐 – 포아즈윌 방정식

$$\Delta P = \frac{128\mu LQ}{\pi D^4} = \frac{128 \times 0.02 \times 2{,}000 \times \frac{0.12}{60}}{\pi \times 0.1^4} = 32{,}594.93 [\text{Pa}]$$

$$\therefore H_L = \frac{\Delta P}{r} = \frac{32{,}594.93}{0.86 \times 9{,}800} = 3.867 [\text{m}]$$

86 유체의 마찰손실 중 부차적 손실로 옳지 않은 것은?

① 돌연확대에 의한 손실 ② 돌연축소에 의한 손실
③ 관로의 마찰손실 ④ 관 부속물의 마찰손실

◯ 부차적 손실

부차적 손실(Minor Loss)이란 배관 내에 유체가 흐르는 경우 직관에서의 마찰손실 이외에 단면의 변화, 곡관부 및 밸브(Valve), 엘보(Elbow), 티(Tee) 등과 같은 관 부속물에서의 마찰손실을 말한다.

87 지름 30[cm]인 원형 관과 지름 45[cm]인 원형 관이 급격하게 면적이 확대되도록 직접 연결되어 있을 때 작은 관에서 큰 관 쪽으로 매초 230[l]의 물을 보낼 경우 연결부의 손실 수두[m]로 옳은 것은?(단, 면적이 A_1에서 A_2로 돌연확대될 때 작은 관을 기준으로 한 손실계수는 $\left(1-\frac{A_1}{A_2}\right)^2$ 이다.)

① 0.092 ② 0.125 ③ 0.165 ④ 0.330

◯ 돌연확대 손실

$$\therefore h_L = \frac{(V_1 - V_2)^2}{2g} = \frac{(3.25 - 1.45)^2}{2 \times 9.8} = 0.165 [\text{m}]$$

- $V_1 = \dfrac{Q_1}{A_1} = \dfrac{0.23}{\frac{\pi}{4} \times 0.3^2} = 3.25 [\text{m/s}]$

- $V_2 = \dfrac{Q_2}{A_2} = \dfrac{0.23}{\frac{\pi}{4} \times 0.45^2} = 1.45 [\text{m/s}]$

88 다음 중 유량을 측정할 수 있는 계측기로 옳지 않은 것은?

① 벤투리미터 ② 마노미터
③ 오리피스미터 ④ 위어

정답 86. ③ 87. ③ 88. ②

◯ **유량계의 종류**
① 간접식 유량계 : 오리피스미터, 벤투리미터
② 직접식 유량계 : 로타미터, 위어
※ 마노미터는 비중이 작은 액체나 압력이 큰 경우에 압력을 측정할 수 있는 장치이다.

89 다음 중 유체의 국부속도를 측정할 수 있는 장치로 옳은 것은?
① 오리피스　　　　　　　　② 위어
③ 피토관　　　　　　　　　④ 피에조미터

◯
① 유량측정장치 : 오리피스미터, 벤투리미터, 로타미터, 위어
② 국부속도 : 피토관, 열선유속계
※ 피에조미터는 비중이 큰 액체나 압력이 작은 경우 교란되지 않는 유체의 정압을 측정할 수 있는 장치이다.

90 다음 중 피에조미터의 구멍으로 측정할 수 있는 것으로 옳은 것은?
① 동압과 정압
② 유동하는 유체의 동압
③ 유동하는 유체의 정압
④ 정지유체에서의 정압

91 다음 중 피토관(Pitot tube)에서 측정할 수 있는 것으로 옳은 것은?
① 유동하는 유체의 정압
② 유동하는 유체의 동압
③ 유동하는 유체의 전압
④ 유동하는 유체의 동압과 정압의 차

◯ **피토관(Pitot tube)**
유체 흐름의 전압과 정압의 차이를 측정하여 동압을 측정할 수 있는 장치이다.

92 다음의 포소화설비 혼합장치 중 벤투리관의 벤투리 작용만을 이용하는 장치로 옳은 것은?
① 펌프 프로포셔너 방식　　　　② 프레저 프로포셔너 방식
③ 라인 프로포셔너 방식　　　　④ 압축공기포 믹싱챔버 방식

정답　89. ③　90. ③　91. ②　92. ③

93 옥내소화전설비에서 노즐에서의 방수량이 0.3[m³/min]일 경우 피토게이지의 방사압력 [MPa]으로 옳은 것은?(단, 노즐 직경은 13[mm]이다.)

① 0.27　　　② 0.74　　　③ 2.72　　　④ 3.24

▶ 노즐에서의 방수량 ─────────────

$Q[l/min] = 0.653 d^2 \sqrt{10P}$ 에서,

$P = \dfrac{1}{10} \times \left(\dfrac{Q}{0.653 \times d^2}\right)^2 = \dfrac{1}{10} \times \left(\dfrac{300}{0.653 \times 13^2}\right)^2 = 0.738 [\text{MPa}]$

여기서, Q : 방사량[l/min]
　　　　d : 노즐의 직경[mm]
　　　　P : 방사압[MPa]

94 오리피스 전후의 압력차가 0.12[MPa], 물의 유속이 11[m/s]일 경우 속도계수로 옳은 것은?(단, 1[atm] = 0.1[MPa] = 10[mH₂O])

① 0.72　　　② 0.81　　　③ 2.24　　　④ 7.17

▶ ─────────────

$V = C_v \sqrt{2gH}$ 에서,

$C_v = \dfrac{V}{\sqrt{2gH}} = \dfrac{11}{\sqrt{2 \times 9.8 \times 12}} = 0.717$

여기서, V : 유속[m/s]
　　　　C_v : 속도계수
　　　　g : 중력가속도[m/s²]
　　　　H : 수두[m]

※ 압력을 수두로 단위변환

0.1[MPa] : 10[mH₂O] = 0.12[MPa] : x[mH₂O]

∴ $x = \dfrac{0.12[\text{MPa}]}{0.1[\text{MPa}]} \times 10[\text{mH}_2\text{O}] = 12[\text{mH}_2\text{O}]$

95 다음의 유량측정장치 중 배관 내를 흐르는 유체의 유량을 측정할 수 있는 것으로 옳지 않은 것은?

① 오리피스미터　　　　② 로타미터
③ 벤투리미터　　　　　④ 위어

▶ 유량측정장치 ─────────────

① 배관 내의 유량 측정 : 오리피스미터, 벤투리미터, 로타미터, 방사압력으로 측정(피토게이지)
② 개수로의 유량 측정 : 위어(직각위어, 사각위어)

정답　93. ②　94. ①　95. ④

96 옥외소화전설비의 노즐에서 방수압력이 1.5배로 된 경우 방수량은 처음의 몇 배인가?

① 0.82　　② 1.23　　③ 1.5　　④ 2

▶ **노즐에서의 방수량**

$Q = 0.653d^2\sqrt{10P}$ 에서, $Q \propto \sqrt{10P}$ 이므로,

$Q_1 : Q_2 = \sqrt{10P_1} : \sqrt{10P_2}$

$\therefore Q_2 = \sqrt{\dfrac{P_2}{P_1}} \times Q_1 = \sqrt{\dfrac{1.5}{1}}\, Q_1 = 1.225\, Q_1$

여기서, Q : 유량[l/min]
D : 노즐의 구경[mm]
P : 방사압력[kg$_f$/cm^2]

97 옥내소화전설비의 소방 호스 노즐로부터 소화수가 방사되고 있을 때 피토관의 흡입구를 Vena Contracta 위치에 놓았을 경우 피토관의 수직부에 나타나는 수두의 높이[m]로 옳은 것은?(단, 유속은 4.5[m/s], 중력가속도는 9.8[m/s²]이다.)

① 0.23　　② 1.03　　③ 2.06　　④ 2.25

▶ **속도수두**

속도수두 $H = \dfrac{V^2}{2g} = \dfrac{4.5^2}{2 \times 9.8} = 1.033\,[\text{m}]$

98 다음의 배관 부속 중 동일한 조건에서 마찰손실이 가장 큰 것으로 옳은 것은?

① 90° 티(분류)　　② 90° 티(직류)
③ 45° 엘보　　　　④ 90° 엘보

▶ **부속물의 마찰손실 크기**

90° 티(분류) > 90° 엘보 > 45° 엘보 > 90° 티(직류)

99 소화설비에 사용하는 배관 중 배관용 탄소강관(KS D 3507)에 대한 설명으로 옳지 않은 것은?

① 사용압력이 1.2[MPa] 미만인 물이나 가스 등의 배관에 많이 사용된다.
② 주철관에 비해서 내식성이 크다.
③ 백관은 내식성을 주기 위해 강관에 용융 아연 도금을 한 것이다.
④ 흑관은 도금은 하지 않고, 1차 방청도장을 한 것이다.

정답　96. ②　97. ②　98. ①　99. ②

◎ 배관용 탄소강관(KS D 3507)
① 소화설비 배관에 주로 사용하며, 비교적 사용압력(1.2MPa 미만)이 낮은 유체(물이나 가스 등)에 사용되는 배관이다.
② 백관 : 내식성을 주기 위해 강관에 용융 아연 도금을 한 것
③ 흑관 : 도금은 하지 않고, 1차 방청도장만 한 것
④ 주철관에 비해 내식성은 작다.

100 소화설비 배관 중 주로 고압(사용압력 1.2[MPa] 이상, 10[MPa] 이하)인 유체에 사용되는 배관으로 옳은 것은?
① 압력 배관용 탄소강관
② 고압 배관용 탄소강관
③ 고온 배관용 탄소강관
④ 배관용 탄소강관

◎ 압력 배관용 탄소강관
① 소화설비 배관 중 주로 고압(사용압력 1.2[MPa] 이상, 10[MPa] 이하)인 유체에 사용되는 배관이다.
② 관의 호칭은 호칭 지름과 두께로 나타내며, 관의 두께는 스케줄 번호로 나타낸다.

101 다음 중 옥내소화전설비의 배관 내 사용압력이 1.2[MPa] 미만일 경우 사용할 수 있는 배관으로 옳지 않은 것은?
① 배관용 탄소강관
② 배관용 스테인리스강관
③ 이음매 없는 구리 합금관
④ 배관용 아크용접 탄소강강관

◎ 배관의 종류
배관 내 사용압력이 1.2[MPa] 이상일 경우 사용할 수 있는 배관
① 압력 배관용 탄소강관
② 배관용 아크용접 탄소강강관

102 다음 중 C factor가 150으로 마찰손실이 없고 반영구적으로 사용이 가능한 배관으로 옳은 것은?
① 배관용 탄소강관
② 덕타일 주철관
③ 염소화염화비닐수지 배관
④ 배관용 스테인리스강관

◎ 염소화염화비닐수지 배관(CPVC)
PVC(Poly Vinyl Chloride)를 염소화시킨 것으로 PVC의 단점인 내열성, 내후성, 내연성을 향상시켰다. C factor가 150으로 마찰손실이 없고 반영구적으로 사용이 가능하다.

정답 100. ① 101. ④ 102. ③

103 다음의 강관 이음 중 각종 기기의 접속 및 관을 자주 해체 또는 교환할 필요가 있는 곳에 적합한 이음방법으로 옳은 것은?

① 나사 이음 ② 용접 이음
③ 플랜지 이음 ④ 그루브 이음

▶ 강관의 이음
① 나사 이음 : 소구경(관경 50[mm] 이하)의 저압용 탄소강관의 이음방법이다.
② 용접 이음 : 대구경(관경 50[mm] 이상)의 이음방법으로 맞대기 용접, 삽입형 용접, 플랜지 용접 등이 있다.
③ 그루브 이음 : 배관의 연결 부위에 홈(Grooved)을 내어 홈 사이에 개스킷(Gasket)이 부착된 그루브커플링을 설치하여 연결하는 이음방법이다.

104 다음 중 신축이음의 종류로 옳지 않은 것은?

① 루프형 ② 벨로스형
③ 슬리브형 ④ 스위트형

▶ 신축이음
① 루프형(Loop Expansion Joints)
고온 및 고압의 옥외 배관에 가장 많이 설치하며, 루프 형태로 구부려서 설치하므로 공간을 많이 차지한다. 곡률반경은 관 지름의 6배 이상으로 한다.
② 벨로스형(Bellows Expansion Joints)
주름 모양의 원형 판에서 신축을 흡수할 수 있는 것으로, 공간은 많이 필요하지 않으나, 누수의 염려가 있고, 고압의 배관에는 부적합하다.
③ 슬리브형(Sleeve Expansion Joints)
슬리브와 본체 사이에 글랜드 패킹을 넣어 축 방향으로 이동할 수 있도록 만든 이음으로, 물, 온수, 기름 등의 배관에 널리 사용되며, 장시간 사용 시 패킹의 마모로 누수가 발생할 수 있다.
④ 스위블형(Swivel Expansion Joints)
2개 이상의 엘보를 이용하여 나사의 회전에 의해 신축을 흡수하는 것으로, 설치비는 저렴하나 신축량이 큰 배관의 경우 나사 이음부에서 누설이 발생할 수 있으므로, 부적당하다.

105 다음 중 신축이음의 신축 흡수율 크기를 나타낸 것으로 옳은 것은?

① 슬리브형 > 벨로스형 > 스위블형 > 루프형
② 루프형 > 슬리브형 > 벨로스형 > 스위블형
③ 벨로스형 > 루프형 > 슬리브형 > 스위블형
④ 스위블형 > 루프형 > 슬리브형 > 벨로스형

▶ 신축이음의 신축 흡수율 크기
루프형 > 슬리브형 > 벨로스형 > 스위블형

정답 103. ③ 104. ④ 105. ②

106 다음 중 배관에 설치하는 밸브 중 개폐 여부를 육안으로 식별이 가능한 밸브로 디스크(Disk)가 수직으로 차단하므로, 개폐에 많은 시간이 소모되는 밸브로 옳은 것은?

① 글로브밸브 ② 게이트밸브
③ 앵글밸브   ④ 버터플라이밸브

▶ **밸브의 종류**
① 글로브밸브 : 개폐 및 유량 조절이 쉬우며, 펌프의 성능시험 배관의 유량조절밸브로 가장 적합하다.
② 앵글밸브 : 옥내소화전설비의 방수구, 스프링클러설비의 유수검지장치의 배수밸브 등과 같이 유체의 흐름 방향을 직각으로 변경하는 경우에 사용한다.
③ 버터플라이밸브 : Disk가 밸브 내부에서 회전하여 신속히 개폐할 수 있는 밸브로 누설의 우려가 많고 게이트밸브보다 마찰손실이 커서 소화설비의 흡입 측 배관에는 사용할 수 없는 밸브이다.

107 다음 중 유체의 흐름을 차단하거나, 유량을 제어할 수 있는 밸브로서 밸브 내에서 유체의 흐름 방향을 변경할 수 있는 밸브로만 알맞게 짝지어진 것은?

① 글로브밸브 · 앵글밸브   ② 게이트밸브 · 글로브밸브
③ 체크밸브 · 버터플라이밸브   ④ 릴리프밸브 · 안전밸브

▶ **스톱밸브(Stop Valve)**
유체의 흐름을 차단하거나, 유량을 제어할 수 있는 밸브로서 밸브 내에서 유체의 흐름 방향을 변경할 수 있는 밸브 : 글로브밸브 · 앵글밸브

108 유체를 한쪽 방향으로만 흐르게 하는 밸브로서 충격에 강해 소화설비용 토출 측 배관에 가장 많이 사용하는 밸브로 옳은 것은?

① 스윙형 체크밸브   ② 스모렌스키 체크밸브
③ 웨이퍼 체크밸브   ④ 디스크 체크밸브

▶ **스모렌스키 체크밸브**
① 충격에 강해 소화설비용 토출 측 배관에 가장 많이 사용된다.
② By-pass 밸브를 이용하여 수동으로 물을 역류시킬 수 있다.

109 기기나 배관 내의 압력이 일정 압력 이상일 때 자동적으로 작동하는 밸브로 작동 압력이 고정되어 있으며, 압력챔버 상부에 설치 시 압력챔버 상부의 압축공기가 배출되는 밸브로 옳은 것은?

① 안전밸브   ② 릴리프밸브
③ 체크밸브   ④ 앵글밸브

110 액체의 압력이 상승하여 일정 압력 이상이 될 때 자동적으로 작동하는 밸브로 작동 압력을 임으로 조정할 수 있으며, 소화펌프의 체절압력 미만에서 개방이 되도록 조정하여야 하는 밸브로 옳은 것은?

① 안전밸브
② 릴리프밸브
③ 체크밸브
④ 앵글밸브

111 소화펌프 중 가장 널리 사용되고 있는 펌프로서 회전차(Impeller)의 원심력을 이용하여 액체를 송수하며, 케이싱 내부에 안내깃이 있는 펌프로 옳은 것은?

① 볼류트 펌프
② 터빈 펌프
③ 수직회전축 펌프
④ 왕복 펌프

◯ 원심펌프

소화펌프 중 가장 널리 사용되고 있는 펌프로서 회전차(Impeller)의 원심력을 이용하여 액체를 송수하는 펌프

볼류트 펌프	터빈 펌프
케이싱 내부에 안내깃이 없다.	케이싱 내부에 안내깃이 있다.
양정이 낮고 토출량이 많은 곳에 사용	양정이 높고 토출량이 적은 곳에 사용

※ 왕복 펌프
① 피스톤의 왕복 직선운동에 의해 실린더 내부가 진공이 되어 액체를 송수하는 펌프
② 양정이 크고, 유량이 작은 경우에 적합

112 다음 중 공동현상(Cavitation) 방지대책으로 옳지 않은 것은?

① 펌프 위치를 가급적 수면에 가깝게 설치한다.
② 흡입 관경을 크게 한다.
③ 2대 이상의 펌프를 사용한다.
④ 토출 측 배관의 길이를 가급적 짧게 한다.

◯ 공동현상

펌프의 내부나 흡입 배관에서 물이 국부적으로 증발하여 증기 공동이 발생하는 현상

발생원인	방지대책
① 펌프의 설치 위치가 수원보다 높을 경우	① 펌프 위치를 가급적 수면에 가깝게 설치한다.
② 펌프의 흡입관경이 작은 경우	② 펌프의 회전수를 낮춘다.
③ 펌프의 마찰손실, 흡입 측 수두가 큰 경우	③ 흡입 관경을 크게 한다.
④ 흡입 측 배관의 유속이 빠른 경우	④ 2대 이상의 펌프를 사용한다.
⑤ 펌프의 흡입 압력이 유체의 증기압보다 낮은 경우	⑤ 양흡입 펌프를 사용한다.

정답 110. ② 111. ② 112. ④

113. 펌프의 순간적인 정지, 밸브의 급격한 개폐, 배관의 급격한 굴곡에 의해 관속을 흐르는 액체의 속도가 급격히 변하면서 운동에너지가 압력에너지로 바뀌면 고압이 발생되어 배관이나 관 부속물에 무리한 힘을 가하게 되는 현상으로 옳은 것은?

① 수격현상
② 맥동현상
③ 공동현상
④ Air Lock 현상

◉ 수격현상(작용)

발생원인	방지대책
① 펌프를 급격히 기동 또는 정지하는 경우 ② 밸브를 급격히 개방 또는 폐쇄를 하는 경우	① 펌프에 플라이휠(Fly Wheel)을 설치한다. ② 펌프 토출 측에 Air Chamber를 설치한다. ③ 배관의 관경을 가능한 한 크게 하여 유속을 낮춘다. ④ 토출 측에 수격방지기(Water Hammering Cushion)를 설치한다. ⑤ 각종 밸브는 서서히 조작한다. ⑥ 대규모 설비에는 Surge Tank를 설치한다.

※ **Air Lock 현상**
압력수조와 고가수조를 설치하고 토출 측 배관을 같이 사용하여 소화수를 공급하는 경우, 압력수조의 물이 모두 공급된 후 압력수조의 잔류 공기압이 배관에 채워지면서 고가수조의 물이 소화설비에 공급되지 못하는 현상을 말한다.

114. 펌프의 맥동현상(Surging) 방지대책으로 옳지 않은 것은?

① 배관 내 필요 없는 수조는 제거한다.
② 배관 중에 공기탱크나 물탱크를 설치한다.
③ 배관 내에 기체상태인 부분이 없도록 한다.
④ 유량조절밸브를 펌프 토출 측 직후에 설치한다.

◉ 맥동현상(Surging)

펌프 운전 시 토출량이 주기적으로 변하면서 압력계의 눈금이 흔들리고 토출배관에 진동과 소음을 수반하는 현상으로 배관의 장치나 기계의 파손을 일으킬 수 있다.

발생원인	방지대책
① 펌프의 양정곡선이 산형곡선이고 곡선의 상승부에서 운전이 되는 경우 ② 배관의 개폐밸브가 닫혀 있는 경우 ③ 유량조절밸브가 탱크 뒤쪽에 있는 경우 ④ 배관 중에 공기탱크나 물탱크가 있는 경우	① 배관 내 필요 없는 수조는 제거한다. ② 배관 내 기체상태인 부분이 없도록 한다. ③ 펌프의 양수량을 증가시키거나 임펠러의 회전수를 변경한다. ④ 유량조절밸브를 펌프 토출 측 직후에 설치한다. ⑤ 배관 내 유속을 조절한다.

정답 113. ① 114. ②

115 소화설비의 배관 속을 흐르는 물의 압력손실이 0.04[MPa]이고, 유량이 3[m³/s]일 때 펌프의 동력[kW]으로 옳은 것은?(단, 1[atm]=0.1[MPa]=10[mH₂O]이다.)

① 88.7 ② 117.6 ③ 157.6 ④ 214

▶ 동력

$$P_w = \frac{\gamma \times Q \times H}{102} = \frac{1,000 \times 3 \times 4}{102} = 117.647 [kW]$$

여기서, γ : 비중량[kg_f/m³]
Q : 유량[m³/s]
H : 양정[m]

※ 압력을 수두로 단위변환

$0.1[MPa] : 10[mH_2O] = 0.04[MPa] : x[mH_2O]$

$\therefore x = \frac{0.04[MPa]}{0.1[MPa]} \times 10[mH_2O] = 4[mH_2O]$

※ 동력계산

수동력 (Water Horse Power)	축동력 (Brake Horse Power)	전달동력 (Electrical or Engine Horse Power)
펌프에 의해 유체(물)에 주어지는 동력	모터에 의해 펌프에 주어지는 동력	실제 운전에 필요한 동력
$P_w = \frac{\gamma \times Q \times H}{102 \times 60}[kW]$	$P_s = \frac{\gamma \times Q \times H}{102 \times 60 \times \eta}[kW]$	$P = \frac{\gamma \times Q \times H}{102 \times 60 \times \eta} \times K[kW]$

여기서, H : 전양정[m]
γ : 비중량[kg_f/m³]
Q : 유량[m³/min]
η : 펌프효율
K : 전달계수(전동기 : 1.1, 내연기관 : 1.15~1.2)

116 그림과 같은 펌프가 물을 낮은 저수조에서 높은 저수조로 직경 20[cm]인 관을 통하여 350[m³/hr]로 전달한다. 관 마찰손실 $h_f = \frac{25V^2}{2g}$ (V : 관내 평균 유속)이고 전동기용량은 90[kW], 효율이 75[%]일 때 두 수조의 높이 차[m]로 옳은 것은?(단, 물의 비중량은 9,790[N/m³]이고, 기타 부차적 손실은 무시한다.)

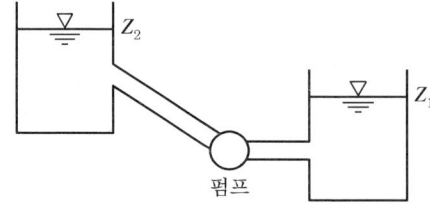

① 8.7 ② 18.7 ③ 38.7 ④ 52.3

◯ 동력

$$P = \frac{\gamma QH}{\eta} \times K \text{[kW]}$$ 에서,

$$90 = \frac{9.79 \times \frac{350}{3,600} \times (h_1 + 12.18)}{0.75} \times 1.1$$

$\therefore h_1 = 52.29 \text{[m]}$

- $H = h_1(\text{낙차}) + h_2(\text{마찰손실수두})$
  $= h_1 + \frac{25 V^2}{2g} = h_1 + \frac{25 \times 3.09^2}{2 \times 9.8} = h_1 + 12.18$

$\therefore H = h_1 + 12.18$

- $V = \frac{4Q}{\pi D^2} = \frac{4 \times \frac{350}{3,600}}{\pi \times 0.2^2} = 3.09 \text{m/s}$

117 펌프에 직결된 전동기(Motor)에 공급되는 전원의 주파수가 50[Hz]이며, 전동기의 극수는 4극, 펌프의 전양정이 110[m], 펌프의 토출량은 180[l/s], 펌프 운전 시 미끄럼률(Slip)이 3[%]인 전동기가 부착된 편흡입 2단 펌프의 비속도[rpm, m³/min, m]로 옳은 것은?

① 99.54　　　② 140.78　　　③ 236.76　　　④ 362.67

◯ 비속도(specific speed, 비교회전도)

$$N_s = \frac{N\sqrt{Q}}{\left(\frac{H}{n}\right)^{\frac{3}{4}}} = \frac{1,455 \times \sqrt{10.8}}{55^{\frac{3}{4}}} = 236.757 \text{[rpm, m}^3\text{/min, m]}$$

① 임펠러 회전속도
$$N = \frac{120 \cdot f}{P}(1-s) = \frac{120 \times 50}{4} \times (1 - 0.03) = 1,455 \text{[rpm]}$$
② 토출량 $Q = 180 \times 10^{-3} \times 60 = 10.8 \text{[m}^3\text{/min]}$
③ 전양정 $H = 110 \div 2 = 55 \text{[m]}$

※ 비속도
① 실제 펌프와 기하학적으로 닮은 펌프를 가상하고, 이 가상의 펌프가 토출량이 1[m³/min], 전양정이 1[m]일 때 펌프 임펠러(Impeller)의 회전수를 비속도(비교회전도)라 하며, 임펠러의 형상을 나타내는 값이다.
② 비속도는 펌프의 구조와 유체의 유동상태가 같을 때에는 일정하고, 펌프의 크기나 회전수에 따라 변화하지 않는 값을 가진다.

정답　117. ③

③ $N_s = \dfrac{N\sqrt{Q}}{\left(\dfrac{H}{n}\right)^{\frac{3}{4}}}$

여기서, N_s : 비속도[rpm, m³/min, m]
  N : 임펠러의 회전속도[rpm]
  Q : 토출량[m³/min](양흡입펌프 : 토출량÷2)
  H : 펌프의 전양정[m](다단펌프 : 전양정÷단수)
  n : 단수

※ 임펠러의 회전속도

$N = \dfrac{120 \cdot f}{P}(1-s)$

여기서, f : 주파수[Hz]
  P : 극수
  s : 슬립

118 회전수가 1,650[rpm]일 때 양정이 70[m]인 펌프를 양정을 80[m]로 하기 위한 조치로 옳은 것은?

① 회전수를 1,443[rpm]으로 변경한다.
② 회전수를 1,543[rpm]으로 변경한다.
③ 회전수를 1,764[rpm]으로 변경한다.
④ 회전수를 1,885[rpm]으로 변경한다.

▶ 펌프의 상사법칙

$\dfrac{H_2}{H_1} = \left(\dfrac{N_2}{N_1}\right)^2$ 에서, $\dfrac{H_2}{H_1} = \dfrac{N_2^2}{N_1^2}\left(H_1 \cdot N_2^2 = H_2 \cdot N_1^2,\ N_2^2 = \dfrac{H_2}{H_1} \cdot N_1^2\right)$

∴ $N_2 = \sqrt{\dfrac{H_2}{H_1}} \times N_1 = \sqrt{\dfrac{80}{70}} \times 1{,}650 = 1{,}763.92 \fallingdotseq 1{,}764[\text{rpm}]$

※ 펌프의 상사법칙

펌프의 크기가 다를 경우라도 비속도가 같으면 이를 상사라고 표현하며, 원심펌프에서 상사일 경우에는 회전수나 임펠러의 지름에 따라 토출량, 양정, 축동력에는 다음과 같은 관계식이 성립된다.

구 분	펌프 1대	펌프 2대
유 량	$Q_2 = \left(\dfrac{N_2}{N_1}\right) \times Q_1$	$Q_2 = \left(\dfrac{N_2}{N_1}\right) \times \left(\dfrac{D_2}{D_1}\right)^3 \times Q_1$
양 정	$H_2 = \left(\dfrac{N_2}{N_1}\right)^2 \times H_1$	$H_2 = \left(\dfrac{N_2}{N_1}\right)^2 \times \left(\dfrac{D_2}{D_1}\right)^2 \times H_1$
축동력	$L_2 = \left(\dfrac{N_2}{N_1}\right)^3 \times L_1$	$L_2 = \left(\dfrac{N_2}{N_1}\right)^3 \times \left(\dfrac{D_2}{D_1}\right)^5 \times L_1$

119 다음 중 펌프의 직·병렬 운전을 설명한 것으로 옳은 것은?

① 펌프의 직렬 운전 시 양정은 2배가 된다.
② 펌프의 병렬 운전 시 양정은 2배가 된다.
③ 펌프의 직렬 운전 시 양정은 변하지 않는다.
④ 펌프의 병렬 운전 시 유량은 변하지 않는다.

◉ 펌프의 직·병렬 운전

구분		직렬 연결	병렬 연결
성능	유량(Q)	Q	$2Q$
	양정(H)	$2H$	H

120 다음 중 유효흡입수두(NPSH$_{av}$)와 가장 관계가 깊은 것은?

① 수격현상   ② 맥동현상   ③ 공동현상   ④ Air Lock 현상

◉ 유효흡입수두(NPSH$_{av}$; Available Net Positive Suction Head)

펌프 운전 시 공동현상 발생 없이 펌프를 안전하게 운전할 수 있는 흡입에 필요한 수두로, 펌프의 특성과는 무관하게 펌프를 설치하는 주변 조건 및 환경에 따라 결정되는 값이다.

$NPSH_{av} = 10.3 \pm H_h - H_f - H_v$

① H_h : 펌프의 흡입양정(낙차환산수두)[m]
  ㉠ 수조가 펌프보다 낮은 경우 : $-H_h$
  ㉡ 수조가 펌프보다 높은 경우 : $+H_h$
② H_f : 흡입배관의 마찰손실 수두[m]
  = 직관의 손실수두 + 관 부속류 등의 손실수두
③ H_v : 물의 포화증기압 환산수두[m]

121 다음 중 펌프의 공동현상이 발생되지 아니할 설계 시의 조건으로 옳은 것은?

① $NPSH_{av} \geqq NPSH_{re}$
② $NPSH_{av} \leqq NPSH_{re}$
③ $NPSH_{av} \geqq NPSH_{re} \times 1.3$
④ $NPSH_{re} \geqq NPSH_{av} \times 1.3$

◉
① 공동현상이 발생되지 않을 조건 : $NPSH_{av} \geqq NPSH_{re}$
② 공동현상이 발생되지 않을 설계 시 조건 : $NPSH_{av} \geqq NPSH_{re} \times 1.3$

122 다음 중 펌프의 필요흡입수두를 계산하는 방법으로 옳지 않은 것은?

① $NPSH_{re} = \sigma H$
② $NPSH_{re} = 0.03 \times H$

③ $H_{re} = \left(\dfrac{N\sqrt{Q}}{N_s}\right)^{\frac{4}{3}}$ ④ $N_s = \dfrac{N\sqrt{Q}}{H^{\frac{3}{4}}}$

○ 필요흡입수두(NPSH$_{re}$)

펌프 회전에 의해 만들어지는 펌프 내부의 진공도이며, 펌프의 특성에 따라 펌프가 가지고 있는 고유한 값이다.

① Thoma의 캐비테이션 계수

$$NPSH_{re} = \sigma H$$

여기서, σ : 캐비테이션 계수
 H : 펌프의 전양정[m]

② 실험에 의한 방법

$$\dfrac{NPSH_{re}}{H} = 0.03 \quad \therefore\ NPSH_{re} = 0.03 \times H$$

③ 비속도에 의한 계산

$$N_s = \dfrac{N\sqrt{Q}}{H^{\frac{3}{4}}} \quad \therefore\ H_{re} = \left(\dfrac{N\sqrt{Q}}{N_s}\right)^{\frac{4}{3}}$$

여기서, N_s : 비속도[rpm, m³/min, m]
 N : 임펠러의 회전속도[rpm]
 Q : 토출량[m³/min]
 H : 펌프의 전양정[m]
 n : 단수
 H_{re} : 필요흡입양정[m]

123 전양정 30[m], 토출량 1,200[l/min], 효율이 75[%]인 소방용 펌프의 축동력[Hp]으로 옳은 것은?

① 6.31 ② 7.84 ③ 10.53 ④ 61.92

○ 펌프의 축동력

$$Hp = \dfrac{\gamma QH}{76\eta} = \dfrac{1,000 \times 0.02 \times 30}{76 \times 0.75} = 10.526[\text{Hp}]$$

① 비중량 $\gamma = 1,000[\text{kg}_f/\text{m}^3]$
② 토출량 Q $= 1,200[l/\text{min}] = 1,200 \times 10^{-3} \div 60 = 0.02[\text{m}^3/\text{s}]$
③ 효율 $\eta = 0.75$

※ $1[\text{Hp}] = 76[\text{kg}_f \cdot \text{m/s}]$이므로, $1[\text{kg}_f \cdot \text{m/s}] = \dfrac{1}{76}[\text{Hp}]$가 된다.

124 소화펌프의 흡입 측 배관에 설치된 진공계의 눈금이 560[mmHg]일 때 이 펌프의 이론흡입양정[m]으로 옳은 것은?(단, 대기압은 표준대기압 상태이다.)

① 0.76
② 1.4
③ 7.61
④ 14.02

> 진공계는 흡입 측 배관의 진공압을 측정하는 장치이므로, 진공압의 크기가 펌프의 흡입양정이 된다.
> $760[\text{mmHg}] : 10.332[\text{mH}_2\text{O}] = 560[\text{mmHg}] : x[\text{mH}_2\text{O}]$
> $\therefore x = \dfrac{560[\text{mmHg}]}{760[\text{mmHg}]} \times 10.332[\text{mH}_2\text{O}] = 7.613[\text{mH}_2\text{O}]$

※ 표준대기압

$1\text{atm} = 760[\text{mmHg}] = 0.76[\text{mHg}]$
$= 10.332[\text{mmH}_2\text{O}] = 10.332[\text{mH}_2\text{O}]$
$= 1.0332[\text{kg}_f/\text{cm}^2] = 10,332[\text{kg}_f/\text{m}^2]$
$= 101,325[\text{N/m}^2][\text{Pa}] = 0.101325[\text{MPa}]$
$= 1,013[\text{mbar}] = 14.7\text{Psi}[\text{lbf/in}^2]$

125 제연설비에서 급기 FAN의 풍량 $Q = 45,000[\text{CMH}]$, 전압 $P_t = 80[\text{mmH}_2\text{O}]$일 때 송풍기의 전동기 용량[kW]으로 옳은 것은?(단, FAN의 효율은 60[%]이다.)

① 10.89
② 16.33
③ 17.97
④ 24.12

> 송풍기의 전동기 용량
> $P = \dfrac{P_t \times Q}{102 \times 60 \times \eta} \times K = \dfrac{80 \times 750}{102 \times 60 \times 0.6} \times 1.1 = 17.973[\text{kW}]$
> 여기서, P_t : 전압[mmH$_2$O]
> Q : 풍량[m^3/min]
> η : 효율
> K : 전달계수

※ 송풍기의 동력

공기동력 (Air Horse Power)	축동력 (Brake Horse Power)	전달동력 (Electrical or Engine Horse Power)
송풍기에 의해 유체(공기)에 주어지는 동력	모터에 의해 송풍기에 주어지는 동력	실제 운전에 필요한 동력
$P_a = \dfrac{P_t \times Q}{102 \times 60}[\text{kW}]$	$P_s = \dfrac{P_t \times Q}{102 \times 60 \times \eta}[\text{kW}]$	$P = \dfrac{P_t \times Q}{102 \times 60 \times \eta} \times K[\text{kW}]$

정답 124. ③ 125. ③

126 다음 중 유체 기계들의 압력 상승이 일반적으로 큰 것부터 순서대로 나열한 것으로 옳은 것은?

① 팬(Fan) – 압축기(Compressor) – 블로어(Blower)
② 압축기(Compressor) – 블로어(Blower) – 팬(Fan)
③ 블로어(Blower) – 압축기(Compressor) – 팬(Fan)
④ 팬(Fan) – 블로어(Blower) – 압축기(Compressor)

◉ 송풍기의 풍압에 의한 분류 ─────────
① Fan : 압력 상승이 $0.1[kg_f/cm^2]$ 이하인 것
② Blower : 압력 상승이 $0.1[kg_f/cm^2]$ 이상, $1.0[kg_f/cm^2]$ 이하인 것
③ Compressor : 압력 상승이 $1.0[kg_f/cm^2]$ 이상인 것

127 다음 그림과 같이 단면이 원형인 역 지점 축소 관에서 상부에서 하부로 물이 $0.3\ [m^3/s]$로 흐를 경우, 상·하 단면에서의 압력차로 옳은 것은?(단, 물의 밀도는 $1,000[kg/m^3]$, 중력가속도는 $10.0[m/s^2]$, 원주율은 3.0이고, 기타 에너지손실은 무시한다.)

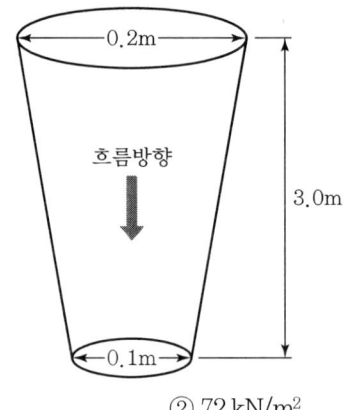

① $72\ N/cm^2$
② $72\ kN/m^2$
③ $73\ N/cm^2$
④ $73\ kN/m^2$

◉ 베르누이 방정식 ─────────
$$\frac{P_1}{\gamma} + Z_1 + \frac{V_1^2}{2g} = \frac{P_2}{\gamma} + Z_2 + \frac{V_2^2}{2g}$$
$$\frac{P_1 - P_2}{\gamma} = (Z_2 - Z_1) + \frac{V_2^2 - V_1^2}{2g}$$

정답 126. ② 127. ①

$$P_1 - P_2 = \gamma(Z_2 - Z_1) + \gamma\left(\frac{V_2^2 - V_1^2}{2g}\right)$$
$$= \rho g(Z_2 - Z_1) + \rho\left(\frac{V_2^2 - V_1^2}{2}\right)$$
$$= 1{,}000 \times 10 \times (0-3) + 1{,}000\left(\frac{40^2 - 10^2}{2}\right)$$
$$= 720{,}000 [\text{N/m}^2] = 72 [\text{N/cm}^2]$$

- $V_1 = \dfrac{4Q}{\pi D_1^2} = \dfrac{4 \times 0.3}{3 \times 0.2^2} = 10 [\text{m/s}]$
- $V_2 = \dfrac{4Q}{\pi D_2^2} = \dfrac{4 \times 0.3}{3 \times 0.1^2} = 40 [\text{m/s}]$

128 안지름 3.0[cm]인 노즐을 통하여 초당 0.05[m³]의 물을 수평으로 방사할 때, 노즐에서 발생하는 반발력[kN]으로 옳은 것은?(단, 물의 밀도는 1,000[kg/m³]이고, 원주율은 3.0이다.)

① 0.11   ② 111   ③ 3.7   ④ 3,700

▶ 노즐에서 발생하는 반발력

$F = \rho Q V$
$= 1{,}000 \times 0.05 \times \dfrac{4 \times 0.05}{3 \times 0.03^2}$
$= 3{,}703.7 [\text{N}] = 3.7 [\text{kN}]$

129 개방된 물탱크 A지점의 수면으로부터 3[m] 아래에 직경이 1[cm]인 오리피스를 부착하였다. 그 아래쪽에 설치한 한 변의 길이가 75[cm]인 정사각형 수조안으로 물을 낙하시켜서 16분 40초 후에 수조의 수심이 0.8[m]로 상승된 경우, 오리피스의 유량 계수로 옳은 것은?(단, 물탱크 A지점 수심의 변화는 없고, 수축계수는 1.0, 원주율은 3.0, 중력가속도는 10.0[m/s²]이다.)

① 0.45   ② 0.50   ③ 0.60   ④ 0.78

▶

실제유량$(Q') = $ 유량계수$(C) \times $ 이론유량(Q)

$C = \dfrac{Q'}{Q} = \dfrac{0.45 \times 10^{-3}}{5.8 \times 10^{-4}} = 0.775$

- 실제유량 $Q' = \dfrac{0.75 \times 0.75 \times 0.8}{1{,}000} = 0.45 \times 10^{-3} [\text{m}^3/\text{s}]$
- 이론유량 $Q = AV = \dfrac{\pi D^2}{4} \times \sqrt{2gH} = \dfrac{3 \times 0.01^2}{4} \times \sqrt{2 \times 10 \times 3} = 5.8 \times 10^{-4} [\text{m}^3/\text{s}]$

정답 128. ③ 129. ④

130.
체적 2,000[*l*]의 용기 내에서 압력 0.4[MPa], 온도 55[℃]의 혼합기체의 체적비가 각각 메탄 35[%], 수소 40[%], 질소 25[%]일 때 이 혼합 기체의 질량[kg]으로 옳은 것은?(단, 일반기체상수는 8.314[kJ/kmol · K]이다.)

① 0.05 ② 3.93 ③ 39.34 ④ 47.26

▶ **이상기체상태방정식**

$$PV = nRT \left(n = \frac{m}{M} \right)$$

$$m = \frac{PVM}{RT} = \frac{0.4 \times 10^6 \times 2 \times 13.41}{8,314 \times (55 + 273)} = 3.934 [\text{kg}]$$

- P(압력) $= 0.4 \times 10^6 [\text{Pa} = \text{N/m}^2]$
- V(체적) $= 2 [\text{m}^3]$
- M(분자량) $= (16 \times 0.35) + (2 \times 0.4) + (28 \times 0.25) = 13.41 [\text{kg}]$
- R(기체상수) $= 8,314 [\text{N} \cdot \text{m/kmol} \cdot \text{K}]$
- T(절대온도) $= 55 + 273 = 328 [\text{K}]$

131.
지름 2[m]인 원형 수조의 측벽 하단부에 지름 50[mm]의 구멍이 있다. 이 수조의 수위를 50[cm] 이상으로 유지하기 위해서 수조에 공급해야 할 최소 유량[cm³/s]은 약 얼마인가?(단, 유출구에서의 유량계수는 0.75이다.)

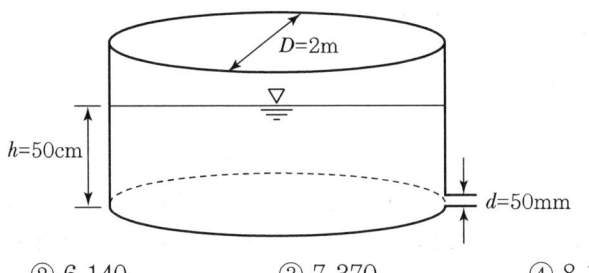

① 4,493 ② 6,140 ③ 7,370 ④ 8,190

▶

$$Q_2 = CA_2 V_2$$
$$= C \cdot \frac{\pi D_2^2}{4} \cdot \sqrt{2gH}$$
$$= 0.75 \times \frac{\pi \times 0.05^2}{4} \times \sqrt{2 \times 9.8 \times (50 - 2.5) \times 10^{-2}}$$
$$= 4.493 \times 10^{-3} [\text{m}^3/\text{s}]$$
$$= 4,493 [\text{cm}^3/\text{s}]$$

132 펌프의 축동력이 26.4[kW], 기계의 손실동력이 4[kW]인 송수펌프가 있다. 이 송수펌프의 기계효율(η_m)은 약 얼마인가?

① 0.65   ② 0.75   ③ 0.85   ④ 0.95

> $\eta_m = 1 - \dfrac{P_f}{P_s} = 1 - \dfrac{4}{26.4} = 0.848$
>
> ∴ 0.85

※ 효율

효율이란 축동력(모터에 의해 펌프에 주어지는 동력)에 의한 동력과 수동력(유체에 전달되는 동력)과의 비율로서 수력효율(η_h), 체적효율(η_v), 기계효율(η_m)로 구분한다.

∴ 전효율 $\eta = \dfrac{P_W}{P_s} = \eta_h \times \eta_v \times \eta_m$

1. 수력효율(Hydraulic Efficiency) : η_h
   ① 펌프의 실제양정(H) 대 펌프의 이론양정(H_{th})의 비
   ② 펌프 내 유체의 마찰, 충돌, 방향변화, 와류손실 등에 의해서 발생
   ③ $\eta_h = \dfrac{H}{H_{th}} = \dfrac{H_{th} - H_f}{H_{th}} = 1 - \dfrac{H_f}{H_{th}}$
   H(실제양정) = H_{th}(이론양정) − H_f(수력손실수두)

2. 체적효율(Volumetric Efficiency) : η_v
   ① 실제토출유량(Q) 대 펌프의 흡입유량(Q_{th})의 비
   ② 펌프에서 누설 및 역류되는 유량손실에 의해 발생
   ③ $\eta_v = \dfrac{Q}{Q_{th}} = \dfrac{Q_{th} - q}{Q_{th}} = 1 - \dfrac{q}{Q_{th}}$
   Q(실제 토출유량) = Q_{th}(펌프흡입유량) − q(펌프에서의 누설유량)

3. 기계효율(Mechanical Efficiency) : η_m
   ① 펌프 측에 공급되는 동력 대 실제 일로 변환되는 동력의 비
   ② 펌프의 베어링, 축 등에 의한 기계적 마찰손실 등에 의해서 발생
   ③ 기계적 마찰손실에 의한 손실동력을 P_f라 하면, 기계효율이란 축동력에서 기계적 손실동력을 뺀 값과 축동력과의 비를 말한다.
   $\eta_m = \dfrac{P_s - P_f}{P_s} = 1 - \dfrac{P_f}{P_s}$

정답 132. ③

CHAPTER 02 약제화학 문제풀이

01 다음 중 물 소화약제의 성질을 설명한 것으로 옳지 않은 것은?

① 비열과 잠열이 커서 냉각효과가 크다. ② B급, C급 화재에 적응성이 좋다.
③ 쉽게 구할 수 있고 독성이 없다. ④ 화학적으로 안정하다.

◉ 물 소화약제의 장점 및 단점

장 점	단 점
① 쉽게 구할 수 있으며, 독성이 없다. ② 비열과 잠열이 커서 냉각효과가 크다. ③ 방사형태가 다양하다.(봉상주수, 적상주수, 무상주수) ④ 화학적으로 안정하여 첨가제를 혼합하여 사용할 수 있다.	① 0℃ 이하에서는 동결의 우려가 있다. ② 소화 후 수손에 의한 2차 피해 우려가 있다. ③ B급 화재(유류화재), C급 화재(전기화재), D급 화재(금속 화재)에는 적응성이 없다.

02 다음 중 물의 특성으로 옳지 않은 것은?

① 대기압하에서 액체 상태의 물이 수증기로 되면 체적은 약 1,000배로 증가한다.
② 물의 기화잠열은 539[kcal/kg]이다.
③ 0[℃]의 물 1[kg]이 100[℃]의 수증기로 되기 위해서는 639[kcal]의 열량이 필요하다.
④ 얼음의 융해잠열은 80[kcal/kg]이다.

◉ 물의 특성
① 비열 : 1kcal/kg · ℃ ② 증발잠열 : 539kcal/kg
③ 융해잠열 : 80kcal/kg ④ 기화 체적 : 약 1,700배
⑤ 비중 : 1 ⑥ 밀도 : 1,000kg/m^3
⑦ 비중량 : 9,800N/m^3

03 냉각소화란 물의 어떤 성질을 이용한 것인가?

① 증발잠열 ② 응고열 ③ 응축열 ④ 용해열

04 물의 소화성능을 향상시키기 위해 첨가하는 첨가제로 옳지 않은 것은?

① 부동액 ② 유화제 ③ 침투제 ④ 내유제

정답 01. ② 02. ① 03. ① 04. ④

◐ 첨가제

첨가제	특성
부동액 (Antifreeze Agent)	• 0℃ 이하의 온도에서 물의 특성상 동결로 인한 부피 팽창에 의하여 배관을 파손하게 되므로 겨울철 등 한랭지역에서는 물의 어는 온도를 낮추기 위하여 동결 방지제인 부동액을 사용 예 에틸렌글리콜, 프로필렌글리콜, 글리세린 등
침투제 (Wetting Agent)	• 물은 표면장력이 크므로 심부화재에 사용 시 가연물에 깊게 침투하지 못하는 성질이 있다. 침투제는 물에 계면활성제 첨가로 표면장력을 낮추어 침투효과를 높인 첨가제이다. 예 계면활성제 등
증점제 (Viscosity Agent)	• 물의 점성을 강화하여 부착력을 증대시켜 산불화재 등에 사용하여 잎 및 가지 등에 소화가 곤란한 부분에 소화효과를 증대시키는 첨가제 예 CMC 등
유화제 (Emulsifier Agent)	• 에멀션(물과 기름의 혼용상태) 효과를 이용하여 산소의 차단 및 가연성 가스의 증발을 막아 소화효과를 증대시킨 소화약제 예 친수성 콜로이드, 에틸렌글리콜, 계면활성제 등

05 다음 중 강화액 소화약제에 대한 설명으로 옳은 것은?

① 물에 침투제를 혼합한 소화약제이다.
② 물의 침투효과를 증가시키기 위해서 첨가하는 계면활성제이다.
③ 알칼리 금속염을 주성분으로 한 것으로 무색의 점성이 있는 수용액이다.
④ 탄산칼륨 등의 수용액을 주성분으로 하여 물 소화약제의 단점을 보완한 것이다.

◐ 강화액 소화약제

심부화재 또는 주방의 식용유 화재에 대해서 신속한 소화를 위하여 개발되었으며, 물 소화약제의 단점을 보완하기 위하여 탄산칼륨 등의 수용액을 주성분으로 하여, −20℃에서도 동결하지 않고 재발화 방지에도 효과가 있으며, A급(일반화재), K급(주방화재) 등에 우수한 소화능력이 있다.

06 다음 중 강화액 소화약제의 특징을 설명한 것으로 옳지 않은 것은?

① 물에 탄산칼륨(K_2CO_3) 등을 첨가한 것이다.
② 표면장력이 72.75[dyne/cm]로 심부화재에 효과적이다.
③ 비중이 약 1.3으로 물보다 무겁다.
④ 심부화재 또는 주방의 식용유 화재에 적응성이 좋다.

◐ 강화액 소화약제

① 첨가물 : 탄산칼륨(K_2CO_3) 등
② 비중 : 1.3 이상
③ pH 값 : pH 12 이상의 강알칼리성
④ 동결점 : −20℃ 이하
⑤ 소화효과 : 미분일 경우 유류화재에도 소화효과 있음
⑥ 표면장력 : 33dyne/cm 이하(물소화약제 72.75dyne/cm)로 표면장력이 낮아서 심부화재에 효과적

정답 05. ④ 06. ②

07 다음 중 포 소화약제의 장점으로 옳지 않은 것은?

① 인체에 무해하고, 화재 시 열분해에 의한 독성가스의 생성이 없다.
② 인화성·가연성 액체 화재 시 매우 효과적이다.
③ 옥외에서도 소화효과가 우수하다.
④ 동결의 우려가 없어 설치상 제약이 없다.

▶ 포 소화약제의 장점 및 단점

장 점	단 점
① 인체에 무해하고, 화재 시 열분해에 의한 독성가스의 생성이 없다. ② 인화성·가연성 액체 화재 시 매우 효과적이다. ③ 옥외에서도 소화효과가 우수하다.	① 동절기에는 동결로 인한 포의 유동성의 한계로 설치상 제약이 있다. ② 단백포 약제의 경우에는 변질·부패의 우려가 있다. ③ 소화약제 잔존물로 인한 2차 피해가 우려된다.

08 다음 중 포 소화약제의 주된 소화효과로 옳은 것은?

① 질식효과·제거효과　　② 유화효과·부촉매효과
③ 제거효과·냉각효과　　④ 질식효과·냉각효과

▶ 포 소화약제의 소화효과

① 질식효과 : 방사된 포 약제가 가연물을 덮어 가연성 가스의 생성을 억제함과 동시에 산소 공급을 차단시킨다.
② 냉각효과 : 포 수용액에 포함되어 있는 물이 증발되면서 화재면 주위를 냉각시킨다.

09 다음 중 포소화약제가 갖추어야 할 구비조건으로 옳지 않은 것은?

① 파포 현상이 커야 한다.
② 유면에 잘 확산되어야 한다.
③ 표면에 잘 흡착되어야 한다.
④ 열에 잘 견딜 수 있어야 한다.

▶ 포 소화약제의 구비조건

① 소포성 : 포가 잘 깨지지 않아야 한다.
② 유동성 : 유면에 잘 확산되어야 한다.
③ 접착성 : 표면에 잘 흡착되어야 질식효과를 극대화할 수 있다.
④ 안정성, 응집성 : 경년기간이 길고 포의 안정성이 좋아야 한다.
⑤ 내유성 : 기름에 오염되지 않아야 한다.
⑥ 내열성 : 열에 견딜 수 있어야 한다.
⑦ 무독성 : 독성이 없어야 한다.

10 다음 중 화학포 소화약제의 주성분으로 옳은 것은?

① 황산알루미늄과 탄산나트륨
② 황산나트륨과 탄산소다
③ 황산암모늄과 중탄산소다
④ 황산알루미늄과 탄산수소나트륨

▶ **화학포 소화약제**

탄산수소나트륨($NaHCO_3$)과 황산알루미늄 수용액($Al_2(SO_4)_3 \cdot 18H_2O$)에 기포안정제를 첨가한 것으로 화학반응에 의해 포를 생성한다.
① 외약제(A제) : 탄산수소나트륨($NaHCO_3$), 기포안정제
② 내약제(B제) : 황산알루미늄[$Al_2(SO_4)_3$]
③ 화학식
$$6NaHCO_3 + Al_2(SO_4)_3 \cdot 18H_2O \rightarrow 3Na_2SO_4 + 2Al(OH)_3 + 6CO_2 + 18H_2O$$
탄산수소나트륨(외) 황산알루미늄(내) 황산나트륨 수산화알루미늄

11 다음 중 화학포 소화약제의 화학반응식으로 옳은 것은?

① $6NaHCO_3 + Al_2(SO_4)_3 \cdot 18H_2O \rightarrow Na_2SO_4 + Al(OH)_3 + CO_2 + H_2O$
② $6NaHCO_3 + Al_2(SO_4)_3 \cdot 18H_2O \rightarrow Na_2SO_4 + Al(OH)_3 + 3CO_2 + 9H_2O$
③ $6NaHCO_3 + Al_2(SO_4)_3 \cdot 18H_2O \rightarrow 3Na_2SO_4 + 2Al(OH)_3 + 3CO_2 + 18H_2O$
④ $6NaHCO_3 + Al_2(SO_4)_3 \cdot 18H_2O \rightarrow 3Na_2SO_4 + 2Al(OH)_3 + 6CO_2 + 18H_2O$

12 다음 중 화학포 소화약제의 기포 안정제로 옳지 않은 것은?

① 비수용성 단백질
② 계면활성제
③ 사포닌
④ 젤라틴

▶ **화학포 소화약제의 기포 안정제**

① 가수분해 단백질(=수용성 단백질)
② 계면활성제
③ 사포닌
④ 젤라틴
⑤ 카세인

13 다음 중 수성막포(AFFF)의 특징을 설명한 것으로 옳지 않은 것은?

① 석유류 화재에는 휘발성이 좋아 소화효과가 좋다.
② 액면에 수성막을 형성함으로써 질식소화 작용을 한다.
③ 수명이 반영구적이다.
④ 포 소화약제의 사용 농도는 3[%], 6[%]이다.

정답 10. ④ 11. ④ 12. ① 13. ①

> **수성막포**
> 일명 Light Water라는 상품명으로 쓰이기도 하며 불소계 계면활성제포의 일종으로 1960년 초 미국에서 개발되었다. 액면에 수성막을 형성함으로써 질식소화, 냉각소화 작용으로서 소화한다. 사용농도는 3%, 6%이다.
> ① 수명이 반영구적이다.
> ② 수성막과 거품의 이중 효과로 소화 성능이 우수하다.
> ③ 석유류 화재는 휘발성이 커서 부적합하다.
> ④ C급 화재에는 사용이 곤란하다.

14 일명 Light Water라는 상품명으로 쓰이기도 하며 불소계 계면활성제포의 일종인 것은?
① 단백포
② 수성막포
③ 합성계면활성제포
④ 불화단백포

15 다음 중 유류 저장탱크의 화재에 가장 적합한 포 소화약제로 옳은 것은?
① 합성계면활성제포
② 단백포
③ 수성막포
④ 내알코올형포

> **합성계면활성제포**
> 탄화수소계 합성계면활성제를 주원료로 하며, 모든 농도(1%, 1.5%, 2%, 3%, 6%)에 사용이 가능하다.
> ① 저발포, 중발포, 고발포에 사용이 가능하다.
> ② 인체에 무해하며, 포의 유동성이 우수하고, 반영구적이다.
> ③ 유류화재 외에 A급 화재에도 적용이 가능하다.
> ④ 내열성과 내유성이 좋지 않아 윤화 현상이 발생할 우려가 있다.
> ⑤ 쉽게 분해되지 않으므로, 환경오염을 유발할 수 있다.

16 알코올이나 아세트알데히드와 같은 수용성 액체 화재에 적합한 포소화약제로 옳은 것은?
① 합성계면활성제포
② 단백포
③ 수성막포
④ 내알코올형 포

17 기계포(공기포)를 팽창비로 구분하는 경우 제2종 기계포의 팽창비로 옳은 것은?
① 50배 이상 100배 미만
② 80배 이상 250배 미만
③ 250배 이상 500배 미만
④ 500배 이상 1,000배 미만

정답 14. ② 15. ① 16. ④ 17. ③

18. 수성막포의 팽창비가 500일 경우 방출 후 포의 체적[m³]으로 옳은 것은?(단, 포 원액은 3[ℓ], 사용농도는 3[%]이다.)

① 5   ② 50   ③ 5,000   ④ 50,000

▶

팽창비 = $\dfrac{\text{방출 후 포의 체적}}{\text{방출 전 포수용액의 체적(포 원액+물)}}$ = $\dfrac{\text{방출 후 포의 체적}(l)}{\dfrac{\text{원액의 양}(l)}{\text{농도}(\%)} \times 100}$ 에서,

방출 후 포의 체적 = 팽창비 × $\dfrac{\text{원액의 양}(l)}{\text{농도}(\%)}$ × 100

= $500 \times \dfrac{3}{3} \times 100 = 50{,}000\,[l] = 50\,[\text{m}^3]$

19. 다음 중 이산화탄소 소화약제의 특징을 설명한 것으로 옳은 것은?

① A급의 심부화재에는 적응성이 없다.
② 임계온도가 높아 표준상태에서 액체 상태로 저장할 수 있다.
③ 액상을 유지할 수 있는 최고 온도는 21.25[℃]이다.
④ 삼중점일 때의 온도는 −56.7[℃]이다.

▶ 이산화탄소

구분	기준값	구분	기준값
분자량	44	삼중점	−56.7℃
비중	1.53	임계온도	31.25℃
융해열	45.2cal/g	임계압력	75.2kg_f/cm²
증발열	137cal/g	비점	−78℃
밀도	1.98g/ℓ	승화점	−78.5℃

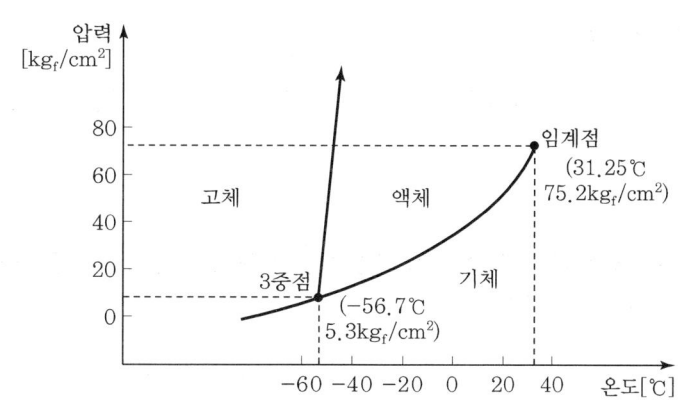

정답 18. ② 19. ④

※ 이산화탄소 소화약제의 장점 및 단점

장 점	단 점
① 비중이 커서 A급 심부화재에 적용이 가능하다. ② 잔존물이 남지 않으며, 부패 및 변질 등의 우려가 없다. ③ 무색·무취이며, 화학적으로 매우 안정한 물질이다. ④ 전기적 비전도성인 기체로 전기화재에 적용 가능하다. ⑤ 자체 증기압이 커서 별도의 가압원이 필요하지 않다. ⑥ 임계온도가 높아 액체 상태로 저장이 가능하다.	① 방출 시 인명 피해 우려가 크다. ② 고압으로 방사되므로 소음이 매우 크다. ③ 줄-톰슨 효과에 의한 운무현상과 동상 등의 피해 우려가 크다. ④ 지구 온난화 물질이다.

20 이산화탄소 소화약제의 저장 및 취급 시 주의사항으로 옳지 않은 것은?

① 주위온도가 55[℃] 이하가 되게 하여야 한다.
② 직사광선 및 빗물이 침투할 우려가 없는 곳에 설치하여야 한다.
③ 방화문으로 구획된 실에 설치하여야 한다.
④ 저장용기 간의 간격은 점검에 지장이 없도록 3[cm] 이상을 유지하여야 한다.

21 이산화탄소 소화약제의 소화효과에 대한 설명으로 옳지 않은 것은?

① 질식효과　　　　　　　　　　② 냉각효과
③ 희석효과　　　　　　　　　　④ 피복효과

22 1[kg]의 액화 이산화탄소가 20[℃]의 대기 중으로 방출될 경우 이산화탄소의 부피 [l]로 옳은 것은?

① 0.546　　② 10.69　　③ 546　　④ 10,690

▶ 기체의 비체적

$$S = K_1 + K_2 \times t$$
$$= \left(\frac{22.4}{\text{분자량}}\right) + \left\{\left(\frac{22.4}{\text{분자량}} \times \frac{1}{273}\right)\right\} \times t = \left(\frac{22.4}{44}\right) + \left\{\left(\frac{22.4}{44} \times \frac{1}{273}\right)\right\} \times 20$$
$$= 0.546 [\text{m}^3/\text{kg}] = 546.38 [l/\text{kg}]$$

23 다음 중 이산화탄소의 농도를 계산하는 식으로 옳은 것은?(단, 소화약제는 외부로 유출되지 않는다고 가정한다.)

① $C[\%] = \dfrac{21 - O_2}{O_2} \times 100$　　　　② $C[\%] = \dfrac{O_2 - 21}{O_2} \times 100$

③ $C[\%] = \dfrac{21 - O_2}{21} \times 100$　　　　④ $C[\%] = \dfrac{O_2 - 21}{21} \times 100$

정답 20. ① 21. ③ 22. ③ 23. ③

> **이산화탄소의 농도 및 기화체적(무유출)**
>
> ① 농도 $C[\%] = \dfrac{21 - O_2}{21} \times 100$
>
> ② 기화체적 $x[m^3] = \dfrac{21 - O_2}{O_2} \times V$

24 이산화탄소의 농도가 34[%]로 되기 위한 산소의 농도[%]로 옳은 것은?

① 7.14 ② 10.14 ③ 13.86 ④ 14.86

> **이산화탄소의 농도(무유출)**
>
> $C[\%] = \dfrac{21 - O_2}{21} \times 100$ 에서,
>
> $O_2 = 21 - \dfrac{C \times 21}{100} = 21 - \dfrac{34 \times 21}{100} = 13.86[\%]$

25 이산화탄소의 줄-톰슨 효과에 의한 운무현상을 설명한 것으로 옳은 것은?

① 저압의 이산화탄소 방사 시 온도 상승으로 다량의 수증기가 발생한다.
② 저압의 이산화탄소의 방사 시 공기 중의 수증기가 응결하여 안개가 발생한다.
③ 고압의 이산화탄소의 방사 시 온도 상승으로 다량의 수증기가 발생한다.
④ 고압의 이산화탄소의 방사 시 공기 중의 수증기가 응결하여 안개가 발생한다.

> **줄-톰슨 효과**
>
> 1. 액체상태의 이산화탄소가 기체상태로 변화할 때 주변의 열을 흡수하여 냉각되는 효과로 공기 중의 수증기가 응결하여 안개가 생기는 현상을 운무현상이라 한다.
> 2. 배관으로 고압의 이산화탄소가 저압인 대기 중으로 방출되면 -78℃로 급랭(줄·톰슨 효과)되어 배관에 소량의 수분이 있으면 결빙하여 고체 이산화탄소인 드라이아이스로 변하여 배관을 막는 현상으로, 이산화탄소의 품질을 제2종 이상으로 제한한다.

26 다음 중 이산화탄소 소화약제의 주된 소화효과로 옳은 것은?

① 부촉매효과 ② 질식효과
③ 제거효과   ④ 억제효과

27 다음 중 독성이 매우 강하여 소화약제로 사용하지 않는 할론 소화약제로 옳은 것은?

① 할론2402 ② 할론1301
③ 할론1211 ④ 할론1040

정답 24. ③ 25. ④ 26. ② 27. ④

28 다음 중 할론1301의 증기 비중으로 옳은 것은?

① 5.14   ② 5.31   ③ 5.71   ④ 8.97

▶ **증기비중**

할론1301의 증기 비중 $s = \dfrac{\text{할론1301의 분자량}}{\text{공기의 분자량}}$

$= \dfrac{149}{29} = 5.137$

29 할론1301의 화학적 성질을 설명한 것으로 옳은 것은?

① 상온에서 액체이며, 무색·무취의 비전도성이 있다.
② 푸른색의 비전도성 기체이며 증기 비중은 상온·상압에서 약 8.97배이다.
③ 할론 소화약제 중 소화효과가 가장 우수하지만, 오존파괴지수 또한 가장 크다.
④ 비전도성의 기체이고 화염과 접촉 시 생긴 분해 생성물은 인체에 무해하다.

▶ **할론1301**

① 상온에서 기체이며 무색·무취의 비전도성 물질로, 증기 비중은 5.13이다.
② 자체 증기압이 1.4[MPa]이므로, 질소로 충전하여 4.2[MPa]로 사용한다.
③ 할론 소화약제 중에서 소화효과가 가장 우수하지만, 오존파괴지수 또한 가장 크다.

30 다음의 할로겐 원소 중 소화능력이 가장 우수한 것으로 옳은 것은?

① F   ② Cl   ③ Br   ④ I

▶ **할로겐 원소의 특징**

원소	원자량	원소	원자량
F	19	Br	80
Cl	35.5	I	127

① 전기음성도 크기, 이온화 에너지 크기
   F > Cl > Br > I
② 소화 효과, 오존층 파괴 지수
   F < Cl < Br < I

31 다음의 할론 소화약제 중 수분과 반응하여 포스겐($COCl_2$)을 생성할 수 있는 것으로 옳은 것은?

① 할론1040   ② 할론1211
③ 할론1301   ④ 할론2040

정답 28. ①   29. ③   30. ④   31. ①

◉ 사염화탄소 반응식

포스겐($COCl_2$) 가스의 발생으로 현재 사용 중지
① 탄산가스와의 반응 : $CCl_4 + CO_2 \rightarrow 2COCl_2$
② 공기와의 반응 : $2CCl_4 + O_2 \rightarrow 2COCl_2 + 2Cl_2$
③ 물과의 반응 : $CCl_4 + H_2O \rightarrow COCl_2 + 2HCl$
④ 금속과의 반응 : $3CCl_4 + Fe_2O_3 \rightarrow 3COCl_2 + 2FeCl_2$

32 어떤 물질이 기여하는 온난화 정도를 상대적으로 나타내는 지표인 지구온난화지수로 옳은 것은?

① $GWP = \dfrac{\text{어떤 물질 1kg이 기여하는 온난화 정도}}{CO_2 \text{ 1kg이 기여하는 온난화 정도}}$

② $GWP = \dfrac{CO_2 \text{ 1kg이 기여하는 온난화 정도}}{\text{어떤 물질 1kg이 기여하는 온난화 정도}}$

③ $GWP = \dfrac{\text{어떤 물질 1kg이 기여하는 온난화 정도}}{CFC-11 \text{ 1kg이 기여하는 온난화 정도}}$

④ $GWP = \dfrac{CFC-11 \text{ 1kg이 기여하는 온난화 정도}}{\text{어떤 물질 1kg이 기여하는 온난화 정도}}$

◉ 가스계 관련 소화약제 용어

① 오존파괴지수(ODP ; Ozone Depletion Potential) : 어떤 물질의 오존파괴능력을 상대적으로 나타내는 지표

$ODP = \dfrac{\text{어떤 물질 1kg이 파괴하는 오존량}}{CFC-11(CFCl_3) \text{ 1kg이 파괴하는 오존량}}$

② 지구온난화지수(GWP ; Global Warming Potential) : 어떤 물질이 기여하는 온난화 정도를 상대적으로 나타내는 지표

$GWP = \dfrac{\text{어떤 물질 1kg이 기여하는 온난화 정도}}{CO_2 \text{ 1kg이 기여하는 온난화 정도}}$

③ NOAEL(No Observed Adverse Effect Level, 최대허용설계농도) : 농도를 증가시킬 때 아무런 악영향도 감지할 수 없는 최대허용농도
④ LOAEL(Lowest Observed Adverse Effect Level, 최소허용농도) : 농도를 감소시킬 때 아무런 악영향도 감지할 수 있는 최소허용농도
⑤ ALT(Atmospheric Life Time, 대기권 잔존수명) : 물질이 방사된 후 대기권 내에서 분해되지 않고 체류하는 잔류기간(단위 : 년)
⑥ LC 50 : 4시간 동안 쥐에게 노출했을 때 그중 50%가 사망하는 농도
⑦ ALC(Approximate Lethal Concentration) : 사망에 이르게 할 수 있는 최소농도

정답 32. ①

33 다음 중 할로겐화합물 및 불활성기체 소화약제의 구비조건으로 옳지 않은 것은?

① 소화성능이 기존의 할론 소화약제와 유사하여야 한다.
② 독성이 낮아야 하며 설계농도는 최대허용농도(NOAEL) 이상이어야 한다.
③ 환경영향성 ODP, GWP, ALT가 낮아야 한다.
④ 소화 후 잔존물이 없어야 하고 전기적으로 비전도성이며 냉각효과가 커야 한다.

● 할로겐화합물 및 불활성기체 소화약제의 구비조건
① 독성이 낮아야 하며 설계농도는 최대허용농도(NOAEL) 이하이어야 한다.
② 저장 시 분해되지 않고 금속용기를 부식시키지 않아야 한다.
③ 기존의 할론 소화약제보다 설치비용이 크게 높지 않아야 한다.

34 다음 중 할로겐화합물 및 불활성기체 소화약제로 옳지 않은 것은?

① HFC-124
② HCFC BLEND A
③ FIC-13I1
④ FK-5-1-12

● 할로겐화합물 및 불활성기체 소화약제의 종류
① 할로겐화합물 소화약제

구 분	소화약제		화학식	최대허용 설계농도
HFC 계열 (수소-불소-탄소화합물)	HFC-125	C_2HF_5	CHF_2CF_3	11.5%
	HFC-227ea	C_3HF_7	CF_3CHFCF_3	10.5%
	HFC-23	CHF_3	CHF_3	30%
	HFC-236fa	$C_3H_2F_6$	$CF_3CH_2CF_3$	12.5%
HCFC 계열 (수소-염소-불소-탄소화합물)	HCFC BLEND A		• HCFC-123($CHCl_2CF_3$) : 4.75% • HCFC-22($CHClF_2$) : 82% • HCFC-124($CHClFCF_3$) : 9.5% • $C_{10}H_{16}$: 3.75%	10%
	HCFC-124	C_2HClF_4	$CHClFCF_3$	1.0%
PFC 계열 (불소-탄소화합물)	FC-3-1-10	C_4F_{10}	C_4F_{10}	40%
	FK-5-1-12	C_6OF_{12}	$CF_3CF_2C(O)CF(CF_3)_2$	10%
FIC 계열 (불소-옥소-탄소화합물)	FIC-13I1	CF_3I	CF_3I	0.3%

② 불활성기체 소화약제

소화약제	화학식	최대허용 설계농도
IG-541	N_2 : 52%, Ar : 40%, CO_2 : 8%	43%
IG-100	N_2	
IG-55	N_2 : 50%, Ar : 50%	
IG-01	Ar	

35 다음의 할로겐화합물 및 불활성기체 소화약제 중 최대허용 설계농도가 가장 낮은 것으로 옳은 것은?

① HFC-23
② FIC-13I1
③ FK-5-1-12
④ IG-541

36 다음 중 FK-5-1-12의 특성을 설명한 것으로 옳지 않은 것은?

① 물보다 약 1.7배 무겁고 다른 물질과 접촉 시 산화반응을 하지 않는다.
② 무색·무취이고, 점성이 물과 비슷하며, 비점은 49[℃]이다.
③ ODP는 0이고, GWP는 1이며, ALT는 5년이다.
④ 화학식은 $CF_3CF_2(O)CF(CF_3)_2$이며, 분자량은 316이다.

▶ FK-5-1-12
ALT(대기권 잔존연수) : 5일

37 다음 중 IG-541의 분자량으로 옳은 것은?

① 28
② 34
③ 34.08
④ 40

▶ 불활성기체 소화약제

종류	화학식	분자량
IG-01	Ar(100%)	40
IG-100	N_2(100%)	28
IG-55	N_2(50%), Ar(50%)	$(28 \times 0.5) + (40 \times 0.5) = 34$
IG-541	N_2(52%), Ar(40%), CO_2(8%)	$(28 \times 0.52) + (40 \times 0.4) + (44 \times 0.08) = 34.08$

정답 35. ② 36. ③ 37. ③

38 다음 중 질소에 대한 설명으로 옳지 않은 것은?

① 질소의 분자량은 28이며, 공기 중에는 79[%]가 포함되어 있다.
② 질소는 산소와 반응 시 발열반응을 한다.
③ 질소의 끓는점은 −196[℃]이고, 임계온도는 −147[℃]이다.
④ 질소는 이산화탄소보다 증기 비중이 작다.

39 다음 중 분말소화약제의 색상으로 옳지 않은 것은?

① 제1종 분말 : 백색
② 제2종 분말 : 담회색
③ 제3종 분말 : 담황색
④ 제4종 분말 : 회색

▶ 분말소화약제

분말 종류	주성분	분자식	성분비	색상	적응 화재
제1종 분말	탄산수소나트륨	$NaHCO_3$	90wt% 이상	백색	B, C급
제2종 분말	탄산수소칼륨	$KHCO_3$	92wt% 이상	담회색	B, C급
제3종 분말	인산암모늄	$NH_4H_2PO_4$	75wt% 이상	담홍색	A, B, C급
제4종 분말	탄산수소칼륨과 요소	$KHCO_3 + CO(NH_2)_2$	−	회색	B, C급

40 다음의 분말소화약제 중 A · B · C급의 화재에 적응성이 있는 것으로 옳은 것은?

① 제1종 분말
② 제2종 분말
③ 제3종 분말
④ 제4종 분말

41 주방 화재의 소화에 제1종 분말소화약제가 제2종 분말소화약제보다 적응성이 좋은 이유로 가장 옳은 것은?

① 분말소화약제에 결합된 알칼리 금속의 분자량이 가벼워 주방 화재에 대한 소화성능이 우수하다.
② 기름의 지방산과 Na^+ 이온이 결합하여 비누거품을 형성하여 재발화를 방지한다.
③ 연쇄반응을 촉진하는 활성라디칼의 흡착력이 우수하다.
④ 나트륨이 칼륨보다 화학반응이 빨라 소화효과가 우수하다.

42 제1종 분말소화약제인 탄산수소나트륨의 열분해 시 생성되는 물질로 옳지 않은 것은?

① Na_2CO_3
② Na_2O_2
③ CO_2
④ H_2O

● NaHCO₃(탄산수소나트륨)의 열 분해 반응식
① 270[℃]
$2NaHCO_3 \rightarrow Na_2CO_3 + CO_2 \uparrow + H_2O \uparrow - 30.3[kcal]$
② 850[℃]
$2NaHCO_3 \rightarrow Na_2O + 2CO_2 \uparrow + H_2O \uparrow - 104.4[kcal]$

43 제1종 분말소화약제인 중탄산나트륨의 성분비[wt%]로 옳은 것은?

① 92 ② 90
③ 80 ④ 75

44 다음 중 제3종 분말소화약제인 제1인산암모늄의 열분해 반응식으로 옳지 않은 것은?

① $NH_4H_2PO_4 \rightarrow H_3PO_4 + NH_3 \uparrow$
② $2H_3PO_4 \rightarrow H_4P_2O_7 + H_2O \uparrow - 77[kcal]$
③ $H_4P_2O_7 \rightarrow 2HPO_3 + H_2O \uparrow$
④ $2KHCO_3 \rightarrow K_2CO_3 + CO_2 \uparrow + H_2O \uparrow - 29.82[kcal]$

● NH₄H₂PO₄의 열분해 반응식(제1인산암모늄)
① 166[℃]
$NH_4H_2PO_4 \rightarrow H_3PO_4 + NH_3 \uparrow \rightarrow$ 질식작용
② 216[℃]
$2H_3PO_4 \rightarrow H_4P_2O_7 + H_2O \uparrow - 77[kcal] \rightarrow$ 냉각작용
③ 360[℃]
$H_4P_2O_7 \rightarrow 2HPO_3 + H_2O \uparrow \rightarrow$ 피막을 형성하여 재연 방지

45 다음 중 분말소화약제의 열분해 시 이산화탄소를 생성하지 아니하는 소화약제로 옳은 것은?

① 제1종 분말 ② 제2종 분말
③ 제3종 분말 ④ 제4종 분말

46 다음 중 제4종 분말소화약제의 주성분으로 옳은 것은?

① $NaHCO_3$ ② $KHCO_3$
③ $NH_4H_2PO_4$ ④ $KHCO_3 + CO(NH_2)_2$

정답 43. ② 44. ④ 45. ③ 46. ④

47 분말소화약제의 소화효과가 가장 좋은 입자범위로 옳은 것은?

① 10~50micron
② 10~75micron
③ 20~25micron
④ 20~75micron

48 CDC(Compatible Dry Chemical) 소화약제의 특징으로 옳지 않은 것은?

① 분말소화약제의 빠른 소화능력과 포소화약제의 재착화 방지능력을 적용시킨 소화약제이다.
② 소화효과로는 희석효과, 질식효과, 냉각효과, 부촉매효과 등이 있다.
③ TWIN 20/20는 ABC 분말약제 20[kg]과 수성막포 20[*l*]를 혼합한 소화약제이다.
④ TWIN 40/40는 ABC 분말약제 40[kg]과 단백포 40[*l*]를 혼합한 소화약제이다.

49 금속화재용 분말 소화약제(Dry Powder)가 가져야 할 특성으로 옳지 않은 것은?

① 요철이 있는 금속 표면을 피복할 수 있어야 한다.
② 냉각효과가 좋아야 한다.
③ 고온에 견딜 수 있어야 한다.
④ 금속이 용융된 경우에는 용융된 액면 아래로 가라앉을 수 있어야 한다.

> **금속화재용 분말 소화약제(Dry Powder)**
> ① 일반적으로 금속화재는 가연성 금속인 알루미늄(Al), 마그네슘(Mg), 나트륨(Na), 칼륨(K) 등이 연소하는 것을 말하며, 이러한 금속화재는 연소 온도가 매우 높아 소화의 어려움이 있다. 금속화재 시 주수소화를 하는 경우 물은 금속과 급격한 반응을 일으키거나 수증기 폭발을 일으킬 위험이 있으므로 주수소화를 금지하여야 한다.
> ② 금속화재용 분말소화약제(Dry Powder)는 금속 표면을 덮어서 산소의 공급을 차단하거나 온도를 낮추는 것이 주된 소화원리이다.

50 다음 중 간이소화용구에 대한 설명으로 옳지 않은 것은?

① 간이소화용구의 능력단위는 1단위 이상이 되어야 한다.
② 마른 모래에는 가연물이 포함되지 않고, 반드시 건조되어 있어야 한다.
③ 팽창질석은 운모가 풍화 또는 변질되어 생성된 것이다.
④ 팽창진주암은 천연유리를 조각으로 분쇄한 것이며, 3~4[%]의 수분을 함유하고 있다.

APPENDIX

부록

요약정리

PART 01 소방안전관리론
PART 02 소방전기회로
PART 03 소방수리학·약제화학

PART 01 소방안전관리론

1. 연소

① 산화반응　② 발열반응　③ 열과 빛

> **산화반응**
> 산소와 결합, 산화수 증가, 수소를 잃는, 전자를 잃는

2. 연소의 색깔

색상	담암적색	암적색	적색	휘적색	황적색	백적색	휘백색
온도[℃]	550	700	850	950	1,100	1,300	1,500 이상

3. 연소의 필요요소

구 분	필요 요소	소화	
3요소	가연물 산소공급원 점화원	제거소화 질식소화 냉각소화	물리적 소화
4요소	가연물 산소공급원 점화원 연쇄반응	제거소화 질식소화 냉각소화 억제소화	물리적 소화 화학적 소화

4. 가연물

산화반응 시 발열반응을 할 수 있는 물질, 불에 탈 수 있는 물질

> **가연물이 될 수 없는 물질**
> ① 산소와 반응할 수 없는 물질　② 불활성 기체　③ 흡열반응하는 물질

5. 산소공급원

① 공기 중의 산소(체적비 : 21%, 중량비 : 23wt%)
② 화합물 내의 산소(제1류 · 제5류 · 제6류)

6. 점화원

가연물과 산소를 반응시킬 수 있는 에너지, 활성화 에너지 또는 착화 에너지

① 화학적 에너지 : 연소열 · 자연발열 · 분해열 · 용해열
② 기계적 에너지 : 마찰열 · 마찰스파크 · 압축열
③ 전기적 에너지 : 저항가열 · 유도가열 · 유전가열 · 아크가열 · 정전기가열 · 낙뢰에 의한 발열

> **점화원이 될 수 없는 것** : 기화열, 증발열, 냉각열, 단열팽창 등

7. 연쇄반응

발열반응에 의한 연소열에 의해 원인계인 미반응 부분의 활성화가 계속 일어나는 현상

8. 연소의 분류

① 상태별 분류

종류	연소 형태
기체	확산 · 예혼합
액체	증발 · 분해
고체	표면 · 분해 · 증발 · 자기

② 불꽃 유무에 의한 분류

구 분	불꽃이 있는 연소	불꽃이 없는 연소
물질	기체 · 액체 · 고체	고체
화재	표면화재	심부화재
종류	확산 · 예혼합 · 증발 · 자기 · 분해 · 자연발화	표면 · 훈소 · 작열
소화	물리적 · 화학적	물리적

9. 연소속도 : 질량 감소속도

> **연소속도가 빨라지는 경우(위험하다)**
> ↑ : 가연물 온도 · 산소 농도 · 발열량 · 주변 압력
> ↓ : 가연물 입자 · 활성화에너지 · 자신 압력

10. 비열 : 어떤 물질의 단위 질량을 단위 온도만큼 상승시키는 데 필요한 열량

> 물 : 1, 얼음 : 0.5

① C[cal/g · ℃], [kcal/kg · ℃]
② 1cal : 1g의 물질을 1℃ 높이는 데 필요한 열량
③ 1BTU : 1lb의 물질을 1℉ 높이는 데 필요한 열량

11. 잠열 : 물질의 상태가 변할 때 필요한 열량

$$Q = m \cdot \gamma \text{(물의 증발잠열 : 539 kcal/kg, 얼음의 융해잠열 : 80kcal/kg)}$$

12. 현열 : 물질의 온도가 변할 때 필요한 열량

$$Q = m \cdot C \cdot \triangle t \text{(물의 비열 : 1kcal/kg · ℃, 얼음의 비열 : 0.5kcal/kg · ℃)}$$

13. 인화점 < 연소점 < 발화점

① 인화점 : 점화원에 의해 불이 붙을 수 있는 최저온도

디에틸에테르(-45), 아세트알데히드(-37.7), 이황화탄소(-30), 벤젠(-11)

② 연소점 : 착화된 상태에서 점화원을 제거하여도 연소가 지속될 수 있는 최저온도
③ 발화점 : 점화원 없이 스스로 불이 붙을 수 있는 최저온도

> 발화점이 낮아질 수 있는 조건
> 산소와의 친화력이 좋을수록, 발열량이 클수록, 압력이 높을수록
> 분자구조가 복잡할수록, 접촉금속의 열전도성이 클수록, 탄화수소의 분자량이 클수록

14. 연소범위

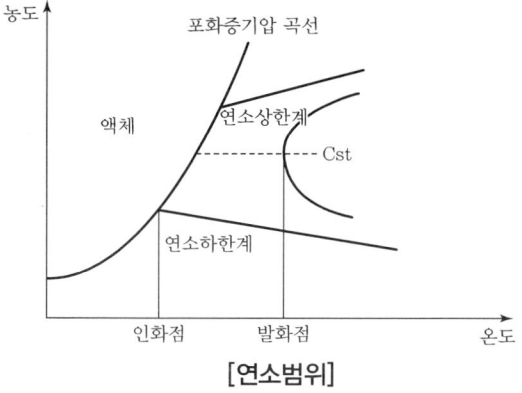

[연소범위]

가스	하한계(%)	상한계(%)
아세틸렌	2.5	81.0
산화에틸렌	3.0	80.0
수소	4.0	75.0
일산화탄소	12.0	74.0
이황화탄소	1.2	44.0
메탄	5.0	15.0
에탄	3.0	12.4
프로판	2.1	9.5
부탄	1.8	8.4

> **연소범위 영향 요소**
> 1. 넓어지는 경우 : 산소농도가 클수록 · 온도가 높을수록 · 압력이 높을수록(H · CO ↓)
> 2. 좁아지는 경우 : 불활성 가스 첨가

15. 밀도

밀도 = $\dfrac{\text{질량}}{\text{부피}}$ (단위체적당 질량)

16. 비중

- 기체의 비중 = $\dfrac{\text{측정기체의 밀도}}{\text{표준상태의 공기밀도}} = \dfrac{\text{측정기체의 분자량}}{\text{공기의 분자량}(=29)}$
- 고체, 액체의 비중 = $\dfrac{\text{측정물질의 밀도}}{4℃ \text{ 물의 밀도}} = \dfrac{\text{측정물질의 비중량}}{4℃ \text{ 물의 비중량}}$

17. 연소 시 발생하는 이상 현상

① 불완전연소　　　　　　　　② 선화(분출속도 > 연소속도)
③ 역화(분출속도 < 연소속도)　④ 블로우 오프
⑤ 옐로 팁

18. 폭발

① 핵폭발
② 물리적 폭발(보일러 · 수증기 · 고압용기)
③ 화학적 폭발(산화 · 분진 · 분해 · 중합)
　　　　　↳ 25~45~80mg/l

19. 폭연(Deflagration) · 폭굉(Detonation)

폭연 ← 음속 → 폭굉(밀폐 · 충격파 · 1,000~3,500m/s)

20. 위험장소

0종 장소(본질안전방폭구조) · 1종 장소 · 2종 장소

21. 화재

① 통제를 벗어난 광적인 연소현상
② 의도에 반하는 연소현상
③ 인적 · 물적 피해를 주는 연소현상

화재분류	형식승인	KS	특징
일반	A급	A급	연기는 백색, 소화기 백색, 재가 남는다. 냉각소화
유류 · 가스	B급	B급	액체가연물(제4류), 연기는 흑색, 소화기 황색, 주수소화(×), 질식소화
전기	C급	C급	질식소화, 과 · 단 · 지 · 누 · 접 · 스 · 절 · 열 · 정 · 낙
금속	-	D급	온도↑(2,000~3,000℃), 주수소화(×), Dry Powder, 30~80[mg/l]
주방	-	K급	재발화 위험, 인화점(300~315℃), 발화점(390~410℃)

> **정전기 방지대책**
> 공기 이온화 · 습도(70%↑) · 접지 · 유속↓ · 도체화

22. 고비점 액체 위험물에서 발생될 수 있는 현상

종류	현상
보일 오버 (Boil over)	탱크 유면에서 화재 발생 → 고온의 열류층 형성 → 열파에 의해 탱크 하부 수분이 급격히 비등하면서 상층의 유류를 탱크 밖으로 분출시키는 현상
슬롭 오버 (Slop over)	탱크 유면에서 화재 발생 → 고온의 열류층 형성 → 물분무 또는 포소화설비 방사 → 열류층 교란 → 고온층 아래 차가운 유류가 불이 붙은 상태로 분출
프로스 오버 (Froth over)	화재가 아닌 경우로서 물이 고점도 유류와 접촉되면 급속히 비등하여 거품과 같은 형태로 분출되는 현상

23. 가스의 분류

가연성 가스	• 연소범위의 하한값이 10% 이하 • 상한값과 하한값의 차이가 20% 이상 예 메탄, 에탄, 프로판, 수소, 아세틸렌 등
조연성 가스	가연물의 연소에 필요한 산소를 공급해 줄 수 있는 가스 예 공기, 산소, 오존, 할로겐원소 등
불연성 가스	산화반응을 하지 않거나 흡열반응을 하는 가스 예 CO_2, H_2O, P_2O_5, He, Ne, Ar, Kr, Xe, Rn, N_2 등
압축가스	임계온도가 낮아 기체로 저장 또는 취급되는 가스 예 수소, 질소, 산소, 염소, 헬륨, 아르곤 등
액화가스	임계온도가 높아 액체로 저장 또는 취급되는 가스 예 LPG, LNG, CO_2 등

24. BLEVE(Boiling Liquid Expanding Vapor Explosion, 비등액체팽창증기폭발)

정의	가연성 액화가스의 저장탱크 주위에 화재가 발생되어 기상부의 탱크 강판이 국부적으로 가열된 경우 그 부분의 강도가 약해져 파열되면서 내부의 가열된 액화가스가 급속히 비등하면서 팽창, 폭발하는 현상이다.
대책	• 탱크 내부의 압력을 감압 • 방유제를 경사지게 설치 • 물분무 설비를 설치 • 탱크 외벽에 대하여 단열조치(탱크 주위에 흙을 쌓아 덮는다 · 탱크를 지면 아래로 매설) • 이송배관을 설치 • 탱크에 대한 기계적 충돌을 방지

25. 화재피해의 분류

화재소실정도	국소화재	전체의 10% 미만이 소손된 것으로 바닥 면적이 3.3m² 미만이거나 내부의 수용물만 소손
	부분소화재	전체의 10% 이상 30% 미만이 소손
	반소화재	전체의 30% 이상 70% 미만이 소손
	전소화재	전체의 70% 이상이 소손 · 70% 미만이라 할지라도 재수리 후 사용이 불가능
	즉소화재	인명피해가 없고 피해액이 경미(50만 원 미만)한 화재, 화재 건수에 이를 포함
인명피해	사상자	화재현장에서 사망 또는 부상을 당한 사람
	사망자	화재현장에서 부상을 당한 후 72시간 이내에 사망한 경우
	중상자	의사의 진단을 기초로 하여 3주 이상의 입원치료를 필요로 하는 부상
	경상자	중상 이외의 (입원치료를 필요로 하지 않는 것도 포함) 부상

26. 화상 분류

1도 화상(홍반성 화상)	• 햇빛	• 약간 붉게 보이는 정도
2도 화상(수포성 화상)	• 진피가 손상	• 수포 발생(분홍색)
3도 화상(괴사성 화상)	• 피부의 모든 층이 타 버린 화상	• 검게 된다.
4도 화상(흑색 화상)	• 근육, 신경, 뼛속까지 손상	• 통증이 거의 없을 수 있다.

27. 열전달

전도(Fourier의 열전달법칙)	$Q = K \cdot A \cdot \dfrac{\Delta t}{l}$	복사에너지 단원자 · 이원자 분자 : 흡수, 투과 삼원자 분자 : 흡수 전도, 대류, 복사는 2개 이상의 과정이 동시에 발생한다.
대류(Newton의 냉각법칙)	$Q = h \cdot A \cdot (T_1 - T_2)$	
복사(Stenfan-Boltzmann 법칙) : 면적 · 절대온도 4승에 비례	$Q = \varepsilon \cdot \sigma \cdot \Phi \cdot A \cdot T^4$	

Q : 전도열량(W = J/s = cal/s)
K : 열전도도(W/m · ℃), (J/s · m · ℃)
$h\left(=\dfrac{K}{l}\right)$: 열전도 계수(W/m² · ℃)
A : 접촉면적(m²)
$\triangle t$: 온도차[$T_1 - T_2$(℃)]
l : 두께(m)
σ : 스테판-볼츠만 상수[5.67×10^{-8}(W/m² · K⁴), 5.67×10^{-11}(kW/m² · K⁴)]

28. 화재성장 3요소

① 발화　② 화염확산　③ 연소속도

> 화재성장속도

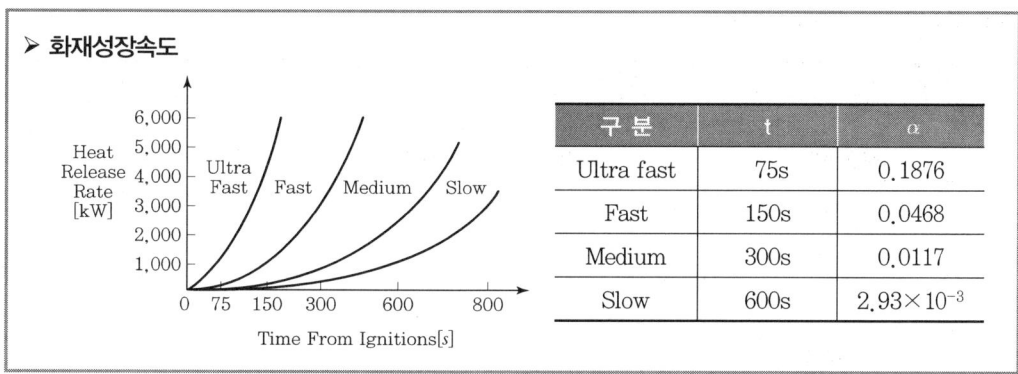

구 분	t	α
Ultra fast	75s	0.1876
Fast	150s	0.0468
Medium	300s	0.0117
Slow	600s	2.93×10^{-3}

29. 화재플럼

구 분	특 징
연속화염	연료표면 바로 위의 영역
간헐화염	화염의 존재와 소멸이 반복되는 영역, 화염 주기 $f = \dfrac{1.5}{\sqrt{D}}$(Hz) D : 화염 직경
부력플럼	화염 상부의 대류 열기류 영역

① 평균 화염 높이

$L_f = 0.23 Q^{\frac{2}{5}} - 1.02 D$(m)　여기서, Q : 에너지 방출속도(kW), D : 화염직경(m)

② 천장제트흐름(Ceiling Jet Flow)
　① 연소생성물이 부력에 의해 천장 면 아래에 얇은 층을 형성하는 비교적 빠른 속도의 가스 흐름
　② Ceiling Jet Flow 두께 : 실 높이의 5~12%
　　　최고 온도와 최고 속도의 범위 : 실 높이 1% 이내

30. 연소생성물의 위험성

종 류	특 징	허용농도[ppm]
CO	Hb과 결합하여 COHb로 되어 산소 운반 방해	50
CO_2	0.1%(공중위생한계), 10%(시력장애, 1분 이내 의식 상실), 20%(단시간 내 사망)	5,000
아크롤레인	석유제품, 유지류 등의 연소시 발생, 강한 자극성으로 감각기관과 폐를 자극	0.5
HCl	부식성, 눈, 기관지 등을 자극하여 행동 장애를 유발	5
H_2S	썩은 달걀 냄새	10
$COCl_2$	2차 대전 때 나치의 유태인 학살에 이용, CCl_4가 고열 금속과 접촉되면 발생	0.1
PH_3	생선 썩은 냄새	0.3

31. 독성과 관련된 용어

구 분	내 용
TLV 허용농도	근로자가 유해 요인에 노출될 때, 노출기준 이하 수준에서는 거의 모든 근로자에게 건강상 나쁜 영향을 미치지 아니하는 기준을 의미
TWA 시간가중 평균노출기준	1일 8시간 작업을 기준으로 하여 유해요인의 측정치에 발생시간을 곱하여 8시간으로 나눈 값을 의미
STEL 단시간 노출기준	근로자가 15분 동안 노출될 수 있는 최대허용농도로서 이 농도에서는 1일 4회 60분 이상 노출이 금지되어 있다.
Ceiling 최고노출기준	근로자가 1일 작업시간 동안 잠시라도 노출되어서는 안 되는 기준
LC50 50% 치사농도	한 무리의 실험동물 50%를 죽게 하는 독성 물질의 농도
LD50 50% 치사량	독극물의 투여량에 대한 시험 생물의 반응을 치사율로 나타낼 수 있을 때의 투여량(한 무리의 50%가 사망한다는 것)

32. 연기의 유해성

① 생리적 ② 시계적 ③ 심리적

감광계수	가시거리	특 징	피난 한계시야	잘 아는 : 3~5m
0.1Cs	20~30m	연기감지기가 작동되는 농도		잘 모르는 : 20~30m
1.0Cs	1~2m	전방이 거의 보이지 않을 정도의 농도	연기 이동속도	수평	0.5~1m/s
10Cs	수십 cm	최성기 때 화재 층의 연기 농도		수직	2~3m/s
30Cs	–	화재 실에서 연기가 배출될 때 농도		수직공간	3~5m/s

33. 목조건축물의 화재

| 화재원인 – 무염착화 – 발염착화 – 출화 – 최성기 – 연소낙하 – 소화 |

① 화재원인 : 접염, 복사열, 비화
① 옥내출화 : 건축물 실내의 천장 속, 벽 내부에서 착화
② 옥외출화 : 창, 출입구 등의 개구부 등에서 착화

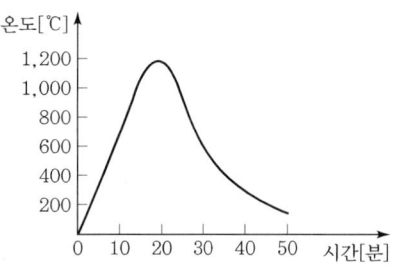

구 분	특 징
목조	고온 단기형(약 1,200℃, 5~15분)
내화	저온 장기형(약 800℃, 30~3시간)

➤ 목재와 함수율 관계
1. 수분 15% 이상 : 착화 어렵다.
2. 발화되면 50% 이상의 수분 함량에도 연소가 지속

➤ 목재의 열분해 단계
1. 100℃ : 수분 및 휘발성분이 증발하여 갈색
2. 170℃ : 열분해되어 가연성 기체가 생성(흑갈색)
3. 260℃ : 목재의 인화점
4. 480℃ : 목재의 발화점, 폭발적으로 연소

34. 내화건축물 화재

| 초기 – 발화 – 성장기 – 최성기 – 감쇠기 |

구 분	발생 원인	발생 시기
Flash over	에너지 축적	성장기
Back draft	공기 공급	최성기 이후(감쇠기)

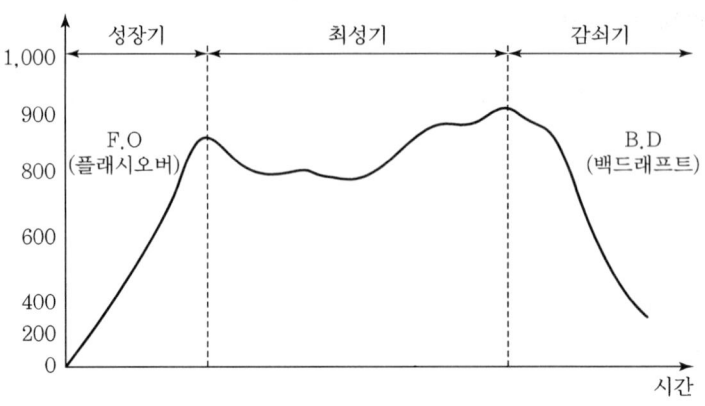

[초기 – 발화 – 성장기 – 최성기 – 감쇠기]

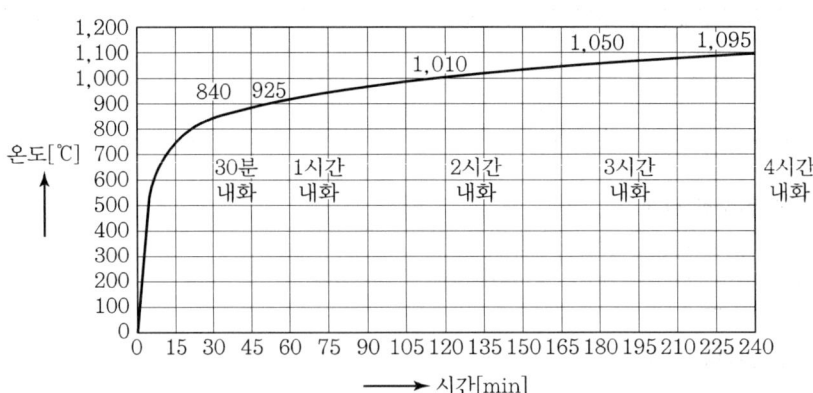

35. 플래시오버

플래시오버의 발생조건	플래시오버의 방지대책
• 충분한 크기의 열방출속도에 도달할 것 • 바닥에서의 열류가 20(kW/m²) 이상일 것 • 실내 복사열원의 온도가 500℃ 이상일 것 • 연소속도가 40(g/s) 이상일 것 • 다양한 열 복사원이 있을 것 • 산소농도가 10%, $CO_2/CO=150$ 정도일 것	• 천장, 벽 등의 내장재를 불연화한다. • 개구부의 크기를 제한한다. • 실내의 연료하중을 감소시킨다. • 가구 등은 가급적 소형화한다.

> **플래시오버가 발생하기 위한 열방출속도**
> 1. Thomas식 $Q = 7.8A_t + 378A\sqrt{H}\,(\text{kW})$
> 2. McCaffrey식 $Q = 610(hA_tA\sqrt{H})^{\frac{1}{2}}\,(\text{kW})$
>
> 여기서, A_t : 구획 내부 표면적(m²), A : 개구부 면적(m²)
> h : 열전도 계수(kW/m²℃), H : 개구부 높이(m)

36. 화재가혹도

① 최고온도 : 화재강도, 주수율 결정[l/m²]
② 지속시간 : 화재하중, 주수시간 결정[min]

> **화재하중(연료하중)**
> $$W[\text{kg/m}^2] = \frac{\Sigma(G_t \cdot H_t)}{H_o \cdot A_f} = \frac{\Sigma Q_t}{4{,}500 \times A_f}$$

37. 건축물의 주요 구조부

주계단 · 내력벽 · 기둥 · 바닥 · 보 · 지붕
(다만, 사잇벽 · 사잇기둥 · 최하층 바닥 · 작은보 · 차양 · 옥외 계단 등은 제외한다.)

38. 내화구조 vs 방화구조

내화구조	방화구조
• 화재에 견딜 수 있는 성능 • 진화 후 재사용	• 화염 확산을 막을 수 있는 성능 • 재사용 불가

39. 방화문

① 60분+방화문 : 연기 및 불꽃을 차단할 수 있는 시간이 60분 이상이고, 열을 차단할 수 있는 시간이 30분 이상인 방화문
② 60분방화문 : 연기 및 불꽃을 차단할 수 있는 시간이 60분 이상인 방화문
③ 30분방화문 : 연기 및 불꽃을 차단할 수 있는 시간이 30분 이상 60분 미만인 방화문

40. 방화구획 종류

① 면적별 구획

구 분		자동식 소화설비 미설치	자동식 소화설비 설치
10층 이하		1,000m² 이내	3,000m² 이내
11층 이상	일반재료	200m² 이내	600m² 이내
	불연재료	500m² 이내	1,500m² 이내

② 층별 구획

3층 이상의 층과 지하층은 층마다 구획할 것. 다만, 지하 1층에서 지상으로 직접 연결하는 경사로 부위는 제외한다.

③ 용도별 구획
   문화 및 집회시설 · 의료시설 · 공동주택 등 주요 구조부를 내화구조로 해야 하는 부분은 그 부분과 다른 부분을 방화구획할 것
④ 수직관통부 구획
   엘리베이터 권상기실, 계단, 경사로, 린넨슈트, 피트 등 수직관통부를 방화구획한다.

> **방화댐퍼 설치기준**
> ㉮ 화재로 인한 연기 또는 불꽃을 감지하여 자동적으로 닫히는 구조로 할 것. 다만, 주방 등 연기가 항상 발생하는 부분에는 온도를 감지하여 자동적으로 닫히는 구조로 할 수 있다.
> ㉯ 국토교통부장관이 정하여 고시하는 비차열(非遮熱)성능 및 방연성능 등의 기준에 적합할 것
> ㉰ 삭제 〈2019. 8. 6.〉
> ㉱ 삭제 〈2019. 8. 6.〉

41. 셔터의 성능기준

① KS F 2268-1(방화문의 내화시험방법)에 따른 내화시험 결과 비차열 1시간 성능
② KS F 4510(중량셔터)에서 규정한 차연성능
③ KS F 4510(중량셔터)에서 규정한 개폐성능

42. 상층으로 연소 확대 방지

종류	구조
스팬드럴	① 창문을 통해서 아래층에서 위층으로 연소가 확대되는 것을 방지 ② 아래층 창문 상단에서 위층 창문 하단까지의 거리는 90[cm] 이상
캔틸레버	① 스팬드럴 높이의 한계를 보완하기 위해서 설치 ② 건물 외벽에서 돌출된 부분의 거리는 50[cm] 이상

발코니	발코니 등의 구조 변경절차 및 설치기준(국토해양부 고시 제 2012-745호)
	① 방화판 또는 방화유리창을 설치할 것
	   아파트 2층 이상의 층에서 스프링클러의 살수범위에 포함되지 않는 발코니를 구조 변경하는 경우에는 발코니 끝부분에 바닥판 두께를 포함하여 높이가 90[cm] 이상
	② 난간 등의 구조
	   발코니를 거실 등으로 사용하는 경우 난간의 높이는 1.2[m] 이상이어야 하며 난간에 난간살이 있는 경우에는 난간 살 사이의 간격을 10[cm] 이하의 간격으로 설치할 것

43. 피난계획

1) 기본원칙

> **안전구획**
> ① 제1차 안전구획 : 복도   ② 제2차 안전구획 : 전실(부속실)   ③ 제3차 안전구획 : 계단

Fool-proof	Fail-safe
① 누구나 식별 가능하도록 간단명료하게 설치 ② 인간행동 특성에 부합하도록 설계 ③ Fool-proof의 예 • 간단 명료한 피난통로, 유도등, 유도표지 등 • 소화설비, 경보설비에 위치표시, 사용방법 부착 • 피난방향으로 개방	① 한가지가 고장으로 실패하더라도 다른 수단에 의해 안전이 확보 ② 2방향 이상의 피난경로 ③ Fail-safe의 예 • 2방향 이상의 피난로 확보 • 보조적 피난기구의 설치 • 소화설비의 자동·수동 기동 장치 • 경보설비의 감지기·발신기 설치 등

2) 인간의 본능

① 귀소본능 ② 지광본능
③ 추종본능 ④ 퇴피본능
⑤ 좌회본능

3) 성능 위주 피난계획

ASET > RSET

RSET(총 피난시간) 줄이는 대책	ASET(거주가능시간) 늘이는 대책
• 피난거리 단축·비상구 수 증대 • 계단 및 통로 폭 확대·대피훈련	• 자동식 소화설비 설치 • 방화구획·제연설비

44. 피난계단·특별피난계단

피난계단		대상	5층 이상 또는 지하 2층 이하
		예외	건축물의 주요구조부가 내화구조 또는 불연재료로 된 경우로서 • 5층 이상의 층의 바닥면적 합계 : 200[m²] 이하이거나 • 5층 이상의 층의 바닥면적 200[m2] 이내마다 방화구획된 경우
특별피난계단	일반	대상	• 11층 이상(공동주택 16층 이상) 또는 지하 3층 이하 • 판매시설 : 직통계단 중 1개 이상
		예외	• 갓복도식 공동주택 : 각 층의 계단실 및 승강기에서 각 세대로 통하는 복도의 한쪽 면이 외기에 개방된 구조의 공동주택 • 바닥면적 400[m²] 미만인 층
	강화	대상	5층 이상의 층으로서, 전시장, 동식물원, 판매시설, 운수시설, 운동시설, 위락시설, 관광휴게시설, 생활권수련시설 용도로 쓰이는 바닥면적이 2,000[m²]을 넘는 층
		기준	직통계단 외에 추가적으로 매 2,000[m²]마다 1개소의 피난계단 또는 특별피난계단을 설치할 것(4층 이하의 층에는 쓰지 않는 피난계단 또는 특별피난계단만 해당)

45. 방화계획

① 공간적 대응 : 대항성, 회피성, 도피성
② 설비적 대응 : 소방시설(소화설비, 경보설비, 피난설비 등)

46. 복도형태에 따른 피난특성

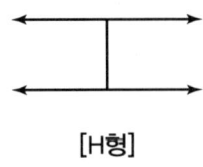

[H형]

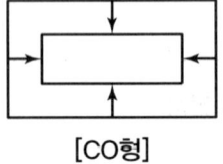

[CO형]

피난자가 집중되어 패닉(Panic)현상 발생

PART 02 소방전기회로

1. 전기량

① 전하의 크기
② 기호 : Q, 단위 : [C](쿨롱)
③
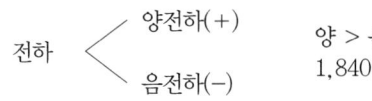
양 > 음
1,840배

2. 전류

① $I = \dfrac{Q}{t}$ [A], $Q = I \cdot t$ [C]
② 기호 : I, 단위 : [A](암페어)

3. 전압

① $V = \dfrac{W}{Q}$ [V], $W = Q \cdot V$ [C]
② 기호 : V, 단위 : [V](볼트)

4. 옴의 법칙

$I = \dfrac{V}{R} = G \cdot V \left(\because G = \dfrac{1}{R}, R[\Omega], G[\mho][S] \right)$

5. 키르히호프의 법칙

① 제1법칙(전류평형의 법칙) $\sum I_i = \sum I_o$
② 제2법칙(전압평형의 법칙) $\sum E = \sum IR$

6. 줄열

$H = 0.24 VIt$ [cal]
여기서, V : 전압[V], I : 전류[A], t : 시간[sec]

7. 전선의 저항

$$R = \rho \frac{L}{A} = \rho \frac{L}{\pi r^2} = \rho \frac{4L}{\pi d^2} [\Omega]$$

8. 전압분배법칙·전류분배법칙의 비교

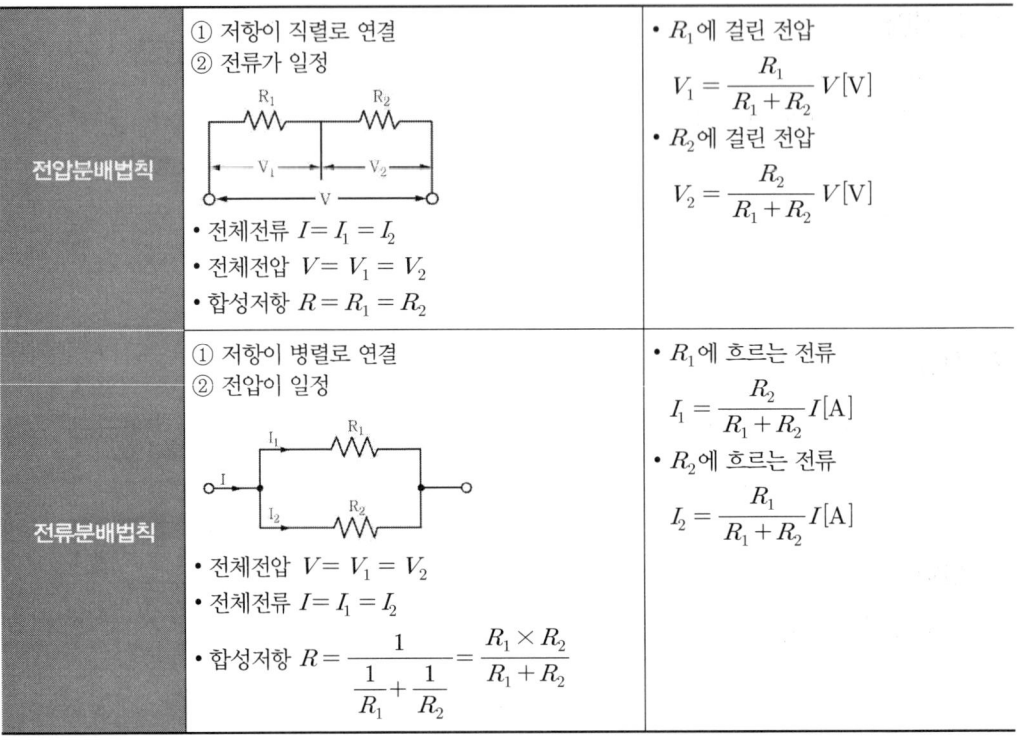

전압분배법칙	① 저항이 직렬로 연결 ② 전류가 일정 • 전체전류 $I = I_1 = I_2$ • 전체전압 $V = V_1 + V_2$ • 합성저항 $R = R_1 + R_2$	• R_1에 걸린 전압 $V_1 = \dfrac{R_1}{R_1 + R_2} V [\text{V}]$ • R_2에 걸린 전압 $V_2 = \dfrac{R_2}{R_1 + R_2} V [\text{V}]$
전류분배법칙	① 저항이 병렬로 연결 ② 전압이 일정 • 전체전압 $V = V_1 = V_2$ • 전체전류 $I = I_1 + I_2$ • 합성저항 $R = \dfrac{1}{\dfrac{1}{R_1} + \dfrac{1}{R_2}} = \dfrac{R_1 \times R_2}{R_1 + R_2}$	• R_1에 흐르는 전류 $I_1 = \dfrac{R_2}{R_1 + R_2} I [\text{A}]$ • R_2에 흐르는 전류 $I_2 = \dfrac{R_1}{R_1 + R_2} I [\text{A}]$

9. 전력과 전력량

$$1[\text{kW} \cdot \text{h}] = 860[\text{kcal}]$$

전력	단위 시간당 한일	$P = \dfrac{W}{t} = VI = I^2 R = \dfrac{V^2}{R} [\text{W}]$ 또는 $[\text{J/sec}]$
전력량	일정 시간 동안 전기에너지가 한 일의 양	$W = Pt = VIt = I^2 Rt = \dfrac{V^2}{R} t [\text{J}]$ 또는 $[\text{W} \cdot \text{sec}]$

10. 배율기와 분류기

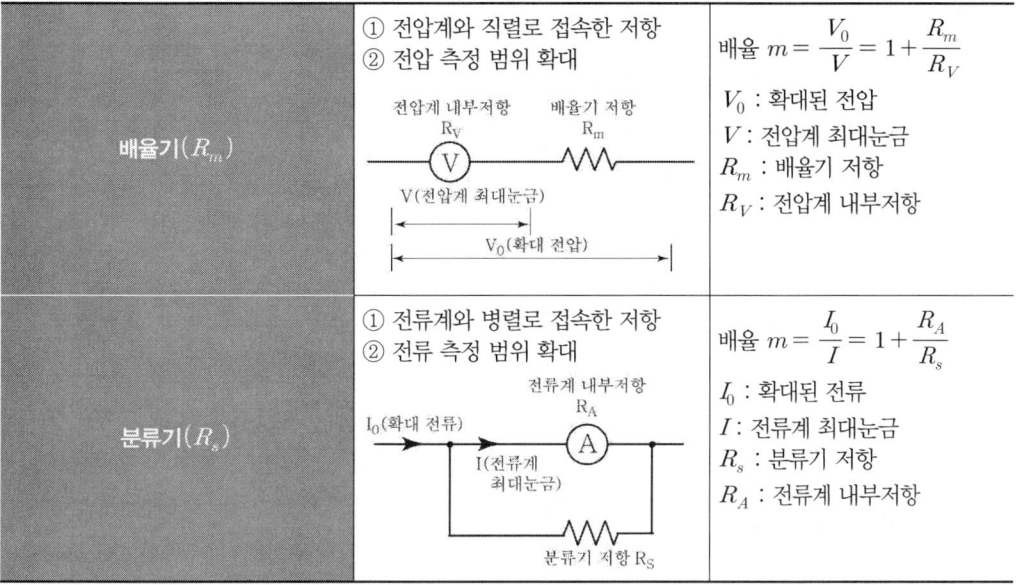

배율기(R_m)	① 전압계와 직렬로 접속한 저항 ② 전압 측정 범위 확대	배율 $m = \dfrac{V_0}{V} = 1 + \dfrac{R_m}{R_V}$ V_0 : 확대된 전압 V : 전압계 최대눈금 R_m : 배율기 저항 R_V : 전압계 내부저항
분류기(R_s)	① 전류계와 병렬로 접속한 저항 ② 전류 측정 범위 확대	배율 $m = \dfrac{I_0}{I} = 1 + \dfrac{R_A}{R_s}$ I_0 : 확대된 전류 I : 전류계 최대눈금 R_s : 분류기 저항 R_A : 전류계 내부저항

11. 교류의 값

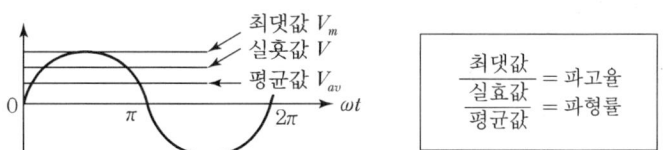

$\dfrac{\text{최댓값}}{\text{실효값}} = 파고율$

$\dfrac{\text{실효값}}{\text{평균값}} = 파형률$

① 순시값 $v = V_m \sin wt [\text{V}]$, $i = I_m \sin wt [\text{A}]$ (여기서, 각속도 $w = 2\pi f [\text{rad/sec}]$)

② 최댓값 V_m

③ 실효값 $V_m \times \dfrac{1}{\sqrt{2}}$

④ 평균값 $V_{av} = V_m \times \dfrac{2}{\pi}$

12. R-L-C 회로

① 위상 비교

구 분	기본 회로	
	임피던스	위 상
저항(R)만의 회로	$R[\Omega]$	전압과 전류는 동상
인덕턴스(L)만의 회로	$X_L = wL = 2\pi fL[\Omega]$	전류는 전압보다 위상이 $\frac{\pi}{2}(90°)$ 뒤진다.
정전용량(C)만의 회로	$X_c = \frac{1}{wC} = \frac{1}{2\pi fC}[\Omega]$	전류는 전압보다 위상이 $\frac{\pi}{2}(90°)$ 앞선다.

②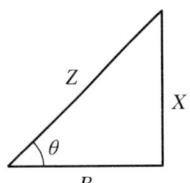

임피던스 $Z = R + jX = \sqrt{R^2 + X^2}\,[\Omega]$
 (+ : 유도성, - : 용량성)
유효전력 $P_a = \sqrt{P^2 + P_r^2}\,[\text{VA}]$

구 분	기본 회로		
	임피던스	위상각	역률
$R-L$	$\sqrt{R^2 + (wL)^2}$	$\tan^{-1}\frac{wL}{R}$	$\frac{R}{\sqrt{R^2 + (wL)^2}}$
$R-C$	$\sqrt{R^2 + (\frac{1}{wC})^2}$	$\tan^{-1}\frac{1}{wCR}$	$\frac{R}{\sqrt{R^2 + (\frac{1}{wC})^2}}$
$R-L-C$	$\sqrt{R^2 + (wL - \frac{1}{wC})^2}$	$\tan^{-1}\frac{wL - \frac{1}{wC}}{R}$	$\frac{R}{\sqrt{R^2 + (wL - \frac{1}{wC})^2}}$

13. 교류의 전력

구분	단상	3상
피상전력 $P_a[\text{VA}]$	$P_a = VI[\text{VA}]$	$P_a = 3V_PI_P = \sqrt{3}\,V_lI_l[\text{VA}]$
유효전력 $P[\text{W}]$	$P = VI\cos\theta[\text{W}]$	$P = 3V_PI_P\cos\theta = \sqrt{3}\,V_lI_l\cos\theta[\text{W}]$
무효전력 $P_r[\text{Var}]$	$P_r = VI\sin\theta[\text{Var}]$	$P_r = 3V_PI_P\sin\theta = \sqrt{3}\,V_lI_l\sin\theta[\text{Var}]$

14. $Y \leftrightarrow \triangle$ 변환

① $Y \to \triangle$ 변환 $R_\triangle = 3R_Y \; (\triangle = 3Y)$

② $\triangle \to Y$ 변환 $R_Y = \dfrac{1}{3} R_\triangle \left(Y = \dfrac{1}{3} \triangle \right)$

15. 공진

공진 조건	$X_L = X_C$ 에서 $wL = \dfrac{1}{wC}, \; 2\pi f L = \dfrac{1}{2\pi f C}$
공진 각속도	$w = \dfrac{1}{\sqrt{LC}}$ [rad/sec] (L[H], C[F])
공진 주파수	$f = \dfrac{1}{2\pi \sqrt{LC}}$ [Hz] (L[H], C[F])

공진의 의미
① 전압과 전류가 동상이다
② 리액턴스(X) : 0, 역률 : 1
③ 임피던스 : 최소, 전류 : 최대

16. 브리지 평형

$$Z_1 \cdot Z_4 = Z_2 \cdot Z_3 \; (Z = R + jX)$$

① 마주보는 임피던스의 곱이 서로 같으면 평형이다.
② Ⓖ(검류계)에는 전류가 흐르지 않는다. (I = 0)

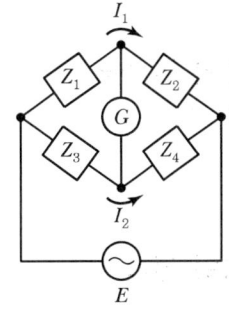

17. 비정현파 교류

$$(v = V_0 + V_{m1}\sin(\omega t + \theta_1) + V_{m2}\sin(2\omega t + \theta_2) + V_{m3}\sin(3\omega t + \theta_3) + \to)$$

직류분   기본파   전 고조파 →

비정현파 = 직류분 + 기본파 + 전 고조파	
비정현파 실횻값	$V = \sqrt{V_0^2 + V_1^2 + V_2^2 + V_3^2 \cdots + V_n^2}$
비정현파 왜형률	$D = \dfrac{\text{전 고조파 실횻값}}{\text{기본파 실횻값}} = \dfrac{\sqrt{V_2^2 + V_3^2 + \cdots V_n^2}}{\sqrt{V_1^2} = V_1}$

V_0 : 직류분

V_1 : 기본파 실횻값 $\left[= \left(\dfrac{V_{m1}}{\sqrt{2}} \right)^2 \right]$

V_2 : 2고조파 실횻값 $\left[= \left(\dfrac{V_{m2}}{\sqrt{2}} \right)^2 \right]$

V_3 : 3고조파 실횻값 $\left[= \left(\dfrac{V_{m3}}{\sqrt{2}} \right)^2 \right]$

18. 중첩의 원리

전압원	단락(전류원만의 회로)	┬ (변환)→ │
전류원	개방(전압원만의 회로)	↑ (변환)→ ○○

19. 정전력(쿨롱의 법칙)

$$F = 9 \times 10^9 \frac{Q_1 Q_2}{r^2} \text{[N]}$$

① 두 전하(전기량)의 곱에 비례
② 거리의 제곱에 비례

20. 진공의 유전율

$$\varepsilon_0 : 8.855 \times 10^{-12}$$

21. 전계의 세기

$$E = 9 \times 10^9 \frac{Q}{r^2} \text{[V/m] 또는 [N/C]}$$

22. 전기력선의 성질

① 전기력선의 방향은 그 점의 전계의 방향과 같고 전기력선 밀도는 그 점에서의 전계의 크기와 같다.
② 전기력선은 정전하에서 시작하여 부전하에서 그친다.
③ 전하가 없는 곳에서는 전기력선의 발생, 소멸이 없고 연속적이다.
④ 전위가 높은 점에서 낮은 점으로 향한다.
⑤ 그 자신만으로 폐곡선이 되는 일은 없다.
⑥ 전계가 0이 아닌 곳에서는 2개의 전기력선은 교차하지 않는다.
⑦ 도체 내부에는 전기력선이 없다.
⑧ 도체면(등전위면)에서는 전기력선은 수직으로 출입한다.
⑨ 단위 전하 ±1 [C]에는 $1/\varepsilon_0$개의 전기력선이 출입한다.

23. 정전용량의 계산

① 직렬접속 $\dfrac{1}{C} = \dfrac{1}{C_1} + \dfrac{1}{C_2} + \cdots + \dfrac{1}{C_n}$ [F]

② 병렬접속 $C = C_1 + C_2 + \cdots + C_n$ [F]

24. 콘덴서에 저장되는 에너지

$$W = \dfrac{1}{2}CV^2 \text{ [J]}$$

여기서, C : 정전용량
V : 콘덴서에 가해지는 전압

$W = \dfrac{1}{2}CV^2$ 에서 $V = \sqrt{\dfrac{2W}{C}}$ [V]

25. 콘덴서의 절연파괴

내압이 같은 콘덴서 직렬연결 시 각 콘덴서 양단 간에 걸리는 전압은 용량에 반비례하므로 용량이 제일 작은 콘덴서가 제일 먼저 파괴된다.

26. 기자력

$$F = NI \text{ [AT]}$$

여기서, F : 기자력
N : 권수
I : 전류

27. 전자력(쿨롱의 법칙)

$$F = 6.33 \times 10^4 \times \dfrac{m_1 m_2}{r^2} \text{ [N]}$$

여기서, F : 자극 간에 작용하는 쿨롱력[N]
m_1, m_2 : 점자극의 세기[Wb]
r : 자극 간의 거리[m]

28. 진공의 투자율

$$\mu_0 : 1.257 \times 10^{-6} \text{[H/m]}$$

29. 코일에 저장되는 에너지

$$W = \dfrac{1}{2}LI^2 \text{ [J]}$$

여기서, L : 인덕턴스[H]
I : 전류[A]

30. 자계의 세기

① 단위 자극에 작용하는 힘 $H = 6.33 \times 10^4 \times \dfrac{m}{r^2}$ [AT/m]

② 단위길이당의 기자력 $H = \dfrac{NI}{l}$ [AT/m]

③ 자력선에 수직인 단위면적을 통과하는 자력선의 수, 즉 자력선 밀도가 그 점에 대한 자계의 세기와 같다.

31. 두 평행도선에 작용하는 힘

$$F = \dfrac{2I_1 I_2}{r} \times 10^{-7} \text{ [N/m]}$$

32. 히스테리시스 곡선

① 종축 : 잔류자기[잔류자속밀도(B)]
　횡축 : 보자력(H)
② 보자력 : 잔류자기를 제거하기 위해 추가로 가해주는 보정 자기장

33. 전류와 자계 사이의 작용을 나타내는 법칙

① 앙페르의 오른손 법칙 : 전류가 만드는 자계의 방향 결정
② 플레밍의 왼손 법칙 : 자계 내에 놓여진 전류도선이 받는 힘의 방향 결정 (전동기에 적용)
③ 플레밍의 오른손 법칙 : 자계 내에서 도체가 운동할 때 도체에 유도되는 유도기전력의 방향결정 (발전기에 적용)
④ 비오-사바르의 법칙 : 자계 내 전류 도선이 만드는 자계의 세기 결정
⑤ 렌츠의 법칙 : 전자유도현상에서 코일에 생기는 유도기전력의 방향 결정
⑥ 패러데이의 법칙 : 유기기전력의 크기 결정

34. 전자유도 법칙에 의한 기전력

$$e_1 = M \dfrac{di_2}{dt}$$

여기서, e_1 : 유도기전력
　　　　M : 상호인덕턴스
　　　　i_2 : 다른 코일에 흐르는 전류

35. 인덕턴스의 접속

1) 직렬 접속

$$\text{합성 인덕턴스 } L_0 = L_1 + L_2 \pm 2M \, [\text{H}]$$

① M의 부호는 화동 결합이면 $+2M$
② 차동 결합이면 $-2M$

2) 병렬 접속

$$\text{합성 인덕턴스 } L_0 = \frac{L_1 L_2 - M^2}{L_1 + L_2 \pm 2M} \, [\text{H}]$$

① M의 부호는 화동 결합이면 $-2M$
② 차동 결합이면 $+2M$

3) 결합계수

$$k = \frac{M}{\sqrt{L_1 L_2}}$$

여기서, k : 결합계수($0 < k \leq 1$)
M : 상호인덕턴스
L_1, L_2 : 자기인덕턴스

36. 지시계기의 구성요소

① 구동장치
② 제어장치
③ 제동장치
④ 가동부 지시장치
⑤ 지침 및 눈금

37. 오차와 보정률

① 오차 $= \dfrac{M-T}{T}$

② 보정률 $= \dfrac{T-M}{M}$

여기서, M : 지시값
T : 참값

38. 부울대수

① $A + 0 = A$ $\qquad A \cdot 0 = 0$
② $A + 1 = 1$ $\qquad A \cdot 1 = A$
③ $A + A = A$ $\qquad A \cdot A = A$
④ $A + \overline{A} = 1$ $\qquad A \cdot \overline{A} = 0$
⑤ $\overline{\overline{A}} = A$ $\qquad \overline{\overline{\overline{A}}} = \overline{A}$ (짝수 부정은 긍정, 홀수 부정은 부정)

39. 측정 계측기

① 굵은 나전선의 저항 : 캘빈더블 브리지
② 수천옴의 가는 전선의 저항 : 휘트스톤 브리지
③ 전해액의 저항 : 콜라우시 브리지
④ 옥내 전등선의 절연저항 : 메거
⑤ 인덕턴스 측정 : 맥스웰브리지
⑥ 정전용량 및 유전체 손실각 측정 : 셰링브리지
⑦ 미소전류 및 미소전압의 측정 : 검류계

40. 논리회로

명칭	유접점	무접점 다이오드	논리회로	진리표
AND 회로			$X = A \cdot B$ 입력신호 A, B가 동시에 1일 때만 출력신호 X가 1이 된다.	A B X / 0 0 0 / 0 1 0 / 1 0 0 / 1 1 1
OR 회로			$X = A + B$ 입력신호 A, B 중 어느 하나라도 1이면 출력신호 X가 1이 된다.	A B X / 0 0 0 / 0 1 1 / 1 0 1 / 1 1 1
NOT 회로			$X = \overline{A}$ 입력신호 A가 0일 때만 출력신호 X가 1이 된다.	A X / 0 1 / 1 0

명칭	유접점	무접점 다이오드	논리회로	진리표		
NAND 회로			$X = \overline{A \cdot B}$ 입력신호 A, B가 동시에 1일 때만 출력신호 X가 0이 된다. (AND 회로의 부정)	A	B	X
				0	0	1
				0	1	1
				1	0	1
				1	1	0
NOR 회로			$X = \overline{A + B}$ 입력신호 A, B가 동시에 0일 때만 출력신호 X가 1이 된다. (OR 회로의 부정)	A	B	X
				0	0	1
				0	1	0
				1	0	0
				1	1	0

41. 회로시험기로 측정할 수 있는 것

① 직류전압
② 직류전류
③ 교류전압
④ 저항
⑤ 도통상태

42. 전압계 및 전류계의 연결

① 전압계는 부하에 병렬로 접속한다.(배율기는 전압계에 직렬로 연결)
② 전류계는 부하에 직렬로 접속한다.(분류기는 전류계에 병렬로 연결)

43. 직류계기 및 교류계기

① 가동코일형 계기 : 직류(평균값 지시)
② 정전형 계기 : 직류 및 교류(평균값 및 실횻값 지시)
③ 유도형 계기 : 교류(실횻값 지시)
④ 열전형 계기 : 직류 및 교류(평균값 및 실횻값 지시)

44. 역률의 측정

$\cos\theta = \dfrac{P}{VI}$ 이므로 이를 측정하려면 전력계와 전압계, 전류계가 필요하다.

45. 전력계

1) 전력계법
① 1전력계법 $P = 2W$ [W]
② 2전력계법 $P = W_1 + W_2$ [W]
③ 3전력계법 $P = W_1 + W_2 + W_3$ [W]

2) 3전압계법
$$P = \frac{1}{2} \cdot \frac{1}{R} \cdot (V_3^2 - V_2^2 - V_1^2) \text{[W]}$$

3) 3전류계법
$$P = \frac{1}{2} \cdot R \cdot (I_3^2 - I_2^2 - I_1^2) \text{[W]}$$

46. 적산전력계

1) 잠동현상
무부하 상태에서 정격 주파수 및 정격 전압의 110 [%]를 인가하여 계기의 원판이 1회전 이상 회전하는 현상

2) 방지대책
① 원판에 작은 구멍을 뚫는다.
② 원판에 소 철편을 붙인다.

47. 계기용 변류기[CT]
① 1차 권선의 선로에 직렬로 접속한다.
② 2차측 표준전류는 일반적으로 5 [A]이다.
③ 운전 중 변류기 2차를 개방하면 안 되는 이유 : 2차측에 고전압이 유기되어 철심 중의 자속이 급격히 증가하여 철손이 증가하므로 열이 발생하여 소손될 우려가 있기 때문

48. 계기용 변압기[PT]
2차측은 표준전압은 일반적으로 110[V]이다.

> **변압비**
> $$a = \frac{V_1}{V_2} = \frac{N_1}{N_2} = \frac{I_2}{I_1} = \sqrt{\frac{Z_1}{Z_2}}$$

49. 전지의 이상현상

1) 국부작용
불순물에 의해 전지 내부에 국부적으로 전위차가 발생하여 기전력이 감소되는 현상

2) 성극작용(분극작용)
수소가스에 의해 기전력이 감소되는 현상

50. 충전방식

1) **보통충전** : 필요할 때마다 충전
2) **급속충전** : 짧은 시간에 충전
3) **부동충전**
   ① 충전기 : 상용부하 전력 부담
   ② 축전지 : 일시적인 대전류 부하에 대한 전력 부담

$$\text{충전기 2차 충전전류[A]} = \frac{\text{축전지 정격용량[Ah]}}{\text{정격 방전율[h]}} + \frac{\text{상시부하[VA]}}{\text{표준전압[V]}}$$

$$\text{충전기 2차 차단기용량[VA]} = \text{충전기 2차 충전전류} \times \text{표준전압}$$

4) **세류충전** : 자기 방전량을 상시 충전
5) **균등충전** : 1~3개월마다 장시간 충전

51. 축전지 용량

$$C = \frac{1}{L}KI\,[\text{Ah}]$$

여기서, L : 보수율(0.8)
K : 용량환산시간계수
I : 방전전류

52. 3상 유도전동기 기동법

1) **전전압 기동법(직입기동)** : 5[Hp](3.7[Kw]) 이하의 소용량
2) **감압 기동법(저전압기동)**
   ① $Y-\triangle$ 기동법(Y 기동 시 기동전류가 $\frac{1}{3}$로 감소된다.)
   ② 기동보상법
   ③ 리액터기동법
   ④ 콘돌퍼기동법
   ⑤ 2차 저항법(비례추이원리)

53. 동기속도 · 회전자속도

① 동기속도 $\quad N_S = \dfrac{120f}{P} [\text{rpm}]$

② 회전자속도 $\quad N = N_s(1-s) = \dfrac{120f}{P}(1-s) [\text{rpm}]$

54. 직류 전동기

1) 속도제어 종류
   ① 계자제어법 ② 저항제어법 ③ 전압제어법

2) 제동방법
   ① 역전제동 ② 발전제동 ③ 회생제동 ④ 직류제동

55. 동기 발전기

① 1상의 유기기전력

$$E = 4.44 K f N \phi [V]$$

여기서, K : 권선계수,
f : 주파수[Hz]
N : 1상의 권선수
ϕ : 1극의 자속[Wb]

② 동기 발전기 병렬운전 조건
   기전력의 (크기 · 위상 · 파형 · 주파수 · 상회전 방향)이(가) 같을 것

56. V결선

① 고장 전 출력 $P_\triangle = 3P_1 [\text{KVA}]$
② 고장 후 출력 $P_V = \sqrt{3} P_1 [\text{KVA}]$
③ 출력비=0.577
④ 이용률=0.866

PART 03 소방수리학 · 약제화학

1. 물질의 구분

구분	전단력 가할 시	전단력 제거 시
고체	변형	평형
유체(액체, 기체)	변형	변형

2. 유체의 분류

① 압축성 유체 : 압력의 변화에 따라서 체적과 밀도가 변하는 유체
② 비압축성 유체 : 압력의 변화에도 체적과 밀도가 변하지 않는 유체
③ 점성 유체 : 점성의 영향이 큰 유체
④ 비점성 유체 : 점성의 영향을 무시할 수 있는 유체
⑤ 이상유체(완전유체) : 비점성, 비압축성의 유체로 점성의 영향이 무시될 수 있고, 밀도가 변하지 않는 유체

3. 차원과 단위

구분		절대단위			중력단위		
		질량	길이	시간	중량	길이	시간
차원		M	L	T	F	L	T
단위	MKS계	kg	m	s	kgf	m	s
	CGS계	g	cm	s	gf	cm	s

4. 무차원수

레이놀즈 수	프루드 수	마하 수	코시 수	웨버 수	오일러 수
$\dfrac{관성력}{점성력}$	$\dfrac{관성력}{중력}$	$\dfrac{관성력}{탄성력}$	$\dfrac{관성력}{탄성력}$	$\dfrac{관성력}{표면장력}$	$\dfrac{압력}{관성력}$
$Re = \dfrac{\rho VD}{\mu}$	$Fr = \dfrac{V}{\sqrt{Lg}}$	$Ma = \dfrac{V}{\sqrt{K/\rho}}$	$Ca = \dfrac{\rho V^2}{K}$	$We = \dfrac{\rho L V^2}{\sigma}$	$Eu = \dfrac{2P}{\rho V^2}$

5. 기본단위에 붙이는 접두사

접두사	약자	크기	접두사	약자	크기
tetra−	T−	10^{12}	centi−	c−	10^{-2}
giga−	G−	10^{9}	mili−	m−	10^{-3}
mega−	M−	10^{6}	micro−	μ−	10^{-6}
kilo−	k−	10^{3}	nano−	n−	10^{-9}
hectro−	h−	10^{2}	pico−	p−	10^{-12}
deka−	da−	10	femto−	f−	10^{-15}
deci−	d−	10^{-1}	atto−	a−	10^{-18}

6. 주요 물리량의 단위

물리량	기호	중력단위	절대단위
길이	l	m	m
질량	m	$\dfrac{\text{kg}_f \cdot \text{s}^2}{\text{m}}$	kg
시간	t	s	s
면적	A	m^2	m^2
체적	V	m^3	m^3
속도	v	$\dfrac{\text{m}}{\text{s}}$	$\dfrac{\text{m}}{\text{s}}$
가속도	a	$\dfrac{\text{m}}{\text{s}^2}$	$\dfrac{\text{m}}{\text{s}^2}$
각속도	w	$\dfrac{\text{rad}}{\text{s}}$	$\dfrac{\text{rad}}{\text{s}}$
밀도	ρ	$\dfrac{\text{kg}_f \cdot \text{s}^2}{\text{m}^4}$	$\dfrac{\text{kg}}{\text{m}^3}$
비중량	γ	$\dfrac{\text{kg}_f}{\text{m}^3}$	$\dfrac{\text{kg}}{\text{m}^2 \cdot \text{s}^2}$
힘(무게)	F	kgf	N, $\dfrac{\text{kg} \cdot \text{m}}{\text{s}^2}$
압력	p	$\dfrac{\text{kg}_f}{\text{m}^2}$	$\dfrac{\text{N}}{\text{m}^2}(\text{Pa})$
동력	P	$\dfrac{\text{kg}_f \cdot \text{m}}{\text{s}}$	W(J/s), $\dfrac{\text{kg} \cdot \text{m}^2}{\text{s}^3}$
일(에너지)	W	$\text{kg}_f \cdot \text{m}$	J, N·m, $\dfrac{\text{kg} \cdot \text{m}^2}{\text{s}^2}$

물리량	기호	중력단위	절대단위
점성계수	μ	$\dfrac{kg_f \cdot s}{m^2}$	$\dfrac{N \cdot s}{m^2}$
동점성계수	ν	$\dfrac{m^2}{s}$	$\dfrac{m^2}{s}$
상용온도	θ	℃	℃
절대온도	θ	°K	°K
기체상수	R	$\dfrac{m}{°K}$	$\dfrac{kJ}{kg \cdot °K}$

7. 주요 물리량

1) 힘(force) : 뉴턴의 운동 제2법칙

① $F[N] = m \cdot a$

② $1[N] = 1[kg] \times 1\left[\dfrac{m}{s^2}\right] = 1\left[\dfrac{kg \cdot m}{s^2}\right]$
$= 10^3[g] \times 10^2\left[\dfrac{cm}{s^2}\right] = 10^5\left[\dfrac{g \cdot cm}{s^2}\right]$

2) 중량(weight, 무게)

① $W = m \times g$

② $1[kg_f] = 9.8[N]$

$$1[kg_f] = 9.8[N] = 9.8\left[\dfrac{kg \cdot m}{s^2}\right], \quad 1[kg] = \dfrac{1}{9.8}\left[\dfrac{kg_f \cdot s^2}{m}\right]$$

3) 압력(pressure)

① $p = \dfrac{F}{A}\left[\dfrac{N}{m^2} = Pa\right]$

② 표준 대기압 $1atm = 760[mmHg] = 0.76[mHg]$
$= 10,332[mmH_2O] = 10.332[mH_2O]$
$= 1.0332[kgf/cm^2] = 10,332[kgf/m^2]$
$= 101,325[N/m^2][Pa] = 0.101325[MPa]$
$= 1,013[mbar] = 14.7Psi[lbf/in^2]$

4) 밀도(density)

① 액체의 밀도

㉠ $\rho = \dfrac{물체의\ 질량}{물체의\ 부피} = \dfrac{m}{V}\left[\dfrac{kg}{m^3}\right]\left[\dfrac{kg_f \cdot s^2}{m^4}\right]$

ⓒ 4[℃] 물의 밀도

- SI단위 : 1,000 $\left[\dfrac{kg}{m^3}\right]$

- 중력단위 : 102 $\left[\dfrac{kg_f \cdot s^2}{m^4}\right]$

② 기체의 밀도

㉠ 표준상태(0℃, 1기압)일 때

$$\rho = \dfrac{\text{분자량}[kg]}{22.4[m^3]} = \dfrac{\text{분자량}[g]}{22.4[l]}$$

ⓒ 표준상태가 아닐 때

$$\rho = \dfrac{PM}{RT}$$

여기서, ρ : 밀도[kg/m³]
P : 압력[N/m²]
M : 분자량[kg/k-mol]
T : 절대온도[K]
R : 기체정수[N·m/k-mol·K]

5) 비체적(specific)

① $v_s = \dfrac{\text{물체의 부피}}{\text{물체의 질량}} = \dfrac{V}{m}$

② SI단위 $v_s = \dfrac{1}{\rho}\left[\dfrac{m^3}{kg}\right]$

③ 중력단위 $v_s = \dfrac{1}{\rho}\left[\dfrac{m^4}{kg_f \cdot s^2}\right]$

6) 비중량(speckfic weight)

① $\gamma = \dfrac{\text{물체의 중량}}{\text{물체의 부피}} = \dfrac{W}{V} = \dfrac{m \cdot g}{V} = \rho \cdot g \left[\dfrac{N}{m^3}\right]\left[\dfrac{kg_f}{m^3}\right]$

② 4[℃] 물의 비중량

㉠ 0 SI단위 9,800 $\left[\dfrac{N}{m^3}\right]$

ⓒ 중력단위 1,000 $\left[\dfrac{kg_f}{m^3}\right]$

7) 비중(specific gravity)

① 액비중

$$s = \dfrac{\text{물체의 밀도}(\rho)}{4[℃]\,\text{물의 밀도}(\rho_w)} = \dfrac{\text{물체의 비중량}(\gamma = \rho \cdot g)}{4[℃]\,\text{물의 비중량}(\gamma_w = \rho_w \cdot g)}$$

② 기체비중(증기비중)

$$s = \frac{\text{측정기체의 분자량}[kg]}{\text{공기의 평균 분자량}[kg]} = \frac{\text{측정기체의 밀도}[kg/m^3]}{\text{공기의 밀도}[kg/m^3]}$$

➔ 공기의 평균 분자량 ≒ 29

8) 일(work)

$$[\text{일}] = [\text{힘}] \times [\text{거리}], \quad 1[J] = 1[N] \times 1[m]$$

9) 동력(power)

① 동력 = $\frac{\text{일량}}{\text{시간}}$

② 절대단위

$$1\left[\frac{J}{s}\right] = 1\left[\frac{N \cdot m}{s}\right] = 1\left[\frac{kg \cdot m}{s^2} \frac{m}{s}\right] = 1\left[\frac{kg \cdot m^2}{s^3}\right] = 1[W]$$

③ 중력단위

$$1\left[\frac{kg \cdot m^2}{s^3}\right] = 1 \times \frac{1}{9.8}\left[\frac{kg_f \cdot s^2}{m} \frac{m^2}{s^3}\right] = 0.102\left[\frac{kg_f \cdot m}{s}\right]$$

$$1[kW] = 102\left[\frac{kg_f \cdot m}{s}\right] \quad 1[Hp] = 76\left[\frac{kg_f \cdot m}{s}\right] \quad 1[Ps] = 75\left[\frac{kg_f \cdot m}{s}\right]$$

10) 온도(temperature)

① 섭씨온도[℃]와 화씨온도[℉]

표준 대기압하에서 순수한 물을 기준

구분	어는점	끓는점	비고
[℃]	0	100	100등분
[℉]	32	212	180등분

> **섭씨온도와 화씨온도의 관계**
> 섭씨온도를 화씨온도로 변환 : $F = 1.8℃ + 32$
> 화씨온도를 섭씨온도로 변환 : $℃ = \frac{1}{1.8}(℉ - 32)$

② 절대온도
- ㉠ 켈빈(Kelvin) 온도 : K = ℃ + 273.15
- ㉡ 랭킨(Rankine) 온도 : R = °F + 460

8. 이상기체에 적용되는 식

1) 보일(Boyle)의 법칙

$$PV = C, \quad P_1 V_1 = P_2 V_2$$

2) 샤를(Charles)의 법칙

$$\frac{V}{T} = C, \quad \frac{V_1}{T_1} = \frac{V_2}{T_2}$$

3) 보일-샤를(Boyle-Charles)의 법칙

$$\frac{PV}{T} = C, \quad \frac{P_1 V_1}{T_1} = \frac{P_2 V_2}{T_2}$$

4) 아보가드로의 법칙
① 같은 온도와 압력에서 기체들은 그 종류에 관계없이 일정한 부피 속에는 같은 수의 분자가 들어 있다.
② 모든 기체 1mol이 표준상태(0℃, 1기압)에서 차지하는 체적은 22.4l이고 그 속에는 6.023×10^{23}개의 분자가 존재한다.

5) 이상기체 상태방정식

$$PV = nRT \text{에서 } n = \frac{m}{M}, \quad PV = \frac{m}{M} RT$$

6) 돌턴의 분압법칙
① 혼합물의 부피는 각 성분 기체의 부피의 합과 같다. ($V = V_1 + V_2 + V_3 \cdots V_n$)
② 혼합 기체 내에서 각 성분 기체가 가지는 압력, 즉 분압의 합은 혼합 기체가 나타내는 압력(전압)과 같다. ($P = P_1 + P_2 + P_3 \cdots P_n$)
③ 각 성분의 분압의 비는 각 성분의 몰 분율의 비와 같다.

$$\left(P_1 : P_2 : P_3 : \cdots : P_n = \frac{n_1}{n} : \frac{n_2}{n} : \frac{n_3}{n} : \cdots : \frac{n_n}{n} \right)$$

7) 그레이엄의 확산속도의 법칙

$$\frac{U_2}{U_1} = \sqrt{\frac{M_1}{M_2}} = \sqrt{\frac{\rho_1}{\rho_2}}$$

9. 액체의 성질

1) Newton의 점성법칙

식	유체의 점성계수 μ가 작용	$\tau = \left(\frac{F}{A}\right)$
$F = A\frac{\Delta u}{\Delta y}$	$F = \mu A\frac{\Delta u}{\Delta y}$	$\tau = \mu\frac{du}{dy}$

2) 점성계수(Coefficient of Viscosity)

① 절대점성계수(Absolute Viscosity) : μ

㉠ $\mu = \dfrac{\tau}{du/dy} = \dfrac{전단력/면적}{속도/거리}$

㉡ $1P = 100CP = 1[g/cm \cdot s] = 0.1[kg/m \cdot s] = 0.1[N \cdot s/m^2]$

▼ 점성계수의 단위 및 차원

구 분	단위	차원
절대단위	kg/m · s, g/cm · s	$[ML^{-2}T^{-2}]$
중력단위	kgf · s/m², gf · s/cm²	$[FTL^{-2}]$

② 동점성계수(Kinematic Viscosity) : ν

㉠ $\nu = \dfrac{\mu}{\rho} = \dfrac{g/cm \cdot s}{g/cm^3} = \dfrac{cm^2}{s}$

㉡ $1St = 100cSt = 1cm^2/s = 1 \times 10^{-4}m^2/s$

3) 표면장력(Surface Tension)

① 분자력에 의해 액면을 유지시키려고 하는 단위길이당 인장력. 단위는 [N/m]

② $\sigma = \dfrac{Pd}{4}$

4) 체적탄성계수와 압축률

① 체적탄성계수(Bulk Modulus) : K

$$K = -\frac{\Delta P}{\frac{\Delta V}{V}} = \frac{\Delta P}{\frac{\Delta \rho}{\rho}}$$

② 압축률(Compressibility, 壓縮率) : β

$$\beta = \frac{1}{K} = -\frac{\frac{\Delta V}{V}}{\Delta P}$$

5) 아르키메데스의 원리

$$F = \gamma_1 V_1$$

- 부력 $F = \gamma_1 \cdot V_1$ (γ_1 : 유체의 비중량, V_1 : 잠긴 물체의 체적)
- 중량 $W = \gamma \cdot V$ (γ : 물체의 비중량, V : 물체의 전체 체적)

6) 파스칼의 원리

$$P_1 = P_2 \text{에서}, \quad \frac{F_1}{A_1} = \frac{F_2}{A_2} \left(A_1 = \frac{\pi D_1^2}{4}, \; A_2 = \frac{\pi D_2^2}{4} \right)$$

10. 압력의 구분

1) 절대압력과 계기압력
   ① 절대압력(Absolute Pressure) : 완전 진공을 기준으로 하여 측정한 압력
      ㉠ 대기압보다 클 경우 : 절대압력 = 대기압 + 계기압력
      ㉡ 대기압보다 작을 경우 : 절대압력 = 대기압 - 진공압력
   ② 게이지압력(Gauge Pressure) : 대기압을 0으로 보는 압력
   ③ 진공압력(Vacuum Pressure) : 진공계가 지시하는 압력

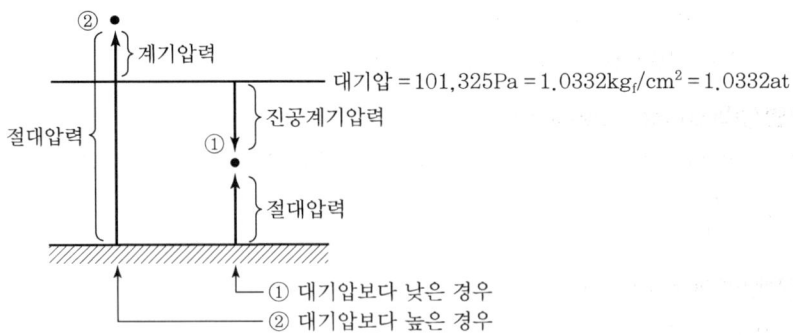

2) 압력의 측정

① 액주계(Manometer, 液柱計)

피에조미터	(그림) $P_1 = -\gamma h$
U자형 마노미터	(그림) $P_1 = \gamma_B h_2 - \gamma_A h_1$
시차액주계	(그림) $P_1 - P_2 = \gamma_C h_3 + \gamma_B h_2 - \gamma_A h_1$ (그림) $P_1 - P_2 = \gamma_A h_1 - \gamma_C h_3 - \gamma_B h_2$

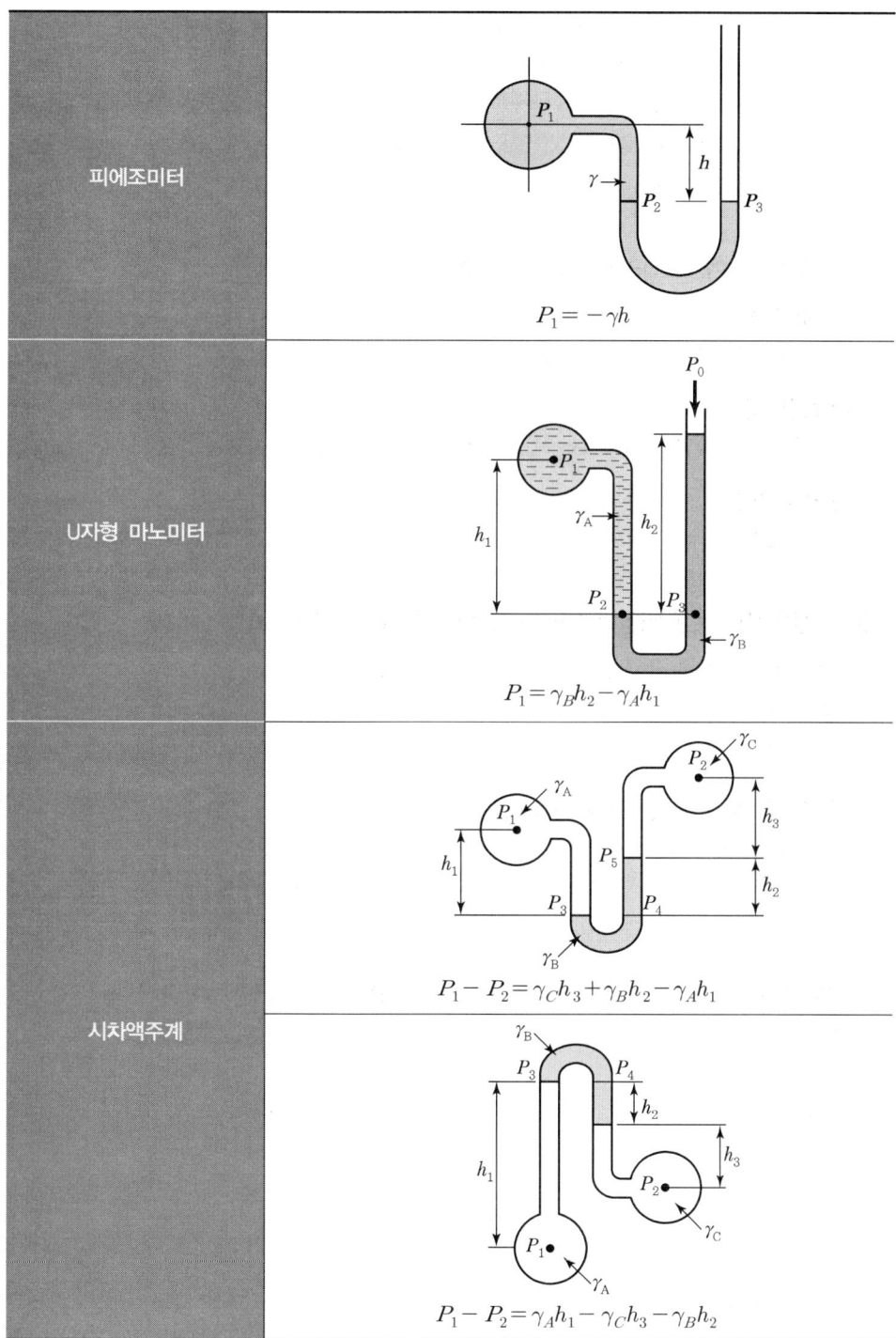

② 탄성압력계
- ㉠ 브루동 압력계(Bourdon Pressure Gauge)
  금속의 탄성을 이용한 것. 최대 측정 가능 범위 : 보통 1~2,000kgf/cm²
- ㉡ 다이어프램 압력계(Diaphragm Pressure Gauge)
  다이어프램의 변형을 이용하여 미소압력을 측정, 측정압력은 20~5,000mmH₂O
- ㉢ 벨로스 압력계(Bellows Type Pressure Gauge)
  저압 측정용. 측정압력은 0.01~10kgf/cm²

11. 연속방정식(Equation of Continuity) : 질량보존의 법칙

1) 체적유량

$Q[\text{m}^3/\text{s}] = AV \quad Q_1 = Q_2$ 이므로 $A_1V_1 = A_2V_2$

2) 질량유량

$G[\text{kg/s}] = AV\rho \quad m_1 = m_2$ 이므로 $A_1V_1\rho_1 = A_2V_2\rho_2$

3) 중량유량

$W[\text{kgf/s}] = AV\gamma \quad w_1 = w_2$ 이므로 $A_1V_1\gamma_1 = A_2V_2\gamma_2$

12. 오일러의 운동방정식(Euler Equation of Motion)

오일러의 운동방정식을 적분한 것이 베르누이 방정식이다.

$$\frac{dP}{\gamma} + \frac{vdv}{g} + dz = 0$$

> **오일러의 운동방정식의 가정 조건**
> - 유체는 유선을 따라 흐른다.
> - 유체는 비압축성 유체이다.
> - 유체의 유동은 정상류이다.
> - 유체는 비점성 유체이다.

13. 베르누이 방정식(Bernoulli's Equation) : 에너지 보존의 법칙

에너지로 표현	$\frac{1}{2}mv^2$	+	mgh	+	PV	=	C	[N · m]
	운동 E		위치 E		압력 E			
수두로 표현	$\frac{v^2}{2g}$	+	h	+	$\frac{P}{\gamma}$	=	C	[m]
	속도수두		위치수두		압력수두			
압력으로 표현	$\frac{v^2}{20g}$	+	$\frac{1}{10}h$	+	P_n	=	C	[kgf/cm²]
	동압		낙차압		정압			

> **베르누이 방정식의 가정조건**
> - 정상상태의 흐름이다.(정상유동이다.)
> - 비점성 유체이다.(마찰력이 없다.)
> - 유체입자는 유선을 따라 움직인다.(적용되는 임의의 두 점은 같은 유선상에 있다.)
> - 비압축성 유체의 흐름이다.

14. 베르누이 방정식의 응용

1) 토리첼리의 정리(Torricelli Principle)
$V_2[\text{m/s}] = \sqrt{2gH} \ (Z_1 - Z_2 = H)$

2) 피토관(Pitot Tube)
① 관 속의 유속 $V_1[\text{m/s}] = \sqrt{\dfrac{2g}{\gamma}(P_s - P_1)}$

② 관 속의 유속 $V_1[\text{m/s}] = \sqrt{2gh\left(\dfrac{\gamma_s}{\gamma} - 1\right)}$

3) 벤투리관(Venturi Tube)
① $V_2[\text{m/s}] = \dfrac{1}{\sqrt{1 - \left(\dfrac{D_2}{D_1}\right)^4}} \times \sqrt{2gh\left(\dfrac{\gamma_s}{\gamma} - 1\right)}$

② $Q[\text{m}^3/\text{s}] = A_2 V_2$
$= \dfrac{\pi D_2^{\,2}}{4} \times \dfrac{1}{\sqrt{1 - \left(\dfrac{D_2}{D_1}\right)^4}} \times \sqrt{2gh\left(\dfrac{\gamma_s}{\gamma} - 1\right)}$

4) 실제 유체에 대한 베르누이 방정식
① 베르누이 방정식을 실제 유체에 적용

$H_L[\text{m}] = \dfrac{P_1 - P_2}{\gamma} + \dfrac{V_1^{\,2} - V_2^{\,2}}{2g} + (Z_1 - Z_2)$

> **손실수두 $H_L[\text{m}]$**
> 배관의 단면적이 변하는 부분이나 배관 부속기기(엘보, 티, 밸브 등)에서 발생하는 유체 마찰로 인하여 유체가 원래 가졌던 압력에너지의 손실을 수두로 나타낸 양을 말한다.

② 펌프가 유체에 가해지는 에너지를 베르누이 방정식으로 나타낼 경우

$H_P[\text{m}] = \dfrac{P_2 - P_1}{\gamma} + \dfrac{V_2^{\,2} - V_1^{\,2}}{2g} + (Z_2 - Z_1) + H_L$

15. 실제 유체의 흐름

1) 유체 흐름의 구분

구분	레이놀즈 수	내용
층류	$Re \leq 2{,}100$	유체가 질서정연하게 흐르는 흐름
난류	$Re \geq 4{,}000$	유체가 무질서하게 흐르는 흐름
임계(천이)영역	$2{,}100 < Re < 4{,}000$	층류에서 난류로 바뀌는 영역

2) 레이놀즈 수

$$\text{Re No} = \frac{\rho VD}{\mu} = \frac{VD}{\nu}$$

3) 유체의 마찰 손실

① 주손실

㉠ 다르시-바이스바흐식(Darcy-Weisbach) : 모든 유체의 층류, 난류에 적용

$$h_L = f \cdot \frac{L}{D} \cdot \frac{V^2}{2g} = K \cdot \frac{V^2}{2g} \, [\text{m}]$$

> **f(관마찰계수)**
> - 층류일 때 $f = \dfrac{64}{Re}$
> - 난류일 때 $f = 0.3164 Re^{-\frac{1}{4}}$ (단, $Re \leq 10^5$)

㉡ 하겐-포아즈웰 방정식(Hagen Poiseuille Equation) : 층류에 적용

$$\text{압력강하}(\Delta P) = \frac{128 \mu L Q}{\pi D^4} = \frac{32 \mu L V}{D^2} \, [\text{N/m}^2 = \text{Pa}]$$

㉢ 하젠-윌리엄스식(Hazen-Willams Fomula) : 난류 흐름인 물에 적용

[SI 단위] $\quad P = 6.053 \times 10^4 \times \dfrac{Q^{1.85}}{C^{1.85} \times d^{4.87}} \times L \, [\text{MPa}]$

[중력단위] $\quad P_f = 6.174 \times 10^5 \times \dfrac{Q^{1.85}}{C^{1.85} \times d^{4.87}} \times L \, [\text{kg}_f/\text{cm}^2]$

㉣ 수력반경(Hydraulic Radius) : 원 관 이외의 관이나 덕트 등에서의 마찰손실을 계산

- 수력반경$(R_h) = \dfrac{\text{유동단면적}(\text{m}^2)}{\text{접수길이}(\text{m})}$

- 손실수두$(h_L) = f \dfrac{L}{4R_h} \dfrac{V^2}{2g}$

- 단면이 원형인 관의 수력반경 $R_h = \dfrac{\frac{\pi D^2}{4}}{\pi D} = \dfrac{D}{4}$ ∴ $D = 4R_h$

- 단면이 사각형인 관의 수력반경 $R_h = \dfrac{가로 \times 세로}{2(가로 + 세로)}$

- 단면이 동심 2중관의 수력반경 $R_h = \dfrac{1}{4}(D-d)$

② **부차적 손실** : 주 손실 외의 관 부속물(밸브, 엘보, 티 등)에서의 마찰손실

$h_L = K\dfrac{V^2}{2g}$ (부차적 손실은 속도수두에 비례한다.)

㉠ 돌연 확대 손실

$$h_L = \dfrac{(V_1 - V_2)^2}{2g} = \left(1 - \dfrac{A_1}{A_2}\right)^2 \cdot \dfrac{V_1^2}{2g} = K \cdot \dfrac{V_1^2}{2g}$$

> ➤ **돌연 확대부분에서의 손실계수**
> $K = \left(1 - \dfrac{A_1}{A_2}\right)^2$

㉡ 돌연 축소 손실

$$h_L = \dfrac{(V_0 - V_2)^2}{2g} = \left(\dfrac{1}{C_c} - 1\right)^2 \cdot \dfrac{V_2^2}{2g} = K \cdot \dfrac{V_2^2}{2g}$$

> ➤ **돌연 축소부분에서의 손실계수**
> $K = \left(\dfrac{1}{C_c} - 1\right)^2$

16. 배관의 종류

1) 배관용 강관(Steel Pipe)

① 배관용 탄소강관(SPP, KS D 3507)
  ㉠ 사용압력(1.2MPa 미만)이 낮은 유체(물이나 가스 등)에 사용되는 배관이다.
  ㉡ 백관 : 내식성을 주기 위해 강관에 용융 아연 도금을 한 것
  ㉢ 흑관 : 도금은 하지 않고, 1차 방청도장만 한 것

② 압력 배관용 탄소강관(SPPS, KS D 3562)
  ㉠ 소화설비 배관 중 주로 고압(사용압력 1.2MPa 이상, 10MPa 이하)인 유체에 사용되는 배관이다.
  ㉡ 관의 호칭은 지름과 두께로 나타내며, 관의 두께는 스케줄 번호로 나타낸다.

③ 고압 배관용 탄소강관(SPPH, KS D 3564)
  고압(사용압력 10MPa 이상)의 배관에 주로 사용하는 배관이다.

④ 고온 배관용 탄소강관(SPHT, KS D 3570)

고온 증기관(사용온도 350℃ 이상)에 주로 사용되는 배관이다.

> ▶ **강관의 두께**
>
> $$\text{Sch. No} = \frac{P}{S} \times 1,000$$
>
> 여기서, P : 사용압력(MPa), S : 허용응력(N/mm²) = $\frac{\text{인장강도}}{\text{안전율}}$
>
> Sch. No는 무차원수로 10, 20, 30, 40, 80 등이 있으며 번호가 클수록 두꺼운 관이다.
>
> ▶ **강관의 특성**
> 1. 충격, 진동에 대한 저항력이 크고, 외력에도 잘 파괴되지 않는다.
> 2. 용접성이 우수하다.
> 3. 반영구적인 내식성이 있다.
> 4. 보수가 용이하다.
> 5. 주철관에 비해 가볍고 인장강도가 크다.

2) 동 및 동합금관

열과 전기의 양도체로 내식성이 우수하고 가공이 용이하며, 마찰저항은 적으나 기계적 성질이 약하므로 아연(Zn), 주석(Sn), 규소(Si), 니켈(Ni) 등을 첨가시켜 기계적 성질을 개량한 동 합금관을 사용한다.

3) 주철관

고급 주철관, 덕 타일 주철관 등이 있으며, 인장강도는 25 ~45kgf/mm이다. 모르타르 라이닝 도장 등을 하며, 이음에는 소켓형, 플랜지형, 메커니컬 조인트 등이 있다.

4) 스테인리스 강관(STS)

내식성이 우수하고, 강관에 비해 저온 충격성, 기계적 성질이 좋으며 두께가 얇고 위생적이다.

5) 염소화염화비닐수지 배관(CPVC ; Chlorinated Poly Vinyl Chloride)

C factor 150으로 마찰손실이 없고 반영구적으로 사용이 가능하다.

17. 강관의 이음

1) 나사이음

소구경(관경 50mm 이하)의 저압용 탄소강관의 접합에 사용되는 이음방법이다.

2) 용접이음

대구경(관경 50mm 이상)의 배관에 사용되는 이음방법으로 맞대기 용접, 삽입형 용접, 플랜지 용접 등이 있다.

3) 플랜지 이음
기기의 접속 및 관을 자주 해체 또는 교환할 필요가 있는 곳에 적합하다.

4) 그루브 이음(Grooved Joint)
그루브 커플링을 설치하여 연결하는 방식이다.

18. 관 부속물

1) 관 이음쇠의 종류
① 배관의 방향을 변경 : 엘보, 티
② 배관을 연결 : 유니온, 플랜지, 니플, 소켓
③ 배관의 지름을 변경 : 리듀서, 부싱
④ 배관을 분기 : 티, 와이, 크로스
⑤ 배관의 말단 부분 : 플러그, 캡

2) 신축이음(Expansion Joints)
강관은 30m마다, 동관은 20m마다 1개씩 설치한다.
① 루프형(Loop Expansion Joints)
　고온 및 고압의 옥외 배관에 가장 많이 설치하며, 곡률반경은 관 지름의 6배 이상으로 한다.
② 벨로스형(Bellows Expansion Joints)
　공간은 많이 필요하지 않으나, 누수의 염려가 있고, 고압의 배관에는 부적합하다.
③ 슬리브형(Sleeve Expansion Joints)
　물, 온수, 기름 등의 배관에 널리 사용되며, 장시간 사용 시 패킹의 마모로 누수가 발생할 수 있다.
④ 스위블형(Swivel Expansion Joints)
　2개 이상의 엘보를 이용하며, 설치비는 저렴하나 신축량이 큰 배관의 경우 나사 이음부에서 누설이 발생할 수 있으므로, 부적당하다.

> **신축이음의 신축흡수율 크기**
> 루프형 > 슬리브형 > 벨로스형 > 스위블형

19. 밸브(Valve)

1) 게이트 밸브(Gate Valve)
① 개폐 여부를 육안으로 식별할 수 있는 개폐표시형 밸브이다.
② 소화설비용 개폐밸브로 많이 사용하나, 유량조절용으로는 부적합하다.

2) 스톱 밸브(Stop Valve)
유체의 흐름을 차단하거나, 유량을 제어할 수 있는 밸브로서 밸브 내에서 유체의 흐름방향을 변경할 수 있다.

① 글로브 밸브 : 펌프 성능시험배관의 유량조절밸브로 가장 적합하다.
② 앵글 밸브(Angle Valve) : 옥내소화전설비의 방수구, 스프링클러설비의 유수검지장치의 배수밸브 등과 같이 유체의 흐름 방향을 직각으로 변경하는 경우에 사용한다.

3) 버터플라이 밸브(Butterfly Valve)
신속히 개폐할 수 있으나 누설의 우려가 많고 마찰손실이 커서 소화설비의 흡입 측 배관에는 사용할 수 없는 밸브이다.

4) 체크 밸브(Check Valve) : 역류방지기능
① 스윙형(Swing Check Valve) : Disk가 상하로 개폐되며, 수평 및 수직 배관에 사용이 가능하다.
② 리프트형(Lift Check Valve) : 밸브가 수직으로 개폐되는 형식으로 수평 및 수직 배관에 모두 사용이 가능하다.

> 스모렌스키 체크 밸브
> 1. 충격에 강해 소화설비용 토출 측 배관에 가장 많이 사용된다.
> 2. By-pass 밸브를 이용하여 수동으로 물을 역류시킬 수 있다.

5) 안전밸브(Safety Valve)
작동압력이 고정되어 있으며, 압력챔버 상부에 설치 시 압축공기가 배출된다.

6) 릴리프밸브(Relief Valve)
작동압력을 임의로 조정할 수 있으며, 펌프의 체절압력 미만에서 개방된다.

20. 펌프

1) 원심펌프(Centrifugal Pump)

볼류트 펌프	터빈 펌프
케이싱 내부에 안내깃이 없다.	케이싱 내부에 안내깃이 있다.
양정이 낮고 토출량이 많은 곳에 사용	양정이 높고 토출량이 적은 곳에 사용

2) 왕복펌프
① 피스톤의 왕복직선운동에 의해 실린더 내부가 진공이 되어 액체를 송수하는 펌프
② 양정이 크고, 유량이 작은 경우에 적합

3) 회전펌프
기어, 베인, 스크류(나사) 등 케이싱 내의 회전자를 회전시켜 회전운동에 의해 액체를 연속으로 수송하는 펌프로 점성이 큰 액체의 압송에 적합

4) 펌프의 동력

수동력 (Water Horse Power)	축동력 (Brake Horse Power)	전달동력 (Electrical or Engine Horse Power)
펌프에 의해 유체(물)에 주어지는 동력	모터에 의해 펌프에 주어지는 동력	실제 운전에 필요한 동력
$P_w = \dfrac{\gamma \times Q \times H}{102 \times 60}$ [kW]	$P_s = \dfrac{\gamma \times Q \times H}{102 \times 60 \times \eta}$ [kW]	$P = \dfrac{\gamma \times Q \times H}{102 \times 60 \times \eta} \times K$ [kW]

5) 펌프의 상사(相似)법칙

구분	펌프 1대	펌프 2대
유량	$Q_2 = \dfrac{N_2}{N_1} \times Q_1$	$Q_2 = \dfrac{N_2}{N_1} \times \left(\dfrac{D_2}{D_1}\right)^3 \times Q_1$
양정	$H_2 = \left(\dfrac{N_2}{N_1}\right)^2 \times H_1$	$H_2 = \left(\dfrac{N_2}{N_1}\right)^2 \times \left(\dfrac{D_2}{D_1}\right)^2 \times H_1$
축동력	$L_2 = \left(\dfrac{N_2}{N_1}\right)^3 \times L_1$	$L_2 = \left(\dfrac{N_2}{N_1}\right)^3 \times \left(\dfrac{D_2}{D_1}\right)^5 \times L_1$

6) 비속도(비교회전도)

$$N_s = \dfrac{N\sqrt{Q}}{\left(\dfrac{H}{n}\right)^{\frac{3}{4}}}$$

7) 펌프의 압축비

$$K = \sqrt[n]{\dfrac{P_2}{P_1}}$$

8) 펌프의 직·병렬 연결

구분		직렬 연결	병렬 연결
성능	유량(Q)	Q	$2Q$
	양정(H)	$2H$	H

9) 유효흡입수두(NPSHav ; Available Net Positive Suction Head)

$NPSH_{av} = 10.3 \pm H_h - H_f - H_v$

① H_h : 펌프의 흡입양정(낙차환산수두)[m]
  ㉠ 수조가 펌프보다 낮은 경우 : $-H_h$
  ㉡ 수조가 펌프보다 높은 경우 : $+H_h$

② H_f : 흡입배관의 마찰손실 수두[m]
　　　　＝직관의 손실수두＋관 부속류 등의 손실수두
③ H_v : 물의 포화증기압 환산수두[m]

10) 필요흡입수두(NPSHre ; Required Net Positive Suction Head)
① Thoma의 캐비테이션 계수
$$NPSH_{re} = \sigma H$$

② 실험에 의한 방법
$$\frac{NPSH_{re}}{H} = 0.03 \quad \therefore \quad NPSH_{re} = 0.03 \times H$$

③ 비속도에 의한 계산
$$N_s = \frac{N\sqrt{Q}}{H^{\frac{3}{4}}} \quad \therefore \quad H_{re} = \left(\frac{N\sqrt{Q}}{N_s}\right)^{\frac{4}{3}}$$

> Cavitation이 발생되지 않을 조건
> $$NPSH_{av} \geqq NPSH_{re}$$
> 설계 조건
> $$NPSH_{av} \geqq NPSH_{re} \times 1.3$$

11) 공동(Cavitation)현상

발생원인	방지법
• 펌프의 설치 위치가 수원보다 높을 경우 • 펌프의 흡입관경이 작은 경우 • 펌프의 마찰손실, 흡입 측 수두가 큰 경우 • 흡입 측 배관의 유속이 빠른 경우 • 펌프의 흡입 압력이 유체의 증기압보다 낮은 경우	• 펌프 위치를 가급적 수면에 가깝게 설치한다. • 펌프의 회전수를 낮춘다. • 흡입 관경을 크게 한다. • 2대 이상의 펌프를 사용한다. • 양흡입 펌프를 사용한다.

12) 수격(Water Hammering)작용

발생원인	방지법
• 펌프의 급격한 기동 또는 정지를 하는 경우 • 밸브의 급격한 개방 또는 폐쇄를 하는 경우	• 펌프에 플라이휠(Fly Wheel)을 설치한다. • 펌프 토출 측에 Air Chamber를 설치한다. • 배관의 관경을 가능한 한 크게 하여 유속을 낮춘다. • 토출 측에 수격방지기(Water Hammering Cushion)를 설치한다. • 각종 밸브는 서서히 조작한다. • 대규모 설비에는 Surge Tank를 설치한다.

13) 맥동(Surging)현상

발생원인	방지법
• 펌프의 양정곡선이 산형 곡선이고 곡선의 상승부에서 운전이 되는 경우 • 배관의 개폐밸브가 닫혀 있는 경우 • 유량조절밸브가 탱크 뒤쪽에 있는 경우 • 배관 중에 공기탱크나 물탱크가 있는 경우	• 배관 내 필요 없는 수조는 제거한다. • 배관 내 기체상태인 부분이 없도록 한다. • 펌프의 양수량을 증가시키거나 임펠러의 회전수를 변경한다. • 유량조절밸브를 펌프 토출 측 직후에 설치한다. • 배관 내 유속을 조절한다.

21. 송풍기

1) 풍압에 의한 분류

① Fan : 압력 상승이 $0.1[\text{kgf/cm}^2]$ 이하인 것
② Blower : 압력 상승이 $0.1[\text{kgf/cm}^2]$ 이상, $1.0[\text{kgf/cm}^2]$ 이하인 것
③ 압축기 : 압력 상승이 $1.0[\text{kgf/cm}^2]$ 이상인 것

2) 형식에 의한 분류

① 원심식 송풍기
  ㉠ 다익형 송풍기 : 소음이 높고 효율이 낮아 주로 국소통풍용, 저속덕트용, 소방의 배연 및 급기가 압용으로 사용된다.
  ㉡ 터보형 송풍기 : 고속덕트 공조용으로 사용된다.
  ㉢ 리밋 로드형 송풍기 : 공장의 환기 및 공조의 저속 덕트용으로 사용된다.
  ㉣ 익형 송풍기 : 효율이 대단히 높고 소음이 적어 고속회전이 가능하여 고속덕트용으로 사용된다.

② 축류식 송풍기 : 베인형, 튜브형, 프로펠러형 송풍기

> **프로펠러형 송풍기의 특징**
> • 고속운전에 적합하며 효율이 높다.
> • 풍량은 크지만 풍압이 낮다.
> • 소음이 심하다.
> • 환기, 배기용으로 사용한다.

3) 송풍기의 동력

공기동력 (Air Horse Power)	축동력 (Brake Horse Power)	전달동력 (Electrical or Engine Horse Power)
송풍기에 의해 유체(공기)에 주어지는 동력	모터에 의해 송풍기에 주어지는 동력	실제 운전에 필요한 동력
$P_a = \dfrac{P_t \times Q}{102 \times 60}[\text{kW}]$	$P_s = \dfrac{P_t \times Q}{102 \times 60 \times \eta}[\text{kW}]$	$P = \dfrac{P_t \times Q}{102 \times 60 \times \eta} \times K[\text{kW}]$

4) 송풍기의 번호

① 원심식 송풍기
$$No = \frac{임펠러의\ 바깥지름[mm]}{150}$$

② 축류식 송풍기
$$No = \frac{임펠러의\ 바깥지름[mm]}{100}$$

22. 소화약제의 분류

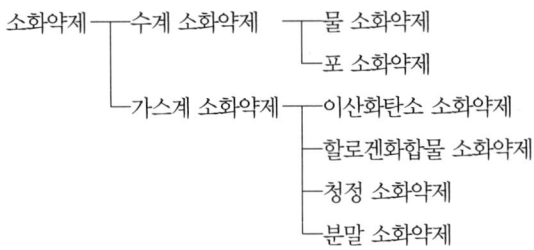

23. 물 소화약제

1) 물의 소화효과

냉각효과	물의 높은 증발잠열은 화열보다 물에 의한 열손실을 크게 하여 냉각시키는 작용을 한다.
질식효과	물이 수증기로 기화되면 체적이 약 1,700배로 팽창되어 주변의 공기를 밀어내 산소농도를 낮추는 작용을 한다.
희석효과	수용성 액체 화재 시 물을 주입하면 가연성 물질의 농도를 낮추는 작용을 한다.
유화효과	가연성 액체 화재 시 물을 방사하게 되면 일시적으로 물과 기름이 혼합되는 Emulsion 현상이 발생하여 가연성 가스 방출 방지 및 산소 공급 차단 등의 효과가 있다.

2) 물의 특성
   ① 비열 : 1kcal/kg℃
   ② 증발잠열 : 539kcal/kg
   ③ 융해잠열 : 80kcal/kg
   ④ 기화 체적 : 약 1,700배
   ⑤ 비중 : 1
   ⑥ 밀도 : 1,000kg/m^3
   ⑦ 비중량 : 9,800N/m^3

3) 장점 및 단점

장 점	단 점
• 쉽게 구할 수 있으며, 독성이 없다. • 비열과 잠열이 커서 냉각효과가 크다. • 방사형태가 다양하다.(봉상주수, 적상주수, 무상주수) • 화학적으로 안정하여 첨가제를 혼합하여 사용할 수 있다.	• 0℃ 이하에서는 동결의 우려가 있다. • 소화 후 수손에 의한 2차 피해 우려가 있다. • B급 화재(유류화재), C급 화재(전기화재), D급 화재(금속 화재)에는 적응성이 없다.

4) 물 소화약제의 방사방법

구분	형태	적용설비	소화효과	적용화재
봉상	물이 가늘고 긴 물줄기 형상	옥내소화전, 옥외소화전	냉각	A급
적상	샤워기 형상	스프링클러	냉각	A급
무상	물안개 또는 구름의 형상	물분무, 미분무	질식, 냉각, 희석, 유화	A, B, C급

5) 소화효과 증대를 위한 첨가제

첨가제	특성
부동액 (Antifreeze Agent)	• 0℃ 이하의 온도에서 물의 특성상 동결로 인한 부피팽창에 의하여 배관을 파손하게 되므로 겨울철 등 한랭지역에서는 물의 어는 온도를 낮추기 위하여 동결 방지제인 부동액을 사용 • 부동액 : 에틸렌글리콜, 프로필렌글리콜, 글리세린 등
침투제 (Wetting Agent)	• 물은 표면장력이 크므로 심부화재에 사용 시 가연물에 깊게 침투하지 못하는 성질이 있다. 물에 계면활성제 첨가로 표면장력을 낮추어 침투효과를 높인 첨가제 • 침투제 : 계면활성제 등
증점제 (Viscosity Agent)	• 물의 점성을 강화하여 부착력을 증대시켜 산불화재 등에 사용하여 잎 및 가지 등에 소화가 곤란한 부분에 소화효과를 증대시키는 첨가제 • 증점제 : CMC 등
유화제 (Emulsifier Agent)	• 에멀션(물과 기름의 혼용상태) 효과를 이용하여 산소의 차단 및 가연성 가스의 증발을 막아 소화효과를 증대시킨 소화약제 • 유화제 : 친수성 콜로이드, 에틸렌글리콜, 계면활성제 등

24. 강화액 소화약제

① 첨가물 : 탄산칼륨(K_2CO_3) 등
② 비중 : 1.3 이상
③ pH값 : pH 12 이상의 강알칼리성
④ 동결점 : $-20℃$ 이하
⑤ 소화효과 : 미분일 경우 유류화재에도 소화효과 있음
⑥ 표면장력 : 33dyne/cm 이하(물소화약제 72.75dyne/cm)로 표면장력이 낮아서 심부화재에 효과적

25. 포소화약제

1) 장점 및 단점

장 점	단 점
• 인체에 무해하고, 화재 시 열분해에 의한 독성가스의 생성이 없다. • 인화성·가연성 액체 화재 시 매우 효과적이다. • 옥외에서도 소화효과가 우수하다.	• 동절기에는 동결로 인한 포의 유동성의 한계로 설치상 제약이 있다. • 단백포 약제의 경우에는 변질·부패의 우려가 있다. • 소화약제 잔존물로 인한 2차 피해가 우려된다.

2) 소화효과

① 질식효과 : 방사된 포 약제가 가연물을 덮어 가연성 가스의 생성을 억제함과 동시에 산소 공급을 차단시킨다.

② 냉각효과 : 포 수용액에 포함되어 있는 물이 증발되면서 화재면 주위를 냉각시킨다.

3) 포소화약제의 구비조건

① 소포성
② 유동성
③ 접착성
④ 안정성, 응집성
⑤ 내유성
⑥ 내열성
⑦ 무독성

4) 기계포 소화약제

단백포 (3%, 6%)	• 내열성이 우수하여 화재 면에 오래 남으므로, 재발화가 방지된다. • 포의 안정성이 높고, 가격이 저렴하다. • 부패 · 변질 우려가 높아 장기 보관이 어렵다. • 유류에 접촉 시 오염 우려가 있어, 표면하주입식에는 부적합하다. • 다른 포 약제에 비해 유동성이 적어 소화속도가 느리다.
합성계면 활성제포 (1%, 1.5%, 2%, 3%, 6%)	• 저발포, 중발포, 고발포에 사용이 가능하다. • 인체에 무해하며, 포의 유동성이 우수하고, 반영구적이다. • 유류화재 외에 A급 화재에도 적용이 가능하다. • 내열성과 내유성이 좋지 않아 윤화현상이 발생할 우려가 있다. • 쉽게 분해되지 않으므로, 환경 오염을 유발할 수 있다.
수성막포 (3%, 6%) Light Water	• 수명이 반영구적이다. • 수성막과 거품의 이중효과로 소화성능이 우수하다. • 석유류 화재는 휘발성이 커서 부적합하다. • C급 화재에는 사용이 곤란하다.
불화단백포 (3%, 6%)	단백포의 단점을 보완하여 내유성 · 유동성 · 내열성 등을 개선한 약제로 표면하주입방식에 사용 가능하나 단백포에 비해 비싼 단점이 있다.
내알코올형 포	수용성 액체(알코올, 에테르, 케톤, 에스테르 등)의 화재에 포를 사용할 때 발생되는 파포현상을 방지하기 위해 개발된 포 소화약제이다.

> **포소화약제 팽창비**
>
> $$\text{팽창비} = \frac{\text{방출 후 포의 체적}}{\text{방출 전 포수용액의 체적(포원액+물)}} = \frac{\text{방출 후 포의 체적}(l)}{\dfrac{\text{원액의 양}(l) \times 100}{\text{농도}(\%)}}$$

> **25% 환원시간**
> 포의 25% 환원시간은 용기에 채집한 포(거품)의 25%가 포수용액으로 환원되는 데 걸리는 시간

1. 소화약제의 형식승인 및 제품검사의 기술기준(제4조)

구분	팽창률	발포 전 포수용액 용량의 25%인 포수용액이 거품으로부터 환원되는 데 필요한 시간
단백포 등	6배 이상	1분 이상
수성막포	5배 이상	1분 이상
합성계면활성제포	500배 이상	3분 이상
방수포용 포	6배 이상 10배 미만	2분 이상

2. 소화설비용 헤드의 성능인증 및 제품검사의 기술기준

구분	25% 환원시간
단백포 등	60초 이상
수성막포	60초 이상
합성계면활성제포	180초 이상

26. 이산화탄소(CO_2) 소화약제

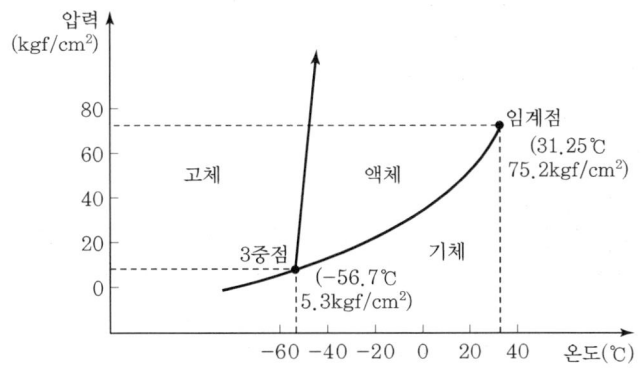

[이산화탄소의 상태도]

구분	기준값	구분	기준값
분자량	44	삼중점	$-56.7℃$
비중	1.53	임계온도	$31.25℃$
융해열	45.2cal/g	임계압력	$75.2kgf/cm^2$
증발열	137cal/g	비점	$-78℃$
밀도	1.98g/l	승화점	$-78.5℃$

1) 이산화탄소의 소화효과
   ① 질식효과 : 산소 농도를 15% 이하로 떨어뜨리는 질식소화 작용
   ② 냉각효과 : CO_2의 잠열 및 줄·톰슨 효과에 의해 주위의 열을 흡수하는 냉각소화작용

2) 이산화탄소의 장단점

장 점	단 점
• 비중이 커서 A급 심부화재에 적용이 가능하다. • 잔존물이 남지 않으며, 부패 및 변질 등의 우려가 없다. • 무색·무취이며, 화학적으로 매우 안정한 물질이다. • 전기적 비전도성인 기체로 전기화재가 적용 가능하다. • 자체 증기압이 커서 별도의 가압원이 필요하지 않다. • 임계온도가 높아 액체 상태로 저장이 가능하다.	• 방출 시 인명 피해 우려가 크다. • 고압으로 방사되므로 소음이 매우 크다. • 줄·톰슨 효과에 의한 운무현상과 동상 등의 피해 우려가 크다. • 지구온난화 물질이다.

3) 충전비

$$C = \frac{V}{G}$$

① CO_2 소화기 : 1.5 이상
② CO_2 소화설비
   ㉠ 고압식 1.5 이상 1.9 이하
   ㉡ 저압식 1.1 이상 1.4 이하

➤ **이산화탄소소화약제와 위험물과의 반응식(금속화재 사용금지)**

과산화칼륨 : $2K_2O_2 + 2CO_2 \rightarrow 2K_2CO_3 + O_2$
마그네슘 : $2Mg + CO_2 \rightarrow 2MgO + C$
칼륨과 이산화탄소 : $4K + 3CO_2 \rightarrow 2K_2CO_3 + C$
사염화탄소 + 탄산가스 : $CCl_4 + CO_2 \rightarrow 2COCl_2$

➤ **이산화탄소의 농도별 인체영향**

농도	인체에 미치는 영향	농도	인체에 미치는 영향
1%	공중위생상의 상한선	2%	불쾌감 감지
3%	호흡수 증가	4%	두부에 압박감 감지
6%	두통, 현기증	8%	호흡곤란
10%	시력장애, 1분 이내에 의식불명하여 방치 시 사망	20%	중추신경 마비로 사망

➤ **이산화탄소 농도**

$$CO_2[\%] = \frac{21 - O_2}{21} \times 100$$

➤ **이산화탄소 기화체적**

$$CO_2[m^3] = \frac{21 - O_2}{O_2} \times V$$

27. 할론 소화약제

1) 소화효과
주된 소화효과는 억제소화(부촉매효과)로 화재 면에 방사 시 열분해에 생성물이 가연물과 산소의 반응을 억제하는 소화작용을 한다.

2) 장점 및 단점
① 억제소화의 소화능력이 우수하다.
② 전기의 비전도성으로 전기화재에 적응성이 있다.
③ 약제의 변질 · 부패 우려가 없다.
④ 소화 후 기기 등을 오염시키지 않는다.
⑤ 오존층 파괴 물질이다.
⑥ 열분해 시 독성 물질이 생성된다.

> **할로겐 원소의 특징**
> - 전기음성도 크기, 이온화에너지 크기
>   F > Cl > Br > I
> - 소화 효과, 오존층 파괴 지수
>   F < Cl < Br < I

원소	원자량	원소	원자량
F	19	Br	80
Cl	35.5	I	127

1. 미군에서 제조한 것으로서 할론소화약제는 영어명을 함께 숙지하여야 한다.
2. 할로겐족 명명법

원소기호	약호	한글명(위험물에서 사용)	영어명(소화약제에서 사용)
F	F	불소	플루오린
Cl	C	염소	클로오르
Br	B	취소	브롬
I		옥소	요오드

3. 첫 번째 숫자는 탄소의 개수이며, 다음부터는 할로겐 원소 순서대로 F, Cl, Br로 작성하며, 해당 원소가 없는 경우에는 0, 마지막 숫자가 0이면 생략한다.

[예] Halon 1 3 0 1 → CF_3Br

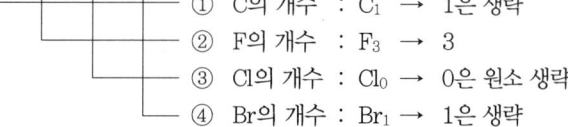

① C의 개수 : C_1 → 1은 생략
② F의 개수 : F_3 → 3
③ Cl의 개수 : Cl_0 → 0은 원소 생략
④ Br의 개수 : Br_1 → 1은 생략

3) 할론 소화약제의 특징

구분	특징
할론2402	• 무색, 투명한 액체 • 독성은 할론1211, 1301보다 강하지만 104보다는 약하다.
할론1211	• 자체 압력이 부족하므로 질소가스로 가압하여 사용된다. • 상온에서 기체이며 증기비중은 5.7 • 주로 유류화재와 전기화재에 사용
할론1301	• 상온에서 기체이며 무색무취의 비전도성, 증기비중 5.13 • 자체증기압이 1.4(MPa)이므로, 질소로 충전하여 4.2(MPa)로 사용한다. • 소화약제 중에서 소화효과가 가장 우수하지만, 오존파괴지수 또한 가장 크다.
할론1011	• 상온에서 액체이며 증기비중은 4.5, 기체 밀도는 0.0058(g/cm^3) • 독성이 있음
할론104	• 무색투명한 휘발성 액체로 특유의 냄새와 독성이 있다. • 메탄에 수소 대신 염소원자 4개를 치환하여 생성 • 공기, 수분, 이산화탄소 등과 반응하여 포스겐($COCl_2$) 가스 발생

28. 할로겐화합물 및 불활성기체 소화약제

1) 할로겐화합물 및 불활성기체 소화약제의 구비조건
① 소화성능이 기존의 할론소화약제와 유사하여야 한다.
② 독성이 낮아야 하며 설계농도는 최대허용농도(NOAEL) 이하이어야 한다.
③ 환경영향성 ODP, GWP, ALT가 낮아야 한다.
④ 소화 후 잔존물이 없어야 하고 전기적으로 비전도성이며 냉각효과가 커야 한다.
⑤ 저장 시 분해되지 않고 금속용기를 부식시키지 않아야 한다.
⑥ 기존의 할론소화약제보다 설치비용이 크게 높지 않아야 한다.

2) 소화효과
① 할로겐화합물 소화약제
  부촉매효과 · 질식효과 · 냉각효과
② 불활성기체 소화약제
  질식효과 · 냉각효과

3) 할로겐화합물 및 불활성기체 소화약제의 분류
① 할로겐화합물 소화약제

약제명	약제명	화학식	구조식	분자량
HFC	HFC −23	CHF_3	F−C−F (H, F)	$12+1+19\times3$ $=70$
	HFC −125	CHF_2CF_3	F−C−C−F	$12\times2+1+19\times5$ $=120$
	HFC −227ea	CF_3CHFCF_3	F−C−C−C−F	$12\times3+1+19\times7$ $=170$
	HFC −236fa	$CF_3CH_2CF_3$	F−C−C−C−F	$12\times3+1\times2+$ $19\times6=152$
HCFC	HCFC− BLEND A	• HCFC−123 : 4.75% • HCFC−22 : 82% • HCFC−124 : 9.5% • $C_{10}H_{16}$: 3.75%		
	HCFC −124	$CHClFCF_3$	F−C−C−F	$12\times2+1+35.5$ $+19\times4=136.5$
FIC	FIC −13I1	CF_3I	F−C−F (I, F)	$12+19\times3+127$ $=196$
FC	FC−3 −1−10	C_4F_{10}	F−C−C−C−C−F	$12\times4+19\times10$ $=238$
	FK−5 −1−12	$CF_3CF_2C(O)CF(CF_3)_2$	F−C−C−C−C−C−F	$12\times6+16+$ $19\times12=316$

② 불활성기체 소화약제

종류	화학식	분자량
IG−01	Ar(100%)	40
IG−100	N_2(100%)	28
IG−55	N_2(50%), Ar(50%)	$28\times0.5+40\times0.5=34$
IG−541	N_2(52%), Ar(40%), CO_2(8%)	$28\times0.52+40\times0.4+44\times0.08=34.08$

할로겐화합물 및 불활성기체 소화약제의 명명법

1. 할로겐화합물 계열

1) 계열 구분

계열	구성	할로겐화합물 소화약제명
HFC(Hydro Fluoro Carbon)	C에 F, H 결합	HFC-125, HFC-227ea HFC-23, HFC-236fa
HCFC(Hydro Chloro Fluoro Carbon)	C에 Cl, F, H 결합	HCFC-BLEND A HCFC-124
FIC(Fluoroiodo Carbon)	C에 I, F 결합	FIC-13I1
FC or PFC(Perfluoro Carbon)	C에 F 결합	FC-3-1-10 FK-5-1-12

2) 명명법
① 첫 번째 숫자는 탄소의 개수에서 1 빼기
② 두 번째 숫자는 수소의 개수에 1 더하기
③ 세 번째 숫자는 불소의 개수
④ 네 번째 문자는 브롬은 B, 옥소는 I로 표시
⑤ 다섯 번째 숫자는 브롬이나 옥소의 개수 표시

예) HCFC 1 2 4 → C_2HFCl_4 → $CHClFCF_3$
　　HCFC ① ② ③ ④
① C의 개수 : C → 1+1=2
② H의 개수 : H → 2-1=1
③ F의 개수 : F → 4
④ Br, I 없으면 생략 나머지는 Cl로 채운다.

2. 불활성기체 계열

① 첫 번째 숫자는 질소(N_2)의 농도 %이며 반올림하여 한 자리로 표시, 없으면 생략
② 두 번째 숫자는 아르곤(Ar)의 농도 %이며 반올림하여 한 자리로 표시, 없으면 생략
③ 세 번째 숫자는 이산화탄소(CO_2)의 농도 %이며 반올림하여 한 자리로 표시, 없으면 생략

예) IG - 5 4 1
　　IG - ① ② ③
① N_2의 농도 % : 52% → 5
② Ar의 농도 % : 40% → 4
③ CO_2의 농도 % : 8% → 1

할로겐화합물 및 불활성기체 소화약제의 비체적

$S = K_1 + K_2 \times t$

여기서, K_1 : 표준상태에서의 비체적, K_2 : 비체적증가분

$$K_1 = \frac{22.4}{분자량}, \quad K_2 = K_1 \times \frac{1}{273} = \frac{22.4}{분자량} \times \frac{1}{273}$$

29. 분말소화약제

1) 소화효과
① 부촉매(억제)효과
② 질식효과
③ 냉각효과
④ 비누화 현상
⑤ 방진작용

2) 종류

분말 종류	주성분	분자식	성분비	색상	적응 화재
제1종 분말	탄산수소나트륨	$NaHCO_3$	90wt% 이상	백색	B, C급
제2종 분말	탄산수소칼륨	$KHCO_3$	92wt% 이상	담회색	B, C급
제3종 분말	인산암모늄	$NH_4H_2PO_4$	75wt% 이상	담홍색	A, B, C급
제4종 분말	탄산수소칼륨과 요소	$KHCO_3 + CO(NH_2)_2$	–	회색	B, C급

3) 열분해반응식

① 제1종 분말약제 : $NaHCO_3$(탄산수소나트륨)
  ㉠ 270[℃] $2NaHCO_3 \rightarrow Na_2CO_3 + CO_2 \uparrow + H_2O \uparrow - 30.3[kcal]$
  ㉡ 850[℃] $2NaHCO_3 \rightarrow Na_2O + 2CO_2 \uparrow + H_2O \uparrow - 104.4[kcal]$

② 제2종 분말약제 : $KHCO_3$(탄산수소칼륨)
  ㉠ 190[℃] $2KHCO_3 \rightarrow K_2CO_3 + CO_2 \uparrow + H_2O \uparrow - 29.82[kcal]$
  ㉡ 890[℃] $2KHCO_3 \rightarrow K_2O + 2CO_2 \uparrow + H_2O \uparrow - 127.1[kcal]$

③ 제3종 분말약제 : $NH_4H_2PO_4$(제1인산암모늄)
  ㉠ 166[℃] $NH_4H_2PO_4 \rightarrow H_3PO_4 + NH_3 \uparrow \rightarrow$ 질식작용
  ㉡ 216[℃] $2H_3PO_4 \rightarrow H_4P_2O_7 + H_2O \uparrow - 77kcal \rightarrow$ 냉각작용
  ㉢ 360[℃] $H_4P_2O_7 \rightarrow 2HPO_3 + H_2O \uparrow \rightarrow$ 피막을 형성하여 재연방지

④ 제4종 분말약제 : $KHCO_3$(탄산수소칼륨) + $CO(NH_2)_2$(요소)
  $2KHCO_3 + CO(NH_2)_2 \rightarrow K_2CO_3 + 2NH_3 + 2CO_2 \uparrow - Q[kcal]$

> **분말입자의 크기**
> • 입자의 범위 : 10~75micron
> • 최적입자의 범위 : 20~25micron
>
> **표면처리제**
> 스테아르산 아연, 스테아르산 알미늄, 실리콘

30. CDC(Compatible Dry Chemical) 소화약제

1) Twin Agent System : CDC 소화약제와 수성막포를 함께 적용한 설비
   ① TWIN 20/20 : ABC 분말약제 20kg + 수성막포 20l
   ② TWIN 40/40 : ABC 분말약제 40kg + 수성막포 40l

2) 소화효과 : 희석효과 · 질식효과 · 냉각효과 · 부촉매효과

31. 금속화재용 분말소화약제(Dry Powder)

1) Dry Powder가 가져야 하는 특성
① 요철이 있는 금속 표면을 피복할 수 있을 것
② 냉각효과가 있을 것
③ 고온에 견딜 수 있을 것
④ 금속이 용융된 경우(Na, K 등)에는 용융 액면상에 뜰 것

2) 소화효과 : 질식효과 · 냉각효과

32. 간이소화용구

마른모래, 팽창질석, 팽창진주암 등

1) 마른모래(ABCD급)
① 가연물이 포함되지 않고, 반드시 건조되어 있을 것
② 부속기구(양동이, 삽 등)를 비치할 것

2) 팽창질석
팽창질석(Vermiculite)은 운모가 풍화 또는 변질되어 생성된 것으로 함유하고 있는 수분이 탈수되면 팽창하여 늘어나는 성질을 가지고 있다.

3) 팽창진주암
팽창진주암(Perlite)은 천연유리를 조각으로 분쇄한 것을 말한다. 팽창진주암은 3~4%의 수분을 함유하고 있으며, 화재 시에 820~1,100℃의 온도에 노출되면 체적이 약 15~20배 정도 팽창하는 특성이 있다.

소방시설관리사 필기
1차(이론+문제풀이) 상

발행일	2016. 11. 30	초판 발행
	2018. 8. 20	개정 1판1쇄
	2019. 6. 10	개정 2판1쇄
	2020. 2. 10	개정 3판1쇄
	2021. 1. 10	개정 4판1쇄
	2021. 3. 10	개정 5판1쇄
	2022. 8. 10	개정 6판1쇄
	2022. 12. 20	개정 6판2쇄
	2023. 11. 10	개정 7판1쇄
	2025. 1. 10	개정 8판1쇄
	2025. 10. 30	개정 9판1쇄

저 자 | 유정석
발행인 | 정용수
발행처 | 예문사
주 소 | 경기도 파주시 직지길 460(출판도시) 도서출판 예문사
TEL | 031) 955-0550
FAX | 031) 955-0660
등록번호 | 11-76호

- 이 책의 어느 부분도 저작권자나 발행인의 승인 없이 무단 복제하여 이용할 수 없습니다.
- 파본 및 낙장은 구입하신 서점에서 교환하여 드립니다.
- 예문사 홈페이지 http : //www.yeamoonsa.com

정가 : 32,000원
ISBN 978-89-274-5997-2 13530